高等数学竞赛培训教程
——高等数学例题精选

第2版

蔡燧林 编

清华大学出版社

北京

内 容 简 介

本书是为高等学校理工类本科生提高高等数学解题水平,准备参加高等数学竞赛,或为争取考研取得高分而准备的参考书,也可供有关教师日常教学或培训竞赛时参考.读者也可从本书中查到一般教科书上找不到的某些定理的证明和方法.

全书分函数、极限、连续,一元函数微分学,一元函数积分学,常微分方程,向量代数与空间解析几何,多元函数微分学,多元函数积分学,无穷级数共 8 章.每章分若干节,每节按类型分成若干大段.每段开头,常归纳一下本段中所用的基本方法.每题分"题""分析""解",必要时加[注]."分析"与[注]是点睛之笔,"分析"点明解题思路,[注]是题的延伸、拓广或明辨是非.本书中不列出常见的定义、定理、公式,只是在多元函数部分列出某些延伸或易被读者疏忽的要点.书中的填空题是简单的计算题;书中的解答题,包括了计算题、论证题和讨论题.每章后均有习题,习题均有答案,证明题均有较详细的提示,有一定难度或技巧的计算题,也给出提示.全书共有例题 362 道,习题 430 道.

图书在版编目(CIP)数据

高等数学竞赛培训教程:高等数学例题精选/蔡燧林编.—2 版.—北京:清华大学出版社,2016
(2022.7重印)

ISBN 978-7-302-43228-9

Ⅰ.①高… Ⅱ.①蔡… Ⅲ.①高等数学－高等学校－题解 Ⅳ.①O13-44

中国版本图书馆 CIP 数据核字(2016)第 041550 号

责任编辑:佟丽霞
封面设计:常雪影
责任校对:王淑云
责任印制:杨 艳

出版发行:清华大学出版社
　　　　网　　　址:http://www.tup.com.cn, http://www.wqbook.com
　　　　地　　　址:北京清华大学学研大厦 A 座　　**邮　　编:**100084
　　　　社 总 机:010-83470000　　**邮　　购:**010-62786544
　　　　投稿与读者服务:010-62776969, c-service@tup.tsinghua.edu.cn
　　　　质量反馈:010-62772015, zhiliang@tup.tsinghua.edu.cn

印 装 者:北京九州迅驰传媒文化有限公司
经　　销:全国新华书店
开　　本:185mm×260mm　　**印　张:**24.5　　**字　数:**606 千字
版　　次:2011 年 5 月第 1 版　　2016 年 4 月第 2 版　　**印　次:**2022 年 7 月第 7 次印刷
定　　价:69.00 元

产品编号:068106-03

序

  本书的作者蔡燧林先生是浙江大学的资深教授，至今已在高校教坛耕耘 50 余载.他曾任:浙江大学数学系副主任,原国家教委工科数学课程指导委员会委员,多个学术刊物的编委.

  多年来,我与蔡燧林教授相识、相知:他学术水平高,曾在《中国科学》《科学通报》《数学学报》《数学年刊》等一级学报上发表了 40 多篇学术论文;他主讲过多门数学课程,教学经验丰富,治学严谨,并编著、主编、合编了多部深受好评的数学教材、著作.读者从本书可以看出,他以研究型笔调,从事基础课教学用书的编写.这是一本很有特色的教学用书,它不但可以提高读者分析问题的水平和解题的能力,并且能深化读者对高等数学的概念、理论、方法的理解和掌握,对高等数学的教学与竞赛,一定会有所裨益.

李心灿

2010 年冬于北京航空航天大学

第 2 版修改说明

本书第 1 版于 2011 年问世,颇受读者及竞赛组织者的欢迎,读者可能已经看到,本书第 1 版中收集的某些题,与之后的某些竞赛题同,说明这些题有代表性,第 1 版经 3 次印刷,已告罄,现将本书修改再版.再版主要修改的有:删去每章前的"主要内容"提要,以便不受其影响;删去一些过于简单的例题和习题,收集进了某些竞赛中有意思的题,这些题大都是基础性的,但有技巧.除此之外,各章增添的内容大致有以下几个方面.

1. 关于映射的不动点问题以及映射的迭代的题,增添了某些数列极限的题.

2. 增删了一些用微分学或积分学处理的不等式问题和零点问题的题.

3. 反常积分是竞赛中经常涉及的内容,其中颇多技巧.今将反常积分单独列为一大段,介绍了反常积分的极限形式判敛法,狄利克雷判敛法与阿贝尔判敛法,在一定条件下反常积分敛散性与级数敛散性的等价关系,增添了与此相关的内容、例题与习题.

4. 增添了以微分方程为背景的有关极值、凹凸性、定义域的题.增加了二阶线性微分方程的任意常数变动法,用分部积分求恰当线性微分方程的解,判定线性微分方程为恰当微分方程的充要条件以及与此相关的题.

5. 在向量代数与空间解析几何一章中,引入了苏联人编写的《数学手册》中关于二次曲面用它的系数十分细致的具体分类,以飨读者.并且增添了讨论两二次曲面(或平面与二次曲面)相交的某些几何特征的题,求一般柱面方程及锥面方程的题.

6. 类似于定积分的分部积分法,增添了二重积分与三重积分的分部积分法,增添了二重积分与三重积分的曲线(面)坐标变换,巧妙地利用广义极坐标、广义球坐标计算积分,用微元法计算三重积分、曲线积分与曲面积分,以及与它们有关的题.

7. 增添了分母为二次式的有理函数展开成麦克劳林级数并判定余项趋于零的题.一般教科书,只介绍其分母可分解为两实因式之积的情形,并且采用间接展开法从而避开了余项的讨论.作者悉心研究得出,无论是分母可分解为两实因式或否,在实数范围内都可用直接法求出此函数的麦克劳林级数并方便地证明其余项在收敛域内趋于零.如果引入复系数,那么众所周知,也可用间接展开法展开成麦克劳林级数. 作者将此结果在此书中献给读者.

修改后, 本书共有例题 362 道, 习题 430 道, 与第 1 版相比, 例题与习题增删总量以及全书篇幅的改动超过 30%.

本书第 2 版不但仍可作为竞赛培训教程, 并且也可以作为高等数学及工科数学分析教材的教辅书, 供有关学生特别是有关老师参考. 作者在此还应向本书引用的竞赛题的组织者和命题人致谢, 感谢他们的大力支持.

蔡燧林

2015 年 10 月于浙江大学数学科学学院

第 1 版前言摘录

高等学校(特别是理工类)师生,为讲授、学习高等数学,常因例题、习题过浅而提高不了兴趣或掌握不了问题的实质.参加竞赛,也只能抱着试试看的心情仓促上马,准备时也因缺少参照物而无法下手.数学专业的学生,也可能因运算在某些方面比不上其他理工类的学生而感到烦恼.本书就是为填补这些空白而编写的.

全书共分 8 章,每章分若干节,每节分若干大段.由于篇幅不能太长,所以本书中不列出定义、定理、公式.而对于一般教科书上未深入提及的某些概念之间的关系和重要定理的证明,以及一些方法的阐述,在本书中有时用例题的形式,有时通过一些例题的启发用"分析"与"[注]"的形式给予介绍.例如,读者在本书中将会看到如下一些内容,曲线凹向几个等价性定义的证明,一般情形下如何求锥面、柱面、旋转面的方程,二元函数的二重极限与逐次极限,连续,偏导数,全微分,方向导数等之间的关系及各种情形下的反例,混合偏导数不相等的例子,多元函数各种积分方法的例子,级数收敛性的阿贝尔判别法与狄利克雷判别法,傅里叶级数的封闭性方程等.

本书中的例题与习题分填空题与解答题两类.填空题是简单的计算题或简单的论证题(例如级数中的判敛),解答题包括计算题、论证题和讨论题三种.考研题中的选择题,将它改造成填空题或论证题.习题中的计算题全有答案,较难的计算题及论证题给出较详细的提示.

本书中只是在个别题中用到 $\varepsilon\text{-}\delta$ 来解题,例如施笃兹定理的证明及与此类似的洛必达法则中只是在分母趋于无穷的情形等某些地方.全书不涉及"一致连续","一致收敛","确界","达布和","上、下极限","圆变"等数学分析中的概念.

本书在编写过程中,除参考一般教科书外,还参考了下列书籍:

(1) 大学生数学竞赛试题研究生入学考试难题解析选编,李心灿等编,机械工业出版社,2005 年.

(2) 数学分析习题集,吉米多维奇著,高等教育出版社,2010 年.

由于作者水平有限,不当之处,敬请读者在使用本书过程中不吝指正.

蔡燧林

2010 年 7 月于浙江大学理学部数学系

目　　录

第一章　函数、极限、连续

1.1　函数

有关函数的内容,实际上贯穿于整个高等数学之中,在本书各章中均有讨论函数及其性质的题.以下仅就(1)求分段函数的复合函数;(2)求简单函数的反函数;(3)关于函数有界(无界)的讨论;(4)关于映射的不动点问题举一些例子.

一、求分段函数的复合函数

例1　设 $f(x)=\begin{cases}(x-1)^2, & x\leqslant 1, \\ \dfrac{1}{1-x}, & x>1,\end{cases}$ 则 $f(f(x))=$___.

分析　设 $f(x)$ 与 $g(x)$ 都是分段函数,求 $f(g(x))$ 的表达式时,由外层函数 f,写出复合函数的表达式,并同时写出中间变量(即内层函数 g)的取值范围;然后按内层函数(即 $g(x)$)的分段表达式,过渡到自变量的变化范围,得到分段表达式.如果要求 $g(f(x))$ 的表达式,亦类似.

解　应填

$$f(f(x))=\begin{cases}(x^2-2x)^2, & 当\,0\leqslant x\leqslant 1; \\ \left(\dfrac{x}{1-x}\right)^2, & 当\,x>1; \\ \dfrac{1}{2x-x^2}, & 当\,x<0.\end{cases}$$

因

$$f(f(x))=\begin{cases}(f(x)-1)^2, & f(x)\leqslant 1, \\ \dfrac{1}{1-f(x)}, & f(x)>1,\end{cases}$$

又由 $f(x)$ 的定义,进而有

$$f(f(x))=\begin{cases}((x-1)^2-1)^2, & 当\,(x-1)^2\leqslant 1\,且\,x\leqslant 1, \\ \left(\dfrac{1}{1-x}-1\right)^2, & 当\,\dfrac{1}{1-x}\leqslant 1\,且\,x>1, \\ \dfrac{1}{1-(x-1)^2}, & 当\,(x-1)^2>1\,且\,x\leqslant 1, \\ \dfrac{1}{1-\dfrac{1}{1-x}}, & 当\,\dfrac{1}{1-x}>1\,且\,x>1.\end{cases}$$

因为 $\dfrac{1}{1-x}>1$ 与 $x>1$ 之交为空集,弃之,并再化简,得 $f(x)$ 的表达式如上所填.

二、求简单函数的反函数

例 2 求函数 $y = f(x) = \sqrt{x^2 - x + 1} - \sqrt{x^2 + x + 1}$ 的反函数 $y = f^{-1}(x)$ 及其定义域.

解 因为 $f(-x) = -f(x)$，所以 $f(x)$ 为奇函数.

由 $y = \sqrt{x^2 - x + 1} - \sqrt{x^2 + x + 1}$，易见，当 $x > 0$ 时 $y < 0$，当 $x < 0$ 时 $y > 0$. 为了解出 x，两边平方，得

$$
\begin{aligned}
y^2 &= x^2 - x + 1 + x^2 + x + 1 - 2\sqrt{(x^2 + 1)^2 - x^2} \\
&= 2(x^2 + 1) - 2\sqrt{x^4 + x^2 + 1}.
\end{aligned}
\tag{1.1}
$$

移项，

$$
2\sqrt{x^4 + x^2 + 1} = 2(x^2 + 1) - y^2,
$$

两边再平方，化简，得

$$
x^2(4 - 4y^2) = 4y^2 - y^4,
$$
$$
x^2 = \frac{y^2}{4}\left(\frac{4 - y^2}{1 - y^2}\right).
$$

解出 x，并注意到 x 与 y 反号，得

$$
x = -\frac{y}{2}\sqrt{\frac{4 - y^2}{1 - y^2}}.
\tag{1.2}
$$

为了确定反函数 (1.2) 的定义域，为此要讨论直接函数的值域. 由式 (1.1) 去证 $y^2 < 1$ 且 $\lim\limits_{x \to \infty} y^2 = 1$. 若确实如此，则说明直接函数的值域为 $\{y \mid |y| < 1\}$.

设 $y^2 \geqslant 1$，即设 $2(x^2 + 1) - 2\sqrt{x^4 + x^2 + 1} \geqslant 1$，移项、两边平方，得

$$
2x^2 + 1 \geqslant 2\sqrt{x^4 + x^2 + 1},
$$

两边再平方得 $4x^4 + 4x^2 + 1 \geqslant 4(x^4 + x^2 + 1)$，这是个矛盾. 所以 $y^2 < 1$. 又

$$
\begin{aligned}
\lim_{x \to \infty} y^2 &= \lim_{x \to \infty}\left(2(x^2 + 1) - 2\sqrt{x^4 + x^2 + 1}\right) \\
&= 2\lim_{x \to \infty}\frac{x^4 + 2x^2 + 1 - (x^4 + x^2 + 1)}{x^2 + 1 + \sqrt{x^4 + x^2 + 1}} = 1.
\end{aligned}
$$

所以直接函数的值域为 $\{y \mid |y| < 1\}$，因此反函数 (1.2) 的定义域为 $\{y \mid |y| < 1\}$. 改写记号，所以反函数为

$$
y = -\frac{x}{2}\sqrt{\frac{4 - x^2}{1 - x^2}}, \text{定义域为 } \{x \mid |x| < 1\}.
$$

[注] 仅由式 (1.2) 还无法推知反函数 (1.2) 的定义域，而应该由"直接函数的值域为反函数的定义域"来确定反函数的定义域.

也可以按下述步骤解本题从而推知反函数的定义域. (1) 证明当 $x \in (-\infty, +\infty)$ 时 $f'(x) < 0$，从而知存在严格单调减少的反函数 $y = f^{-1}(x)$；(2) 由 $f(x)$ 在区间 $(-\infty, +\infty)$ 内连续且 $f(0) = 0$，再证 $\lim\limits_{x \to \pm\infty} f(x) = \mp 1$，从而知 $y = f(x)$ 的值域为 $\{y \mid -1 < y < 1\}$. 于是知 $y = f(x)$ 的反函数 $y = f^{-1}(x)$ 的定义域为 $\{x \mid |x| < 1\}$. 至于反函数 $y = f^{-1}(x)$ 的表达式，仍应按本例的原解法.

三、关于函数有界(无界)的讨论

关于函数有界(无界)的定理,散见于教科书的不同章节,常被读者疏忽.为方便读者使用,今将它写成如下定理.

定理 1 (关于有界、无界的充分条件)

(1) 设 $\lim\limits_{x \to x_0} f(x)$ 存在,则存在 $\delta > 0$,当 $-\delta < x - x_0 < 0$ 时,$f(x)$ 有界;对 $x \to x_0^+$,$x \to x_0$ 有类似的结论.

(2) 设 $\lim\limits_{x \to \infty} f(x)$ 存在,则存在 $X > 0$,当 $|x| > X$ 时,$f(x)$ 有界;对 $x \to +\infty$,$x \to -\infty$ 有类似的结论.

(3) 设 $f(x)$ 在 $[a, b]$ 上连续,则 $f(x)$ 在 $[a, b]$ 上有界.

(4) 设 $f(x)$ 在数集 U 上有最大值(最小值),则 $f(x)$ 在 U 上有上(下)界.

(5) 有界函数与有界函数之和、积均为有界函数.

以上均为充分条件,其逆均不成立.

(6) 设 $\lim\limits_{x \to \square} f(x) = \infty$,则 $f(x)$ 在 $\square$ 的去心邻域内无界.但其逆不成立.这里的 $\square$ 可以是 x_0,x_0^-,x_0^+,∞,$-\infty$,$+\infty$ 中 6 种情形的任一种.

例 3 设 $f(x) = \begin{cases} \dfrac{(x^3 - 1)\sin x}{(x^2 + 1)|x|}, & \text{当 } x \neq 0, \\ \text{无定义}, & \text{当 } x = 0. \end{cases}$,$g(x) = \begin{cases} \dfrac{1}{x}\sin\dfrac{1}{x}, & \text{当 } x \neq 0, \\ 0, & \text{当 } x = 0. \end{cases}$,试讨论 $f(x)$ 与 $g(x)$ 在它们各自的定义域上的有界性与无界性.

解 先讨论 $f(x)$.因 $\lim\limits_{x \to 0^{\pm}} \dfrac{\sin x}{|x|} = \pm 1$,$\lim\limits_{x \to 0^{\pm}} \dfrac{x^3 - 1}{x^2 + 1} = -1$,所以 $\lim\limits_{x \to 0^{\pm}} f(x) = \mp 1$.从而知,存在 $\delta > 0$,在 $x = 0$ 的去心 δ 邻域 $\mathring{U}_{\delta}(0) = \{x \mid -\delta < x < \delta, x \neq 0\}$ 内,$f(x)$ 有界.

又因 $\lim\limits_{x \to \pm\infty} \dfrac{x^3 - 1}{(x^2 + 1)|x|} = \pm 1$,所以存在 $X > 0$,当 $|x| > X$ 时,$\dfrac{x^3 - 1}{(x^2 + 1)|x|}$ 有界,而 $\sin x$ 显然有界,所以 $f(x)$ 在 $\{x \mid (-\infty < x < -X) \cup (X < x < +\infty)\}$ 内有界.

再因 $f(x)$ 分别在区间 $[-X, -\delta]$ 与 $[\delta, X]$ 上连续,从而知有界.

合并前述三项知 $f(x)$ 在 $(-\infty, 0) \cup (0, +\infty)$ 上有界.

再讨论 $g(x)$.对于任给的 $M > 0$,取 $x_n = \dfrac{1}{2n\pi + \dfrac{\pi}{2}}$,有

$$g(x_n) = \left(2n\pi + \frac{\pi}{2}\right)\sin\left(2n\pi + \frac{\pi}{2}\right) = 2n\pi + \frac{\pi}{2}.$$

当 $n > \dfrac{M}{2\pi} - \dfrac{1}{4}$ 时,$g(x_n) > M$.即对于任给的 $M > 0$,总存在 x_n,其中 $n > \dfrac{M}{2\pi} - \dfrac{1}{4}$(这种 n 总是有的),使 $g(x_n) > M$,说明 $g(x)$ 在 $x = 0$ 的去心邻域内无界.

[注] 改变有限个点处的函数值,不影响该函数的有界(无界)性.又,若取 $x_n' = \dfrac{1}{2n\pi}$,则有 $g(x_n') = 0$.故知 $\lim\limits_{x \to 0} g(x) \neq \infty$.此例也说明:$g(x)$ 在 $x = 0$ 的去心邻域内无界,并不一定有 $\lim\limits_{x \to 0} g(x) = \infty$.无穷是无界的充分条件而不是必要条件.

四、关于映射的不动点问题

设 $x=x_0$ 是 $f(x)=x$ 的解，称 x_0 为映射 f 的一个不动点，也称为 $f(x)$ 的一个不动点。在 $f(x)$ 连续的条件下，证明 $f(x)$ 存在不动点的例子见本章 1.3 的例 7 和例 8。本段中的例 4 不要求 $f(x)$ 具有连续性。

例 4 设 $f(x)$ 的定义域为 $(-\infty,+\infty)$。试证明：

(1) 若 $f(f(x))$ 不存在不动点，则 $f(x)$ 也不存在不动点；

(2) 若 $f(f(x))$ 存在唯一不动点 x_0，则 $f(x)$ 也存在唯一不动点且也是 x_0；

(3) 若 $f(f(x))$ 有且仅有两个不动点 a 与 b，$a\neq b$，则仅有下述两种可能：

① a 与 b 分别都是 $f(x)$ 的不动点，即 $f(a)=a$ 与 $f(b)=b$；

② $f(a)=b$ 且 $f(b)=a$。

解 (1) 用反证法。若存在 x_0 使 $f(x_0)=x_0$，则 $f(f(x_0))=f(x_0)=x_0$，$f(f(x))$ 存在不动点，矛盾。

(2) 由题设 $f(f(x_0))=x_0$，命 $f(x_0)=y_0$，则 $f(y_0)=x_0$。于是有
$$f(f(y_0)) = f(x_0) = y_0,$$
故 y_0 也是 $f(f(x))$ 的一个不动点。由题设 $f(f(x))$ 的不动点唯一，故 $y_0=x_0$，即有 $f(x_0)=x_0$。所以 x_0 是 $f(x)$ 的一个不动点。

如果 $f(x)$ 另有一个不动点 x^*，即 $f(x^*)=x^*$，则显然有 $f(f(x^*))=f(x^*)=x^*$，故 x^* 也是 $f(f(x))$ 的一个不动点。与 $f(f(x))$ 仅有一个不动点矛盾。(2)证毕。

(3) 容易验知，①与②两种情形的 a 与 b 分别都是 $f(f(x))$ 的不动点。以下证明仅有这两种情形。

设有 $f(f(\alpha))=\alpha$，命 $f(\alpha)=\beta$，于是 $\alpha=f(f(\alpha))=f(\beta)$，并且 $f(f(\beta))=f(\alpha)=\beta$。

若 $\alpha\neq\beta$，则 α 与 β 就是 $f(f(x))$ 的唯二不动点。此为欲证的(3)之②。

若 $\alpha=\beta$，则 $f(\alpha)=\alpha$，α 为 $f(x)$ 的一个不动点。由题设 $f(f(x))$ 的不动点的唯二性知，$f(f(x))$ 另有一个不动点，设为 γ，$f(f(\gamma))=\gamma$，$\gamma\neq\alpha$。命 $f(\gamma)=\delta$，于是 $f(\delta)=f(f(\gamma))=\gamma$，$f(f(\delta))=f(\gamma)=\delta$，$\delta$ 也是 $f(f(x))$ 的一个不动点。由 $f(f(x))$ 的不动点的唯二性知，所以只能是
$$\delta=\alpha\neq\gamma \quad \text{或} \quad \delta=\gamma\neq\alpha.$$

若 $\delta=\alpha\neq\gamma$，则有 $f(\gamma)=\delta=\alpha$，$f(\alpha)=f(\delta)=\gamma$，即为(3)之②；

若 $\delta=\gamma\neq\alpha$，则有 $f(\delta)=f(\gamma)=\delta$ 及 $f(\alpha)=\alpha$，即为(3)之①。

只有以上两种情形，证毕。

[**注**] 举例：设 $f(x)=\begin{cases}1, & x<1, \\ -1, & x\geqslant 1,\end{cases}$ 则 $f(f(x))=\begin{cases}1, & x\geqslant 1, \\ -1, & x<1.\end{cases}$

$f(f(x))$ 有且仅有两个不动点 $x_1=-1$，$x_2=1$。显然有 $f(-1)=1$，$f(1)=-1$，此为例 4 中的(3)之②。

若设 $g(x)=\begin{cases}1, & x\leqslant 1, \\ -1, & x>1,\end{cases}$ 则 $g(g(x))=1$，$-\infty<x<+\infty$，$g(g(x))$ 存在唯一的不动点 $x_0=1$。$g(x)$ 也是有且仅有一个不动点 $x_0=1$。

以上两例均不要求 $f(x)$ 及 $g(x)$ 连续。

五、杂例

例 5　是否存在可微函数 $f(x)$ 使得

(1) $f(f(x))=1+x^2-x^3+x^4-x^5$；

(2) $f(f(x))=x^4+2x^3-x-1$.

若存在,请举例;若不存在,请说明理由.

解　(1) 由 $f(f(x))=1+x^2-x^3+x^4-x^5$ 有 $f(f(1))=1$,并且

$$f(f(f(x)))=1+f^2(x)-f^3(x)+f^4(x)-f^5(x)$$

以 $x=1$ 代入,并注意到 $f(f(1))=1$,有

$$f(1)=1+f^2(1)-f^3(1)+f^4(1)-f^5(1)$$
$$=1+(f^2(1)+f^4(1))(1-f(1)),$$

即

$$(1-f(1))(1+f^2(1)+f^4(1))=0.$$

所以 $f(1)=1$. 再由所给条件的等式两边对 x 求导,有

$$f'(f(x))f'(x)=2x-3x^2+4x^3-5x^4,$$

以 $x=1$ 代入,得

$$(f'(1))^2=-2.$$

不可能,所以不存在可微函数 $f(x)$ 满足(1).

(2) 以 $f(x)=ax^2+bx+c$ 试之.

$$f(f(x))=a(ax^2+bx+c)^2+b(ax^2+bx+c)+c$$
$$=a^3x^4+2a^2bx^3+(ab^2+2a^2c+ab)x^2+(2abc+b^2)x+ac^2+bc+c$$
$$\xrightarrow{\text{令}}x^4+2x^3-x-1,$$

解得 $a=1,b=1,c=-1$. 所以这种 $f(x)$ 是存在的,可取 $f(x)=x^2+x-1$. 解毕.

例 6　对下列(1)、(2)、(3)的 $f(x)$,分别说明是否存在一个区间 $[a,b]$, $a>0$,当 $a\leqslant x\leqslant b$ 时, $f(x)$ 的值域也是 $[a,b]$. 要求说明理由.其中

(1) $f(x)=x^2-2x+2$；

(2) $f(x)=-x+\dfrac{5}{2}$；

(3) $f(x)=1-\dfrac{1}{x+1}$.

分析　要使值域为 $[a,b]$,等价的说法是

$$\max_{a\leqslant x\leqslant b}f(x)=b,\qquad \min_{a\leqslant x\leqslant b}f(x)=a. \tag{1.3}$$

如果能找到一个区间 $[a,b]$ $(a>0)$ 使 $f(x)$ 在此区间上单调增,并且

$$f(b)=b,\qquad f(a)=a, \tag{1.4}$$

则此 $f(x)$ 及对应的区间 $[a,b]$ 即为所求.

若能找到一个区间 $[a,b]$ $(a>0)$ 使 $f(x)$ 在此区间上单调减,并且

$$f(b)=a,\qquad f(a)=b, \tag{1.5}$$

则此 $f(x)$ 及对应的区间 $[a,b]$ 也为所求.

如果 $f(x)$ 在某区间 $[a,b]$ 上严格单调,但不满足式(1.4)或式(1.5),那么这个区间 $[a,b]$ 就不是所求.

如果不从单调性来考虑,那么应从式(1.3)来考虑,这就有一定难度,因为既要讨论区间,又要讨论该区间上的最值.

解 (1) 按式(1.4)来讨论,命 $f(x)=x$,即
$$x^2-2x+2=x,$$
解得 $x=1$ 或 $x=2$. 在区间 $[1,2]$ 上,
$$f'(x)=(x^2-2x+2)'=2(x-1)\geqslant 0,$$
且仅在 $x=1$ 处成立等号,故在区间 $[1,2]$ 上严格单调增. 且 $f(1)=1,f(2)=2$ 满足式(1.4). 区间 $[1,2]$ 满足要求.

(2) 由于 $f'(x)=-1<0$,按式(1.5)来讨论,命
$$\left. \begin{array}{l} f(a)=b,即 -a+\dfrac{5}{2}=b \\[2mm] f(b)=a,即 -b+\dfrac{5}{2}=a \end{array} \right\} \tag{1.6}$$

由式(1.6)只得到 $a+b=\dfrac{5}{2}$,任取 a,例如 $a=1$,则 $b=\dfrac{3}{2}$. 在区间 $\left[1,\dfrac{3}{2}\right]$ 上,$f(x)=-x+\dfrac{5}{2}$,严格单调减,$f(1)=\dfrac{3}{2}$,$f\left(\dfrac{3}{2}\right)=1$,所以值域为 $\left[1,\dfrac{3}{2}\right]$,满足要求.

(3) $f'(x)=\left(1-\dfrac{1}{x+1}\right)'=\dfrac{1}{(x+1)^2}>0$,$f(x)$ 为严格单调增. 考虑方程 $f(x)=x$ 的解,由 $1-\dfrac{1}{x+1}=x$,仅得一解 $x=0$. 按式(1.4)不存在 a 与 $b(a\neq b)$,所以这种区间不存在.

1.2 极限

本节主要内容有:求函数的极限,包括已知某极限求另一极限,已知某极限求其中的某些参数,无穷小的比较及无穷小的阶;讨论数列极限的存在性及求数列的极限,包括用 $\varepsilon\text{-}N$ 证明数列的极限的存在性,利用积分和式求极限,利用夹逼定理求极限,利用单调有界定理证明极限的存在性,利用级数的敛散性讨论相关的极限等. 在竞赛中,数列极限的题往往多于函数的极限的题,且比后者难,有时还要用到柯西收敛准则、归结原理来讨论数列极限的存在性,但不会用到一致收敛.

一、求函数的极限

函数的极限,主要是求 7 种待定型的极限. 这 7 种待定型是:$\dfrac{0}{0}$ 型,$\dfrac{\infty}{\infty}$ 型,$0\cdot\infty$ 型,$\infty-\infty$ 型,1^∞ 型,0^0 型,∞^0 型. 处理的方法是:

(1) 用初等数学(例如三角、对数、指数、分子与分母同乘以某式、提公因式等)中的恒等变形,使得能约分的就约分,能化简就化简;

(2) 如果有那种因式(因式,不是项),它的极限存在但不为 0,那么可将这种因式按乘积运算法则提出来另求,剩下的再另行处理;

（3）用等价无穷小替换；

（4）用洛必达法则$\left(\text{“}\dfrac{\infty}{\infty}\text{”型中“分子}\to\infty\text{”这一条件可以省去，结论不变}\right)$；

（5）用泰勒公式，或拉格朗日中值公式，或积分中值公式；

（6）有时要用到夹逼定理；

（7）最后都可能归结到极限的四则运算定理，复合函数求极限，连续函数求极限，以及几个重要极限；

（8）第二章中还会提到用导数定义求极限.

例 1　求$\lim\limits_{x\to 0}\dfrac{(1+x)^{\frac{2}{x}}-\mathrm{e}^2(1-\ln(1+x))}{x}$.

分析　易见为“$\dfrac{0}{0}$”型. 若立即用洛必达法则，会带来复杂的运算. 宜先按下列顺序化简：
(1)将幂指函数化成指数函数；(2)拆项计算（项，不是因式），其中拆开的各项的极限可以分别计算；(3)用等价无穷小替换.

解　$\dfrac{(1+x)^{\frac{2}{x}}-\mathrm{e}^2(1-\ln(1+x))}{x}=\dfrac{\mathrm{e}^{\frac{2}{x}\ln(1+x)}-\mathrm{e}^2+\mathrm{e}^2\ln(1+x)}{x}$, $\lim\limits_{x\to 0}\dfrac{\mathrm{e}^2\ln(1+x)}{x}=\mathrm{e}^2$,

$$\lim_{x\to 0}\frac{\mathrm{e}^{\frac{2}{x}\ln(1+x)}-\mathrm{e}^2}{x}=\mathrm{e}^2\lim_{x\to 0}\frac{\mathrm{e}^{\frac{2}{x}\ln(1+x)-2}-1}{x}$$

$$\overset{\text{等}}{=\!=}\mathrm{e}^2\lim_{x\to 0}\frac{\dfrac{2}{x}\ln(1+x)-2}{x}=2\mathrm{e}^2\lim_{x\to 0}\frac{\ln(1+x)-x}{x^2}$$

$$\overset{\text{洛}}{=\!=}2\mathrm{e}^2\lim_{x\to 0}\frac{\dfrac{1}{1+x}-1}{2x}=-\mathrm{e}^2,$$

其中“等”表示用了等价无穷小替换，“洛”用了洛必达法则. 所以原式$=0$.

例 2　求$\lim\limits_{x\to 0}\dfrac{(\cos x)^{\frac{1}{x}}-1}{x}$.

分析　一时还弄不清是否为“$\dfrac{0}{0}$”型. 应先考虑$\lim\limits_{x\to 0}(\cos x)^{\frac{1}{x}}=\lim\limits_{x\to 0}\mathrm{e}^{\frac{1}{x}\ln\cos x}$，再进一步讨论.

解　$\lim\limits_{x\to 0}(\cos x)^{\frac{1}{x}}=\lim\limits_{x\to 0}\mathrm{e}^{\frac{1}{x}\ln\cos x}$.

而

$$\lim_{x\to 0}\frac{\ln\cos x}{x}=\lim_{x\to 0}\frac{\ln(\cos x-1+1)}{x}$$

$$\overset{\text{等}}{=\!=}\lim_{x\to 0}\frac{\cos x-1}{x}=0,（用到：u\to 0\text{ 时 }\ln(1+u)\sim u）$$

所以

$$\lim_{x\to 0}\frac{(\cos x)^{\frac{1}{x}}-1}{x}=\lim_{x\to 0}\frac{\mathrm{e}^{\frac{1}{x}\ln\cos x}-1}{x}$$

$$\overset{\text{等}}{=\!=}\lim_{x\to 0}\frac{\dfrac{1}{x}\ln\cos x}{x}\quad（用到：u\to 0\text{ 时 }\mathrm{e}^u-1\sim u）$$

$$=\lim_{x\to 0}\frac{\ln\cos x}{x^2}=\lim_{x\to 0}\frac{-\dfrac{\sin x}{\cos x}}{2x}=-\frac{1}{2}.$$

例 3 求 $\lim\limits_{x \to 0} \dfrac{\tan(\tan x) - \sin(\sin x)}{x - \sin x}$.

分析 显然为 "$\dfrac{0}{0}$" 型. 直接用洛必达法则, 显然是不可取的. 先将分子变形拆成两项之和处理之.

解 $\dfrac{\tan(\tan x) - \sin(\sin x)}{x - \sin x} = \dfrac{\tan(\tan x) - \tan(\sin x) + \tan(\sin x) - \sin(\sin x)}{x - \sin x}$

$$= \frac{\sec^2 \xi \cdot (\tan x - \sin x)}{x - \sin x} + \frac{\tan(\sin x) - \sin(\sin x)}{x - \sin x},$$

其中 $\sin x < \xi < \tan x$. 前一项, 由 $\lim\limits_{x \to 0} \sec^2 \xi = \sec^2 0 = 1$, 有

$$\lim_{x \to 0} \frac{\sec^2 \xi \cdot (\tan x - \sin x)}{x - \sin x} = \lim_{x \to 0} \frac{\sin x \cdot (1 - \cos x)}{(x - \sin x) \cos x}$$

$$\overset{\text{等}}{=\!=} \lim_{x \to 0} \frac{x^3}{2(x - \sin x)} \overset{\text{洛}}{=\!=} \frac{3}{2} \lim_{x \to 0} \frac{x^2}{1 - \cos x} = 3,$$

对于后一项, 命 $t = \sin x$, 有

$$\lim_{x \to 0} \frac{\tan(\sin x) - \sin(\sin x)}{x - \sin x} = \lim_{t \to 0} \frac{\tan t - \sin t}{\arcsin t - t}$$

$$\overset{\text{洛}}{=\!=} \lim_{t \to 0} \frac{\sec^2 t - \cos t}{\dfrac{1}{\sqrt{1 - t^2}} - 1} = \lim_{t \to 0} \frac{1 - \cos^3 t}{1 - (1 - t^2)^{\frac{1}{2}}}$$

$$\overset{\text{洛}}{=\!=} \lim_{t \to 0} \frac{3\cos^2 t \sin t}{t(1 - t^2)^{-\frac{1}{2}}} = 3.$$

所以原式 $= 3 + 3 = 6$.

例 4 设 $f(x)$ 在 $x = 0$ 的某邻域内连续, $f(0) \neq 0$, 则 $\lim\limits_{x \to 0} \dfrac{\displaystyle\int_0^x (x - t) f(t) \mathrm{d}t}{x \displaystyle\int_0^x f(x - t) \mathrm{d}t} = $ _____.

分析 此为 "$\dfrac{0}{0}$" 型, 用洛必达法则对 x 求导时, 宜先将积分号内的 x 变形到积分号上、下限中, 或积分号外面. 为此, 分子应拆项, 分母应作积分变量变换.

解 应填 $\dfrac{1}{2}$.

$$\int_0^x (x - t) f(t) \mathrm{d}t = x \int_0^x f(t) \mathrm{d}t - \int_0^x t f(t) \mathrm{d}t,$$

$$\int_0^x f(x - t) \mathrm{d}t = \int_x^0 f(u)(-\mathrm{d}u) = \int_0^x f(u) \mathrm{d}u = \int_0^x f(t) \mathrm{d}t,$$

$$原式 = \lim_{x \to 0} \frac{x \displaystyle\int_0^x f(t) \mathrm{d}t - \int_0^x t f(t) \mathrm{d}t}{x \displaystyle\int_0^x f(t) \mathrm{d}t} = 1 - \lim_{x \to 0} \frac{\displaystyle\int_0^x t f(t) \mathrm{d}t}{x \displaystyle\int_0^x f(t) \mathrm{d}t} = 1 - \lim_{x \to 0} \frac{x f(x)}{\displaystyle\int_0^x f(t) \mathrm{d}t + x f(x)}.$$

上式右边第二项仍为 "$\dfrac{0}{0}$" 型, 但不能再用洛必达法则, 因为 $f(x)$ 在 $x = 0$ 的去心邻域内未设可导, 不满足洛必达法则中通常说的第二个条件. 改用积分中值定理, 下式中 ξ 介于 0 与 x 之间.

$$原式 = 1 - \lim_{x \to 0} \frac{xf(x)}{xf(\xi) + xf(x)} = 1 - \lim_{x \to 0} \frac{f(x)}{f(\xi) + f(x)}$$

$$= 1 - \frac{f(0)}{f(0) + f(0)} = 1 - \frac{1}{2} = \frac{1}{2}.$$

[注] 如果题设"$f(x)$在$x=0$的某邻域内连续，$f(0) \neq 0$"改为"$f(x)$在$x=0$的某邻域内存在$(n-1)$阶导数，且在$x=0$处存在n阶导数，又设$f(0)=f'(0)=\cdots=f^{(n-1)}(0)=0$，$f^{(n)}(0) \neq 0$"，其他不动，则结论如何？你会吗？请见2.1节的例5.

例5 设$f(x)$具有二阶连续导数，$f(0)=0$，$f'(0)=0$，$f''(x)>0$. 在曲线$y=f(x)$上任意一点$(x, f(x))$ $(x \neq 0)$处作此曲线的切线，此切线在x轴上的截距记为u，求$\lim\limits_{x \to 0} \dfrac{xf(u)}{uf(x)}$.

分析 按题目要求一步步往下做即可. 条件中给出$f(x)$具有二阶连续导数，想到用拉格朗日余项泰勒公式.

解 过点$(x, f(x))$的曲线$y=f(x)$的切线方程为

$$Y - f(x) = f'(x)(X - x),$$

它在x轴上的截距

$$u = x - \frac{f(x)}{f'(x)}.$$

（由$f'(0)=0$，$f''(x)>0$知，当$x \neq 0$时$f'(x) \neq 0$）. 将$f(x)$按拉格朗日余项泰勒公式展开：

$$f(x) = f(0) + f'(0)x + \frac{1}{2}f''(\xi_1)x^2 = \frac{1}{2}f''(\xi_1)x^2,$$

于是

$$f(u) = \frac{1}{2}f''(\xi_2)u^2.$$

代入欲求之式，并由$f''(x)$的连续性，有

$$\lim_{x \to 0} \frac{xf(u)}{uf(x)} = \lim_{x \to 0} \frac{\frac{1}{2}xf''(\xi_2)u^2}{\frac{1}{2}uf''(\xi_1)x^2} = \lim_{x \to 0} \frac{f''(\xi_2)}{f''(\xi_1)} \cdot \lim_{x \to 0} \frac{u}{x} = \lim_{x \to 0} \frac{x - \frac{f(x)}{f'(x)}}{x}$$

$$= \lim_{x \to 0} \frac{xf'(x) - f(x)}{xf'(x)} = \lim_{x \to 0} \frac{xf''(x)}{xf''(x) + f'(x)} = \lim_{x \to 0} \frac{f''(x)}{f''(x) + \frac{f'(x)}{x}} = \frac{1}{2}.$$

其中最后一步来自：$\lim\limits_{x \to 0} f''(x) = f''(0)$，$\lim\limits_{x \to 0} \dfrac{f'(x)}{x} = \lim\limits_{x \to 0} \dfrac{f''(x)}{1} = f''(0)$.

例6 以$[x]$表示不超过x的最大整数，a为常数，设

$$\lim_{x \to 0} \left(\frac{\ln(1 + e^{\frac{2}{x}})}{\ln(1 + e^{\frac{1}{x}})} + a[x] \right)$$

极限存在，则$a = \underline{\quad}$，此极限值$= \underline{\quad}$.

分析 一般来说，含有$|x|$，$e^{\frac{1}{x}}$，讨论$x \to 0$时的极限，含有$[x]$讨论x趋于整数时的极限，应分左、右极限讨论之.

解 应填$a = -2$，此极限值$= 2$.

$$\lim_{x \to 0^-} \left(\frac{\ln(1 + e^{\frac{2}{x}})}{\ln(1 + e^{\frac{1}{x}})} + a[x] \right) = \lim_{x \to 0^-} \frac{\ln(1 + e^{\frac{2}{x}})}{\ln(1 + e^{\frac{1}{x}})} + (-a)$$

$$\overset{等}{=} \lim_{x \to 0^-} \frac{e^{\frac{2}{x}}}{e^{\frac{1}{x}}} - a = \lim_{x \to 0^-} e^{\frac{1}{x}} - a = -a;$$

$$\lim_{x \to 0^+} \left(\frac{\ln(1 + e^{\frac{2}{x}})}{\ln(1 + e^{\frac{1}{x}})} + a[x] \right) = \lim_{x \to 0^+} \frac{\frac{2}{x} + \ln(1 + e^{-\frac{2}{x}})}{\frac{1}{x} + \ln(1 + e^{-\frac{1}{x}})} + 0$$

$$= \lim_{x \to 0^+} \frac{2 + x\ln(1 + e^{-\frac{2}{x}})}{1 + x\ln(1 + e^{-\frac{1}{x}})} = 2.$$

所以当且仅当 $a = -2$ 时,该极限存在,极限值为 2.

例 7 已知常数 a, b 均不为零,且

$$l = \lim_{x \to 0} \frac{(1 + ax)^{\frac{1}{2}} + (1 + bx)^{\frac{1}{3}} - 2}{x^2} = -\frac{3}{2},$$

则 $a = \underline{\quad}, b = \underline{\quad}.$

分析 此为"$\frac{0}{0}$"型,由于参数待求,所以在继续用洛必达法则时,要适当讨论. 本题也可

分别将 $(1 + ax)^{\frac{1}{2}}$ 与 $(1 + bx)^{\frac{1}{3}}$ 按佩亚诺余项泰勒公式展开. 读者将会发现,用后一方法比前者省事.

解 应填 $a = \pm 2, b = \mp 3.$

方法 1

$$l = \lim_{x \to 0} \frac{(1 + ax)^{\frac{1}{2}} + (1 + bx)^{\frac{1}{3}} - 2}{x^2} \overset{\text{洛}}{=} \lim_{x \to 0} \frac{\frac{a}{2}(1 + ax)^{-\frac{1}{2}} + \frac{b}{3}(1 + bx)^{-\frac{2}{3}}}{2x}. \quad (1.7)$$

上述右边分子趋于 $\frac{a}{2} + \frac{b}{3}$. 若 $\frac{a}{2} + \frac{b}{3} \neq 0$,则上述右边趋于 ∞,从而左边应趋于 ∞,与题设矛

盾. 故

$$\frac{a}{2} + \frac{b}{3} = 0. \quad (1.8)$$

在此条件下,式(1.7)的右边又是"$\frac{0}{0}$"型,可以再用洛必达法则,

$$l \overset{\text{洛}}{=} \lim_{x \to 0} \frac{-\frac{a^2}{4}(1 + ax)^{-\frac{3}{2}} - \frac{2b^2}{9}(1 + bx)^{-\frac{5}{3}}}{2} = -\frac{a^2}{8} - \frac{b^2}{9}.$$

依题意,应有

$$-\frac{a^2}{8} - \frac{b^2}{9} = -\frac{3}{2}. \quad (1.9)$$

解式(1.8)与式(1.9)得 a, b 如上所填.

方法 2 用佩亚诺余项泰勒公式展开:

$$(1 + ax)^{\frac{1}{2}} = 1 + \frac{1}{2}(ax) + \frac{1}{2!} \cdot \frac{1}{2}\left(\frac{1}{2} - 1\right)(ax)^2 + o_1(x^2),$$

$$(1 + bx)^{\frac{1}{3}} = 1 + \frac{1}{3}(bx) + \frac{1}{2!} \cdot \frac{1}{3}\left(\frac{1}{3} - 1\right)(bx)^2 + o_2(x^2),$$

从而

$$l = \lim_{x \to 0} \frac{\left(\frac{a}{2} + \frac{b}{3}\right)x - \left(\frac{a^2}{8} + \frac{b^2}{9}\right)x^2 + o(x^2)}{x^2} \overset{\text{题设}}{=} -\frac{3}{2},$$

所以 $\dfrac{a}{2}+\dfrac{b}{3}=0$ 及 $\dfrac{a^2}{8}+\dfrac{b^2}{9}=\dfrac{3}{2}$. 解之同上.

[**注**] 对于方法 1,必须讨论是否为"$\dfrac{0}{0}$"型,从而得到确定系数应满足的一个等式,若不经讨论,贸然对式(1.7)再用洛必达法则,则只能得到一个等式(1.9). 由于洛必达法则要多次讨论且多次求导,可见方法 1 比方法 2 麻烦.

例 8 已知 $\lim\limits_{x\to 0}\left(1+x+\dfrac{f(x)}{x}\right)^{\frac{1}{x}}=\mathrm{e}^3$,则 $\lim\limits_{x\to 0}\dfrac{f(x)}{x^2}=$_____.

分析 这类题有多种办法可供选择. 一种是利用极限与无穷小的关系,由题设条件去掉极限号,解出 $f(x)$,代入欲求的极限式求之. 此方法步骤简单,但计算量可能较大,见下面的方法 1;另一种方法是将欲求的极限凑成用已知极限表示;也可以先由已知极限出发,推导出欲求极限的一些有用的结果,然后再将欲求的极限凑成用已知极限表示,这就是下面的方法 2.

解 应填 2. 方法 1　由 $\lim\limits_{x\to 0}\left(1+x+\dfrac{f(x)}{x}\right)^{\frac{1}{x}}=\mathrm{e}^3$,有

$$\lim_{x\to 0}\mathrm{e}^{\frac{1}{x}\ln\left(1+x+\frac{f(x)}{x}\right)}=\mathrm{e}^3,$$

从而推知

$$\lim_{x\to 0}\frac{1}{x}\ln\left(1+x+\frac{f(x)}{x}\right)=3,$$

$$\frac{1}{x}\ln\left(1+x+\frac{f(x)}{x}\right)=3+\alpha,\text{ 其中 }\lim_{x\to 0}\alpha=0.$$

解出得

$$\frac{f(x)}{x}=\mathrm{e}^{3x+\alpha x}-1-x,$$

$$\lim_{x\to 0}\frac{f(x)}{x^2}=\lim_{x\to 0}\frac{\mathrm{e}^{3x+\alpha x}-1}{x}-1\overset{\text{等}}{=\!=\!=}\lim_{x\to 0}\frac{3x+\alpha x}{x}-1$$

$$=3-1=2.$$

方法 2　由 $\lim\limits_{x\to 0}\dfrac{1}{x}\ln\left(1+x+\dfrac{f(x)}{x}\right)=3$,有

$$\lim_{x\to 0}\ln\left(1+x+\frac{f(x)}{x}\right)=0,$$

所以

$$\lim_{x\to 0}\left(x+\frac{f(x)}{x}\right)=0.$$

从而

$$3=\lim_{x\to 0}\frac{1}{x}\ln\left(1+x+\frac{f(x)}{x}\right)\overset{\text{等}}{=\!=\!=}\lim_{x\to 0}\frac{1}{x}\left(x+\frac{f(x)}{x}\right)$$

$$=1+\lim_{x\to 0}\frac{f(x)}{x^2}.$$

所以 $\lim\limits_{x\to 0}\dfrac{f(x)}{x^2}=2$.

[**注**] 本例为 2014 年全国大学生数学竞赛(非数学类)预赛题.

例 9 设 $\lim\limits_{x\to 0}\left(\dfrac{\sin 6x+xf(x)}{x^3}\right)=0$,则 $\lim\limits_{x\to 0}\dfrac{6+f(x)}{x^2}=$_____.

分析　见例 8 的分析,有多种方法.

解　应填 36.

方法 1 由题设条件解出

$$f(x) = \frac{\alpha x^3 - \sin 6x}{x}, \text{其中} \lim_{x \to 0} \alpha = 0.$$

从而

$$\lim_{x \to 0} \frac{6 + f(x)}{x^2} = \lim_{x \to 0} \frac{6x + \alpha x^3 - \sin 6x}{x^3} = \lim_{x \to 0} \frac{6x - \sin 6x}{x^3}$$

$$\overset{\text{洛}}{=} \lim_{x \to 0} \frac{6 - 6\cos 6x}{3x^2} \overset{\text{等}}{=} \lim_{x \to 0} \frac{(6x)^2}{x^2} = 36.$$

方法 2 考虑

$$\frac{6 + f(x)}{x^2} - \frac{\sin 6x + x f(x)}{x^3} = \frac{6x - \sin 6x}{x^3},$$

从而

$$\frac{6 + f(x)}{x^2} = \frac{\sin 6x + x f(x)}{x^3} + \frac{6x - \sin 6x}{x^3},$$

$$\lim_{x \to 0} \frac{6 + f(x)}{x^2} = \lim_{x \to 0} \frac{\sin 6x + x f(x)}{x^3} + \lim_{x \to 0} \frac{6x - \sin 6x}{x^3} = 0 + 36 = 36.$$

例 10 设 $f(x) = x - (ax + b\sin x)\cos x$. 试确定待定常数 a, b 的值，使当 $x \to 0$ 时 $f(x)$ 为 x 的尽可能高阶的无穷小.

分析 所谓当 $x \to 0$ 时 $f(x)$ 为 x 的尽可能高阶的无穷小，即求尽可能大的 n_0，使 $\lim\limits_{x \to 0} \dfrac{f(x)}{x^{n_0}}$ 存在不为零，而对于大于 n_0 的 n，不论 a, b 取什么值，总有

$$\lim_{x \to 0} \frac{f(x)}{x^n} = \lim_{x \to 0} \left(\frac{f(x)}{x^{n_0}} \cdot \frac{x^{n_0}}{x^n} \right) = \infty.$$

按此思路，可以采用下述两个方法. 方法 1，将 $f(x)$ 按 $(x-0)$ 的佩亚诺余项泰勒公式展开，使首次出现不为零的项的方次尽可能的高，为 n_0；方法 2，用洛必达法则，读者将会看到，后一方法要步步讨论，且要多次求导，显得麻烦. 本质上讲这两个方法是一样的，不过前者用了现成的泰勒公式.

解 **方法 1** 用佩亚诺余项泰勒公式展开至 $o(x^5)$ 试之（方次低了不行，要重新来过；高了浪费精力，所以这里说"试之"）：

$$\sin x = x - \frac{1}{3!}x^3 + \frac{1}{5!}x^5 + o_1(x^6),$$

$$\cos x = 1 - \frac{1}{2!}x^2 + \frac{1}{4!}x^4 + o_2(x^5),$$

有

$$f(x) = x - \left[ax + b\left(x - \frac{1}{3!}x^3 + \frac{1}{5!}x^5 + o_1(x^6) \right) \right] \left[1 - \frac{1}{2!}x^2 + \frac{1}{4!}x^4 + o_2(x^5) \right]$$

$$= (1 - (a+b))x + \left(\frac{4b}{3!} + \frac{a}{2!} \right)x^3 - \left(\frac{b}{5!} + \frac{b}{3!2!} + \frac{a+b}{4!} \right)x^5 + o(x^5).$$

命

$$a + b = 1, \quad \frac{a}{2!} + \frac{4b}{3!} = 0,$$

解得 $a = 4, b = -3$，从而 x^5 的系数为

$$-\left(\frac{b}{5!} + \frac{b}{3!2!} + \frac{a+b}{4!} \right) = \frac{7}{30}.$$

于是

$$f(x) = \frac{7}{30}x^5 + o(x^5),$$

$x \to 0$ 时，$f(x)$ 与 x^5 为同阶无穷小. 不可能取到其他的 a,b 的值，使当 $x \to 0$ 时 $f(x)$ 比 x^5 为更高的无穷小.

方法 2 用洛必达法则. 当 n 足够大，易见 $\lim\limits_{x\to 0}\dfrac{f(x)}{x^n}$ 为 "$\dfrac{0}{0}$" 型，用洛必达法则，

$$\lim_{x\to 0}\frac{f'(x)}{nx^{n-1}} = \lim_{x\to 0}\frac{1 + (ax + b\sin x)\sin x - (a + b\cos x)\cos x}{nx^{n-1}}.$$

要使 n 尽可能大且右边极限存在不为零，所以应取 a,b 使右边分子极限为零，即

$$1 - (a + b) = 0. \tag{1.10}$$

于是所求极限的右边为 "$\dfrac{0}{0}$" 型. 再用洛必达法则，

$$\lim_{x\to 0}\frac{f''(x)}{n(n-1)x^{n-2}} = \lim_{x\to 0}\frac{2(a + b\cos x)\sin x + (ax + b\sin x)\cos x + b\sin x\cos x}{n(n-1)x^{n-2}},$$

上式右边为 "$\dfrac{0}{0}$" 型，再用洛必达法则，

$$\lim_{x\to 0}\frac{f'''(x)}{n(n-1)(n-2)x^{n-3}} = \lim_{x\to 0}\frac{-3b\sin^2 x + 3a\cos x + 3b\cos^2 x - ax\sin x + b\cos 2x}{n(n-1)(n-2)x^{n-3}}.$$

与上推理类似，应取

$$3a + 4b = 0. \tag{1.11}$$

将式(1.10)与式(1.11)联立解之得 $a = 4, b = -3$. 在此条件下，上述极限又为 "$\dfrac{0}{0}$" 型. 再用洛必达法则，

$$\lim_{x\to 0}\frac{f^{(4)}(x)}{n(n-1)(n-2)(n-3)x^{n-4}} = \lim_{x\to 0}\frac{-8b\sin 2x - 4a\sin x - ax\cos x}{n(n-1)(n-2)(n-3)x^{n-4}}$$
$$\overset{洛}{=} \lim_{x\to 0}\frac{-16b\cos 2x - 5a\cos x + ax\sin x}{n(n-1)(n-2)(n-3)(n-4)x^{n-5}}.$$

取 $n = 5$，a,b 如上所取，上述极限为 $\dfrac{7}{30}$. 故知取 $a = 4, b = -3, n = 5$.

例 11 当 $x \to 1^-$ 时，求与 $\displaystyle\int_0^{+\infty} x^{t^2}\,\mathrm{d}t$ 等价的无穷大量.

分析 所谓 $x \to x_0$ 时 $f(x)$ 与 $g(x)$ 为等价的无穷大量，是指：$\lim\limits_{x\to x_0}f(x) = \infty$，$\lim\limits_{x\to x_0}g(x) = \infty$，$\lim\limits_{x\to x_0}\dfrac{f(x)}{g(x)} = 1$. 给了 $f(x)$，与 $f(x)$ 等价的无穷大量的答案是不唯一的. 通常指 $\dfrac{A}{(x-x_0)^p}$ （或 $\dfrac{A}{(x_0-x)^p}$）形式，这样形式的答案，如果存在的话，是唯一的.

本题中 $x \to 1^-$，所以用 $\dfrac{1}{(1-x)^p}$ 去讨论之.

解 考虑

$$\frac{\displaystyle\int_0^{+\infty} x^{t^2}\,\mathrm{d}t}{\dfrac{1}{(1-x)^p}} = (1-x)^p\int_0^{+\infty} x^{t^2}\,\mathrm{d}t = (1-x)^p\int_0^{+\infty} \mathrm{e}^{t^2\ln x}\,\mathrm{d}t$$

$$= (1-x)^p \int_0^{+\infty} e^{-t^2 \ln\frac{1}{x}} dt.$$

作积分变量变换,命 $t\sqrt{\ln\frac{1}{x}} = u$,从而 $\sqrt{\ln\frac{1}{x}} dt = du$.

$$(1-x)^p \int_0^{+\infty} e^{-t^2 \ln\frac{1}{x}} dt = \frac{(1-x)^p}{\sqrt{\ln\frac{1}{x}}} \int_0^{+\infty} e^{-u^2} du$$

$$\xlongequal{1-x=y} \frac{y^p}{\sqrt{-\ln(1-y)}} \cdot \frac{\sqrt{\pi}}{2}.$$

所以

$$\lim_{x\to 1^-} \frac{\int_0^{+\infty} x^{t^2} dt}{\frac{1}{(1-x)^p}} = \lim_{y\to 0^+} \frac{y^p}{\sqrt{-\ln(1-y)}} \cdot \frac{\sqrt{\pi}}{2} \xlongequal{\text{等}} \frac{\sqrt{\pi}}{2} \lim_{y\to 0^+} \frac{y^p}{y^{\frac{1}{2}}},$$

所以取 $p = \dfrac{1}{2}$ 可使上述极限存在且不为 0,该极限值为 $\dfrac{\sqrt{\pi}}{2}$. 所以当 $x \to 1^-$ 时,$\int_0^{+\infty} x^{t^2} dt$ 与

$\dfrac{1}{\sqrt{1-x}}$ 为同阶无穷大量,与 $\dfrac{\sqrt{\pi}}{2} \cdot \dfrac{1}{\sqrt{1-x}}$ 为等价无穷大量.

二、数列的极限

有的读者可能会说,数列 $\{u_n\}$ 不过是函数 $f(x)$ 的特殊情形 $\{f(n)\}$,数列的极限似乎比函数的极限简单. 其实不然. 理论上可以将数列看成函数的特殊情形,但实际上,并不是每一个数列都能具体表示出 $\{f(n)\}$. 这就是难点所在. 处理数列的极限的方法大致有:

(1) 用 ε-N 的定义证明 $\lim\limits_{n\to\infty} u_n = A$. 这里的 A 应事先给出或事先猜出来的,或者由别的式子可推导出来的.

(2) 用积分和式求极限:设 $f(x)$ 在闭区间 $[0,1]$ 上连续,则

$$\lim_{n\to\infty} \frac{1}{n} \sum_{i=1}^{n} f\left(\frac{i}{n}\right) = \int_0^1 f(x) dx, \tag{1.12}$$

或

$$\lim_{n\to\infty} \frac{1}{n} \sum_{i=0}^{n-1} f\left(\frac{i}{n}\right) = \int_0^1 f(x) dx, \tag{1.13}$$

这里的 $f(x)$ 可由欲求的极限看出来.

此方法用于 n 项和的极限情形,使用起来十分简单,能用就用,不能用则改用别的办法.

(3) 用单调有界定理:设 $\{u_n\}$ 单调增加(减少)且有上界 M(下界 m),则 $\lim\limits_{n\to\infty} u_n$ 存在且 $\leqslant M (\geqslant m)$. 此定理常用于迭代数列情形,一般说来用它只能证明极限存在,特殊情况下才能用它求出极限值.

(4) 用夹逼定理:设 $v_n \leqslant u_n \leqslant w_n (n=1,2,\cdots)$ 且 $\lim\limits_{n\to\infty} v_n = \lim\limits_{n\to\infty} w_n = A$,则 $\lim\limits_{n\to\infty} u_n = A$. 夹逼定理使用的范围相当广泛,用它不但能证明极限存在,而且能得出极限值. 此定理对函数的情形也适用.

(5) 用柯西收敛准则:数列 $\{u_n\}$ 存在极限的充要条件是,对于任意给定的 $\varepsilon > 0$,存在

$N(\varepsilon)>0$,使当 $n>N(\varepsilon)$ 及任意正整数 p,恒有 $|u_n-u_{n+p}|<\varepsilon$. 此方法比用定义验证收敛性的优越性在于不需事先知道极限 A. 而难点在于不等式 $|u_n-u_{n+p}|<\varepsilon$ 中,除了 $n>N(\varepsilon)$ 外,并要求对任意正整数 p 都成立. 而估算 $|u_n-u_{n+p}|$ 比估算 $|u_n-A|$ 要复杂或需更多技巧.

(6) 用施笃兹(Stolz)定理:设数列 $\{y_n\}$ 严格单调增加且 $\lim\limits_{n\to\infty}y_n=+\infty$,又设 $\lim\limits_{n\to\infty}\dfrac{x_n-x_{n-1}}{y_n-y_{n-1}}$ 存在(或无穷),则

$$\lim_{n\to\infty}\frac{x_n}{y_n}=\lim_{n\to\infty}\frac{x_n-x_{n-1}}{y_n-y_{n-1}}. \tag{1.14}$$

此等式成立的意思是,若右边为 A,则左边亦为 A,若右边为 $+\infty(-\infty)$,则左边亦为 $+\infty(-\infty)$. 此定理的证明见下面例18.

(7) 归结原理:设 $f(x)$ 在 x_0 的某去心邻域内有定义,并设对于任意趋于 x_0 的序列 $\{x_n\}$,极限 $\lim\limits_{n\to\infty}f(x_n)$ 都存在,为同一个 A,则 $\lim\limits_{x\to x_0}f(x)$ 必存在并且也是 A. 这里的 A 可以是 $+\infty$, $-\infty$ 或 ∞.

(8) 用收敛级数的必要条件:设级数 $\sum\limits_{n=1}^{\infty}u_n$ 收敛,则 $\lim\limits_{n\to\infty}u_n=0$;用收敛级数的部分和存在极限来证明某极限的存在性.

例 12 $\quad\lim\limits_{n\to\infty}\sum\limits_{k=1}^{n}\dfrac{\sin\frac{k}{n}\pi}{n+\frac{k}{n}}=$ ____.

分析 求 n 项和的极限,每一项中又含有 n,所以它不是个无穷级数. 处理这类问题首先想到用积分和式极限. 若不行,用夹逼定理讨论之.

解 应填 $\dfrac{2}{\pi}$.

与式(1.12)或式(1.13)对照,不能直接套上. 放大、缩小试之.

$$\sum_{k=1}^{n}\frac{\sin\frac{k}{n}\pi}{n+\frac{k}{n}}\leqslant\frac{1}{n}\sum_{k=1}^{n}\sin\frac{k}{n}\pi,$$

而

$$\lim_{n\to\infty}\frac{1}{n}\sum_{k=1}^{n}\sin\frac{k}{n}\pi=\int_0^1\sin\pi x\,\mathrm{d}x=-\frac{1}{\pi}\cos\pi x\Big|_0^1=\frac{2}{\pi}.$$

又

$$\sum_{k=1}^{n}\frac{\sin\frac{k}{n}\pi}{n+\frac{k}{n}}\geqslant\frac{1}{n+1}\sum_{k=1}^{n}\sin\frac{k}{n}\pi=\frac{n}{n+1}\cdot\frac{1}{n}\sum_{k=1}^{n}\sin\frac{k}{n}\pi,$$

$$\lim_{n\to\infty}\left(\frac{n}{n+1}\cdot\frac{1}{n}\sum_{k=1}^{n}\sin\frac{k}{n}\pi\right)=1\cdot\int_0^1\sin\pi x\,\mathrm{d}x=\frac{2}{\pi}.$$

所以 $\lim\limits_{n\to\infty}\sum\limits_{k=1}^{n}\dfrac{\sin\frac{k}{n}\pi}{n+\frac{k}{n}}=\dfrac{2}{\pi}.$

例 13 设 $u_n = \sum_{k=1}^{n}\left(\dfrac{1}{3k-2}+\dfrac{1}{3k-1}-\dfrac{2}{3k}\right)$，求 $\lim\limits_{n\to\infty}u_n$.

分析 将和式 u_n 化简.

解
$$u_n = \sum_{k=1}^{n}\left(\frac{1}{3k-2}+\frac{1}{3k-1}-\frac{2}{3k}\right) = \sum_{k=1}^{n}\left(\frac{1}{3k-2}+\frac{1}{3k-1}+\frac{1}{3k}-\frac{1}{k}\right)$$

$$= \sum_{k=1}^{n}\left(\frac{1}{3k-2}+\frac{1}{3k-1}+\frac{1}{3k}\right)-\sum_{k=1}^{n}\frac{1}{k}$$

$$= \sum_{k=1}^{3n}\frac{1}{k}-\sum_{k=1}^{n}\frac{1}{k} = \sum_{k=n+1}^{3n}\frac{1}{k}$$

$$= \sum_{i=1}^{2n}\frac{1}{n+i} = \frac{1}{n}\sum_{i=1}^{2n}\frac{1}{1+\dfrac{i}{n}},$$

$$\lim_{n\to\infty}u_n = \lim_{n\to\infty}\frac{1}{n}\sum_{i=1}^{2n}\frac{1}{1+\dfrac{i}{n}}$$

$$\stackrel{[\text{注}]}{=\!=\!=}\int_0^2\frac{1}{1+x}\mathrm{d}x = \ln(1+x)\Big|_0^2 = \ln3.$$

[注] 一般，设 $f(x)$ 在区间 $[0,k]$（k 为正整数）上连续，则

$$\lim_{n\to\infty}\frac{1}{n}\sum_{i=1}^{kn}f\left(\frac{i}{n}\right) = \lim_{n\to\infty}\frac{1}{n}\left(\sum_{i=1}^{n}f\left(\frac{i}{n}\right)+\sum_{i=n+1}^{2n}f\left(\frac{i}{n}\right)+\cdots+\sum_{i=(k-1)n+1}^{kn}f\left(\frac{i}{n}\right)\right)$$

$$= \lim_{n\to\infty}\frac{1}{n}\left(\sum_{i=1}^{n}f\left(\frac{i}{n}\right)+\sum_{i=1}^{n}f\left(1+\frac{i}{n}\right)+\cdots+\sum_{i=1}^{n}f\left(k-1+\frac{i}{n}\right)\right)$$

$$= \int_0^1 f(x)\mathrm{d}x+\int_0^1 f(1+x)\mathrm{d}x+\cdots+\int_0^1 f(k-1+x)\mathrm{d}x$$

$$= \int_0^1 f(x)\mathrm{d}x+\int_1^2 f(x)\mathrm{d}x+\cdots+\int_{k-1}^{k} f(x)\mathrm{d}x$$

$$= \int_0^k f(x)\mathrm{d}x.$$

例 14 设 $u_{n+1}=\sqrt{6+u_n}\,(n=1,2,\cdots)$，$u_1\geqslant-6$. 试讨论 $\lim\limits_{n\to\infty}u_n$ 的存在性，若存在并求之.

分析 这是以迭代形式给出的数列. 讨论其极限的存在性，首先想到，如果极限存在，看看此极限应该等于多少？这样使得目标更明确.

设 $\lim\limits_{n\to\infty}u_n$ 存在，记为 a，将 $u_{n+1}=\sqrt{6+u_n}$ 两边取极限，得 $a=\sqrt{6+a}$，$a^2-a-6=0$，$a=3$ 或 $a=-2$. 但因 $\{u_n\}$ 是一个正项数列，若 $\lim\limits_{n\to\infty}u_n$ 存在，等于 a，则应有 $a\geqslant0$. 故若 $\lim\limits_{n\to\infty}u_n$ 存在，应是 $\lim\limits_{n\to\infty}u_n=3$.

解 方法 1 以迭代形式给出的数列 $\{u_n\}$，讨论其极限的存在性，常用单调有界定理试之. 考虑

$$u_{n+1}-3 = \sqrt{6+u_n}-3 = \frac{6+u_n-9}{\sqrt{6+u_n}+3}$$

$$= \frac{u_n-3}{\sqrt{6+u_n}+3}. \tag{1.15}$$

① 如果 $u_1>3$，则由数学归纳法知对一切 u_n，皆有 $u_n>3$，$\{u_n\}$有下界. 又因

$$u_{n+1}-u_n=\sqrt{6+u_n}-u_n=\frac{6+u_n-u_n^2}{\sqrt{6+u_n}+u_n}$$

$$=-\frac{(u_n-3)(u_n+2)}{\sqrt{6+u_n}+u_n}<0,$$

数列$\{u_n\}$单调减少，由单调有界定理知

$$\lim_{n\to\infty}u_n\xrightarrow{\text{存在记为}}a,$$

再按分析中的讨论及计算知，$a=3$. 即有$\lim\limits_{n\to\infty}u_n=3$.

② 如果 $u_1=3$，则由式(1.15)及数学归纳法知，对一切 u_n 皆有 $u_n=3$，从而$\lim\limits_{n\to\infty}u_n=3$.

③ 如果$-6\leqslant u_1<3$，则由式(1.15)及数学归纳法知，对一切 u_n，皆有$-6\leqslant u_n<3$. 再由

$$u_{n+1}-u_n=-\frac{(u_n-3)(u_n+2)}{\sqrt{6+u_n}+u_n}>0,$$

数列$\{u_n\}$单调增加. 由单调有界定理及以上讨论知$\lim\limits_{n\to\infty}u_n=3$. 总之，3 种情形都有$\lim\limits_{n\to\infty}u_n=3$.

方法 2 对于迭代数列讨论其极限，有时也可用夹逼定理. 不过仍需事先猜得其极限值. 由式(1.15)，有

$$|u_{n+1}-3|=\left|\frac{u_n-3}{\sqrt{6+u_n}+3}\right|<\frac{1}{3}|u_n-3|$$

$$<\left(\frac{1}{3}\right)^2|u_{n-1}-3|<\cdots<\left(\frac{1}{3}\right)^n|u_1-3|. \tag{1.16}$$

因为无论 u_1 是什么值，一旦给定，它总是一个确定的数. 式(1.16)的左边$\geqslant0$，对式(1.16)两边命 $n\to\infty$取极限，由夹逼定理得$\lim\limits_{n\to\infty}|u_{n+1}-3|=0$. 于是$\lim\limits_{n\to\infty}u_n=3$.

方法 3 用柯西收敛准则，此法不需事先猜出极限值是多少，但在估计不等式时有一定的难度，由所给条件有

$$|u_{n+1}-u_n|=|\sqrt{6+u_n}-\sqrt{6+u_{n-1}}|$$

$$=\left|\frac{6+u_n-(6+u_{n-1})}{\sqrt{6+u_n}+\sqrt{6+u_{n-1}}}\right|=\left|\frac{u_n-u_{n-1}}{\sqrt{6+u_n}+\sqrt{6+u_{n-1}}}\right|$$

$$<\frac{1}{2\sqrt{6}}|u_n-u_{n-1}|\quad(n=2,3,\cdots),$$

记

$$k=\frac{1}{2\sqrt{6}},\quad 0<k<1,$$

于是有

$$|u_{n+1}-u_n|<k|u_n-u_{n-1}|\quad(n=2,3,\cdots), \tag{1.17}$$

$$|u_n-u_{n+p}|\leqslant|u_{n+p}-u_{n+p-1}|+\cdots+|u_{n+1}-u_n|$$

$$<(k^{n+p-2}+k^{n+p-3}+\cdots+k^{n-1})|u_2-u_1|$$

$$=\frac{k^{n-1}(1-k^p)}{1-k}|u_2-u_1|$$

$$<\frac{k^{n-1}}{1-k}|u_2-u_1|.$$

其中 $|u_2-u_1|$ 为定值,记为 r. 于是对于任给 $\varepsilon>0$,只要

$$\frac{k^{n-1}r}{1-k}<\varepsilon,$$

即只要

$$n>\frac{\lg\dfrac{\varepsilon(1-k)}{r}}{\lg k}+1,$$

便可使

$$|u_n-u_{n+p}|<\varepsilon. \tag{1.18}$$

故取 $N(\varepsilon)=\left[\lg\dfrac{\varepsilon(1-k)}{r}\Big/\lg k+1\right]$,当 $n>N(\varepsilon)$ 时,就有式(1.18)成立. 由柯西准则,证明了 $\lim\limits_{n\to\infty}u_n$ 存在. 再按分析中讲的办法求得 $\lim\limits_{n\to\infty}u_n=3$.

例 15 设 $u_1>0,u_{n+1}=3+\dfrac{4}{u_n},n=1,2,\cdots$. 讨论 $\{u_n\}$ 的收敛性,若收敛,并求其极限.

分析 仍先设 $\lim\limits_{n\to\infty}u_n$ 存在,记为 a 考察之. 由所给迭代式两边取极限得 $a=3+\dfrac{4}{a},a^2-3a-4=0,(a-4)(a+1)=0$,得 $a=4$,或 $a=-1$. 由于 $u_1>0$,所以对一切 $u_n>0$,因此不可能 $a=-1$. 取 $a=4$ 考察之.

解 $u_{n+1}-4=3+\dfrac{4}{u_n}-4=\dfrac{4}{u_n}-1=\dfrac{4-u_n}{u_n}$,发现 $\{u_n\}$ 并不单调. 例如取 $u_1>4$,则 $0<u_2<4$,$u_3>4,\cdots$. 不能立即用单调有界定理. 再进一步考察,有

$$u_{n+1}=3+\frac{4}{u_n}=3+\frac{4}{3+\dfrac{4}{u_{n-1}}}=3+\frac{4u_{n-1}}{3u_{n-1}+4},$$

$$u_{n+1}-4=\frac{u_{n-1}-4}{3u_{n-1}+4}.$$

如果 $u_1>4$,则 $u_3>4,\cdots,u_{2n+1}>4,\cdots$ 奇下标数列 $\{u_{2n+1}\}$ 有下界 4;如果 $0<u_1<4$,则 $0<u_3<4,\cdots,0<u_{2n+1}<4,\cdots$ 奇下标数列 $\{u_{2n+1}\}$ 有上界 4.

再看单调性

$$u_{n+1}-u_{n-1}=3+\frac{4u_{n-1}}{3u_{n-1}+4}-u_{n-1}=\frac{12+9u_{n-1}-3u_{n-1}^2}{3u_{n-1}+4}$$

$$=\frac{-3(u_{n-1}-4)(u_{n-1}+3)}{3u_{n-1}+4}.$$

当 $u_1>4$ 时,$\{u_{2n-1}\}$ 单调减少;当 $0<u_1<4$ 时,$\{u_{2n-1}\}$ 单调增加. 所以不论哪种情形,由单调有界定理知,$\lim\limits_{n\to\infty}u_{2n-1}$ 存在. 再由分析中讨论知,$\lim\limits_{n\to\infty}u_{2n-1}=4$. 又

$$u_{2n}=3+\frac{4}{u_{2n-1}},$$

有 $\lim\limits_{n\to\infty}u_{2n}=3+1=4$. 所以不论是奇下标还是偶下标,只要 $u_1>0(u_1\neq4)$,均有 $\lim\limits_{n\to\infty}u_n=4$.

最后,如果 $u_1=4$,显然一切 $u_n=4,\lim\limits_{n\to\infty}u_n=4$.

方法 2 用夹逼定理. 由 $u_{n+1}=3+\dfrac{4}{u_n}$ 有

$$u_{n+1} - 4 = \frac{4 - u_n}{u_n}, \quad n = 1, 2, \cdots,$$

且 $u_{n+1} > 3$ $(n=1,2,\cdots)$. 所以

$$|u_{n+1} - 4| = \frac{|4 - u_n|}{u_n} \leqslant \frac{1}{3}|u_n - 4|$$

$$\leqslant \cdots \leqslant \left(\frac{1}{3}\right)^n |u_1 - 4|.$$

等式左边显然 $\geqslant 0$，右边 $|u_1-4|$ 为确定的数. 令 $n \to \infty$，由夹逼定理得 $\lim\limits_{n \to \infty} |u_{n+1} - 4| = 0$，从而 $\lim\limits_{n \to \infty} u_n = 4$.

[**注**]　本例及习题 27 也可用柯西收敛准则.

例 16　设 a 为常数，求 $\lim\limits_{n \to \infty} \sum\limits_{k=1}^{n} \sin \frac{(2k-1)a}{n^2}$.

解　若 $a=0$，则该极限显然为 0；若 $a<0$，则命 $\alpha = -a > 0$. 所以只要讨论 $a>0$ 情形.

由

$$\lim_{x \to 0} \frac{\sin x}{x} = 1,$$

$\forall \varepsilon > 0, \exists N > 0$，当 $n > N$ 时，对于 $k = 1, 2, \cdots, n$，有

$$1 - \varepsilon < \frac{\sin \dfrac{(2k-1)a}{n^2}}{\dfrac{(2k-1)a}{n^2}} < 1 + \varepsilon,$$

即

$$\frac{(2k-1)a}{n^2} - \frac{(2k-1)a}{n^2} \varepsilon < \sin \frac{(2k-1)a}{n^2} < \frac{(2k-1)a}{n^2} + \frac{(2k-1)a}{n^2} \varepsilon.$$

由于

$$\sum_{k=1}^{n} \frac{(2k-1)}{n^2} = \frac{1}{n^2} \sum_{k=1}^{n} (2k-1) = \frac{1}{n^2}(1 + 2n - 1)\frac{n}{2} = 1,$$

所以得到

$$a - a\varepsilon < \sum_{k=1}^{n} \sin \frac{(2k-1)a}{n^2} < a + a\varepsilon.$$

由 $\varepsilon > 0$ 的任意性，得到

$$\lim_{n \to \infty} \sum_{k=1}^{n} \frac{\sin(2k-1)a}{n^2} = a.$$

上式对于 $a>0, =0, <0$ 都成立.

例 17（施笃兹定理）　试证明：设数列 $\{y_n\}$ 严格单调增加，且 $\lim\limits_{n \to \infty} y_n = +\infty$，又设 $\lim\limits_{n \to \infty} \dfrac{x_n - x_{n-1}}{y_n - y_{n-1}}$ 存在（或无穷），则

$$\lim_{n \to \infty} \frac{x_n}{y_n} = \lim_{n \to \infty} \frac{x_n - x_{n-1}}{y_n - y_{n-1}}.$$

解　(1) 先假定 $\lim\limits_{n \to \infty} \dfrac{x_n - x_{n-1}}{y_n - y_{n-1}} = A$（有限值），于是对于任给的 $\varepsilon > 0$，存在正整数 k，当 $n > k$ 时，

$$\left|\frac{x_n - x_{n-1}}{y_n - y_{n-1}} - A\right| < \frac{\varepsilon}{2}, \quad \text{又 } y_n - y_{n-1} > 0.$$

因此，令 $n = k+1, k+2, \cdots$ 知，下列各值

$$\frac{x_{k+1} - x_k}{y_{k+1} - y_k}, \frac{x_{k+2} - x_{k+1}}{y_{k+2} - y_{k+1}}, \cdots, \frac{x_{n-1} - x_{n-2}}{y_{n-1} - y_{n-2}}, \frac{x_n - x_{n-1}}{y_n - y_{n-1}}$$

都介于 $A - \frac{\varepsilon}{2}$ 与 $A + \frac{\varepsilon}{2}$ 之间. 从而有

$$\left|\frac{x_n - x_k}{y_n - y_k} - A\right| < \frac{\varepsilon}{2}.^{[注1]} \tag{1.19}$$

容易验知下述恒等式成立：

$$\frac{x_n}{y_n} - A = \frac{x_k - Ay_k}{y_n} + \left(1 - \frac{y_k}{y_n}\right)\left(\frac{x_n - x_k}{y_n - y_k} - A\right),$$

由于 $\{y_n\}$ 严格单调增加且 $\lim\limits_{n\to\infty} y_n = +\infty$，故可认为当 n 足够大时，$0 < \frac{y_k}{y_n} < 1$，从而

$$\left|\frac{x_n}{y_n} - A\right| \leqslant \left|\frac{x_k - Ay_k}{y_n}\right| + \left|\frac{x_n - x_k}{y_n - y_k} - A\right|. \tag{1.20}$$

对于任给 $\varepsilon > 0$，存在正整数 h，当 $n > h$ 时，

$$\left|\frac{x_k - Ay_k}{y_n}\right| < \frac{\varepsilon}{2},$$

（这是因为上式左边的分子为常数，分母当 $n \to \infty$ 时趋于 $+\infty$）. 于是，取 $N = \max\{k, h\}$，当 $n > N$ 时，由式 (1.20) 便有

$$\left|\frac{x_n}{y_n} - A\right| < \frac{\varepsilon}{2} + \frac{\varepsilon}{2} = \varepsilon.$$

证得要证的式子成立.

(2) 设 $\lim\limits_{n\to\infty}\frac{x_n - x_{n-1}}{y_n - y_{n-1}} = \infty$，不妨认为

$$\lim\limits_{n\to\infty}\frac{x_n - x_{n-1}}{y_n - y_{n-1}} = +\infty.$$

于是，存在 $N > 0$，当 $n > N$ 时，有 $x_n - x_{n-1} > y_n - y_{n-1}$. 于是

$$x_n - x_N > y_n - y_N.$$

所以 $\lim\limits_{n\to\infty} x_n = +\infty$，且 $\{x_n\}$ 为严格单调增加. 由 (1) 的结论，有

$$\lim\limits_{n\to\infty}\frac{y_n}{x_n} = \lim\limits_{n\to\infty}\frac{y_n - y_{n-1}}{x_n - x_{n-1}} = 0,$$

从而

$$\lim\limits_{n\to\infty}\frac{x_n}{y_n} = \lim\limits_{n\to\infty}\frac{x_n - x_{n-1}}{y_n - y_{n-1}} = +\infty.$$

若 $\lim\limits_{n\to\infty}\frac{x_n - x_{n-1}}{y_n - y_{n-1}} = -\infty$，命 $u_n = -x_n$，于是有

$$\lim\limits_{n\to\infty}\frac{u_n - u_{n-1}}{y_n - y_{n-1}} = +\infty,$$

从而

$$\lim\limits_{n\to\infty}\frac{u_n}{y_n} = +\infty, \quad \lim\limits_{n\to\infty}\frac{x_n}{y_n} = -\infty.$$

[注1] 设 $c < \dfrac{a_i}{b_i} < d$,其中 $b_i > 0$,$i = 1, 2, \cdots, m$,则 $c < \dfrac{\sum\limits_{i=1}^{m} a_i}{\sum\limits_{i=1}^{m} b_i} < d$. 证明如下:由条

件 $c < \dfrac{a_i}{b_i} < d$,有 $cb_i < a_i < db_i$,于是

$$c \sum_{i=1}^{m} b_i < \sum_{i=1}^{m} a_i < d \sum_{i=1}^{m} b_i,$$

从而

$$c < \frac{\sum\limits_{i=1}^{m} a_i}{\sum\limits_{i=1}^{m} b_i} < d.$$

[注2] 本节求函数的极限中曾说及,洛必达法则"$\dfrac{\infty}{\infty}$"型的分子$\to\infty$这一条件可以省去,其证明与本例的证明十分类似,作为习题(见本章习题 25).请读者自己完成之.

例 18 设 $\{a_n\}$ 为数列,a, λ 为有限数,求证:

(1) 如果 $\lim\limits_{n\to\infty} a_n = a$,则 $\lim\limits_{n\to\infty} \dfrac{a_1 + a_2 + \cdots + a_n}{n} = a$.

(2) 如果存在正整数 p,使得 $\lim\limits_{n\to\infty}(a_{n+p} - a_n) = \lambda$,则 $\lim\limits_{n\to\infty} \dfrac{a_n}{n} = \dfrac{\lambda}{p}$.

分析 本题(1)为施笃兹定理的特例,也可以如下面(1)给予重新证明.再利用(1)的结论证(2).

证 (1) 由 $\lim\limits_{n\to\infty} a_n = a$,故知 $\{a_n\}$ 有界;存在 $M > 0$,对一切 n,$|a_n| \leqslant M$. 再由 $\lim\limits_{n\to\infty} a_n = a$,对于 $\varepsilon > 0$,存在 N_1,当 $n > N_1$ 时,$|a_n - a| < \dfrac{\varepsilon}{2}$. 又

$$\left| \frac{\sum\limits_{i=1}^{n} a_i}{n} - a \right| = \left| \frac{\sum\limits_{i=1}^{n}(a_i - a)}{n} \right| \leqslant \frac{\sum\limits_{i=1}^{n} |a_i - a|}{n}$$

$$= \frac{\sum\limits_{i=1}^{N_1} |a_i - a|}{n} + \frac{\sum\limits_{i=N_1+1}^{n} |a_i - a|}{n}$$

$$< \frac{N_1(M + |a|)}{n} + \frac{(n - N_1)}{n} \cdot \frac{\varepsilon}{2}.$$

易见存在 $N_2 > N_1$,当 $n > N_2$ 时,$\dfrac{N_1(M + |a|)}{n} < \dfrac{\varepsilon}{2}$,$\dfrac{n - N_1}{n} < 1$. 于是对于 $\varepsilon > 0$,存在 $N_2 > N_1$,当 $n > N_2$ 时

$$\left| \frac{\sum\limits_{i=1}^{n} a_i}{n} - a \right| < \varepsilon. \qquad\qquad ((1) \text{证毕})$$

(2) 命 $A_n^{(i)} = a_{(n+1)p+i} - a_{np+i}$,$(i = 0, 1, \cdots, p-1)$,对固定的 i,序列 $\{a_{np+i}\}$ 为 $\{a_n\}$ 的子序

列,$a_{(n+1)p+i}$ 与 a_{np+i} 的下标差 $(n+1)p+i-(np+i)=p$,所以序列 $\{A_n^{(i)}\}=\{a_{(n+1)p+i}-a_{np+i}\}$ 为 $\{a_{n+p}-a_n\}$ 的一个子序列. 由

$$\lim_{n\to\infty}(a_{n+p}-a_n)=\lambda,$$

所以

$$\lim_{n\to\infty}A_n^{(i)}=\lambda,\quad(i=0,1,\cdots,p-1).$$

由(1)推知

$$\lim_{n\to\infty}\frac{A_1^{(i)}+A_2^{(i)}+\cdots+A_n^{(i)}}{n}=\lambda.$$

而

$$A_1^{(i)}+A_2^{(i)}+\cdots+A_n^{(i)}=\sum_{k=1}^{n}A_k^{(i)}=a_{(n+1)p+i}-a_{p+i},$$

于是推知

$$\lim_{n\to\infty}\frac{a_{(n+1)p+i}}{n}=\lambda.\quad(i=0,1,\cdots,p-1).$$

从而对于 $i=0,1,\cdots,p-1$,均有

$$\lim_{n\to\infty}\frac{a_{(n+1)p+i}}{(n+1)p+i}=\lim_{n\to\infty}\frac{a_{(n+1)p+i}}{n}\cdot\frac{n}{(n+1)p+i}=\frac{\lambda}{p},$$

对于任意 $m\in N$,由上述 p,总可将 m 写成

$$m=np+i,$$

其中 i 为 $0,1,\cdots,p-1$ 中的某一个,$m\to\infty$ 等价于 $n\to\infty$. 于是推得 $\lim\limits_{m\to\infty}\dfrac{a_m}{m}=\dfrac{\lambda}{p}$.

[**注**] 本例为 2011 年全国大学生数学竞赛(非数学类)预赛题.

例 19 设 $f(x)$ 在区间 $[0,a]$ 上存在一阶连续导数,且存在 $f''(0)\neq0,f'(0)=1$.并设当 $x\in(0,a)$ 时 $0<f(x)<x$.命 $x_1\in(0,a),x_{n+1}=f(x_n),n=1,2,\cdots$.

(1)证明 $\lim\limits_{n\to\infty}x_n$ 存在并求之;

(2)试问 $\{nx_n\}$ 是否收敛?若收敛,求其极限;若不收敛,请说明理由(本例为 2013 年全国大学生数学竞赛(数学类)预赛题).

证 (1)由条件 $0<f(x)<x$ 当 $x\in(0,a)$ 及 $x_{n+1}=f(x_n)$ 当 $x_1\in(0,a)$,推知
$$0<x_{n+1}=f(x_n)<x_n\quad(n=1,2,\cdots),$$
故知 $\{x_n\}$ 单调减少且有下界 0.所以

$$\lim_{n\to\infty}x_n\xrightarrow{\text{存在记为}}x_0,\quad 0\leqslant x_0\leqslant a.$$

对 $x_{n+1}=f(x_n)$ 两边取极限,由 $f(x)$ 在 $x=x_0$ 处连续,所以

$$x_0=\lim_{n\to\infty}x_{n+1}=\lim_{n\to\infty}f(x_n)=f(x_0).$$

若 $x_0>0$,则与 $f(x_0)<x_0$ 矛盾.所以 $x_0=0$.即有 $\lim\limits_{n\to\infty}x_n=0$.顺便得到 $f(0)=0$.

$$(2)\ \lim_{n\to\infty}nx_n=\lim_{n\to\infty}\frac{n}{\dfrac{1}{x_n}}\xrightarrow{\text{Stolz 定理}}\lim_{n\to\infty}\frac{n-(n-1)}{\dfrac{1}{x_n}-\dfrac{1}{x_{n-1}}}$$

$$=\lim_{n\to\infty}\frac{x_nx_{n-1}}{x_{n-1}-x_n}=\lim_{n\to\infty}\frac{x_{n-1}f(x_{n-1})}{x_{n-1}-f(x_{n-1})}.$$

改为考虑

$$\lim_{x\to 0}\frac{xf(x)}{x-f(x)}\stackrel{\text{洛}}{=\!=\!=}\lim_{x\to 0}\frac{f(x)+xf'(x)}{1-f'(x)}=\lim_{x\to 0}\frac{\dfrac{f(x)-f(0)}{x-0}+f'(x)}{-\dfrac{f'(x)-f'(0)}{x-0}}$$

$$=\frac{f'(0)+f'(0)}{-f''(0)}=-\frac{2}{f''(0)}.$$

所以 $\lim\limits_{n\to\infty}nx_n=-\dfrac{2}{f''(0)}$.

例 20 证明 $\lim\limits_{n\to\infty}\Big(\sum\limits_{k=1}^{n}\dfrac{1}{k}-\ln n\Big)$ 存在.

分析 本题有多种方法. 方法 1, 建立一个不等式, 然后证明 $s_n=\sum\limits_{k=1}^{n}\dfrac{1}{k}-\ln n$ 单调有

界, 就证明了 $\lim\limits_{n\to\infty}s_n$ 存在. 方法 2, 将 $\ln n$ 写成某 n 项之和, 与 $\sum\limits_{k=1}^{n}\dfrac{1}{k}$ 合并成为一个级数的前 n 项

部分和, 一旦证明了该级数收敛, 就证明了该部分和极限存在.

解 **方法 1** 考虑函数 $f(x)=\ln x,x\in[n,n+1]$. 由拉格朗日中值定理, 有

$$\ln(n+1)-\ln n=\frac{1}{\xi}[(n+1)-n]=\frac{1}{\xi},n<\xi<n+1.$$

于是

$$\frac{1}{n+1}<\frac{1}{\xi}<\frac{1}{n},$$

从而

$$\frac{1}{n+1}<\ln\Big(1+\frac{1}{n}\Big)<\frac{1}{n}.$$

如分析中定义 s_n, 有

$$s_{n+1}-s_n=\frac{1}{n+1}-\ln\Big(1+\frac{1}{n}\Big)<0,$$

$$s_n=\sum_{k=1}^{n}\frac{1}{k}-\ln n>\sum_{k=1}^{n}\ln\Big(1+\frac{1}{k}\Big)-\ln n=\ln\Big(1+\frac{1}{n}\Big)>0,$$

于是知 $\{s_n\}$ 为单调减少的正项数列, 所以 $\lim\limits_{n\to\infty}s_n$ 存在.

方法 2 $\sum\limits_{k=1}^{n}\dfrac{1}{k}-\ln n=1+\sum\limits_{k=2}^{n}\Big(\dfrac{1}{k}+\ln\dfrac{k-1}{k}\Big)=1+\sum\limits_{k=2}^{n}a_k$, 其中

$$a_k=\frac{1}{k}+\ln\Big(1-\frac{1}{k}\Big).$$

容易知道, 当 $k\geqslant 2$ 时, $a_k<0$, 级数 $\sum\limits_{k=2}^{\infty}(-a_k)$ 是正项级数. 由于

$$\lim_{x\to 0}\frac{-(x+\ln(1-x))}{x^2}=-\lim_{x\to 0}\frac{1-\dfrac{1}{1-x}}{2x}=\frac{1}{2},$$

所以级数 $\sum\limits_{k=2}^{\infty}(-a_k)$ 收敛, 从而知它的前 n 项部分和的极限

$$\lim_{n\to\infty}\sum_{k=2}^{n}(-a_k)$$

存在,于是知 $\lim\limits_{n\to\infty}\left(\sum\limits_{k=1}^{n}\dfrac{1}{k}-\ln n\right)$ 存在. 证毕.

[注] 记 $c=\lim\limits_{n\to\infty}\left(\sum\limits_{k=1}^{n}\dfrac{1}{k}-\ln n\right)$,称它为欧拉常数,$c=0.57721566490\cdots$,于是 $\sum\limits_{k=1}^{n}\dfrac{1}{k}=\ln n+c+\gamma_n$,其中 $\lim\limits_{n\to\infty}\gamma_n=0$.

例 21 求 $\lim\limits_{\substack{n\to+\infty\\m\to+\infty}}\sum\limits_{i=1}^{m}\sum\limits_{j=1}^{n}\dfrac{(-1)^{i+j}}{i+j}$.

分析 由于 $\dfrac{(-1)^{i+j}}{i+j}=\int_{-1}^{0}x^{i+j-1}\mathrm{d}x$,利用积分化简求和.

解 因为

$$\int_{-1}^{0}x^{i+j-1}\mathrm{d}x=\frac{1}{i+j}x^{i+j-1}\Big|_{-1}^{0}=-\frac{(-1)^{i+j}}{i+j},\quad i=1,2,\cdots,m;j=1,2,\cdots,n.$$

所以

$$\sum_{i=1}^{m}\sum_{j=1}^{n}\frac{(-1)^{i+j}}{i+j}=-\sum_{i=1}^{m}\sum_{j=1}^{n}\int_{-1}^{0}x^{i+j-1}\mathrm{d}x$$

$$=-\sum_{i=1}^{m}\int_{-1}^{0}\Big(\sum_{j=1}^{n}x^{i+j-1}\Big)\mathrm{d}x=-\sum_{i=1}^{m}\int_{-1}^{0}\frac{x^{i}-x^{i+n}}{1-x}\mathrm{d}x$$

$$=-\int_{-1}^{0}\frac{1}{1-x}\Big(\sum_{i=1}^{m}x^{i}-\sum_{i=1}^{m}x^{i+n}\Big)\mathrm{d}x$$

$$=-\int_{-1}^{0}\frac{1}{(1-x)^2}(x-x^{m+1}-x^{n+1}+x^{n+m+1})\mathrm{d}x.$$

以下证

$$\lim_{k\to+\infty}\int_{-1}^{0}\frac{x^{k}}{(1-x)^2}\mathrm{d}x=0\quad(k\ \text{为正整数}).$$

事实上,作积分变量变换 $x=-t$,

$$\int_{-1}^{0}\frac{x^{k}}{(1-x)^2}\mathrm{d}t=(-1)^{k}\int_{0}^{1}\frac{t^{k}}{(1+t)^2}\mathrm{d}t,$$

而

$$\int_{0}^{1}\frac{t^{k}}{(1+t)^2}\mathrm{d}t\leqslant\int_{0}^{1}t^{k}\mathrm{d}t=\frac{1}{k+1},$$

$$\lim_{k\to+\infty}\int_{0}^{1}\frac{t^{k}}{(1+t)^2}\mathrm{d}t=0,$$

所以

$$\lim_{k\to+\infty}\int_{-1}^{0}\frac{x^{k}}{(1-x)^2}\mathrm{d}x=0.$$

由此,

$$\lim_{\substack{n\to+\infty\\m\to+\infty}}\sum_{i=1}^{m}\sum_{j=1}^{n}\frac{(-1)^{i+j}}{i+j}=-\int_{-1}^{0}\frac{x}{(1-x)^2}\mathrm{d}t=-\int_{-1}^{0}\Big(\frac{1}{(1-x)^2}-\frac{1}{1-x}\Big)\mathrm{d}x=\ln 2-\frac{1}{2}.$$

例 22 设正项数列 $\{a_n\}$ 单调减少,且 $\lim\limits_{n\to\infty}\sum\limits_{i=1}^{n}a_i=+\infty$,证明:

$$\lim_{n\to\infty}\frac{a_2+a_4+\cdots+a_{2n}}{a_1+a_3+\cdots+a_{2n-1}}=1.$$

分析 由$\{a_n\}$为单调减少的正项数列，所以

$$\frac{a_2+a_4+\cdots+a_{2n}}{a_1+a_3+\cdots+a_{2n-1}}\leqslant 1.$$

若再能建立另一端的某不等式，就启发用夹逼定理解之.

证 记

$$u_n=\frac{a_2+a_4+\cdots+a_{2n}}{a_1+a_3+\cdots+a_{2n-1}},$$

有$u_n\leqslant 1$. 缩小分子，有

$$u_n\geqslant\frac{a_3+a_5+\cdots+a_{2n+1}}{a_1+a_3+\cdots+a_{2n-1}}=\frac{a_1+a_3+\cdots+a_{2n+1}-a_1}{a_1+a_3+\cdots+a_{2n-1}}$$

$$=1+\frac{a_{2n+1}-a_1}{a_1+a_3+\cdots+a_{2n-1}}. \tag{1.21}$$

因$\{a_n\}$为单调减少的正项数列，所以$\lim\limits_{n\to\infty}a_n$存在且非负. 又

$$a_1+a_2+a_3+\cdots+a_{2n}\leqslant 2(a_1+a_3+\cdots+a_{2n-1}).$$

当$n\to\infty$时，左边$\to+\infty$，故右边$\to+\infty$，由式(1.21)及夹逼定理知，$\lim\limits_{n\to\infty}u_n=1$.

[注] 作为特例，有

$$\lim_{n\to\infty}\frac{\dfrac{1}{2}+\dfrac{1}{4}+\cdots+\dfrac{1}{2n}}{1+\dfrac{1}{3}+\cdots+\dfrac{1}{2n-1}}=1.$$

例 23 求极限$\lim\limits_{n\to\infty}(\cos\pi\sqrt{1+4n^2})^{n^2}$.

分析 应先化简$\pi\sqrt{1+4n^2}$. 因为当$n\to\infty$时，$\pi\sqrt{1+4n^2}\sim 2n\pi$，再由周期性导出下面解法.

解 $\cos\pi\sqrt{1+4n^2}=\cos(\pi\sqrt{1+4n^2}-2n\pi)=\cos\left(\dfrac{\pi}{\sqrt{1+4n^2}+2n}\right),$

所以

$$(\cos\pi\sqrt{1+4n^2})^{n^2}=\exp(n^2\ln\cos\pi\sqrt{1+4n^2})$$

$$=\exp\left\{n^2\ln\left[1-\left(1-\cos\frac{\pi}{\sqrt{1+4n^2}+2n}\right)\right]\right\}.$$

$$\lim_{n\to\infty}(\cos\pi\sqrt{1+4n^2})^{n^2}=\lim_{n\to\infty}\exp\left\{n^2\cdot\frac{-\pi^2}{2(\sqrt{1+4n^2}+2n)^2}\right\}=\exp\left\{-\frac{\pi^2}{32}\right\}.$$

1.3 函数的连续性

与本节有关的问题，大致有三类. 一是讨论具体函数或抽象函数的连续与间断，包括由连续性确定其中的参数，证明函数的连续性；二是由函数的连续性讨论它的某些特性，例如有界(部分题已见于1.1)、零点、介值、不动点等；三是函数方程的连续解.

一、讨论函数的连续性

例 1 设 $f(x)=\lim\limits_{n\to\infty}\dfrac{x^{2n+1}+(a-1)x^n-1}{x^{2n}-ax^n-1}$ 在 $(0,+\infty)$ 上连续,则常数 $a=$____.

分析 应分两步走.第一步,先计算出此极限,得到 $f(x)$ 的(分段)表达式;第二步,由 $f(x)$ 的连续性确定出参数 a 的值.

解 应填 $a=\dfrac{1}{2}$.

当 $0\leqslant x<1$ 时,$f(x)=1$;

当 $x=1$ 时,$f(x)=\dfrac{a-1}{-a}=\dfrac{1}{a}-1$;

当 $x>1$ 时,$f(x)=\lim\limits_{n\to\infty}x\dfrac{1+(a-1)x^{-n-1}-x^{-2n-1}}{1-ax^{-n}-x^{-2n}}=x.$

即

$$f(x)=\begin{cases}1, & 0\leqslant x<1,\\[2mm]\dfrac{1}{a}-1, & x=1,\\[2mm]x, & x>1.\end{cases}$$

$f(x)$ 在 $(0,+\infty)$ 连续的充要条件是 $\dfrac{1}{a}-1=1$,即 $a=\dfrac{1}{2}$.

例 2 已知 $f(x)=\dfrac{e^x-b}{(x-a)(x-b)}$ 在 $x=e$ 处为无穷间断点,$x=1$ 处为可去间断点,则常数 $a=$____,常数 $b=$____.

分析 按间断点的定义去考虑.

解 应填 $a=1,b=e$.

$x=e$ 处为无穷间断点,所以 $(e-a)(e-b)=0,e^e-b\neq0$.

$x=1$ 处为可去间断点,所以 $(1-a)(1-b)=0,e^1-b=0$.

由后者可得 $b=e,a=1$,它同时满足第一组条件.如此取定之后,可以验证 $f(x)$ 的确满足所述条件.

例 3 设 $f(x)$ 与 $g(x)$ 在 $(-\infty,+\infty)$ 内有定义,$f(x)$ 有唯一间断点 x_1,$g(x)$ 有唯一间断点 x_2.试讨论 $f(x)+g(x)$ 有无间断点,有多少个间断点.

分析 应分 $x_1=x_2$ 与 $x_1\neq x_2$ 两种情形讨论.

解 设 $x_1\neq x_2$,则 $f(x)+g(x)$ 必有间断点,且 x_1 与 x_2 均是它的间断点.证明如下:

设 $w(x)=f(x)+g(x)$ 没有间断点,由 $f(x)=w(x)-g(x)$,$g(x)$ 在 x_1 处连续,所以 $f(x)$ 在 x_1 处也应连续,矛盾.所以 $w(x)$ 在 $x=x_1$ 处必为间断点.同理 $w(x)$ 在 $x=x_2$ 也必为间断点.在其他点处 $f(x)$ 与 $g(x)$ 均连续,所以 $w(x)$ 也连续,所以当 $x_1\neq x_2$ 处 $w(x)$ 有且仅有两个间断点 x_1 与 x_2.

设 $x_1=x_2$.则可以举出例子说明 $f(x)+g(x)$ 可以没有间断点,也可以只有一个间断点.例子如下.

$$f(x)=\begin{cases}1, & x\geqslant0,\\2, & x<0,\end{cases}\quad g_1(x)=\begin{cases}2, & x\geqslant0,\\1, & x<0,\end{cases}\quad g_2(x)=\begin{cases}1, & x\geqslant0,\\2, & x<0.\end{cases}$$

易知,

$$f(x)+g_1(x)=3, \quad \text{无间断点}.$$

$$f(x)+g_2(x)=\begin{cases} 2, & x\geqslant 0, \\ 4, & x<0, \end{cases} \quad \text{只有一个间断点}.$$

二、连续函数的某些性质

例 4 设函数对任意 $x\in(-\infty,+\infty)$ 满足 $f(x)=f(x^2)$, $f(x)$ 在 $x=0$ 与 $x=1$ 处均连续,且 $f(1)=a$,试求 $f(x)$.

分析 由 $f(x)=f(x^2)$,对于 $x>0$ 有 $f(x)=f(x^{\frac{1}{2}})$,依此下推就可得到 $f(x)$ 的表达式.

解 由 $f(x)=f(x^2)$ 有 $f(-x)=f((-x)^2)=f(x^2)=f(x)$,所以 $f(x)$ 为偶函数. 为此只需考虑 $x\geqslant 0$ 即可.

设 $x>0$,于是有

$$f(x)=f(x^{\frac{1}{2}})=f(x^{\frac{1}{4}})=\cdots=f(x^{2^{-n}}),$$

由 $f(x)$ 在 $x=1$ 处连续,有

$$\lim_{n\to\infty}f(x)=\lim_{n\to\infty}f(x^{2^{-n}})=f(1).$$

但左边与 n 无关,故得 $f(x)=f(1)$(当 $x>0$ 时). 又因 $f(x)$ 在 $x=0$ 处也连续,所以

$$f(0)=\lim_{x\to 0^+}f(x)=\lim_{x\to 0^+}f(1)=f(1)=a.$$

再由偶函数性质知,$f(x)=a$, $x\in(-\infty,+\infty)$.

例 5 设 $f(x)$ 在 $[a,b]$ 上连续,$a\leqslant x_1<x_2<\cdots<x_n\leqslant b$,试证明存在 $\xi\in(a,b)$ 使 $f(\xi)=\dfrac{1}{n}\sum_{i=1}^{n}f(x_i)$,其中 $n\geqslant 3$.

分析 $f(x)$ 在 $[a,b]$ 上连续,故 $f(x)$ 在 $[a,b]$ 上存在最大值 M 与最小值 m. 从而

$$m\leqslant\frac{1}{n}\sum_{i=1}^{n}f(x_i)\leqslant M.$$

由连续函数介值定理立即可知存在 $\xi\in[a,b]$ 使欲求结论成立. 但现在要证存在 $\xi\in(a,b)$,其证明要麻烦一些.

证 记 $M=\max\limits_{[a,b]}f(x)$, $m=\min\limits_{[a,b]}f(x)$, $\mu=\dfrac{1}{n}\sum_{i=1}^{n}f(x_i)$.

(1) 如果 $\mu=m$,则 $f(x_i)=m(i=1,\cdots,n)$. 于是在 $x_1,x_2,\cdots,x_n$ 中任取一个作为 ξ,都有 $f(\xi)=m$. $n\geqslant 3$,所以在 $x_1,x_2,\cdots,x_n$ 中至少有一点在 (a,b) 的内部,这就证明了存在 $\xi\in(a,b)$ 使 $f(\xi)=\mu$.

(2) 如果 $\mu=M$,则仿(1)立即可得.

(3) 如果 $m<\mu<M$. 记 $f(\alpha)=m$, $f(\beta)=M$,不妨认为 $\alpha<\beta$,于是 $a\leqslant\alpha<\beta\leqslant b$. 在区间 $[\alpha,\beta]$ 上使用连续函数介值定理知,存在 $\xi\in(\alpha,\beta)\subset(a,b)$.

例 6 设 $f(x)$ 在 $(-\infty,+\infty)$ 内连续,$\lim\limits_{x\to-\infty}f(x)=A$, $\lim\limits_{x\to+\infty}f(x)=B$, $A\neq B$. 试证明对于介于 A 与 B 之间的数 C,必有 $\xi\in(-\infty,+\infty)$ 使 $f(\xi)=C$.

分析 如果区间 $(-\infty,+\infty)$ 为区间 $(0,1)$,那么再补充定义在端点 0 与 1 处的值使

$f(x)$在$[0,1]$上连续,则由连续函数介值定理即可得证. 现在设法将区间$(-\infty,+\infty)$变换成区间$(0,1)$即可.

解 令$x=g(t)=\ln(\mathrm{e}^{\frac{1}{t}}-\mathrm{e})$,即$t=\dfrac{1}{\ln(\mathrm{e}+\mathrm{e}^x)}$,有:当$x\to+\infty$时,$t\to0^+$;当$x\to-\infty$时,

$t\to1^-$. 且$\dfrac{\mathrm{d}t}{\mathrm{d}x}<0$,这样一来,将$x$的区间$(-\infty,+\infty)$变换成$t$的区间$(0,1)$. 令

$$F(t)=f(g(t)),\quad t\in(0,1).$$

由复合函数连续性知,$F(t)$在区间$(0,1)$内连续,补充定义

$$F(0)=\lim_{t\to0^+}F(t)=\lim_{x\to-\infty}f(x)=A.$$
$$F(1)=\lim_{t\to1^-}F(t)=\lim_{x\to+\infty}f(x)=B.$$

于是知$F(t)$在$[0,1]$上连续,C介于A与B之间,于是知存在$t=\eta\in(0,1)$使$F(\eta)=C$. 再由

$$\eta=\frac{1}{\ln(\mathrm{e}+\mathrm{e}^x)},$$

得 $$x=\ln(\mathrm{e}^{\frac{1}{\eta}}-\mathrm{e})\xlongequal{\text{记为}}\xi,$$

使 $$f(\xi)=f(g(\eta))=F(\eta)=C.$$

例 7 设$f(x)$在$(-\infty,+\infty)$内连续且$f[f(x)]=x$. 证明至少存在一点$x_0\in(-\infty,+\infty)$使$f(x_0)=x_0$.

分析 只要能证明,在$(-\infty,+\infty)$内,既有点x_1,使$f(x_1)-x_1\geqslant0$,又有点x_2,使$f(x_2)-x_2\leqslant0$,则由连续函数介值定理知,至少存在一点ξ使$f(\xi)-\xi=0$.

解 用反证法. 设在$(-\infty,+\infty)$内恒有$f(x)-x>0$,即$f(x)>x$. 由于x的任意性,以$f(x)$代替其中的x,有$f(f(x))>f(x)>x$. 与$f(f(x))\equiv x$矛盾.

同理,如果在$(-\infty,+\infty)$内恒有$f(x)-x<0$,亦矛盾.

由此可知,必有$x_1\in(-\infty,+\infty)$使$f(x_1)\leqslant x_1$,且必有$x_2\in(-\infty,+\infty)$使$f(x_2)\geqslant x_2$. 若上面可以取到等号,则证毕. 设都不能取到等号,即有x_1使$f(x_1)<x_1$,有x_2使$f(x_2)>x_2$,即

$$f(x_1)-x_1<0,\quad f(x_2)-x_2>0.$$

显然$x_1\neq x_2$. 由连续函数介值定理知,至少存在一点$\xi\in(-\infty,+\infty)$使$f(\xi)=\xi$. 证毕.

例 8 设当$a\leqslant x\leqslant b$时,$a\leqslant f(x)\leqslant b$,并设存在常数$k$,$0\leqslant k<1$,对于$[a,b]$上的任意两点$x'$与$x''$,都有$|f(x')-f(x'')|\leqslant k|x'-x''|$. 试证明:

(1) 存在唯一的$\xi\in[a,b]$使$f(\xi)=\xi$;

(2) 对于任意给定的$x_1\in[a,b]$,定义$x_{n+1}=f(x_n)$,$n=1,2,\cdots$,则$\lim\limits_{n\to\infty}x_n$存在,且$\lim\limits_{n\to\infty}x_n=\xi$.

分析 由连续性及$a\leqslant f(x)\leqslant b$再用介值定理可证$\xi$的存在性. 因为这里未设函数可导,所以无法用导数证零点的唯一性,而应采用反证法证明唯一性. 至于(2),可用 1.2 节中用的办法,证明迭代式给的数列的极限的存在性.

解 (1) 由$|f(x')-f(x'')|\leqslant k|x'-x''|$,取任意固定的$x_0\in[a,b]$作为其中的$x''$,并将$x'$记为$x$. 于是有

$$|f(x)-f(x_0)|\leqslant k|x-x_0|,$$

令$x\to x_0$得$|f(x)-f(x_0)|\to0$,于是有$\lim\limits_{x\to x_0}f(x)=f(x_0)$,可知$f(x)$在$x_0\in[a,b]$处连续,由于$x_0$的任意性,故知$f(x)$在$[a,b]$上连续.

考虑 $\varphi(x)=f(x)-x$, $\varphi(a)=f(a)-a\geqslant 0$, $\varphi(b)=f(b)-b\leqslant 0$. 上述两不等式中若至少有一式等号成立, 例如 $\varphi(a)=0$, 则取 $\xi=a\in[a,b]$, 有 $\varphi(\xi)=f(\xi)-\xi=0$. 若上述两不等式中无一式等号成立, 即 $\varphi(a)=f(a)-a>0$, $\varphi(b)=f(b)-b<0$. 于是由连续函数介值定理知, 存在 $\xi\in(a,b)$ 使 $\varphi(\xi)=f(\xi)-\xi=0$. 再证唯一性. 用反证法. 设存在 $\eta\in[a,b]$, $\eta\neq\xi$, 使 $\varphi(\eta)=f(\eta)-\eta=0$. 于是

$$f(\eta)-f(\xi)=\eta-\xi,$$
$$|\eta-\xi|=|f(\eta)-f(\xi)|\leqslant k|\eta-\xi|,$$
$$(1-k)|\eta-\xi|\leqslant 0.$$

但因 $1-k>0$, $|\eta-\xi|>0$, 导致矛盾. 所以 $\eta=\xi$, 证明了唯一性.

(2) 为证 $\lim\limits_{n\to\infty}x_n=\xi$, 考虑

$$|x_n-\xi|=|f(x_{n-1})-f(\xi)|\leqslant k|x_{n-1}-\xi|$$
$$\leqslant\cdots\leqslant k^{n-1}|x_1-\xi|,$$

其中 x_1 与 ξ 都是确定的值, 所以当 $n\to\infty$ 时, $|x_n-\xi|\to 0$, 从而证明了 $\lim\limits_{n\to\infty}x_n$ 存在且等于 ξ. (2)证毕.

[注] 经映射 f, x' 映成 $f(x')$, x'' 映成 $f(x'')$. 条件 $|f(x')-f(x'')|\leqslant k|x'-x''|$ $(0\leqslant k<1)$ 表明两点 x' 与 x'' 的映象的距离 $|f(x')-f(x'')|$ 比原先的距离 $|x'-x''|$ 缩小了. 故称这种 f 为压缩映射. 本例是说, 从 $[a,b]$ 到 $[a,b]$ 的压缩映射必存在唯一的 $\xi\in[a,b]$ 使 $f(\xi)=\xi$. 这种点 ξ 经 f 映成它自己: $f(\xi)=\xi$, 称为映射 f 的不动点, 也称方程 $f(x)=x$ 的根. 由(2)可知此不动点可由迭代式 $x_{n+1}=f(x_n)$ 取极限得到.

若 $f(x)$ 在 $[a,b]$ 上可导, 且 $|f'(x)|\leqslant k<1$, 则由拉格朗日中值定理知, 对于 $[a,b]$ 上任意两点 x' 与 x'', 有

$$|f(x')-f(x'')|=|f'(\xi)(x'-x'')|\leqslant k|x'-x''|,$$

保证了本例中的条件成立, 从而本例结论成立.

例如, 设常数 $\varepsilon\in(0,1)$, $f(x)=a_0+\varepsilon\sin x$. 区间 $(-\infty,+\infty)$, $|f'(x)|=|\varepsilon\cos x|\leqslant\varepsilon<1$, 由 $x_{n+1}=f(x_n)$ 知, $\lim\limits_{n\to\infty}x_n$ 存在, 记为 ξ, 此 ξ 为方程 $a_0+\varepsilon\sin x=x$ 的唯一实根.

例 9 设 $f_n(x)=x+x^2+\cdots+x^n-1$ $(n=2,3,\cdots)$, 证明:

(1) 方程 $f_n(x)=0$ 在 $[0,+\infty)$ 内有唯一的实根 x_n;

(2) 求 $\lim\limits_{n\to\infty}x_n$.

分析 用连续函数介值定理证存在, 用反证法 (或用 $f'_n(x)>0$) 证明根的唯一性. 由 $f_n(x_n)=0$ 两边取极限可求得 $\lim\limits_{n\to\infty}x_n$.

解 (1) $f_n(0)=-1<0$. $f_n(1)=n-1>0$, 证明了 $f_n(x)=0$ 的实根的存在性. 为证唯一性, 用反证法, 设存在 $x_n\in(0,+\infty)$ 及 $y_n\in(0,+\infty)$ 使 $f_n(x_n)=f_n(y_n)=0$, 于是

$$0=f_n(x_n)-f_n(y_n)=(x_n-y_n)[1+(x_n+y_n)+(x_n^2+x_ny_n+y_n^2)$$
$$+\cdots+(x_n^{n-1}+x_n^{n-2}y_n+\cdots+y_n^{n-1})],$$

由于 [ ] 内为正, 上式只能导致 $x_n=y_n$.

(2) 为证 $\lim\limits_{n\to\infty}x_n$ 存在, 因(1)中已证明 $\{x_n\}$ 有界: $0<x_n<1$, 故只要再证明 $\{x_n\}$ 单调即可. 由

$$0 = f_n(x_n) - f_{n+1}(x_{n+1}) = (x_n + x_n^2 + \cdots + x_n^n)$$
$$- (x_{n+1} + x_{n+1}^2 + \cdots + x_{n+1}^n + x_{n+1}^{n+1})$$
$$= (x_n - x_{n+1})[1 + (x_n + x_{n+1}) + \cdots + (x_n^{n-1} + x_n^{n-2}x_{n+1} + \cdots + x_{n+1}^{n-1})] - x_{n+1}^{n+1},$$

由于 [ ] 内为正,所以 $x_n - x_{n+1} > 0$,即 $\{x_n\}$ 单调减少,所以 $\lim\limits_{n \to \infty} x_n$ 存在,由于 $x_n < x_2 < 1$,所以 $\lim\limits_{n \to \infty} x_n^n = 0$.

$$0 = f_n(x_n) = x_n + x_n^2 + \cdots + x_n^n - 1$$
$$= \frac{x_n(1 - x_n^n)}{1 - x_n} - 1$$

两边令 $n \to \infty$ 取极限,得 $\dfrac{a}{1-a} - 1 = 0$,所以 $a = \dfrac{1}{2}$.

例 10 设 $f(x)$ 在区间 (a,b) 内连续,x_1 与 x_2 是 $f(x)$ 的两个极小(大)值点,$a < x_1 < x_2 < b$. 则必存在 $c \in (x_1, x_2)$,$x = c$ 为 $f(x)$ 的极大(小)值点.

分析 设 $f(x)$ 在 $x = x_0$ 的某邻域 U 内有定义,如果存在 x_0 的某去心邻域 $\mathring{U}_0 \subset U$,当 $x \in \mathring{U}_0$ 时,均有 $f(x) \geqslant f(x_0)$(或均有 $f(x) \leqslant f(x_0)$),则称 $x = x_0$ 为 $f(x)$ 的一个极小(大)值点. 据此定义,即可证明本题.

解 证括号外情形,括号内情形类似. 不妨设 $f(x_1) \leqslant f(x_2)$,于是知存在 x_2 的左侧去心邻域 $\mathring{U}_{2左}$,在此邻域内,或者

(1) 存在 x_3,$f(x_3) > f(x_2)$,于是知在 $[x_1, x_2]$ 上 $f(x)$ 存在最大值 $M \geqslant f(x_3)$,从而知在 (x_1, x_2) 内存在 $f(x)$ 的极大值点 c,$f(c) = M$,$x_1 < c < x_2$.

或者(2):在 $\mathring{U}_{2左}$ 内 $f(x) \equiv f(x_2)$,于是知 $\mathring{U}_{2左}$ 内每一点 c,$c \in \mathring{U}_{2左} \subset (x_1, x_2)$,都是 $f(x)$ 的极值点. 按极值点的定义,这些点可看成极大值点. 证毕.

[注] 本题中连续性条件是不可少的. 例如

$$f(x) = \begin{cases} (x-2)^2, & \text{当 } 1 < x \leqslant 3, \\ x^2 - 1, & \text{当 } -1 \leqslant x \leqslant 1. \end{cases}$$

$x = 0$ 与 $x = 2$ 都是 $f(x)$ 的极小值点. 但在区间 $(0, 2)$ 内,$f(x)$ 没有极大值点.

三、某些函数方程的连续解

给了一个含有未知函数的方程称为函数方程. 如果该函数可微,则常将它化为微分方程处理(见第四章),如果为 n 的函数,$n \in \mathbf{N}^+$ 也许可用差分方程处理. 下面举一个连续函数方程的例子.

例 11 设对于任意实数 x 与 y,$f(x)$ 满足
$$f(x + y) = f(x) + f(y), \tag{1.22}$$
求满足式 (1.22) 的连续解 $f(x)$.

分析 易见 $f(x) = kx$(k 为常数)满足式 (1.22),以下要证明满足式 (1.22) 的连续解必是 $f(x) = kx$.

解 对任意实数 x,由式 (1.22) 有

$$f(0) = 0, f(nx) = nf(x), f(x) = \frac{1}{n}f(nx),$$

$$f\left(\frac{x}{m}\right) = \frac{1}{m}f(x), f\left(\frac{n}{m}x\right) = \frac{n}{m}f(x), \tag{1.23}$$

其中 m, n 为正整数. 又由式(1.22)可得

$$f(-x) = -f(x). \tag{1.24}$$

由式(1.23)最后一式及式(1.24)可得,对任意有理数 r,

$$f(rx) = rf(x). \tag{1.25}$$

命 $x = 1$,记 $f(1) = k$(常数),由式(1.25)得 $f(r) = kr$. 即:对任意有理数 r,

$$f(r) = kr \tag{1.26}$$

成立. 以上推导中并未用到 f 的连续性. 下面要将式(1.26)中的有理数 r 扩充到任意实数 x. 设 x 为一无理数,取有理数序列 $\{r_n\}$,使 $\lim\limits_{n \to \infty} r_n = x$. 式(1.26),有

$$f(r_n) = kr_n,$$

命 $n \to \infty$ 两边取极限,由连续性,有

$$f(x) = \lim_{n \to \infty} f(r_n) = \lim_{n \to \infty} kr_n = kx.$$

此说明式(1.26)对任意实数 x 均成立. 即所求的连续函数解为

$$f(x) = kx,$$

其中 k 为常数.

第一章习题

一、填空题

1. 设 $f(x+1)(1-f(x)) = 1 + f(x)$,且 $f(1) = 2$,则 $f(2011) = $ ____.

2. 设 $f(x) = \begin{cases} 1, & \text{当} \ |x| \leqslant 1, \\ 0, & \text{当} \ |x| > 1, \end{cases}$ $g(x) = \begin{cases} 0, & \text{当} \ |x| < 1, \\ 1, & \text{当} \ |x| \geqslant 1. \end{cases}$ 则 $f(g(x)) = $ ____, $g(f(x)) = $ ____.

3. 设 $f(x)$ 在 $(-\infty, +\infty)$ 上有定义且是周期为 2 的奇函数. 已知 $x \in (0,1)$ 时 $f(x) = \ln x + \cos x + \mathrm{e}^{x+1}$,则当 $x \in [-4, -2]$ 时,$f(x) = $ ____.

4. 设 $\lim\limits_{n \to \infty} \dfrac{n^a}{n^b - (n-1)^b} = 2011$,则常数 $a = $ ____,$b = $ ____.

5. 设常数 $a_i > 0 (i = 1, 2, \cdots, m)$,则 $\lim\limits_{n \to \infty} \left(\dfrac{\sqrt[n]{a_1} + \sqrt[n]{a_2} + \cdots + \sqrt[n]{a_m}}{m} \right)^n = $ ____.

6. 设 $f(x) = \lim\limits_{n \to \infty} \sqrt[n]{1 + x^n + \left(\dfrac{x^2}{2}\right)^n}$,则 $x \geqslant 0$ 时 $f(x)$ 的分段表达式为 ____.

7. $\lim\limits_{n \to \infty} \dfrac{1}{n^2} \sum\limits_{k=1}^{n} \sqrt{(n+k)(n+k+1)} = $ ____.

8. $\lim\limits_{n \to \infty} \sum\limits_{i=1}^{n} \sum\limits_{j=1}^{n} \left(\dfrac{1}{n+i} \cdot \dfrac{n+1}{n^2+j^2} \right) = $ ____.

9. $\lim\limits_{n \to \infty} \dfrac{1}{n}(n!)^{\frac{1}{n}} = $ ____.

10. 设 $M(n)$ 为函数 $f(x) = nx(1-x)^n$ 在区间 $[0,1]$ 上的最大值，则 $\lim\limits_{n \to \infty} M(n) =$ ___.

11. $\lim\limits_{n \to \infty} \sin(\pi \sqrt{n^2 + 1}) =$ ___.

12. 设数列 $\{x_n\}$ 满足 $n\sin\dfrac{1}{n+1} < x_n < (n+2)\sin\dfrac{1}{n+1}, n=1,2,\cdots$，则 $\lim\limits_{n \to \infty} \dfrac{1}{n+1} \sum\limits_{k=1}^{n} x_k =$ ___.

13. $\lim\limits_{x \to 0}\left(\dfrac{1}{\sin^2 x} - \dfrac{\cos^2 x}{x^2}\right) =$ ___.

14. $\lim\limits_{x \to 0}\left[\dfrac{(1+x)^{\frac{1}{x}}}{e}\right]^{\frac{1}{x}} =$ ___.

15. 设 $f(x)$ 在 $x=0$ 的某邻域内连续，$f'(0)$ 存在，且 $f(0)=0, f'(0)=1$. 则

$$\lim_{x \to 0} \frac{\displaystyle\int_0^{x^2} f(t)\,dt}{\left(\displaystyle\int_0^x f(t)\,dt\right)^2} = \underline{\qquad}.$$

16. 设 $f(x)$ 在区间 $[a, +\infty)$ 可导，且 $\lim\limits_{x \to +\infty} f'(x)$ 存在等于 A，则 $\lim\limits_{x \to +\infty} \dfrac{f(x)}{x} =$ ___.

17. 设 $a_n > 0 (n=1,2,\cdots)$，$\lim\limits_{n \to \infty} a_n = a > 0$，则 $\lim\limits_{n \to \infty} \sqrt[n]{a_1 a_2 \cdots a_n} =$ ___.

18. 设 $x_n = 1 + \dfrac{1}{1+2} + \dfrac{1}{1+2+3} + \cdots + \dfrac{1}{1+2+3+\cdots+n}$，则 $\lim\limits_{n \to \infty} x_n =$ ___.

19. 设当 $0 < x \leqslant 1$ 时 $f(x) = x^{\sin x}$，当 $-1 < x \leqslant 0$ 时，$f(x) = 2f(x+1) - k$，并设 $f(x)$ 在 $x=0$ 处连续，则常数 $k =$ ___.

二、解答题

20. 求 $\lim\limits_{x \to +\infty} x\left(1 - \dfrac{\ln x}{x}\right)^x$.

21. 求 $\lim\limits_{x \to 0} \dfrac{1}{x}\left[\left(\dfrac{2+\cos x}{3}\right)^{\frac{1}{x}} - 1\right]$.

22. 求 $\lim\limits_{x \to +\infty} \dfrac{1}{x} \displaystyle\int_0^x |\sin t|\,dt$.

23. 已知 $\lim\limits_{x \to 0} \dfrac{(1+x)^{\frac{1}{x}} - (a + bx + cx^2)}{x^3} = d \neq 0$. 求常数 a, b, c, d.

24. 求常数 a 与 b 的值，使当 $x \to 0$ 时，

$$f(x) = \arctan x - \frac{x + ax^3}{1 + bx^2}$$

为 x 的尽可能高阶的无穷小，并求此阶数.

25. 证明下述推广了的"$\dfrac{\infty}{\infty}$"型洛必达法则：设 (1) $\lim\limits_{x \to x_0} g(x) = \infty$；(2) $f(x)$ 与 $g(x)$ 在 $x = x_0$ 的某去心邻域内可导，且 $g'(x) \neq 0$；(3) $\lim\limits_{x \to x_0} \dfrac{f'(x)}{g'(x)}$ 存在或 ∞，则

$$\lim_{x \to x_0} \frac{f(x)}{g(x)} = \lim_{x \to x_0} \frac{f'(x)}{g'(x)}.$$

26. 设 $x_1 > 0, x_{n+1} = \dfrac{1}{2}\left(x_n + \dfrac{1}{x_n}\right), n = 1, 2, \cdots.$

(1) 证明 $\lim\limits_{n \to \infty} x_n$ 存在并求之；

(2) 又设 $S_n = \sum\limits_{i=1}^{n}\left(1 - \dfrac{x_{i+1}}{x_i}\right), n = 1, 2, \cdots,$ 证明 $\lim\limits_{n \to \infty} S_n$ 存在.

27. 设 $x_1 = \sqrt{7}, x_2 = \sqrt{7 - \sqrt{7}}, x_{n+2} = \sqrt{7 - \sqrt{7 + x_n}}\ (n = 1, 2, \cdots),$ 证明 $\lim\limits_{n \to \infty} x_n$ 存在并求之.

28. 设 $x_1 > 0, x_{n+1} = \dfrac{x_n + 1}{x_n + 2}(n = 1, 2, \cdots),$ 证明 $\lim\limits_{n \to \infty} x_n$ 存在并求之.

29. 设 $x_1 = 1, x_2 = 2, x_{n+2} = \sqrt{x_n \cdot x_{n+1}},$ 求 $\lim\limits_{n \to \infty} x_n.$

30. 设常数 $c > 0, x_1 = \sqrt{c}, \cdots, x_{n+1} = \sqrt{c + x_n}, n = 1, 2, \cdots.$ 讨论 $\lim\limits_{n \to \infty} x_n$ 的存在性. 并求此极限值.

31. 设 $a_n > 0 (n = 1, 2, \cdots),$ 且 $\lim\limits_{n \to \infty} \dfrac{a_{n+1}}{a_n} = a,$ 试证 $\lim\limits_{n \to \infty} \sqrt[n]{a_n} = a.$

32. 设 $x_1 = \sqrt{1}, x_2 = \sqrt{1 + \sqrt{2}}, \cdots, x_{n+1} = \underbrace{\sqrt{1 + \sqrt{2 + \cdots + \sqrt{n+1}}}}_{n+1 \text{个}}, n = 1, 2, \cdots$ 证明 $x_n < 2(n = 1, 2, \cdots),$ 并证明 $\lim\limits_{n \to \infty} x_n$ 存在.

33. 设 $x_1 > 0, x_{n+1} = \ln(1 + x_n), n = 1, 2, \cdots.$ 求 $\lim\limits_{n \to \infty} n \ln(1 + x_n).$

34. 设 $f(x)$ 在区间 $[0,1]$ 上具有二阶连续导数，且 $f(0) = 0.$ 求 $\lim\limits_{n \to \infty} \sum\limits_{i=1}^{n} f\left(\dfrac{i}{n^2}\right).$

35. 设 $f(x)$ 在 $(0, +\infty)$ 上连续，$\lim\limits_{x \to 0^+} f(x) = A, \lim\limits_{x \to +\infty} f(x) = B. A \neq B.$ 试证明：对于任意 C, C 介于 A 与 B 之间，必有 $\xi \in (0, +\infty)$ 使 $f(\xi) = C.$

36. 设 $f(x)$ 在区间 $(0,1)$ 上有定义，且 $\mathrm{e}^x f(x)$ 与 $\mathrm{e}^{-f(x)}$ 在区间 $(0,1)$ 上都是单调增加的. 试证明 $f(x)$ 在 $(0,1)$ 上连续.

37. 设 $f(x)$ 在 $(-\infty, +\infty)$ 上连续，试证明：(1) 若 $\lim\limits_{x \to \infty} f(f(x)) = \infty,$ 则 $\lim\limits_{x \to \infty} f(x) = \infty;$ (2) 若 $\lim\limits_{x \to \infty} f(f(x)) = +\infty,$ 则 $\lim\limits_{x \to \infty} f(x) = +\infty.$

38. 设对于任意实数 x 与 $y,$ 函数 $f(x)$ 满足 $f(x + y) = f(x) f(y).$ 并设 $f(x)$ 在 $x = 0$ 处连续. (1) 证明 $f(x)$ 在任意 x 处连续；(2) 求不是常数的解 $f(x)$ 的表达式.

39. 设 $f(x)$ 满足 $f(x) - \dfrac{1}{2} f\left(\dfrac{x}{2}\right) = x^2,$ 且在 $x = 0$ 的某邻域内有界，求 $f(x)$ 的表达式.

40. 设 $f(x)$ 在区间 $[0,1]$ 上连续，$f(0) = f(1).$ 证明：对任意整数 $n,$ 必存在 $x_n \in (0,1),$ 使 $f(x_n) = f\left(x_n + \dfrac{1}{n}\right).$

41. 设 $f(x)$ 与 $g(x)$ 在 $[a, b]$ 上均连续，且有数列 $\{x_n\} \subset [a, b]$ 使 $g(x_n) = f(x_{n+1}),$ $n = 1, 2, \cdots.$ 试证明：至少存在一点 $x_0 \in [a, b]$ 使 $f(x_0) = g(x_0).$

42. 设 $f(x) = \lim\limits_{n \to \infty}(\lim\limits_{m \to \infty}(\cos n! \pi x)^m),$ 求 $f(x),$ 并讨论 $\varphi(x) = x f(x)$ 的连续性.

43. 设函数 $f(\theta)$ 在圆周 C 上有定义且连续，其中 θ 为从圆周上某点算起的圆心角. 证明：必存在一条直径，在其上两端点 θ_0 与 $\theta_0 + \pi$ 处，$f(\theta_0) = f(\theta_0 + \pi).$

第一章习题答案

1. $-\dfrac{1}{2}$.

2. $f(g(x)) \equiv 1$; $g(f(x)) = \begin{cases} 1, & 当 \mid x \mid \leqslant 1, \\ 0, & 当 \mid x \mid > 1. \end{cases}$

3. $f(x) = \begin{cases} \ln(x+4) + \cos(x+4) + \mathrm{e}^{x+5}, & 当 x \in (-4,-3); \\ -\ln \mid x+2 \mid - \cos(x+2) - \mathrm{e}^{-x-1}, & 当 x \in (-3,-2); \\ 0, & 当 x = -4,-3,-2. \end{cases}$

4. $a = \dfrac{1}{2011} - 1, b = \dfrac{1}{2011}$.

5. $\sqrt[m]{a_1 a_2 \cdots a_m}$.

6. 当 $0 \leqslant x \leqslant 1$ 时, $f(x) = 1$; 当 $1 < x \leqslant 2$ 时, $f(x) = x$; 当 $2 < x < +\infty$ 时, $f(x) = \dfrac{x^2}{2}$.

7. $\dfrac{3}{2}$.   8. $\dfrac{\pi}{4}\ln 2$.   9. e^{-1}.   10. e^{-1}.

11. 0.   12. 1.   13. $\dfrac{4}{3}$.   14. $\mathrm{e}^{-\frac{1}{2}}$.

15. 2.   16. A.   17. a.   18. 2.

19. 1.   20. 1.   21. $-\dfrac{1}{6}$.   22. $\dfrac{2}{\pi}$.

23. $a = \mathrm{e}, b = -\dfrac{\mathrm{e}}{2}, c = \dfrac{11\mathrm{e}}{24}, d = -\dfrac{7\mathrm{e}}{16}$.

24. $a = \dfrac{4}{15}, b = \dfrac{3}{5}$, 阶数 $n = 7$.

25. 参见施笃兹定理的证明.

26. (1)1, 用单调有界证 $\lim\limits_{n \to \infty} x_n$ 存在; (2) 易证 $S_n \leqslant \sum\limits_{i=1}^{n}(x_i - x_{i+1})$. 再用单调有界证 $\lim\limits_{n \to \infty} S_n$ 存在.

27. 2.

28. $\dfrac{1}{2}(-1 + \sqrt{5})$.

29. $2^{\frac{2}{3}}$.

30. 仿例 14. $\lim\limits_{n \to \infty} x_n = \dfrac{1}{2}(1 + \sqrt{1+4c})$.

31. 利用 17 题的结论.

32. 易证 $\{x_n\}$ 单调增加, 再估算 $x_{n+1} - x_n$, 从而得 $\{x_{n+1}\}$ 的上界.

33. 2. 参见 1.2 节例 19.

34. $\dfrac{1}{2}f'(0)$.

35. 仿 1.3 节例 6.

36. 去推出当 $0 < x < x_0$ 时 $f(x_0) \leqslant f(x) \leqslant \mathrm{e}^{x-x_0} f(x_0)$,当 $x_0 < x < 1$ 时 $\mathrm{e}^{x_0-x} f(x_0) \leqslant f(x) \leqslant f(x_0)$.

37. (1) 与 (2) 均用反证法.

38. (1) 用定义. (2) 先证 $f(x) > 0$,取对数并利用 1.3 节例 11 的结论. $f(x) = a^x (a > 0, a \neq 1)$.

39. $f(x) = \dfrac{8}{7} x^2$. 由所给条件得递推式再取极限 $n \to \infty$.

40. 命 $\varphi(x) = f(x) - f\left(x + \dfrac{1}{n}\right)$,$x \in \left[0, 1 - \dfrac{1}{n}\right]$. 取 $M = \max\varphi(x)$,$m = \min\varphi(x)$. 由平均值性质,$m \leqslant \dfrac{1}{n} \sum\limits_{k=0}^{n-1} \varphi\left(\dfrac{k}{n}\right) \leqslant M$. 再由连续函数介值定理知存在 $x_0 \in \left[0, 1 - \dfrac{1}{n}\right] \subset [0,1)$ 使 $\varphi(x_n) = \dfrac{1}{n} \sum\limits_{k=0}^{n-1} \varphi\left(\dfrac{k}{n}\right) = \cdots = 0$.

41. 用反证法,若对一切 $x \in [a,b]$ 有 $f(x) - g(x) > 0$,则由连续性知存在 $\delta > 0$,$f(x) - g(x) \geqslant \delta$,于是导出 $\{f(x_n)\}$ 无界从而矛盾.

42. $f(x)$ 为狄利克雷函数,$\varphi(x)$ 仅在 $x = 0$ 处连续.

43. 利用 $f(\theta)$ 的周期性及连续函数介值定理.

第二章 一元函数微分学

2.1 导数与微分

本节包括:(1)按定义求导数,已知某极限存在,讨论与此有关的函数的可导性或已知某函数在某点可导,求某极限;(2)求显式(包括分段函数)、隐式、参数式等所确定的函数的一阶导数及高阶导数,导数、微分、增量间的关系.

一、与按定义求导数有关的问题

例 1 设 $f(x)$ 在 $x=0$ 处连续且 $\lim\limits_{x\to 0}\dfrac{f(x)}{x}=A$,则 $f(0)=$____,$f'(0)=$____.

分析 由 $\lim\limits_{x\to 0}\dfrac{f(x)}{x}=A$ 可得 $\lim\limits_{x\to 0}f(x)$.再由 $f(x)$ 在 $x=0$ 处连续可得 $f(0)$.然后由导数定义可得 $f'(0)$.此题十分基本且十分重要.

解 应填 $f(0)=0,f'(0)=A$.

$\lim\limits_{x\to 0}f(x)=\lim\limits_{x\to 0}\left(\dfrac{f(x)}{x}\cdot x\right)=A\cdot 0=0$,所以 $f(0)=0$.又

$$f'(0)=\lim_{x\to 0}\frac{f(x)-f(0)}{x-0}=\lim_{x\to 0}\frac{f(x)}{x}=A.$$

例 2 设

$$f(x)=\begin{cases}(1+x)^{-\frac{1}{x^3}}, & \text{当 } x\neq 0,\\ a, & \text{当 } x=0\end{cases}$$

在 $x=0$ 处连续,则 $a=$____,$f'(0)=$____.

分析 由 $a=f(0)=\lim\limits_{x\to 0}f(x)$ 求出 a,再由 $f'(0)$ 的定义式求出 $f'(0)$.

解 应填 $a=0,f'(0)=0$.

由

$$a=f(0)=\lim_{x\to 0}f(x)=\lim_{x\to 0}\left((1+x)^{\frac{1}{x}}\right)^{-\frac{1}{x^2}}=0.$$

$$f'(0)=\lim_{x\to 0}\frac{f(x)-f(0)}{x-0}=\lim_{x\to 0}\frac{(1+x)^{-\frac{1}{x^3}}}{x}=\lim_{x\to 0}\frac{\dfrac{1}{x}}{(1+x)^{\frac{1}{x^3}}}$$

$$\xlongequal{\text{洛}}\lim_{x\to 0}\frac{-\dfrac{1}{x^2}}{(1+x)^{\frac{1}{x^3}}\left[\dfrac{1}{(1+x)x^3}-\dfrac{3\ln(1+x)}{x^4}\right]}$$

$$\xlongequal{\text{化简}}\lim_{x\to 0}(1+x)^{-\frac{1}{x^3}}\left[\frac{-x^2(1+x)}{x-3(1+x)\ln(1+x)}\right]$$

$$= \lim_{x \to 0} (1+x)^{-\frac{1}{x^3}} \left[\frac{-x(1+x)}{1 - 3(1+x)\dfrac{\ln(1+x)}{x}} \right] = 0 \cdot \frac{0}{2} = 0.$$

例 3　设当 $0 \leqslant x < 1$ 时,$f(x) = x(b^2 - x^2)$,且当 $-1 \leqslant x < 0$ 时,$f(x) = af(x+1)$,并设 $f'(0)$ 存在,则常数 $a = \underline{\quad}$,$b = \underline{\quad}$,$f'(0) = \underline{\quad}$.

分析　题设 $f'(0)$ 存在,故知 $f(x)$ 在 $x=0$ 处应连续,从而应先由 $f(x) = af(x+1)$ 写出在 $-1 \leqslant x < 0$ 处 $f(x)$ 的表达式,并且由

$$\lim_{x \to 0^+} f(x) = \lim_{x \to 0^-} f(x) = f(0)$$

得到确定 a, b 的一个等式,再由

$$\lim_{x \to 0} \frac{f(x) - f(0)}{x - 0} \text{ 存在}$$

推出另一个等式.

解　应填 $a = -\dfrac{1}{2}$,$b = \pm 1$,$f'(0) = 1$ 或 $a = 0, b = 0, f'(0) = 0$.

设 $-1 \leqslant x < 0$,则 $0 \leqslant x+1 < 1$,从而

$$f(x) = af(x+1) = a(x+1)[b^2 - (x+1)^2].$$

于是

$$f(x) = \begin{cases} a(x+1)[b^2 - (x+1)^2], & \text{当} -1 \leqslant x < 0, \\ x(b^2 - x^2), & \text{当} 0 \leqslant x < 1. \end{cases}$$

于是

$$\lim_{x \to 0^-} f(x) = a(b^2 - 1), \quad \lim_{x \to 0^+} f(x) = 0, f(0) = 0,$$

由 $f(x)$ 在 $x=0$ 处连续,推得

$$a(b^2 - 1) = 0. \tag{2.1}$$

再考虑 $f(x)$ 在 $x=0$ 处的左、右导数:

$$f'_-(0) = \lim_{x \to 0^-} \frac{a(x+1)[b^2 - (x+1)^2] - 0}{x - 0}$$

$$= \lim_{x \to 0^-} \frac{ab^2(x+1) - a(x+1)^3}{x}$$

$$\overset{\text{洛}}{=\!=} ab^2 - 3a,$$

$$f'_+(0) = \lim_{x \to 0^+} \frac{x(b^2 - x^2)}{x} = b^2.$$

$$f'(0) \text{ 存在} \Leftrightarrow ab^2 - 3a = b^2. \tag{2.2}$$

由式(2.1)与式(2.2)得 $a = -\dfrac{1}{2}$,$b^2 = 1$;或 $a = 0, b = 0$. 当满足此条件时,相应地 $f'(0) = 1$ 或 $f'(0) = 0$. 如上所填.

例 4　设 $f(x)$ 在 $x=0$ 处可导,又设 $v(x) < 0 < u(x)$,$\lim_{x \to 0} u(x) = \lim_{x \to 0} v(x) = 0$,求 $\lim_{x \to 0} \dfrac{f(u(x)) - f(v(x))}{u(x) - v(x)}$.

分析　如果 $v(x) \equiv 0$,那么由 $f'(0)$ 存在即可推出所给式子等于 $f'(0)$. 现在就从导数

定义式入手.

解

$$\frac{f(u(x)) - f(v(x))}{u(x) - v(x)} = \frac{f(u(x)) - f(0)}{u(x) - v(x)} - \frac{f(v(x)) - f(0)}{u(x) - v(x)}$$

$$= \frac{f(u(x)) - f(0)}{u(x) - 0} \cdot \frac{u(x)}{u(x) - v(x)} + \frac{f(v(x)) - f(0)}{v(x) - 0} \cdot \frac{(-v(x))}{u(x) - v(x)}. \tag{2.3}$$

因为

$$\lim_{x \to 0} \frac{f(u(x)) - f(0)}{u(x) - 0} = f'(0), \quad \lim_{x \to 0} \frac{f(v(x)) - f(0)}{v(x) - 0} = f'(0),$$

所以

$$\frac{f(u(x)) - f(0)}{u(x) - 0} = f'(0) + \alpha, \quad \frac{f(v(x)) - f(0)}{v(x) - 0} = f'(0) + \beta, \tag{2.4}$$

其中

$$\lim_{x \to 0} \alpha = 0, \quad \lim_{x \to 0} \beta = 0.$$

将式(2.4)代入式(2.3),得

$$\frac{f(u(x)) - f(v(x))}{u(x) - v(x)} = (f'(0) + \alpha)\left(\frac{u(x)}{u(x) - v(x)}\right) + (f'(0) + \beta)\left(\frac{-v(x)}{u(x) - v(x)}\right)$$

$$= f'(0) + \frac{\alpha u(x) - \beta v(x)}{u(x) - v(x)}.$$

但因 $u(x) > 0, v(x) < 0, u(x) - v(x) = |u(x)| + |v(x)|$,于是

$$\left| \frac{\alpha u(x) - \beta v(x)}{u(x) - v(x)} \right| \leqslant |\alpha| \frac{|u(x)|}{|u(x)| + |v(x)|} + |\beta| \frac{|v(x)|}{|u(x)| + |v(x)|}$$

$$< |\alpha| + |\beta| \xrightarrow[\text{(当 } x \to 0)]{} 0.$$

所以

$$\lim_{x \to 0} \frac{f(u(x)) - f(v(x))}{u(x) - v(x)} = f'(0).$$

例5 设 $f(x)$ 在 $x = 0$ 的某邻域内存在 $(n-1)$ 阶导数,且在 $x = 0$ 处存在 n 阶导数,又设 $f(0) = f'(0) = \cdots = f^{(n-1)}(0) = 0, f^{(n)}(0) \neq 0$,求

$$\lim_{x \to 0} \frac{\int_0^x (x - t) f(t) \mathrm{d}t}{x \int_0^x f(x - t) \mathrm{d}t}.$$

分析 此为"$\dfrac{0}{0}$"型,又有变限积分,想到用洛必达法则;也可根据所给条件,将 $f(x)$ 在 $x = 0$ 处展开至 n 阶佩亚诺余项泰勒公式而计算之.

解 方法1.

$$I = \lim_{x \to 0} \frac{\int_0^x (x - t) f(t) \mathrm{d}t}{x \int_0^x f(x - t) \mathrm{d}t} = \lim_{x \to 0} \frac{x \int_0^x f(t) \mathrm{d}t - \int_0^x t f(t) \mathrm{d}t}{x \int_0^x f(u) \mathrm{d}u}$$

$$\xlongequal{\text{洛}} \lim_{x \to 0} \frac{\int_0^x f(t) \mathrm{d}t}{x f(x) + \int_0^x f(u) \mathrm{d}u} \xlongequal{\text{洛}} \lim_{x \to 0} \frac{f(x)}{x f'(x) + 2 f(x)}$$

$$= \lim_{x \to 0} \frac{f'(x)}{xf''(x) + 3f'(x)} = \cdots \overset{\text{洛}}{=} \lim_{x \to 0} \frac{f^{(n-2)}(x)}{xf^{(n-1)}(x) + nf^{(n-2)}(x)}, \tag{2.5}$$

上式仍为"$\dfrac{0}{0}$"型,但不能再用洛必达法则了,因为未设在 $x=0$ 邻域存在 n 阶导数.将分子分母通除以 x^2,考察分母的第 1 项,

$$\lim_{x \to 0} \frac{f^{(n-1)}(x)}{x} = \lim_{x \to 0} \frac{f^{(n-1)}(x) - f^{(n-1)}(0)}{x - 0} = f^{(n)}(0),$$

式(2.5)的分子除以 x^2 之后,

$$\lim_{x \to 0} \frac{f^{(n-2)}(x)}{x^2} \overset{\text{洛}}{=} \lim_{x \to 0} \frac{f^{(n-1)}(x)}{2x} = \frac{1}{2} f^{(n)}(0),$$

于是

$$I = \frac{\dfrac{1}{2} f^{(n)}(0)}{f^{(n)}(0) + \dfrac{n}{2} f^{(n)}(0)} = \frac{1}{n+2}.$$

方法 2　将 $f(x)$ 在 $x=0$ 处用佩亚诺余项泰勒公式展开至 $o(x^n)$,由所给条件,有

$$f(x) = \frac{1}{n!} f^{(n)}(0) x^n + o(x^n).$$

由于 $f(x)$ 连续,所以 $o(x^n)$ 连续,

$$I = \lim_{x \to 0} \frac{\displaystyle\int_0^x f(t)\,\mathrm{d}t}{xf(x) + \displaystyle\int_0^x f(u)\,\mathrm{d}u} = \lim_{x \to 0} \frac{\dfrac{f^{(n)}(0)}{(n+1)!} x^{n+1} + \displaystyle\int_0^x o(x^n)\,\mathrm{d}x}{\dfrac{f^{(n)}(0)}{n!} x^{n+1} + \dfrac{f^{(n)}(0)}{(n+1)!} x^{n+1} + \displaystyle\int_0^x o(x^n)\,\mathrm{d}x} \tag{2.6}$$

由积分中值定理,

$$\int_0^x o(x^n)\,\mathrm{d}x = o(\xi^n) x, \quad \xi \text{ 介于 } 0 \text{ 与 } x \text{ 之间.}$$

将上式代入式(2.6)之后,

$$I = \lim_{x \to 0} \frac{\dfrac{f^{(n)}(0)}{(n+1)!} x^{n+1} + o(\xi^n) x}{\dfrac{f^{(n)}(0)}{n!} x^{n+1} + \dfrac{f^{(n)}(0)}{(n+1)!} x^{n+1} + o(\xi^n) x}$$

$$= \lim_{x \to 0} \frac{1 + \dfrac{(n+1)!}{f^{(n)}(0)} \cdot \dfrac{o(\xi^n)}{x^n}}{(n+2) + \dfrac{(n+1)!}{f^{(n)}(0)} \cdot \dfrac{o(\xi^n)}{x^n}},$$

而

$$\lim_{x \to 0} \frac{o(\xi^n)}{x^n} = \lim_{x \to 0} \left[\frac{o(\xi^n)}{\xi^n} \cdot \left(\frac{\xi}{x} \right)^n \right].$$

由于 ξ 是"中值",所以 $0 < \dfrac{\xi}{x} < 1$,又 $\lim\limits_{x \to 0} \dfrac{o(\xi^n)}{\xi^n} = 0$,所以

$$\lim_{x \to 0} \frac{o(\xi^n)}{x^n} = 0,$$

从而

$$I = \frac{1}{n+2}.$$

例 6 设 $f(x)$ 在 $x=a$ 处可导,试证明 $|f(x)|$ 在 $x=a$ 处不可导的充要条件是 $f(a)=0$ 且 $f'(a)\neq 0$.

分析 可以改一种说法:设 $f(x)$ 在 $x=a$ 处可导,试证明 $|f(x)|$ 在 $x=a$ 处可导的充要条件是 $f(a)\neq 0$ 或者 $f(a)=f'(a)=0$. 今按 $|f(x)|$ 在 $x=a$ 处的导数定义推导之.

解 设 $f(a)\neq 0$,不妨设 $f(a)>0$. 于是存在 $\delta>0$,当 $x\in\cup_\delta(0)$ 时 $f(x)>0$,从而 $|f(x)|=f(x)$. 于是 $|f(x)|$ 在该邻域内可导.

设 $f(a)=0$,于是

$$|f(x)|'_{x=a}=\lim_{x\to a}\frac{|f(x)|-|f(a)|}{x-a}=\lim_{x\to a}\frac{|f(x)|}{x-a}$$

$$=\lim_{x\to a}\frac{|f(x)-f(a)|}{x-a}=\pm\lim_{x\to a^\pm}\left|\frac{f(x)-f(a)}{x-a}\right|$$

其中 $x\to a^+$ 时取"$+$",$x\to a^-$ 时取"$-$". 于是

$$|f(x)|'_{x=a}=\pm|f'(a)|.$$

若 $f'(a)\neq 0$,则 $|f(x)|'_{x=a}$ 不存在;若 $f'(a)=0$,则 $|f(x)|'_{x=a}=\pm 0=0$(存在).

总结上述推导:

若 $f(a)\neq 0$,$\Rightarrow|f(x)|$ 在 $x=a$ 处可导;

若 $f(a)=f'(a)=0$,$\Rightarrow|f(x)|$ 在 $x=a$ 处可导;

若 $f(a)=0,f'(a)\neq 0$,$\Rightarrow|f(x)|$ 在 $x=a$ 处不可导.

因此,$|f(x)|$ 在 $x=a$ 处不可导 $\Rightarrow f(a)=0$ 且 $f'(a)\neq 0$. 证毕.

例 7 设 $f(x)=|x-x_0|g(x)$,$g(x)$ 在 $x=x_0$ 的某邻域内有定义,试证明 $f(x)$ 在 $x=x_0$ 处可导的充要条件是 $g(x_0^-)$ 与 $g(x_0^+)$ 都存在且 $g(x_0^-)=-g(x_0^+)$.

分析 应该用 $f(x)$ 在 $x=x_0$ 处的导数的定义去做,而不能用求导的运算公式去做,这是因为,显然 $|x-x_0|$ 在 $x=x_0$ 处不可导,所以直接套用乘积求导公式是不行的.

解 $\lim_{x\to x_0}\dfrac{f(x)-f(x_0)}{x-x_0}=\lim_{x\to x_0}\dfrac{|x-x_0|g(x)}{x-x_0}$

$$=\pm\lim_{x\to x_0^\pm}g(x),$$

其中

$$+\lim_{x\to x_0^+}g(x)=g(x_0^+),\quad -\lim_{x\to x_0^-}g(x)=-g(x_0^-).$$

所以 $f'(x_0)$ 存在的充要条件是:$g(x_0^+)$ 与 $g(x_0^-)$ 都存在,且 $g(x_0^+)=-g(x_0^-)$. 证毕.

[注] 若题中前提设 $g(x)$ 在 $x=x_0$ 处连续,则 $g(x_0^+)=g(x_0^-)$. 再结合例 7 的结论,于是有如下结论:"设 $g(x)$ 在 $x=x_0$ 连续,$f(x)=|x-x_0|g(x)$,则 $f(x)$ 在 $x=x_0$ 处可导的充要条件是 $g(x_0)=0$".

用上述结论,很容易回答下述问题. 例如,问函数 $f(x)=|x^3-x|\sqrt[3]{x^2-2x-3}$ 有几个不可导的点? 首先,从 $|x^3-x|=0$ 的点去讨论,为此,将 $f(x)$ 改写为

$$f(x)=|x||x-1||x+1|\sqrt[3]{x^2-2x-3},$$

考虑点 $x=0,f(x)=|x|g(x)$,其中 $g(x)=|x-1||x+1|\sqrt[3]{x^2-2x-3},g(0)\neq 0$,所以 $f(x)$ 在 $x=0$ 处不可导. 同理 $f(x)$ 在 $x=1$ 处也不可导. 对于 $x=-1$,改写

$$f(x)=|x+1|g(x),\text{其中}\ g(x)=|x||x-1|\sqrt[3]{x^2-2x-3},g(-1)=0.$$

所以 $f(x)$ 在 $x=-1$ 处可导.

又，$g(x)=\sqrt[3]{(x+1)(x-3)}$，在 $x=3$ 处它不可导，所以 $f(x)=|x^3-x|g(x)$ 在 $x=3$ 处也不可导. 所以 $f(x)$ 共有且仅有 3 个不可导的点，分别是 $x=0,1,3$.

例 8　设 $f(u)$ 连续，$\varphi(x)=\displaystyle\int_0^1 f(xt)\mathrm{d}t$ 且 $\lim\limits_{x\to 0}\dfrac{f(x)}{x}=A$（$A$ 为常数），求 $\varphi'(x)$，并讨论 $\varphi'(x)$ 在 $x=0$ 处的连续性.

分析　应先用积分变量变换的办法，将 $\varphi(x)=\displaystyle\int_0^1 f(xt)\mathrm{d}t$ 中 $f(xt)$ 内的 x 变换到积分号外边，才能求 $\varphi'(x)$. 求出 $\varphi'(x)$ 及 $\varphi'(0)$，再讨论 $\varphi'(x)$ 在 $x=0$ 处的连续性.

解　当 $x\neq 0$ 时，$\varphi(x)=\displaystyle\int_0^1 f(xt)\mathrm{d}t=\int_0^x\dfrac{f(u)}{x}\mathrm{d}u=\dfrac{1}{x}\int_0^x f(u)\mathrm{d}u$，从而知，当 $x\neq 0$ 时，

$$\varphi'(x)=\frac{f(x)}{x}-\frac{1}{x^2}\int_0^x f(x)\mathrm{d}x.$$

又由 $\lim\limits_{x\to 0}\dfrac{f(x)}{x}=A$ 及 $f(x)$ 的连续性知，$f(0)=\lim\limits_{x\to 0}f(x)=\lim\limits_{x\to 0}\left(\dfrac{f(x)}{x}\cdot x\right)=0$，于是 $\varphi(0)=0$，

$$\begin{aligned}
\varphi'(0)&=\lim_{x\to 0}\frac{\varphi(x)-\varphi(0)}{x-0}=\lim_{x\to 0}\frac{\displaystyle\int_0^x f(u)\mathrm{d}u}{x^2}\\
&=\lim_{x\to 0}\frac{f(x)}{2x}=\frac{A}{2}.\\
\lim_{x\to 0}\varphi'(x)&=\lim_{x\to 0}\left(\frac{f(x)}{x}-\frac{1}{x^2}\int_0^x f(x)\mathrm{d}x\right)\\
&=A-\lim_{x\to 0}\frac{f(x)}{2x}=A-\frac{A}{2}=\frac{A}{2}=\varphi'(0),
\end{aligned}$$

所以 $\varphi'(x)$ 在 $x=0$ 处连续.

例 9　设 $f(x)$ 在 $x=0$ 处存在二阶导数，且

$$\lim_{x\to 0}\frac{xf(x)-\ln(1+x)}{x^3}=\frac{1}{3},$$

求 $f(0),f'(0)$ 及 $f''(0)$.

分析　由所给条件，可将 $f(x)$ 用佩亚诺余项泰勒公式展开代入，即可定出 $f(0),f'(0)$，$f''(0)$. 这就是方法 1. 使用洛必达法则也可解本题，正如方法 2 所示，但此法较繁琐.

解　方法 1　将 $f(x)$ 在 $x=0$ 处用佩亚诺余项泰勒公式展开至 $o_1(x^2)$：

$$f(x)=f(0)+f'(0)x+\frac{1}{2}f''(0)x^2+o_1(x^2),$$

并将 $\ln(1+x)$ 也展开至 $o_2(x^3)$：

$$\ln(1+x)=x-\frac{1}{2}x^2+\frac{1}{3}x^3+o_2(x^3),$$

同时代入所给的极限式，并整理，得

$$\lim_{x\to 0}\frac{(f(0)-1)x+\left(f'(0)+\dfrac{1}{2}\right)x^2+\left(\dfrac{1}{2}f''(0)-\dfrac{1}{3}\right)x^3+o(x^3)}{x^3}=\frac{1}{3},$$

其中 $o(x^3)=xo_1(x^2)+o_2(x^3)$，$\lim\limits_{x\to 0}\dfrac{o(x^3)}{x^3}=0$. 由上述极限式立即可得

$$f(0) = 1, \; f'(0) = -\frac{1}{2}, \; f''(0) = \frac{4}{3}.$$

方法 2 将所给极限改写为

$$\lim_{x \to 0} \frac{xf(x) - \ln(1+x)}{x^3} = \lim_{x \to 0} \frac{f(x) - \dfrac{\ln(1+x)}{x}}{x^2}. \tag{2.7}$$

当 $x \to 0$ 时分子 $\to f(0) - 1$,分母 $\to 0$. 如果 $f(0) \neq 1$,则式 (2.7) 右边 $\to \infty$,与题设左边 $\to \dfrac{1}{3}$ 矛盾. 故 $f(0) = 1$.

对式 (2.7) 用洛必达法则,

$$\lim_{x \to 0} \frac{f(x) - \dfrac{\ln(1+x)}{x}}{x^2} = \lim_{x \to 0} \frac{f'(x) - \dfrac{x - (1+x)\ln(1+x)}{x^2(1+x)}}{2x}. \tag{2.8}$$

因为

$$\lim_{x \to 0} \frac{x - (1+x)\ln(1+x)}{x^2(1+x)} \overset{\text{等}}{=} \lim_{x \to 0} \frac{x - (1+x)\ln(1+x)}{x^2}$$

$$\overset{\text{洛}}{=} \lim_{x \to 0} \frac{-\ln(1+x)}{2x} = -\frac{1}{2},$$

从而当 $x \to 0$ 时,式 (2.8) 右边分子 $\to f'(0) + \dfrac{1}{2}$,分母 $\to 0$. 如果 $f'(0) \neq -\dfrac{1}{2}$,则式 (2.8) 右边 $\to \infty$,与题设左边 $\to \dfrac{1}{3}$ 矛盾. 故 $f'(0) = -\dfrac{1}{2}$. 再将式 (2.8) 右边改写为

$$\lim_{x \to 0} \frac{f'(x) - \dfrac{x - (1+x)\ln(1+x)}{x^2(1+x)}}{2x}$$

$$= \lim_{x \to 0} \frac{f'(x) - \left(-\dfrac{1}{2}\right)}{2x} - \lim_{x \to 0} \frac{x - (1+x)\ln(1+x) + \dfrac{1}{2}x^2(1+x)}{2x^3(1+x)}. \tag{2.9}$$

对第 2 式用洛必达法则:

$$\lim_{x \to 0} \frac{x - (1+x)\ln(1+x) + \dfrac{1}{2}x^2(1+x)}{2x^3(1+x)} = \frac{1}{3}.$$

所以式 (2.9) 右边为 $\dfrac{1}{2}f''(0) - \dfrac{1}{3}$,按题意应有

$$\frac{1}{2}f''(0) - \frac{1}{3} = \frac{1}{3}.$$

所以 $f''(0) = \dfrac{4}{3}$. 可见方法 2 较繁琐.

[注] 请读者细心体会一下,为什么要通过式 (2.7) 这一步,将其左边化成右边再处理?

例 10 设 $f(x)$ 在 $x = x_0$ 的某邻域 U 内有定义,在 $x = x_0$ 的去心邻域 $\mathring{U}$ 内可导,试回答下列问题. 若结论成立,请给出证明;若结论不成立,请给出反例;若能添加适当条件使结论成立,则请添加适当条件并证明之.

(1) 设 $\lim\limits_{x \to x_0} f'(x)$ 存在等于 A,则 $f'(x_0)$ 必存在等于 A.

(2) 设 $f'(x_0)$ 存在等于 A,则 $\lim\limits_{x \to x_0} f'(x)$ 必存在等于 A.

(3) 设 $\lim\limits_{x \to x_0} f'(x) = \infty$,则 $f'(x_0)$ 必不存在.

(4) 设 $f'(x_0)$ 不存在,则 $\lim\limits_{x \to x_0} f'(x)$ 必不存在.

分析　讨论 $f'(x_0)$ 时应按定义处理,然后讨论它与 $\lim\limits_{x \to x_0} f'(x)$ 的联系.

解　(1) 结论不成立,反例如下:
$$f(x) = \begin{cases} 1, & \text{当 } x \neq x_0, \\ 0, & \text{当 } x = x_0. \end{cases}$$

有 $f'(x) = 0$(当 $x \neq x_0$),$\lim\limits_{x \to x_0} f'(x) = 0$. 但 $f(x)$ 在 $x = x_0$ 处不连续,所以 $f'(x_0)$ 不存在.

若增添条件:"设 $f(x)$ 在 $x = x_0$ 处连续",则结论成立. 证明如下:
$$\lim_{x \to x_0} \frac{f(x) - f(x_0)}{x - x_0} \xupdownequal{\text{“}\frac{0}{0}\text{” 型}} \lim_{x \to x_0} f'(x) = A,$$

所以 $f'(x_0)$ 存在且等于 A.

(2) 结论不成立,反例如下:
$$f(x) = \begin{cases} (x - x_0)^2 \sin \dfrac{1}{x - x_0}, & \text{当 } x \neq x_0, \\ 0, & \text{当 } x = x_0. \end{cases}$$

有
$$f'(x) = \begin{cases} 2(x - x_0) \sin \dfrac{1}{x - x_0} - \cos \dfrac{1}{x - x_0}, & \text{当 } x \neq x_0, \\ 0, & \text{当 } x = x_0. \end{cases}$$

$f'(x_0)$ 存在等于 0,但 $\lim\limits_{x \to x_0} f'(x)$ 不存在. 若增添条件:"设 $\lim\limits_{x \to x_0} f'(x)$ 存在",则 $\lim\limits_{x \to x_0} f'(x) = A$.
证明如下:
$$f'(x_0) = \lim_{x \to x_0} \frac{f(x) - f(x_0)}{x - x_0} \overset{\text{洛}}{=\!=} \lim_{x \to x_0} f'(x),$$

已知右边存在,故左边等于右边,所以 $\lim\limits_{x \to x_0} f'(x) = A$.

(3) 正确. 证明如下:反证法,设 $f'(x_0)$ 存在,则 $f(x)$ 在 $x = x_0$ 处连续,于是由洛必达法则
$$f'(x_0) = \lim_{x \to x_0} \frac{f(x) - f(x_0)}{x - x_0} = \lim_{x \to x_0} f'(x) = \infty,$$

与反证法前提"$f'(x_0)$ 存在"矛盾. 所以 $f'(x_0)$ 不存在.

(4) 结论不成立,反例如下:
$$f(x) = \begin{cases} 1, & x \neq x_0, \\ 0, & x = x_0. \end{cases}$$

$f(x)$ 在 $x = x_0$ 处不连续,故 $f'(x_0)$ 不存在. 但 $\lim\limits_{x \to x_0} f'(x) = 0$(存在).

若增添条件:"设 $f(x)$ 在 $x = x_0$ 处连续",则 $\lim\limits_{x \to x_0} f'(x)$ 必不存在. 证明如下:

用反证法,设 $\lim\limits_{x \to x_0} f'(x)$ 存在,记为 A,则
$$\lim_{x \to x_0} \frac{f(x) - f(x_0)}{x - x_0} \overset{\text{洛}}{=\!=} \lim_{x \to x_0} f'(x) = A,$$

从而 $f'(x_0) = A$,与 $f'(x_0)$ 不存在矛盾. 所以 $\lim\limits_{x \to x_0} f'(x)$ 必不存在.

二、导数的计算

例 11 设 $y = y(x)$ 存在二阶导数,$f'(x) \neq 0$,$x = \varphi(y)$ 是 $y = f(x)$ 的反函数,则 $\varphi''(y) = $ ____.

分析 由一阶导数公式 $\varphi'(y) = \dfrac{1}{f'(x)}$ 两边对 y 求导时,右边的 x 应看成 y 的函数.

解 应填 $-\dfrac{f''(x)}{(f'(x))^3}$.

由反函数的导数公式,

$$\varphi'(y) = \frac{1}{f'(x)},$$

两边对 y 求导,有

$$\varphi''(y) = \frac{-(f'(x))'_y}{(f'(x))^2} = -\frac{(f'(x))'_x \cdot x'_y}{(f'(x))^2} = -\frac{f''(x)}{(f'(x))^3}.$$

例 12 设

$$f(x) = \begin{cases} x^4 \sin \dfrac{1}{x} + \cos x, & \text{当 } x \neq 0, \\ 1, & \text{当 } x = 0, \end{cases}$$

则 $f''(x) = $ ____.

分析 一般来说,分段函数的导数仍是分段函数.先求出 $f'(x)$ 的分段表达式,再求 $f''(x)$.

解 应填 $f''(x) = \begin{cases} 12x^2 \sin \dfrac{1}{x} - 6x\cos \dfrac{1}{x} - \sin \dfrac{1}{x} - \cos x, & \text{当 } x \neq 0, \\ -1, & \text{当 } x = 0. \end{cases}$

按 $f'(0)$ 的定义,

$$f'(0) = \lim_{x \to 0} \frac{f(x) - f(0)}{x - 0} = \lim_{x \to 0} \frac{x^4 \sin \dfrac{1}{x} + \cos x - 1}{x} = 0,$$

当 $x \neq 0$ 时,

$$f'(x) = 4x^3 \sin \frac{1}{x} - x^2 \cos \frac{1}{x} - \sin x.$$

再按 $f''(0)$ 的定义,

$$f''(0) = \lim_{x \to 0} \frac{f'(x) - f'(0)}{x - 0} = \lim_{x \to 0}\left(4x^2 \sin \frac{1}{x} - x\cos \frac{1}{x}\right) - \lim_{x \to 0} \frac{\sin x}{x} = -1,$$

当 $x \neq 0$ 时,

$$f''(x) = 12x^2 \sin \frac{1}{x} - 6x\cos \frac{1}{x} - \sin \frac{1}{x} - \cos x.$$

例 13 设 $y = \dfrac{1}{2x^2 - 3x - 5}$,则 $y^{(n)} = $ ____.

分析 宜拆项求导.

解 应填 $\dfrac{(-1)^n}{7} \cdot n! \left[2^{n+1}(2x-5)^{-n-1} - (x+1)^{-n-1}\right]$.

$$y = \frac{1}{7}\left(\frac{2}{2x-5} - \frac{1}{x+1}\right),$$

$$y' = -\frac{1}{7}\left(2 \cdot 2(2x-5)^{-2} - (x+1)^{-2}\right), \cdots,$$

$y^{(n)}$ 如上所填.

例 14 设 $f(x)$ 具有任意阶导数且 $f'(x) = [f(x)]^2, f(0) = 2, n \geqslant 2$，则 $f^{(n)}(0) = \underline{\quad\quad}$.

分析 按复合函数求导公式计算之.

解 应填 $n! \, 2^{n+1}$.

$$f''(x) = 2[f(x)]f'(x) = 2[f(x)]^3,$$

由数学归纳法可证 $f^{(n)}(x) = n! \, [f(x)]^{n+1}$，以 $x=0$ 代入便得如上所填.

例 15 设 $y = \arctan x$，则 $y^{(n)}(0) = \underline{\quad\quad}$.

分析 直接求 n 阶导数会带来复杂的运算，此题计算有点技巧.

解 应填 $y^{(n)}(0) = \begin{cases} (-1)^{\frac{n-1}{2}}(n-1)!, & \text{当 } n \text{ 为奇数}; \\ 0, & \text{当 } n \text{ 为偶数}. \end{cases}$

由 $y = \arctan x$ 有 $y' = \dfrac{1}{1+x^2}$，于是

$$(1+x^2)y' = 1.$$

两边再对 x 求 $(n-1)$ 阶导数，用乘积求导的莱布尼茨公式，有

$$(y')^{(n-1)}(1+x^2) + C_{n-1}^1 (y')^{n-2}(1+x^2)' + C_{n-1}^2 (y')^{(n-3)}(1+x^2)'' = 0,$$

即

$$y^{(n)}(1+x^2) + 2(n-1)y^{(n-1)}x + (n-1)(n-2)y^{(n-2)} = 0.$$

以 $x=0$ 代入，得

$$y^{(n)}(0) = -(n-1)(n-2)y^{(n-2)}(0), n \geqslant 3.$$

又 $y(0) = 0, y'(0) = 1, y''(0) = 0$，故

$$\begin{aligned} y^{(n)}(0) &= -(n-1)(n-2)y^{(n-2)}(0) \\ &= (-1)^2(n-1)(n-2)(n-3)(n-4)y^{(n-4)}(0) \\ &= \cdots = (-1)^{\frac{n-1}{2}}(n-1)!, \text{当 } n = \text{奇数时}; \end{aligned}$$

$$y^{(n)}(0) = 0, \text{当 } n = \text{偶数时}.$$

[注] 本题也可将函数展开成幂级数来做.

例 16 设 $f(x) = \dfrac{x+2}{x^2-2x+2}$，证明

$$f^{(n)}(0) = n!\left(\frac{\sqrt{2}}{2}\right)^n \sqrt{5}\sin\left(\frac{n\pi}{4} + \varphi_0\right), n = 0, 1, 2, \cdots,$$

其中 $\cos\varphi_0 = \dfrac{2}{\sqrt{5}}, \sin\varphi_0 = \dfrac{1}{\sqrt{5}}, 0 < \varphi_0 < \dfrac{\pi}{2}$.

解 $f(0) = 1, f'(0) = \dfrac{(x^2-2x+2) - (x+2)(2x-2)}{(x^2-2x+2)^2}\bigg|_{x=0} = \dfrac{3}{2}$,

再求高阶导数. 化为

$$f(x)(x^2-2x+2) = x+2,$$

用莱布尼茨高阶导数公式，当 $n \geqslant 2$，得

$$f^{(n)}(x)(x^2-2x+2) + C_n^1 f^{(n-1)}(x)(2x-2) + C_n^2 f^{(n-2)}(x) \cdot 2 = 0.$$

上式含有 n，使用不方便，命

$$a_n = \frac{f^{(n)}(0)}{n!}, n = 0, 1, 2, \cdots$$

于是得到关于 a_n 的递推式：

$$2a_n - 2a_{n-1} + a_{n-2} = 0, n = 2, 3, \cdots$$

即

$$a_{n+2} = a_{n+1} - \frac{1}{2}a_n, n = 0, 1, \cdots,$$

前面已经算得 $a_0 = f(0) = 1, a_1 = \frac{f'(0)}{1} = \frac{3}{2}$，再由上述递推公式可以算得

$$a_2 = a_1 - \frac{1}{2}a_0 = \frac{3}{2} - \frac{1}{2} = 1.$$

方法 1 用数学归纳法证明

$$a_n = \left(\frac{\sqrt{2}}{2}\right)^n \sqrt{5}\sin\left(\frac{n\pi}{4} + \varphi_0\right), n = 0, 1, 2, \cdots.$$

$$a_0 = \sqrt{5}\sin\varphi_0 = 1（由前面计算，此式正确）;$$

$$a_1 = \left(\frac{\sqrt{2}}{2}\right)\sqrt{5}\sin\left(\frac{\pi}{4} + \varphi_0\right) = \frac{\sqrt{10}}{2}\left(\sin\frac{\pi}{4}\cos\varphi_0 + \cos\frac{\pi}{4}\sin\varphi_0\right)$$

$$= \frac{\sqrt{20}}{4}\left(\frac{2}{\sqrt{5}} + \frac{1}{\sqrt{5}}\right) = \frac{3}{2}（正确），$$

设

$$a_n = \left(\frac{\sqrt{2}}{2}\right)^n \sqrt{5}\sin\left(\frac{n\pi}{4} + \varphi_0\right), a_{n+1} = \left(\frac{\sqrt{2}}{2}\right)^{n+1} \sqrt{5}\sin\left[\frac{(n+1)\pi}{4} + \varphi_0\right]$$

都正确，则由递推公式

$$a_{n+2} = a_{n+1} - \frac{1}{2}a_n$$

$$= \left(\frac{\sqrt{2}}{2}\right)^{n+1} \sqrt{5}\sin\left(\frac{(n+1)\pi}{4} + \varphi_0\right) - \frac{1}{2}\left(\frac{\sqrt{2}}{2}\right)^n \sqrt{5}\sin\left(\frac{n\pi}{4} + \varphi_0\right)$$

$$= \left(\frac{\sqrt{2}}{2}\right)^{n+2} \sqrt{5}\left[\sqrt{2}\sin\left(\frac{(n+1)\pi}{4} + \varphi_0\right) - \sin\left(\frac{n\pi}{4} + \varphi_0\right)\right]$$

$$= \left(\frac{\sqrt{2}}{2}\right)^{n+2} \sqrt{5}\left[\sin\left(\frac{(n+2)\pi}{4} + \varphi_0\right) + \sqrt{2}\sin\left(\frac{(n+1)\pi}{4} + \varphi_0\right)\right.$$

$$\left. - \sin\left(\frac{(n+2)\pi}{4} + \varphi_0\right) - \sin\left(\frac{n\pi}{4} + \varphi_0\right)\right].$$

而 [ ] 内第 3、4 两项之和恰好与第 2 项消去，这就证明了

$$a_{n+2} = \left(\frac{\sqrt{2}}{2}\right)^{n+2} \sqrt{5}\sin\left(\frac{(n+2)\pi}{4} + \varphi_0\right),$$

归纳法证毕. 从而 $f^{(n)}(0) = n! \, a_n$ 即为欲证.

方法 2 现在来说一下归纳法欲证的式子从何而来？由递推公式

$$a_{n+2} - a_{n+1} + \frac{1}{2}a_n = 0, n = 0, 1, 2, \cdots.$$

将它看成 a_n 关于 n 的二阶常系数线性齐次差分方程. 由差分方程的解法[注]，对应的特征方

程为

$$\lambda^2 - \lambda + \frac{1}{2} = 0$$

特征根

$$\lambda_{1,2} = \frac{1}{2} \pm \mathrm{i}\,\frac{1}{2}.$$

命 $\alpha = \frac{1}{2}, \beta = \frac{1}{2}, r = \sqrt{\alpha^2 + \beta^2} = \frac{\sqrt{2}}{2}, \cos\varphi = \frac{\alpha}{r} = \frac{\sqrt{2}}{2}, \sin\varphi = \frac{\beta}{r} = \frac{\sqrt{2}}{2}. \varphi = \frac{\pi}{4}.$ 于是得解

$$a_n = r^n(c_1\cos n\varphi + c_2\sin n\varphi) = \left(\frac{\sqrt{2}}{2}\right)^n\left(c_1\cos\frac{n\pi}{4} + c_2\sin\frac{n\pi}{4}\right).$$

由初值

$$1 = a_0 = c_1, \frac{3}{2} = a_1 = \frac{\sqrt{2}}{2}\left(c_1\cos\frac{\pi}{4} + c_2\sin\frac{\pi}{4}\right),$$

得 $c_1 = 1, c_2 = 2$,从而 a_n 如上所得.

[注] 关于差分方程请见蔡燧林编写的《常微分方程(第 3 版)》(2015 年,浙江大学出版社).

2.2 导数在研究函数性态方面的应用,不等式与零点问题

本节内容十分丰富,包括单调性、极值、最值、凹向、拐点、渐近线、曲率、曲率圆,不等式问题与零点问题.

一、单调性、极值、最值、凹向、拐点、渐近线、曲率的讨论

例 1 设 $y = y(x)$ 是由 $2y^3 - 2y^2 + 2xy - x^2 = 1$ 确定的连续的可以求导的函数,则 $y = y(x)$ 的极____值为____.

分析 隐函数求极值与显函数求极值的方法一致,先求驻点,再判定是否为极值,是极大值还是极小值.不过对隐函数来说,不能用第一充分条件而只能用第二充分条件判别极值.

解 应填 $y = y(x)$ 的极小值为 $y = 1$.

由隐函数求导法有

$$y' = \frac{x - y}{3y^2 - 2y + x}.$$

令 $y' = 0$,得 $x - y = 0$.再与原方程 $2y^3 - 2y^2 + 2xy - x^2 = 1$ 联立解得 $x = 1, y = 1$.在 $x = 1, y = 1$ 处,y' 的分母不为零,根据隐函数存在定理,在 $x = 1$ 的某邻域内,由上述方程的确能确定出唯一的连续且可微的函数 $y = y(x)$,$x = 1$ 是其唯一驻点.为讨论是极大值点还是极小值点,求出

$$y'' = \frac{(3y^2 - 2y + x)(1 - y') - (x - y)(6yy' - 2y' + 1)}{(3y^2 - 2y + x)^2}.$$

以 $x = 1, y = 1, y' = 0$ 代入得 $y'' = \frac{1}{2} > 0$,故在 $x = 1$ 处 y 取极小值,极小值为 $y = 1$.

例 2 设常数 $a > 0, f(x) = \frac{1}{3}ax^3 - x, x \in \left[0, \frac{1}{a}\right]$,则 $f(x)$ 的最小值等于____.

分析 先求出 $f(x)$ 在区间 $\left(0,\dfrac{1}{a}\right)$ 内部的驻点. 若驻点唯一且为极小值点,则此点为最小值点. 若在 $\left(0,\dfrac{1}{a}\right)$ 内部无驻点,则在内部必为单调,比较端点的大小即可知.

解 应填 $\min f(x)=\begin{cases}-\dfrac{2}{3\sqrt{a}}, & \text{当 } 0<a<1;\\[3mm]\dfrac{1}{3a^2}-\dfrac{1}{a}, & \text{当 } a\geqslant 1.\end{cases}$

$$f'(x)=ax^2-1, \quad f''(x)=2ax.$$

令 $f'(x)=0$,得 $x=\pm\sqrt{\dfrac{1}{a}}$.

当 $0<a<1$ 时,$0<\sqrt{\dfrac{1}{a}}<\dfrac{1}{a}$,故在区间 $\left(0,\dfrac{1}{a}\right)$ 内有唯一驻点 $x_0=\sqrt{\dfrac{1}{a}}$,且 $f''(x_0)>0$,故 $f(x_0)$ 为极小值且为最小值,$\min f(x)=f(x_0)=-\dfrac{2}{3\sqrt{a}}$.

当 $a\geqslant 1$ 时,$\sqrt{\dfrac{1}{a}}\geqslant\dfrac{1}{a}$,故 $f(x)$ 在区间 $\left(0,\dfrac{1}{a}\right)$ 内为严格单调减少,所以 $\min f(x)=f\left(\dfrac{1}{a}\right)=\dfrac{1}{3a^2}-\dfrac{1}{a}$.

例 3 设 $g(x)$ 为连续函数,当 $x\neq 0$ 时 $\dfrac{g(x)}{x}>0$,且 $\lim\limits_{x\to 0}\dfrac{g(x)}{x}=1$. 又设[注] $f(x)$ 在包含 $x=0$ 在内的某区间 (a,b) 内存在二阶导数且满足式子:

$$x^2f''(x)-(f'(x))^2=\frac{1}{4}xg(x).$$

证明:(Ⅰ) $x=0$ 是 $f(x)$ 在区间 (a,b) 内的唯一驻点,且是极小值点;

(Ⅱ) 曲线 $y=f(x)$ 在区间 (a,b) 内是凹的.

分析 题的意思并不要求求出 $f(x)$,而只要求讨论满足题设条件的 $f(x)$ 具有结论所说的性质.

解 (Ⅰ) 以 $x=0$ 代入所给式子得 $f'(0)=0$. 所以 $x=0$ 是 $f(x)$ 的一个驻点. 为确定此驻点是否为 $f(x)$ 的极值点,进一步讨论 $f''(0)$. 由 $f''(0)$ 的定义:

$$f''(0)=\lim_{x\to 0}\frac{f'(x)-f'(0)}{x-0}\xrightarrow{\text{试用洛必达}}\lim_{x\to 0}f''(x)$$

$$=\lim_{x\to 0}\left[\left(\frac{f'(x)}{x}\right)^2+\frac{1}{4}\frac{g(x)}{x}\right]=\lim_{x\to 0}\left[\left(\frac{f'(x)-f'(0)}{x-0}\right)^2+\frac{1}{4}\lim_{x\to 0}\frac{g(x)}{x}\right]$$

$$=(f''(0))^2+\frac{1}{4}, \quad (\text{存在}),$$

$$(f''(0))^2-f''(0)+\frac{1}{4}=0,$$

$$f''(0)=\frac{1}{2}>0.$$

所以 $x=0$ 是 $f(x)$ 的极小值点.

若另外还有 $x_0\in(a,b)(x_0\neq 0)$ 是 $f(x)$ 的另一驻点:$f'(x_0)=0$,则由所给式子,有

$$f''(x_0) = \left(\frac{f'(x_0)}{x_0}\right)^2 + \frac{1}{4} \cdot \frac{g(x_0)}{x_0} = \frac{1}{4}\left(\frac{g(x_0)}{x_0}\right) > 0,$$

此 x_0 也是 $f(x)$ 的极小值点,由 1.3 节例 10 知,在区间 $(0,x_0)$(或 $(x_0,0)$)内必还有 $f(x)$ 的极大值点. 这不可能(因为由前证明,对一切 $x_0(x_0 \neq 0)$,只要是驻点,必是极小值点). 所以不能再有其他驻点,故 $x=0$ 是 $f(x)$ 在区间 (a,b) 内的唯一驻点.

(Ⅱ) 当 $x \neq 0$ 时,$f''(x) = \left(\frac{f'(x)}{x}\right)^2 + \frac{1}{4} \cdot \frac{g(x)}{x} > 0$,且 $f''(0) = \frac{1}{4} > 0$,所以 $f''(x) > 0$(当 $x \in (a,b)$). 并且由于 $f(x)$ 具有二阶导数,所以 $f(x)$ 连续,从而证明了曲线 $y = f(x)$ 在区间 (a,b) 内是凹的,证毕.

[注] 这里的"设"并非虚无的,这种 $f(x)$ 是的确存在的. 例如设 $g(x) = x$,可以具体求出

$$f(x) = \begin{cases} \dfrac{x^2}{4} - \displaystyle\int_0^x \dfrac{t}{C_1 + \ln|t|} dt + C_2 & (\text{当}-a < x < a, x \neq 0), \\ C_2, & (\text{当 } x = 0), \end{cases}$$

其中常数 $a > 0$,$C_1 < -\ln a$. 请读者自己完成此注.

例 4 设 $f(x)$ 在 $x = x_0$ 处连续,在 $x = x_0$ 的某去心邻域内可导,$\lim\limits_{x \to x_0} \dfrac{f'(x)}{x - x_0} = a < 0$,则 $f(x_0)$ 是 $f(x)$ 的极____值.

分析 由 $\lim\limits_{x \to x_0} \dfrac{f'(x)}{x - x_0} = a < 0$ 找出在 $x = x_0$ 的邻域内 $f'(x)$ 的变号情况.

解 应填极大值.

由保号性知,在 $x = x_0$ 的该去心邻域内,$f'(x)$ 与 $(x - x_0)$ 异号. 所以当 $x < x_0$ 时 $f'(x) > 0$,当 $x > x_0$ 时 $f'(x) < 0$. 再由 $f(x)$ 在 $x = x_0$ 处连续,故知 $f(x_0)$ 为 $f(x)$ 的极大值.

[注] 判定极值的第一充分条件并不要求 $f(x)$ 在 $x = x_0$ 处可导,而只要求 $f(x)$ 在 $x = x_0$ 处连续,左右侧 $f'(x)$ 变号即可.

例 5 设 $f(x)$ 在 $x = x_0$ 处存在三阶导数,且 $f''(x_0) = 0$,$f'''(x_0) > 0$,则曲线 $y = f(x)$ 在点 $(x_0, f(x_0))$ 的____侧邻近是凹的,____侧邻近是凸的.

分析 由 $f'''(x_0) > 0$ 及 $f''(x_0) = 0$ 推导出在点 $(x_0, f(x_0))$ 邻近 $f''(x)$ 的符号即可.

解 应填右侧凹,左侧凸.

由 $f'''(x_0) = \lim\limits_{x \to x_0} \dfrac{f''(x) - f''(x_0)}{x - x_0} = \lim\limits_{x \to x_0} \dfrac{f''(x)}{x - x_0} > 0$,所以 $f''(x)$ 与 $(x - x_0)$ 同号,在点 $(x_0, f(x_0))$ 左侧邻近 $f''(x) < 0$,曲线 $y = f(x)$ 凸,右侧邻近 $f''(x) > 0$,曲线凹.

例 6 设 $f(x) = (2x - 3)\ln(2 - x) - x + 1$,求 $f(x)$ 的最大值点及最大值.

分析 按通常求最小值的办法去做.

解 $f'(x) = 2\ln(2 - x) + \dfrac{1 - x}{2 - x}$,$x \in (-\infty, 2)$.

易见 $f'(1) = 0$,且当 $x < 1$ 时 $f'(x) > 0$;当 $1 < x < 2$ 时,$f'(x) < 0$,故 $x = 1$ 为 $f(x)$ 的唯一驻点且是极大值点,故

$$\max f(x) = f(1) = 0,$$

且仅在 $x = 1$ 时取等号.

[注] 若题改为:证明:当 $-\infty < x < 2$ 时,

$$(2x-3)\ln(2-x)-x+1\leqslant 0.$$

其解法是一样的.

例 7 求曲线 $y=\dfrac{1}{x(x-1)}+\ln(1+\mathrm{e}^x)$ 的所有渐近线的方程.

分析 按求渐近线方程的办法处理.

解 易见 $\lim\limits_{x\to 0}y=\infty,\lim\limits_{x\to 1}y=\infty$,所以 $x=0$ 与 $x=1$ 是该曲线的两条渐近线. 又

$$\lim_{x\to +\infty}\frac{y}{x}=\lim_{x\to +\infty}\frac{\ln(1+\mathrm{e}^x)}{x}=\lim_{x\to +\infty}\frac{x+\ln(1+\mathrm{e}^{-x})}{x}=1,$$

$$\lim_{x\to +\infty}(y-x)=\lim_{x\to +\infty}\ln(1+\mathrm{e}^x)-x=\lim_{x\to +\infty}\ln(1+\mathrm{e}^{-x})=0.$$

所以 $y=x$ 是一条沿 $x\to +\infty$ 方向的斜渐近线.

$$\lim_{x\to -\infty}\frac{y}{x}=\lim_{x\to -\infty}\frac{\ln(1+\mathrm{e}^{-x})}{x}=0,$$

$$\lim_{x\to -\infty}(y-0)=\lim_{x\to -\infty}\ln(1+\mathrm{e}^{-x})=0,$$

所以 $y=0$ 是一条沿 $x\to -\infty$ 方向的水平渐近线. 该曲线共有 4 条渐近线.

例 8 求蔓叶线的渐近线方程:

(1) 它以参数方程 $x=\dfrac{3at}{1+t^3},y=\dfrac{3at^2}{1+t^3}$ 的形式给出;

(2) 它以隐式形式 $x^3+y^3-3axy=0$ 给出.

分析 在直角坐标系中,如果 $\lim\limits_{x\to x_0^+}f(x)=\infty$ 或 $\lim\limits_{x\to x_0^-}f(x)=\infty$,则有垂直渐近线 $x=x_0$;如果 $\lim\limits_{x\to +\infty}\dfrac{f(x)}{x}=k$,且 $\lim\limits_{x\to +\infty}(f(x)-kx)=b$,或者 $x\to -\infty$ 时上两式成立,则有渐近线 $y=kx+b$;如果其中的 $k=0$,则就是水平渐近线.

对于参数式或隐式给出的曲线,仍可以上述公式作为依据求之.

解 (1) 由 $y=\dfrac{3at^2}{1+t^3}$ 知,仅当 $t\to -1$ 时才有 $y\to\infty$.但当 $t\to -1$ 时 $x\to\infty$,故无垂直渐近线.

再看有无斜的或水平的渐近线. 因 $x\to\infty$ 等价于 $t\to -1$,

$$\lim_{t\to -1}\frac{y}{x}=\lim_{t\to -1}t=-1,$$

$$\lim_{t\to -1}(y-(-1)x)=\lim_{t\to -1}\left(\frac{3at^2}{1+t^3}+\frac{3at}{1+t^3}\right)$$

$$=\lim_{t\to -1}\frac{3at(t+1)}{t^3+1}=-a,$$

所以仅有一条渐近线 $y=-x-a$.

(2) 由隐式 $x^3+y^3-3axy=0$ 知,不存在那种 x_0,当 $x\to x_0$ 时 $y\to\infty$ 适合此隐式. 再看斜的或水平渐近线. 为此,只要讨论是否存在 k 与 b 成立

$$k=\lim_{x\to +\infty}\frac{y}{x},\quad b=\lim_{x\to +\infty}(y-kx).$$

(或上式中 $x\to +\infty$ 改为 $x\to -\infty$).

上述第 1 式可改写为

$$\frac{y}{x}-k=\alpha,\quad 即\ y=(k+\alpha)x,$$

其中 $\lim\limits_{x \to +\infty} \alpha = 0$. 以 $y = (k+\alpha)x$ 代入原隐式方程中,化简,得

$$1 + (k+\alpha)^3 - \frac{3a(k+\alpha)}{x} = 0.$$

令 $x \to +\infty$ 取极限,得 $1+k^3=0, k=-1$. 于是

$$b = \lim_{x \to +\infty}(y+x), \quad 即 \ y = -x+b+\beta,$$

其中 $\lim\limits_{x \to +\infty} \beta = 0$. 以 $y = -x+b+\beta$ 代入原隐式方程中,化简得

$$b+\beta+a - \frac{(b+\beta)(b+\beta+a)}{x} + \frac{(b+\beta)^3}{3x^2} = 0,$$

令 $x \to +\infty$,得 $b=-a$. 于是有斜渐近线

$$y = -x-a.$$

对于 $x \to -\infty$ 同样处理,仍得 $y=-x-a$. 故仅有一条斜渐近线.

[**注**] 对于一般的由参数式 $\begin{cases} x=x(t), \\ y=y(t) \end{cases}$ 确定的曲线 $y=f(x)$,以由隐式 $F(x,y)=0$ 确定的曲线 $y=f(x)$,求其渐近线的方法与此例类似.

例 9(用高阶导数判定极值、拐点的定理) 设 $f(x)$ 在 $x=x_0$ 处存在 n 阶导数 $(n \geqslant 2)$,且

$$f'(x_0) = f''(x_0) = \cdots = f^{(n-1)}(x_0) = 0, f^{(n)}(x_0) \neq 0.$$

(1) 若 n 为偶数,则 $f(x_0)$ 必为 $f(x)$ 的极值,点 $(x_0, f(x_0))$ 必不是曲线 $y=f(x)$ 的拐点.

①如果 $f^{(n)}(x_0) < 0$,则 $f(x_0)$ 为极大值;

②如果 $f^{(n)}(x_0) > 0$,则 $f(x_0)$ 为极小值.

(2) 如果 $n \geqslant 3$ 为奇数,则点 $(x_0, f(x_0))$ 必为曲线 $y=f(x)$ 的拐点,$f(x_0)$ 必不是 $f(x)$ 的极值.

③如果 $f^{(n)}(x_0) < 0$,则曲线 $y=f(x)$ 在点 $(x_0, f(x_0))$ 的左侧邻近为凹弧,右侧邻近为凸弧.

④如果 $f^{(n)}(x_0) > 0$,则曲线 $y=f(x)$ 在点 $(x_0, f(x_0))$ 的左侧邻近为凸弧,右侧邻近为凹弧.

分析 由于条件为高阶导数,结论为一点或一点邻近情况,试用佩亚诺余项泰勒公式解决之.

解 按 $(x-x_0)$ 用佩亚诺余项泰勒公式展开至 $o_1((x-x_0)^n)$,有

$$f(x) = f(x_0) + \frac{1}{n!}f^{(n)}(x_0)(x-x_0)^n + o_1((x-x_0)^n), \tag{2.10}$$

同时,命 $\varphi(x) = f''(x)$,可将 $\varphi(x)$ 在 $(x-x_0)$ 展开至 $o_2((x-x_0)^{n-2})$,$n > 2$,有

$$\varphi(x) = \varphi(x_0) + \cdots + \frac{1}{(n-2)!}\varphi^{(n-2)}(x_0)(x-x_0)^{n-2} + o_2((x-x_0)^{n-2}),$$

即

$$f''(x) = \frac{1}{(n-2)!}f^{(n)}(x_0)(x-x_0)^{n-2} + o_2((x-x_0)^{n-2}), \ n > 2. \tag{2.11}$$

(1) 若 n 为偶数,$f^{(n)}(x_0) \neq 0$,由式(2.10)可见,在 $x=x_0$ 的某去心邻域,由 $f^{(n)}(x_0)$ 的符号可决定 $f(x) - f(x_0)$ 的符号,即知①、②成立.

若 $n=2$,$f''(x_0) \neq 0$,故点 $(x_0, f(x_0))$ 不是曲线 $y=f(x)$ 的拐点. 若 $n > 2$ 且为偶数,由式(2.11)知,在点 $x=x_0$ 的某去心邻域,$f''(x)$ 不变号,故点 $(x_0, f(x_0))$ 不是拐点.

(2) 若 n 为奇数且 $n \geqslant 3$，由式(2.10)知，在 $x = x_0$ 的足够小的邻域内，在 x 经过 x_0 时，$f(x) - f(x_0)$ 要变号，故 $f(x_0)$ 不是 $f(x)$ 的极值. 由式(2.11)知，存在足够小的邻域，当 $x < x_0$ 时 $f''(x)$ 与 $f^{(n)}(x_0)$ 反号，当 $x > x_0$ 时 $f''(x)$ 与 $f^{(n)}(x_0)$ 同号，即知③、④成立.

[注] 本例可当作定理使用. 本例中要求 $f(x)$ 在 $x = x_0$ 处存在 n 阶导数，$n \geqslant 2$. 若 $f'(x_0)$ 不存在，可以举出例子，$f(x_0)$ 可以是极值，同时点 $(x_0, f(x_0))$ 也是曲线 $y = f(x)$ 的拐点. 例如，设 $f(x) = |x(1-x)|$，容易由验算推知，$f(0)$ 为 $f(x)$ 的极小值，点 $(0, f(0))$ 也是曲线 $y = f(x)$ 的拐点.

例 10 设 $f(x)$ 在区间 (a,b) 内可导，$x = x_0$ 为 $f(x)$ 的唯一驻点且是极大(小)值点，则 $f(x_0)$ 为 $f(x)$ 在 (a,b) 内的最大(小)值. 试证明之.

分析 如果 $f(x_0)$ 不是 $f(x)$ 在 (a,b) 内的最大(小)值，去导出矛盾.

解 证括号外的情形，对于括号内的情形是类似的. 设 $f(x_0)$ 为 $f(x)$ 的极大值但不是最大值，另有最大值 $f(x_2) \geqslant f(x_0)$，来导出矛盾.

如果 $f(x_2) = f(x_0)$，则由罗尔定理知至少存在一点 ξ 介于 x_2 与 x_0 之间使 $f'(\xi) = 0$，与 x_0 为唯一驻点矛盾.

如果 $f(x_2) > f(x_0)$，另一方面，由于 $f(x_0)$ 为极大值，所以在 x_0 的两侧必有 x_1 使 $f(x_1) < f(x_0)$. 取 x_1 与 x_2 位于 x_0 的同一侧，由 $f(x_2) > f(x_0) > f(x_1)$ 及连续函数介值定理知，存在 η 介于 x_1 与 x_2 之间使 $f(\eta) = f(x_0)$，由于 x_1 与 x_2 位于 x_0 的同一侧，故 $\eta \neq x_0$. 再由罗尔定理知存在 ξ 介于 η 与 x_0 之间使 $f'(\xi) = 0$，与唯一驻点矛盾. 证毕.

例 11 曲线 $y = f(x)$ 在区间 (a,b) 上的弧为凹弧有三种定义(这里及以下的 (a,b) 也可以是 $[a,b]$)：

(Ⅰ) 曲线 $y = f(x)$ 在其上任意一点 $x_0 \in (a,b)$ 处的切线恒在曲线的下方：
$$f(x) > f(x_0) + f'(x_0)(x - x_0), \ \text{当} \ x \neq x_0, x \in (a,b), \ x_0 \in (a,b).$$

(Ⅱ) $f'(x)$ 在 (a,b) 上严格单调增.

(Ⅲ) 对于任意两点 $x_1 \in (a,b), x_2 \in (a,b), x_1 \neq x_2$，恒有
$$f(tx_1 + (1-t)x_2) < tf(x_1) + (1-t)f(x_2),$$
其中 $0 < t < 1$.

若 $y = f(x)$ 在 (a,b) 上可导，试证明 (Ⅰ)、(Ⅱ)、(Ⅲ) 是等价的，即互为充要条件.

分析 可以按 (Ⅰ)⇒(Ⅱ)⇒(Ⅲ)⇒(Ⅰ) 的次序去证.

解 (Ⅰ)⇒(Ⅱ). 设 $x_1 \in (a,b), x_2 \in (a,b), x_1 \neq x_2$，由 (Ⅰ) 成立，有
$$f(x_1) > f(x_2) + f'(x_2)(x_1 - x_2),$$
及
$$f(x_2) > f(x_1) + f'(x_1)(x_2 - x_1).$$
两式相加，得
$$f(x_1) + f(x_2) > f(x_2) + f(x_1) + (f'(x_2) - f'(x_1))(x_1 - x_2),$$
即有
$$(f'(x_2) - f'(x_1))(x_2 - x_1) > 0,$$
所以 $f'(x)$ 在 (a,b) 上严格单调增.

(Ⅱ)⇒(Ⅲ). 设 x_1, x_2 同上，考察
$$t[f(tx_1 + (1-t)x_2) - f(x_1)] - (1-t)[f(x_2) - f(tx_1 + (1-t)x_2)]$$
$$= tf'(\xi_1)(1-t)(x_2 - x_1) - (1-t)f'(\xi_2)t(x_2 - x_1)$$
$$= t(1-t)(f'(\xi_1) - f'(\xi_2))(x_2 - x_1).$$

其中不妨认为 $x_2 < x_1$,ξ_1 与 ξ_2 满足 $x_2 < \xi_2 < tx_1 + (1-t)x_2 < \xi_1 < x_1$. 由 $f'(x)$ 严格单调增,所以 $(f'(\xi_1) - f'(\xi_2))(x_2 - x_1) < 0$,有

$$t[f(tx_1 + (1-t)x_2) - f(x_1)] < (1-t)[f(x_2) - f(tx_1 + (1-t)x_2)].$$

整理得(Ⅲ)成立:

$$f(tx_1 + (1-t)x_2) < tf(x_1) + (1-t)f(x_2).$$

(Ⅲ)⇒(Ⅰ). 设 x_1, x_2 同上,仍不妨认为 $x_2 < x_1$. 由(Ⅲ)有

$$\frac{f(x_2 + t(x_1 - x_2)) - f(x_2)}{t(x_1 - x_2)} < \frac{f(x_1) - f(x_2)}{x_1 - x_2}.$$

另取 $x_1' = x_2 + t(x_1 - x_2) > x_2$,对于 x_2 与 x_1' 使用上述结论,有

$$\frac{f(x_2 + t'(x_1' - x_2)) - f(x_2)}{t'(x_1' - x_2)} < \frac{f(x_1') - f(x_2)}{x_1' - x_2},$$

即

$$\frac{f(x_2 + tt'(x_1 - x_2)) - f(x_2)}{tt'(x_1 - x_2)} < \frac{f(t(x_1 - x_2) + x_2) - f(x_2)}{t(x_1 - x_2)}$$

$$< \frac{f(x_1) - f(x_2)}{x_1 - x_2}.$$

命 $t' \to 0$,由于 $f'(x_2)$ 存在,上述不等式推得

$$f'(x_2) \leqslant \frac{f(t(x_1 - x_2) + x_2) - f(x_2)}{t(x_1 - x_2)} < \frac{f(x_1) - f(x_2)}{x_1 - x_2}$$

即有

$$f(x_1) > f(x_2) + f'(x_2)(x_1 - x_2).$$

由于 $x_1, x_2 \in (a, b)$ 的任意性且 $x_1 \neq x_2$,证明了(Ⅰ)成立.

[注] 如果增设在 $[a, b]$(或 (a, b))上存在 $f''(x)$ 且 $f''(x) > 0$,则(Ⅱ)成立,从而(Ⅰ)、(Ⅲ)成立. 但反之,由 $f''(x)$ 存在及(Ⅱ)成立,推不出 $f''(x) > 0$(反例 $f(x) = x^4$).

例 12(拐点的必要条件) 试证明定理:设点 $(x_0, f(x_0))$ 是曲线 $y = f(x)$ 的拐点,且 $f''(x_0)$ 存在,则 $f''(x_0) = 0$.

分析 由于条件仅是二阶导数存在,且点 $(x_0, f(x_0))$ 为拐点,故从拐点定义入手. 有两个方法:方法 1 是用佩亚诺余项泰勒公式,并由点 $(x_0, f(x_0))$ 的左、右邻近凹、凸性相反这一条件,去推出不等式;方法 2 是由点 $(x_0, f(x_0))$ 的左、右邻近凹、凸性相反,再利用例 11 的结论,去推出左、右邻域 $f'(x)$ 的单调性相反,再证 $f''(x_0) = 0$.

解 方法 1 不妨设在该拐点的左侧邻近,曲线 $y = f(x)$ 是凹的,右侧是凸的. 在左侧邻近取点 $(x_0 + 2h, f(x_0 + 2h))(h < 0)$,由凹弧定义,有

$$f(x_0 + 2h) + f(x_0) > 2f(x_0 + h), \tag{2.12}$$

将 $f(x)$ 在 $x = x_0$ 按佩亚诺余项泰勒公式展开至 $o((x - x_0)^2)$,并分别用 $x = x_0 + 2h, x = x_0 + h$ 代入,得

$$f(x_0 + 2h) = f(x_0) + f'(x_0)(2h) + \frac{1}{2}f''(x_0)(2h)^2 + o_1(h^2),$$

$$f(x_0 + h) = f(x_0) + f'(x_0)h + \frac{1}{2}f''(x_0)h^2 + o_2(h^2).$$

代入式(2.12)得

$$f''(x_0)h^2 + o(h^2) > 0.$$

两边再除以 h^2 并命 $h \to 0$ 得 $f''(x_0) \geqslant 0$.

在拐点右侧取点 $(x_0+2h,f(x_0+2h))(h>0)$,与上面同样处理,于是可得 $f''(x_0)\leqslant 0$.
所以 $f''(x_0)=0$.证毕.

方法 2 因 $f''(x_0)$ 存在,故存在 $x=x_0$ 的左、右邻域,在该邻域内 $f'(x)$ 存在.不妨设在点 $(x_0,f(x_0))$ 的左侧,曲线 $y=f(x)$ 是凹的,右侧是凸的.于是由例 11 的结论知,在该左侧邻域,$f'(x)$ 是严格单调增,右侧严格单调减.于是有

$$f''_-(x_0)=\lim_{x\to x_0^-}\frac{f'(x)-f'(x_0)}{x-x_0}\geqslant 0,$$

$$f''_+(x_0)=\lim_{x\to x_0^+}\frac{f'(x)-f'(x_0)}{x-x_0}\leqslant 0.$$

由于 $f''(x_0)$ 存在,所以 $f''_-(x_0)=f''_+(x_0)=0$,证得 $f''(x_0)=0$.证毕.

二、不等式问题

用微分学解决这类题的常用方法如下.

设 $f(x)$ 与 $g(x)$ 在区间 (a,b) 内可导,欲证在此区间 (a,b) 内 $f(x)\geqslant g(x)$(或 $f(x)>g(x)$),先命 $\varphi(x)=f(x)-g(x)$,然后可分别用下述方法之一或联合运用来证明.

(1) 用单调性

① 如果 $\lim\limits_{x\to a^+}\varphi(x)\geqslant 0$,且当 $x\in(a,b)$ 时 $\varphi'(x)\geqslant 0$,则在 (a,b) 内 $\varphi(x)\geqslant 0$.若存在 $x=a$ 的右侧一个小邻域有 $\varphi'(x)>0$,则结论中的不等式是严格的(即 $\varphi(x)>0$).若在 $x=a$ 处 $\varphi(x)$ 右连续,则可用 $\varphi(a)\geqslant 0$ 代替 $\lim\limits_{x\to a^+}\varphi(x)\geqslant 0$.

② 如果 $\lim\limits_{x\to b^-}\varphi(x)\geqslant 0$ 且当 $x\in(a,b)$ 时 $\varphi'(x)\leqslant 0$,则在 (a,b) 内 $\varphi(x)\geqslant 0$.若存在 $x=b$ 的左侧一个小邻域有 $\varphi'(x)<0$,则结论中的不等式是严格的(即 $\varphi(x)>0$).若在 $x=b$ 处 $\varphi(x)$ 左连续,则可用 $\varphi(b)\geqslant 0$ 代替 $\lim\limits_{x\to b^-}\varphi(x)\geqslant 0$.

③ 如果区间 (a,b) 可分成两个,左边一个满足上述①,右边一个满足上述②,则在 (a,b) 内就有 $\varphi(x)\geqslant 0$.如果①②两个结论都是严格不等式,则有 $\varphi(x)>0$.

上面讲的区间 (a,b) 可改为半开区间,闭区间,无穷区间,半无穷区间,结论仍成立.

(2) 用最值

如果在 (a,b) 内 $f(x)$ 有最小值 m,则在 (a,b) 内 $f(x)\geqslant m$.且除这些最小值点外,均有 $f(x)>m$.

对于最大值 M,有类似的结论.

(3) 用拉格朗日中值公式

如果所给题在区间 $[a,b]$ 上 $f(x)$ 满足拉格朗日中值定理条件,并设当 $x\in(a,b)$ 时 $f'(x)\geqslant A$(或 $\leqslant A$),则有

$$f(b)-f(a)\geqslant A(b-a)\quad(\text{或 } f(b)-f(a)\leqslant A(b-a)).$$

(4) 用柯西中值公式

如果所给题的 $f(x)$ 与 $g(x)$ 在区间 $[a,b]$ 上满足柯西中值定理条件,并设当 $x\in(a,b)$ 时 $\dfrac{f'(x)}{g'(x)}\geqslant A$(或 $\leqslant A$),则有

$$\frac{f(b)-f(a)}{g(b)-g(a)}\geqslant A(\leqslant A).$$

(5) 用拉格朗日余项泰勒公式

如果所给条件(或能推导出)$f''(x)$ 存在且大于 0(或小于 0),那么常想到去用拉格朗日余项泰勒公式证明,将 $f(x)$ 在适当的 $x=x_0$ 处展开,

$$f(x) = f(x_0) + \frac{1}{1!}f'(x_0)(x-x_0) + \frac{1}{2!}f''(\xi)(x-x_0)^2.$$

证明的关键是 $x_0=?$ 能达到目的.

也可能用两次拉格朗日中值定理去证明.

如果所给条件(或能推导出)为更高阶导数存在且大于 0(或小于 0),那么想到将 $f(x)$ 展至更高阶.

以上方法的可行性,在于相应的"如果"是否实现.

例 13 设 $0<x<+\infty$,试证明 $\left(1+\frac{1}{x}\right)^x(1+x)^{\frac{1}{x}} \leqslant 4$. 且仅当 $x=1$ 时等号成立.

分析 命 $x=\frac{1}{u}$,将 $1<x<+\infty$ 转换成 $0<u<1$,且 $\left(1+\frac{1}{x}\right)^x(1+x)^{\frac{1}{x}} = (1+u)^{\frac{1}{u}} \cdot \left(1+\frac{1}{u}\right)^u$,所以只要证明:当 $0<x<1$ 时 $\left(1+\frac{1}{x}\right)^x(1+x)^{\frac{1}{x}}<4$ 即可.

解 将 $\left(1+\frac{1}{x}\right)^x(1+x)^{\frac{1}{x}}<4$ 两边取对数,即证明:当 $0<x<1$ 时,

$$x\ln\left(1+\frac{1}{x}\right)+\frac{1}{x}\ln(1+x) < \ln4. \tag{2.13}$$

令

$$\varphi(x) = x\ln\left(1+\frac{1}{x}\right)+\frac{1}{x}\ln(1+x)-\ln4, \quad 0<x\leqslant1. \tag{2.14}$$

以下有两种方法.

方法 1 用单调性证. 由式(2.14)有 $\varphi(1)=0$.

$$\varphi'(x) = \ln\left(1+\frac{1}{x}\right) - \frac{1}{x+1} - \frac{1}{x^2}\ln(1+x) + \frac{1}{x(x+1)},$$

$$\varphi'(1) = 0,$$

$$\varphi''(x) = \frac{2}{x^3}\left[\ln(1+x) - \frac{x(2x+1)}{(x+1)^2}\right].$$

还看不出 $\varphi''(x)$ 的符号. 再命

$$\psi(x) = \ln(1+x) - \frac{x(2x+1)}{(x+1)^2}, \quad 0<x\leqslant1,$$

$$\psi(0) = 0,$$

$$\psi'(x) = \frac{x(x-1)}{(x+1)^3} \leqslant 0,\text{且仅在 } x=1 \text{ 处 } \psi'(x)=0,$$

由单调性的方法①知,当 $0<x\leqslant1$ 时 $\psi(x)<0$,从而知 $\varphi''(x)<0$(当 $0<x\leqslant1$). 再结合 $\varphi'(1)=0$,由单调性方法②知 $\varphi'(x)>0$(当 $0<x<1$).

再由单调性方法①知 $\varphi(x)<0$(当 $0<x<1$),证明了式(2.13)成立,即

$$\left(1+\frac{1}{x}\right)^x(1+x)^{\frac{1}{x}} < 4 \quad (\text{当 } 0<x<1).$$

再由分析中所说,

$$\left(1+\frac{1}{x}\right)^x(1+x)^{\frac{1}{x}}\leqslant 4 \quad (\text{当 } 0<x<+\infty),$$

且仅当 $x=1$ 处等号成立.

方法 2 由方法 1 已有 $\varphi(1)=0,\varphi'(1)=0,\varphi''(x)<0$（当 $0<x\leqslant 1$）. 将 $\varphi(x)$ 在 $x=1$ 处按拉格朗日余项泰勒公式展开至 $(x-1)^2$ 项，有

$$\varphi(x)=\varphi(1)+\varphi'(1)(x-1)+\frac{1}{2}\varphi''(\xi)(x-1)^2$$

$$=\frac{1}{2}\varphi''(\xi)(x-1)^2<0 \quad (\text{当 } 0<x<1),$$

即式 (2.13) 成立.

[注] 由本例方法 1 可见，为弄清楚符号，有时要多次求导，最后要层层倒推回去，很麻烦. 方法 2，适当选取展开点，算得 $\varphi(1)=0,\varphi'(1)=0,\varphi''(x)<0$，用拉格朗日余项泰勒公式一举得到 $\varphi(x)$ 的展开式，非常方便.

例 14 设 $e<a<b<e^2$，证明 $\ln^2 b-\ln^2 a>\dfrac{4}{e^2}(b-a)$.

分析 由欲证形式，想到用拉格朗日中值定理试之.

解 方法 1 命 $f(x)=\ln^2 x,a\leqslant x\leqslant b$.
由拉格朗日中值公式，有

$$\ln^2 b-\ln^2 a=\frac{2\ln\xi}{\xi}(b-a).$$

要证 $\ln^2 b-\ln^2 a>\dfrac{4}{e^2}(b-a)$，只要证对于 $e<a<\xi<b<e^2$，必有

$$\frac{2\ln\xi}{\xi}>\frac{4}{e^2}.$$

为习惯起见，改写为证明

$$\frac{2\ln x}{x}>\frac{4}{e^2}, \quad \text{当 } e<a<x<b<e^2.$$

命

$$\varphi(x)=\frac{2\ln x}{x}-\frac{4}{e^2},$$

有 $\varphi(e^2)=0,\varphi'(x)=\dfrac{2-2\ln x}{x^2}<0$（当 $e<x<e^2$），所以 $\varphi(x)>0$，即 $\dfrac{2\ln x}{x}>\dfrac{4}{e^2}$，从而 $\ln^2 b-\ln^2 a>\dfrac{4}{e^2}(b-a)$. 证毕.

方法 2 将欲证之式改为证明

$$\ln^2 b-\frac{4}{e^2}b>\ln^2 a-\frac{4}{e^2}a.$$

令

$$f(x)=\ln^2 x-\frac{4}{e^2}x, \quad e<a<x<b<e^2.$$

有 $f'(x)=\dfrac{2\ln x}{x}-\dfrac{4}{e^2}$. 以下与方法 1 一样，当 $e<x<e^2$ 时 $f'(x)>0$，所以 $\ln^2 b-\dfrac{4}{e^2}b>\ln^2 a-\dfrac{4}{e^2}a$.

例 15 求使得 $e<\left(1+\dfrac{1}{n}\right)^{n+\beta}$ 对一切正整数 n 都成立的最小的 β 的值.

分析 即求最小的 β 的值,使对一切正整数 n,$\beta>\dfrac{1}{\ln\left(1+\dfrac{1}{n}\right)}-n$ 都成立.

解 考虑函数

$$f(x)=\frac{1}{\ln(1+x)}-\frac{1}{x},0<x\leqslant 1,$$

先证当 $x\in(0,1]$ 时 $f'(x)<0$.事实上

$$f'(x)=\frac{(1+x)\left[\ln(1+x)\right]^2-x^2}{x^2(1+x)\left[\ln(1+x)\right]^2},$$

再命 $g(x)=(1+x)[\ln(1+x)]^2-x^2$,有 $g(0)=0$,及

$$g'(x)=2\ln(1+x)+[\ln(1+x)]^2-2x,g'(0)=0.$$

再求

$$g''(x)=\frac{2}{1+x}+\frac{2\ln(1+x)}{1+x}-2=\frac{2}{1+x}[\ln(1+x)-x],$$

由熟知的不等式 $\ln(1+x)<x$(当 $x\in(0,1]$)知,$g''(x)<0$(当 $x\in(0,1]$).层层倒推知,当 $x\in(0,1]$ 时 $f'(x)<0$.所以当 $0<x\leqslant 1$ 时

$$\lim_{x\to 0^+}f(x)>f(x)\geqslant f(1)=\frac{1}{\ln 2}-1.$$

经过简单计算知

$$\lim_{x\to 0^+}f(x)=\lim_{x\to 0^+}\frac{x-\ln(1+x)}{x\ln(1+x)}=\lim_{x\to 0^+}\frac{1-\dfrac{1}{1+x}}{2x}=\lim_{x\to 0^+}\frac{1}{2(1+x)}=\frac{1}{2}.$$

所以当 $n\to+\infty$ 时 $f\left(\dfrac{1}{n}\right)\to\dfrac{1}{2}^-$.若 $\beta<\dfrac{1}{2}$,则总有相应的 n,使 $f\left(\dfrac{1}{n}\right)>\beta$,不是对一切的正整数 n 都有 $f\left(\dfrac{1}{n}\right)<\beta$.若 $\beta>\dfrac{1}{2}$,那么 β 不是最小的了,所以最小的 $\beta=\dfrac{1}{2}$.

例 16 设 $f(x)$ 在 $[0,+\infty)$ 上连续,在 $(0,+\infty)$ 内存在二阶导数,且 $f''(x)>0$,并设 $f(0)=0$,试证明:对于任意 $x_1>0,x_2>0$,恒有 $f(x_1+x_2)>f(x_1)+f(x_2)$.

分析 由条件 $f''(x)>0$(或 <0),常想到用拉格朗日余项泰勒公式证明,关键是如何选 $x=x_0$ 展开?本题也可用单调性或拉格朗日中值定理证明.

解 **方法 1** 用单调性证明.命

$$\varphi(x)=f(x+x_2)-f(x)-f(x_2),\quad x\geqslant 0,$$

有 $\varphi(0)=0,\varphi'(x)=f'(x+x_2)-f'(x)=f''(\xi)x_2>0$,所以当 $x>0$ 时,$\varphi(x)>0$.取 $x=x_1$,即有 $f(x_1+x_2)-f(x_1)-f(x_2)>0$.证毕.

方法 2 拉格朗日中值定理的形式为两项之差.添上一项 $f(0)=0$,改为去证

$$f(x_1+x_2)-f(x_1)-f(x_2)+f(0)>0.$$

由于欲证之式中 x_1 与 x_2 地位均等,故不妨认为 $x_2\leqslant x_1$,

$$f(x_1+x_2)-f(x_1)-(f(x_2)-f(0))$$
$$=f'(\xi_1)x_2-f'(\xi_2)x_2=(f'(\xi_1)-f'(\xi_2))x_2$$
$$=f''(\xi)(\xi_1-\xi_2)x_2>0,$$

其中 $0 < x_2 \leqslant x_1 < x_1 + x_2$，$0 < \xi_2 < x_2$，$x_1 \leqslant \xi_1 < x_1 + x_2$.

方法 3 仍用拉格朗日中值公式，作函数

$$\varphi(x) = f(x + x_2) - f(x),$$

$$f(x_1 + x_2) - f(x_1) - (f(x_2) - f(0))$$

$$= \varphi(x_1) - \varphi(0) = \varphi'(\xi) x_1$$

$$= [f'(\xi + x_2) - f'(\xi)] x_1 = f''(\xi_1) x_2 x_1 > 0.$$

方法 4 由于所给条件 $f(x)$ 存在二阶导数且 $f''(x) > 0$，可设法用拉格朗日余项泰勒公式证，取 $n = 1$，有

$$f(x) = f(x_0) + f'(x_0)(x - x_0) + \frac{1}{2} f''(\xi)(x - x_0)^2.$$

关键是如何取 x_0？仍不妨认为 $x_2 \leqslant x_1$，取 $x_0 = x_1$，$x = x_1 + x_2$，得

$$f(x_1 + x_2) = f(x_1) + f'(x_1) x_2 + \frac{1}{2} f''(\xi_1) x_2{}^2,$$

再取 $x_0 = x_2$，$x = 0$，又可得到

$$0 = f(0) = f(x_2) + f'(x_2)(-x_2) + \frac{1}{2} f''(\xi_2) x_2{}^2.$$

于是得

$$f(x_1 + x_2) = f(x_1) + f(x_2) + x_2(f'(x_1) - f'(x_2)) + \frac{1}{2}(f''(\xi_1) + f''(\xi_2)) x_2{}^2$$

$$> f(x_1) + f(x_2) + x_2 f''(\xi)(x_1 - x_2) \geqslant f(x_1) + f(x_2).$$

例 17 设 $f(x)$ 在区间 $[0,1]$ 上存在二阶导数，且满足 $|f(x)| \leqslant a$，$|f''(x)| \leqslant b$，其中 a, b 为常数. 试证明：当 $0 < x < 1$ 时，有 $|f'(x)| \leqslant 2a + \dfrac{b}{2}$.

分析 条件与结论中联系到 $f(x)$，$f'(x)$ 与 $f''(x)$，想到用拉格朗日余项泰勒公式.

解 将 $f(x)$ 在 $x = x_0$ ($0 < x_0 < 1$) 展开至 $n = 1$：

$$f(x) = f(x_0) + f'(x_0)(x - x_0) + \frac{1}{2} f''(\xi)(x - x_0)^2.$$

命 $x = 0$，$x = 1$ 分别代入，得

$$f(0) = f(x_0) + f'(x_0)(-x_0) + \frac{1}{2} f''(\xi_1) x_0{}^2,$$

$$f(1) = f(x_0) + f'(x_0)(1 - x_0) + \frac{1}{2} f''(\xi_2)(1 - x_0)^2.$$

两式相减，得

$$f(1) - f(0) = f'(x_0) + \frac{1}{2} [f''(\xi_2)(1 - x_0)^2 - f''(\xi_1) x_0{}^2].$$

所以

$$|f'(x_0)| \leqslant |f(1)| + |f(0)| + \frac{1}{2} |f''(\xi_2)| (1 - x_0)^2 + \frac{1}{2} |f''(\xi_1)| x_0{}^2$$

$$\leqslant 2a + \frac{b}{2} [(1 - x_0)^2 + x_0{}^2].$$

当 $0 < x_0 < 1$ 时，$(1 - x_0)^2 + x_0{}^2 < 1$，所以 $|f'(x_0)| \leqslant 2a + \dfrac{b}{2}$. 由于 $x_0 \in (0,1)$ 为任意，所以当

$x \in (0,1)$ 时，$|f'(x)| \leqslant 2a + \dfrac{b}{2}$.

［注］ 2014 年全国大学生数学竞赛（非数学类）预赛卷上有此题.

有一类题，不是证明对一切 x 满足某不等式，而是要求证明存在某 ξ 满足某不等式，如例 18 与例 19.

例 18 设 $f(x)$ 在 $[0,1]$ 上连续，在 $(0,1)$ 内存在二阶导数，且 $f(0)=f(1)=0$，$\max\limits_{0 \leqslant x \leqslant 1}\{f(x)\}=2$. 试证明：存在 $\xi \in (0,1)$，使 $f''(\xi) \leqslant -16$.

分析 拉格朗日余项泰勒公式中有 ξ，也许此 ξ 就是要证明的.

解 将 $f(x)$ 在 $x=x_0$ 处按拉格朗日泰勒公式展开至 $n=1$.

$$f(x) = f(x_0) + f'(x_0)(x-x_0) + \frac{1}{2}f''(\xi)(x-x_0)^2.$$

题中给出了 $f(0)=f(1)=0$，但未给出 $f'(x)$ 的值，故要设法将含 $f'(x)$ 的项消去. 由于 $\max\limits_{0 \leqslant x \leqslant 1}\{f(x)\}=2$，所以 $f(x)$ 的最大值点不在 $[0,1]$ 的边上，故一定在 $(0,1)$ 内部. 从而知存在 $x_0 \in (0,1)$，使 $f(x_0)=\max\limits_{0 \leqslant x \leqslant 1}f(x)=2$，$f'(x_0)=0$. 于是以此 x_0 展开，有

$$f(x) = 2 + 0 + \frac{1}{2}f''(\xi)(x-x_0)^2.$$

再分别以 $x=0$，$x=1$ 代入，得

$$0 = 2 + \frac{1}{2}f''(\xi_1)x_0^2 \quad \text{与} \quad 0 = 2 + \frac{1}{2}f''(\xi_2)(1-x_0)^2,$$

其中 $0 < \xi_1 < x_0$，$1-x_0 < \xi_2 < 1$. 由于不知道 x_0 的具体位置，所以要进行如下讨论. 若 $0 < x_0 \leqslant \dfrac{1}{2}$，则由前式有

$$f''(\xi_1) = -\frac{4}{x_0^2} \leqslant -16,$$

若 $\dfrac{1}{2} < x_0 < 1$，则由后式有

$$f''(\xi_2) = -\frac{4}{(1-x_0)^2} < -16.$$

总之可取到 $\xi \in (0,1)$ 使 $f''(\xi) \leqslant -16$. 证毕.

［注］ 上面例 16～例 18 三个例子都用了泰勒公式展开，但是如何取展开点 $x=x_0$ 却各不相同. 例 18 取 x_0 为 $f(x)$ 的驻点，使 $f'(x_0)$ 自然为 0；例 16 取两个不同的点 x_1 与 x_2 分别展开，然后再将差 $f'(x_1)-f'(x_2)$ 用中值定理而使其不出现 f' 项；例 17 为了要得到 $|f'(x)|$ 的估算，所以以展开点为任意 x_0 而保留到最后；例 11 后的［注］中，由 $f''(x)>0$ 推出 "（Ⅲ）对于任意两点 $x_1 \in (a,b)$，$x_2 \in (a,b)$，$x_1 \neq x_2$ 恒有 $f(tx_1+(1-t)x_2) < tf(x_1) + (1-t)f(x_2)$"，也可直接用泰勒公式证，取展开点 x_0 使含 $f'(x_0)$ 这项的系数为 0（读者不妨试试）. 可见用拉格朗日余项泰勒公式处理问题，取 x_0 是关键，读者宜细心体会.

例 19 设 $f(x)$ 在区间 (a,b) 内可导，$b-a > \pi$. 证明：存在 $\xi \in (a,b)$ 使得 $f'(\xi) < 1 + f^2(\xi)$.

解 即证存在 $\xi \in (a,b)$ 使

$$\frac{f'(\xi)}{1+f^2(\xi)} < 1.$$

由于 $[\arctan f(x)]' = \dfrac{f'(x)}{1+f^2(x)}$，即证存在 $\xi \in (a,b)$ 使

$$[\arctan f(x)]'|_{x=\xi} < 1.$$

想到对于函数 $\arctan f(x)$ 在某区间 $(x_1, x_2) \subset (a,b)$ 上用拉格朗日中值定理.

取 $x_1 \in (a,b), x_2 \in (a,b)$，使 $x_2 - x_1 > \pi$. 这是可以做到的. 例如，设 $b-a = \pi+\delta, (\delta>0)$，取 $x_2 = b - \dfrac{\delta}{3}, x_1 = a + \dfrac{\delta}{3}$，则 $b > x_2 = b - \dfrac{\delta}{3} = a + \pi + \dfrac{2}{3}\delta > a, a < x_1 = a + \dfrac{\delta}{3} = b - \pi - \dfrac{2}{3}\delta < b$,

$x_2 - x_1 = b - \dfrac{\delta}{3} - \left(a + \dfrac{\delta}{3}\right) = b - a - \dfrac{2}{3}\delta = \pi + \dfrac{\delta}{3} > \pi$，并且 $(x_1, x_2) \subset (a,b)$.

由拉格朗日中值定理知存在 $\xi \in (x_1, x_2) \subset (a,b)$ 使

$$\frac{\arctan f(x_2) - \arctan f(x_1)}{x_2 - x_1} = [\arctan f(x)]'|_{x=\xi}.$$

由于 $x_1 \in (a,b), x_2 \in (a,b), (x_1, x_2) \subset (a,b), x_2 - x_1 > \pi$，于是有

$$|\arctan f(x_2) - \arctan f(x_1)| \leqslant |\arctan f(x_2)| + |\arctan f(x_1)| \leqslant \frac{\pi}{2} + \frac{\pi}{2} = \pi,$$

$$x_2 - x_1 > \pi,$$

所以存在 $\xi \in (x_1, x_2) \subset (a,b)$ 使 $[\arctan f(x)]'|_{x=\xi} < 1$. 证毕.

例 20 在区间 $\left(0, \dfrac{\pi}{2}\right)$ 内，比较 $\tan(\sin x)$ 与 $\sin(\tan x)$ 的大小，并证明你的结论.

分析 考虑差 $f(x) = \tan(\sin x) - \sin(\tan x)$，用导数讨论之.

解 命

$$f(x) = \tan(\sin x) - \sin(\tan x), \ x \in \left(0, \frac{\pi}{2}\right)$$

有

$$f'(x) = \sec^2(\sin x)\cos x - \cos(\tan x)\sec^2 x$$

$$= \frac{\cos^3 x - \cos(\tan x)\cos^2(\sin x)}{\cos^2(\sin x)\cos^2 x}$$

在区间 $\left(0, \dfrac{\pi}{2}\right)$ 内，$\cos(\tan x)$ 要变号，为此将区间 $\left(0, \dfrac{\pi}{2}\right)$ 分成

$$\left(0, \frac{\pi}{2}\right) = \left(0, \arctan\frac{\pi}{2}\right) \bigcup \left[\arctan\frac{\pi}{2}, \frac{\pi}{2}\right).$$

当 $0 < x < \arctan\dfrac{\pi}{2}$ 时，$0 < \tan x < \dfrac{\pi}{2}, \sin x = \tan x \cos x = \dfrac{\tan x}{\sqrt{1+\tan^2 x}}$. 当 $x = \arctan\dfrac{\pi}{2}$ 时，$\sin x = \dfrac{\pi}{\sqrt{4+\pi^2}}$. 而在区间 $\left(0, \arctan\dfrac{\pi}{2}\right)$ 内 $\sin x$ 严格单增，所以在区间 $\left(0, \arctan\dfrac{\pi}{2}\right)$ 内

$$0 < \sin x < \frac{\pi}{\sqrt{4+\pi^2}}.$$

在区间 $\left(0, \dfrac{\pi}{2}\right)$ 内，$(\cos x)'' < 0$，由 2.2 节例 11 的 [注] 及结论（Ⅲ），推知

$$\cos\left(\frac{1}{3}\tan x + \frac{2}{3}\sin x\right) > \frac{1}{3}\cos(\tan x) + \frac{2}{3}\cos(\sin x)$$

又由等差中项大于等于等比中项，有

$$\frac{1}{3}\cos(\tan x) + \frac{2}{3}\cos(\sin x) \geqslant (\cos(\tan x) \cdot \cos^2(\sin x))^{\frac{1}{3}},$$

所以当 $0 < x < \arctan\dfrac{\pi}{2}$ 时,

$$\cos^3\left(\frac{1}{3}\tan x + \frac{2}{3}\sin x\right) > \cos(\tan x) \cdot \cos^2(\sin x).$$

以下证明:当 $0 < x < \arctan\dfrac{\pi}{2}$ 时,$x < \dfrac{1}{3}\tan x + \dfrac{2}{3}\sin x$. 为此命

$$\varphi(x) = \frac{1}{3}\tan x + \frac{2}{3}\sin x - x = \frac{1}{3}(\tan x + 2\sin x - 3x),$$

有 $\varphi(0) = 0$ 及

$$\begin{aligned}
\varphi'(x) &= \frac{1}{3}(\sec^2 x + 2\cos x - 3) \\
&= \frac{1}{3\cos^2 x}(2\cos^3 x - 3\cos^2 x + 1) \\
&= \frac{1}{3\cos^2 x}(\cos x - 1)^2(2\cos x + 1) > 0,
\end{aligned}$$

所以当 $0 < x < \arctan\dfrac{\pi}{2}$ 时,$\varphi(x) > 0$,从而知:当 $0 < x < \arctan\dfrac{\pi}{2}$ 时,$x < \dfrac{1}{3}\tan x + \dfrac{2}{3}\sin x$,于是知

$$\cos^3\left(\frac{1}{3}\tan x + \frac{2}{3}\sin x\right) < \cos^3 x,$$

有

$$\cos^3 x > \cos(\tan x) \cdot \cos^2(\sin x),$$

从而 $f'(x) > 0$. 再由 $f(0) = 0$,所以当 $0 < x < \arctan\dfrac{\pi}{2}$ 时

$$f(x) = \tan(\sin x) - \sin(\tan x) > 0.$$

以下考虑当 $\arctan\dfrac{\pi}{2} \leqslant x < \dfrac{\pi}{2}$ 的情形. 在此区间上,$\sin x$ 为严格单调增,所以

$$1 > \sin x \geqslant \sin\left(\arctan\frac{\pi}{2}\right) = \frac{\pi}{\sqrt{4 + \pi^2}} > \frac{\pi}{4}$$

于是当 $\arctan\dfrac{\pi}{2} \leqslant x < \dfrac{\pi}{2}$ 时,

$$1 = \tan\frac{\pi}{4} < \tan(\sin x) < \tan 1.$$

从而有 $\tan(\sin x) > \sin(\tan x)$.(因为 $\sin(\tan x)$ 总不大于 1).

这就证明了当 $0 < x < \dfrac{\pi}{2}$ 时总有 $\tan(\sin x) > \sin(\tan x)$.

三、零点问题

方程 $f(x) = 0$ 的根,称为函数 $f(x)$ 的零点. 零点问题有下面几种提法:(1)至少几个零点;(2)至多几个零点;(3)正好有几个零点. 如果题中的条件及结论中只涉及连续函数,一般

用连续函数介值定理(或连续函数零点定理);如果题或结论中涉及导数的零点,那么一般要用到罗尔定理或罗尔定理与连续函数介值定理(零点定理)的综合运用;如果要讨论至多几个零点,则往往要用到单调性.

例 21 设常数 $k>0$,函数 $f(x)=\ln x-\dfrac{x}{e}+k$ 在区间 $(0,+\infty)$ 内有且仅有____个零点.

分析 用连续函数零点定理讨论至少有几个零点,用单调性讨论正好有几个零点,为此,要划分单调区间.

解 应填 2.

$$f'(x)=\frac{1}{x}-\frac{1}{e}=\frac{e-x}{ex},$$

命 $f'(x)=0$,得 $x=e$,在区间 $(0,e)$ 内 $f'(x)>0$;在区间 $(e,+\infty)$ 内 $f'(x)<0$. 将区间 $(0,+\infty)$ 划分为两个单调区间 $(0,e)$ 与 $(e,+\infty)$.

$\lim\limits_{x\to 0^+}f(x)=-\infty$,所以当 $x>0$ 且充分接近于 0 时 $f(x)<0$,又 $f(e)=k>0$,所以在区间 $(0,e)$ 内至少有一个零点,又由单调性,所以在 $(0,e)$ 内 $f(x)$ 正好有一个零点.

$\lim\limits_{x\to+\infty}f(x)=\lim\limits_{x\to+\infty}\dfrac{1}{e}\ln\left(\dfrac{x^e}{e^x}\right)=-\infty$,所以当 x 充分大时 $f(x)<0$,又 $f(e)=k>0$. 所以在区间 $(e,+\infty)$ 内至少有一个零点,又由单调性,所以在 $(e,+\infty)$ 内 $f(x)$ 正好有一个零点. 总结以上知,$f(x)$ 在 $(0,+\infty)$ 内有且正好有两个零点.

例 22 设当 $x>0$ 时,方程 $kx+\dfrac{1}{x^2}=1$ 有且正好有一个根,则 k 的取值范围为____.

分析 由区间 $(0,+\infty)$ 两端反号且为单调区间考虑入手.

解 应填 $\{k\leqslant 0\}\bigcup\left\{k=\dfrac{2}{9}\sqrt{3}\right\}$.

命 $f(x)=kx+\dfrac{1}{x^2}-1$,$f'(x)=k-\dfrac{2}{x^3}$. 当 $k\leqslant 0$,则区间 $(0,+\infty)$ 为单调减区间. $f(0^+)=+\infty$,$f(+\infty)=\begin{cases}-\infty,&\text{当 }k<0,\\ -1,&\text{当 }k=0.\end{cases}$ 所以当 $k\leqslant 0$ 时,$f(x)$ 在区间 $(0,+\infty)$ 内存在唯一零点.

除上述情形外,$f(x)$ 也可能有零点,还必须讨论. 设 $k>0$,命 $f'(x)=0$,得 $x_0=\sqrt[3]{\dfrac{2}{k}}>0$,$f(x_0)=3\left(\dfrac{k}{2}\right)^{\frac{2}{3}}-1$. $f''(x)=\dfrac{6}{x^4}>0$,所以 $f(x_0)$ 为区间 $(0,+\infty)$ 上的最小值. 若 $f(x_0)=3\left(\dfrac{k}{2}\right)^{\frac{2}{3}}-1=0$,此 x_0 为唯一正根. 此时 $k=\dfrac{2\sqrt{3}}{9}$. 若 $f(x_0)>0$,则 $f(x)$ 无正零点. 若 $f(x_0)<0$,则 $f(x)$ 有两个正零点,均与要求不符. 故 k 的取值范围如上所填.

例 23(推广了的罗尔定理) 设 $f(x)$ 在区间 $[a,+\infty)$ 上连续,在 $(a,+\infty)$ 内可导,且 $\lim\limits_{x\to+\infty}f(x)=f(a)$. 证明:至少存在一点 $\xi\in(a,+\infty)$ 使 $f'(\xi)=0$.

分析 如果条件中的"$+\infty$"改为 b,那么补充定义 $f(b)=\lim\limits_{x\to b^-}f(x)$ 之后,就是通常的罗尔定理. 现在设法作变换将"$+\infty$"变换为"b"即可.

解 命 $x=g(t)=a-1+\dfrac{1}{1-t}$,有 $g'(t)=\dfrac{1}{(1-t)^2}>0$,将 x 的区间 $[a,+\infty)$ 变换为 t

的区间$(0,1)$.命

$$F(t) = \begin{cases} f(g(t)), & \text{当} \ 0 \leqslant t < 1, \\ f(a), & \text{当} \ t = 1. \end{cases}$$

由于$\lim\limits_{t \to 1^-} F(t) = \lim\limits_{t \to 1^-} f(g(t)) = \lim\limits_{x \to +\infty} f(x) = f(a) = F(1)$,所以$F(t)$在区间$[0,1]$上连续,在$(0,1)$内$F'(t) = f'(g(t))g'(t)$存在.且$F(0) = f(g(0)) = f(a) = F(1)$,由罗尔定理知,存在$\eta \in (0,1)$,使$F'(\eta) = 0$,即$f'(g(\eta))g'(\eta) = 0$.但$g'(t) \neq 0$,故$f'(g(\eta)) = 0$.当$0 < \eta < 1$时,由于$g(t)$的严格单调性,所以$a < g(\eta) < +\infty$.记$\xi = g(\eta)$,即证明了存在$\xi \in (a, +\infty)$,使$f'(\xi) = 0$.

　　[注]　本定理还可推广到"设$f(x)$在$(-\infty, +\infty)$内连续并且可导,且$\lim\limits_{x \to -\infty} f(x) = \lim\limits_{x \to +\infty} f(x) = A$,则至少存在一点$\xi \in (-\infty, +\infty)$使$f'(\xi) = 0$".请读者证明之.

　　例 24　设a为常数,$f(x) = ae^x - 1 - x - \dfrac{x^2}{2}$,试讨论$f(x)$在区间$(-\infty, +\infty)$内的零点个数.

　　分析　为考虑零点的个数,应将区间$(-\infty, +\infty)$划分,使每个小区间内均单调,同时考虑每个区间端点处$f(x)$的符号.若直接对$f(x)$求导,由于有ae^x这项,它总在,并且题中未说a的符号,因此很难判断$f'(x)$的符号.请注意下面的变形.

　　解　命$g(x) = f(x)e^{-x} = a - \left(1 + x + \dfrac{x^2}{2}\right)e^{-x}$,$g(x)$与$f(x)$的零点位置一致,$g'(x) = \dfrac{x^2}{2}e^{-x} \geqslant 0$且仅在一点$x = 0$等号成立,故$g(x)$严格单调增,所以$g(x)$至多一个零点,从而$f(x)$至多一个零点.

　　当$a > 0$时,$f(-\infty) < 0$,$f(+\infty) > 0$,由连续函数零点定理,$f(x)$至少有一个零点,至少、至多合在一起,所以$f(x)$正好有一个零点.

　　当$a \leqslant 0$,$f(x) = ae^x - \left(1 + x + \dfrac{x^2}{2}\right) < 0$,$f(x)$无零点.

　　例 25　设$f(x)$在$[0,1]$上连续,在$(0,1)$内可导,且$\lim\limits_{x \to 0} \dfrac{f(x)}{x} = f(1)$.证明:至少存在一点$\xi \in (0,1)$,使$f'(\xi) = \dfrac{f(\xi)}{\xi}$.

　　分析　题中涉及$f'(x)$,想到罗尔定理.但题意并不是要证明$f'(x)$存在零点,而是要证$xf'(x) - f(x)$存在零点.要用罗尔定理的话,就要去构造一个函数$\varphi(x)$使$\varphi'(x) = xf'(x) - f(x)$.或者更扩大一点范围来思考,是否能作一函数$\varphi(x)$,使$\varphi'(x) = (xf'(x) - f(x))g(x)$,其中$g(x)$在所讨论的区间中无零点,而$\varphi(x)$满足罗尔定理条件.由于$xf'(x) - f(x)$乘以$\dfrac{1}{x^2}$之后成为$\dfrac{xf'(x) - f(x)}{x^2} = \left(\dfrac{f(x)}{x}\right)'$,于是想到命$\varphi(x) = \dfrac{f(x)}{x}$.

　　解　命

$$\varphi(x) = \begin{cases} \dfrac{f(x)}{x}, & \text{当} \ 0 < x \leqslant 1, \\ f(1), & \text{当} \ x = 0. \end{cases}$$

由于题设$\lim\limits_{x \to 0} \dfrac{f(x)}{x} = f(1)$,所以$\varphi(x)$在区间$[0,1]$上连续,又$f(x)$在$(0,1)$内可导,所以

$\varphi(x)$在$(0,1)$内可导. 且 $\varphi(0)=f(1)=\varphi(1)$, 由罗尔定理知, 存在$\xi\in(0,1)$使 $\varphi'(\xi)=0$, 即

$$\frac{xf'(x)-f(x)}{x^2}\Big|_{x=\xi}=0.$$ 于是有 $\xi f'(\xi)-f(\xi)=0.$ 证毕.

例 26 设 $f(x)$在区间$[0,b]$上连续, 在$(0,b)$内可导, $f(0)=0$. 试证明: 至少存在一点 $\xi\in(0,b)$, 使 $f(b)=(1+\xi)\ln(1+b)f'(\xi)$.

分析 这里涉及两个函数, 一个是 $f(x)$, 一个是 $\ln(1+x)$, 想到能否用柯西公式处理. 这就是下面的方法 1. 另一个方法是作一函数用罗尔定理. 还有一个有一定技巧的方法 3.

解 方法 1 将欲证之式改写为去证

$$\frac{f(b)}{\ln(1+b)}=\frac{f'(\xi)}{\dfrac{1}{1+\xi}}.$$

将它又可改写为

$$\frac{f(b)-f(0)}{\ln(1+b)-\ln(1+0)}=\frac{f'(\xi)}{\dfrac{1}{1+\xi}},\quad 0<\xi<b.$$

这就是 $f(x)$与$\ln(1+x)$两函数构成的柯西公式, 它是正确的.

方法 2 将欲证之式中的 ξ改为x, 并将该式改写为

$$\frac{f(b)}{\ln(1+b)}\frac{1}{1+x}-f'(x)=0.$$

易见它可改写为

$$\left(\frac{f(b)}{\ln(1+b)}\ln(1+x)-f(x)\right)'=0.$$

命

$$\varphi(x)=\frac{f(b)}{\ln(1+b)}\ln(1+x)-f(x),$$

$\varphi(x)$在区间$[0,b]$上连续, 在$(0,b)$内可导, $\varphi(0)=\varphi(b)=0$. 由罗尔定理知存在 $\xi\in(0,b)$, 使 $\varphi'(\xi)=0$, 即为欲证.

方法 3 将要证的式子含 ξ的放置于等号一边, 其他放在另一边.

$$\frac{f(b)}{\ln(1+b)}=\frac{f'(\xi)}{1+\xi},$$

并命不含 ξ一边的常数为

$$k=\frac{f(b)}{\ln(1+b)},$$

有

$$f(b)-k\ln(1+b)=0.$$

将 b换成x, 作函数

$$\varphi(x)=f(x)-k\ln(1+x),\text{其中 }k=\frac{f(b)}{\ln(1+b)},$$

于是有 $\varphi(0)=0=\varphi(b)$, 由罗尔定理知存在$\xi\in(0,b)$, 使 $\varphi'(\xi)=0$, 即 $f'(\xi)-\dfrac{f(b)}{(1+\xi)\ln(1+b)}=0$.

[注] 例 25 的方法是找出 $\dfrac{1}{x^2}$, 使 $\dfrac{xf'(x)-f(x)}{x^2}=\left(\dfrac{f(x)}{x}\right)'$, 然后命 $\varphi(x)=\dfrac{f(x)}{x}$, 这种

方法称"积分因子法". 其意思是将 $\dfrac{1}{x^2}$看成一个"积分因子". 例 26 的方法 2, 是改写

$$\frac{f(b)}{\ln(1+b)} \cdot \frac{1}{1+x} - f'(x) = \left(\frac{f(b)}{\ln(1+b)} \cdot \ln(1+x) - f(x) \right)',$$

而命 $\varphi(x) = \dfrac{f(b)}{\ln(1+b)} \cdot \ln(1+x) - f(x)$,这种方法称"积分法",因为 $\varphi(x)$ 可以看成由

$\dfrac{f(b)}{\ln(1+b)} \cdot \dfrac{1}{1+x} - f'(x)$ 积分而来.

例 26 的方法 3,按该方法的步子,称为"常数 k 值法".

例 26 的方法 1,称"柯西公式法".

如果题中出现高阶导数,也许可考虑用拉格朗日余项泰勒公式,见例 27 方法 1,或多次用罗尔定理,如例 27 方法 2.

例 27 设函数 $f(x)$ 在闭区间 $[-1,1]$ 上具有三阶连续导数,且 $f(-1)=0$, $f(1)=1$, $f'(0)=0$.试证明:在开区间 $(-1,1)$ 内至少存在一点 ξ,使 $f'''(\xi)=3$.

分析 题中涉及高阶导数,想到泰勒公式,也许泰勒公式中的 ξ 就是要找的.又因要证的 $f'''(\xi)=3$ 形式比较简单,作一函数 $\varphi(x)$ 使 $\varphi'''(x)$ 的零点与 $f'''(x)-3$ 的零点一致,这样由 $\varphi'''(x)$ 存在零点就证明了存在 ξ 使 $f'''(\xi)=3$.要使 $\varphi'''(x)$ 存在零点,只要 $\varphi''(x)$ 至少存在 2 个零点,$\varphi'(x)$ 至少存在 3 个零点.这就是下面的方法 2.

解 **方法 1** 将 $f(x)$ 按 $(x-x_0)$ 的拉格朗日余项泰勒公式展开至 $n=2$,有

$$f(x) = f(x_0) + f'(x_0)(x-x_0) + \frac{1}{2!}f''(x_0)(x-x_0)^2 + \frac{1}{3!}f'''(\xi)(x-x_0)^3.$$

要证的式子中仅含 $f'''(\xi)$,设法将上式中的 f, f', f'' 均消去.由条件 $f'(0)=0$,故知取 $x_0=0$,立刻可将 $f'(x_0)$ 消去.再分别以 $x=-1$, $x=1$ 代入,有

$$0 = f(-1) = f(0) + \frac{1}{2}f''(0)(-1)^2 + \frac{1}{6}f'''(\xi_1)(-1)^3,$$

$$1 = f(1) = f(0) + \frac{1}{2}f''(0) + \frac{1}{6}f'''(\xi_2).$$

将上述两式相减以消去 $f(0)$,得

$$1 = \frac{1}{6}(f'''(\xi_1) + f'''(\xi_2)).$$

又因 $f'''(x)$ 连续,$\dfrac{1}{2}(f'''(\xi_1) + f'''(\xi_2))$ 介于 $f'''(\xi_1)$ 与 $f'''(\xi_2)$ 之间,由连续函数介值定理知,存在 ξ 介于 ξ_1 与 ξ_2 之间,从而 $\xi \in (-1,1)$,使 $f'''(\xi) = \dfrac{1}{2}(f'''(\xi_1) + f'''(\xi_2))$,于是知存在 $\xi \in (-1,1)$ 使 $f'''(\xi)=3$.

方法 2 为了使 $\varphi'''(x)$ 的零点与 $f'''(x)-3$ 的零点一致,命

$$\varphi(x) = f(x) - \frac{1}{2}x^3 - bx^2 - cx - d.$$

有

$$\varphi(0) = f(0) - d,$$

$$\varphi(-1) = f(-1) + \frac{1}{2} - b + c - d = \frac{1}{2} - b + c - d,$$

$$\varphi(1) = f(1) - \frac{1}{2} - b - c - d = \frac{1}{2} - b - c - d.$$

取 b, c, d 使 $\varphi(0) = \varphi(-1) = \varphi(1) = 0$,得 $d=f(0)$, $b = \dfrac{1}{2} - f(0)$, $c=0$. 如此取好后,由罗尔

定理知存在 $\eta_1 \in (-1, 0)$ 与 $\eta_2 \in (0, 1)$，使

$$\varphi'(\eta_1) = \varphi'(\eta_2) = 0.$$

又易知 $\varphi'(x) = f'(x) - \dfrac{3}{2}x^2 - 2bx - c$，$\varphi'(0) = f'(0) - c = 0 - 0 = 0$，所以 $\varphi'(x)$ 至少有 3 个不同零点：$\eta_1 < 0 < \eta_2$. 再由罗尔定理知存在 $\xi_1 \in (\eta_1, 0)$，$\xi_2 \in (0, \eta_2)$ 使

$$\varphi''(\xi_1) = \varphi''(\xi_2) = 0.$$

再由罗尔定理知存在 $\xi \in (\xi_1, \xi_2) \subset (-1, 1)$，使 $\varphi'''(\xi) = 0$. 但 $\varphi'''(x) = f'''(x) - 3$，所以存在 $\xi \in (-1, 1)$ 使 $f'''(\xi) = 3$.

[注] 条件"$f'''(x)$ 连续"其实可降低为"$f'''(x)$ 存在"就够了. 因为对于导函数 $f'(x)$ 来说，有相当于"连续函数介值定理"的那么一个定理："设 $f'(x)$ 在 $[a, b]$ 上存在，如果 $f'(a) \neq f'(b)$，μ 介于 $f'(a)$ 与 $f'(b)$ 之间，则至少存在一点 $\xi \in (a, b)$，使 $f'(\xi) = \mu$." 见本章习题 46. 如果读者使用这条定理，则应写清楚这条定理并会证明.

本题为 2011 年全国大学生数学竞赛(非数学类)预赛题.

例 28 设 $f(x)$ 在区间 $[0, 1]$ 上连续，在 $(0, 1)$ 内可导，且 $f(0) = 0$，$f(1) = 1$. 常数 $a > 0$，$b > 0$. 试证明：存在 $\eta, \zeta \in (0, 1)$，$\eta \neq \zeta$，使 $\dfrac{a}{f'(\eta)} + \dfrac{b}{f'(\zeta)} = a + b$.

分析 如果不顾条件 $\eta \neq \zeta$，很容易错误地做成：取 $\zeta \in (0, 1)$，$\eta \in (0, 1)$ 分别使 $f'(\zeta) = 1$，$f'(\eta) = 1$ 就完成了证明. 显然这种做法是错误的，因为无法证明 $\zeta \neq \eta$. 关键问题是要将区间 $[0, 1]$ 划分成两个区间，例如 $[0, \xi]$ 与 $[\xi, 1]$，分别去找出 ζ 与 η 使其满足结论中的要求.

本题要求证明存在不同的 η 与 ζ，满足某式，有人称此类问题为"双中值"问题.

解 将 $f(x)$ 的值域 $[0, 1]$ 按 $a : b$ 的比例划分成两个区间，从而相应地 x 的区间 $[0, 1]$ 也被划分成两个，具体做法如下：命

$$\varphi(x) = f(x) - \frac{a}{a + b},$$

有 $\varphi(0) = f(0) - \dfrac{a}{a+b} = -\dfrac{a}{a+b} < 0$，$\varphi(1) = f(1) - \dfrac{a}{a+b} = 1 - \dfrac{a}{a+b} > 0$，故知存在 $\xi \in (0, 1)$[注] 使 $\varphi(\xi) = 0$，即 $f(\xi) = \dfrac{a}{a+b}$.

在区间 $[0, \xi]$ 与 $[\xi, 1]$ 上对 $f(x)$ 分别用拉格朗日中值定理知，存在 $\eta \in (0, \xi)$ 与 $\zeta \in (\xi, 1)$，使

$$f'(\eta) = \frac{f(\xi) - f(0)}{\xi - 0}, \quad f'(\zeta) = \frac{f(1) - f(\xi)}{1 - \xi},$$

即

$$f'(\eta) = \frac{\frac{a}{a+b}}{\xi - 0} = \frac{a}{\xi(a+b)}, \quad f'(\zeta) = \frac{1 - \frac{a}{a+b}}{1 - \xi} = \frac{b}{(1-\xi)(a+b)},$$

于是

$$\frac{a}{f'(\eta)} + \frac{b}{f'(\zeta)} = \xi(a+b) + (1-\xi)(a+b) = a+b.$$

[注] ξ 并不一定唯一，但不影响证明.

例 29 设 n 为正整数，$f(x) = x^n + x - 1$.

（Ⅰ）证明：若 n 为奇数，则 $f(x)$ 存在唯一零点，是正的(记为 x_n)；若 n 为偶数，则恰存在两个零点，一正(仍记为 x_n)，一负(记为 $\bar{x}_n$).

（Ⅱ）证明$\{x_n\}$为严格单调增加,并求$\lim\limits_{n\to\infty}x_n$;证明$\{\bar{x}_n\}$也是严格单调增加,并求$\lim\limits_{n\to\infty}\bar{x}_n$.

解 （Ⅰ）$f'(x)=nx^{n-1}+1$,

(1) 当n为奇数时,$n-1$为偶数,$f'(x)>0$,$f(x)$至多1个零点.$f(0)=-1<0$,$f(1)=1>0$,故$f(x)$有且仅有1个零点x_n,且$0<x_n<1$.

(2) 当n为偶数时,$n-1$为奇数.

在区间$(0,+\infty)$内,$f'(x)>0$,$f(0)=-1$,$f(1)=1$,所以在区间$(0,+\infty)$内$f(x)$有且仅有1个零点x_n,$0<x_n<1$.

在区间$(-\infty,-1)$内 $f'(x)=nx^{n-1}+1<0$,$f(-2)>0$,$f(-1)<0$,在区间$(-\infty,-1)$内有且仅有1个零点$\bar{x}_n$,$-2<\bar{x}_n<-1$.

在区间$[-1,0]$内,$f(0)=-1<0$,$f(-1)=-1<0$. $f'(x)=nx^{n-1}+1\xrightarrow{\text{令}}0$,得驻点$x_0=-\left(\dfrac{1}{n}\right)^{\frac{1}{n-1}}$,

$$f(x_0)=\left[-\left(\frac{1}{n}\right)^{\frac{1}{n-1}}\right]^n-\left(\frac{1}{n}\right)^{\frac{1}{n-1}}-1=\left(\frac{1}{n}\right)^{\frac{n}{n-1}}-\left(\frac{1}{n}\right)^{\frac{1}{n-1}}-1$$

$$=\left(\frac{1}{n}\right)^{\frac{1}{n-1}}\left(\frac{1}{n}-1\right)-1<0,$$

$$f''(x)=n(n-1)x^{n-2}>0.$$

曲线$y=f(x)$在区间$[-1,0]$内为凹弧,唯一极小值也是最小值 $f(x_0)<0$,最大值$\max\{f(-1),f(0)\}=-1<0$,所以在区间$[-1,0]$上均有 $f(x)<0$.无零点.（Ⅰ）证毕.

（Ⅱ）对于给定的正整数n,对应的正零点 $x_n\xrightarrow{\text{记为}}\varphi(n)>0$ 满足

$$[\varphi(n)]^n+\varphi(n)-1=0.$$

为运用求导运算,将n看成连续变量u,$u\geqslant1$,于是上式可看成由下列方程

$$[\varphi(u)]^u+\varphi(u)-1=0$$

确定了的隐函数$\varphi(u)$.两边对u求导,得

$$e^{u\ln\varphi(u)}\left[\ln\varphi(u)+\frac{u\varphi'(u)}{\varphi(u)}\right]+\varphi'(u)=0,$$

解得

$$\varphi'(u)=-\frac{[\varphi(u)]^u\ln\varphi(u)}{u\varphi^{u-1}(u)+1}.$$

由于当$u=n$时,$\varphi(u)=x_n$,$0<x_n<1$,所以 $\ln\varphi(u)<0$,$\varphi'(u)>0$.从而知$\{x_n\}$是n的严格单调增函数,又因$0<x_n<1$,所以

$$\lim_{n\to\infty}x_n\xrightarrow{\text{存在,记为}}a,0<a\leqslant1.$$

以下证明$a=1$.用反证法,设$0<a<1$.由于$\{x_n\}$为严格单增趋于a,所以 $x_n<a$,有

$$1-x_n=x_n^n<a^n.$$

命$n\to\infty$,得

$$1-a\leqslant\lim_{n\to\infty}a^n=0,$$

推得$a\geqslant1$.矛盾.所以$a=1$.

以下证明:当n为偶数时,$\{\bar{x}_n\}$为严格单调增加,且$\lim\limits_{n\to\infty}\bar{x}_n=-1$.为此作变换$y=-x$,原

给函数成为

$$f(-y) = (-y)^n - y - 1 = y^n - y - 1,$$

记为

$$\overline{f}(y) = y^n - y - 1,$$

$$\overline{f}'(y) = ny^{n-1} - 1 > 0, (\text{当 } y \in (1, +\infty)),$$

又因 $\overline{f}(1) = -1 < 0, \overline{f}(+\infty) > 0$，所以当 $y \in (1, +\infty)$ 时 $\overline{f}(y)$ 存在唯一零点 $y_n, 1 < y_n < +\infty$.

将唯一零点 $y_n \xrightarrow{\text{记为}} \psi(n) \in (1, +\infty)$，它满足

$$[\psi(n)]^n - \psi(n) - 1 = 0.$$

为了要求导数，将 n 看作连续变量 $v, v \geqslant 1$. 于是上式可看作

$$[\psi(v)]^v - \psi(v) - 1 = 0.$$

由它确定了隐函数 $\psi(v)$. 两边对 v 求导，得

$$e^{v\ln\psi(v)}\left[\ln\psi(v) + \frac{v\psi'(v)}{\psi(v)}\right] - \psi'(v) = 0,$$

解得

$$\psi'(v) = -\frac{[\psi(v)]^v \ln\psi(v)}{v\psi^{v-1}(v) - 1}.$$

由于当 $v = n$ 时 $\psi(v) = y_n, 1 < y_n < +\infty, \ln\psi(v) > 0$，所以 $\psi'(v) < 0$. 从而知 $\{y_n\}$ 严格单调减少，$\{\overline{x}_n\} = \{-y_n\}$，所以 $\{\overline{x}_n\}$ 严格单调增加且 $\overline{x}_n < -1$，所以 $\lim\limits_{n\to\infty}\overline{x}_n$ 存在，记为 $b, b \leqslant -1$:

$$\lim_{n\to\infty}\overline{x}_n = b, b \leqslant -1.$$

以下证明 $b = -1$. 用反证法. 设 $b < -1$，由于 $\{\overline{x}_n\}$ 严格单调增加趋于 b，所以 $\overline{x}_n < b < -1$，有

$$1 - \overline{x}_n = \overline{x}_n^n > b^n > 1, (\text{由于 } n \text{ 为偶数}).$$

$$\frac{1}{b^n} - \frac{\overline{x}_n}{b^n} > 1.$$

命 $n \to \infty$ 得 $0 - 0 \geqslant 1$. 矛盾，所以 $b = -1$. 即 $\lim\limits_{n\to\infty}\overline{x}_n = -1$.

[注] 本题也可以用下述方法推导出数列 $\{x_n\}$ 的严格单调性. 由 $x_{n+1}^{n+1} + x_{n+1} - 1 = 0$ 与 $x_n^n + x_n - 1 = 0$，有

$$\begin{aligned}
0 &= (x_{n+1}^{n+1} + x_{n+1} - 1) - (x_n^n + x_n - 1) = x_{n+1}^{n+1} - x_n^n + (x_{n+1} - x_n) \\
&= x_{n+1}^{n+1} - x_{n+1}^n + x_{n+1}^n - x_n^n + (x_{n+1} - x_n) \\
&= (x_{n+1} - x_n)(x_{n+1}^n + x_{n+1}^{n-1}x_n + \cdots + x_n^n) + x_{n+1}^n(x_{n+1} - 1) + (x_{n+1} - x_n) \\
&= (x_{n+1} - x_n)(x_{n+1}^n + x_{n+1}^{n-1}x_n + \cdots + x_n^n + 1) + x_n^n(x_n - 1),
\end{aligned}$$

$$x_{n+1} - x_n = \frac{(1 - x_n)x_n^n}{x_{n+1}^n + x_{n+1}^{n-1}x_n + \cdots + x_n^n + 1} > 0.$$

例 30 设整数 $n > 1, F(x) = \int_0^x e^{-t}\left(\sum\limits_{k=0}^n \frac{t^k}{k!}\right)dt$，试证明：$F(x) = \frac{n}{2}$ 在区间 $\left(\frac{n}{2}, n\right)$ 内正好有一实根.

分析 计算 $F\left(\frac{n}{2}\right)$ 与 $F(n)$，然后用连续函数介值定理，再由单调性证唯一性.

解 由泰勒公式，易知当 $t > 0$ 时，

$$\mathrm{e}^t > \sum_{k=0}^{n} \frac{t^k}{k!}.$$

从而

$$F\left(\frac{n}{2}\right) = \int_0^{\frac{n}{2}} \mathrm{e}^{-t}\left(\sum_{k=0}^{n} \frac{t^k}{k!}\right)\mathrm{d}t < \int_0^{\frac{n}{2}} \mathrm{e}^{-t} \cdot \mathrm{e}^t \mathrm{d}t = \frac{n}{2}.$$

另一方面,命

$$F_k(x) = \int_0^x \mathrm{e}^{-t} \frac{t^k}{k!} \mathrm{d}t, k = 0, 1, \cdots, n,$$

有

$$F_0(x) = \int_0^x \mathrm{e}^{-t} \mathrm{d}t = 1 - \mathrm{e}^{-x},$$

$$F_k(x) = -\int_0^x \frac{t^k}{k!} \mathrm{d}\mathrm{e}^{-t} = -\left[\frac{t^k}{k!} \mathrm{e}^{-t} \Big|_0^x - \int_0^x \mathrm{e}^{-t} \frac{t^{k-1}}{(k-1)!} \mathrm{d}t\right]$$

$$= -\frac{x^k}{k!} \mathrm{e}^{-x} + F_{k-1}(x), k = 1, 2, \cdots, n.$$

于是对于 $m = 0, 1, \cdots, n$,

$$F_m(x) = F_0(x) - \sum_{k=1}^{m} \frac{x^k}{k!} \mathrm{e}^{-x} = 1 - \mathrm{e}^{-x} - \sum_{k=1}^{m} \frac{x^k}{k!} \mathrm{e}^{-x} = 1 - \sum_{k=0}^{m} \frac{x^k}{k!} \mathrm{e}^{-x},$$

$$F(x) = \sum_{m=0}^{n} F_m(x) = n + 1 - \mathrm{e}^{-x} \sum_{m=0}^{n} \sum_{k=0}^{m} \frac{x^k}{k!}$$

$$F(n) = n + 1 - \mathrm{e}^{-n} \sum_{m=0}^{n} \sum_{k=0}^{m} \frac{n^k}{k!}$$

$$> n + 1 - \mathrm{e}^{-n} \cdot \frac{1}{2} \sum_{m=0}^{n} \sum_{k=0}^{n} \frac{n^k}{k!}$$

$$= n + 1 - \mathrm{e}^{-n} \frac{n+1}{2} \sum_{k=0}^{n} \frac{n^k}{k!} > n + 1 - \mathrm{e}^{-n} \frac{n+1}{2} \mathrm{e}^n = \frac{n+1}{2} > \frac{n}{2}.$$

由连续函数介值定理知,至少存在一点 $\xi \in \left(\frac{n}{2}, n\right)$ 使 $f(\xi) = \frac{n}{2}$. 又当 $\frac{n}{2} < x < n$ 时,

$$F'(x) = \mathrm{e}^{-x}\left(\sum_{k=1}^{n} \frac{x^k}{k!}\right) > 0,$$

所以 $F(x) = \frac{n}{2}$ 在区间 $\left(\frac{n}{2}, n\right)$ 内正好有一个实根.

例 31 设 $f(x) = a_n x^n + \cdots + a_1 x + a_0$ 是实系数多项式,$n \geqslant 2$,且有某个 $a_k = 0 (1 \leqslant k \leqslant n-1)$ 及当 $i \neq k$ 时 $a_i \neq 0$. 并设 $f(x)$ 有 n 个相异的实零点. 证明

$$a_{k-1} a_{k+1} < 0.$$

分析 由罗尔定理入手.

解 方法 1 由罗尔定理知,$f(x)$ 的每相邻的两实零点之间,$f'(x)$ 至少有 1 个实零点. 但 $f'(x)$ 为 $n-1$ 次实系数多项式,至多有 $n-1$ 个实零点,所以 $f'(x)$ 正好有 $n-1$ 个实零点. 因此 $f'(x)$ 的实零点与 $f(x)$ 的实零点必相间排列,且最左、最右端必为 $f(x)$ 的实零点.

依此类推,$f^{(k-1)}(x)$ 与 $f^{(k)}(x)$ 分别仅有 $n-k+1$ 个与 $n-k$ 个实零点,且彼此间隔排列,最左、最右端必为 $f^{(k-1)}(x)$ 的实零点.

由题设

$$f(x) = a_0 + a_1 x + \cdots + a_{k-1} x^{k-1} + a_{k+1} x^{k+1} + \cdots + a_n x^n,$$

于是

$$f^{(k-1)}(x) = C_0 + C_2 x^2 + \cdots + C_{n-k+1} x^{n-k+1},$$

$C_j \neq 0 (j = 0, 2, \cdots, n-k+1)$，$C_j$ 与 a_{j+k-1} 同号. 以下用反证法证 $a_{k-1} a_{k+1} < 0$. 设 $a_{k-1} a_{k+1} > 0$（因 $a_{k-1} a_{k+1} \neq 0$），不妨设 $a_{k-1} > 0, a_{k+1} > 0$，于是 $C_0 > 0, C_2 > 0$. 由

$$f^{(k-1)}(0) = C_0 > 0, \quad f^{(k)}(0) = 0,$$
$$f^{(k+1)}(0) = 2C_2 > 0,$$

所以 $f^{(k-1)}(0) = C_0$ 是 $f^{(k-1)}(x)$ 的一个极小值.

若 $k = n-1$，则 $f^{(n-2)}(0) = C_0 > 0$ 是 $f^{(n-2)}(x) = C_0 + C_2 x^2$ 的极小值，$f^{(n-2)}(x) \geqslant C_0 > 0$，$f^{(n-2)}(x)$ 无零点，$f^{(n-3)}(x)$ 至多 1 个零点，$\cdots$，$f(x)$ 至多 $n-2$ 个零点，与题设 $f(x)$ 有 n 个零点矛盾.

若 $k < n-1$. 设 $f^{(k)}(x_0) = 0, x_0 \neq 0$，且 0 与 x_0 之间 $f^{(k)}(x) \neq 0$. 由 $f^{(k+1)}(x)$ 连续性知，若 $x_0 > 0$，则当 $x \in (0, x_0)$ 时 $f^{(k)}(x) > 0$；若 $x_0 < 0$，则当 $x \in (x_0, 0)$ 时 $f^{(k)}(x) < 0$.

于是推知，当 $x \in (0, x_0)$（或 $x \in (x_0, 0)$）时，

$$f^{(k-1)}(x) = f^{(k-1)}(0) + f^{(k)}(\xi) x \geqslant C_0 > 0,$$

即在 $f^{(k)}(x)$ 的两相邻零点之间 $f^{(k-1)}(x)$ 无零点，与本方法一开始推得的论断矛盾.

总之证明了反证法的前提不成立，即证明了 $a_{k-1} a_{k+1} < 0$.

方法 2 接方法 1，

$$f^{(k-1)}(x) = C_0 + C_2 x^2 + \cdots + C_{n-k+1} x^{n-k+1}.$$

$C_j \neq 0 (j = 0, 2, \cdots, n-k+1)$，$C_j$ 与 a_{j+k-1} 同号. $f^{(k-1)}(x)$ 有且仅有 $n-k+1$ 个实零点，设为 $x_1, x_2, \cdots, x_{n-k+1}$. 因 $C_0 \neq 0$，故 $x_i \neq 0 (i = 1, 2, \cdots, n-k+1)$. 命 $t = \dfrac{1}{x}$，有

$$f^{(k-1)}\left(\frac{1}{t}\right) = \frac{1}{t^{n-k+1}}(C_0 t^{n-k+1} + C_2 t^{n-k-1} + \cdots + C_{n-k+1}).$$

再命

$$\varphi(t) = C_0 t^{n-k+1} + C_2 t^{n-k-1} + \cdots + C_{n-k+1}.$$

$t_i = \dfrac{1}{x_i} (i = 1, 2, \cdots, n-k+1)$ 为 $\varphi(t)$ 的 $n-k+1$ 个不同的零点. 但是

$$\varphi^{(n-k+1)}(t) = D_0 t^2 + D_2,$$

其中 D_0 与 C_0 同号，即与 a_{k-1} 同号，D_2 与 C_2 同号，即与 a_{k+1} 同号. 由反证法假设前提，a_{k-1} 与 a_{k+1} 同号，从而知 $\varphi^{(n-k-1)}(t)$ 无零点，因此 $\varphi^{(n-k-2)}(t)$ 至多 1 个零点，$\cdots$，$\varphi(t)$ 至多 $n-k-1$ 个零点. 与 $\varphi(t)$ 有 $n-k+1$ 个不同零点相矛盾，此矛盾证明了反证法的前提 a_{k-1} 与 a_{k+1} 同号不成立，故必有 $a_{k-1} a_{k+1} < 0$. 证毕.

方法 3 接方法 1，

$$f^{(k-1)}(x) = C_0 + C_2 x^2 + \cdots + C_{n-k+1} x^{n-k+1},$$

$C_j \neq 0 (j = 0, 2, \cdots, n-k+1)$，$C_j$ 与 a_{j+k-1} 同号，$f^{(k-1)}(x)$ 有且仅有 $n-k+1$ 个实零点，设为 $x_1, x_2, \cdots, x_{n-k+1}$，于是 $f^{(k-1)}(x)$ 可写成

$$f^{(k-1)}(x) = C_{n-k+1}(x - x_1)(x - x_2) \cdots (x - x_{n-k+1}).$$

于是

$$C_0 = (-1)^{n-k+1} C_{n-k+1} x_1 x_2 \cdots x_{n-k+1},$$

$$C_1 = (-1)^{n-k} C_{n-k+1} \sum_{i=1}^{n-k+1} \frac{x_1 x_2 \cdots x_{n-k+1}}{x_i} = 0,$$

$$C_2 = (-1)^{n-k-1} C_{n-k+1} \sum_{i<j=2}^{n-k+1} \frac{x_1 x_2 \cdots x_{n-k+1}}{x_i x_j} = C_0 \sum_{i<j=2}^{n-k+1} \frac{1}{x_i x_j}.$$

由 $C_0 \neq 0, C_1 = 0, C_2 \neq 0$ 推知

$$\sum_{i=1}^{n-k+1} \frac{1}{x_i} = 0,$$

于是

$$0 = \left(\sum_{i=1}^{n-k+1} \frac{1}{x_i}\right)^2 = \sum_{i=1}^{n-k+1} \frac{1}{x_i^2} + 2 \sum_{i<j=2}^{n-k+1} \frac{1}{x_i x_j},$$

所以

$$\sum_{i<j=2}^{n-k+1} \frac{1}{x_i x_j} < 0,$$

从而 C_2 与 C_0 反号,即 a_{k+1} 与 a_{k-1} 反号,证毕.

[注] 本题以上的三种解法有一个共同特点是,将要证明反号的两个系数,剥离到明显的位置上来以便讨论. 这也是处理复杂问题的一种常用的"去粗取精"手法.

四、关于中值定理与泰勒公式其他方面的一些应用

关于中值定理除了上面所讲的一些应用之外,还有其他一些应用以及关于"中值"的一些讨论.

例 32 设 ξ 为 $f(x) = \arcsin x$ 在区间 $[0, b]$ 上使用拉格朗日中值定理中的"中值",求 $\lim\limits_{b \to 0} \dfrac{\xi}{b}$.

分析 按题目要求写出 $f(b) - f(0) = f'(\xi)$,解出 ξ,求 $\lim\limits_{b \to 0} \dfrac{\xi}{b}$.

解

$$\arcsin b - \arcsin 0 = \frac{1}{\sqrt{1-\xi^2}}(b-0), 0 < \xi < b,$$

$$\xi = \sqrt{\frac{(\arcsin b)^2 - b^2}{(\arcsin b)^2}}, \quad \frac{\xi^2}{b^2} = \frac{(\arcsin b)^2 - b^2}{b^2 (\arcsin b)^2},$$

$$\lim_{b \to 0} \frac{\xi^2}{b^2} = \lim_{t \to 0} \frac{t^2 - \sin^2 t}{t^2 \sin^2 t} = \lim_{t \to 0} \frac{t^2 - \sin^2 t}{t^4} = \frac{1}{3},$$

所以 $\lim\limits_{b \to 0} \dfrac{\xi}{b} = \dfrac{1}{\sqrt{3}}$.

[注] 可见"中值"并非一定在"$\dfrac{1}{2}$"处.

例 33 设 $f(x)$ 在 $x = x_0$ 的某邻域 U 内具有 $n+1$ 阶导数($n \geq 1$),(1)写出 $f(x)$ 展开成 $(x - x_0)$ 的具有拉格朗日余项的 $(n-1)$ 阶泰勒公式,其中"中值"记为 ξ;(2)再设 $f^{(n+1)}(x_0) \neq 0$,

求 $\lim\limits_{x \to x_0} \dfrac{\xi - x_0}{x - x_0}$.

分析 本题不像上例那样可用解出 ξ 的办法处理,而应该用拉格朗日余项泰勒公式与佩亚诺余项泰勒公式比较而求出 $f^{(n)}(\xi)$ 处理之.

解 (1)$(n-1)$ 阶拉格朗日余项泰勒公式为

$$f(x) = f(x_0) + f'(x_0)(x - x_0) + \cdots + \frac{1}{n!} f^{(n)}(\xi)(x - x_0)^n.$$

(2)再由 $(n+1)$ 阶佩亚诺余项泰勒公式:

$$f(x) = f(x_0) + f'(x_0)(x - x_0) + \cdots + \frac{1}{n!} f^{(n)}(x_0)(x - x_0)^n$$
$$+ \frac{1}{(n+1)!} f^{(n+1)}(x_0)(x - x_0)^{n+1} + o((x - x_0)^{n+1}),$$

两式相减,得

$$f^{(n)}(\xi) - f^{(n)}(x_0) = \frac{1}{n+1} f^{(n+1)}(x_0)(x - x_0) + o_1(x - x_0),$$

$$\frac{f^{(n)}(\xi) - f^{(n)}(x_0)}{x - x_0} = \frac{1}{n+1} f^{(n+1)}(x_0) + \frac{o_1(x - x_0)}{x - x_0},$$

$$\frac{\xi - x_0}{x - x_0} \cdot \frac{f^{(n)}(\xi) - f^{(n)}(x_0)}{\xi - x_0} = \frac{1}{n+1} f^{(n+1)}(x_0) + \frac{o_1(x - x_0)}{x - x_0}.$$

命 $x \to x_0$,并注意到 $f^{(n+1)}(x_0)$ 存在且不为 0,于是有

$$\lim_{x \to x_0} \frac{\xi - x_0}{x - x_0} = \frac{1}{n+1}.$$

[注] 通常的拉格朗日中值公式相当于 0 阶拉格朗日余项泰勒公式,即(1)中的 $n-1 = 0, n = 1$. 例 32 中 $\lim\limits_{b \to 0} \dfrac{\xi}{b} = \dfrac{1}{\sqrt{3}}$,而例 33 中 $\lim\limits_{x \to 0} \dfrac{\xi}{x} = \dfrac{1}{1+1} = \dfrac{1}{2}$,两者为什么不相等呢?原因是,例 33 中的条件 $f^{(n+1)}(x_0) \neq 0$,即 $f''(0) \neq 0$. 而例 32 中 $f''(x) = \left(\dfrac{1}{\sqrt{1 - x^2}}\right)' = -\dfrac{x}{(1 - x^2)^{3/2}}$, $f''(0) = 0$,不满足 $f''(0) \neq 0$ 这个先决条件.

例 34 设 $f(x)$ 在以下所指的区间上可导,试回答下列问题:若结论成立,请给出证明;若结论不成立,请给出反例.

(1)若 $f(x)$ 在 (a, b) 上有界,则 $f'(x)$ 在 (a, b) 上有界.

(2)若 $f'(x)$ 在 (a, b) 上有界,则 $f(x)$ 在 (a, b) 上有界.

(3)若 $f(x)$ 在 $(a, +\infty)$ 上无界,则 $f'(x)$ 在 $(a, +\infty)$ 上无界.

(4)若 $f'(x)$ 在 $(a, +\infty)$ 上无界,则 $f(x)$ 在 $(a, +\infty)$ 上无界.

分析 要讨论 $f'(x)$ 与 $f(x)$ 的关系,从拉格朗日中值公式入手.

解 (1)结论不成立.反例如下:

$$f(x) = x \sin \frac{1}{x}, \quad x \in (0, 1),$$

此 $f(x)$ 在区间 $(0, 1)$ 上有界: $|f(x)| \leqslant |x| \cdot \left|\dfrac{1}{x}\right| = 1$,但

$$f'(x) = \sin \frac{1}{x} - \frac{1}{x} \cos \frac{1}{x}, \quad x \in (0, 1),$$

$$f'\left(\frac{1}{2n\pi}\right) = -2n\pi,$$

当 n 无限变大时，$x = \dfrac{1}{2n\pi} \in (0,1)$，但 $\lim\limits_{n\to\infty} f'\left(\dfrac{1}{2n\pi}\right) \to -\infty$，故 $f'(x)$ 无界.

(2) 结论成立，证明如下：任取 $x_0 \in (a,b)$，取定 x_0 之后，由拉格朗日中值公式：

$$f(x) = f(x_0) + f'(\xi)(x-x_0),$$

$$|f(x)| \leqslant |f(x_0)| + |f'(\xi)| \, |x-x_0| \leqslant |f(x_0)| + M(b-a),$$

其中 $f(x_0)$ 为确定的值，M 为 $|f'(x)|$ 的上界. 证毕.

(3) 结论不成立，反例如下：

$$f(x) = x^2 \sin\frac{1}{x}, \quad x \in (0,+\infty).$$

$$\lim_{x\to+\infty} f(x) = \lim_{x\to+\infty} x\left[\frac{\sin\dfrac{1}{x}}{\dfrac{1}{x}}\right] = +\infty,$$

所以 $f(x)$ 在 $(0,+\infty)$ 上无界.

$$f'(x) = 2x\sin\frac{1}{x} - \cos\frac{1}{x},$$

$$\lim_{x\to 0^+} 2x\sin\frac{1}{x} = 0, \quad \lim_{x\to+\infty} 2x\sin\frac{1}{x} = 2, \quad \lim_{x\to+\infty} \cos\frac{1}{x} = 1,$$

$x \to 0^+$ 时，$\cos\dfrac{1}{x}$ 在 $[-1,1]$ 上振荡.

所以在区间 $(0,+\infty)$ 上，$|f'(x)|$ 作有限幅度振荡，不是无界.

(4) 结论不成立，反例如下：

$f'(x) = 2x\cos x^2$ 在 $(0,+\infty)$ 上无界，而 $f(x) = \sin x^2$ 在 $(0,+\infty)$ 上却有界.

例 35　设 $f(x)$ 在 (a,b) 内可导. 试证明：导函数 $f'(x)$ 在 (a,b) 内必定没有第一类间断点.

分析　用反证法，假设 $x = x_0$ 为 $f'(x)$ 的第一类间断点，去推导出与"$f'(x_0)$ 存在"相矛盾.

解　假设 $x = x_0$ 为 $f'(x)$ 的第一类间断点，那么只有下述两种情形可能：

(1) $\lim\limits_{x\to x_0} f'(x)$ 存在 $= A$，但 $A \neq f'(x_0)$. 但由

$$f'(x_0) = \lim_{x\to x_0} \frac{f(x)-f(x_0)}{x-x_0} \overset{\text{洛}}{=\!=} \lim_{x\to x_0} f'(x) = A,$$

矛盾. 所以 (1) 不可能.

(2) $\lim\limits_{x\to x_0^+} f'(x)$ 存在 $= A_+$，$\lim\limits_{x\to x_0^-} f'(x)$ 存在 $= A_-$，而 $A_+ \neq A_-$. 但由

$$f'_+(x_0) = \lim_{x\to x_0^+} \frac{f(x)-f(x_0)}{x-x_0} \overset{\text{洛}}{=\!=} \lim_{x\to x_0^+} f'(x) = A_+,$$

$$f'_-(x_0) = \cdots = A_-.$$

而 $f'(x_0)$ 是存在的，$f'(x_0) = f'_+(x_0) = f'_-(x_0)$，即 $A_+ = A_-$. 矛盾.

综上所述 (1) 与 (2) 均不可能. 证毕.

[注]　与上面讨论类似，可以知道："如果 $f(x)$ 在 (a,b) 内可导，$x_0 \in (a,b)$，则 $f'(x)$ 在 $x = x_0$ 不可能有无穷间断点." 容易举出例子说明：如果 $f(x)$ 在 (a,b) 内可导，$x_0 \in (a,b)$，

$f'(x)$ 在 $x=x_0$ 处可以有振荡型间断点. 例如:

$$f(x) = \begin{cases} x^2 \sin \dfrac{1}{x}, & \text{当 } x \neq 0, \\ 0, & \text{当 } x = 0. \end{cases}$$

$f(x)$ 在 $(-\infty, +\infty)$ 内可导, $\lim\limits_{x \to 0} f'(x) = \lim\limits_{x \to 0} \left(2x\sin \dfrac{1}{x} - \cos \dfrac{1}{x} \right)$ 为无限振荡.

例 36 求 $\lim\limits_{n \to \infty} \sum\limits_{k=1}^{n-1} \left(1 + \dfrac{k}{n} \right) \sin \dfrac{k\pi}{n^2}$.

分析 将 $\sin \dfrac{k\pi}{n}$ 展开成泰勒公式来考虑.

解 由泰勒公式, 有

$$\sin \frac{k\pi}{n^2} = \frac{k\pi}{n^2} - \frac{1}{3!} \left(\frac{k\pi}{n^2} \right)^3 + o\left(\left(\frac{k\pi}{n^2} \right)^3 \right),$$

从而有

$$\sum_{k=1}^{n-1} \left(1 + \frac{k}{n} \right) \sin \frac{k\pi}{n^2} = \sum_{k=1}^{n-1} \left(1 + \frac{k}{n} \right) \frac{k\pi}{n^2} - \frac{1}{3!} \sum_{k=1}^{n-1} \left(1 + \frac{k}{n} \right) \left(\frac{k\pi}{n^2} \right)^3 + \sum_{k=1}^{n-1} \left(1 + \frac{k}{n} \right) o\left(\left(\frac{k\pi}{n^2} \right)^3 \right).$$

将上述三项分别记为 I_1、I_2 与 I_3.

$$\lim_{n \to \infty} I_1 = \lim_{n \to \infty} \frac{\pi}{n} \sum_{k=1}^{n-1} \left(1 + \frac{k}{n} \right) \frac{k}{n} = \pi \int_0^1 (1+x)x \, \mathrm{d}x = \frac{5\pi}{6}.$$

$$\lim_{n \to \infty} I_2 = \frac{\pi^3}{3!} \lim_{n \to \infty} \left(\frac{1}{n} \sum_{k=1}^{n-1} \left(1 + \frac{k}{n} \right) \left(\frac{k}{n} \right)^3 \right) \frac{1}{n^2} = \frac{\pi^3}{3!} \left(\int_0^1 (1+x)x^3 \, \mathrm{d}x \right) \cdot \left(\lim_{n \to \infty} \frac{1}{n^2} \right) = 0.$$

而对于 I_3, 存在 $N > 0$, 当 $n > N$ 时, 可使

$$\left| o\left(\left(\frac{k\pi}{n^2} \right)^3 \right) \right| < \left(\frac{k\pi}{n^2} \right)^3,$$

从而

$$\lim_{n \to \infty} I_3 = 0.$$

所以

$$\lim_{n \to \infty} \sum_{k=1}^{n-1} \left(1 + \frac{k}{n} \right) \sin \frac{k\pi}{n^2} = \frac{5\pi}{6} - 0 - 0 = \frac{5\pi}{6}.$$

例 37 证明 $\sin 1$ 是无理数.

分析 利用 $\sin 1$ 的泰勒公式.

解 $\sin 1 = 1 - \dfrac{1}{3!} + \dfrac{1}{5!} - \dfrac{1}{7!} + \cdots + \dfrac{(-1)^{n-1}}{(2n-1)!} + \dfrac{(-1)^n}{(2n+1)!} \cos \xi.$

如果它是有理数, 则 $\sin 1 = \dfrac{p}{q}$, p、q 互质且均为正整数, 取 n 足够大, 使 $2n-1 > q$, 于是有

$$(2n-1)! \frac{p}{q} = (2n-1)! \left(1 - \frac{1}{3!} + \frac{1}{5!} - \frac{1}{7!} + \cdots + \frac{(-1)^{n-1}}{(2n-1)!} \right)$$
$$+ \frac{(-1)^n}{2n(2n+1)} \cos \xi, 0 < \xi < 1.$$

由于 $2n-1 > q$, 所以 $(2n-1)! \, q^{-1}$ 必是整数, 所以

$$\frac{(-1)^n}{2n(2n+1)} \cos \xi$$

也应是一整数,但是 $0 < \cos\xi < 1, 2n > 1$,所以上式不可能是一整数.矛盾.所以 $\sin 1$ 不是有理数.

第二章习题

一、填空题

1. 设 $y = y(x)$ 是由 $\begin{cases} x = 3t^2 + 2t + 3, \\ y = \mathrm{e}^y \sin t + 1 \end{cases}$ 所确定的函数,则 $\dfrac{\mathrm{d}^2 y}{\mathrm{d} x^2}\Big|_{t=0} = \underline{\quad}$.

2. 设 $y = y(x)$ 是方程 $y^3 + xy + y + x^2 = 0$ 满足 $y(0) = 0$ 的解,则 $\lim\limits_{x \to 0} \dfrac{\displaystyle\int_0^x y(x)\mathrm{d}x}{x^3} = \underline{\quad}$.

3. 由参数式 $\begin{cases} x = \displaystyle\int_0^t \mathrm{e}^{-s^2}\mathrm{d}s, \\ y = \mathrm{e}^{-t^2}(t-1) \end{cases}$ 确定的曲线 $y = y(x)$ 为凹弧时,t 所对应的区间为 $\underline{\quad}$.

4. 由参数式 $\begin{cases} x = t^2 + 2t, \\ y = t - \ln(1+t) \end{cases}$ 确定的曲线 $y = y(x)$ 在 $t = 0$ 处的曲率圆的直角坐标方程为 $\underline{\quad}$.

5. 极坐标曲线 $r = \mathrm{e}^\theta$ 在其上点 $\left(\mathrm{e}^{\frac{\pi}{2}}, \dfrac{\pi}{2}\right)$ 处的切线的直角坐标方程为 $\underline{\quad}$.

6. 微分方程 $(1+x^2)^2\dfrac{\mathrm{d}^2 y}{\mathrm{d} x^2} + 2x(1+x^2)\dfrac{\mathrm{d} y}{\mathrm{d} x} + y = \dfrac{x}{\sqrt{1+x^2}}$ 经自变量变换 $x = \tan u\left(-\dfrac{\pi}{2} < u < \dfrac{\pi}{2}\right)$ 化为 y 关于 u 的微分方程为 $\underline{\quad}$.

7. 设整数 $k \geqslant 1, f(x) = x^k|x|$,则使 $f^{(n)}(0)$ 存在的最大 $n = \underline{\quad}$.

8. 设 $f(x) = \begin{cases} (1+x)^{-\frac{1}{x}}, & \text{当 } x \neq 0, \\ \mathrm{e}^{-1}, & \text{当 } x = 0, \end{cases}$ 则 $f'(0) = \underline{\quad}$.

9. 设 $f(x)$ 在 $x = 0$ 处连续,且 $\lim\limits_{x \to 0}\dfrac{(f(x)+1)x^2}{x - \sin x} = 2$,则曲线 $y = f(x)$ 在点 $(0, f(0))$ 处的切线方程为 $\underline{\quad}$.

10. 设 $f(x)$ 在 $x = 0$ 处连续且 $\lim\limits_{x \to 0}\dfrac{xf(x) + \mathrm{e}^{-2x} - 1}{x^2} = 4$,则 $f'(0) = \underline{\quad}$.

11. 设 $f(x) = (1+x)^x - 1$,当 $x \neq 0$,又设 $f(x)$ 在 $x = 0$ 处连续,则 $f(0) = \underline{\quad}$,$f'(0) = \underline{\quad}$,$f''(0) = \underline{\quad}$.

12. 函数 $f(x) = \lim\limits_{n \to \infty}\dfrac{x^{2n-1} + x}{x^{2n} + 1}$ 的不可导的点的个数正好是 $\underline{\quad}$ 个,其坐标是 $x = \underline{\quad}$.

13. 设曲线 $y = \tan^n x$ 上点 $\left(\dfrac{\pi}{4}, 1\right)$ 处的切线交 x 轴于点 $(\xi_n, 0)$,则 $\lim\limits_{n \to \infty} y(\xi_n) = \underline{\quad}$.

14. 以参数式 $\begin{cases} x = t\ln t, \\ y = \dfrac{\ln t}{t} \end{cases}$ 给出的曲线的渐近线共有 $\underline{\quad}$ 条,其相应的直角坐标方程

为____.

15. 已知曲线 $y=ax^2+bx+c$ 经过点 $(1,2)$，且在该点的曲率圆的方程为 $x^2+y^2-x-5y+6=0$，则常数 $a=$____，$b=$____，$c=$____．

16. 设 $y=y(x)$ 是微分方程 $y''+(x+1)y'+x^2y=e^x\cos x$ 满足 $y(0)=0,y'(0)=1$ 的解，则曲线 $y=y(x)$ 在其上的点 $(0,0)$ 的____侧邻近的弧是凹的，其____侧邻近的弧是凸的．

17. 设 $f(x)$ 满足 $f''(x)+x[f'(x)]^2=x^2$，且 $f'(0)=0$，则 $f(0)$ 是 $f(x)$ 的极____值．

18. 设 $f'(\ln x)=x\ln x$，则 $f^{(n)}(x)=$____．

19. 在区间 $(-\pi,\pi)$ 内，函数 $f(x)=\sin x+x\cos x$ 正好有____个零点．

20. 设常数 $a>\dfrac{e^2}{4}$，则 $f(x)=e^x-ax^2$ 在区间 $(0,+\infty)$ 内的零点正好有____个．

21. 设 $f(x)=e^x\sin(x+c)$，则 $f^{(n)}(x)=$____．

22. 设 $f(x)=(x^2-1)^n$，则 $f^{(n+1)}(-1)=$____．

23. 设 $f(x)=\dfrac{1}{1+2x+4x^2}$，则 $f^{(99)}(0)=$____，$f^{(100)}(0)=$____，$f^{(101)}(0)=$____．

24. 设 $f(x)$ 在 $x=0$ 处存在二阶导数，且 $\lim\limits_{x\to0}\dfrac{f(x)+x}{1-\cos x}=A$，则 $f(0)=$____，$f'(0)=$____，$f''(0)=$____．

25. 设 $f(u)$ 连续，$f(0)=0,f'(0)=1,F(x)=\displaystyle\int_0^{x^2}tf(x^2-t)\mathrm{d}t$．又设 $\lim\limits_{x\to0}\dfrac{F(x)}{x^n}$ 存在且不为零，则 $n=$____，此极限值=____．

26. $f(x)=e^x+e^{-x}+2\cos x$ 在 $(-\infty,+\infty)$ 上的极值点为 $x=$____，是极____值点．

27. 数列 $1,\sqrt{2},\sqrt[3]{3},\cdots,\sqrt[n]{n},\cdots$ 中最大的一个数是____．

28. 当 $0<x<+\infty$ 时函数 $f(x)=x^x$ 的最小值是____，其时 $x=$____．

29. 设 $0<a<1,f(x)=a^x+ax$ 在 $-\infty<x<+\infty$ 内的唯一驻点 $x(a)=$____，$\max\limits_{0<a<1}x(a)=$____，对应的 $a=$____．

二、解答题

30. 设 $g(x)$ 在 $x=0$ 处存在二阶导数 $g''(0)=1$，且 $g(0)=1,g'(0)=2$．并设
$$f(x)=\begin{cases}\dfrac{g(x)-e^{2x}}{x}, & x\neq0,\\[2mm]0, & x=0.\end{cases}$$
求 $f'(0)$，并讨论 $f'(x)$ 在 $x=0$ 处的连续性．

31. 设函数 $f(x)$ 在区间 $(0,+\infty)$ 上可导，$f'(x)>0,F(x)=\displaystyle\int_{\frac{1}{x}}^1 xf(u)\mathrm{d}u+\int_1^{\frac{1}{x}}\dfrac{f(u)}{u^2}\mathrm{d}u$．
求 $F(x)$ 的单调区间，并求曲线 $y=F(x)$ 的凹、凸区间及拐点．

32. 设 $f(x)=\displaystyle\int_0^x e^{nt}\left(\sum_{k=0}^{n-1}\dfrac{(x-t)^k}{k!}\right)\mathrm{d}t$，求 $f^{(n)}(x)(n=1,2,\cdots)$．

33. 设 $b>a\geqslant e$，证明 $a^b>b^a$．

34. 设 $a>1,n\geqslant1$．证明 $\dfrac{a^{\frac{1}{n+1}}}{(n+1)^2}<\dfrac{a^{\frac{1}{n}}-a^{\frac{1}{n+1}}}{\ln a}<\dfrac{a^{\frac{1}{n}}}{n^2}$．

35. 设 $x>0$,证明 $(1+x)\ln^2(1+x)-x^2<0$.

36. 设 x 与 y 同号且 $x\neq y$,证明

$$\frac{1}{x-y}\begin{vmatrix} x & y \\ e^x & e^y \end{vmatrix}<1.$$

37. 设 x 与 y 均大于零,证明 $x^y+y^x>1$.

38. 设常数 $a_i>0(i=1,2,\cdots,n)$,且 $\sum_{i=1}^{n}a_i=1$;并设 $f(x)$ 在区间 (a,b) 内存在二阶导数,且 $f''(x)>0$.试证明:对于任意 $x_i\in(a,b)(i=1,2,\cdots,n)$,

$$f\left(\sum_{i=1}^{n}a_ix_i\right)\leqslant\sum_{i=1}^{n}a_if(x_i)$$

成立,且仅当 $x_1=x_2=\cdots=x_n$ 时,等号成立.并由此证明:

(1) $\dfrac{n}{\sum_{i=1}^{n}\dfrac{1}{x_i}}\leqslant\sqrt[n]{x_1x_2\cdots x_n}\leqslant\dfrac{\sum_{i=1}^{n}x_i}{n}$,其中 $x_i>0(i=1,2,\cdots,n)$,且仅当 $x_1=x_2=\cdots=x_n$ 时等号成立.

(2) $e^{\frac{1}{n}\sum_{i=1}^{n}x_i}\leqslant\dfrac{1}{n}\sum_{i=1}^{n}e^{x_i}$,其中 $x_i\in(-\infty,+\infty),(i=1,\cdots,n)$.仅当 $x_1=x_2=\cdots=x_n$ 时,等号成立.

39. 设 $y>x>0$,证明 $y^{x^y}>x^{y^x}$.

40. 设 $f(x)=\sum_{k=1}^{n}a_k\sin kx$,且 $|f(x)|\leqslant|\sin x|$.证明 $\left|\sum_{k=1}^{n}ka_k\right|\leqslant1$.

41. 证明:当 $0<x<\dfrac{\pi}{2}$ 时 $\tan x>x+\dfrac{x^3}{3}+\dfrac{2}{15}x^5+\dfrac{1}{63}x^7$.

42. 证明:当 $x\in\left(0,\dfrac{\sqrt{2}}{4}\pi\right)$ 时 $\cos\sqrt{2}x<-x^2+\sqrt{1+x^4}$.

43. 讨论方程 $xe^{2x}-2x-\cos x=0$ 的实根的确切个数.

44. 讨论曲线 $y=4\ln x+k$ 与 $y=4x+\ln^4x$ 的交点的个数.

45. 设 $\varphi_n(x)=1-x+\dfrac{x^2}{2}+\cdots+(-1)^n\dfrac{x^n}{n}$.证明:(1) 当 n 为奇数时,$\varphi_n(x)$ 有且仅有一个实零点;(2) 当 n 为偶数时无实零点.

46. 设 $f(x)$ 在区间 $[a,b]$ 上可导,$f'(a)\neq f'(b)$,数 μ 介于 $f'(a)$ 与 $f'(b)$ 之间.试证明:至少存在一点 $\xi\in(a,b)$,使 $f'(\xi)=\mu$.

47. 设 $f(x)$ 在 $[a,b]$ 上存在连续的一阶导数,在 (a,b) 内存在二阶导数,并设 $f(a)=f(b),f'(a)f'(b)\geqslant0$.证明:至少存在一点 $\xi\in(a,b)$,使 $f''(\xi)=0$.

48. 设 $f(x)$ 在 $(-\infty,+\infty)$ 上有界,且存在二阶导数.试证明至少存在一点 $\xi\in(-\infty,+\infty)$ 使 $f''(\xi)=0$.

49. 设 $f(x)$ 在 $(-\infty,+\infty)$ 上有界,且存在二阶导数 $f''(x)$,并设 $f''(x)\geqslant0$.试证明 $f(x)\equiv\mathrm{const}$.

50. 设 $f(x)$ 在 $(-\infty,+\infty)$ 上存在二阶导数,$f(0)<0,f''(x)>0$.

(1) 试证明在 $(-\infty,+\infty)$ 上 $f(x)$ 至多有两个零点,至少有一个零点;

(2) 若 $f(x)$ 的确有两个零点 x_1 与 x_2,请证明 $x_1 x_2 < 0$.

51. 设 $f(x)$ 与 $g(x)$ 在 (a,b) 内均可导,且 $f'(x)+g'(x)f(x)\neq 0$,试证明 $f(x)$ 在 (a,b) 内至多有一个零点.

52. 设 $f(x)$ 在 $[a,b]$ 上存在连续的一阶导数,在 (a,b) 内存在二阶导数,且 $f(a)=f(b)=\int_a^b f(x)\mathrm{d}x=0$. 试证明:(1)至少存在两点 $\xi_1,\xi_2\in(a,b)$,$\xi_1\neq\xi_2$,使 $f'(\xi_i)=f(\xi_i)(i=1,2)$;
(2)至少存在一点 $\eta\neq\xi_i(i=1,2)$,使 $f''(\eta)=f(\eta)$.

53. 设 $f(x)$ 在 $[0,1]$ 上连续,在 $(0,1)$ 内可导,且 $f(1)=2f(0)$. 试证明:至少存在一点 $\xi\in(0,1)$,使 $(1+\xi)f'(\xi)=f(\xi)$.

54. 设 $f(x)$ 在区间 $\left[0,\dfrac{\pi}{2}\right]$ 上存在连续的一阶导数,在 $\left(0,\dfrac{\pi}{2}\right)$ 内存在二阶导数,且 $f(0)=f\left(\dfrac{\pi}{2}\right)$. 试证明:至少存在一点 $\xi\in\left(0,\dfrac{\pi}{2}\right)$,使 $f'(\xi)+f''(\xi)\tan\xi=0$.

55. 设 $f(x)$ 与 $g(x)$ 在 $[a,b]$ 上均连续,在 (a,b) 内具有二阶导数且存在相等的最大值,$f(a)=g(a)$,$f(b)=g(b)$. 证明:存在 $\xi\in(a,b)$,使 $f''(\xi)=g''(\xi)$.

56. 设 $f(x)$ 在区间 $[0,1]$ 上连续,在 $(0,1)$ 内可导,$f(0)=f(1)=0$,$M=\max\limits_{[0,1]}f(x)$,$m=\min\limits_{[0,1]}f(x)$. 证明必存在 $\xi\in(0,1)$,$\eta\in(0,1)$,$\xi\neq\eta$,使 $f'(\xi)=M$,$f'(\eta)=m$. 如果再设 $f(x)$ 在 $(0,1)$ 内存在二阶导数,且 $f''(x)\neq 0$,则上述 ξ、η 都是唯一的.

57. 设 $f(x)$ 在 $[a,b]$ 上存在三阶导数,证明:存在 $\xi\in(a,b)$,使
$$f(b)=f(a)+f'\left(\frac{a+b}{2}\right)(b-a)+\frac{1}{24}f'''(\xi)(b-a)^3.$$

58. 设 $f(x)$ 在区间 $[0,1]$ 上存在三阶导数,$f(0)=-1$,$f(1)=0$,$f'(0)=0$. 试证明:至少存在一点 $\xi\in(0,1)$ 使 $f(x)=-1+x^2+\dfrac{x^2(x-1)}{3!}f'''(\xi)$,其中 $x\in(0,1)$.

59. 设 $f(x)$ 在区间 $[-2,2]$ 上存在二阶导数,且 $|f(x)|\leqslant 1$,又设 $f^2(0)+[f'(0)]^2=4$. 试证明:在区间 $(-2,2)$ 内至少存在一点 ξ 使 $f(\xi)+f''(\xi)=0$.

60. (1) 设 n 次多项式 $P_n(x)=(x-a)^k\varphi(x)$,$k\leqslant n$,$\varphi(a)\neq 0$,则称 $x=a$ 是 $P_n(x)$ 的 k 重零点. 试证明:$x=a$ 是 $P_n^{(j)}(x)$ 的 $(k-j)$ 重零点 $(j=1,2,\cdots,k-1)$,$x=a$ 不是 $P_n^{(k)}(x)$ 的零点;
(2) 证明:勒让德多项式
$$P_n(x)=\frac{1}{2^n n!}\frac{\mathrm{d}^n}{\mathrm{d}x^n}(x^2-1)^n$$
的所有零点都在区间 $(-1,1)$ 之内,且都是单重的.

61. 设 $f(x)$ 在 $[a,b]$ 上存在二阶导数,$f'(a)=f'(b)=0$. 证明:存在 $\xi\in(a,b)$,使 $|f''(\xi)|\geqslant\dfrac{1}{(b-a)^2}|f(b)-f(a)|$.

62. 设 $a<b<c$,$f(x)$ 在 $[a,c]$ 上具有二阶导数,试证明:存在 $\xi\in(a,c)$,使
$$\frac{f(a)}{(a-b)(c-a)}+\frac{f(b)}{(b-c)(a-b)}+\frac{f(c)}{(c-a)(b-c)}=-\frac{1}{2}f''(\xi).$$

63. 设 $f(x)$ 在 $[0,+\infty)$ 连续,在 $(0,+\infty)$ 内可导,且 $0\leqslant f(x)\leqslant\dfrac{x}{1+x^2}$. 证明:存在 $\xi\in$

$(0,+\infty)$，使 $f'(\xi)=\dfrac{1-\xi^2}{(1+\xi^2)^2}$.

64. 设 $a_k(k=1,2,\cdots,n)$ 为 n 个互不相同的常数，$c_k(k=1,2,\cdots,n)$ 为不全为零的 n 个常数．在区间 $(-\infty,+\infty)$ 上函数 $f(x)=\sum\limits_{k=1}^{n}c_k e^{a_k x}$ 至多有几个零点？能否取到适当的 $\{a_k\}$ 与 $\{c_k\}$ 使 $f(x)$ 达到存在这许多零点.

65. 设函数 $f(x)$ 在区间 $(x_0-\delta,x_0+\delta)$ 上有 n 阶连续的导数 $(n\geqslant3)$，且 $f^{(k)}(x_0)=0$，$k=2,3,\cdots,n-1$. $f^{(n)}(x_0)\neq0$. 又由拉格朗日中值定理知

$$f(x_0+h)-f(x_0)=hf'(x_0+\theta h),\quad(0<\theta<1).$$

求 $\lim\limits_{h\to0}\theta$.

66. 设 $f(x)$ 在区间 (x_1,x_n) 内存在 n 阶导数，在区间 $[x_1,x_n]$ 上连续，且存在 n 个不同的 $x_1<x_2<\cdots<x_n$ 使 $f(x_1)=f(x_2)=\cdots=f(x_n)=0$. 试证明：对于任意的 $c\in(x_1,x_n)$，必存在相应的 $\xi\in(x_1,x_n)$，使

$$f(c)=\frac{1}{n!}(c-x_1)(c-x_2)\cdots(c-x_n)f^{(n)}(\xi).$$

67. 设 $f(x)=\sum\limits_{k=0}^{n}a_k\cos kx$，其中系数 $a_0,a_1,\cdots,a_n$ 都是常数，且 $a_n>|a_0|+|a_1|+\cdots+|a_{n-1}|$. 试证明：$f^{(n)}(x)$ 在区间 $(0,2\pi)$ 内至少有 n 个零点.

68. 设函数 $f(x)$ 在闭区间 $[0,1]$ 上连续，在 $(0,1)$ 内可导，$f(0)=0$，$f(1)=1$. 试证明：对于任意给定的正整数 n，在 $(0,1)$ 内存在 n 个不同的 $x_1,\cdots,x_n$，使

$$\sum_{i=1}^{n}\frac{1}{f'(x_i)}=n.$$

69. 设 $f(x)$ 在 $(-\infty,+\infty)$ 上连续且可导，$f(0)=0$. 并设

$$|f'(x)|\leqslant k|f(x)|,\quad0<k<1.$$

试证明：对一切 $x\in(-\infty,+\infty)$，$f(x)\equiv0$.

70. 设 $f(x)$ 在 $(-\infty,+\infty)$ 上连续且可导，$f(0)=0$. 并设

$$|f'(x)|\leqslant kf(x),\quad k>0.$$

试证明：对一切 $x\in(-\infty,+\infty)$，$f(x)\equiv0$.

71. 设 $f(x)$ 在 $[a,b]$ 上存在二阶导数，$f(a)=f(b)=0$. 试证明：存在 $\xi\in(a,b)$ 使

(1) $\max\limits_{a\leqslant x\leqslant b}|f(x)|\leqslant\dfrac{1}{8}(b-a)^2|f''(\xi)|$；

(2) $\max\limits_{a\leqslant x\leqslant b}|f'(x)|\leqslant\dfrac{1}{2}(b-a)^2|f''(\xi)|$.

72. 设 $f(x)$ 在 $[a,b]$ 上连续，在 (a,b) 内存在二阶导数，且 $|f''(x)|\geqslant m>0$（m 为常数），又设 $f(a)=f(b)=0$. 试证明：

$$\max_{a\leqslant x\leqslant b}|f(x)|\geqslant\frac{m}{8}(b-a)^2.$$

73. 设 $f(x)$ 在 $[a,b]$ 上连续，在 (a,b) 内存在二阶导数，且当 $x\in(a,b)$ 时，$|f''(x)|\geqslant1$. 试证明：在 $[a,b]$ 上的曲线 $y=f(x)$ 上，存在三个点 A、B、C，使 $\triangle ABC$ 的面积 $\geqslant\dfrac{(b-a)^3}{16}$.

74. 设函数 $f(x)$ 在闭区间 $[0,1]$ 上连续,在 $(0,1)$ 内可导,且 $f(0)=0$,$f(1)=\dfrac{1}{3}$. 试证明存在 $\xi\in(0,1)$,$\eta\in(0,1)$,$\xi\neq\eta$,使 $f'(\xi)+f'(\eta)=\xi^2+\eta^2$.

75. 设 $e<a<b$,试证明:在区间 (a,b) 内存在唯一的一点 ξ,使

$$\begin{vmatrix} a & e^{-a} & \ln a \\ b & e^{-b} & \ln b \\ 1 & -e^{-\xi} & \xi^{-1} \end{vmatrix}=0.$$

76. 设 $f(x)=-\cos\pi x+(2x-3)^3+\dfrac{1}{2}(x-1)$. 讨论方程 $f(x)=0$ 的实根的确切个数,证明你的结论.

77. 设 $f(x)$ 在区间 (a,b) 内可导,且满足条件:① $\lim\limits_{x\to a^+}f(x)=+\infty$,$\lim\limits_{x\to b^-}f(x)=-\infty$;②在区间 (a,b) 内恒有 $f'(x)+f^2(x)+1\geqslant 0$. 证明 $b-a\geqslant\pi$.

第二章习题答案

1. $\dfrac{2e^2-3e}{4}$.　　　　2. $-\dfrac{1}{3}$.　　　　3. $\left(-\infty,\dfrac{1}{2}\right)$.

4. $x^2+y^2-8y=0$.　　5. $x+y=e^{\frac{\pi}{2}}$.　　6. $\dfrac{d^2y}{du^2}+y=\sin u$.

7. k.　　　　　　　8. $\dfrac{1}{2e}$.　　　　9. $x-3y=3$.

10. 2.　　　　　　　11. 0, 0, 2.

12. 2 个,± 1.　　　　13. e^{-1}.

14. 共有 2 条,方程分别为 $x=0$ 与 $y=0$.　　15. 2, -3, 3.

16. 左侧凹,右侧凸.　　17. 小.　　18. $e^x(x+n-1)$.　　　19. 3.

20. 2.　　　　　21. $2^{\frac{n}{2}}e^x\sin\left(x+c+\dfrac{n\pi}{4}\right)$.　　22. $(n+1)!\ (-2)^{n-1}n$.

23. $f^{(99)}(0)=2^{99}(99!)$;$f^{(100)}(0)=-2^{100}(100!)$;$f^{(101)}(0)=0$. 由 $f(x)=\dfrac{1-2x}{1-(2x)^2}=\dfrac{1}{1-(2x)^2}-\dfrac{2x}{1-(2x)^2}$. 展开成幂级数即得.

24. $f(0)=0$,$f'(0)=-1$,$f''(0)=A$.　　25. 6, $\dfrac{1}{6}$.

26. $x=0$,小.　　27. $\sqrt[3]{3}$.　　28. $e^{-\frac{1}{e}}$,$x=e^{-1}$.

29. $x(a)=1-\dfrac{\ln(-\ln a)}{\ln a}$,$\max\limits_{0<a<1}x(a)=1+e^{-1}$,$a=e^{-e}$.

30. $-\dfrac{3}{2}$,$f'(x)$ 在 $x=0$ 处连续.

31. 在 $(-\infty,+\infty)$ 内严格单调增;曲线 $y=F(x)$ 在区间 $(0,1)$ 内为凸,在区间 $(1,+\infty)$ 内为凹. 点 $(1,0)$ 为拐点.

32. $f'(x) = \mathrm{e}^x; n > 1$ 时 $f^{(n)}(x) = \dfrac{n^n - 1}{n - 1}\mathrm{e}^{nx}$. 提示：命 $f_k(x) = \displaystyle\int_0^x \dfrac{1}{k!}\mathrm{e}^{nt}(x - t)^k \,\mathrm{d}t$. 可

证 $f'_k(x) = f_{k-1}(x)$（当 $k \geqslant 1$）. 从而得到 $f^{(n)}(x) = \displaystyle\sum_{k=0}^{n-1} n^{n-k-1}\mathrm{e}^{nx}$ $(n > 1)$.

33. 命 $f(x) = x\ln a - a\ln x (x > a \geqslant \mathrm{e})$, 用单调性证.

34. 命 $f(x) = a^{\frac{1}{x}}, n \leqslant x \leqslant n+1$, 用拉格朗日中值定理证.

35. 用单调性或拉格朗日余项泰勒公式证都可以.

36. 用柯西公式, 再用单调性证. 若只用单调性证, 有一点难度.

37. 只要证明：当 $0 < y \leqslant x < 1$ 时, $x^y + y^x > 1$ 即可. 引入新变量 $u = \dfrac{y}{x}$, 以 u 代替 y 来考虑.

38. 用拉格朗日余项泰勒公式证.

39. 分几种情形讨论, 其中一种情形：当 $x^y < y^x$ 且 $x \geqslant 1$ 时要用到单调性.

40. $f'(0)$ 存在. 由 $\left| \dfrac{f(x) - f(0)}{x - 0} \right| \leqslant \left| \dfrac{\sin x}{x} \right|$ 两边命 $x \to 0$ 取极限便得.

41. 用单调性证, 并注意到 $\left(\tan x - x - \dfrac{x^3}{3} - \dfrac{2}{15}x^5 - \dfrac{1}{63}x^7\right)' = \tan^2 x - \left(x + \dfrac{1}{3}x^3\right)^2$. 再用

单调性证 $\tan x > x + \dfrac{1}{3}x^3$.

42. 命 $f(x) = (x^2 + \sqrt{1 + x^4})\cos\sqrt{2}\,x - 1$ 及 $g(x) = 2x\cos\sqrt{2}\,x - \sqrt{2}\,\sqrt{1 + x^4}\sin\sqrt{2}\,x$, 用单调性证 $g(x) < 0$ 及 $f(x) < 0$.

43. 2 个实根.

44. 当 $k < 4$ 时, 无交点; 当 $k = 4$ 时, 有唯一交点; 当 $k > 4$ 时, 有且仅有 2 个交点, 其横坐标分别位于区间 $(0,1)$ 与 $(1, +\infty)$ 内.

45. 先证当 $-\infty < x \leqslant 0$ 时 $\varphi_n(x) > 0$. 再证当 n 为奇数且 $x > 0$ 时, $\varphi'_n(x) < 0$, 且 $\displaystyle\lim_{x \to +\infty} \varphi_n(x) = -\infty; n$ 为偶数时, 区间 $(0, +\infty)$ 上 $\varphi_n(x)$ 的最小值 $\varphi(1) > 0$.

46. 先证特殊情形："设 $f(x)$ 在 $[a,b]$ 上可导, 且 $f'(a) < 0, f'(b) > 0$, 则至少存在一点 $\xi \in (a, b)$ 使 $f'(\xi) = 0$". 为证此, 只要证在 (a, b) 内, $f(x)$ 必存在极小值即可. 在此特殊情形基础上易证本题.

47. 设法用两次罗尔定理.

48. 用反证法, 设 $f''(x) \neq 0$, 不妨设 $f''(x) > 0$. 然后在 x_1 处 $(f'(x_1) \neq 0)$ 展开成一阶泰勒公式即可证得与有界相矛盾.

49. 用反证法及泰勒公式证 $f'(x) \equiv 0$, 从而 $f(x) = \mathrm{const}$.

50. (1) 由 $f''(x) > 0$ 知 $f(x)$ 至多两个零点. 由泰勒公式知, 若 $f'(0) > 0$, 则至少有一个正零点; 若 $f'(0) < 0$, 则至少有一个负零点; 若 $f'(0) = 0$, 则存在 $\delta_1 > 0, f'(\delta_1) > 0$, 推知至少有一个正零点; 并且存在 $\delta_2 < 0, f'(\delta_2) < 0$, 推知至少有一个负零点. (2) 若存在两个正零点, 则存在 $x^* > 0$ 使 $f'(x^*) = 0$, 从而 $f'(0) < 0$. 由 (1) 知至少还有一个负零点, 与至多有两个零点矛盾.

51. 由 $(\mathrm{e}^{g(x)}f(x))' = \mathrm{e}^{g(x)}(f'(x) + g'(x)f(x))$ 即可证得.

52. 参见 51 题结论.

53. 用"积分因子法"找 $\varphi(x)$, 也可参考 51 题找 $\mathrm{e}^{g(x)}$.

54. 考虑 $\varphi(x)=f'(x)\sin x$.

55. 命 $\varphi(x)=f(x)-g(x)$,去证明存在 $\eta\in(a,b)$ 使 $\varphi'(\eta)=0$,然后用两次罗尔定理即可.

56. 分几种情形讨论并注意到 $f'(\xi)=M,f'(\eta)=m$ 的几何意义.

57. 用泰勒公式或其他方法.

58. 用常数 k 值法.

59. 在区间 $[\xi_1,\xi_2]$ 上命 $F(x)=f^2(x)+(f'(x))^2$,其中 $[\xi_1,\xi_2]$ 为某区间,$[\xi_1,\xi_2]\subset$ $[-2,2]$.

60. (1)按定义去证即可;(2)由罗尔定理即可.

61. 用泰勒公式.

62. 用常数 k 值法.

63. 取适当的函数 $\varphi(x)$,对它用推广了的罗尔定理即得.

64. 用递推方式讨论 $g_1(x)=\mathrm{e}^{-a_n x}f(x)$. 能.

65. 将 $f(x_0+h)$ 在 x_0 处按拉格朗日余项泰勒公式展至 n 阶,同时又将 $f'(x_0+\theta h)$ 在 x_0 处按拉格朗日余项泰勒公式展至 $(n-1)$,比较它们并命 $h\to0$ 便得. $\lim\limits_{h\to0}\theta=\dfrac{1}{\sqrt[n-1]{n}}$. (2.2 节例 32 相当于这里的 $n=3$).

66. 若 $c=x_i$,则等式显然成立. 若 $c\ne x_i(i=1,\cdots,n)$,命 $F(x)=f(x)-\dfrac{k}{n!}(x-x_1)(x-x_2)\cdots(x-x_n)$. 使 $F(x)$ 有 $n+1$ 个零点. 于是知存在 $\xi\in(x_1,x_n)$ 使 $F^{(n)}(\xi)=0$.

67. 对于 $k=1,2,\cdots,2n$,去证明 $f(x)$ 在每个区间 $\left(\dfrac{k-1}{n}\pi,\dfrac{k}{n}\pi\right)$ 内各至少有一个零点.

68. 设 $0<\mu_1<\mu_2<\cdots<\mu_n<1$,有 $f(c_i)=\mu_i$ 且 $0<c_1<c_2<\cdots<c_n<1$. 在每个 $[c_{i-1},c_i]$ 上用拉格朗日中值定理.

69. 先在区间 $[0,1]$ 上讨论,由拉格朗日中值定理推导出 $f(x)\equiv0$ 当 $0\leqslant x\leqslant1$. 再过渡到整个区间 $[0,+\infty)$. 对 $(-\infty,0]$ 亦类似.

70. 由 $-kf(x)\leqslant f'(x)\leqslant kf(x)$ 推出 $(f(x)\mathrm{e}^{-kx})'\leqslant0$ 及 $(f(x)\mathrm{e}^{kx})'\geqslant0$. 从而可得:当 $x\geqslant0$ 时 $f(x)\equiv0$. 类似可得当 $x\leqslant0$ 时 $f(x)\equiv0$.

71. 取 x_0 使 $|f(x_0)|=\max\limits_{[a,b]}|f(x)|$. 分 $f(x_0)=0$ 与 $f(x_0)\ne0$ 讨论.再用泰勒公式讨论之.

72. 取 x_0 使 $|f(x_0)|=\max\limits_{[a,b]}|f(x)|$,再用泰勒公式.

73. 取点 $A(a,f(a)),B(b,f(b)),C(x,f(x))$. 由熟知的 $\triangle ABC$ 的面积公式写出其面积,记为 $F(x)$. 套用习题 72 的结论即得.

74. 取 $F(x)=f(x)-\dfrac{1}{3}x^3$,分别在区间 $\left[0,\dfrac{1}{2}\right]$ 与 $\left[\dfrac{1}{2},1\right]$ 上用拉格朗日中值定理.

75. 考虑函数 $f(x)=\begin{vmatrix} a & \mathrm{e}^{-a} & \ln a \\ b & \mathrm{e}^{-b} & \ln b \\ x & \mathrm{e}^{-x} & \ln x \end{vmatrix}$,由罗尔定理可证存在性. 再去证 $f''(x)>0$,从而证得唯一性.

76. 正好有 3 个不同的实根.由观察及连续函数介值定理知,至少有 3 个不同实根. 由 $f'''(x)>0$ 知至多有 3 个实根.故正好有 3 个不同实根.

77. 参见 2.2 节例 19.

第三章　一元函数积分学

3.1　不定积分、定积分与反常积分

本节主要内容为:原函数与定积分的奇、偶性,不定积分、定积分、反常积分的计算.

一、关于分段函数的积分,奇、偶函数的原函数与变限积分的奇、偶性

例 1　$\int |1-|x||\, \mathrm{d}x =$ ____.

分析　先将$|1-|x||$写成分段表达式,按段积分,然后在分界点处拼接成连续函数,最后写成加一个任意常数的形式.

解　应填

$$\int |1-|x||\, \mathrm{d}x = \begin{cases} -\dfrac{x^2}{2}-x-1 & \text{当 } x \leqslant -1; \\[2mm] \dfrac{x^2}{2}+x & \text{当 } -1 < x \leqslant 0; \\[2mm] x-\dfrac{x^2}{2} & \text{当 } 0 < x \leqslant 1; \\[2mm] \dfrac{x^2}{2}-x+1 & \text{当 } x > 1. \end{cases} + C$$

$$|1-|x|| = \begin{cases} -x-1, & x \leqslant -1; \\ x+1, & -1 < x \leqslant 0; \\ 1-x, & 0 < x \leqslant 1; \\ x-1, & x > 1. \end{cases}$$

$$\int |1-|x||\, \mathrm{d}x = \begin{cases} -\dfrac{x^2}{2}-x+C_1, & x \leqslant -1; \\[2mm] \dfrac{x^2}{2}+x+C_2, & -1 < x \leqslant 0; \\[2mm] x-\dfrac{x^2}{2}+C_3, & 0 < x \leqslant 1; \\[2mm] \dfrac{x^2}{2}-x+C_4, & x > 1. \end{cases}$$

在 $x=-1,0,1$ 处分别拼接成连续函数.例如在 $x=-1$ 处,$\lim\limits_{x \to -1^-}\left(-\dfrac{x^2}{2}-x+C_1\right) = \dfrac{1}{2}+C_1$,

$\lim\limits_{x \to -1^+}\left(\dfrac{x^2}{2}+x+C_2\right) = -\dfrac{1}{2}+C_2$,所以 $C_1 = -1+C_2$.同理可推得 $C_2=C_3$,$C_3=-1+C_4$.取 $C_2=C$,便得

$$C_1 = -1 + C, \quad C_2 = C, \quad C_3 = C, \quad C_4 = 1 + C.$$

于是便得 $\int | 1 - | x | | \, \mathrm{d}x$ 如上所填.

例 2 设 xOy 平面上有正方形 $D = \{(x,y) \mid 0 \leqslant x \leqslant 1, 0 \leqslant y \leqslant 1\}$ 及直线 $l : x + 2y = t(t \geqslant 0)$. 若 $S(t)$ 表示正方形 D 位于直线 l 左下方部分的面积. 则当 $x \geqslant 0$ 时, $\int_0^x S(t) \mathrm{d}t = $ ___.

分析 先写出 $S(t)$ 的 (分段) 表达式, 再对 $S(t)$ 作积分 $\int_0^x S(t) \mathrm{d}t$, 而计算 $\int_0^x S(t) \mathrm{d}t$ 时应按定积分性质分段积分.

解 应填

$$\int_0^x S(t) \mathrm{d}t = \begin{cases} \dfrac{1}{12} x^3, & \text{当 } 0 \leqslant x \leqslant 1; \\[2mm] \dfrac{1}{4} x^2 - \dfrac{1}{4} x + \dfrac{1}{12}, & \text{当 } 1 < x \leqslant 2; \\[2mm] -\dfrac{1}{12} x^3 + \dfrac{3}{4} x^2 - \dfrac{5}{4} x + \dfrac{3}{4}, & \text{当 } 2 < x \leqslant 3; \\[2mm] x - \dfrac{3}{2}, & \text{当 } x > 3. \end{cases}$$

先求出面积

$$S(t) = \begin{cases} \dfrac{1}{4} t^2, & \text{当 } 0 \leqslant t \leqslant 1; \\[2mm] \dfrac{1}{4} t^2 - \dfrac{1}{4} (t-1)^2, & \text{当 } 1 < t \leqslant 2; \\[2mm] 1 - \dfrac{1}{4} (3-t)^2, & \text{当 } 2 < t \leqslant 3; \\[2mm] 1, & \text{当 } t > 3, \end{cases}$$

再分段积分 $\int_0^x S(t) \mathrm{d}t$, 得如上所填. 例如, 当 $1 < x \leqslant 2$ 时,

$$\begin{aligned} \int_0^x S(t) \mathrm{d}t &= \int_0^1 S(t) \mathrm{d}t + \int_1^x S(t) \mathrm{d}t \\ &= \int_0^1 \frac{1}{4} t^2 \mathrm{d}t + \int_1^x \left(\frac{t^2}{4} - \frac{1}{4} (t-1)^2 \right) \mathrm{d}t \\ &= \frac{x^3}{12} - \frac{1}{12} (x-1)^3 = \frac{x^2}{4} - \frac{x}{4} + \frac{1}{12}. \end{aligned}$$

例 3 以 "$A \Rightarrow B$" 表示由 A 可推出 B, 以 "$A \Leftarrow B$" 表示由 B 可推出 A, 以 "$A \Leftrightarrow B$" 表示 A 与 B 可以互相推出. 请在下面空格中填上适当的符号并说明理由.

设 $f(x)$ 在 $(-\infty, +\infty)$ 上连续, $F(x)$ 是 $f(x)$ 的一个原函数, 在下述空格中适当填入 "$\Rightarrow$", "$\Leftarrow$" 或 "$\Leftrightarrow$":

(1) $F(x)$ 是奇函数, ___ $f(x)$ 是偶函数.

(2) $F(x)$ 是偶函数, ___ $f(x)$ 是奇函数.

(3) $F(x)$ 是 T 周期函数, ___ $f(x)$ 是 T 周期函数.

分析 由 $F(x)$ 推出 $f(x)$ 用求导数判断, 由 $f(x)$ 推出 $F(x)$ 用变限积分判断. 不成立时举反例说明.

解 应填(1)⇒;(2)⇔;(3) ⇒.

(1) 设 $F(x)$ 是奇函数,即 $F(x)=-F(-x)$,两边对 x 求导,得 $F'(x)=-(F(-x))'_x=$ $-F'(-x)(-x)'_x=-f(-x)(-1)=f(-x)$,即有 $f(x)=f(-x)$,所以 $f(x)$ 是偶函数. 但反之不一定正确. 例如 $f(x)=\cos x$ 为偶函数,$F(x)=\sin x+1$,有 $F'(x)=\cos x$,而 $F(x)$ 并不是奇函数.

(2) 设 $F(x)$ 是偶函数,即 $F(x)=F(-x)$,两边对 x 求导,得 $F'(x)=(F(-x))'_x=$ $F'(-x)(-x)'_x=-F'(-x)=-f(-x)$,即有 $f(x)=-f(-x)$,所以 $f(x)$ 是奇函数. 反之,设 $f(x)$ 是奇函数,命

$$\varphi(x) = \int_0^x f(t)\,\mathrm{d}t,$$

有

$$\varphi(-x) = \int_0^{-x} f(t)\,\mathrm{d}t \xrightarrow{t=-u} \int_0^x f(-u)(\mathrm{d}(-u)) = -\int_0^x f(-u)\,\mathrm{d}u$$
$$= \int_0^x f(u)\,\mathrm{d}u = \varphi(x),$$

故 $\int_0^x f(t)\,\mathrm{d}t$ 为偶函数,而 $f(x)$ 的一切原函数可以表示为 $\int_0^x f(t)\,\mathrm{d}t + C$,所以 $F(x) =$ $\int_0^x f(t)\,\mathrm{d}t + C_0$(某 C_0),所以 $F(x)$ 一定是偶函数,从而知奇函数的原函数一定是偶函数. 故应填"⇔".

(3) 设 $F(x)$ 是周期 T 的函数,即有 $F(x+T)=F(x)$,两边对 x 求导,得 $F'(x)=(F(x+T))'_x=f(x+T)\cdot(x+T)'_x=f(x+T)$,即 $f(x)=f(x+T)$,所以 $f(x)$ 有周期 T. 但反之并不成立. 例如 $f(x)=\sin^2 x$ 有周期 π,然而 $F(x)=\dfrac{x}{2}-\dfrac{1}{4}\sin 2x$ 的导数 $F'(x)=\dfrac{1}{2}-$ $\dfrac{1}{2}\cos 2x=\sin^2 x$,$F(x)$ 并不是周期函数.

[注] 设 $f(x)$ 为具有周期 T 的连续函数,可以证明(请读者证明),其原函数 $F(x)$ 也是 T 周期的充要条件是 $\int_0^T f(t)\,\mathrm{d}t = 0$. 当某一原函数为 T 周期时,其任一原函数也必是 T 周期.

例 4 设 $f(u)$ 为连续函数,a 是常数,请在下列空格中填入"奇"、"偶",并说明理由:

(1) $\displaystyle\int_a^x \left[\int_0^u f(t^2)\,\mathrm{d}t\right]\mathrm{d}u$ 为 x 的____函数;

(2) $\displaystyle\int_0^x \left[\int_a^u [f(t)-f(-t)]\,\mathrm{d}t\right]\mathrm{d}u$ 为 x 的____函数;

(3) 设 $f(t)$ 为奇函数,$\displaystyle\int_0^x \left[\int_x^y f(t^3)\,\mathrm{d}t\right]\mathrm{d}y$ 为 x 的____函数;

(4) $\displaystyle\int_a^x \left[\int_{-y}^y f(t)\,\mathrm{d}t\right]\mathrm{d}y$ 为 x 的____函数.

分析 按下述定理处理:"设 $f(x)$ 为连续,若 $f(x)$ 为奇函数,则 $f(x)$ 的任一原函数为偶函数;若 $f(x)$ 为偶函数,则 $f(x)$ 仅有一个原函数 $\int_0^x f(t)\,\mathrm{d}t$ 为奇函数".

解 应填(1)偶;(2)奇;(3)奇;(4)偶.

(1) $f(t^2)$ 为 t 的偶函数,$\int_0^u f(t^2)\,\mathrm{d}t$ 为 u 的奇函数,$\int_a^x \left[\int_0^u f(t^2)\,\mathrm{d}t\right]\mathrm{d}u$ 为 x 的偶函数.

(2) $[f(t)-f(-t)]$ 为 t 的奇函数，$\int_a^u [f(t)-f(-t)]\mathrm{d}t$ 为 u 的偶函数，再对 u 积分，

$\int_0^x \cdots \mathrm{d}u$ 为 x 的奇函数.

(3) $f(t^3)$ 为 t 的奇函数，记 $F'(t)=f(t^3)$，有

$$\int_x^y f(t^3)\mathrm{d}t = F(t)\Big|_x^y = F(y)-F(x),$$

前者为 y 的偶函数，后者为 x 的偶函数.

$$\int_0^x \Big[\int_x^y f(t^3)\mathrm{d}t\Big]\mathrm{d}y = \int_0^x [F(y)-F(x)]\mathrm{d}y = \int_0^x F(y)\mathrm{d}y - xF(x),$$

前者为 x 的奇函数，后者也是 x 的奇函数，故 $\int_0^x \cdots \mathrm{d}y$ 为 x 的奇函数.

(4) 记 $F'(t)=f(t)$，有 $\int_a^x \Big[\int_{-y}^y f(t)\mathrm{d}t\Big]\mathrm{d}y = \int_a^x [F(y)-F(-y)]\mathrm{d}y$，被积函数为 y 的奇

函数，所以 $\int_a^x \cdots \mathrm{d}y$ 为 x 的偶函数.

二、积分的计算

积分的计算方法，不外乎换元法与分部积分法两种，作为常规考试或研究生入学考试，大都考常规方法. 这种题有一定程式，基本上无特殊技巧. 由于程式的无甚难点，非程式的技巧性太大，所以研究生入学考试数学（一）中较少考积分计算，而数学（二）、（三）比之于数学（一）来说，要简单一些，考积分计算大都局限于程式的. 而对于竞赛来说，情况就不一样了.

本节中选取的例题与习题，虽然大都也仅用到换元法与分部积分法，但其难点是，如何选取换元，如何处理分部，如何拆项，如何划分区间积分，都有一些技巧，常因题而异. 通过这些题，请读者细心领会如何对症下药. 常用的技巧有：

(1) 通过适当的变量变换或分部积分，得到一个与原积分相同的积分，建立了一个等式，从中解出要求计算的积分. 如例 14 的前一项积分. 例 7 也用这种办法处理.

(2) 将积分区间拆成两个，再经适当的变换将两个区间上的积分合并以化简，例如例 6.

(3) 化成二重积分，再交换积分次序处理，如例 8，例 11.

(4) 用三角恒等式变形然后再作变量变换或分部积分，如例 9，例 12，例 7.

(5) 要划分积分区间以处理绝对值号，或划分之后才能作适当的变量变换，如例 5，例 13.

(6) 用分部积分时，如何选取 u 与 $\mathrm{d}v$ 有适当的技巧，如习题中的第 1 题与第 18 题.

例 5 $\int_0^{2\pi} \dfrac{1}{1+\cos^2 x}\mathrm{d}x = $ _____.

分析 此题若立刻作变换 $\tan x = t$ 或 $\tan\dfrac{x}{2} = t$，则在 $0 \leqslant x \leqslant 2\pi$ 上不能确定出单值连续的反函数 $x = \varphi(t)$. 可先利用周期性和奇偶性将积分区间缩小，在此小区间上作变换 $\tan x = t$.

解 应填 $\sqrt{2}\pi$.

$$\int_0^{2\pi} \frac{1}{1+\cos^2 x}\mathrm{d}x = \int_{-\pi}^{\pi} \frac{1}{1+\cos^2 x}\mathrm{d}x = 2\int_0^{\pi} \frac{1}{1+\cos^2 x}\mathrm{d}x$$

$$= 2\left(\int_0^{\frac{\pi}{2}} \frac{1}{1+\cos^2 x}\mathrm{d}x + \int_{\frac{\pi}{2}}^{\pi} \frac{1}{1+\cos^2 x}\mathrm{d}x\right).$$

在第 2 式中作变换 $x=\pi-t$，即可化为第 1 式，于是

$$原式 = 4\int_0^{\frac{\pi}{2}} \frac{1}{1+\cos^2 x}\mathrm{d}x \xrightarrow{\tan x = t} 4\int_0^{+\infty} \frac{1}{2+t^2}\mathrm{d}t = \frac{4}{\sqrt{2}}\arctan \frac{t}{\sqrt{2}}\Big|_0^{+\infty}$$

$$= \sqrt{2}\pi.$$

例 6 $\displaystyle\int_{-1}^1 x\ln(1+\mathrm{e}^x)\mathrm{d}x = \underline{\quad\quad}.$

分析 对称区间上的积分常想到利用奇、偶性将它化简. 若不能直接利用奇、偶性，可将积分区间划分成 $\displaystyle\int_{-1}^0 \cdots \mathrm{d}x + \int_0^1 \cdots \mathrm{d}x$ 试之.

解 应填 $\dfrac{1}{3}$.

$$\int_{-1}^1 x\ln(1+\mathrm{e}^x)\mathrm{d}x = \int_{-1}^0 x\ln(1+\mathrm{e}^x)\mathrm{d}x + \int_0^1 x\ln(1+\mathrm{e}^x)\mathrm{d}x$$

$$= \int_1^0 (-x)\ln(1+\mathrm{e}^{-x})(-\mathrm{d}x) + \int_0^1 x\ln(1+\mathrm{e}^x)\mathrm{d}x$$

$$= \int_0^1 x\ln\left(\frac{1+\mathrm{e}^x}{1+\mathrm{e}^{-x}}\right)\mathrm{d}x = \int_0^1 x^2\mathrm{d}x = \frac{1}{3}.$$

[注] 2013 年全国大学生数学竞赛(非数学类)预赛第二题：计算定积分 $\mathrm{I} = \displaystyle\int_{-\pi}^{\pi} \frac{x\sin x\arctan \mathrm{e}^x}{1+\cos^2 x}\mathrm{d}x$，可参考本题解法并结合下面例 14 计算 I_1 的方法去做.

例 7 $\displaystyle\int_0^{\frac{\pi}{4}} \ln(1+\tan x)\mathrm{d}x = \underline{\quad\quad}.$

分析 利用三角公式变形，再作积分变量变换以化简合并.

解 应填 $\dfrac{\pi}{8}\ln 2$.

$$\int_0^{\frac{\pi}{4}} \ln(1+\tan x)\mathrm{d}x = \int_0^{\frac{\pi}{4}} \left[\ln(\cos x + \sin x) - \ln\cos x\right]\mathrm{d}x$$

$$= \int_0^{\frac{\pi}{4}} \left[\ln\left(\sqrt{2}\cos\left(x-\frac{\pi}{4}\right)\right) - \ln\cos x\right]\mathrm{d}x$$

$$= \int_0^{\frac{\pi}{4}} \ln\sqrt{2}\,\mathrm{d}x + \int_0^{\frac{\pi}{4}} \ln\cos\left(x-\frac{\pi}{4}\right)\mathrm{d}x - \int_0^{\frac{\pi}{4}} \ln\cos x\,\mathrm{d}x$$

$$= \frac{\pi}{8}\ln 2 - \int_{\frac{\pi}{4}}^0 \ln\cos t\,\mathrm{d}t - \int_0^{\frac{\pi}{4}} \ln\cos x\,\mathrm{d}x = \frac{\pi}{8}\ln 2.$$

例 8 设 $G(x) = \displaystyle\int_{x^2}^1 \frac{t}{\sqrt{1+t^3}}\mathrm{d}t$，则 $\displaystyle\int_0^1 xG(x)\mathrm{d}x = \underline{\quad\quad}.$

分析 本题有两种解法，一种是看成一个累次积分(二次积分，逐次积分)，然后交换积分次序；另一种方法是用分部积分.

解 应填 $\dfrac{1}{3}(\sqrt{2}-1)$.

方法 1 $\displaystyle\int_0^1 x\mathrm{d}x\int_{x^2}^1 \frac{t}{\sqrt{1+t^3}}\mathrm{d}t = \int_0^1 \frac{t}{\sqrt{1+t^3}}\mathrm{d}t\int_0^{\sqrt{t}} x\mathrm{d}x$

$$= \frac{1}{2}\int_0^1 \frac{t^2}{\sqrt{1+t^3}}\mathrm{d}t = \frac{1}{3}(\sqrt{2}-1).$$

方法 2 $\displaystyle\int_0^1 xG(x)\mathrm{d}x = \frac{1}{2}\int_0^1 G(x)\mathrm{d}x^2$

$$= \frac{1}{2}\left[x^2 G(x)\Big|_0^1 - \int_0^1 x^2 \mathrm{d}G(x)\right]$$

$$= \frac{1}{2}\left[G(1) + \int_0^1 \frac{2x^5}{\sqrt{1+x^6}}\mathrm{d}x\right] = \frac{1}{2}\left[0 + \frac{2}{3}\sqrt{1+x^6}\Big|_0^1\right]$$

$$= \frac{1}{3}(\sqrt{2}-1).$$

[注]   被积函数中若含有变限积分或某函数的导数,常可用分部积分解决之.

例 9 $\displaystyle\int \frac{x+\sin x}{1+\cos x}\mathrm{d}x = \underline{\quad\quad}.$

分析   利用三角公式变形然后用分部积分.

解   应填 $x\tan\dfrac{x}{2} + C$ 或 $\dfrac{x(1-\cos x)}{\sin x} + C.$

方法 1   原式 $\displaystyle= \int \frac{x + 2\sin\frac{x}{2}\cos\frac{x}{2}}{2\cos^2\frac{x}{2}}\mathrm{d}x = \int \frac{x}{2\cos^2\frac{x}{2}}\mathrm{d}x + \int \tan\frac{x}{2}\mathrm{d}x$

$$= \int x\mathrm{d}\tan\frac{x}{2} + \int \tan\frac{x}{2}\mathrm{d}x = x\tan\frac{x}{2} - \int \tan\frac{x}{2}\mathrm{d}x + \int \tan\frac{x}{2}\mathrm{d}x = x\tan\frac{x}{2} + C.$$

方法 2   原式 $\displaystyle= \int \frac{(x+\sin x)(1-\cos x)}{\sin^2 x}\mathrm{d}x = \int (x+\sin x)\mathrm{d}(-\cot x + \csc x)$

$$= (x+\sin x)(-\cot x + \csc x) - \int (-\cot x + \csc x)(1+\cos x)\mathrm{d}x$$

$$= \frac{(x+\sin x)(1-\cos x)}{\sin x} - \int \sin x\mathrm{d}x = \frac{x(1-\cos x)}{\sin x} + 1 - \cos x - \int \sin x\mathrm{d}x$$

$$= \frac{x(1-\cos x)}{\sin x} + C.$$

例 10   计算不定积分 $\displaystyle\int \frac{\mathrm{d}x}{\sin^3 x + \cos^3 x}.$

分析   利用三角恒等式变形,但无一定程式,技巧性很大;用万能代换,计算量大,处理变换后的分式有一定难度.如果能将两种方法结合得很好,可以事半功倍.

解 $\displaystyle\frac{1}{\cos^3 x + \sin^3 x} = \frac{1}{(\cos x + \sin x)(\cos^2 x - \sin x\cos x + \sin^2 x)}$

$$= \frac{2}{3}\left(\frac{1}{\cos x + \sin x}\right) + \frac{1}{3}\left(\frac{\cos x + \sin x}{1 - \sin x\cos x}\right),$$

$$\frac{2}{3}\int \frac{1}{\cos x + \sin x}\mathrm{d}x = \frac{2}{3}\int \frac{\mathrm{d}x}{\sqrt{2}\cos\left(x - \frac{\pi}{4}\right)} = \frac{\sqrt{2}}{3}\ln\left|\sec\left(x - \frac{\pi}{4}\right) + \tan\left(x - \frac{\pi}{4}\right)\right| + C_1.$$

对于拆项后的第二项的积分,用万能代换 $\tan\dfrac{x}{2} = t$,有

$$\cos x = \frac{1-t^2}{1+t^2}, \sin x = \frac{2t}{1+t^2}, dx = \frac{2}{1+t^2}dt,$$

$$\frac{1}{3}\int \frac{\cos x + \sin x}{1 - \sin x \cos x}dx = \frac{2}{3}\int \frac{-t^2 + 2t + 1}{(t^2+t)^2 + (t-1)^2}dt$$

$$= \frac{2}{3}\int \frac{1}{1 + \left(\frac{t-1}{t^2+t}\right)^2}d\left(\frac{t-1}{t^2+t}\right)$$

$$= \frac{2}{3}\arctan\left(\frac{t-1}{t^2+t}\right) + C_2$$

$$= \frac{2}{3}\arctan\left(\frac{\tan\frac{x}{2} - 1}{\tan^2\frac{x}{2} + \tan\frac{x}{2}}\right) + C_2,$$

所以

$$\int \frac{dx}{\sin^3 x + \cos^3 x} = \frac{\sqrt{2}}{3}\ln\left|\sec\left(x - \frac{\pi}{4}\right) + \tan\left(x - \frac{\pi}{4}\right)\right| + \frac{2}{3}\arctan\left(\frac{\tan\frac{x}{2} - 1}{\tan^2\frac{x}{2} + \tan\frac{x}{2}}\right) + C.$$

[**注**] 也可以用三角函数恒等变形计算下述积分.

$$\int \frac{\cos x + \sin x}{1 - \sin x \cos x}dx = \int \frac{\sqrt{2}\sin\left(x + \frac{\pi}{4}\right)}{1 - \frac{1}{2}\sin 2x}dx$$

$$\xrightarrow{x + \frac{\pi}{4} = t} \int \frac{\sqrt{2}\sin t}{1 - \frac{1}{2}\sin 2\left(t - \frac{\pi}{4}\right)}dt = \int \frac{\sqrt{2}\sin t}{\frac{1}{2} + \cos^2 t}dt$$

$$= -2\arctan(\sqrt{2}\cos t) + C_2 = -2\arctan(\cos x - \sin x) + C_2.$$

从而

$$\frac{1}{3}\int \frac{\cos x + \sin x}{1 - \sin x \cos x}dx = -\frac{2}{3}\arctan(\cos x - \sin x) + C_3.$$

请读者证明: $-\frac{2}{3}\arctan(\cos x - \sin x)$ 与 $\frac{2}{3}\arctan\left(\frac{\tan\frac{x}{2} - 1}{\tan^2\frac{x}{2} + \tan\frac{x}{2}}\right)$ 仅相差一个常数项.

例 11 设常数 $a > 0, b > 0$, 则 $\int_0^1 \frac{x^b - x^a}{\ln x}dx = $ ____.

分析 表面上这是一个反常积分, 但由于

$$\lim_{x \to 0^+} \frac{x^b - x^a}{\ln x} = 0, \quad \lim_{x \to 1^-} \frac{x^b - x^a}{\ln x} = b - a,$$

所以实际上, 它是连续函数

$$f(x) = \begin{cases} \frac{x^b - x^a}{\ln x}, & \text{当 } 0 < x < 1, \\ 0, & \text{当 } x = 0, \\ b - a, & \text{当 } x = 1 \end{cases}$$

在闭区间$[0,1]$上的定积分. 由于

$$f(x) = \int_a^b x^t \mathrm{d}t, \text{当} 0 \leqslant x \leqslant 1,$$

所以可以将所给积分化成一个二次积分处理.

解 应填 $\ln \dfrac{b+1}{a+1}$.

$$\int_0^1 \frac{x^b - x^a}{\ln x} \mathrm{d}x = \int_0^1 \left[\int_a^b x^t \mathrm{d}t \right] \mathrm{d}x = \int_a^b \left[\int_0^1 x^t \mathrm{d}x \right] \mathrm{d}t$$

$$= \int_a^b \frac{x^{t+1}}{t+1} \Big|_{x=0}^{x=1} \mathrm{d}t = \int_a^b \frac{1}{t+1} \mathrm{d}t$$

$$= \ln \frac{b+1}{a+1}.$$

[注] 解决本题的关键是将 $\dfrac{x^b - x^a}{\ln x}$ 看成某函数的一个积分.

例 12 求 $\displaystyle\int \frac{\mathrm{e}^{-\sin x} \sin 2x}{\sin^4 \left(\dfrac{\pi}{4} - \dfrac{x}{2} \right)} \mathrm{d}x$.

分析 利用三角公式并用分部积分计算之.

解 由三角公式,有

$$\sin^4 \left(\frac{\pi}{4} - \frac{x}{2} \right) = \frac{1}{4} \left(\cos \frac{x}{2} - \sin \frac{x}{2} \right)^4 = \frac{1}{4} \left(\cos^4 \frac{x}{2} + 6\cos^2 \frac{x}{2} \sin^2 \frac{x}{2} \right.$$

$$\left. + \sin^4 \frac{x}{2} - 4\sin \frac{x}{2} \cos \frac{x}{2} \right)$$

$$= \frac{1}{4} (1 + \sin^2 x - 2\sin x) = \frac{1}{4} (1 - \sin x)^2,$$

所以

$$\int \frac{\mathrm{e}^{-\sin x} \sin 2x}{\sin^4 \left(\dfrac{\pi}{4} - \dfrac{x}{2} \right)} \mathrm{d}x = \int \frac{8\mathrm{e}^{-\sin x} \sin x \cos x}{(1 - \sin x)^2} \mathrm{d}x$$

$$\xveq{-\sin x = v} 8\int \mathrm{e}^v \frac{v \mathrm{d}v}{(1+v)^2} = 8 \left[\int \frac{\mathrm{e}^v}{1+v} \mathrm{d}v - \int \frac{\mathrm{e}^v}{(1+v)^2} \mathrm{d}v \right]$$

$$\xveq{\text{分部积分}} \frac{8\mathrm{e}^v}{1+v} + C = \frac{8\mathrm{e}^{-\sin x}}{1 - \sin x} + C.$$

例 13 求 $I_n = \displaystyle\int_{\mathrm{e}^{-2n\pi}}^1 \left| \frac{\mathrm{d}}{\mathrm{d}x} \cos \left(\ln \frac{1}{x} \right) \right| \mathrm{d}x$, 其中 n 为正整数.

分析 设法去掉绝对值号,就要将 $|*|$ 内的正、负分清楚,为此就要划分区间 $[\mathrm{e}^{-2n\pi}, 1]$.

解 $I_n = \displaystyle\int_{\mathrm{e}^{-2n\pi}}^1 \left| \frac{\mathrm{d}}{\mathrm{d}x} \cos \left(\ln \frac{1}{x} \right) \right| \mathrm{d}x$

$$= \int_{\mathrm{e}^{-2n\pi}}^1 |-\sin(\ln x^{-1}) \cdot x \cdot (-x^{-2})| \mathrm{d}x$$

$$= \int_{\mathrm{e}^{-2n\pi}}^1 |\sin(-\ln x)| \, x^{-1} \mathrm{d}x$$

$$\xveq{\ln x = u} \int_{-2n\pi}^0 |\sin u| \, \mathrm{d}u = \int_0^{2n\pi} |\sin t| \, \mathrm{d}t$$

$$= \sum_{k=0}^{2n-1} \int_{k\pi}^{(k+1)\pi} |\sin t| \, dt = \sum_{k=0}^{2n-1} \int_0^\pi |\sin(k\pi+v)| \, dv$$

$$= \sum_{k=0}^{2n-1} \int_0^\pi \sin v \, dv = \sum_{k=0}^{2n-1} 2 = 4n.$$

例 14 求 $\int_0^\pi \dfrac{x\sin x + \sin x}{1 + \sin x} \, dx$.

分析 分成两个积分,后者用万能代换化成有理分式积分,前者用一特定代换以消去 x.

解 $I = I_1 + I_2$,其中

$$I_1 = \int_0^\pi \frac{x\sin x}{1+\sin x} \, dx \xrightarrow{\ x=\pi-t\ } \int_\pi^0 \frac{(\pi-t)\sin t}{1+\sin t}(-\,dt)$$

$$= \int_0^\pi \frac{\pi\sin t}{1+\sin t} \, dt - \int_0^\pi \frac{t\sin t}{1+\sin t} \, dt = \int_0^\pi \frac{\pi\sin t}{1+\sin t} \, dt - I_1,$$

所以 $\quad I_1 = \dfrac{\pi}{2} \displaystyle\int_0^\pi \frac{\sin t}{1+\sin t} \, dt,$

$$I_2 = \int_0^\pi \frac{\sin t}{1+\sin t} \, dt,$$

所以 $\qquad\qquad I = I_1 + I_2 = \left(\dfrac{\pi}{2}+1\right) \displaystyle\int_0^\pi \frac{\sin x}{1+\sin x} \, dx.$

命 $\tan\dfrac{x}{2} = t$,有 $\sin x = \dfrac{2t}{1+t^2}$,$dx = \dfrac{2}{1+t^2} \, dt$,

$$I = \left(\frac{\pi}{2}+1\right)\int_0^\pi \frac{\sin x}{1+\sin x} \, dx = \left(\frac{\pi}{2}+1\right)\int_0^{+\infty} \frac{4t}{(1+t)^2(1+t^2)} \, dt$$

$$= -2\left(\frac{\pi}{2}+1\right)\int_0^{+\infty} \left(\frac{1}{(1+t)^2} - \frac{1}{1+t^2}\right) dt$$

$$= -2\left(\frac{\pi}{2}+1\right)\left[-\frac{1}{1+t} - \arctan t\right]_0^{+\infty} = -2\left(\frac{\pi}{2}+1\right)\left(1 - \frac{\pi}{2}\right)$$

$$= 2\left(\frac{\pi^2}{4} - 1\right) = \frac{\pi^2}{2} - 2.$$

3.2 积分的证明题

积分的证明题大都是指关于定积分的不等式问题,零点问题,含参变量积分的极限问题与求导问题,存在某 ξ 满足某不等式问题.其中涉及的函数有具体的,也有抽象的,而以抽象的居多.反常积分敛散性的讨论问题放到 3.3 节.

一、不等式问题

关于定积分的不等式问题所用的方法大致有:

(1) 设置变量将定积分看成某变限积分,从而将欲证的不等式变为一个函数不等式,然后使用微分学证明不等式的方法.如例 1 的方法 1,例 2 的方法 1,例 3 的方法 1,例 5 的方法 2,例 9 的方法 1.可见此法用得较多,其方法有一定的程式,较易掌握.

(2) 利用定积分的不等式性质,证明所要证的不等式,例如例 1 的方法 3,例 2 的方法 2,

方法 3,以及例 10,例 11.

（3）直接利用柯西-施瓦茨不等式证明,如例 3 的方法 2,例 4 的左半个不等式.

（4）利用积分中值定理或积分的其他性质,对积分作变换或估值证明之.如例 1 的方法 2,例 7,例 9 的方法 2,以及例 14.

除以上（1）至（4）较常见者外,还有:

（5）利用无穷级数作出估值,证明之,如例 12.

（6）化成二重积分处理,如例 13,例 17.

例 1 设 $f(x)$ 在 $[0,1]$ 上连续且严格单调减少,证明:当 $0 < \lambda < 1$ 时,$\int_0^\lambda f(x)\mathrm{d}x > \lambda\int_0^1 f(x)\mathrm{d}x$.

分析 将 λ 看成一个变量,采用微分学的办法证明之,这就是下面的方法 1;将积分 $\int_0^1 f(x)\mathrm{d}x$ 拆成 $\int_0^\lambda f(x)\mathrm{d}x + \int_\lambda^1 f(x)\mathrm{d}x$,然后将欲证的不等式化为去证

$$(1-\lambda)\int_0^\lambda f(x)\mathrm{d}x > \lambda\int_\lambda^1 f(x)\mathrm{d}x.$$

再利用积分中值定理证明之,这是下面的方法 2;也可将两个积分 $\int_0^\lambda f(x)\mathrm{d}x$ 与 $\int_0^1 f(x)\mathrm{d}x$ 经积分变量变换化成相同上、下限的两个积分,于是只要比较被积函数的大小就可以了,这就是下面的方法 3.

解 方法 1 "变限法",命

$$\varphi(\lambda) = \int_0^\lambda f(x)\mathrm{d}x - \lambda\int_0^1 f(x)\mathrm{d}x, \quad 0 \leqslant \lambda \leqslant 1,$$

有 $\varphi(0) = 0, \varphi(1) = 0, \varphi'(\lambda) = f(\lambda) - \int_0^1 f(x)\mathrm{d}x = f(\lambda) - f(\xi)$,其中 $0 < \xi < 1$. 由 $f(x)$ 为严格单调减少知,

当 $0 < \lambda < \xi$ 时,$f(\lambda) > f(\xi)$,从而 $\varphi'(\lambda) > 0$,所以 $\varphi(\lambda) > 0$（当 $0 < \lambda \leqslant \xi$）;

当 $\xi < \lambda < 1$ 时,$f(\lambda) < f(\xi)$,从而 $\varphi'(\lambda) < 0$,所以 $\varphi(\lambda) > 0$（当 $\xi \leqslant \lambda < 1$）. 故当 $0 < \lambda < 1$ 时,$\varphi(\lambda) > 0$.

方法 2 $\int_0^\lambda f(x)\mathrm{d}x - \lambda\int_0^1 f(x)\mathrm{d}x = \int_0^\lambda f(x)\mathrm{d}x - \lambda\int_0^\lambda f(x)\mathrm{d}x - \lambda\int_\lambda^1 f(x)\mathrm{d}x$

$= (1-\lambda)\int_0^\lambda f(x)\mathrm{d}x - \lambda\int_\lambda^1 f(x)\mathrm{d}x$

$= (1-\lambda)\lambda f(\xi_1) - \lambda(1-\lambda)f(\xi_2) = \lambda(1-\lambda)(f(\xi_1) - f(\xi_2))$,

其中 $0 < \xi_1 < \lambda < \xi_2 < 1$,由 $f(x)$ 严格单调减少,故 $f(\xi_1) > f(\xi_2)$,从而 $\int_0^\lambda f(x)\mathrm{d}x - \lambda\int_0^1 f(x)\mathrm{d}x > 0$.

[注] 若对 $\int_0^\lambda f(x)\mathrm{d}x - \lambda\int_0^1 f(x)\mathrm{d}x$ 分别用中值公式,$\int_0^\lambda f(x)\mathrm{d}x - \lambda\int_0^1 f(x)\mathrm{d}x = \lambda f(\xi) - \lambda f(\eta)$,其中 $0 < \xi < \lambda, 0 < \eta < 1$,分不清 ξ 与 η 谁大谁小,无法做下去.

方法 3 利用定积分的换元积分法,并由 $f(x)$ 严格单调减少这一条件及 $\lambda t < t$,有

$$\int_0^\lambda f(x)\mathrm{d}x \xrightarrow{x=\lambda t} \lambda\int_0^1 f(\lambda t)\mathrm{d}t > \lambda\int_0^1 f(t)\mathrm{d}t.$$

例 2 证明柯西-施瓦茨不等式：设 $f(x)$ 与 $g(x)$ 在 $[a,b]$ 上连续，则有

$$\left[\int_a^b f(x)g(x)\mathrm{d}x\right]^2 \leqslant \int_a^b f^2(x)\mathrm{d}x \cdot \int_a^b g^2(x)\mathrm{d}x.$$

分析 将 b 看成变限，采用变限法使用微分学中证明不等式的方法，这就是下面的方法 1；利用初等数学先建立一个不等式，然后再利用积分不等式的性质，这就是方法 2；将欲证的不等式看成某二次三项式的一个判别式，由该二次三项式非负，所以其判别式非正，这就是下面的方法 3. 方法 3 是一个非常特殊的方法.

解 **方法 1** 用"变限法"，命

$$\varphi(x) = \left[\int_a^x f(t)g(t)\mathrm{d}t\right]^2 - \int_a^x f^2(t)\mathrm{d}t\int_a^x g^2(t)\mathrm{d}t,$$

有 $\varphi(a)=0$，

$$\varphi'(x) = 2\int_a^x f(t)g(t)\mathrm{d}t \cdot f(x)g(x) - f^2(x)\int_a^x g^2(t)\mathrm{d}t - g^2(x)\int_a^x f^2(t)\mathrm{d}t$$

$$= -\int_a^x \left[f^2(x)g^2(t) - 2f(x)f(t)g(x)g(t) + f^2(t)g^2(x)\right]\mathrm{d}t$$

$$= -\int_a^x \left[f(x)g(t) - f(t)g(x)\right]^2\mathrm{d}t \leqslant 0, \text{当 } a\leqslant x\leqslant b.$$

所以当 $a\leqslant x\leqslant b$ 时，$\varphi(x)\leqslant 0$，从而 $\varphi(b)\leqslant 0$.

方法 2 利用初等数学中熟知的不等式：

$$f(x)g(x)f(y)g(y) \leqslant \frac{1}{2}\left[f^2(x)g^2(y) + f^2(y)g^2(x)\right],$$

两边对 x 从 a 到 b 积分，得

$$f(y)g(y)\int_a^b f(x)g(x)\mathrm{d}x \leqslant \frac{1}{2}\left[g^2(y)\int_a^b f^2(x)\mathrm{d}x + f^2(y)\int_a^b g^2(x)\mathrm{d}x\right],$$

两边再对 y 从 a 到 b 积分，并注意到积分与积分变量的字母无关，得

$$\left[\int_a^b f(x)g(x)\mathrm{d}x\right]^2 \leqslant \int_a^b g^2(x)\mathrm{d}x\int_a^b f^2(x)\mathrm{d}x.$$

方法 3 先建立一个恒非负的二次三项式不等式：对任何实数 u，$\left[uf(x) - g(x)\right]^2 \geqslant 0$，即

$$u^2 f^2(x) - 2uf(x)g(x) + g^2(x) \geqslant 0, \tag{3.1}$$

于是有

$$u^2\int_a^b f^2(x)\mathrm{d}x - 2u\int_a^b f(x)g(x)\mathrm{d}x + \int_a^b g^2(x)\mathrm{d}x \geqslant 0.$$

由于式(3.1)非负，所以它的判别式

$$\left(\int_a^b f(x)g(x)\mathrm{d}x\right)^2 - \int_a^b f^2(x)\mathrm{d}x\int_a^b g^2(x)\mathrm{d}x \leqslant 0.$$

这就是要证的柯西-施瓦茨不等式.

例 3 设 $f(x)$ 在 $[0,1]$ 上连续，证明：$\left(\int_0^1 f(x)\mathrm{d}x\right)^2 \leqslant \int_0^1 f^2(x)\mathrm{d}x$.

分析 命 $\varphi(x) = \left(\int_0^x f(t)\mathrm{d}t\right)^2 - \int_0^x f^2(t)\mathrm{d}t$，只要证 $\varphi(1)\leqslant 0$ 即可. 但若直接这样用微

分学的办法去证明有困难(读者不妨一试). 略施一点技巧,见下面的方法 1. 命 $g(x)\equiv1$,直接可套柯西 - 施瓦茨不等式,见下面的方法 2.

解 **方法 1** 命

$$\varphi(x) = \left(\int_0^x f(t)\mathrm{d}t\right)^2 - x\int_0^x f^2(t)\mathrm{d}t,$$

有 $\varphi(0)=0$,

$$\varphi'(x) = 2\int_0^x f(t)\mathrm{d}t \cdot f(x) - \int_0^x f^2(t)\mathrm{d}t - xf^2(x)\,\text{[注]}$$

$$= \int_0^x 2f(t)f(x)\mathrm{d}t - \int_0^x f^2(t)\mathrm{d}t - \int_0^x f^2(x)\mathrm{d}t$$

$$= -\int_0^x (f(x)-f(t))^2\mathrm{d}t \leqslant 0,$$

所以当 $x\geqslant0$ 时,$\varphi(x)\leqslant0$. 取 $x=1$,得 $\varphi(1)\leqslant0$,即 $\left(\int_0^1 f(x)\mathrm{d}x\right)^2 \leqslant \int_0^1 f^2(x)\mathrm{d}x$.

[注] 一个式子中有的带积分号,有的不带积分号,要比较它们的大小,将不带积分号的套上同样上、下限的积分号,只要讨论被积函数的正、负即可. 这是一个常用的办法.

方法 2 命 $g(x)\equiv1$,于是欲证的式子可改写为

$$\left(\int_0^1 f(x)g(x)\mathrm{d}x\right)^2 \leqslant \int_0^1 g^2(x)\mathrm{d}x \int_0^1 f^2(x)\mathrm{d}x.$$

由柯西 - 施瓦茨不等式知,这是正确的.

例 4 设 $f(x)$ 在 $[a,b]$ 上具有连续的一阶导数,$f(a)=0$. 试证明:

$$\int_a^b f^2(x)\mathrm{d}x \leqslant \frac{(b-a)^2}{2}\int_a^b [f'(x)]^2\mathrm{d}x.$$

分析 要建立 $f'(x)$ 与 $f(x)$ 的关系,想到 $f(x)-f(a)=\int_a^x f'(t)\mathrm{d}t$. 然后再用柯西 - 施瓦茨不等式.

解 由 $f(a)=0$,有 $f(x)=\int_a^x f'(t)\mathrm{d}x$,于是当 $a\leqslant x\leqslant b$ 时,有

$$f^2(x) = \left[\int_a^x f'(t)\mathrm{d}t\right]^2 \leqslant \int_a^x 1^2\mathrm{d}t \int_a^x (f'(t))^2\mathrm{d}t$$

$$= (x-a)\int_a^x (f'(t))^2\mathrm{d}t \leqslant (x-a)\int_a^b [f'(t)]^2\mathrm{d}t,$$

$$\int_a^b f^2(x)\mathrm{d}x \leqslant \frac{(b-a)^2}{2}\int_a^b [f'(t)]^2\mathrm{d}t.$$

[注] 本题在放大过程中有技巧,请细心体会.

例 5 设 $f(x)$ 在 $[a,b]$ 上可导,且 $|f'(x)|\leqslant M$. 证明:

$$\left|\int_a^b f(x)\mathrm{d}x - f(a)(b-a)\right| \leqslant \frac{M}{2}(b-a)^2.$$

分析 一个有积分号,一个无积分号,要估算它们的差,有两个办法可供选择. 一是由 $f(a)(b-a)=\int_a^b f(a)\mathrm{d}x$,再与 $\int_a^b f(x)\mathrm{d}x$ 估算它们的差;另一办法是用积分中值定理以去掉积分号:$\int_a^b f(x)\mathrm{d}x = f(\xi)(b-a)$. 也许这两个办法都行,也许只有其中之一能达到目的.

本题也可用泰勒公式处理.

解 方法 1

$$\left| \int_a^b f(x)\,\mathrm{d}x - f(a)(b-a) \right| = \left| \int_a^b (f(x)-f(a))\,\mathrm{d}x \right|$$

$$\leqslant \int_a^b |f(x)-f(a)|\,\mathrm{d}x = \int_a^b |f'(\xi)||x-a|\,\mathrm{d}x$$

$$\leqslant M\int_a^b (x-a)\,\mathrm{d}x = \frac{M}{2}(b-a)^2.$$

方法 2 用拉格朗日余项泰勒公式,命 $\varphi(x)=\int_a^x f(t)\,\mathrm{d}t$,将 $\varphi(x)$ 在 $x=a$ 处展开至 $n=1$. 有

$$\varphi(a)=0,\varphi'(a)=f(a)=0,\varphi''(x)=f'(x),|\varphi''(x)|\leqslant M.$$

$$\varphi(x)=\varphi(a)+\varphi'(a)(x-a)+\frac{1}{2}\varphi''(\xi)(x-a)^2,$$

$$|\varphi(x)|\leqslant\frac{M}{2}(x-a)^2,\left|\int_a^b f(x)\,\mathrm{d}x\right|\leqslant\frac{M}{2}(b-a)^2.$$

[注] 方法 1 中如果用积分中值定理处理

$$\left|\int_b^a f(x)\,\mathrm{d}x - f(a)(b-a)\right| = |(f(\xi)-f(a))(b-a)|$$

$$= |f'(\eta)(\xi-a)(b-a)|\leqslant M|(\xi-a)(b-a)|.$$

无法证明 $|\xi-a|\leqslant\frac{1}{2}(b-a)$,从而无法完成证明.

例 6 设 $f(x)$ 在 $[a,b]$ 上连续,且满足 $0<m\leqslant f(x)\leqslant M$,试证明

$$(b-a)^2\leqslant\int_a^b f(x)\,\mathrm{d}x\cdot\int_a^b\frac{1}{f(x)}\,\mathrm{d}x\leqslant\frac{(m+M)^2}{4mM}(b-a)^2.$$

分析 由柯西-施瓦茨不等式知左边不等式正确.右边不等式等价于去证明

$$4\int_a^b f(x)\,\mathrm{d}x\cdot\int_a^b\frac{mM}{f(x)}\,\mathrm{d}x\leqslant(m+M)^2(b-a)^2.$$

由中学教科书中的不等式容易推得.

解

$$\int_a^b f(x)\,\mathrm{d}x\cdot\int_a^b\frac{1}{f(x)}\,\mathrm{d}x = \int_a^b(\sqrt{f(x)})^2\,\mathrm{d}x\cdot\int_a^b\left(\sqrt{\frac{1}{f(x)}}\right)^2\,\mathrm{d}x$$

$$\geqslant\left(\int_a^b\sqrt{f(x)}\cdot\sqrt{\frac{1}{f(x)}}\,\mathrm{d}x\right)^2=\left(\int_a^b\mathrm{d}x\right)^2=(b-a)^2.$$

左边正确.右边相当于去证

$$2\sqrt{\int_a^b f(x)\,\mathrm{d}x}\cdot\sqrt{\int_a^b\frac{mM}{f(x)}\,\mathrm{d}x}\leqslant(m+M)(b-a).$$

由中学教科书中熟知的不等式,有

$$2\sqrt{\int_a^b f(x)\,\mathrm{d}x}\cdot\sqrt{\int_a^b\frac{mM}{f(x)}\,\mathrm{d}x}\leqslant\left[\sqrt{\int_a^b f(x)\,\mathrm{d}x}\right]^2+\left[\sqrt{\int_a^b\frac{mM}{f(x)}\,\mathrm{d}x}\right]^2$$

$$=\int_a^b\left(f(x)+\frac{mM}{f(x)}\right)\mathrm{d}x$$

$$=\int_a^b\left[\frac{[f(x)-m][f(x)-M]}{f(x)}+(m+M)\right]\mathrm{d}x$$

$$\leqslant\int_a^b(m+M)\,\mathrm{d}x=(m+M)(b-a)$$

例 7 设函数 $f(x)$ 在 $[a,b]$ 上连续,且对于 $0<t<1$ 及任意 $x_1\in[a,b],x_2\in[a,b],x_1\neq x_2$ 满足

$$f(tx_1+(1-t)x_2)<tf(x_1)+(1-t)f(x_2),$$

试证明

$$f\left(\frac{a+b}{2}\right)<\frac{1}{b-a}\int_a^b f(x)\mathrm{d}x<\frac{f(a)+f(b)}{2}.$$

分析 条件表明曲线 $y=f(x)$ 是凹的. 将结论改写为

$$(b-a)f\left(\frac{a+b}{2}\right)<\int_a^b f(x)\mathrm{d}x<\frac{1}{2}(f(a)+f(b))(b-a)$$

之后,如图 3-1,即去证明

矩形 $ACEF$ 面积<曲边梯形 $ABHDF$ 的面积

<梯形 $ABDF$ 的面积,

其中 G 的横坐标为 $\dfrac{a+b}{2}$, $GH=f\left(\dfrac{a+b}{2}\right)$. 按此思路去

证即可.

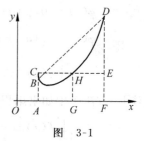

图 3-1

解 对于积分 $\displaystyle\int_a^b f(x)\mathrm{d}x$,作积分变量变换 $x=ta+(1-t)b$, 有

$$\int_a^b f(x)\mathrm{d}x=\int_1^0 f(ta+(1-t)b)(a-b)\mathrm{d}t=(b-a)\int_0^1 f(ta+(1-t)b)\mathrm{d}t.$$

由于题设当 $0<t<1$ 时,$f(ta+(1-t)b)<tf(a)+(1-t)f(b)$,且仅当 $t=0$ 或 $t=1$ 时,等号才成立,所以

$$\int_0^1 f(ta+(1-t)b)\mathrm{d}t<\int_0^1(tf(a)+(1-t)f(b))\mathrm{d}t$$

$$=\frac{1}{2}f(a)+\frac{1}{2}f(b)=\frac{1}{2}(f(a)+f(b)),$$

于是

$$\int_a^b f(x)\mathrm{d}x<\frac{1}{2}(f(a)+f(b))(b-a).$$

欲证的不等式右边成立.

以下证欲证的不等式左边也成立.

$$\int_a^b f(x)\mathrm{d}x=\int_a^{\frac{a+b}{2}}f(x)\mathrm{d}x+\int_{\frac{a+b}{2}}^b f(x)\mathrm{d}x.$$

对于右边第一个积分,作积分变量变换;命 $x=a+b-u$,

$$\int_a^{\frac{a+b}{2}}f(x)\mathrm{d}x=\int_b^{\frac{a+b}{2}}f(a+b-u)(-\mathrm{d}u)=\int_{\frac{a+b}{2}}^b f(a+b-u)\mathrm{d}u,$$

$$\int_a^b f(x)\mathrm{d}x=\int_{\frac{a+b}{2}}^b[f(a+b-x)+f(x)]\mathrm{d}x.$$

当 $\dfrac{a+b}{2}\leqslant x\leqslant b$ 时,$-\dfrac{a+b}{2}\geqslant-x\geqslant-b$,$\dfrac{a+b}{2}\geqslant a+b-x\geqslant a$,所以

$$a\leqslant a+b-x\leqslant x\leqslant b.$$

仅当 $x=\dfrac{a+b}{2}$ 时,$a+b-x=x$. 所以

$$f(a+b-x)+f(x) \geqslant 2f\left(\frac{a+b-x}{2}+\frac{x}{2}\right)=2f\left(\frac{a+b}{2}\right),$$

仅当 $x=\frac{a+b}{2}$ 时，$f(a+b-x)+f(x)=2f\left(\frac{a+b}{2}\right)$. 于是

$$\int_a^b f(x)\mathrm{d}x = \int_{\frac{a+b}{2}}^b [f(a+b-x)+f(x)]\mathrm{d}x$$

$$> \int_{\frac{a+b}{2}}^b 2f\left(\frac{a+b}{2}\right)\mathrm{d}x = 2f\left(\frac{a+b}{2}\right)\left(b-\frac{a+b}{2}\right)$$

$$= f\left(\frac{a+b}{2}\right)(b-a),$$

欲证之不等式左边也成立.

[**注**] 若题设前提改为 $f(x)$ 在 $[a,b]$ 上存在二阶导数且 $f''(x)>0$，则可直接由拉格朗日余项泰勒公式证明，作为习题(见本章习题第 46 题)，请读者完成之.

例 8 设 $f(x)$ 具有二阶导数，且 $f''(x)>0$. 又设 $u(t)$ 在区间 $[0,a]$ (或 $[a,0]$) 上连续，试证明：

$$\frac{1}{a}\int_0^a f(u(t))\mathrm{d}t \geqslant f\left(\frac{1}{a}\int_0^a u(t)\mathrm{d}t\right).$$

分析 由条件 $f''(x)>0$，想到将 $f(x)$ 在某 x_0 处展成拉格朗日余项泰勒公式，然后丢弃 $f''(\xi)$ 得到一个不等式以处理之.

解 由泰勒公式

$$f(x)=f(x_0)+f'(x_0)(x-x_0)+\frac{1}{2}f''(\xi)(x-x_0)^2$$

$$\geqslant f(x_0)+f'(x_0)(x-x_0).$$

以 $x=u(t)$ 代入并两边对 t 从 0 到 a 积分，其中暂设 $a>0$，于是有

$$\int_0^a f(u(t))\mathrm{d}t \geqslant af(x_0)+f'(x_0)\left(\int_0^a u(t)\mathrm{d}t-x_0 a\right).$$

取 $x_0=\frac{1}{a}\int_0^a u(t)\mathrm{d}t$，于是得

$$\int_0^a f(u(t))\mathrm{d}t \geqslant af\left(\frac{1}{a}\int_0^a u(t)\mathrm{d}t\right),$$

即有

$$\frac{1}{a}\int_0^a f(u(t))\mathrm{d}t \geqslant f\left(\frac{1}{a}\int_0^a u(t)\mathrm{d}t\right).$$

若 $a<0$，则有

$$\int_0^a f(u(t))\mathrm{d}t \leqslant af(x_0)+f'(x_0)\left(\int_0^a u(t)\mathrm{d}t-x_0 a\right).$$

仍取 $x_0=\frac{1}{a}\int_0^a u(t)\mathrm{d}t$，有

$$\frac{1}{a}\int_0^a f(u(t))\mathrm{d}t \geqslant f(x_0)=f\left(\frac{1}{a}\int_0^a u(t)\mathrm{d}t\right).$$

[**注 1**] 如果将 $u(t)$ 的条件加强为："$u(t)$ 是不恒等于常数的连续函数"，则有

$$\frac{1}{a}\int_0^a f(u(t))\mathrm{d}t > f\left(\frac{1}{a}\int_0^a u(t)\mathrm{d}t\right).$$

[**注 2**] 如果 $u(t)$ 在 $[a,b]$ 上连续，题中其他条件不改，则有

$$\frac{1}{b-a}\int_a^b f(u(t))\mathrm{d}t \geqslant f\left(\frac{1}{b-a}\int_a^b u(t)\mathrm{d}t\right).$$

[注3] 条件为 $f(x)$ 存在二阶导数且 $f''(x)>0$(或 $f''(x)<0$),要证明的是关于 $f(x)$ 的一个不等式或关于 $f(x)$ 与 $f''(x)$ 相结合的一个零点问题,常想到将 $f(x)$ 在 $x=x_0$ 处按拉格朗日余项泰勒公式展开至 $n=1$. 关键是如何选取 x_0 以将式中的 $f'(x_0)$ 消去. 消去含 $f'(x_0)$ 项的办法主要有:① 取 x_0 为 $f(x)$ 的驻点,$f'(x_0)$ 自然为 0;② 取 x_0 得到 $f(x)$ 的展开式,利用题设条件之后使含 $f'(x_0)$ 项的系数为 0,从而使 $f'(x_0)$ 项消失,本例用的是 ②;2.2 节例 13 方法 2 及例 18 用的是 ①.

例 9 设 $y=f(x)$ 在 $[0,+\infty)$ 上有连续的导数,$f(x)$ 的值域为 $[0,+\infty)$,且 $f(0)=0$,$f'(x)>0$,$x=\varphi(y)$ 为 $y=f(x)$ 的反函数. 设常数 $a>0,b>0$. 试证明:

$$\int_0^a f(x)\mathrm{d}x + \int_0^b \varphi(y)\mathrm{d}y - ab \begin{cases} =0, & \text{当 } a=\varphi(b), \\ >0, & \text{当 } a\neq\varphi(b). \end{cases}$$

分析 由要证的结论看,将 $\int_0^a f(x)\mathrm{d}x + \int_0^b \varphi(y)\mathrm{d}y - ab$ 看成 a 的函数 $g(a)$,去证当 $a=\varphi(b)$ 时,$g(a)$ 达到最小值,为 0;当 $a\neq\varphi(b)$ 时,$g(a)>0$. 按照这条思路去做,就是方法 1,用变限法(将 a 看成变量)去讨论 $g(a)$ 的最小值. 由于 $x=\varphi(y)$ 是 $y=f(x)$ 的反函数,因此可通过变量变换将 $\int_0^a f(x)\mathrm{d}x + \int_0^b \varphi(y)\mathrm{d}y$ 合并成一个积分化简,这就是下面的方法 2.

解 方法 1 命

$$g(a) = \int_0^a f(x)\mathrm{d}x + \int_0^b \varphi(y)\mathrm{d}y - ab,$$

有
$$g'(a) = f(a) - b.$$

命 $g'(a)=0$,得 $b=f(a)$,$a=\varphi(b)$. 当 $0<a<\varphi(b)$ 时,由 $f'(x)>0$ 有 $f(a)<f(\varphi(b))=b$,从而知 $g'(a)<0$;当 $0<\varphi(b)<a$ 时,有 $f(\varphi(b))=b<f(a)$,从而知 $g'(a)>0$. 故当 $a=\varphi(b)$ 时,$g(a)$ 为最小,$\min g(a)=g(\varphi(b))$. 以下计算此最小值 $g(\varphi(b))$. 由于 $g(\varphi(b))=\int_0^{\varphi(b)} f(x)\mathrm{d}x + \int_0^b \varphi(y)\mathrm{d}y - \varphi(b)b$,有

$$\begin{aligned}
\left[g(\varphi(b))\right]_b' &= f(\varphi(b))\varphi'(b) + \varphi(b) - \varphi'(b)b - \varphi(b) \\
&= b\varphi'(b) + \varphi(b) - \varphi'(b)b - \varphi(b) \equiv 0,
\end{aligned}$$

$$g(\varphi(0)) = \int_0^{\varphi(0)} f(x)\mathrm{d}x + \int_0^0 \varphi(y)\mathrm{d}y - \varphi(0)0,$$

由于 $\varphi(0)=0$,故 $g(\varphi(0))=0$,所以 $g(\varphi(b))\equiv 0$. 所以 $\min g(a)=0$,从而知,

$$\int_0^a f(x)\mathrm{d}x + \int_0^b \varphi(y)\mathrm{d}y - ab \begin{cases} =0, & \text{当 } a=\varphi(b), \\ >0, & \text{当 } a\neq\varphi(b). \end{cases}$$

方法 2 利用积分性质处理. 对积分 $\int_0^b \varphi(y)\mathrm{d}y$ 作变量变换,再用分部积分,有

$$\begin{aligned}
\int_0^a f(x)\mathrm{d}x + \int_0^b \varphi(y)\mathrm{d}y - ab &= \int_0^a f(x)\mathrm{d}x + \int_0^{\varphi(b)} \varphi(f(x))\mathrm{d}f(x) - ab \\
&= \int_0^a f(x)\mathrm{d}x + \int_0^{\varphi(b)} x\mathrm{d}f(x) - ab \\
&= \int_0^a f(x)\mathrm{d}x + xf(x)\Big|_0^{\varphi(b)} - \int_0^{\varphi(b)} f(x)\mathrm{d}x - ab
\end{aligned}$$

$$= \int_{\varphi(b)}^{a} f(x)\mathrm{d}x + \varphi(b)f(\varphi(b)) - ab$$

$$= \int_{\varphi(b)}^{a} f(x)\mathrm{d}x + b\varphi(b) - ab = \int_{\varphi(b)}^{a} f(x)\mathrm{d}x - \int_{\varphi(b)}^{a} b\mathrm{d}x$$

$$= \int_{\varphi(b)}^{a} (f(x) - b)\mathrm{d}x.$$

若 $a > \varphi(b)$，则当 $a > x > \varphi(b)$ 时，$f(a) > f(x) > f(\varphi(b)) = b$

$$\int_{\varphi(b)}^{a} (f(x) - b)\mathrm{d}x > 0,$$

若 $a < \varphi(b)$，则当 $a < x < \varphi(b)$ 时，$f(a) < f(x) < f(\varphi(b)) = b$，仍有

$$\int_{\varphi(b)}^{a} (f(x) - b)\mathrm{d}x = \int_{a}^{\varphi(b)} (b - f(x))\mathrm{d}x > 0.$$

若 $a = \varphi(b)$，显然 $\int_{\varphi(b)}^{a} (f(x) - b)\mathrm{d}x = 0$. 证毕.

例 10 设 $f(x)$ 在闭区间 $[a,b]$ 上具有连续的二阶导数，且 $f(a) = f(b) = 0$，当 $x \in (a, b)$ 时，$f(x) \neq 0$. 试证明：

$$\int_{a}^{b} \left| \frac{f''(x)}{f(x)} \right| \mathrm{d}x \geq \frac{4}{b-a}.$$

分析 由题设 $f(a) = f(b) = 0$，所以 $\int_{a}^{b} \left| \frac{f''(x)}{f(x)} \right| \mathrm{d}x$ 可能是个反常积分. 若此反常积分发散，则必有

$$\lim_{\alpha \to a^+} \int_{\alpha}^{b} \left| \frac{f''(x)}{f(x)} \right| \mathrm{d}x = +\infty, \text{ 或 } \lim_{\beta \to b^-} \int_{a}^{\beta} \left| \frac{f''(x)}{f(x)} \right| \mathrm{d}x = +\infty,$$

$$\text{或 } \lim_{\alpha \to a^+} \lim_{\beta \to b^-} \int_{\alpha}^{\beta} \left| \frac{f''(x)}{f(x)} \right| \mathrm{d}x = +\infty,$$

此时可视为要证明的成立.

以下设该反常积分收敛或可视为一个一般定积分.

由于 $|f(x)| > 0$（当 $a < x < b$），故存在 $x_0 \in (a,b)$，使

$$\max |f(x)| = |f(x_0)| > 0 \text{ 且 } f'(x_0) = 0.$$

从而缩小 $\int_{a}^{b} \left| \frac{f''(x)}{f(x)} \right| \mathrm{d}x$ 来证明之.

解 取 $x_0 \in (a,b)$ 如分析中所说，有

$$\int_{a}^{b} \left| \frac{f''(x)}{f(x)} \right| \mathrm{d}x \geq \int_{a}^{b} \frac{|f''(x)|}{|f(x_0)|} \mathrm{d}x.$$

在区间 $[a, x_0]$ 与 $[x_0, b]$ 上对 $f(x)$ 分别用拉格朗日中值公式，有

$$\frac{f(x_0) - f(a)}{x_0 - a} = f'(\xi_1), \quad \frac{f(b) - f(x_0)}{b - x_0} = f'(\xi_2).$$

又

$$\int_{a}^{b} \frac{|f''(x)|}{|f(x_0)|} \mathrm{d}x \geq \int_{\xi_1}^{\xi_2} \frac{|f''(x)|}{|f(x_0)|} \mathrm{d}x \geq \frac{1}{|f(x_0)|} \left| \int_{\xi_1}^{\xi_2} f''(x)\mathrm{d}x \right|$$

$$= \frac{1}{|f(x_0)|} |f'(\xi_2) - f'(\xi_1)|$$

$$= \frac{1}{|f(x_0)|} \left| \frac{f(b) - f(x_0)}{b - x_0} - \frac{f(x_0) - f(a)}{x_0 - a} \right|$$

$$= \left| \frac{1}{b - x_0} + \frac{1}{x_0 - a} \right| = \frac{b - a}{(b - x_0)(x_0 - a)}.$$

记 $\varphi(x) = (b - x)(x - a) = -x^2 + (a + b)x - ab, a < x < b.$ $\max\varphi(x) = \varphi\left(\frac{a+b}{2}\right) = \frac{(b-a)^2}{4}$，所以

$$\frac{b - a}{(b - x_0)(x_0 - a)} \geqslant \frac{4(b - a)}{(b - a)^2} = \frac{4}{b - a}.$$

所以

$$\int_a^b \left| \frac{f''(x_0)}{f(x_0)} \right| \mathrm{d}x \geqslant \frac{4}{b - a}.$$

例 11 $\int_0^{\frac{\pi}{4}} \frac{\tan x}{x} \mathrm{d}x$ 与 1 谁大谁小?并说明理由.

分析 无法通过具体计算来比较 $\int_0^{\frac{\pi}{4}} \frac{\tan x}{x} \mathrm{d}x$ 与 1 的大小. 将 1 化成 $1 = \int_0^{\frac{\pi}{4}} \frac{4}{\pi} \mathrm{d}x$，在区间 $\left[0, \frac{\pi}{4}\right]$ 内比较 $\frac{4}{\pi}$ 与 $\frac{\tan x}{x}$ 的大小.

解 命 $f(x) = \frac{\tan x}{x} - \frac{4}{\pi}$，有 $f\left(\frac{\pi}{4}\right) = 0.$ 当 $0 < x < \frac{\pi}{4}$ 时，

$$f'(x) = \frac{x\sec^2 x - \tan x}{x^2} = \frac{x - \sin x\cos x}{x^2\cos^2 x} = \frac{2x - \sin 2x}{2x^2\cos^2 x} > 0,$$

由单调性知，当 $0 < x < \frac{\pi}{4}$ 时，$f(x) < 0$，即 $\frac{\tan x}{x} < \frac{4}{\pi}$，从而知 $\int_0^{\frac{\pi}{4}} \frac{\tan x}{x} \mathrm{d}x < \int_0^{\frac{\pi}{4}} \frac{4}{\pi} \mathrm{d}x = 1.$

例 12 $\int_0^1 (e^{x^2} + e^{-x^2}) \mathrm{d}x$ 与 $\int_0^1 (e^{x^3} + e^{-x^3}) \mathrm{d}x$ 谁大谁小?并说明理由.

分析 将 $e^u + e^{-u}$ 展开成 u 的泰勒级数便可知.

解 $e^u + e^{-u} = \sum_{n=0}^{\infty} \left(\frac{u^n}{n!} + \frac{(-u)^n}{n!} \right) = \sum_{n=0}^{\infty} \frac{u^{2n}}{(2n)!}, -\infty < u < +\infty.$

所以

$$\int_0^1 (e^{x^2} + e^{-x^2}) \mathrm{d}x = \int_0^1 \sum_{n=0}^{\infty} \frac{x^{4n}}{(2n)!} \mathrm{d}x = \sum_{n=0}^{\infty} \frac{1}{(4n + 1)(2n)!},$$

$$\int_0^1 (e^{x^3} + e^{-x^3}) \mathrm{d}x = \int_0^1 \sum_{n=0}^{\infty} \frac{x^{6n}}{(2n)!} \mathrm{d}x = \sum_{n=0}^{\infty} \frac{1}{(6n + 1)(2n)!},$$

所以

$$\int_0^1 (e^{x^2} + e^{-x^2}) \mathrm{d}x > \int_0^1 (e^{x^3} + e^{-x^3}) \mathrm{d}x.$$

例 13 证明 $\sqrt{1 - e^{-1}} < \frac{1}{\sqrt{\pi}} \int_{-1}^1 e^{-x^2} \mathrm{d}x < \sqrt{1 - e^{-2}}$，从而证明

$$\sqrt{\pi(1 - e^{-1})} < \sum_{n=0}^{\infty} \frac{2(-1)^n}{n!(2n + 1)} < \sqrt{\pi(1 - e^{-2})}.$$

分析 $I^2 = \left(\int_{-1}^1 e^{-x^2} \mathrm{d}x \right) \left(\int_{-1}^1 e^{-y^2} \mathrm{d}y \right) = \iint_D e^{-(x^2 + y^2)} \mathrm{d}\sigma$ 来考虑.

解 记 $D = \{(x, y) \mid -1 \leqslant x \leqslant 1, -1 \leqslant y \leqslant 1\}$，

$$I^2 = \iint_D e^{-(x^2+y^2)} d\sigma,$$

再记 $D_2 = \{(x,y) \mid x^2 + y^2 \leqslant 2\}, D_1 = \{(x,y) \mid x^2 + y^2 \leqslant 1\}$,有

$$I^2 < \iint_{D_2} e^{-(x^2+y^2)} d\sigma = \int_0^{2\pi} d\theta \int_0^{\sqrt{2}} re^{-r^2} dr = \pi(1-e^{-2}),$$

$$I^2 > \iint_{D_1} e^{-(x^2+y^2)} d\sigma = \int_0^{2\pi} d\theta \int_0^1 re^{-r^2} dr = \pi(1-e^{-1}),$$

所以

$$\sqrt{1-e^{-1}} < \frac{1}{\sqrt{\pi}} \int_{-1}^1 e^{-x^2} dx < \sqrt{1-e^{-2}}.$$

将 e^{-x^2} 展开成泰勒公式并代入上式中,得

$$\sqrt{\pi(1-e^{-1})} < \sum_{n=0}^{\infty} \frac{2(-1)^n}{n!(2n+1)} < \sqrt{\pi(1-e^{-2})}.$$

例 14 证明 $\displaystyle\int_a^{a+2\pi} \ln(2+\cos x) \cdot \cos x \, dx > 0$,其中 a 为常数.

分析 一般,设 $f(x)$ 为以 T 为周期的连续函数,a 为常数,容易证明(请读者自证之).

$$\int_a^{a+T} f(x) dx = \int_0^T f(x) dx,$$

即其值与 a 无关.

$\ln(2+\cos x) \cdot \cos x$ 为 2π 周期连续函数,在一个周期段,例如在 $\left[-\dfrac{\pi}{2}, \dfrac{3\pi}{2}\right]$ 上,$\ln(2+\cos x) \geqslant 0$,而 $\cos x$ 有正有负. 为考察此积分是正还是负,一般可将此积分区间分成若干个,使在每个小区间上积分为正或为负,然后比较其大小.

本题也可用分部积分做.

解 方法 1

$$\int_a^{a+2\pi} \ln(2+\cos x) \cdot \cos x \, dx = \int_{-\frac{\pi}{2}}^{\frac{3\pi}{2}} \ln(2+\cos x) \cdot \cos x \, dx$$

$$= \int_{-\frac{\pi}{2}}^{\frac{\pi}{2}} \ln(2+\cos x) \cdot \cos x \, dx + \int_{\frac{\pi}{2}}^{\frac{3\pi}{2}} \ln(2+\cos x) \cdot \cos x \, dx$$

$$= \int_{-\frac{\pi}{2}}^{\frac{\pi}{2}} \ln(2+\cos x) \cdot \cos x \, dx + \int_{\frac{\pi}{2}}^{-\frac{\pi}{2}} \ln(2-\cos t) \cdot \cos t \, dt$$

$$= \int_{-\frac{\pi}{2}}^{\frac{\pi}{2}} \ln \frac{2+\cos t}{2-\cos t} \cdot \cos t \, dt > 0.$$

方法 2 用分部积分,

$$\int_a^{a+2\pi} \ln(2+\cos x) \cdot \cos x \, dx = \int_a^{a+2\pi} \ln(2+\cos x) d \sin x$$

$$= \ln(2+\cos x) \cdot \sin x \Big|_a^{a+2\pi} + \int_a^{a+2\pi} \frac{\sin^2 x}{2+\cos x} dx$$

$$= 0 + \int_a^{a+2\pi} \frac{\sin^2 x}{2+\cos x} dx > 0.$$

[注] 一般教科书上关于积分不等式性质可以加强为如下性质:"设 $f(x)$ 在 $[a,b]$ 上

连续且 $f(x) \geqslant 0$,并设至少存在一点 $x_1 \in [a,b]$ 使 $f(x_1) > 0$,则有 $\int_a^b f(x)\mathrm{d}x > 0$." 即不等号可以为严格的.

例 15 证明 $\left| \int_{2015}^{2016} \sin t^2 \mathrm{d}t \right| < \dfrac{1}{2015}$.

证 命 $t = \sqrt{x}$,有 $\mathrm{d}t = \dfrac{1}{2\sqrt{x}}\mathrm{d}x$,

$$\int_{2015}^{2016} \sin t^2 \mathrm{d}t = \int_{2015^2}^{2016^2} \frac{\sin x}{2\sqrt{x}}\mathrm{d}x = -\frac{1}{2}\int_{2015^2}^{2016^2} \frac{1}{\sqrt{x}}\mathrm{d}\cos x$$

$$= -\frac{1}{2}\left[\frac{\cos x}{\sqrt{x}}\right]_{2015^2}^{2016^2} - \frac{1}{4}\int_{2015^2}^{2016^2} \frac{\cos x}{\sqrt{x^3}}\mathrm{d}x,$$

$$\left| \int_{2015}^{2016} \sin t^2 \mathrm{d}t \right| \leqslant \frac{1}{2}\left(\frac{1}{2016} + \frac{1}{2015}\right) + \frac{1}{4}\int_{2015^2}^{2016^2} x^{-\frac{3}{2}}\mathrm{d}x$$

$$= \frac{1}{2}\left(\frac{1}{2016} + \frac{1}{2015}\right) - \frac{1}{2}\left(\frac{1}{2016} - \frac{1}{2015}\right)$$

$$= \frac{1}{2015}.$$

例 16 求最小的实数 C,使得对满足 $\int_0^1 |f(x)|\mathrm{d}x = 1$ 的连续函数 $f(x)$ 都有 $\int_0^1 f(\sqrt{x})\mathrm{d}x \leqslant C$.(本题为 2012 年全国大学生数学竞赛(非数学类)预赛题)

解 $\int_0^1 f(\sqrt{x})\mathrm{d}x \leqslant \int_0^1 |f(\sqrt{x})|\mathrm{d}x = \int_0^1 |f(t)| \cdot 2t\mathrm{d}t \leqslant 2\int_0^1 |f(t)|\mathrm{d}t = 2.$

所以 $C \leqslant 2$. 以下证 C 不可能小于 2. 事实上,取 $f_n(x) = (n+1)x^n$,有

$$\int_0^1 f_n(\sqrt{x})\mathrm{d}x = \int_0^1 (n+1)x^{\frac{n}{2}}\mathrm{d}x = \frac{2(n+1)}{n+2},$$

$$\lim_{n \to \infty}\int_0^1 f_n(\sqrt{x})\mathrm{d}x = 2,$$

对任意的 $C_1 < 2$,存在 $N > 0$,当 $n > N$ 时,$\int_0^1 f_n(\sqrt{x})\mathrm{d}x > C_1$,所以 2 是最小的正实数使 $\int_0^1 f(\sqrt{x})\mathrm{d}x \leqslant 2$.

例 17 设 $f(x)$ 是定义在区间 $[-1,1]$ 上的偶函数,且在区间 $[0,1]$ 上为单调增加,又设 $g(x)$ 是定义在区间 $[-1,1]$ 上的凸函数,即对任意 $x,y \in [-1,1]$ 及 $t \in (0,1)$ 有

$$g(tx + (1-t)y) \leqslant tg(x) + (1-t)g(y). \tag{$*$}$$

证明:

$$2\int_{-1}^1 f(x)g(x)\mathrm{d}x \geqslant \int_{-1}^1 f(x)\mathrm{d}x \int_{-1}^1 g(x)\mathrm{d}x.$$

[注] 本题为 2013 年第五届中国大学生数学竞赛预赛卷(数学类)第五题. 本题中说的"凸函数",是按"数学分析"教材中的术语. 若按一般"微积分"教材的术语,这里要表述的意思是,曲线 $y = g(x)$ 在区间 $[-1,1]$ 上是凹弧.

证 分两步:

(Ⅰ)命 $h(x) = g(x) + g(-x)$,$x \in [-1,1]$. 证明 $h(x)$ 在区间 $[-1,1]$ 上也是凸函数,

且 $h(x)$ 在 $[0,1]$ 上是单调增加的.

事实上,对于任意 $x,y \in [-1,1]$ 及 $t \in (0,1)$,有

$$h(tx + (1-t)y) = g(tx + (1-t)y) + g(-tx - (1-t)y)$$
$$\leqslant tg(x) + (1-t)g(y) + tg(-x) + (1-t)g(-y)$$
$$= t(g(x) + g(-x)) + (1-t)(g(y) + g(-y))$$
$$= th(x) + (1-t)h(y),$$

所以 $h(x)$ 在 $[-1,1]$ 上也是凸函数.

下面证明 $h(x)$ 在 $[0,1]$ 上单调增加. 为证此,设 $x,y \in [0,1]$ 及 $0 < t < 1$,有

$$h(tx + (1-t)y) \leqslant th(x) + (1-t)h(y),$$

即

$$[t + (1-t)]h(tx + (1-t)y) \leqslant th(x) + (1-t)h(y).$$
$$t[h(tx + (1-t)y) - h(x)] \leqslant (1-t)[h(y) - h(tx + (1-t)y)].$$

以 $x = 0, y = x_2 > 0$,满足 $0 < x_1 < x_2$ 的 x_1 及 $t = 1 - \dfrac{x_1}{x_2}$ 代入上式得

$$\left(1 - \frac{x_1}{x_2}\right)(h(x_1) - h(0)) \leqslant \frac{x_1}{x_2}(h(x_2) - h(x_1)),$$

从而

$$h(x_1) - h(0) \leqslant \frac{x_1}{x_2}(h(x_2) - h(x_1) + h(x_1) - h(0)) = \frac{x_1}{x_2}(h(x_2) - h(0)),$$

若能证明 $h(x_1) \geqslant h(0)$,则可推出 $h(x_2) - h(0) \geqslant h(x_1) - h(0)$,从而 $h(x_2) \geqslant h(x_1) \geqslant 0$. 这就证得函数 $h(x)$ 在区间 $[0,1]$ 上单调增加. 以下证明当 $0 < x_1 < 1$ 时 $h(x_1) \geqslant 0$.

由已证有 $h(tx + (1-t)y) \leqslant th(x) + (1-t)h(y)$,以 $t = \dfrac{1}{2}, y = -x, -1 \leqslant x \leqslant 1$,代入上式,得

$$h(0) \leqslant \frac{1}{2}(h(x) + h(-x)) = \frac{1}{2}(g(x) + g(-x) + g(-x) + g(x))$$
$$= g(x) + g(-x) = h(x),$$

所以 $h(x)$ 在区间 $[0,1]$ 上单调增加. (Ⅰ) 证毕.

(Ⅱ) 证明 $2\displaystyle\int_{-1}^{1} f(x)g(x)\mathrm{d}x \geqslant \int_{-1}^{1} f(x)\mathrm{d}x \int_{-1}^{1} g(x)\mathrm{d}x$.

已知 $f(x)$ 在区间 $[0,1]$ 上为单调增加,又由已证知 $h(x)$ 在 $[0,1]$ 上也是单调增加,所以当 $0 \leqslant x < y \leqslant 1$ 时,或当 $0 \leqslant y \leqslant x \leqslant 1$ 时,均有

$$(f(x) - f(y))(h(x) - h(y)) \geqslant 0.$$

从而知

$$0 \leqslant \int_0^1 \mathrm{d}x \int_0^1 [f(x) - f(y)][h(x) - h(y)]\mathrm{d}y$$
$$= \int_0^1 \mathrm{d}x \int_0^1 [f(x)h(x) + f(y)h(y) - f(x)h(y) - f(y)h(x)]\mathrm{d}y$$

所以

$$2\int_0^1 f(x)h(x)\mathrm{d}x \geqslant 2\int_0^1 f(x)\mathrm{d}x \int_0^1 h(x)\mathrm{d}x.$$

由于 $f(x)$ 与 $h(x)$ 均是偶函数,所以由上式得到

$$2\int_{-1}^{1} f(x)h(x)\mathrm{d}x \geqslant \int_{-1}^{1} f(x)\mathrm{d}x \int_{-1}^{1} h(x)\mathrm{d}x$$

$$= \int_{-1}^{1} f(x)\mathrm{d}x \int_{-1}^{1} (g(x)+g(-x))\mathrm{d}x$$

$$= \int_{-1}^{1} f(x)\mathrm{d}x \int_{-1}^{1} g(x)\mathrm{d}x + \int_{-1}^{1} f(x)\mathrm{d}x \int_{-1}^{1} g(-x)\mathrm{d}x$$

$$= 2\int_{-1}^{1} f(x)\mathrm{d}x \int_{-1}^{1} g(x)\mathrm{d}x,$$

所以
$$\int_{-1}^{1} f(x)h(x)\mathrm{d}x \geqslant \int_{-1}^{1} f(x)\mathrm{d}x \int_{-1}^{1} g(x)\mathrm{d}x.$$

另一方面，

$$\int_{-1}^{1} f(x)h(x)\mathrm{d}x = \int_{-1}^{1} f(x)(g(x)+g(-x))\mathrm{d}x$$

$$= \int_{-1}^{1} f(x)g(x)\mathrm{d}x + \int_{-1}^{1} f(x)g(-x)\mathrm{d}x$$

$$= \int_{-1}^{1} f(x)g(x)\mathrm{d}x + \int_{-1}^{1} f(x)g(x)\mathrm{d}x \text{（由 } f(x) \text{ 为偶函数）}$$

$$= 2\int_{-1}^{1} f(x)g(x)\mathrm{d}x,$$

所以
$$2\int_{-1}^{1} f(x)g(x)\mathrm{d}x \geqslant \int_{-1}^{1} f(x)\mathrm{d}x \int_{-1}^{1} g(x)\mathrm{d}x. \text{证毕.}$$

[注 1] 由于 $f(x)$ 与 $h(x)$ 在 $[-1,1]$ 上均为偶函数且在 $[0,1]$ 上单调（有界）. 所以几个积分都存在.

[注 2] 如果不用条件 $(*)$，而改设在 $[-1,1]$ 上 $g''(x) \geqslant 0$，那么（Ⅰ）这一步很容易了.

二、零点问题

关于零点问题的提法见 2.2 节第三大段，处理这类问题的首选方法是，将一个定积分看成一个变限函数，关于该积分的零点问题可用微分学中的方法处理. 除此之外，积分学本身也有许多方法可用来处理. 例如积分中值定理及积分的其他性质等. 还有一类问题，以某定积分为零作为条件，讨论与此有关的函数的零点问题也放在本大段中讨论.

例 18 设在区间 $[0,1]$ 上 $y=f(x) \geqslant 0$ 且连续.

(1) 证明存在点 $x_0 \in (0,1)$，使得在区间 $[0,x_0]$ 上以 $f(x_0)$ 为高的矩形面积等于在 $[x_0, 1]$ 上以 $y=f(x)$ 为曲边的曲边梯形面积；

(2) 又设 $f(x)$ 在 $(0,1)$ 内可导，且 $xf'(x) > -2f(x)$，则 (1) 中的 x_0 是唯一的.

分析 按题意列出要证的式子，然后采取适当的办法解决之.

解 (1) 由题意，要证存在 $x_0 \in (0,1)$ 使

$$x_0 f(x_0) - \int_{x_0}^{1} f(x)\mathrm{d}t = 0.$$

化成变限函数，命

$$\varphi(x) = xf(x) - \int_{x}^{1} f(t)\mathrm{d}t,$$

要证明存在 $x_0 \in (0,1)$ 使 $\varphi(x_0) = 0$.

今用罗尔定理处理(见[注]).为此,要找一个函数 $\psi(x)$,它满足罗尔定理条件且 $\psi'(x) = \varphi(x)$ 或 $\psi'(x) = g(x)\varphi(x)$,其中 $g(x)$ 在所讨论的区间中无零点(参见 2.2 节例 25 的分析).可见,取

$$\psi(x) = -x\int_x^1 f(t)\mathrm{d}t,$$

有

$$\psi'(x) = xf(x) - \int_x^1 f(t)\mathrm{d}t = \varphi(x),$$

$$\psi(0) = 0, \quad \psi(1) = 1.$$

于是由罗尔定理知存在 $x_0 \in (0,1)$ 使 $\psi'(x_0) = 0$,即

$$\varphi(x_0) = x_0 f(x_0) - \int_{x_0}^1 f(t)\mathrm{d}t = 0.$$

(2) 要证函数 $\varphi(x) = xf(x) - \int_x^1 f(x)\mathrm{d}t$ 的零点存在唯一,除了(1)中已证存在性外,还要证唯一.用单调性证.

$$\varphi'(x) = xf'(x) + f(x) + f(x) > 0,$$

故 $\varphi(x)$ 的零点至多一个.

　　[注]　若将题中条件"$y = f(x) \geqslant 0$"改为"$y = f(x) > 0$",则(1)还可以用连续函数零点定理证之如下:

$$\varphi(0) = -\int_0^1 f(t)\mathrm{d}t < 0, \quad \varphi(1) = f(1) > 0,$$

由连续函数零点定理知,至少存在一点 $x_0 \in (0,1)$ 使 $\varphi(x_0) = 0$.

　　例 19　设 $f(x)$ 在 $[0,1]$ 上连续,且 $\int_0^1 f(x)\mathrm{d}x = 0, \int_0^1 xf(x)\mathrm{d}x = 1$.试证明:

(1) 存在 $x_1 \in [0,1]$ 使得 $|f(x_1)| > 4$;

(2) 存在 $x_2 \in [0,1]$ 使得 $|f(x_2)| = 4$.

　　分析　利用条件可知 $\int_0^1 (x-k)f(x)\mathrm{d}x = 1$.取适当的 k 使 $\int_0^1 |x-k|\mathrm{d}x$ 尽可能小,从而可估出 $\max\limits_{[0,1]} |f(x)|$ 大于某值.

　　解　$1 = \int_0^1 \left(x - \dfrac{1}{2}\right)f(x)\mathrm{d}x = \left|\int_0^1 \left(x - \dfrac{1}{2}\right)f(x)\mathrm{d}x\right|$

$\qquad \leqslant \int_0^1 \left|x - \dfrac{1}{2}\right| |f(x)| \mathrm{d}x.$

记 $\max\limits_{[0,1]} |f(x)| = M > 0$,从而 $\left|x - \dfrac{1}{2}\right| |f(x)| \leqslant \left|x - \dfrac{1}{2}\right| M$.

　　(1) 若 $|f(x)| \equiv M$,由 $f(x)$ 的连续性知要么 $f(x) \equiv M$,要么 $f(x) \equiv -M$.均与 $\int_0^1 f(x)\mathrm{d}x = 0$ 不符.故必存在 $x_0 \in [0,1]$ 使 $|f(x_0)| < M$.所以

$$\int_0^1 \left|x - \dfrac{1}{2}\right| |f(x)| \mathrm{d}x^{[注]} < M\int_0^1 \left|x - \dfrac{1}{2}\right| \mathrm{d}x = \dfrac{M}{4}.$$

即有

$$1 < \dfrac{M}{4},$$

从而知 $M>4$. 由于 $|f(x)|$ 在 $[0,1]$ 上连续,故至少存在一点 $x_1 \in [0,1]$ 使 $|f(x_1)|=M>4$.

(2) 若对一切 $x \in [0,1]$ 均有 $|f(x)|>4$. 由连续性知,要么一切 $x \in [0,1]$ 均有 $f(x)>4$,要么 $f(x)<-4$. 均与 $\int_0^1 f(x) \mathrm{d}x = 0$ 不符. 故知至少存在一点 $x_3 \in [0,1]$ 使 $|f(x_3)|<4$,从而知存在 $x_2 \in [0,1]$ 使 $|f(x_2)|=4$.

[注] 参见例 14 的[注].

例 20 设 $f(x)$ 在 $[a,b]$ 上存在二阶导数. 试证明:存在 $\xi, \eta \in (a,b)$,使

(1) $\displaystyle\int_a^b f(t)\mathrm{d}t = f\left(\frac{a+b}{2}\right)(b-a) + \frac{1}{24} f''(\xi)(b-a)^3$;

(2) $\displaystyle\int_a^b f(t)\mathrm{d}t = \frac{1}{2}(f(a)+f(b))(b-a) - \frac{1}{12} f''(\eta)(b-a)^3$.

分析 将 $\displaystyle\int_a^b f(t)\mathrm{d}t$ 看成变限函数,用泰勒公式,设法消去式中不出现的项即可,参见 2.2 节.

解 (1) 命

$$\varphi(x) = \int_{x_0}^x f(t)\mathrm{d}t,$$

将 $\varphi(x)$ 在 $x=x_0$ 处展开成泰勒公式至 $n=2$,有

$$\varphi(x) = \varphi(x_0) + \varphi'(x_0)(x-x_0) + \frac{1}{2}\varphi''(x_0)(x-x_0)^2 + \frac{1}{3!}\varphi'''(\xi)(x-x_0)^3.$$

由 $\varphi(x_0)=0, \varphi'(x_0)=f(x_0), \varphi''(x_0)=f'(x_0), \varphi'''(\xi)=f''(\xi)$,其中 $\xi \in (x_0,x)$ 或 $\xi \in (x,x_0)$. 以 $\varphi(x) = \displaystyle\int_{x_0}^x f(t)\mathrm{d}t$ 代入得

$$\int_{x_0}^x f(t)\mathrm{d}t = f(x_0)(x-x_0) + \frac{1}{2}f'(x_0)(x-x_0)^2 + \frac{1}{6}f''(\xi)(x-x_0)^3.$$

对照欲证的式子,命 $x_0 = \dfrac{a+b}{2}$,再分别以 $x=a, x=b$ 代入,两式相减,得

$$\int_a^b f(t)\mathrm{d}t = f\left(\frac{a+b}{2}\right)(b-a) + \frac{1}{48}[f''(\xi_1) + f''(\xi_2)](b-a)^3.$$

因 $f(x)$ 在 $[a,b]$ 上存在二阶导数,$\dfrac{1}{2}(f''(\xi_1)+f''(\xi_2))$ 介于 $f''(\xi_1)$ 与 $f''(\xi_2)$ 之间,故知(参见第二章习题 46)存在 $\xi \in [\xi_1,\xi_2]$(或 $\xi \in [\xi_2,\xi_1]$)使

$$f''(\xi) = \frac{1}{2}[f''(\xi_1) + f''(\xi_2)],$$

于是知存在 $\xi \in (a,b)$ 使

$$\int_a^b f(t)\mathrm{d}t = f\left(\frac{a+b}{2}\right)(b-a) + \frac{1}{24}f''(\xi)(b-a)^3, \quad a<\xi<b.$$

(2) 用常数 k 值法,命

$$\frac{\displaystyle\int_a^b f(t)\mathrm{d}t - \frac{1}{2}(f(a)+f(b))(b-a).}{(b-a)^3} = k,$$

作函数

$$F(x) = \int_a^x f(t)\mathrm{d}t - \frac{1}{2}(f(x)+f(a))(x-a) - k(x-a)^3,$$

有 $F(a)=0,F(b)=0$,所以存在 $\eta_1\in(a,b)$ 使 $F'(\eta_1)=0$,即

$$f(\eta_1)-\frac{1}{2}f'(\eta_1)(\eta_1-a)-\frac{1}{2}(f(\eta_1)+f(a))-3k(\eta_1-a)^2=0.$$

化简为

$$f(\eta_1)-f(a)-f'(\eta_1)(\eta_1-a)-6k(\eta_1-a)^2=0.$$

又由泰勒公式有

$$f(a)=f(\eta_1)+f'(\eta_1)(a-\eta_1)+\frac{1}{2}f''(\eta)(a-\eta_1)^2,\quad a<\eta<\eta_1.$$

由上述两式即可得,存在 $\eta\in(a,b)$ 使

$$f''(\eta)=-\frac{k}{12}=-\frac{1}{12}\left[\frac{\int_a^b f(t)\mathrm{d}t-\frac{1}{2}(f(a)+f(b))(b-a)}{(b-a)^3}\right],$$

即(2)成立.

例 21 设 $f(x)$ 在 $[0,\pi]$ 上连续,且 $\int_0^\pi f(x)\mathrm{d}x=0$,$\int_0^\pi f(x)\cos x\mathrm{d}x=0$.试证:在 $(0,\pi)$ 内至少存在两个不同的点 ξ_1 与 ξ_2 使 $f(\xi_1)=f(\xi_2)=0$.

分析 由 $\int_0^\pi f(x)\mathrm{d}x=0$,想到用积分中值定理.知存在 $\xi_1\in(0,\pi)$(见[注]),使 $f(\xi_1)\pi=\int_0^\pi f(x)\mathrm{d}x=0$,$f(\xi_1)=0$.但要由另一式 $\int_0^\pi f(x)\cos x\mathrm{d}x=0$ 推出另一个 $\xi_2\in(0,\pi)$ 使 $f(\xi_2)=0$,并且 $\xi_1\neq\xi_2$,就有困难了.

[注] 一般教科书上的积分中值定理:"设 $f(x)$ 在 $[a,b]$ 上连续,则存在 $\xi\in[a,b]$ 使 $\int_a^b f(x)\mathrm{d}x=f(\xi)(b-a)$",其结论可加强为"存在 $\xi\in(a,b)$ 使 $\int_a^b f(x)\mathrm{d}x=f(\xi)(b-a)$".其证明十分容易,请读者完成之.

解 方法 1 由 $\int_0^\pi f(x)\mathrm{d}x=0$ 知存在 $\xi_1\in(0,\pi)$ 使 $f(\xi_1)=0$.以下用反证法,如果在 $(0,\pi)$ 内 $f(x)=0$ 仅有一个根 $x=\xi_1$,则由 $\int_0^\pi f(x)\mathrm{d}x=0$ 推知,$f(x)$ 在 $(0,\xi_1)$ 内与 (ξ_1,π) 内异号.不妨设在 $(0,\xi_1)$ 内 $f(x)>0$,在 (ξ_1,π) 内 $f(x)<0$.于是由 $\int_0^\pi f(x)\cos x\mathrm{d}x=0$ 与 $\int_0^\pi f(x)\mathrm{d}x=0$ 及 $\cos x$ 在 $[0,\pi]$ 上单调减少知,

$$0=\int_0^\pi f(x)\cos x\mathrm{d}x-\int_0^\pi f(x)\cos\xi_1\mathrm{d}x$$
$$=\int_0^\pi f(x)(\cos x-\cos\xi_1)\mathrm{d}x$$
$$=\int_0^{\xi_1} f(x)(\cos x-\cos\xi_1)\mathrm{d}x+\int_{\xi_1}^\pi f(x)(\cos x-\cos\xi_1)\mathrm{d}x>0,$$

从而导出矛盾.于是推知除 ξ_1 外,还至少存在一点 $\xi_2\in(0,\pi)$,$\xi_2\neq\xi_1$,使 $f(\xi_2)=0$.

方法 2 用变限法.命 $F(x)=\int_0^x f(t)\mathrm{d}t$,有 $F(0)=0$,$F(\pi)=\int_0^\pi f(t)\mathrm{d}t=0$.再由 $\int_0^\pi f(x)\cos x\mathrm{d}x=0$,有

$$0 = \int_0^\pi F'(x)\cos x\,\mathrm{d}x = \int_0^\pi \cos x\,\mathrm{d}F(x)$$

$$= F(x)\cos x \Big|_0^\pi + \int_0^\pi F(x)\sin x\,\mathrm{d}x$$

$$= \int_0^\pi F(x)\sin x\,\mathrm{d}x.$$

对最后一式用积分中值定理知,存在 $\xi \in (0,\pi)$ 使

$$F(\xi)\sin\xi = 0.$$

但 $\sin\xi \neq 0$,所以 $F(\xi) = 0$,即 $F(x)$ 在 $[0,\pi]$ 上至少有 3 个零点:$0, \xi, \pi$. 于是由罗尔定理知,存在 $\xi_1 \in (0,\xi)$ 与 $\xi_2 \in (\xi,\pi)$ 使 $F'(\xi_1) = F'(\xi_2) = 0$,即 $f(\xi_1) = f(\xi_2) = 0$.

[注]　题中条件与结论中均未出现导数,但引入变限积分后,可用罗尔定理. 所以切勿误认为,只有见到导函数才能用罗尔定理.

三、积分的极限问题

讨论积分的极限问题,处理的办法是:

(1) 首先想到将取极限的那个变量化到积分号外边或(并且)化到积分的上、下限中去,然后用洛必达法则处理. 若能这么处理,这类问题就比较简单,在第一章中已作了介绍,这里不再讲了.

(2) 估出积分的值然后用夹逼定理,例如例 22 的 (3).

(3) 为了要估出积分的值,常要用积分中值定理或推广的积分中值定理. 在取极限时,为了要使"中值"趋于某值,需事先将区间划小,这类题有一定的技巧性. 如例 24、例 25.

(4) 还有一类问题,应先计算出积分,然后再取极限,如例 23. 而例 22 的 (2) 也可以归成这一类的题.

例 22　(1) 设 $f(x)$ 是以 T 为周期的连续函数,试证明 $\int_0^x f(t)\,\mathrm{d}t$ 可以表示为一个以 T 为周期的函数 $\varphi(x)$ 与 kx 之和,并求出此常数 k;

(2) 求 (1) 中的 $\lim\limits_{x\to\infty} \dfrac{1}{x}\int_0^x f(t)\,\mathrm{d}t$;

(3) 以 $[x]$ 表示不超过 x 的最大整数,$g(x) = x - [x]$,求 $\lim\limits_{x\to\infty} \dfrac{1}{x}\int_0^x g(t)\,\mathrm{d}t$.

分析　(1) 去证明能取到常数 k 使 $\int_0^x f(t)\,\mathrm{d}t - kx$ 为周期 T 即可. (1) 得到的表达式去求 $\lim\limits_{x\to\infty} \dfrac{1}{x}\int_0^x f(t)\,\mathrm{d}t$ 即可得 (2). 但请读者注意,一般不能用洛必达法则求此极限,除非 $f(x) \equiv \mathrm{const}$. 对于 (3),由于 $g(x)$ 不连续,如果要借用 (1) 的结论,需要更深一层的结论(见下面的 [注]). 由于 $g(x)$ 可以具体写出它的分段表达式,故可直接积分再用夹逼定理即得.

解　(1) 命 $\varphi(x) = \int_0^x f(t)\,\mathrm{d}t - kx$,考察

$$\varphi(x+T) - \varphi(x) = \int_0^{x+T} f(t)\,\mathrm{d}t - k(x+T) - \int_0^x f(t)\,\mathrm{d}t + kx$$

$$= \int_0^T f(t)\,\mathrm{d}t + \int_T^{x+T} f(t)\,\mathrm{d}t - \int_0^x f(t)\,\mathrm{d}t - kT.$$

对于其中的第二个积分,作积分变量变换,命 $t = u + T$,有

$$\int_T^{x+T} f(t)\,\mathrm{d}t = \int_0^x f(u+T)\,\mathrm{d}u = \int_0^x f(u)\,\mathrm{d}u, \tag{3.2}$$

于是

$$\varphi(x+T) - \varphi(x) = \int_0^T f(t)\,\mathrm{d}t - kT.$$

可见,$\varphi(x)$ 为 T 周期函数的充要条件是

$$k = \frac{1}{T}\int_0^T f(t)\,\mathrm{d}t.$$

即证明了 $\int_0^x f(t)\,\mathrm{d}t$ 可以表示成

$$\int_0^x f(t)\,\mathrm{d}t = \varphi(x) + \frac{x}{T}\int_0^T f(t)\,\mathrm{d}t,$$

其中 $\varphi(x)$ 为某一周期 T 的函数.

(2) 由(1),

$$\lim_{x\to\infty} \frac{1}{x}\int_0^x f(t)\,\mathrm{d}t = \lim_{x\to\infty} \frac{\varphi(x)}{x} + \frac{1}{T}\int_0^T f(t)\,\mathrm{d}t.$$

因 $\varphi(x)$ 为连续的周期函数,故 $\varphi(x)$ 在 $(-\infty, +\infty)$ 上有界,从而

$$\lim_{x\to\infty} \frac{\varphi(x)}{x} = 0,$$

所以

$$\lim_{x\to\infty} \frac{1}{x}\int_0^x f(t)\,\mathrm{d}t = \frac{1}{T}\int_0^T f(t)\,\mathrm{d}t.$$

(3) 设 $n \leqslant x < n+1$,

$$\begin{aligned}
\int_0^x g(t)\,\mathrm{d}t &= \sum_{k=0}^{n-1}\int_k^{k+1} g(t)\,\mathrm{d}t + \int_n^x g(t)\,\mathrm{d}t \\
&= \sum_{k=0}^{n-1}\int_k^{k+1}(t-k)\,\mathrm{d}t + \int_n^x(t-n)\,\mathrm{d}t \\
&= \sum_{k=0}^{n-1}\frac{1}{2}(t-k)^2\Big|_k^{k+1} + \frac{1}{2}(t-n)^2\Big|_n^x \\
&= \sum_{k=0}^{n-1}\frac{1}{2} + \frac{1}{2}(x-n)^2 = \frac{n}{2} + \frac{1}{2}(x-n)^2.
\end{aligned}$$

由 $n \leqslant x < n+1$,有

$$\frac{1}{2}\frac{n}{n+1} \leqslant \frac{\dfrac{n}{2} + \dfrac{1}{2}(x-n)^2}{x} < \frac{1}{2}\frac{n+1}{n}.$$

由夹逼定理知

$$\lim_{x\to+\infty} \frac{1}{x}\int_0^x g(t)\,\mathrm{d}t = \frac{1}{2}. \tag{3.3a}$$

类似地可证

$$\lim_{x\to-\infty} \frac{1}{x}\int_0^x g(t)\,\mathrm{d}t = \frac{1}{2}. \tag{3.3b}$$

[注] 一般教科书上关于定积分的换元积分法定理如下:"设 $f(x)$ 在 $[a,b]$ 上连续,对于积分 $\int_a^b f(x)\mathrm{d}x$ 作积分变量变换 $x = \varphi(t)$,满足下述 3 个条件:①$\varphi(t)$ 在某区间 $[\alpha,\beta]$(或 $[\beta,\alpha]$)上具有连续的导数 $\varphi'(t)$;②$\varphi(\alpha)=a,\varphi(\beta)=b$;③ 当 $t\in[\alpha,\beta]$(或 $t\in[\beta,\alpha]$)时,$\varphi(t)\in[a,b]$,则 $\int_a^b f(x)\mathrm{d}x = \int_\alpha^\beta f(\varphi(t))\varphi'(t)\mathrm{d}t.$"

如果 $f(x)$ 在 $[a,b]$ 上仅是可积而并不连续,相应的换元积分法定理如下:"设 $f(x)$ 在 $[a,b]$ 上可积(即 $\int_a^b f(x)\mathrm{d}x$ 存在),并设 ①$\varphi(t)$ 在某区间 $[\alpha,\beta]$(或 $[\beta,\alpha]$)上具有连续的导数 $\varphi'(t)$;②$\varphi(\alpha)=a,\varphi(\beta)=b$;③ 当 t 从 α 变到 β 时,$x=\varphi(t)$ 从 a 单调地变到 b.则换元积分法公式 $\int_a^b f(x)\mathrm{d}x = \int_\alpha^\beta f(\varphi(t))\varphi'(t)\mathrm{d}t$ 仍成立." 由此定理知,即使 $f(x)$ 仅是可积,经变换 $t=u+T$,等式(3.2)仍成立.从而本题的(3)可套用(2)的结论知式(3.3a)、(3.3b)成立.

例 23 利用华里士公式

$$\int_0^{\frac{\pi}{2}} \sin^{2n}x\,\mathrm{d}x = \frac{(2n-1)!!}{(2n)!!}\,\frac{\pi}{2},\quad \int_0^{\frac{\pi}{2}}\sin^{2n+1}x\,\mathrm{d}x = \frac{(2n)!!}{(2n+1)!!},$$

证明

$$\lim_{n\to\infty}\left(\frac{(2n)!!}{(2n-1)!!}\right)^2\frac{1}{2n+1} = \frac{\pi}{2}.$$

分析 利用华里士公式分离出 $\frac{\pi}{2}$.

解 当 $0<x<\frac{\pi}{2}$ 时,$\sin^{2n+1}x<\sin^{2n}x<\sin^{2n-1}x$. 有

$$\int_0^{\frac{\pi}{2}}\sin^{2n+1}x\,\mathrm{d}x < \int_0^{\frac{\pi}{2}}\sin^{2n}x\,\mathrm{d}x < \int_0^{\frac{\pi}{2}}\sin^{2n-1}x\,\mathrm{d}x,$$

即

$$\frac{(2n)!!}{(2n+1)!!} < \frac{(2n-1)!!}{(2n)!!}\,\frac{\pi}{2} < \frac{(2n-2)!!}{(2n-1)!!}.$$

从而

$$\frac{((2n)!!)^2}{(2n+1)!!(2n-1)!!} < \frac{\pi}{2} < \frac{(2n)!!(2n-2)!!}{((2n-1)!!)^2},$$

即

$$\frac{((2n)!!)^2}{(2n+1)((2n-1)!!)^2} < \frac{\pi}{2} < \frac{((2n)!!)^2}{(2n)((2n-1)!!)^2}.$$

于是知

$$0 < \frac{\pi}{2} - \frac{1}{2n+1}\left(\frac{(2n)!!}{(2n-1)!!}\right)^2 < \left(\frac{(2n)!!}{(2n-1)!!}\right)^2\left(\frac{1}{2n}-\frac{1}{2n+1}\right)$$

$$= \left(\frac{(2n)!!}{(2n-1)!!}\right)^2\frac{1}{2n(2n+1)} < \frac{1}{2n}\frac{\pi}{2}.$$

命 $n\to\infty$,由夹逼定理得

$$\lim_{n\to\infty}\left(\frac{(2n)!!}{(2n-1)!!}\right)^2\frac{1}{2n+1} = \frac{\pi}{2}.$$

例 24 设 $f(x)$ 在 $[a,b]$ 上连续,且 $f(x)\geqslant 0,M=\max\limits_{[a,b]}f(x)$. 证明

$$\lim_{n\to\infty}\sqrt[n]{\int_a^b [f(x)]^n\mathrm{d}x} = M.$$

分析　由于 $f(x)$ 未具体给出,将 $\int_a^b [f(x)]^n \mathrm{d}x$ 估值建立一个不等式,然后用夹逼定理是一个可取的办法.

解　$\int_a^b [f(x)]^n \mathrm{d}x \leqslant \int_a^b M^n \mathrm{d}x = M^n(b-a)$,

$$\sqrt[n]{\int_a^b [f(x)]^n \mathrm{d}x} \leqslant M \sqrt[n]{b-a}.$$

下面再设法构造左边的一个不等式.

由于 $f(x)$ 在 $[a,b]$ 上连续且 $\max\limits_{[a,b]} f(x) = M$,故知存在 $x_0 \in [a,b]$ 使 $f(x_0) = M$. 若 $x_0 \in (a,b)$,取区间 $\left[x_0 - \dfrac{1}{n}, x_0 + \dfrac{1}{n}\right] \subset (a,b)$,于是

$$\int_a^b [f(x)]^n \mathrm{d}x \geqslant \int_{x_0 - \frac{1}{n}}^{x_0 + \frac{1}{n}} [f(x)]^n \mathrm{d}x = \frac{2}{n}[f(\xi_n)]^n,$$

其中后一等式来自积分中值定理,$\xi_n \in \left(x_0 - \dfrac{1}{n}, x_0 + \dfrac{1}{n}\right)$. 将两个不等式合在一起便有

$$\sqrt[n]{\frac{2}{n}} f(\xi_n) \leqslant \sqrt[n]{\int_a^b [f(x)]^n \mathrm{d}x} \leqslant M \sqrt[n]{b-a},$$

命 $n \to \infty$,有 $\sqrt[n]{n} \to 1$,$\xi_n \to x_0$,$f(\xi_n) \to f(x_0)$,$\sqrt[n]{2} \to 1$,$\sqrt[n]{b-a} \to 1$,于是推知

$$\lim_{n \to \infty} \sqrt[n]{\int_a^b [f(x)]^n \mathrm{d}x} = M.$$

若 $x_0 = a$ 或 $x_0 = b$,则分别取区间 $\left[x_0, x_0 + \dfrac{1}{n}\right]$ 或 $\left[x_0 - \dfrac{1}{n}, x_0\right]$,同样可证.

例 25　设 $\varphi(x)$ 在 $[-1,1]$ 上连续,证明 $\lim\limits_{\varepsilon \to 0^+} \int_{-1}^1 \dfrac{\varepsilon \varphi(x)}{\varepsilon^2 + x^2} \mathrm{d}x = \pi \varphi(0)$.

分析　看起来本题似乎可以用推广的积分中值定理[注]:

$$\lim_{\varepsilon \to 0^+} \int_{-1}^1 \frac{\varepsilon \varphi(x)}{\varepsilon^2 + x^2} \mathrm{d}x = \lim_{\varepsilon \to 0^+} \varphi(\xi) \int_{-1}^1 \frac{\varepsilon}{\varepsilon^2 + x^2} \mathrm{d}x$$

$$= \lim_{\varepsilon \to 0^+} \varphi(\xi) \left[\arctan \frac{x}{\varepsilon}\right]_{-1}^1 = \lim_{\varepsilon \to 0^+} 2\varphi(\xi) \arctan \frac{1}{\varepsilon}.$$

但是由该中值公式的证明可以看出,此 $\xi \in (-1,1)$ 与函数 $\dfrac{\varepsilon}{\varepsilon^2 + x^2}$ 有关,当然与 ε 有关,当 $\varepsilon \to 0^+$ 时,此 ξ 是否趋于 0? 所以看来直接用推广的积分中值定理不能立即得出要证的结论.

应将区间划小,使在某区间上,当 $\varepsilon \to 0^+$ 时,用推广的积分中值定理时,此 $\xi \to 0$;而另一区间,当 $\varepsilon \to 0^+$ 时,由于其他原因而使相应的项消失.

解　由于

$$\varphi(x) = \frac{1}{2}[\varphi(x) + \varphi(-x)] + \frac{1}{2}[\varphi(x) - \varphi(-x)],$$

前者为偶函数,后者为奇函数. 于是

$$\int_{-1}^1 \frac{\varepsilon \varphi(x)}{\varepsilon^2 + x^2} \mathrm{d}x = \int_0^1 \frac{\varepsilon}{\varepsilon^2 + x^2}[\varphi(x) + \varphi(-x)] \mathrm{d}x$$

$$= I_1 + I_2.$$

其中

$$I_1 = \int_0^{\sqrt{\varepsilon}} \frac{\varepsilon}{\varepsilon^2 + x^2} [\varphi(x) + \varphi(-x)] \mathrm{d}x$$

$$= [\varphi(\xi) + \varphi(-\xi)] \int_0^{\sqrt{\varepsilon}} \frac{\varepsilon}{\varepsilon^2 + x^2} \mathrm{d}x$$

$$= [\varphi(\xi) + \varphi(-\xi)] \arctan \frac{\sqrt{\varepsilon}}{\varepsilon}, \quad 0 < \xi < \sqrt{\varepsilon}.$$

$$\lim_{\varepsilon \to 0^+} I_1 = (\varphi(0) + \varphi(0)) \cdot \frac{\pi}{2} = \pi \varphi(0).$$

$$I_2 = \int_{\sqrt{\varepsilon}}^1 \frac{\varepsilon}{\varepsilon^2 + x^2} [\varphi(x) + \varphi(-x)] \mathrm{d}x$$

$$= [\varphi(\eta) + \varphi(-\eta)] \left(\arctan \frac{1}{\varepsilon} - \arctan \frac{\sqrt{\varepsilon}}{\varepsilon} \right), \quad \sqrt{\varepsilon} < \eta < 1.$$

由于 $\varphi(x)$ 在 $[-1,1]$ 上连续，故有界. 而

$$\lim_{\varepsilon \to 0^+} \left(\arctan \frac{1}{\varepsilon} - \arctan \frac{\sqrt{\varepsilon}}{\varepsilon} \right) = \frac{\pi}{2} - \frac{\pi}{2} = 0,$$

从而知

$$\lim_{\varepsilon \to 0^+} I_2 = 0.$$

于是

$$\lim_{\varepsilon \to 0^+} \int_{-1}^1 \frac{\varepsilon \varphi(x)}{\varepsilon^2 + x^2} \mathrm{d}x = \pi \varphi(0).$$

[注] 推广的积分中值定理如下："设 $f(x)$ 与 $g(x)$ 在 $[a,b]$ 上连续，$g(x)$ 在 $[a,b]$ 上不改号，则存在 $\xi \in (a,b)$ 使

$$\int_a^b f(x) g(x) \mathrm{d}x = f(\xi) \int_a^b g(x) \mathrm{d}x. \text{"}$$

例 26 设 $f(x)$ 在区间 $[a,b]$ 上连续、非负且严格单调增加.

(1) 试证明：对于任意正整数 n，对应地存在唯一的 x_n，使

$$[f(x_n)]^n = \frac{1}{b-a} \int_a^b [f(x)]^n \mathrm{d}x;$$

(2) 证明上述 $\{x_n\}$ 的极限 $\lim\limits_{n \to \infty} x_n$ 存在并求之.

解 (1) 由积分中值定理，存在 $x_n \in (a,b)$ 使

$$\frac{1}{b-a} \int_a^b [f(x)]^n \mathrm{d}x = [f(x_n)]^n.$$

今证此 x_n 对应于 n 为唯一. 用反证法，设除 x_n 外，又存在 $y_n \in (a,b)$，$y_n \neq x_n$，使

$$\frac{1}{b-a} \int_a^b [f(x)]^n \mathrm{d}x = [f(y_n)]^n,$$

两式相减，得

$$0 = [f(x_n)]^n - [f(y_n)]^n$$

$$= [f(x_n) - f(y_n)][(f(x_n))^{n-1} + (f(x_n))^{n-2} f(y_n) + \cdots + (f(y_n))^{n-1}].$$

由于 $f(x)$ 严格单调，所以 $x_n \neq y_n \Leftrightarrow f(x_n) \neq f(y_n)$. 于是由上式推知

$$(f(x_n))^{n-1} + (f(x_n))^{n-2} f(y_n) + \cdots + (f(y_n))^{n-1} = 0.$$

又因 $f(x)$ 非负,所以由上式推知 $f(x_n)=0$ 及 $f(y_n)=0$. 但由反证法假设 $x_n \neq y_n$ 及 $f(x)$ 严格单调性推知 $f(x_n) \neq f(y_n)$. 矛盾. 此矛盾证明了 x_n 唯一性.(1)证毕.

(2)仍用反证法证明 $\lim\limits_{n \to \infty} x_n$ 存在且等于 b. 设 $\lim\limits_{n \to \infty} x_n$ 不存在,或虽存在但 $\lim\limits_{n \to \infty} x_n < b$. 由于 $\{x_n\}$ 有界,故必存在子序列 $\{x_{n_k}\}$,使

$$\lim\limits_{k \to \infty} x_{n_k} = b' < b.$$

命 $b-b'=2p>0$,存在 $k_0>0$,当 $k>k_0$ 时 $|b'-x_{n_k}|<p$. 于是

$$b - x_{n_k} = |b - x_{n_k}| = |b - b' + b' - x_{n_k}|$$
$$\geqslant |b - b'| - |b' - x_{n_k}| \geqslant 2p - p = p > 0.$$

从而由所设条件有

$$1 = \frac{1}{b-a} \int_a^b \left[\frac{f(x)}{f(x_{n_k})}\right]^{n_k} \mathrm{d}x \geqslant \frac{1}{b-a} \int_{b-\frac{p}{2}}^b \left[\frac{f(x)}{f(x_{n_k})}\right]^{n_k} \mathrm{d}x$$

$$= \frac{1}{b-a}\left[b - \left(b - \frac{p}{2}\right)\right]\left[\frac{f(\xi)}{f(x_{n_k})}\right]^{n_k}$$

$$\geqslant \frac{p}{2(b-a)}\left[\frac{f\left(b - \frac{p}{2}\right)}{f(x_{n_k})}\right]^{n_k}, \left(\text{其中 } b - \frac{p}{2} < \xi < b\right).$$

因为 $b - x_{n_k} > p$,所以 $x_{n_k} < b-p$,$f(x_{n_k}) < f(b-p)$,从而由上式有

$$1 > \frac{p}{2(b-a)}\left[\frac{f\left(b-\frac{p}{2}\right)}{f(b-p)}\right]^{n_k}$$

因为 $\dfrac{f\left(b-\frac{p}{2}\right)}{f(b-p)}$ 为一常数且大于 1,于是知:当 $k \to \infty$ 时,上式右边 $\to +\infty$,导致矛盾. 此矛盾证明了对任意子序列 $\{x_{n_k}\}$ 均有 $\lim\limits_{k \to \infty} x_{n_k} = b$. 由归结原理知 $\lim\limits_{n \to \infty} x_n = b$. 证毕.

3.3 反常积分的计算与判敛

一、反常积分的计算

反常积分的计算,一般教材上都讲到,这里不详述,举一些较复杂的例子于后.

例 1 求 $\int_0^{+\infty} \mathrm{e}^{-2x} |\sin x| \mathrm{d}x (x \geqslant 0)$.

分析 应先打开绝对值号,为此,应划分 $\sin x$ 取值为正、为负的区间,因此应先考虑积分 $\int_0^{n\pi} \mathrm{e}^{-2x} |\sin x| \mathrm{d}x$.

解 $\int_0^{n\pi} \mathrm{e}^{-2x} |\sin x| \mathrm{d}x = \sum\limits_{k=1}^n \int_{(k-1)\pi}^{k\pi} \mathrm{e}^{-2x} |\sin x| \mathrm{d}x$

$$= \sum\limits_{k=1}^n \int_{(k-1)\pi}^{k\pi} (-1)^{k-1} \mathrm{e}^{-2x} \sin x \mathrm{d}x$$

$$= \frac{1}{5} \sum\limits_{k=1}^n \mathrm{e}^{-2k\pi}(1 + \mathrm{e}^{2\pi}) = \frac{1}{5}(1 + \mathrm{e}^{2\pi}) \frac{\mathrm{e}^{-2\pi} - \mathrm{e}^{-2(n+1)\pi}}{1 - \mathrm{e}^{-2\pi}}.$$

当 $n\pi \leqslant x < (n+1)\pi$, 时,

$$\int_0^{n\pi} e^{-2x} |\sin x| \, dx \leqslant \int_0^x e^{-2x} |\sin x| \, dx < \int_0^{(n+1)\pi} e^{-2x} |\sin x| \, dx,$$

命 $n \to \infty$, 由夹逼定理, 得

$$\int_0^{+\infty} e^{-2x} |\sin x| \, dx = \lim_{x \to +\infty} \int_0^x e^{-2x} |\sin x| \, dx$$

$$= \frac{e^{2\pi} + 1}{5(e^{2\pi} - 1)}.$$

[注] 本题为 2012 年全国大学生数学竞赛(非数学类)预赛题.

例 2 求蔓叶线 $x^3 + y^3 - 3axy = 0$ 与它的渐近线之间的图形的面积, 其中常数 $a > 0$.

解 由 2.2 节例 8 知, 蔓叶线的渐近线方程为

$$y = -x - a.$$

蔓叶线在渐近线的上方. 设蔓叶线的直角坐标表示为 $y = f(x)$, 于是蔓叶线与其渐近线之间在第 4 象限中的面积为

$$A_1 = \int_0^{+\infty} [f(x) - (-x - a)] \, dx.$$

但将 $x^3 + y^3 - 3axy = 0$ 表示为 $y = f(x)$ 不方便, 改用参数式, 由该例知, $x^3 + y^3 - 3axy = 0$ 可写成参数式:

$$x = \frac{3at}{1+t^3}, y = \frac{3at^2}{1+t^3},$$

位于第 4 象限中, 即要求 $x \geqslant 0, y \leqslant 0$. 于是推知

$$x \to 0^+ \text{ 对应于 } t \to -\infty,$$

$$x \to +\infty, \text{对应于 } t \to -1^-.$$

从而, 相当于作变量变换 $x = \frac{3at}{1+t^3}$, 于是

$$A_1 = \int_0^{+\infty} [f(x) - (-x - a)] \, dx$$

$$= \int_{-\infty}^{-1} \left(\frac{3at^2}{1+t^3} + \frac{3at}{1+t^3} + a \right) 3a \left(\frac{1+t^3 - 3t^3}{(1+t^3)^2} \right) dt$$

$$= 3a^2 \int_{-\infty}^{-1} \frac{1 - 2t^3}{(1 - t + t^2)^3} \, dt$$

$$= 3a^2 \left[\int_{-\infty}^{-1} \frac{-(2t-1)}{(1-t+t^2)^2} \, dt - 3 \int_{-\infty}^{-1} \frac{dt}{(1-t+t^2)^2} + 3 \int_{-\infty}^{-1} \frac{dt}{(1-t+t^2)^3} \right]$$

$$= 3a^2 \left[\frac{1}{1-t+t^2} \bigg|_{-\infty}^{-1} - 3 \int_{-\infty}^{-1} \frac{dt}{\left(\left(t - \frac{1}{2}\right)^2 + \left(\frac{\sqrt{3}}{2}\right)^2 \right)^2} + 3 \int_{-\infty}^{-1} \frac{dt}{\left(\left(t - \frac{1}{2}\right)^2 + \left(\frac{\sqrt{3}}{2}\right)^2 \right)^3} \right]$$

其中

$$\frac{1}{1-t+t^2} \bigg|_{-\infty}^{-1} = \frac{1}{3},$$

$$\int_{-\infty}^{-1} \frac{dt}{\left(\left(t - \frac{1}{2}\right)^2 + \left(\frac{\sqrt{3}}{2}\right)^2 \right)^2} = \frac{t - \frac{1}{2}}{\frac{3}{2} \left(\left(t - \frac{1}{2}\right)^2 + \left(\frac{\sqrt{3}}{2}\right)^2 \right)} \bigg|_{-\infty}^{-1} + \frac{1}{\frac{3\sqrt{3}}{4}} \arctan \frac{2\left(t - \frac{1}{2}\right)}{\sqrt{3}} \bigg|_{-\infty}^{-1}$$

$$= -\frac{1}{3} + \frac{2\sqrt{3}}{27} \pi,$$

$$\int_{-\infty}^{-1} \frac{\mathrm{d}t}{\left(\left(t-\frac{1}{2}\right)^2+\left(\frac{\sqrt{3}}{2}\right)^2\right)^3} = \left.\frac{t-\frac{1}{2}}{3\left(\left(t-\frac{1}{2}\right)^2+\left(\frac{\sqrt{3}}{2}\right)^2\right)^2}\right|_{-\infty}^{-1} + \int_{-\infty}^{-1} \frac{\mathrm{d}t}{\left(\left(t-\frac{1}{2}\right)^2+\left(\frac{\sqrt{3}}{2}\right)^2\right)^2}$$

$$= -\frac{1}{18} + \left(-\frac{1}{3} + \frac{2\sqrt{3}}{27}\pi\right) = -\frac{7}{18} + \frac{2\sqrt{3}}{27}\pi,$$

所以

$$A_1 = 3a^2\left(\frac{1}{3} - 3\left(-\frac{1}{3} + \frac{2\sqrt{3}}{27}\pi\right) + 3\left(-\frac{7}{18} + \frac{2\sqrt{3}}{27}\pi\right)\right) = \frac{a^2}{2}.$$

交换 x 与 y,蔓叶线方程不变,所以该曲线与其渐近线之间位于第 2 象限与第 4 象限的图形面积相等,均为 $\frac{a^2}{2}$.再加上位于第 3 象限中的图形为三角形,面积也是 $\frac{a^2}{2}$.故蔓叶线与其渐近线之间整个图形面积为 $\frac{3a^2}{2}$.

例 3 设 $f(x)$ 在 $[0,+\infty)$ 上连续,$0<a<b$,且 $\int_A^{+\infty} \frac{f(x)}{x}\mathrm{d}x$ 收敛,其中常数 $A>0$.试证明:

$$\int_0^{+\infty} \frac{f(ax)-f(bx)}{x}\mathrm{d}x = f(0)\ln\frac{b}{a}.$$

分析 积分 $\int_A^{+\infty} \frac{f(x)}{x}\mathrm{d}x$ 对于 $A>0$ 收敛,由于

$$\int_B^{+\infty} \frac{f(x)}{x}\mathrm{d}x = \int_B^A \frac{f(x)}{x}\mathrm{d}x + \int_A^{+\infty} \frac{f(x)}{x}\mathrm{d}x;$$

对于 $B>0$,积分 $\int_B^A \frac{f(x)}{x}\mathrm{d}x$ 总是存在的,所以对任意 $B>0$,积分 $\int_B^{+\infty} \frac{f(x)}{x}\mathrm{d}x$ 也收敛.按定义,

$$\int_0^{+\infty} \frac{f(ax)-f(bx)}{x}\mathrm{d}x = \lim_{\delta\to 0^+} \int_\delta^{+\infty} \frac{f(ax)-f(bx)}{x}\mathrm{d}x$$

便可计算.

解 $\int_\delta^{+\infty} \frac{f(ax)-f(bx)}{x}\mathrm{d}x = \int_\delta^{+\infty} \frac{f(ax)}{x}\mathrm{d}x - \int_\delta^{+\infty} \frac{f(bx)}{x}\mathrm{d}x$

$$= \int_{a\delta}^{+\infty} \frac{f(t)}{t}\mathrm{d}x - \int_{b\delta}^{+\infty} \frac{f(t)}{t}\mathrm{d}t = \int_{a\delta}^{b\delta} \frac{f(t)}{t}\mathrm{d}t$$

$$= f(\xi)\int_{a\delta}^{b\delta} \frac{1}{t}\mathrm{d}t = f(\xi)\ln\frac{b}{a}, \quad 0<a\delta<\xi<b\delta,$$

所以

$$\int_0^{+\infty} \frac{f(ax)-f(bx)}{x}\mathrm{d}x = \lim_{\delta\to 0^+} f(\xi)\ln\frac{b}{a} = f(0)\ln\frac{b}{a}.$$

例 4 求 $\int_1^{+\infty} \frac{\mathrm{d}x}{x\sqrt{x^2-1}}$.

解 方法 1 命 $x=\sec t$,有 $\mathrm{d}x=\sec t\tan t\,\mathrm{d}t$,当 $x=1$ 时 $t=0$;$x\to+\infty$ 时 $t\to\frac{\pi}{2}$.于是

$$\int_1^{+\infty} \frac{\mathrm{d}x}{x\sqrt{x^2-1}} = \int_1^{+\infty} \frac{1}{x^2\sqrt{1-\left(\frac{1}{x}\right)^2}}\mathrm{d}x.$$

命 $\frac{1}{x}=t$,有 $\mathrm{d}x=-\frac{1}{t^2}$. 于是

$$\int_1^{+\infty} \frac{\mathrm{d}x}{x\sqrt{x^2-1}} = \int_1^0 \frac{-1}{\sqrt{1-t^2}}\mathrm{d}t = \arcsin t \mid_0^1 = \frac{\pi}{2}.$$

例 5   求 $\int_1^{+\infty} \frac{\arctan x}{x^2}\mathrm{d}x$.

解   用分部积分

$$\begin{aligned}
\int_1^{+\infty} \frac{\arctan x}{x^2}\mathrm{d}x &= -\frac{\arctan x}{x}\Big|_1^{+\infty} + \int_1^{+\infty} \frac{\mathrm{d}x}{(1+x^2)x} \\
&= -\left(0 - \frac{\pi}{4}\right) + \int_1^{+\infty} \left(\frac{1}{x} - \frac{x}{1+x^2}\mathrm{d}x\right) \\
&= \frac{\pi}{4} + \left[\ln x - \frac{1}{2}\ln(1+x^2)\right]_1^{+\infty} \\
&= \frac{\pi}{4} + \ln\frac{x}{\sqrt{1+x^2}}\Big|_1^{+\infty} = \frac{\pi}{4} + 0 - \ln\frac{1}{\sqrt{2}} \\
&= \frac{\pi}{4} + \frac{1}{2}\ln 2.
\end{aligned}$$

[注]   上述积分 $\int_1^{+\infty}\left(\frac{1}{x}-\frac{x}{1+x^2}\right)\mathrm{d}x$ 不能拆项成为 $\int_1^{+\infty}\frac{1}{x}\mathrm{d}x - \int_1^{+\infty}\frac{x}{1+x^2}\mathrm{d}x$,这是因为积分 $\int_1^{+\infty}\frac{\mathrm{d}x}{(1+x^2)x}$ 是存在的,而拆项之后的两个积分分别都不存在.

二、反常积分的敛散性的判别

反常积分的敛散性与级数的敛散性有十分密切的关系. 下面例 6 揭示了这种关系,它可作为定理使用.

例 6   设 $f(x)$ 在区间 $[1, +\infty)$ 上单调减少且非负的连续函数,$a_n = \sum_{k=1}^{n} f(k) - \int_1^n f(x)\mathrm{d}x(n=1,2,\cdots)$.

(1) 证明 $\lim_{n\to\infty} a_n$ 存在;

(2) 证明反常积分 $\int_1^{+\infty} f(x)\mathrm{d}x$ 与无穷级数 $\sum_{n=1}^{\infty} f(n)$ 同敛散.

分析   由 $f(x)$ 单调减少,当 $k\leqslant x\leqslant k+1$ 时,可以写出关于 $f(x)$ 的一个不等式,两边从 k 到 $k+1$ 积分,便可得到关于 a_n 的一个表达式.

解   (1)由 $f(x)$ 单调减少,故当 $k\leqslant x\leqslant k+1$ 时,

$$f(k+1) \leqslant f(x) \leqslant f(k).$$

两边从 k 到 $k+1$ 积分,得

$$\int_k^{k+1} f(k+1)\mathrm{d}x \leqslant \int_k^{k+1} f(x)\mathrm{d}x \leqslant \int_k^{k+1} f(k)\mathrm{d}x,$$

即

$$f(k+1) \leqslant \int_k^{k+1} f(x)\,\mathrm{d}x \leqslant f(k).$$

$$a_n = \sum_{k=1}^n f(k) - \int_1^n f(x)\,\mathrm{d}x = \sum_{k=1}^n f(k) - \sum_{k=1}^{n-1} \int_k^{k+1} f(x)\,\mathrm{d}x$$

$$= \sum_{k=1}^{n-1} \left(f(k) - \int_k^{k+1} f(x)\,\mathrm{d}x \right) + f(n) \geqslant 0,$$

即 $\{a_n\}$ 有下界. 又

$$a_{n+1} - a_n = f(n+1) - \int_n^{n+1} f(x)\,\mathrm{d}x \leqslant 0,$$

即数列 $\{a_n\}$ 单调减少, 所以 $\lim\limits_{n\to\infty} a_n$ 存在.

(2) 由于 $f(x)$ 非负, 所以 $\int_1^x f(t)\,\mathrm{d}t$ 为 x 的单调增加函数. 当 $n \leqslant x \leqslant n+1$ 时,

$$\int_1^n f(t)\,\mathrm{d}t \leqslant \int_1^x f(t)\,\mathrm{d}t \leqslant \int_1^{n+1} f(t)\,\mathrm{d}t,$$

所以

$$\int_1^{+\infty} f(x)\,\mathrm{d}x \text{ 收敛} \Leftrightarrow \lim_{n\to\infty}\int_1^n f(x)\,\mathrm{d}x \text{ 存在}.$$

由 (1) 知 $\lim\limits_{n\to\infty} a_n$ 存在, 所以

$$\lim_{n\to\infty}\sum_{k=1}^n f(k) \text{ 存在} \Leftrightarrow \lim_{n\to\infty}\int_1^n f(x)\,\mathrm{d}x \text{ 存在}.$$

从而推知

$$\int_1^{+\infty} f(x)\,\mathrm{d}x \text{ 收敛} \Leftrightarrow \sum_{n=1}^\infty f(n) \text{ 收敛}.$$

反常积分敛散性的判别法与数项级数敛散性的判别法, 有十分类似的定理如下, 请参见本书 8.1 节之一及 8.1 节之二.

Ⅰ. 比较判别法的极限形式

1. 对于反常积分 $\int_a^{+\infty} f(x)\,\mathrm{d}x$, 设 $f(x)$ 与 $g(x)$ 在任何有限区间 $[a,b]$ $(b>a)$ 上皆可积, 且 $f(x) \geqslant 0, g(x) > 0$. 如果

$$\lim_{x\to+\infty} \frac{f(x)}{g(x)} = A,$$

则 (1) 当 $0 \leqslant A < +\infty$ 时, 由 $\int_a^{+\infty} g(x)\,\mathrm{d}x$ 收敛, 可推出 $\int_a^{+\infty} f(x)\,\mathrm{d}x$ 亦收敛;

(2) 当 $0 < A \leqslant +\infty$ 时, 由 $\int_a^{+\infty} g(x)\,\mathrm{d}x$ 发散, 可推出 $\int_a^{+\infty} f(x)\,\mathrm{d}x$ 亦发散; 或者

(3) 当 $0 < A < +\infty$ 时, $\int_a^{+\infty} f(x)\,\mathrm{d}x$ 与 $\int_a^{+\infty} g(x)\,\mathrm{d}x$ 同敛散.

常用的取 $g(x) = x^{-p}$, 并设

$$\lim_{x\to+\infty} x^p f(x) = A.$$

①当 $0 \leqslant A < +\infty$ 且 $p > 1$ 时, $\int_a^{+\infty} f(x)\,\mathrm{d}x$ 收敛;

②当 $0 < A \leqslant +\infty$ 且 $p \leqslant 1$ 时, $\int_a^{+\infty} f(x)\,\mathrm{d}x$ 发散.

2. 对于 $\int_a^b f(x)\mathrm{d}x$,在区间 $[a,b)$ 上 $f(x) \geqslant 0, g(x) > 0$,且对任意 $\beta \in (a,b)$,$f(x)$ 与 $g(x)$ 在区间 $[a,\beta]$ 上均可积. 如果 $\lim\limits_{n\to b^-} f(x) = \infty, \lim\limits_{n\to b^-} g(x) = \infty$,且

$$\lim_{x\to b^-} \frac{f(x)}{g(x)} = A$$

则(1) 当 $0 \leqslant A < +\infty$ 时,由 $\int_a^b g(x)\mathrm{d}x$ 收敛,可推出 $\int_a^b f(x)\mathrm{d}x$ 亦收敛;

(2) 当 $0 < A \leqslant +\infty$ 时,由 $\int_a^b g(x)\mathrm{d}x$ 发散,可推出 $\int_a^b f(x)\mathrm{d}x$ 亦发散.

常用取 $g(x) = \dfrac{1}{(b-x)^p}$,如果

$$\lim_{x\to b} (b-x)^p f(x) = A.$$

则(1) 当 $0 \leqslant A < +\infty$ 且 $p < 1$ 时,$\int_a^b f(x)\mathrm{d}x$ 收敛;

(2) 当 $0 < A \leqslant +\infty$ 且 $p \geqslant 1$ 时,$\int_a^b f(x)\mathrm{d}x$ 发散.

对于下限 $x = a$ 是瑕点的情形是类似的. 不详述.

Ⅱ. 对于 $f(x)$ 在无穷区间 $[a, +\infty)$ 上变号情形　以下两个办法可供考虑.

(1) 考虑 $\int_a^{+\infty} |f(x)|\mathrm{d}x$. 如果它收敛,则可以证明 $\int_a^{+\infty} f(x)\mathrm{d}x$ 必收敛,并称此时 $\int_a^{+\infty} f(x)\mathrm{d}x$ 为绝对收敛;如果 $\int_a^{+\infty} |f(x)|\mathrm{d}x$ 发散,可用

(2) 更细致的方法讨论如下:类似于 8.1 节之二,有

狄利克雷判敛定理:设 $f(x) = b(x)g(x)$,当 $a \leqslant x < +\infty$,并满足条件:

(D_1) 对任意 $t \geqslant a$,积分 $\int_a^t b(x)\mathrm{d}x$ 存在且有界:

$$\left| \int_a^t b(x)\mathrm{d}x \right| \leqslant 某常数 M,$$

(D_2) $g(x)$ 为 x 的单调函数,且 $\lim\limits_{x\to+\infty} g(x) = 0$,则 $\int_a^{+\infty} f(x)\mathrm{d}x$ 收敛.

阿贝尔判敛定理:设 $f(x) = b(x)g(x), a \leqslant x < +\infty$,并满足:

(A_1) $\int_a^{+\infty} b(x)\mathrm{d}x$ 收敛(即使不绝对收敛),

(A_2) $g(x)$ 单调且有界:$|g(x)| \leqslant 某常数 M$,则 $\int_a^{+\infty} f(x)\mathrm{d}x$ 收敛.

例 7　设常数 $a > 0$,讨论反常积分 $\int_0^{+\infty} \dfrac{\ln x}{x^2 + a^2}\mathrm{d}x$ 的敛散性. 若收敛,求其值.

解　$x = 0$ 是瑕点,又是无穷区间. 对于 $x = 0$,

$$\lim_{x\to 0^+} x^{\frac{1}{2}} \cdot \frac{\ln x}{x^2 + a^2} = 0, \quad p = \frac{1}{2} < 1,$$

所以该瑕积分在 $x = 0$ 处收敛. 对于 $+\infty$,

$$\lim_{x\to+\infty} x^{\frac{3}{2}} \cdot \frac{\ln x}{x^2 + a^2} = 0, \quad p = \frac{3}{2} > 1,$$

所以该反常积分在 $x \to +\infty$ 时也收敛. 总之反常积分 $\displaystyle\int_0^{+\infty} \frac{\ln x}{x^2 + a^2} dx$ 收敛. 以下作具体计算.

方法 1　命 $x = \dfrac{1}{t}$,

$$\int_0^{+\infty} \frac{\ln x}{x^2 + a^2} dx = \int_{+\infty}^0 \frac{-\ln t}{\frac{1}{t^2} + a^2}\left(-\frac{1}{t^2} dt\right) = -\int_0^{+\infty} \frac{\ln t}{1 + (at)^2} dt.$$

再命 $at = \dfrac{u}{a}$,

$$\int_0^{+\infty} \frac{\ln x}{x^2 + a^2} dx = -\int_0^{+\infty} \frac{\ln \dfrac{u}{a^2}}{1 + \left(\dfrac{u}{a}\right)^2} \cdot \frac{1}{a^2} du$$

$$= -\int_0^{+\infty} \left(\frac{\ln u}{u^2 + a^2} - \frac{\ln a^2}{u^2 + a^2}\right) du.$$

所以

$$\int_0^{+\infty} \frac{\ln x}{x^2 + a^2} dx = \frac{1}{2} \int_0^{+\infty} \frac{\ln a^2}{u^2 + a^2} du = \frac{\ln a}{a} \arctan \frac{u}{a} \bigg|_0^{+\infty}$$

$$= \frac{\pi}{2a} \ln a.$$

方法 2　命 $x = a \tan t$,

$$\int_0^{+\infty} \frac{\ln x}{x^2 + a^2} dx = \int_0^{\frac{\pi}{2}} \frac{\ln a + \ln \tan t}{a^2 \sec^2 t} \cdot a \sec^2 t dt$$

$$= \int_0^{\frac{\pi}{2}} \frac{\ln a}{a} dt + a \int_0^{\frac{\pi}{2}} \ln \tan t\, dt.$$

但

$$\int_0^{\frac{\pi}{2}} \ln \tan t\, dt \xlongequal{u = \frac{\pi}{2} - t} \int_{\frac{\pi}{2}}^0 \ln \cot u (-du)$$

$$= -\int_0^{\frac{\pi}{2}} \ln \tan u\, du,$$

所以 $\displaystyle\int_0^{\frac{\pi}{2}} \ln \tan t\, dt = 0$. 从而

$$\int_0^{+\infty} \frac{\ln x}{x^2 + a^2} dx = \int_0^{\frac{\pi}{2}} \frac{\ln a}{a} dt = \frac{\pi}{2a} \ln a.$$

例 8　判定 $\displaystyle\int_0^{+\infty} \frac{dx}{1 + x^4}$ 的敛散性, 若收敛, 求其值.

解　由比较判别法的极限形式, 容易知道该积分收敛, 证略. 为计算此积分, 若将 $\dfrac{1}{1 + x^4}$

分项分式去积分是很麻烦的, 可利用 $\displaystyle\int_0^{+\infty}$ 的特点, 作变换化成一个与它相等的积分, 然后再作变量变换计算之.

命 $x = \dfrac{1}{t}$, 作积分变量变换,

$$\int_0^{+\infty} \frac{\mathrm{d}x}{1+x^4} = \int_{+\infty}^0 \frac{-t^{-2}}{1+t^{-4}}\mathrm{d}t = \int_0^{+\infty} \frac{t^2}{1+t^4}\mathrm{d}t = \int_0^{+\infty} \frac{x^2}{1+x^4}\mathrm{d}x,$$

所以

$$\int_0^{+\infty} \frac{\mathrm{d}x}{1+x^4} = \frac{1}{2}\int_0^{+\infty} \frac{1+x^2}{1+x^4}\mathrm{d}x.$$

而

$$\frac{1+x^2}{1+x^4} = \frac{1+\frac{1}{x^2}}{x^2+\frac{1}{x^2}} = \frac{\left(x-\frac{1}{x}\right)'}{\left(x-\frac{1}{x}\right)^2+2}.$$

所以想到对于积分 $\int_0^{+\infty} \frac{1+x^2}{1+x^4}\mathrm{d}x$ 作积分变量变换,命

$$u = x - \frac{1}{x}, 0 < x < +\infty,$$

当 $x \to 0^+$ 时 $u \to -\infty$; $x \to +\infty$ 时 $u \to +\infty$.

$$\frac{1}{2}\int_0^{+\infty} \frac{1+x^2}{1+x^4}\mathrm{d}x = \frac{1}{2}\int_{-\infty}^{+\infty} \frac{\mathrm{d}u}{u^2+2} = \frac{1}{2} \cdot \frac{1}{\sqrt{2}}\arctan\frac{u}{\sqrt{2}}\Big|_{-\infty}^{+\infty}$$

$$= \frac{1}{2\sqrt{2}}\left(\frac{\pi}{2} - \left(-\frac{\pi}{2}\right)\right) = \frac{\pi}{2\sqrt{2}} = \frac{\sqrt{2}}{4}\pi.$$

例 9 设 m, n 均是正整数,讨论反常积分

$$\int_0^1 \frac{\sqrt[m]{\ln^2(1-x)}}{\sqrt[n]{x}}\mathrm{d}x$$

的敛散性.

分析 下限 0 与上限 1 都是瑕点,所以应将该积分拆成两个,对其中的每一个用比较判别法的极限形式讨论之.

解 $\int_0^1 \frac{\sqrt[m]{\ln^2(1-x)}}{\sqrt[n]{x}}\mathrm{d}x = \int_0^{\frac{1}{2}} + \int_{\frac{1}{2}}^1.$

对于积分 $\int_0^{\frac{1}{2}} \frac{\sqrt[m]{\ln^2(1-x)}}{\sqrt[n]{x}}\mathrm{d}x$,由于 $f(x) = \frac{\sqrt[m]{\ln^2(1-x)}}{\sqrt[n]{x}} > 0$,且

$$\lim_{x \to 0^+} x^{\frac{1}{n}-\frac{2}{m}}f(x) = 1,$$

由该定理知,若 $0 < \frac{1}{n} - \frac{2}{m} < 1$,则该反常积分收敛. 若 $\frac{1}{n} - \frac{2}{m} \leqslant 0$,则 $\frac{2}{m} - \frac{1}{n} \geqslant 0$,

$$\lim_{x \to 0^+} f(x) = \lim_{x \to 0^+} \frac{\sqrt[m]{\ln^2(1-x)}}{\sqrt[n]{x}} \text{ 存在(为 0 或为 1)}.$$

此时,$\int_0^{\frac{1}{2}}$ 实际上不是反常积分,当然收敛. 故不论 m, n 是什么正整数,$\int_0^{\frac{1}{2}}$ 总收敛.

对于 $\int_{\frac{1}{2}}^1$,取 $0 < \delta < 1$,不论 m, n 是什么正整数,

$$\lim_{x \to 1^-} (1-x)^{\delta}f(x) = \lim_{x \to 1^-} \left[\ln^2(1-x)\right]^{\frac{1}{m}}(1-x)^{\delta} = 0,$$

由该定理知, $\int_{\frac{1}{2}}^{1}$ 收敛. 合并以上两种情况知, 不论 m,n 是什么正整数, 反常积分 $\int_{0}^{1}$ 总收敛.

　　[注]　这里其实并不需要 m,n 为正整数, 而只需 m,n 均为大于等于 1 的实数, 并且将 $\sqrt[m]{*}$ 写成 $(*)^{\frac{1}{m}}$, $\sqrt[n]{*}$ 写成 $(*)^{\frac{1}{n}}$ 即可.

　　例 10　(1) 证明反常积分 $\int_{0}^{+\infty} \dfrac{\sin x}{x} \mathrm{d}x$ 为条件收敛$\left(\text{即} \int_{0}^{+\infty} \dfrac{\sin x}{x} \mathrm{d}x \text{收敛, 但} \int_{0}^{+\infty} \left| \dfrac{\sin x}{x} \right| \mathrm{d}x\right.$ 发散$\Big)$.

　　(2) 可以用某种办法算得

$$\int_{0}^{+\infty} \frac{\sin x}{x} \mathrm{d}x = \frac{\pi}{2},$$

据此求 $\int_{0}^{+\infty} \dfrac{\sin^2 x}{x^2} \mathrm{d}x$ 的值.

　　解　(1) 先证 $\int_{0}^{+\infty} \dfrac{\sin x}{x} \mathrm{d}x$ 收敛. 命 $b(x) = \sin x, g(x) = \dfrac{1}{x}$. 有: $\int_{0}^{x} b(x) \mathrm{d}x = \int_{0}^{x} \sin x \mathrm{d}x = 1 - \cos x$,

$$\left| \int_{0}^{x} b(x) \mathrm{d}x \right| = |1 - \cos x| \leqslant 2 (\text{有界});$$

$$g(x) \text{ 单调} \to 0 (\text{当 } x \to 0^+).$$

由狄利克雷判别法知 $\int_{0}^{+\infty} \dfrac{\sin x}{x} \mathrm{d}x$ 收敛. 再证 $\int_{0}^{+\infty} \left| \dfrac{\sin x}{x} \right| \mathrm{d}x$ 发散.

　　因为 $\left| \dfrac{\sin x}{x} \right| \geqslant 0$, 所以积分 $\int_{0}^{t} \left| \dfrac{\sin x}{x} \right| \mathrm{d}x$ 随 $t \to +\infty$ 单调增加. 为证 $\int_{0}^{+\infty} \left| \dfrac{\sin x}{x} \right| \mathrm{d}x$ 发散, 只要取 $t_n = n\pi \to \infty$ 时 $\int_{0}^{t_n} \left| \dfrac{\sin x}{x} \right| \mathrm{d}x \to +\infty$ 即可.

$$\int_{0}^{t_n} \left| \frac{\sin x}{x} \right| \mathrm{d}x = \sum_{k=0}^{n-1} \int_{k\pi}^{(k+1)\pi} \left| \frac{\sin x}{x} \right| \mathrm{d}x = \sum_{k=0}^{n-1} \int_{0}^{\pi} \frac{\sin t}{k\pi + t} \mathrm{d}t.$$

而当 $0 \leqslant t \leqslant \pi$ 时, $\dfrac{1}{k\pi + t} \geqslant \dfrac{1}{(k+1)\pi}$, 所以

$$\int_{0}^{t_n} \left| \frac{\sin x}{x} \right| \mathrm{d}x \geqslant \sum_{k=0}^{n-1} \frac{1}{(k+1)\pi} \int_{0}^{\pi} \sin t \mathrm{d}t = \sum_{k=0}^{n-1} \frac{2}{(k+1)\pi},$$

所以 $\int_{0}^{+\infty} \left| \dfrac{\sin x}{x} \right| \mathrm{d}x$ 发散, 故 $\int_{0}^{+\infty} \dfrac{\sin x}{x} \mathrm{d}x$ 为条件收敛.

　　(2) 由于 $\lim\limits_{x \to 0} \dfrac{\sin^2 x}{x^2} = 1$, 所以积分 $\int_{0}^{+\infty} \dfrac{\sin^2 x}{x^2} \mathrm{d}x$ 的下限 $x = 0$ 不是瑕点. 又因

$$\lim_{x \to +\infty} \frac{\sin^2 x}{x^2} \cdot x^{\frac{3}{2}} = 0, p = \frac{3}{2} > 1,$$

所以积分 $\int_{0}^{+\infty} \dfrac{\sin^2 x}{x^2} \mathrm{d}x$ 收敛. 由分部积分,

$$\int_{0}^{+\infty} \left(\frac{\sin x}{x} \right)^2 \mathrm{d}x = \left[x \cdot \left(\frac{\sin x}{x} \right)^2 \right]_{0}^{+\infty} - \int_{0}^{+\infty} x \left(\left(\frac{\sin x}{x} \right)^2 \right)' \mathrm{d}x$$

$$= 0 + \int_{0}^{+\infty} 2 \left(\frac{\sin x}{x} \right)^2 \mathrm{d}x - \int_{0}^{+\infty} \frac{2\sin x \cos x}{x} \mathrm{d}x$$

所以

$$\int_0^{+\infty} \left(\frac{\sin x}{x}\right)^2 \mathrm{d}x = \int_0^{+\infty} \frac{2\sin x \cos x}{x} \mathrm{d}x = \int_0^{+\infty} \frac{\sin 2x}{2x} \mathrm{d}(2x) = \frac{\pi}{2}.$$

例 11 设 $f(x) \leqslant h(x) \leqslant g(x)$，$a \leqslant x < +\infty$，且 $\int_a^{+\infty} f(x)\mathrm{d}x$ 与 $\int_a^{+\infty} g(x)\mathrm{d}x$ 都收敛. 证明：$\int_a^{+\infty} h(x)\mathrm{d}x$ 亦收敛.

解 当 $a \leqslant x < +\infty$ 时，
$$h(x) = h(x) - f(x) + f(x),$$
$$0 \leqslant h(x) - f(x) \leqslant g(x) - f(x). \tag{$*$}$$

又因为下式右边两个积分存在，所以
$$\int_a^{+\infty} (g(x) - f(x))\mathrm{d}x = \int_a^{+\infty} g(x)\mathrm{d}x - \int_a^{+\infty} f(x)\mathrm{d}x,$$

从而 $\int_a^{+\infty} (g(x) - f(x))\mathrm{d}x$ 收敛. 由不等式 $(*)$，所以 $\int_a^{+\infty} (h(x) - f(x))\mathrm{d}x$ 也收敛（类似于级数的比较判别法）. 从而由

$$\int_a^{+\infty} h(x)\mathrm{d}x = \int_a^{+\infty} (h(x) - f(x) + f(x))\mathrm{d}x$$
$$= \int_a^{+\infty} (h(x) - f(x))\mathrm{d}x + \int_a^{+\infty} f(x)\mathrm{d}x$$

知，$\int_a^{+\infty} h(x)\mathrm{d}x$ 收敛. 证毕.

例 12 讨论 $\int_0^{+\infty} \frac{x+1}{x+2}\sin x^2 \mathrm{d}x$ 的敛散性，若收敛，请说明是条件收敛还是绝对收敛？

解 命 $b(x) = \frac{x+1}{x+2}$，$g(x) = \sin x^2$，当 $x \geqslant 0$ 时，$b(x)$ 单调且有界，而

$$\int_0^{+\infty} g(x)\mathrm{d}x = \int_0^{+\infty} \sin x^2 \mathrm{d}x = \int_0^{+\infty} \frac{\sin u}{2\sqrt{u}}\mathrm{d}u,$$

由狄利克雷判别法知它收敛（注意下限 $u = 0$ 不是瑕点），所以由阿贝尔判别法知，

$$\int_0^{+\infty} \frac{x+1}{x+2}\sin x^2 \mathrm{d}x = \int_0^{+\infty} b(x)g(x)\mathrm{d}x$$

收敛. 下面证明 $\int_0^{+\infty} \left|\frac{x+1}{x+2}\sin x^2\right| \mathrm{d}x$ 发散. 易见

$$\left|\frac{x+1}{x+2}\sin x^2\right| \geqslant \frac{1}{2}|\sin x^2|,$$

$$\frac{1}{2}\int_0^{+\infty} |\sin x^2|\mathrm{d}x = \frac{1}{4}\int_0^{+\infty} \left|\frac{\sin u}{\sqrt{u}}\right|\mathrm{d}u,$$

而

$$\frac{1}{4}\int_0^{n\pi} \left|\frac{\sin u}{\sqrt{u}}\right|\mathrm{d}u = \frac{1}{4}\sum_{k=0}^{n-1}\int_{k\pi}^{(k+1)\pi} \left|\frac{\sin u}{\sqrt{u}}\right|\mathrm{d}u$$

$$= \frac{1}{4}\sum_{k=0}^{n-1}\int_0^{\pi} \frac{\sin t}{\sqrt{k\pi + t}}\mathrm{d}t \geqslant \frac{1}{4}\sum_{k=0}^{n-1}\int_0^{\pi} \frac{\sin t \mathrm{d}t}{\sqrt{(k+1)\pi}}$$

$$= \frac{1}{2}\sum_{k=0}^{n-1} \frac{1}{\sqrt{(k+1)\pi}} \to +\infty, \quad (\text{当 } n \to \infty)$$

所以 $\int_0^{+\infty} \left| \dfrac{x+1}{x+2} \sin x^2 \right| \mathrm{d}x$ 发散，故 $\int_0^{+\infty} \dfrac{x+1}{x+2} \sin x^2 \mathrm{d}x$ 条件收敛.

例 13 设函数 $f(x)$ 在区间 $[0, +\infty)$ 上满足 $0 < f(x) < 1$ 且 $\int_0^{+\infty} f(x)\mathrm{d}x$ 与 $\int_0^{+\infty} xf(x)\mathrm{d}x$ 都收敛. 证明

$$\int_0^{+\infty} xf(x)\mathrm{d}x > \frac{1}{2} \left(\int_0^{+\infty} f(x)\mathrm{d}x \right)^2.$$

解 记 $a = \int_0^{+\infty} f(x)\mathrm{d}x$，由题设知 $a > 0$.

$$\int_a^{+\infty} xf(x)\mathrm{d}x \geqslant a \int_a^{+\infty} f(x)\mathrm{d}x = a\left[\int_0^{+\infty} f(x)\mathrm{d}x - \int_0^a f(x)\mathrm{d}x \right]$$

$$= a\left[a - \int_0^a f(x)\mathrm{d}x \right] = a\left[\int_0^a 1\mathrm{d}x - \int_0^a f(x)\mathrm{d}x \right]$$

$$= a \int_0^a (1 - f(x))\mathrm{d}x > \int_0^a x(1 - f(x))\mathrm{d}x,$$

所以

$$\int_0^{+\infty} xf(x)\mathrm{d}x = \int_0^a xf(x)\mathrm{d}x + \int_a^{+\infty} xf(x)\mathrm{d}x > \int_0^a x\mathrm{d}x = \frac{a^2}{2},$$

$$\int_0^{+\infty} xf(x)\mathrm{d}x > \frac{1}{2} \left(\int_0^{+\infty} f(x)\mathrm{d}x \right)^2.$$

[注] 本题为 2011 年全国大学生数学竞赛（数学类）决赛题. 本题中未设 $f(x)$ 在 $[0, +\infty)$ 上连续，只设 $\int_0^{+\infty} f(x)\mathrm{d}x$ 与 $\int_0^{+\infty} xf(x)\mathrm{d}x$ 都收敛，当然包含了对任意 $b > 0$，积分 $\int_0^b f(x)\mathrm{d}x$ 与 $\int_0^b xf(x)\mathrm{d}x$ 都存在. 如果增设 $f(x)$ 在区间 $[a, +\infty)$ 上连续，再添上原来的假设 "$\int_0^{+\infty} f(x)\mathrm{d}x$ 与 $\int_0^{+\infty} xf(x)\mathrm{d}x$ 都收敛"，那么可以用下面的证法.

命 $F(x) = \int_0^x tf(t)\mathrm{d}t - \dfrac{1}{2} \left(\int_0^x f(t)\mathrm{d}x \right)^2$，有

$$F'(x) = xf(x) - f(x) \int_0^x f(t)\mathrm{d}t = f(x) \left(x - \int_0^x f(t)\mathrm{d}t \right) > 0,$$

所以 $F(x)$ 在区间 $[0, +\infty)$ 上严格单调增加. 所以

$$\lim_{x \to +\infty} F(x) > F(0) = 0,$$

即

$$\int_0^{+\infty} xf(x)\mathrm{d}x > \frac{1}{2} \left(\int_0^{+\infty} f(x)\mathrm{d}x \right)^2.$$

例 14 设在区间 $[0, +\infty)$ 上 $f(x)$ 具有一阶连续导数，且 $f(0) > 0, f'(x) \geqslant 0$，并设积分 $\int_0^{+\infty} \dfrac{\mathrm{d}x}{f(x) + f'(x)}$ 收敛，证明积分 $\int_0^{+\infty} \dfrac{\mathrm{d}x}{f(x)}$ 亦收敛.

解 由 $f(0) > 0, f'(x) \geqslant 0$，故当 $0 \leqslant x < +\infty$ 时，$f(x) > 0$，且

$$0 < \int_0^N \frac{1}{f(x)}\mathrm{d}x - \int_0^N \frac{1}{f(x) + f'(x)}\mathrm{d}x = \int_0^N \frac{f'(x)}{f(x)(f(x) + f'(x))}\mathrm{d}x$$

$$\leqslant \int_0^N \frac{f'(x)}{[f(x)]^2}\mathrm{d}x = \left[-\frac{1}{f(x)} \right]_0^N = -\frac{1}{f(N)} + \frac{1}{f(0)} < \frac{1}{f(0)}.$$

所以

$$\int_0^N \frac{1}{f(x)}\mathrm{d}x < \frac{1}{f(0)} + \int_0^N \frac{1}{f(x)+f'(x)}\mathrm{d}x < \frac{1}{f(0)} + \int_0^{+\infty} \frac{1}{f(x)+f'(x)}\mathrm{d}x.$$

命 $N \to +\infty$，由于 $\int_0^N \frac{1}{f(x)}\mathrm{d}x$ 随 N 单调增加且有上界 $\frac{1}{f(0)} + \int_0^{+\infty} \frac{1}{f(x)+f'(x)}\mathrm{d}x$，所以

$$\lim_{N \to +\infty} \int_0^N \frac{1}{f(x)}\mathrm{d}x \; 存在，即 \int_0^{+\infty} \frac{1}{f(x)}\mathrm{d}x \; 收敛.$$

证毕.

[**注**] 本题为 2012 年全国大学生数学竞赛(数学类)预赛题.

第三章习题

一、填空题

1. $\int_{\frac{1}{2}}^{2} \left(1 + x - \frac{1}{x}\right) \mathrm{e}^{x+\frac{1}{x}} \mathrm{d}x =$ ____.

2. 设 $a > 0, b > 0$ 均是常数，则 $\int_0^{+\infty} \mathrm{e}^{-ax^2 - \frac{b}{x^2}} \mathrm{d}x =$ ____.

3. $\dfrac{2}{\pi} \int_0^{+\infty} \dfrac{\sin x \cos ax}{x} \mathrm{d}x =$ ____，其中常数 $a > 0, a \neq 1$.

4. $\int_0^{+\infty} \dfrac{\sin^4 x}{x^2} \mathrm{d}x =$ ____.

5. 设常数 $n \geqslant 0$，反常积分 $\int_0^{+\infty} \dfrac{x^m \arctan x}{2 + x^n} \mathrm{d}x$ 收敛，则常数 m、n 的取值范围为_____，_____

6. 设 a, b 均是常数，则 $\int_0^{+\infty} \dfrac{\mathrm{e}^{-a^2 x^2} - \mathrm{e}^{-b^2 x^2}}{x^2} \mathrm{d}x =$ ____.

7. $\int_0^1 \sqrt{1-x^2} \ln \left| 1 - \dfrac{1}{x^2} \right| \mathrm{d}x =$ ____.

8. 设常数 a 满足 $0 \leqslant a \leqslant 1$，则 $\int_0^1 \dfrac{\mathrm{d}x}{(1 + a^2 x^2)\sqrt{1-x^2}} =$ ____.

9. $\int_{-\frac{\pi}{2}}^{\frac{\pi}{2}} \dfrac{x + \sin^2 x}{(1 + \cos x)^2} \mathrm{d}x =$ ____.

10. $\int_2^4 \dfrac{\sqrt{\ln(9-x)}}{\sqrt{\ln(9-x)} + \sqrt{\ln(x+3)}} \mathrm{d}x$ ____.

11. $\int_0^\pi \dfrac{x \sin x}{1 + \cos^2 x} \mathrm{d}x =$ ____.

12. $\int_{-\frac{\pi}{2}}^{\frac{\pi}{2}} \dfrac{\sin^2 x}{1 + \mathrm{e}^{-x}} \mathrm{d}x =$ ____.

13. $\int_0^{\frac{\pi}{2}} \ln \sin x \mathrm{d}x =$ ____.

14. 设 $f'(x) = \arctan(x-1)^2, f(0) = 0$，则 $\int_0^1 f(x) \mathrm{d}x =$ ____.

15. 设 $f(x) = \int_0^x \dfrac{\sin t}{x - t} \mathrm{d}t$，则 $\int_0^\pi f(x) \mathrm{d}x =$ ____.

二、解答题

16. 设 n 为正整数，求 $\int_0^\pi \dfrac{\sin(2n-1)x}{\sin x}\mathrm{d}x$.

17. 求 $\int_0^\pi \dfrac{x\mid\sin x\cos x\mid}{1+\sin^4 x}\mathrm{d}x$.

18. 求 $\int \mathrm{e}^{\sin 2x-2x}\sin^2 x\mathrm{d}x$.

19. 求 $\int_0^1 \dfrac{\arctan x}{x\sqrt{1-x^2}}\mathrm{d}x$.

20. 求 $\int \sqrt{\dfrac{\mathrm{e}^x-1}{\mathrm{e}^x+1}}\mathrm{d}x$.

21. 求 $\int_0^{+\infty} \dfrac{\arctan x}{(1+x^2)^{5/2}}\mathrm{d}x$.

22. 求 $\int \dfrac{\mathrm{d}x}{\sin^6 x+\cos^6 x}$.

23. 求 $\int \dfrac{x\ln x}{(x^2-1)^{3/2}}\mathrm{d}x$.

24. 求 $\int_{-\pi}^\pi \dfrac{x\sin x\cdot\arctan\mathrm{e}^x}{1+\cos^2 x}\mathrm{d}x$.

25. 设 m,n 是正整数，求 $\int_0^1 x^m(1-x)^n\mathrm{d}x$.

26. 设常数 $r\in(0,1)$，求 $\int_{-\pi}^\pi \dfrac{1-r^2}{1-2r\cos x+r^2}\mathrm{d}x$.

27. 设 $g(x)=\int_0^x \mathrm{e}^{-u^2}\mathrm{d}u$，求 $\int_0^{+\infty}\left(\dfrac{\sqrt{\pi}}{2}-g(x)\right)\mathrm{d}x$.

28. 设 $y=y(x)$ 由方程 $y(x-y)^2=x$ 所确定，计算不定积分 $\int\dfrac{\mathrm{d}x}{x-3y}$.

29. 设 α 为常数，求 $\int_0^{+\infty}\dfrac{\mathrm{d}x}{(1+x^2)(1+x^\alpha)}$.

30. 设常数 $\alpha>0$，证明 $\int_0^{\frac{\pi}{2}}\dfrac{\sin x}{1+x^\alpha}\mathrm{d}x<\int_0^{\frac{\pi}{2}}\dfrac{\cos x}{1+x^\alpha}\mathrm{d}x$.

31. 设 α 是满足 $0<\alpha<\dfrac{\pi}{2}$ 的常数，证明 $\int_0^{2\pi}\dfrac{\sin x}{x}\mathrm{d}x>\sin\alpha\cdot\ln\left(\dfrac{\pi^2-\alpha^2}{(2\pi-\alpha)\alpha}\right)$.

32. 证明 $\int_a^{a+2\pi}\mathrm{e}^{\sin x}\sin x\mathrm{d}x>0$，其中 a 是常数.

33. 设 $f(x)$ 在 $[0,1]$ 上连续，在 $(0,1)$ 内可导，且 $f(0)=0,0<f'(x)<1$. 证明 $\left[\int_0^1 f(x)\mathrm{d}x\right]^2>\int_0^1 f^3(x)\mathrm{d}x$.

34. 设常数 $a>0$，函数 $f(x)$ 在区间 $\left[-\dfrac{1}{a},a\right]$ 上连续且非负但不恒等于零，$\int_{-\frac{1}{a}}^a xf(x)\mathrm{d}x=0$. 试证明 $\int_{-\frac{1}{a}}^a x^2 f(x)\mathrm{d}x<\int_{-\frac{1}{a}}^a f(x)\mathrm{d}x$.

35. 设 $f(x)$ 在 $[a,b]$ 上连续非负,且 $\int_a^b f(x)\mathrm{d}x = 1$. 又设 k 为常数,试证明

$$\left(\int_a^b f(x)\cos kx\,\mathrm{d}x\right)^2 + \left(\int_a^b f(x)\sin kx\,\mathrm{d}x\right)^2 \leqslant 1.$$

36. 设 $f(x)$ 与 $g(x)$ 在 $[a,b]$ 上连续且单调,并且两者的单调性相同,证明

$$\int_a^b f(x)\mathrm{d}x\int_a^b g(x)\mathrm{d}x \leqslant (b-a)\int_a^b f(x)g(x)\mathrm{d}x.$$

37. 设 $f(x)$ 在 $(-\infty,+\infty)$ 上连续且 $F(x) = \int_{-\infty}^x f(t)\mathrm{d}t$ 收敛,$|F(x)+f(x)| \leqslant 1$,
试证明 $\left|\int_{-\infty}^x f(t)\mathrm{d}t\right| \leqslant 1$.

38. 设 $f(x)$ 在 $[0,1]$ 上有连续的导数.试证明:对于任意 $x \in [0,1]$,有

$$|f(x)| \leqslant \int_0^1 [\,|f'(t)|+|f(t)|\,]\mathrm{d}t.$$

39. 设 $f(x)$ 在 $[a,b]$ 上可导,且 $|f'(x)| \leqslant M$. 证明

$$\left|\int_a^b f(x)\mathrm{d}x - \frac{b-a}{n}\sum_{k=1}^n f\left(\frac{k}{n}\right)\right| \leqslant \frac{M}{2n}(b-a)^2.$$

40. 设 $f(x)$ 在 $[0,1]$ 上单调减少正值连续.证明

$$\frac{\int_0^1 xf^2(x)\mathrm{d}x}{\int_0^1 xf(x)\mathrm{d}x} \leqslant \frac{\int_0^1 f^2(x)\mathrm{d}x}{\int_0^1 f(x)\mathrm{d}x}.$$

41. 设 $f(x)$ 在 $[a,b]$ 上有连续的导数,且 $f(a) = f(b) = 0$,试证明 $\max\limits_{[a,b]} |f'(x)| \geqslant$
$\dfrac{4}{(b-a)^2}\int_a^b |f(x)|\,\mathrm{d}x$.

42. 设 $f(x)$ 在 $(-\infty,+\infty)$ 上连续,且 $|f(x)| \leqslant k\int_0^x f(t)\mathrm{d}t$,其中 $k > 0$ 为常数.证明
在 $(-\infty,+\infty)$ 上 $f(x) \equiv 0$.

43. 设函数 $f(x)$ 在区间 $[a,b]$ 上满足 $|f(x)| \leqslant \pi, f'(x) \geqslant m > 0$,证明 $\left|\int_a^b \sin f(x)\mathrm{d}x\right| \leqslant$
$\dfrac{2}{m}$.(本题为 2013 年全国大学生数学竞赛(非数学类)预赛题).

44. 设 $f(x)$ 在 $[a,b]$ 上连续且单调增加.试证明 $\int_a^b xf(x)\mathrm{d}x \geqslant \dfrac{a+b}{2}\int_a^b f(x)\mathrm{d}x$.

45. 设 $f(x)$ 与 $g(x)$ 在 $[0,1]$ 上具有连续的导数,且 $f(0) = 0, f'(x) \geqslant 0, g'(x) \geqslant 0$.
试证明:对任何的 $a \in [0,1]$,有

$$\int_0^a g(x)f'(x)\mathrm{d}x + \int_0^1 f(x)g'(x)\mathrm{d}x \geqslant f(a)g(1).$$

46. 设 $f(x)$ 在 $[a,b]$ 上具有二阶导数,且 $f''(x) > 0$.试用泰勒公式证明

$$f\left(\frac{a+b}{2}\right) < \frac{1}{b-a}\int_a^b f(x)\mathrm{d}x < \frac{1}{2}[f(a)+f(b)].$$

47. 设 $f(x)$ 在 $[0,\pi]$ 上连续,$\int_0^\pi f(x)\cos x\,\mathrm{d}x = 0$.试证明:(1) 至少存在两点 $\xi_1 \in (0,$
$\pi), \xi_2 \in (0,\pi), \xi_1 \neq \xi_2$,使 $f(\xi_1) = f(\xi_2)$;

(2) 如果再添条件 $\int_0^\pi f(x)\sin x\mathrm{d}x = 0$，则至少存在两点 $\xi_1 \in (0,\pi), \xi_2 \in (0,\pi), \xi_1 \neq \xi_2$，使 $f(\xi_1) = f(\xi_2) = 0$.

48. 设 $f(x)$ 在 $[0,1]$ 上连续，且

$$\int_0^1 f(x)\mathrm{d}x = \int_0^1 xf(x)\mathrm{d}x = \cdots = \int_0^1 x^n f(x)\mathrm{d}x = 0,$$

试证明，在区间 $(0,1)$ 内至少存在 $n+1$ 个不同的点 $x_1, x_2, \cdots, x_{n+1}$ 使 $f(x_1) = f(x_2) = \cdots = f(x_{n+1}) = 0$.

49. 设 $f(x)$ 在区间 $[0,1]$ 上连续，$\int_0^1 f(x)\mathrm{d}x = \dfrac{1}{3}$. 试证明：在区间 $(0,1)$ 内存在 n 个不同的点 $\xi_i(i = 1, \cdots, n)$，使 $\sum_{i=1}^n (f(\xi_i) - \xi_i^2) = 0$.

50. 设 $f(x)$ 在 $[a,b]$ 上连续，如果对于任意一个满足 $g(a) = g(b) = 0$ 且在 $[a,b]$ 上连续的函数 $g(x)$，都有

$$\int_a^b f(x)g(x)\mathrm{d}x = 0,$$

试证明 $f(x) \equiv 0$.

51. 设 $f(x)$ 在 $[-a,a]$ 上具有二阶连续导数，其中常数 $a > 0$. 并设 $f(0) = 0$. 试证明：在 $(-a,a)$ 内至少存在一点 ξ，使得 $a^3 f''(\xi) = 3\int_{-a}^a f(x)\mathrm{d}x$.

52. 设 $f(x)$ 在 $[-1,1]$ 上具有连续的二阶导数，证明存在 $\eta \in [-1,1]$ 使 $\int_{-1}^1 xf(x)\mathrm{d}x = \dfrac{2}{3}f'(\eta) + \dfrac{1}{3}\eta f''(\eta)$.

53. 求 $I_1 = \lim\limits_{n\to\infty} \int_0^{2\pi} \dfrac{\sin nx}{x^2 + n^2}\mathrm{d}x$；

54. 求 $I_2 = \lim\limits_{n\to\infty} \int_0^{2\pi} \dfrac{\cos nx}{1+x}\mathrm{d}x$.

55. 设 $\varphi(x)$ 在 $[0,\pi]$ 上连续，证明

$$\lim_{n\to\infty} \int_0^\pi |\sin nx|\varphi(x)\mathrm{d}x = \dfrac{2}{\pi}\int_0^\pi \varphi(x)\mathrm{d}x.$$

56. 设 $f(x)$ 在 $[0,+\infty)$ 上连续，$0 < a < b$，$\lim\limits_{x\to+\infty} f(x) = k$. 证明

$$\int_0^{+\infty} \dfrac{f(ax) - f(bx)}{x}\mathrm{d}x = [f(0) - k]\ln\dfrac{b}{a}.$$

57. 设 $I_n = \int_0^{\frac{\pi}{2}} \dfrac{\sin^2 nx}{\sin x}\mathrm{d}x$，(1) 求 I_n；(2) 求 $\lim\limits_{n\to\infty} I_n$.

58. 讨论下列反常积分的敛散性，若收敛，进一步讨论是条件收敛还是绝对收敛.

(1) $\int_1^{+\infty} \dfrac{\cos x}{x^2}\mathrm{d}x$. 　　(2) $\int_0^{+\infty} \dfrac{\sin^2 x}{x}\mathrm{d}x$.

59. 讨论下列反常积分的敛散性.

(1) $\int_0^{+\infty} \dfrac{(\arctan x)^n}{x^m}\mathrm{d}x$. 　　(2) $\int_0^{+\infty} \dfrac{\ln(1+x)}{x^n}\mathrm{d}x$.

(3) $\displaystyle\int_1^{+\infty} \frac{\mathrm{d}x}{x^m \ln^n x}$. (4) $\displaystyle\int_0^{\frac{\pi}{2}} \frac{\mathrm{d}x}{\sin^n x \cos^n x}$.

60. 设 $f(x)=[2x]-2[x]$（当 $x\geqslant 1$）.（1）证明 $\displaystyle\int_1^{+\infty} \frac{f(x)}{x^2}\mathrm{d}x$ 收敛;（2）计算 $\displaystyle\int_1^{+\infty} \frac{f(x)}{x^2}\mathrm{d}x$. 这里 $[\ *\ ]$ 表示不超过 $*$ 的最大整数.

61. 设 $f(x)$ 在区间 $[0,+\infty)$ 上连续,且反常积分 $\displaystyle\int_0^{+\infty} f(x)\mathrm{d}x$ 收敛. 求 $\displaystyle\lim_{y\to+\infty} \frac{1}{y}\int_0^y xf(x)\mathrm{d}x$. (2010 年全国大学生数学竞赛决赛题).

62. 设 $f(x)$ 单调下降趋于 0（当 $x\to+\infty$ 时）,且 $f(x)$ 在 $[0,+\infty)$ 上具有连续的一阶导数,证明 $\displaystyle\int_0^{+\infty} f'(x)\sin^2 x\mathrm{d}x$ 收敛.

63. 设 $f(x)$ 在区间 $[0,+\infty)$ 上连续且 $\displaystyle\int_0^{+\infty} f(x)\mathrm{d}x$ 条件收敛. 证明 $\displaystyle\int_0^{+\infty} \max\{f(x),0\}\mathrm{d}x$ 与 $\displaystyle\int_0^{+\infty} \min\{f(x),0\}\mathrm{d}x$ 都发散.

64. 设 $f(x)$ 与 $f'(x)$ 在区间 $[a,+\infty)$ 上都连续,且 $\displaystyle\int_a^{+\infty} f(x)\mathrm{d}x$ 与 $\displaystyle\int_a^{+\infty} f'(x)\mathrm{d}x$ 都收敛,证明 $\displaystyle\lim_{x\to+\infty} f(x)=0$.

65. 设 $f(x)$ 在区间 $[a,+\infty)$ 上单调下降,且积分 $\displaystyle\int_a^{+\infty} f(x)\mathrm{d}x$ 收敛,证明 $\displaystyle\lim_{x\to+\infty} xf(x)=0$.

66. 在区间 $[0,2]$ 上是否存在具有连续导数的函数 $f(x)$,它满足 $f(0)=f(2)=1$, $|f'(x)|\leqslant 1$, $\left|\displaystyle\int_0^2 f(x)\mathrm{d}x\right|\leqslant 1$?请说明理由.（本题为 2011 年全国大学生数学竞赛（非数学类）预赛题）.

67. 是否存在在 $(-\infty,+\infty)$ 内连续但不恒等于零的函数 $f(x)$,使 $\varphi(x)=f(x)\displaystyle\int_0^x f(t)\mathrm{d}t$ 在 $(-\infty,+\infty)$ 内单调减少?若存在,请举出 $f(x)$ 的例子;若不存在,请给出理由.

第三章习题答案

1. $\dfrac{3}{2}\mathrm{e}^{\frac{3}{2}}$（用分部积分）.

2. $\dfrac{1}{2}\sqrt{\dfrac{\pi}{a}}\mathrm{e}^{-2\sqrt{ab}}$ $\left(\text{提示}:-ax^2-\dfrac{b}{x^2}=-\left(\sqrt{a}x-\dfrac{\sqrt{b}}{x}\right)^2-2\sqrt{ab},\text{再作变换}\sqrt{a}x-\dfrac{\sqrt{b}}{x}=t\right)$.

3. 1. 分子用积化和差公式,再用 $\displaystyle\int_0^{+\infty} \frac{\sin x}{x}\mathrm{d}x=\frac{\pi}{2}$.

4. $\dfrac{\pi}{4}$. 由 $\dfrac{\sin^4 x}{x^2}=\dfrac{\sin^2 x}{x^2}-\dfrac{\sin^2 2x}{(2x)^2}$. 再用 $\displaystyle\int_0^{+\infty} \left(\frac{\sin x}{x}\right)^2\mathrm{d}x=\frac{\pi}{2}$.

5. $m>-2, n-m>1$.

6. $\sqrt{\pi}(b-a)$（用分部积分）.

7. $\dfrac{\pi}{2}$（命 $x=\sin\theta$,再用分部积分）.

8. $\dfrac{\pi}{2\sqrt{1+a^2}}$（命 $x=\cos\theta$，再命 $\tan\theta=t$）.

9. $4-\pi$（用奇、偶性及分部积分）.

10. 1（命 $x-3=t$）.

11. $\dfrac{\pi^2}{4}$（参见 3.1 节例 14）.

12. $\dfrac{\pi}{4}$（参见 3.1 节例 6）.

13. $-\dfrac{\pi}{2}\ln2$.

14. $\dfrac{\pi}{8}-\dfrac{1}{4}\ln2$.

15. 2.

16. π.

17. $\dfrac{\pi^2}{8}$.

18. $-\dfrac{1}{4}e^{\sin2x-2x}+C$（用分部积分）.

19. $\dfrac{\pi}{2}\ln(1+\sqrt{2})\left(\dfrac{\arctan x}{x}=\displaystyle\int_0^1\dfrac{\mathrm{d}y}{1+x^2y^2},\text{再交换积分次序}\right)$.

20. $\ln(e^x+\sqrt{e^{2x}-1})+\arcsin e^{-x}+C$.

21. $\dfrac{\pi}{3}-\dfrac{7}{9}$.

22. $\arctan\left(\dfrac{\tan2x}{2}\right)+C$.

23. $-\left(\dfrac{\ln x}{\sqrt{x^2-1}}+\arcsin\dfrac{1}{x}\right)+C$.

24. $\dfrac{\pi^3}{8}$.

25. $\dfrac{m!\,n!}{(m+n+1)!}$（用分部积分）.

26. 2π（用万能代换）.

27. $\dfrac{1}{2}$.

28. $\dfrac{1}{2}\ln|(x-y)^2-1|+C$. 命 $x-y=t$ 引入参数 t，化成参数式积分.

29. $\dfrac{\pi}{4}\left(\text{命 }x=\dfrac{1}{t}\right)$.

30. 移项考虑差 $\displaystyle\int_0^{\frac{\pi}{2}}\dfrac{\sin x-\cos x}{1+x^a}\mathrm{d}x=\int_0^{\frac{\pi}{4}}+\int_{\frac{\pi}{4}}^{\frac{\pi}{2}}$，再将后者积分变换成 $\displaystyle\int_0^{\frac{\pi}{4}}$.

31. 易证 $\displaystyle\int_0^{2\pi}\dfrac{\sin x}{x}\mathrm{d}x=\int_0^{\pi}\dfrac{\pi\sin x}{x(x+\pi)}\mathrm{d}x$，再证后者 $>\displaystyle\int_{\alpha}^{\pi-\alpha}\dfrac{\pi\sin\alpha}{x(x+\pi)}\mathrm{d}x$ 便得.

32. $\int_a^{a+2\pi} = \int_{-\pi}^{\pi} = \int_{-\pi}^0 + \int_0^{\pi}$，再将 $\int_{-\pi}^0$ 变换成 $\int_0^{\pi}$ 或用分部积分．

33. 变限法．

34. $\int_{-\frac{1}{a}}^a f(x)\mathrm{d}x - \int_{-\frac{1}{a}}^a x^2 f(x)\mathrm{d}x = \int_{-\frac{1}{a}}^a f(x)(1 + kx - x^2)\mathrm{d}x$．取适当的 k 使在区间 $\left[-\dfrac{1}{a}, a\right]$ 上，$1 + kx - x^2 \geqslant 0$ 而不恒等于 0．

35. 用柯西-施瓦茨不等式．

36. 由 $(f(x) - f(y))(g(x) - g(y)) \geqslant 0$ 出发去证．

37. 由条件有 $\mid (F(x)\mathrm{e}^x)' \mid \leqslant \mathrm{e}^x$，由此可得证．

38. 由 $f(x) = f(x_0) + \int_{x_0}^x f'(t)\mathrm{d}t$ 并取 $x_0 \in [0,1]$ 为 $f(x)$ 的最小值点即可．

39. 参见 3.2 节例 5．

40. 移项、通分、取分子、将积分上限记为变量，用单调性证．

41. 划分成两个区间 $\left[a, \dfrac{a+b}{2}\right]$ 与 $\left[\dfrac{a+b}{2}, b\right]$ 考虑．

42. 参见第二章习题 70．

43. 作反函数变换此积分变量．

44. 命 $\varphi(x) = \int_a^x t f(t)\mathrm{d}t - \dfrac{a+x}{2}\int_a^x f(t)\mathrm{d}t$．

45. 本题的几何意义十分明显．用分析方法可按如下方法证明：将 $[a,b]n$ 等分，$\int_a^b f(x)\mathrm{d}x = \lim\limits_{n\to\infty} \dfrac{b-a}{n}\sum\limits_{i=1}^n f\left(a + \dfrac{i}{n}(b-a)\right)$，由题给条件便得．

46. 本题有十分明显的几何意义．用变限法可证．

47. (1) $\int_0^{\pi} f(x)\cos x\mathrm{d}x = \int_0^{\frac{\pi}{2}}(f(x) - f(\pi - x))\cos x\mathrm{d}x = 0$，推知存在 ξ 使 $f(\xi) = f(\pi - \xi)$，$\xi \in \left(0, \dfrac{\pi}{2}\right)$．(2) 仿 3.2 节例 21．

48. 仿 3.2 节例 21．

49. 命 $F(x) = \int_0^x f(t)\mathrm{d}t - \dfrac{1}{3}x^3$．在区间 $\left[\dfrac{i}{n}, \dfrac{i+1}{n}\right]$ 上用拉格朗日中值定理．

50. 用反证法，设 $f(x_0) > 0$，$x_0 \in (a,b)$，取区间 $(\xi_1, \xi_2) \subset (a,b)$，使在 (ξ_1, ξ_2) 内 $f(x) > 0$．取 $g(x) = (x-\xi_1)^2(\xi_2-x)^2$，当 $x \in (\xi_1, \xi_2)$，其他处 $g(x) = 0$．于是 $\int_a^b f(x)g(x)\mathrm{d}x > 0$，导致矛盾．

51. 命 $F(x) = \int_{-x}^x f(t)\mathrm{d}t$，在 $x = 0$ 处将 $F(x)$ 按拉格朗日余项泰勒公式展开至 $n = 2$．

52. 命 $F(x) = xf(x)$ 或 $\varphi(x) = \int_0^x t f(t)\mathrm{d}t$，用泰勒公式展开，再用连续函数介值定理．

53. 0．

54. 0（用分部积分）．

55. 根据 $\mid \sin nx \mid$ 分段用推广的积分中值定理．

56. 参考 3.3 节例 3.

57. 先证明 $I_n - I_{n-1} = \dfrac{1}{2n-1}$，然后推出 $I_n = \sum\limits_{k=1}^{n} \dfrac{1}{2k-1}$，$\lim\limits_{n \to \infty} I_n = +\infty$.

58. (1) 绝对收敛，仿 3.3 节例 10；(2) 发散，仿(1).

59. (1) $1 < m < n+1$ 时收敛，其他情形发散；(2) $1 < n < 2$ 时收敛，其他情形发散；(3) $m > 1$ 且 $n < 1$ 时收敛，其他情形发散；(4) $m < 1$，且 $n < 1$ 时收敛，其他情形发散.

60. (1) 先写出 $f(x)$ 的分段表达式，可知 $\lim\limits_{n \to +\infty} \dfrac{f(x)}{x^2} \cdot x^{\frac{3}{2}} = 0$. 再用反常积分比较判敛法的极限形式；(2) 由 $\displaystyle\int_1^{+\infty} \dfrac{f(x)}{x^2} \mathrm{d}x = \sum_{n=1}^{\infty} \int_{n+\frac{1}{2}}^{n+1} \dfrac{1}{x^2} \mathrm{d}x$ 便知 $\displaystyle\int_1^{+\infty} \dfrac{f(x)}{x^2} \mathrm{d}x = 2\ln 2 - 1$.

61. 0. 先用分部积分再用推广了的洛必达法则.

62. 由分部积分再用狄利克雷判敛法可得.

63. 由 $\max\{f(x), 0\} = \dfrac{1}{2}(f(x) + |f(x)|)$，$\min\{f(x), 0\} = \dfrac{1}{2}(f(x) - |f(x)|)$ 便得.

64. 由 $\displaystyle\int_a^{+\infty} f'(x) \mathrm{d}x$ 存在，所以 $\lim\limits_{x \to +\infty} f(x)$ 存在，记它为 A. 设 $A > 0$，于是存在 $X > a$，当 $x > X$ 时 $f(x) > \dfrac{A}{2}$. 从而 $\displaystyle\int_a^{+\infty} f(x) \mathrm{d}x = \int_a^X f(x) \mathrm{d}x + \int_X^{+\infty} f(x) \mathrm{d}x = +\infty$ 矛盾. 设 $A < 0$，类似地亦导出矛盾，故 $A = 0$.

65. 不妨可认为 $f(x) > 0$(当 $a \leqslant x < +\infty$)，且 $\displaystyle\int_a^{+\infty} f(x) \mathrm{d}x = A$. 于是 $\forall \varepsilon > 0$，$\exists X > a$，当 $x > X$ 时 $\displaystyle\int_X^x f(t) \mathrm{d}t < \dfrac{\varepsilon}{2}$. 从而 $\dfrac{\varepsilon}{2} > \displaystyle\int_X^x f(t) \mathrm{d}t \geqslant \int_X^x f(x) \mathrm{d}x = (x - X)f(x)$，取 $x > 2X$，从而 $xf(x) < \varepsilon$.

66. 具有题给性质的 $f(x)$ 是不存在的. 因若存在，由拉格朗日中值定理可得 $f(x) \geqslant 1 - x$ 且 $f(x) \geqslant x - 1$. 从而 $f(x) \geqslant |x - 1|$. 于是 $\displaystyle\int_0^2 f(x) \mathrm{d}x \geqslant 1$. 再由条件 $\left|\displaystyle\int_0^2 f(x) \mathrm{d}x\right| \leqslant 1$，所以只有 $f(x) = |x - 1|$. 但它不可微.

67. $\displaystyle\int_0^x \varphi(u) \mathrm{d}u = \dfrac{1}{2}\left[\int_0^x f(t) \mathrm{d}t\right]^2 \geqslant 0$. 设 $f(x) \not\equiv 0$，则存在 $x > 0$ 及 $\xi \in (0, x)$ 使 $\varphi(\xi) > 0$，并且存在 $x < 0$ 及 $\eta \in (x, 0)$ 使 $\varphi(\eta) < 0$. 此与 $\varphi(x)$ 在 $(-\infty, +\infty)$ 内单调减少矛盾.

第四章　常微分方程

4.1　基本类型求解

下面一至三三大段所列的各种类型,为非数学专业要求的常微分方程的基本类型.其每一类型都有一套标准的解法,无甚难点.作为竞赛,一般说来不会直截了当考这些类型方程的求解,以下所举例子,点到为止.但有些细节,仍提请读者注意.

本章不区分通解与通积分的不同.

一、一阶方程的五种类型

例 1　求方程 $\dfrac{\mathrm{d}y}{\mathrm{d}x} = (1-y^2)\tan x$ 的通解以及满足 $y\mid_{x=0} = 2$ 的特解.

分析　这是变量可分离方程.

解　当 $y^2 \neq 1$ 时,分离变量得

$$\frac{\mathrm{d}y}{1-y^2} = \tan x \, \mathrm{d}x,$$

两边积分,得

$$\frac{1}{2}\ln\left|\frac{1+y}{1-y}\right| = -\ln|\cos x| + C_1.$$

去掉对数记号,得

$$\left|\frac{1+y}{1-y}\right| = \frac{\mathrm{e}^{2C_1}}{\cos^2 x}.$$

去掉绝对值记号,将 $\pm\mathrm{e}^{2C_1}$ 记成 C,并解出 y,得

$$y = \frac{C-\cos^2 x}{C+\cos^2 x}, \tag{4.1}$$

这就是在条件 $y^2 \neq 1$ 下的通解.此外,易见

$$y = 1 \quad \text{及} \quad y = -1$$

也是原方程的解,但它们并不包含在式(4.1)之中.

以 $y(0) = 2$ 代入式(4.1)中得 $2 = \dfrac{C-1}{C+1}$,故 $C = -3$.于是得到满足 $y(0) = 2$ 的特解

$$y = \frac{3+\cos^2 x}{3-\cos^2 x}.$$

[注]　如果在带绝对值号的等式中就去确定常数 C_1,再去掉绝对值记号,将会得到双值 y,显然是不对的.

又由本例可见,$y = 1$ 并未包含在式(4.1)之中,可见通解并非"一切解".

例 2　求微分方程 $(y + \sqrt{x^2+y^2})\mathrm{d}x = x\mathrm{d}y$ 的通解,并求满足 $y(1) = 0$ 的特解.

分析 此为齐次微分方程,按解齐次微分方程的办法解之.

解 命 $y=ux$,原方程化为

$$(ux + \sqrt{x^2 + x^2 u^2})\mathrm{d}x = x(u\mathrm{d}x + x\mathrm{d}u),$$

得

$$|x| \sqrt{1+u^2}\mathrm{d}x = x^2 \mathrm{d}u.$$

当 $x>0$ 时,上式成为

$$\frac{\mathrm{d}u}{\sqrt{1+u^2}} = \frac{\mathrm{d}x}{x}.$$

两边积分得

$$\ln(u + \sqrt{1+u^2}) = \ln x + \ln C,$$

其中 $C>0$,将任意常数记成 $\ln C$. 由上式解得

$$u = \frac{1}{2}(Cx - (Cx)^{-1}),$$

即有

$$y = \frac{1}{2}\left(Cx^2 - \frac{1}{C}\right). \tag{4.2}$$

当 $x<0$,类似地仍可得

$$y = \frac{1}{2}\left(\frac{x^2}{C} - C\right), \tag{4.3}$$

其中 $C>0$. 式(4.2)与式(4.3)其实是一样的,故得通解

$$y = \frac{1}{2}\left(Cx^2 - \frac{1}{C}\right), \tag{4.4}$$

其中 $C>0$ 为任意常数. 将初始条件 $y(1)=0$ 代入式(4.4)得 $C=\pm 1$,但由于 $C>0$,故得相应的特解为

$$y = \frac{1}{2}(x^2 - 1).$$

[**注**] 由本例可见,通解中的"任意常数 C"并非完全"任意",有条件限制,例如限制"$C>0$". 为使读者有深刻了解,今从原方程出发来看一下. 将原方程改写为

$$\frac{\mathrm{d}y}{\mathrm{d}x} = \frac{y + \sqrt{x^2 + y^2}}{x}, \quad x \neq 0.$$

无论 $x>0$ 还是 $x<0$,上式右边分子总为正,所以当 $x>0$ 时 $\frac{\mathrm{d}y}{\mathrm{d}x}>0$;当 $x<0$ 时 $\frac{\mathrm{d}y}{\mathrm{d}x}<0$. 再看所得到的通解(4.4),有 $y'=Cx$. 与上述对照,可见只能是 $C>0$.

例 3 求方程 $2x\dfrac{\mathrm{d}y}{\mathrm{d}x} - y = -x^2$ 的通解.

分析 这是一阶线性方程,可以直接套通解公式解之. 套公式之前,应先化成标准型:

$$\frac{\mathrm{d}y}{\mathrm{d}x} - \frac{1}{2x}y = -\frac{x}{2}, \quad x \neq 0.$$

解 由通解公式,得

$$y = \mathrm{e}^{\int \frac{1}{2x}\mathrm{d}x}\left[-\frac{1}{2}\int x\mathrm{e}^{-\int \frac{1}{2x}\mathrm{d}x}\mathrm{d}x + C\right]$$

$$= e^{\frac{1}{2}\ln|x|}\left[-\frac{1}{2}\int x e^{-\frac{1}{2}\ln|x|}\mathrm{d}x + C\right]$$

$$= \sqrt{|x|}\left[-\frac{1}{2}\int \frac{x}{\sqrt{|x|}}\mathrm{d}x + C\right].$$

当 $x>0$ 时,

$$y = \sqrt{x}\left[-\frac{1}{2}\int \sqrt{x}\mathrm{d}x + C\right] = -\frac{1}{3}x^2 + C\sqrt{x};$$

当 $x<0$ 时,

$$y = \sqrt{-x}\left[-\frac{1}{2}\int \frac{x}{\sqrt{-x}}\mathrm{d}x + C\right] = -\frac{1}{3}x^2 + C\sqrt{-x}.$$

合并之,得通解

$$y = -\frac{1}{3}x^2 + C\sqrt{|x|}, \quad x \neq 0.$$

［注］ 线性方程的通解为"一切解".本例的这些解中,在包含 $x=0$ 在内的区间上,只有一个解 $y = -\frac{1}{3}x^3$(相当于 $C=0$)满足方程.在挖去 $x=0$ 的区间中,上述一切解都满足方程.

例 4 求方程 $\dfrac{\mathrm{d}y}{\mathrm{d}x} + \dfrac{y}{x} = (\ln x)y^2$ 的通解.

分析 这是伯努利方程,按伯努利方程的解法解之.

解 以 y^2 去除两边,得

$$y^{-2}\frac{\mathrm{d}y}{\mathrm{d}x} + \frac{1}{x}y^{-1} = \ln x.$$

命 $z = y^{-1}$,有 $\dfrac{\mathrm{d}z}{\mathrm{d}x} = -y^{-2}\dfrac{\mathrm{d}y}{\mathrm{d}x}$,原方程化为

$$\frac{\mathrm{d}z}{\mathrm{d}x} - \frac{z}{x} = -\ln x.$$

按线性方程通解公式解之,得

$$z = x\left[\int(-\ln x)\frac{1}{x}\mathrm{d}x + C\right] = x\left[C - \frac{1}{2}(\ln x)^2\right],$$

于是得通解

$$y = \frac{1}{x\left[C - \dfrac{1}{2}(\ln x)^2\right]},$$

其中 C 为任意常数.此外,还有一个解 $y=0$,它不包含在通解公式之中.

例 5 求 $(y^3 - 3xy^2 - 3x^2y)\mathrm{d}x + (3xy^2 - 3x^2y - x^3 + y^2)\mathrm{d}y = 0$ 的通解.

分析 可以验知,这是全微分方程.按解全微分方程办法解之.

解 记 $P(x,y) = y^3 - 3xy^2 - 3x^2y, Q(x,y) = 3xy^2 - 3x^2y - x^3 + y^2$,有

$$\frac{\partial P}{\partial y} = 3y^2 - 6xy - 3x^2 = \frac{\partial Q}{\partial x} = 3y^2 - 6xy - 3x^2,$$

故知这是全微分方程.

方法 1 按折线求曲线积分法,取点 (x_0, y_0) 使 $P(x,y)$ 与 $Q(x,y)$ 在此点连续即可.例

如取$(x_0,y_0)=(0,0)$,有

$$u(x,y)=\int_{(0,0)}^{(x,y)}P(x,y)\mathrm{d}x+Q(x,y)\mathrm{d}y$$

$$=\int_0^x P(x,0)\mathrm{d}x+\int_0^y Q(x,y)\mathrm{d}y$$

$$=\int_0^x 0\mathrm{d}x+\int_0^y (3xy^2-3x^2y-x^3+y^2)\mathrm{d}y$$

$$=xy^3-\frac{3}{2}x^2y^2-x^3y+\frac{1}{3}y^3,$$

故通解为$u(x,y)=C$,即 $xy^3-\frac{3}{2}x^2y^2-x^3y+\frac{1}{3}y^3=C$,其中 C 为任意常数.

方法 2 原函数法.先将 y 当作常量,

$$u(x,y)=\int P(x,y)\mathrm{d}x+\varphi(y)$$

$$=\int (y^3-3xy^2-3x^2y)\mathrm{d}x+\varphi(y)$$

$$=xy^3-\frac{3}{2}x^2y^2-x^3y+\varphi(y),$$

其中 $\varphi(y)$ 为对 y 可微的待定函数. 又由$\frac{\partial u}{\partial y}=Q(x,y)$得

$$3xy^2-3x^2y-x^3+y^2=\frac{\partial u}{\partial y}=3xy^2-3x^2y-x^3+\varphi'(y).$$

所以

$$\varphi'(y)=y^2,$$

从而得 $\varphi(y)=\frac{1}{3}y^3+C$,其中 C 为任意常数,故得一个原函数(令 $C=0$)

$$u(x,y)=xy^3-\frac{3}{2}x^2y^2-x^3y+\frac{1}{3}y^3.$$

$u(x,y)=C$ 即 $xy^3-\frac{3}{2}x^2y^2-x^3y+\frac{1}{3}y^3=C$,便为通解,其中 C 是任意常数.

方法 3 分项组合视察法.将原给方程通过视察分项组合.

$$(y^3-3xy^2-3x^2y)\mathrm{d}x+(3xy^2-3x^2y-x^3+y^2)\mathrm{d}y$$

$$=(y^3\mathrm{d}x+3xy^2\mathrm{d}y)-3xy(y\mathrm{d}x+x\mathrm{d}y)-(3x^2y\mathrm{d}y+x^3\mathrm{d}y)+y^2\mathrm{d}y$$

$$=0,$$

即

$$\mathrm{d}(xy^3)-\frac{3}{2}\mathrm{d}(xy)^2-\mathrm{d}(x^3y)+\frac{1}{3}\mathrm{d}(y^3)=0,$$

$$\mathrm{d}\left(xy^3-\frac{3}{2}(xy)^2-x^3y+\frac{1}{3}y^3\right)=0,$$

所以通解为 $xy^3-\frac{3}{2}x^2y^2-x^3y+\frac{1}{3}y^3=C$.

[注] 可见方法 3 有一定技巧.但方法 3 的优点是:不需事先验证全微分的充要条件,计算也最简单.而方法 1 与方法 2 一定要先验证充要条件之后才能如上那样去求原函数.

二、二阶可降阶类型

这里讲的二阶可降阶类型是指
$$y'' = f(x) \text{ 型}, y'' = f(x, y') \text{ 型}, y'' = f(y, y') \text{ 型}.$$
其中第一种可推广到 $y^{(n)} = f(x)$ 型.

例 6 求方程 $y''' = \ln x$ 的通解.

分析 逐次积分即可.

解 由 $y''' = \ln x$, 有
$$y'' = \int \ln x \, dx + C_1 = x \ln x - x + C_1,$$
$$y' = \int (x \ln x - x + C_1) \, dx + C_2$$
$$= \frac{x^2}{2} \ln x - \frac{3}{4} x^2 + C_1 x + C_2,$$
$$y = \int \left(\frac{x^2}{2} \ln x - \frac{3}{4} x^2 + C_1 x + C_2 \right) dx + C_3$$
$$= \frac{x^3}{6} \ln x - \frac{11}{36} x^3 + \frac{C_1}{2} x^2 + C_2 x + C_3.$$

例 7 求微分方程 $y''(3y'^2 - x) = y'$ 满足初值条件 $y(1) = y'(1) = 1$ 的特解.

分析 这是不显含 y 型的二阶微分方程 $y'' = f(x, y')$, 按典型步骤去做即可.

解 命 $y' = p$, 有 $\dfrac{d^2 y}{dx^2} = \dfrac{dp}{dx}$, 原方程化为
$$(3p^2 - x) \frac{dp}{dx} = p,$$
化为
$$3p^2 \, dp - (x \, dp + p \, dx) = 0.$$
这是关于 p 与 x 的全微分方程, 解之, 得
$$p^3 - xp = C_1.$$
以初值条件: $x = 1$ 时, $y = 1, p = 1$ 代入, 得
$$1 - 1 = C_1,$$
$C_1 = 0.$ 从而得
$$p^3 - xp = 0.$$
分解成 $p = 0$ 及 $p^2 = x$, 即
$$\frac{dy}{dx} = 0 \ \text{与} \ \frac{dy}{dx} = \pm \sqrt{x}.$$
$\dfrac{dy}{dx} = 0$ 及 $\dfrac{dy}{dx} = -\sqrt{x}$ 不满足初值条件 $y'(1) = 1$, 弃之. 今解
$$\frac{dy}{dx} = \sqrt{x},$$
解得 $y = \dfrac{2}{3} x^{\frac{3}{2}} + C_2.$ 以 $x = 1$ 时 $y = 1$ 代入, 得 $C_2 = \dfrac{1}{3}.$ 故得特解 $y = \dfrac{2}{3} x^{\frac{3}{2}} + \dfrac{1}{3}, x > 0.$

[**注**] 给定了初值条件求二阶微分方程的特解时,可以逐个定出常数,以便做下一步时方便.

例 8 求微分方程 $y\dfrac{\mathrm{d}^2 y}{\mathrm{d}x^2}-\left(\dfrac{\mathrm{d}y}{\mathrm{d}x}\right)^2=y^4$ 的通解.

分析 这是 $y''=f(y,y')$ 型的可降阶二阶方程,按典型步骤去做即可.

解 命 $y'=p$,有 $\dfrac{\mathrm{d}^2 y}{\mathrm{d}x^2}=\dfrac{\mathrm{d}y'}{\mathrm{d}x}=\dfrac{\mathrm{d}p}{\mathrm{d}x}=\dfrac{\mathrm{d}p}{\mathrm{d}y}\dfrac{\mathrm{d}y}{\mathrm{d}x}=p\dfrac{\mathrm{d}p}{\mathrm{d}y}$,原方程化为

$$yp\frac{\mathrm{d}p}{\mathrm{d}y}-p^2=y^4,$$

即

$$y\frac{\mathrm{d}p^2}{\mathrm{d}y}-2p^2=2y^4.$$

解得

$$p^2=\mathrm{e}^{\int\frac{2}{y}\mathrm{d}y}\left[\int 2y^3\mathrm{e}^{-\int\frac{2}{y}\mathrm{d}y}\mathrm{d}y+C_1\right]$$
$$=y^2(y^2+C_1). \tag{4.5}$$

以下进行讨论. $y\equiv 0$ 显然是原方程的一个解. 以下设 $y\neq 0$,于是式(4.5)可改写为

$$p=\pm y^2\sqrt{1+\frac{C_1}{y^2}}. \tag{4.6}$$

① 当 $C_1>0$ 时,由式(4.6)得

$$\pm x+C_2=\int\frac{-\mathrm{d}y^{-1}}{\sqrt{1+\left(\frac{\sqrt{C_1}}{y}\right)^2}}=-\frac{1}{\sqrt{C_1}}\ln\left(\frac{\sqrt{C_1}}{y}+\sqrt{1+\left(\frac{\sqrt{C_1}}{y}\right)^2}\right);$$

② 当 $C_1=0$ 时,由式(4.6)得

$$\pm x+C_2=-y^{-1};$$

③ 当 $C_1<0$ 时,由式(4.6)得

$$\pm x+C_2=-\frac{1}{\sqrt{-C_1}}\arcsin\frac{\sqrt{-C_1}}{y},$$

综合①、②、③便得原方程的通解.

三、二阶及高阶常系数线性方程,欧拉方程

例 9 求微分方程 $y''-3y'+2y=2x\mathrm{e}^x$ 的通解.

分析 这是常系数线性非齐次微分方程

$$y''+py'+qy=P_n(x)\mathrm{e}^{ax}$$

型,自由项中指数 e^{ax} 的 $a=1$,为特征方程

$$r^2-3r+2=0$$

的单重根,故对应的一个特解应为

$$y^*=x(ax+b)\mathrm{e}^x$$

形式. 用待定系数法可求出常数 a 与 b.

解 对应齐次方程的两个特征根为 $r_1=1$ 与 $r_2=2$,该齐次方程的通解为

$$Y=C_1\mathrm{e}^x+C_2\mathrm{e}^{2x}.$$

设原方程的一个特解为 $y^* = x(ax+b)e^x$,则
$$y^{*'} = (ax^2 + (2a+b)x + b)e^x,$$
$$y^{*''} = (ax^2 + (4a+b)x + 2a + 2b)e^x,$$

代入原方程求得 $a = -1, b = -2$,故所求通解为 $y = Y + y^* = C_1 e^x + C_2 e^{2x} - x(x+2)e^x$.

例 10　求微分方程 $y'' + 2y' + 2y = 2e^{-x}\cos^2\dfrac{x}{2}$ 的通解.

分析　应先用三角公式将自由项写成
$$e^{-x} + e^{-x}\cos x,$$

然后再用叠加原理及待定系数法求特解.

解　对应的齐次方程的通解为
$$Y = (C_1\cos x + C_2\sin x)e^{-x}.$$

为求原方程的一个特解,将自由项分成两项:
$$e^{-x}, e^{-x}\cos x,$$

分别考虑
$$y'' + 2y' + 2y = e^{-x} \text{ 与 } y'' + 2y' + 2y = e^{-x}\cos x.$$

对于前一方程,命
$$y_1^* = Ae^{-x},$$

代入可求得 $A = 1$,从而得 $y_1^* = e^{-x}$.

对于后一方程,命
$$y_2^* = xe^{-x}(B\cos x + C\sin x),$$

代入可求得 $B = 0, C = \dfrac{1}{2}$. 由叠加原理,得原方程的通解为
$$y = Y(x) + y_1^* + y_2^* = e^{-x}(C_1\cos x + C_2\sin x) + e^{-x} + \frac{1}{2}xe^{-x}\sin x.$$

例 11　求方程 $x^2\dfrac{d^2y}{dx^2} - 2y = x^2$ 的通解.

分析　此为欧拉方程,按解欧拉方程的办法解之.

解　设 $x > 0$,命 $x = e^t$,有 $t = \ln x$,经计算化原方程为
$$\frac{d^2y}{dt^2} - \frac{dy}{dt} - 2y = e^{2t},$$

得通解为
$$y = C_1 e^{2t} + C_2 e^{-t} + \frac{1}{3}te^{2t} = C_1 x^2 + \frac{C_2}{x} + \frac{1}{3}x^2\ln x.$$

设 $x < 0$,命 $x = -u$,原方程化为 y 关于 u 的方程
$$u^2\frac{d^2y}{du^2} - 2y = u^2,$$

得通解
$$y = C_1 u^2 + \frac{C_2}{u} + \frac{1}{3}u^2\ln u = C_1 x^2 - \frac{C_2}{x} + \frac{1}{3}x^2\ln(-x).$$

合并两种情形得原方程的通解为

$$y = C_1 x^2 + \frac{C_2}{x} + \frac{1}{3} x^2 \ln |x|, x \neq 0.$$

例 12 求 $y'' - y = \mathrm{e}^{|x|}$ 的通解.

分析 自由项带绝对值,为分段函数,所以应将该方程按区间 $(-\infty, 0) \bigcup [0, +\infty)$ 分成两个方程,分别求解.由于 $y'' = y + \mathrm{e}^{|x|}$ 在 $x = 0$ 处具有二阶连续导数,所以求出解之后,在 $x = 0$ 处拼接成二阶导数连续,便得原方程的通解.

解 当 $x \geqslant 0$ 时,方程为

$$y'' - y = \mathrm{e}^x,$$

求得通解

$$y = C_1 \mathrm{e}^x + C_2 \mathrm{e}^{-x} + \frac{1}{2} x \mathrm{e}^x.$$

当 $x < 0$ 时,方程为

$$y'' - y = \mathrm{e}^{-x},$$

求得通解

$$y = C_3 \mathrm{e}^x + C_4 \mathrm{e}^{-x} - \frac{1}{2} x \mathrm{e}^{-x}.$$

因为原方程的解 $y(x)$ 在 $x = 0$ 处连续且 $y'(x)$ 也应连续,据此,有

$$\begin{cases} C_1 + C_2 = C_3 + C_4, \\ C_1 - C_2 + \frac{1}{2} = C_3 - C_4 - \frac{1}{2}. \end{cases}$$

解得 $C_3 = C_1 + \frac{1}{2}$, $C_4 = C_2 - \frac{1}{2}$,于是得通解:

$$y = \begin{cases} C_1 \mathrm{e}^x + C_2 \mathrm{e}^{-x} + \frac{1}{2} x \mathrm{e}^x, & \text{当 } x \geqslant 0; \\ \left(C_1 + \frac{1}{2} \right) \mathrm{e}^x + \left(C_2 - \frac{1}{2} \right) \mathrm{e}^{-x} - \frac{1}{2} x \mathrm{e}^{-x}, & \text{当 } x < 0. \end{cases}$$

此 y 在 $x = 0$ 处连续且 y' 连续.又因 $y'' = y + \mathrm{e}^{|x|}$,所以在 $x = 0$ 处 y'' 亦连续,即是通解.

四、已知方程的解求方程

已知方程的解求方程问题有下面几种提法:

(1) 已知方程的通解,但并不知道该方程的类型,而要求该方程.这是最一般的提法,要求的方程的阶数为该通解中独立的任意常数的个数,处理的办法见例 13;

(2) 已知该方程的通解或足够数量的特解,并且知道该方程的特点,求该方程.这时可以利用该方程的特点处理,比(1)方便不少,见例 14 与例 15.

例 13 设 C_1 与 C_2 为两个任意常数,$R > 0$ 为常数.并设

$$(x - C_1)^2 + (y - C_2)^2 = R^2 \tag{4.7}$$

为某二阶方程的通解,则该二阶方程为____.

分析 将式(4.7)两边对 x 求两次导数,得到两个等式,再与式(4.7)消去其中的任意常数 C_1 与 C_2,得一个二阶方程便为所求.

解 应填 $\dfrac{|y''|}{(1 + y'^2)^{3/2}} = \dfrac{1}{R}$.

将式(4.7)两边对 x 求导,视 y 为 x 的未知函数,得

$$2(x-C_1)+2(y-C_2)y'=0, \tag{4.8}$$

再对 x 求导,得

$$2+2(y')^2+2(y-C_2)y''=0. \tag{4.9}$$

由式(4.9)可见 $y'' \neq 0$. 从而有 $y-C_2=-\dfrac{1+y'^2}{y''}$,代入式(4.8)再解出 $x-C_1$,代入式(4.7),得所求方程为如上所填.

例 14 设 $y_1=\mathrm{e}^x, y_2=x^2$ 为某二阶线性齐次微分方程的两个特解,则该微分方程为____.

分析 由于方程形状已知,故只要将两个特解分别代入并求出系数即可. 也可用例 13 的办法做.

解 应填 $y''+\dfrac{-x^2+2}{x^2-2x}y'+\dfrac{2x-2}{x^2-2x}y=0$.

方法 1 设所求的二阶线性齐次微分方程为

$$y''+p(x)y'+q(x)y=0.$$

分别以 $y_1=\mathrm{e}^x, y_2=x^2$ 代入,得

$$\begin{cases} \mathrm{e}^x+p(x)\mathrm{e}^x+q(x)\mathrm{e}^x=0, \\ 2+2xp(x)+x^2q(x)=0. \end{cases}$$

解得 $p(x)=\dfrac{-x^2+2}{x^2-2x}, q(x)=\dfrac{2x-2}{x^2-2x}$,所求方程为

$$y''+\frac{-x^2+2}{x^2-2x}y'+\frac{2x-2}{x^2-2x}y=0.$$

方法 2 由于 $y_1=\mathrm{e}^x$ 与 $y_2=x^2$ 线性无关,故该二阶线性齐次微分方程的通解为

$$y=C_1\mathrm{e}^x+C_2x^2. \tag{4.10}$$

用例 13 的办法,有

$$y'=C_1\mathrm{e}^x+2C_2x, \tag{4.11}$$

$$y''=C_1\mathrm{e}^x+2C_2. \tag{4.12}$$

由式(4.10)~式(4.12)消去 C_1 与 C_2 便得如上所填.

例 15 设 $\mathrm{e}^x\cos x$ 与 x 为某 n 阶常系数线性齐次微分方程的两个特解. 设 n 为尽可能低,$y^{(n)}$ 前的系数为 1,则该微分方程为____.

分析 常系数线性齐次微分方程有特征根与特征方程的概念,它所对应的特解有一定的对应关系与形式. 反过来,由已知特解就可求得对应的特征根及特征方程,从而推得相应的微分方程. 按此线索就可推得欲求的微分方程.

解 应填 $y^{(4)}-2y^{(3)}+2y''=0$.

$\mathrm{e}^x\cos x$ 为一个特解,于是该微分方程有特征根 $1\pm\mathrm{i}$;x 为一个特解,于是该微分方程有特征根 0(至少二重),于是该方程至少为 4 阶,对应的特征方程为

$$(r-(1+\mathrm{i}))(r-(1-\mathrm{i}))r^2=0,$$

即

$$r^4-2r^3+2r^2=0.$$

故该微分方程至少为 4 阶,方程 $y^{(4)}-2y^{(3)}+2y''=0$.

五、线性非齐次方程的解与对应齐次方程的解的关系

由线性非齐次方程的两个解,可求出对应的线性齐次方程的解. 由线性非齐次方程的足

够数量的线性无关的解,可求出对应的线性齐次方程的通解,从而获得原非齐次方程的通解,见例 16 及其[注].

例 16 设 $p(x),q(x)$ 与 $f(x)$ 均为连续函数,$f(x)\not\equiv0$.设 $y_1(x),y_2(x)$ 与 $y_3(x)$ 是二阶线性非齐次方程

$$y''+p(x)y'+q(x)y=f(x) \tag{4.13}$$

的 3 个解,且

$$\frac{y_1-y_2}{y_2-y_3}\neq 常数,$$

则式(4.13)的通解为 $y=$____.

分析 由线性非齐次方程的两个解,可构造出对应的齐次方程的解,再证明这样所得到的解线性无关便可.

解 应填 $y=C_1(y_1-y_2)+C_2(y_2-y_3)+y_1$.

y_1-y_2 与 y_2-y_3 是式(4.13)对应的线性齐次方程

$$y''+p(x)y'+q(x)y=0 \tag{4.14}$$

的两个解.今证它们线性无关.事实上,若它们线性相关,则存在两个不全为零的常数 k_1 与 k_2 使

$$k_1(y_1-y_2)+k_2(y_2-y_3)=0. \tag{4.15}$$

设 $k_1\neq0$,又由题设知 $y_2-y_3\neq0$,于是式(4.15)可改写为

$$\frac{y_1-y_2}{y_2-y_3}=-\frac{k_2}{k_1}=常数,$$

矛盾.若 $k_1=0$,由 $y_2-y_3\neq0$,故由式(4.15)推知 $k_2=0$,矛盾.由这些矛盾证得 y_1-y_2 与 y_2-y_3 线性无关.

于是

$$Y=C_1(y_1-y_2)+C_2(y_2-y_3)$$

为式(4.14)的通解,其中 C_1,C_2 为任意常数,从而知

$$y=C_1(y_1-y_2)+C_2(y_2-y_3)+y_1$$

为式(4.13)的通解.

[注] 事实上,有下述定理:设 $p(x),q(x)$ 与 $f(x)$ 均为连续函数,

(1) 设 $y_1(x),y_2(x),y_3(x)$ 为式(4.13)的 3 个解,A,B,C 为常数,并设

$$y=Ay_1(x)+By_2(x)+Cy_3(x). \tag{4.16}$$

则式(4.16)的 y 是式(4.13)的解的充要条件是 $A+B+C=1$;式(4.16)的 y 是式(4.14)的解的充要条件是 $A+B+C=0$.

(2) 设 $y_1(x),y_2(x),y_3(x)$ 为式(4.13)的 3 个线性无关的解,A,B,C 中两个为任意常数,则式(4.16)的 y 是式(4.13)的通解的充要条件是 $A+B+C=1$;式(4.16)的 y 是式(4.14)的通解的充要条件是 $A+B+C=0$.

作为练习,请读者证明之.

4.2 可化成基本类型求解的问题

一、经变量变换求解

变量变换是解微分方程的基本方法,在前面 4.1 节中已介绍过几种典型类型的变量变

换. 对于不属于上述典型类型的,关键是取什么样的变换. 一般说来有以下几种.

(1) 题中已给出了具体的变换,这类题无甚难点而仅是计算量,见本章的习题 12 与 13.

(2) 通过仔细审题,考察题的特点采用适当的变换,这类题又可细分:

① 用反函数变换(见本节例 2,例 3).

② 参考伯努利方程的解法作函数的变换(见例 1),或命函数与自变量的某种组合作变换(见例 4、例 5). 或命 $y=u+y_1$,其中 y_1 为该方程的一个解(见习题 19).

③ 特别对于二阶线性(齐次或非齐次)微分方程,常可作乘积形式的函数变换 $y=uv$ 试之. 用两个函数 u 与 v 来求 y,有较大的灵活性. 有时取 $v=x$;有时取 v 为对应的齐次方程的一个解(此特解用视察法获得);有时取 v 使变换后的关于 u 的方程中 u' 的系数为零,等等,分别见例 6 及其[注]与例 7.

(3) 任意常数变易法(见例 8 及该例前的定理).

例 1 微分方程 $\dfrac{\mathrm{d}y}{\mathrm{d}x}+\dfrac{1}{x}=x\mathrm{e}^y$ 的通解为____.

分析 由伯努利方程的启发,两边同乘以 e^{-y} 之后即可化为线性方程.

解 应填 $y=-\ln(Cx-x^2)$.

方程两边同乘以 e^{-y} 之后,成为

$$\mathrm{e}^{-y}\frac{\mathrm{d}y}{\mathrm{d}x}+\frac{1}{x}\mathrm{e}^{-y}=x,$$

即

$$\frac{\mathrm{d}\mathrm{e}^{-y}}{\mathrm{d}x}-\frac{1}{x}\mathrm{e}^{-y}=-x.$$

$$\mathrm{e}^{-y}=\mathrm{e}^{\int\frac{1}{x}\mathrm{d}x}\left[\int(-x)\mathrm{e}^{-\int\frac{1}{x}\mathrm{d}x}\mathrm{d}x+C\right]$$

$$=|x|\left[\int\frac{-x}{|x|}\mathrm{d}x+C\right],$$

去掉绝对值号,经过讨论,得

$$\mathrm{e}^{-y}=x(-x+C),$$
$$y=-\ln(Cx-x^2).$$

例 2 微分方程 $\dfrac{\mathrm{d}y}{\mathrm{d}x}=\dfrac{2xy}{x^2+y}$ 的通解为____.

分析 将 x 看成未知函数,y 看成自变量,问题就迎刃而解了.

解 应填 $x^2=y[\ln|y|+C]$.

将 x 看成未知函数(实际上就是作反函数变换),原方程改写为

$$\frac{\mathrm{d}x}{\mathrm{d}y}=\frac{x^2+y}{2xy}=\frac{x}{2y}+\frac{1}{2x},$$

这是一个伯努利方程,命 $z=x^2$,有

$$\frac{\mathrm{d}z}{\mathrm{d}y}-\frac{z}{y}=1,$$

得

$$x^2=z=\mathrm{e}^{\int\frac{1}{y}\mathrm{d}y}\left[\int\mathrm{e}^{-\int\frac{1}{y}\mathrm{d}y}\mathrm{d}y+C\right]=y[\ln|y|+C].$$

[注]　易见,$y=0$ 也是原方程的一个解,它不包含在上述通解表达式之中.

例 3　微分方程$\dfrac{\mathrm{d}^2 y}{\mathrm{d}x^2}+(x+\sin y)\left(\dfrac{\mathrm{d}y}{\mathrm{d}x}\right)^3=0$ 满足初始条件 $y(0)=0,y'(0)=\dfrac{2}{3}$ 的特解是____.

分析　熟悉反函数的导数的读者知道,

$$\frac{\mathrm{d}y}{\mathrm{d}x}=\frac{1}{\dfrac{\mathrm{d}x}{\mathrm{d}y}},\quad \frac{\mathrm{d}^2 y}{\mathrm{d}x^2}=-\frac{\dfrac{\mathrm{d}^2 x}{\mathrm{d}y^2}}{\left(\dfrac{\mathrm{d}x}{\mathrm{d}y}\right)^3},\tag{4.17}$$

原方程可化为 x 关于 y 的二阶常系数线性方程.

解　应填 $x=\mathrm{e}^y-\mathrm{e}^{-y}-\dfrac{1}{2}\sin y$.

将式(4.17)代入原方程,原方程化为

$$\frac{\mathrm{d}^2 x}{\mathrm{d}y^2}-x=\sin y,$$

解得 x 关于 y 的通解为

$$x=C_1 \mathrm{e}^y+C_2 \mathrm{e}^{-y}-\frac{1}{2}\sin y,$$

以 $x=0$ 时 $y=0$ 代入,得

$$0=C_1+C_2.$$

再将上面得到的 x 关于 y 的表达式两边对 y 求导,有

$$\frac{\mathrm{d}x}{\mathrm{d}y}=C_1 \mathrm{e}^y-C_2 \mathrm{e}^{-y}-\frac{1}{2}\cos y,$$

$y=0$ 时 $x=0$,从而$\dfrac{\mathrm{d}x}{\mathrm{d}y}=\dfrac{1}{\dfrac{\mathrm{d}y}{\mathrm{d}x}}=\dfrac{3}{2}$,代入上式,有

$$\frac{3}{2}=C_1-C_2-\frac{1}{2}.$$

解得 $C_1=1,C_2=-1$,于是得通解 $x=\mathrm{e}^y-\mathrm{e}^{-y}-\dfrac{1}{2}\sin y$.

例 4　微分方程$\dfrac{\mathrm{d}y}{\mathrm{d}x}=(y-x)^2+2$ 的通解为____.

分析　将 $y-x$ 看成一个新的函数,就可将原方程化简.

解　应填 $y=x+\tan(x+C)$.

命 $y-x=u$,有$\dfrac{\mathrm{d}y}{\mathrm{d}x}=1+\dfrac{\mathrm{d}u}{\mathrm{d}x}$,原方程化为

$$\frac{\mathrm{d}u}{\mathrm{d}x}=u^2+1,$$

解得 $\arctan u=x+C$,通解为 $y=x+\tan(x+C)$.

例 5　$\dfrac{\mathrm{d}y}{\mathrm{d}x}=2\left(\dfrac{y+2}{x+y-1}\right)^2$ 的通解为____.

分析　若右边分式中分子无 2,分母无 -1,则为齐次微分方程.今作变换设法消除这两个常数项.

解 命 $x=X+a$，$y=Y+b$，代入原方程，得

$$\frac{\mathrm{d}Y}{\mathrm{d}X} = 2\left(\frac{Y+2+b}{X+Y+a+b-1}\right)^2.$$

命 $2+b=0$，$a+b-1=0$，解得 $b=-2$，$a=3$，于是原方程按齐次微分方程解法解得

$$2\arctan\frac{Y}{X} = \ln\frac{C}{Y},$$

代回原变量，得原方程的通解为

$$2\arctan\frac{y+2}{x-3} = \ln\frac{C}{y+2}.$$

[**注**] 一般地，设 f 为连续函数，a,b,c,a_1,b_1,c_1 为常数，对于方程

$$\frac{\mathrm{d}y}{\mathrm{d}x} = f\left(\frac{ax+by+c}{a_1x+b_1y+c_1}\right),$$

若 $\begin{vmatrix} a & b \\ a_1 & b_1 \end{vmatrix} \neq 0$，则可仿本例办法以消去 c_1 与 c 而化为齐次方程；

若 $\begin{vmatrix} a & b \\ a_1 & b_1 \end{vmatrix} = 0$，则 f 内实际只含 $ax+by$. 立即可知原方程可化为变量可分离方程.

例 6 验证函数 $y_1 = \dfrac{\sin x}{x}$ 是微分方程

$$y'' + \frac{2}{x}y' + y = 0 \tag{4.18}$$

的一个解，并求该方程的通解.

分析 只需将 $y_1 = \dfrac{\sin x}{x}$ 代入式(4.18)便可验证. 从而知，若 C_1 为常数，则 $C_1\dfrac{\sin x}{x}$ 也是式(4.18)的解. 如果 C_1 不是常数，而是待定函数 $u(x)$，那么 $u(x)\dfrac{\sin x}{x}$ 又将如何呢？这就是下面的解题思路.

解 直接以 $y_1 = \dfrac{\sin x}{x}$ 代入式(4.18)中的 y，经计算可知 $y_1 = \dfrac{\sin x}{x}$ 是式(4.18)的解（具体计算略）.

作变量变换，命

$$y = u(x)\frac{\sin x}{x},$$

有

$$y' = u'\left(\frac{\sin x}{x}\right) + u\left(\frac{\sin x}{x}\right)',$$

$$y'' = u''\left(\frac{\sin x}{x}\right) + 2u'\left(\frac{\sin x}{x}\right)' + u\left(\frac{\sin x}{x}\right)''.$$

代入式(4.18)，得式(4.18)的左边为

$$y'' + \frac{2}{x}y' + y = u''\left(\frac{\sin x}{x}\right) + 2u'\left(\left(\frac{\sin x}{x}\right)' + \frac{1}{x}\left(\frac{\sin x}{x}\right)\right)$$
$$+ u\left(\left(\frac{\sin x}{x}\right)'' + \frac{2}{x}\left(\frac{\sin x}{x}\right)' + \frac{\sin x}{x}\right),$$

于是原方程化为

$$u''\left(\frac{\sin x}{x}\right) + 2u'\left(\left(\frac{\sin x}{x}\right)' + \frac{1}{x}\left(\frac{\sin x}{x}\right)\right) + u\left(\left(\frac{\sin x}{x}\right)'' + \frac{2}{x}\left(\frac{\sin x}{x}\right)' + \left(\frac{\sin x}{x}\right)\right) = 0.$$

但根据已验证知,上式中 u 的系数

$$\left(\frac{\sin x}{x}\right)'' + \frac{2}{x}\left(\frac{\sin x}{x}\right)' + \frac{\sin x}{x} = 0,$$

所以式(4.18)化为

$$u'' + 2u'\left[\frac{\left(\frac{\sin x}{x}\right)'}{\frac{\sin x}{x}} + \frac{1}{x}\right] = 0.$$

这是关于 u' 的一阶线性方程. 得

$$u' = C_1 \mathrm{e}^{-2\int\left[\frac{\left(\frac{\sin x}{x}\right)'}{\frac{\sin x}{x}} + \frac{1}{x}\right]\mathrm{d}x} = \frac{C_1}{\sin^2 x},$$

$$u = \int \frac{C_1}{\sin^2 x}\mathrm{d}x + C_2 = -C_1\cot x + C_2.$$

所以原方程的通解为

$$y = (-C_1\cot x + C_2)\frac{\sin x}{x} = -C_1\frac{\cos x}{x} + C_2\frac{\sin x}{x}.$$

[注] 从本题解题可以得到两点重要思路:

(1) 若 $y_1(x)$ 为二阶线性非齐次方程(4.13)对应的齐次方程(4.14)的一个解,则命

$$y = y_1 u,$$

可使变换后关于 u 的方程中 u 的系数为 0. 从中解得 $u' = \varphi(x, C_1)$,积分便得 $u = \int u'\mathrm{d}x + C_2 = \int \varphi(x, C_1)\mathrm{d}x + C_2$,最后可得式(4.13)的通解:

$$y = y_1 u = y_1\left(\int \varphi(x, C_1)\mathrm{d}x + C_2\right).$$

这种解题方法的关键是要先看出式(4.14)的一个解.

(2) 如果事先并未看出式(4.14)的一个解 $y_1(x)$,有时也可命

$$y = uv,$$

用两个函数 u 与 v 来代替 y,代入原方程,根据计算结果,也许能方便地取得 v,并且使余下来关于 u 的方程也能方便地求得 u. 此方法的要点是将 y 换成 u 与 v,可以较灵活地取 u 与 v. 如按此思路解例6,命

$$y = uv,$$

有

$$y' = u'v + uv',\ y'' = u''v + 2u'v' + uv'',$$

代入式(4.18),按 u'',u',u 整理好,得

$$vu'' + u'\left(2v' + \frac{2v}{x}\right) + u\left(v'' + \frac{2}{x}v' + v\right) = 0. \tag{4.19}$$

取 v 使 u' 项的系数为零,即命

$$2v' + \frac{2v}{x} = 0,$$

解得 $v = \frac{1}{x}$(取到一个 v 即可,不必添任意常数),代入式(4.19),式(4.19)成为

$$\frac{1}{x}u'' + \frac{1}{x}u = 0,$$

由题设可知 $x \neq 0$,于是通过变换 $y = uv = \frac{u}{x}$ 之后,原方程化为

$$u'' + u = 0.$$

解得 $u = C_1 \cos x + C_2 \sin x$,于是原方程的通解为

$$y = C_1 \frac{\cos x}{x} + C_2 \frac{\sin x}{x}.$$

与例 6 原给解法一致.

如果取式(4.19)中的 v 为原方程的一个解,则就是本注(1)中的方法.

例 7 求微分方程$(x-1)\dfrac{\mathrm{d}^2 y}{\mathrm{d}x^2} - x\dfrac{\mathrm{d}y}{\mathrm{d}x} + y = (x-1)^2$ 的通解.

分析 由视察法可见 $y_1 = \mathrm{e}^x$ 为对应的齐次方程的一个解.由例 6 的[注],命

$$y = y_1 u,$$

可化简方程.

解 命 $y = y_1 u = u\mathrm{e}^x$,有

$$y' = u\mathrm{e}^x + u'\mathrm{e}^x,$$
$$y'' = u\mathrm{e}^x + 2u'\mathrm{e}^x + u''\mathrm{e}^x,$$

代入原方程,经化简得

$$(x-1)\mathrm{e}^x u'' + (x-2)\mathrm{e}^x u' = (x-1)^2.$$

命 $w = u'$,原方程化为 w 关于 x 的一阶线性方程.当 $x \neq 1$ 时,上述方程化为

$$w' + \frac{x-2}{x-1}w = (x-1)\mathrm{e}^{-x}.$$

解得

$$w = \mathrm{e}^{-\int \left(1 - \frac{1}{x-1}\right)\mathrm{d}x}\left[\int (x-1)\mathrm{e}^{-x}\mathrm{e}^{\int \left(1 - \frac{1}{x-1}\right)\mathrm{d}x}\mathrm{d}x + C_0\right]$$
$$= (x-1)\mathrm{e}^{-x}(x + C_0),$$

从而

$$u = \int w\mathrm{d}x + C_2 = \int (x-1)(x + C_0)\mathrm{e}^{-x}\mathrm{d}x + C_2$$
$$= -x^2\mathrm{e}^{-x} - x(C_0 + 1)\mathrm{e}^{-x} - \mathrm{e}^{-x} + C_2,$$

通解

$$y = y_1 u = -x^2 - x(C_0 + 1) - 1 + C_2\mathrm{e}^x.$$

改写任意常数 $C_0 + 1 = -C_1$,于是通解可写为

$$y = C_1 x + C_2\mathrm{e}^x - (x^2 + 1).$$

容易知道,无论区间包含 $x = 1$ 还是不包含 $x = 1$,上述 y 都是解.

任意常数变易法是一种很规范的变量变换方法,以二阶线性非齐次微分方程(4.13)为

例说明之. 设已知方程(4.13)对应的齐次微分方程(4.14)的两个线性无关的特解 $y_1(x)$ 与 $y_2(x)$，则可通过下面定理那样求得该非齐次方程(4.13)的通解. 该定理所介绍的方法称为**任意常数变易法**.

定理 设已知方程(4.13)对应的齐次方程(4.14)的两个线性无关的解 $y_1(x)$ 与 $y_2(x)$，则可用下面证明的步骤那样，得到方程(4.13)的通解：

$$y = y_1(x)\left[C_1 - \int \frac{y_2(x)}{w(x)}f(x)\mathrm{d}x\right] + y_2(x)\left[C_2 + \int \frac{y_1(x)}{w(x)}f(x)\mathrm{d}x\right], \quad (4.20)$$

其中方程(4.13)中的 $p(x)$，$q(x)$ 与 $f(x)$ 均连续，式(4.20)中的

$$w(x) = \begin{vmatrix} y_1(x) & y_2(x) \\ y_1'(x) & y_2'(x) \end{vmatrix} = y_1(x)y_2'(x) - y_2(x)y_1'(x)$$

称为 $y_1(x)$、$y_2(x)$ 的朗斯基行列式，C_1 与 C_2 是任意常数.

证 由题设已经知道，$y = C_1y_1(x) + C_2y_2(x)$ 是微分方程(4.14)的通解. 变动通解中的任意常数 C_1 与 C_2 为 u_1 与 u_2，即命

$$y = u_1y_1(x) + u_2y_2(x),$$

作变量变换，用两个未知函数 $u_1 = u_1(x)$ 与 $u_2 = u_2(x)$ 来代替未知函数 $y(x)$. 于是有

$$y' = [u_1y_1'(x) + u_2y_2'(x)] + [u_1'y_1(x) + u_2'y_2(x)].$$

因为用两个变量 u_1 与 u_2 来代替一个变量 y，所以 u_1 与 u_2 之间可以再另行规定一个关系式，只要认为方便并且可以最终求得 u_1 与 u_2 都可以. 命

$$u_1'y_1(x) + u_2'y_2(x) = 0, \quad (4.21)$$

于是

$$y' = u_1y_1'(x) + u_2y_2'(x).$$

再求导，得

$$y'' = [u_1y_1''(x) + u_2y_2''(x)] + [u_1'y_1'(x) + u_2'y_2'(x)].$$

将上面得到的 y'、y'' 以及 y 代入方程(4.13)，并利用 $y_1(x)$ 与 $y_2(x)$ 为方程(4.14)的解，得到

$$u_1'y_1'(x) + u_2'y_2'(x) = f(x). \quad (4.22)$$

将式(4.21)与式(4.22)联立，其中的 u_1' 与 u_2' 看成未知数，此二元联立方程组的系数行列式为朗斯基行列式 $w(x)$，容易证明(证略)，当方程(4.13)的两个解 $y_1(x)$ 与 $y_2(x)$ 线性无关时，其朗斯基行列式 $w(x) \neq 0$. 于是由式(4.21)、式(4.22)联立解得

$$u_1' = -\frac{y_2(x)}{w(x)}f(x), \quad u_2' = \frac{y_1(x)}{w(x)}f(x).$$

于是可求得 $u_1(x)$ 与 $u_2(x)$，从而得到方程(4.13)的通解：

$$y = y_1(x)\left[C_1 - \int \frac{y_2(x)}{w(x)}f(x)\mathrm{d}x\right] + y_2(x)\left[C_2 + \int \frac{y_1(x)}{w(x)}f(x)\mathrm{d}x\right]$$

$$= C_1y_1(x) + C_2y_2(x) + y_2(x)\int \frac{y_1(x)}{w(x)}f(x)\mathrm{d}x - y_1(x)\int \frac{y_2(x)}{w(x)}f(x)\mathrm{d}x. \text{证毕.}$$

推论 在初值 $y(x_0) = y_0$，$y'(x_0) = y_0'$ 条件下，方程(4.13)的特解为

$$y = \frac{y_0y_2'(x_0) - y_0'y_2(x_0)}{w(x_0)}y_1(x) + \frac{y_0'y_1(x_0) - y_0y_1'(x_0)}{w(x_0)}y_2(x)$$

$$+ \int_{x_0}^{x} \frac{y_2(x)y_1(t) - y_1(x)y_2(t)}{w(t)}f(t)\mathrm{d}t.$$

例 8 求微分方程 $y'' + 3y' + 2y = \dfrac{1}{e^x + 1}$ 的通解.

解 对应的齐次方程

$$y'' + 3y' + 2y = 0$$

是常系数,易知它的通解为

$$y = C_1 e^{-x} + C_2 e^{-2x}.$$

用任意常数变易法,命

$$y = u_1 e^{-x} + u_2 e^{-2x},$$

有

$$y' = [-u_1 e^{-x} - 2u_2 e^{-2x}] + [u_1' e^{-x} + u_2' e^{-2x}],$$

命

$$u_1' e^{-x} + u_2' e^{-2x} = 0,$$

对 y' 再求导,得

$$y'' = [u_1 e^{-x} + 4u_2 e^{-2x}] + [-u_1' e^{-x} - 2u_2' e^{-2x}],$$

代入原方程经化简,得

$$u_1' = \frac{e^x}{e^x + 1}, \quad u_2' = -\frac{e^{2x}}{e^x + 1},$$

$$u_1 = \int \frac{e^x}{e^x + 1} dx = \ln(e^x + 1) + C_1,$$

$$u_2 = -\int \frac{e^{2x}}{e^x + 1} dx = -e^x + \ln(e^x + 1) + C_2,$$

所以通解为

$$y = e^{-x}[\ln(e^x + 1) + C_1] + e^{-2x}[-e^x + \ln(e^x + 1) + C_2].$$

或写成 $\quad y = (e^{-x} + e^{-2x})\ln(e^x + 1) + C_1' e^{-x} + C_2 e^{-2x},$

其中新常数 $C_1' = C_1 - 1$.

二、降阶法求解

(1) 在 4.1 节的二中,对于下列三种可降阶的二阶方程

$$y'' = f(x), \quad y'' = f(x, y'), \quad y'' = f(y, y'),$$

举了若干例子. 本段中再举一些深入一步的例子,见下面例 9 与例 10.

例 9 设微分方程 $x^2 f''(x) - (f'(x))^2 = \dfrac{1}{4} x^2,$

(Ⅰ) 验证 $f(x) = \dfrac{1}{4} x^2 + C$ 是该方程的解(其中 C 是任意常数);

(Ⅱ) 除了(Ⅰ)之外,求在区间 $(-a, a)$ 上具有二阶连续导数且满足上述方程的解 $f(x)$,其中 $a > 0$ 为给定的常数.

分析 将所给方程解出 $f''(x)$ 之后成为 $f''(x) = \dfrac{\cdots}{x^2}$,分母上有 x. 所以在 $x = 0$ 的邻域内是否存在具有连续二阶导数的解 $f(x)$ 是存疑的,需要讨论.

解 (Ⅰ) 将 $f(x) = \dfrac{1}{4} x^2 + C$ 代入所给方程容易验证,略.

(Ⅱ) 对于其他的解,用降阶法. 命 $y = f'(x)$,得

$$x^2 y' - y^2 = \frac{1}{4}x^2.$$

此为(一阶)齐次方程. 命 $y = ux$, 当 $x \neq 0$ 时, 原给方程化为

$$u + x\frac{\mathrm{d}u}{\mathrm{d}x} - u^2 = \frac{1}{4},$$

$$x\frac{\mathrm{d}u}{\mathrm{d}x} = u^2 - u + \frac{1}{4} = \left(u - \frac{1}{2}\right)^2.$$

解得 $u = \frac{1}{2}$, 从而 $y = \frac{1}{2}x$, $f(x) = \frac{1}{4}x^2 + C(x \neq 0)$, 再补充 $f(0) = C$, 此即(Ⅰ).

当 $u \neq \frac{1}{2}$, $x \neq 0$ 时, 得

$$\frac{\mathrm{d}u}{\left(u - \frac{1}{2}\right)^2} = \frac{\mathrm{d}x}{x}.$$

解得 $-\left(u - \frac{1}{2}\right) = \frac{1}{C_1 + \ln|x|}$. 再以 $u = \frac{y}{x}$ 代入, 解得

$$y = \frac{x}{2} - \frac{x}{C_1 + \ln|x|}, \quad x \neq 0.$$

为使 y 在 $(-a, a)$ 上有定义, 取 $C_1 < -\ln a$, 于是 $C_1 + \ln|x| < \ln\frac{|x|}{a}$, 当 $-a < x < a$ 且 $x \neq 0$ 时, $C_1 + \ln|x| < 0$. 从而

$$f'(x) = \frac{x}{2} - \frac{x}{C_1 + \ln|x|}, \quad \text{当} -a < x < a, \text{且 } x \neq 0,$$

解得

$$f(x) = \frac{x^2}{4} - \int_0^x \frac{t}{C_1 + \ln|t|}\mathrm{d}t + C_2, \quad \text{其中} -a < x < a, \text{且 } x \neq 0.$$

由于上式积分中的分母不为零, 并且当 $t \to 0$ 时, $\frac{t}{C_1 + \ln|t|} \to 0$, 积分 $\int_0^x \frac{t}{C_1 + \ln|t|}\mathrm{d}t$ 是一个"正常"积分. 命

$$f(0) = \lim_{x \to 0} f(x) = 0 + 0 + C_2 = C_2,$$

如此得到的

$$f(x) = \begin{cases} \dfrac{x^2}{4} - \displaystyle\int_0^x \frac{t}{C_1 + \ln|t|}\mathrm{d}t + C_2, & \text{当} -a < x < a, x \neq 0, \\ C_2, & \text{当 } x = 0 \end{cases}$$

在 $(-a, a)$ 上连续. 其中 $C_1 < -\ln a$ 为任意常数, C_2 也是任意常数. 以下验算上面求得的 $f(x)$ 在区间 $(-a, a)$ 内具有连续的二阶导数. 经计算,

$$f'(x) = \frac{x}{2} - \frac{x}{C_1 + \ln|x|}, \quad \text{当 } x \in (-a, a), x \neq 0;$$

$$f'(0) = \lim_{x \to 0}\frac{f(x) - f(0)}{x - 0} = 0 - \lim_{x \to 0}\frac{1}{x}\int_0^x \frac{t}{C_1 + \ln|t|}\mathrm{d}t = 0 = \lim_{x \to 0} f'(x);$$

$$f''(x) = \frac{1}{2} - \frac{C_1 + \ln|x| - 1}{(C_1 + \ln|x|)^2}, \quad \text{当 } x \in (-a, a), x \neq 0;$$

$$f''(0) = \lim_{x \to 0} \frac{f'(x) - f'(0)}{x - 0} = \frac{1}{2} - \lim_{x \to 0} \frac{1}{C_1 + \ln |x|} = \frac{1}{2} = \lim_{x \to 0} f''(x).$$

例 10 求在 $(-\infty, +\infty)$ 上存在连续二阶导数且满足方程

$$xf''(x) + f'(x) = e^x - 1$$

的解 $f(x)$,并求 $f'(x)$ 与 $f''(x)$.

解 用降阶法,命 $y = f'(x)$,当 $x \neq 0$ 时,化为

$$\frac{dy}{dx} + \frac{1}{x}y = \frac{e^x - 1}{x}.$$

解得

$$f'(x) = y = \frac{1}{x}(e^x - x + C_1).$$

要使 $f'(x)$ 在 $x = 0$ 处连续,所以

$$\lim_{x \to 0} f'(x) = \lim_{x \to 0} \frac{e^x - x + C_1}{x}$$

应存在,故取 $C_1 = -1$. 从而 $f'(x) = \dfrac{e^x - x - 1}{x}$. 于是

$$f(x) = \int_0^x \frac{e^t - t - 1}{t} dt + C_2 \quad (C_2 \text{ 为任意常数}).$$

这里积分的下限 $t = 0$ 不是积分的瑕点. 易见

$$\lim_{x \to 0} f(x) = C_2.$$

补充定义 $f(0) = \lim\limits_{x \to 0} f(x)$,从而得到解(族):

$$f(x) = \begin{cases} \displaystyle\int_0^x \frac{e^t - t - 1}{t} dt + C_2, & \text{当 } x \neq 0, \\ C_2, & \text{当 } x = 0. \end{cases}$$

下面验证如此求得的 $f(x)$ 在 $(-\infty, +\infty)$ 内具有连续的二阶导数. 事实上,

$$f'(0) = \lim_{x \to 0} \frac{f(x) - f(0)}{x - 0} = \lim_{x \to 0} \frac{\displaystyle\int_0^x \frac{e^t - t - 1}{t} dt}{x} = \lim_{x \to 0} \frac{e^x - x - 1}{x} = \lim_{x \to 0}(e^x - 1) = 0,$$

$$\lim_{x \to 0} f'(x) = \lim_{x \to 0} \frac{e^x - x - 1}{x} = \lim_{x \to 0}(e^x - 1) = 0 = f'(0).$$

$$f''(x) = \frac{x(e^x - 1) - (e^x - x - 1)}{x^2} = \frac{xe^x - e^x + 1}{x^2}, \text{当 } x \neq 0,$$

$$f''(0) = \lim_{x \to 0} \frac{f'(x) - f'(0)}{x - 0} = \lim_{x \to 0} \frac{e^x - x - 1}{x^2} = \lim_{x \to 0} \frac{e^x - 1}{2x} = \frac{1}{2},$$

$$\lim_{x \to 0} f''(x) = \lim_{x \to 0} \frac{xe^x - e^x + 1}{x^2} = \lim_{x \to 0} \frac{xe^x}{2x} = \frac{1}{2} = f''(0).$$

(2) 恰当微分方程降阶法. 设所给微分方程为

$$\Phi(x, y, y', \cdots, y^{(n)}) = 0, \tag{4.23}$$

如果存在 $F(x, y, y', \cdots, y^{(n-1)})$,恰好 $F(x, y, y', \cdots, y^{(n-1)})$ 的全导数

$$\frac{d}{dx}F(x, y, y', \cdots, y^{(n-1)}) = F'_x + F'_y \cdot y' + F'_{y'} \cdot y'' + \cdots + F'_{y^{(n-1)}} \cdot y^{(n)}$$

$$\equiv \Phi(x, y, y', \cdots, y^{(n)}),$$

则将方程(4.23)两边对 x 积分,得到降低一阶的方程

$$F(x, y, y', \cdots, y^{(n-1)}) = C_1.$$

(此式也可由变限积分而得到). 如果此 $(n-1)$ 阶方程可以设法求解, 则方程(4.23)就求得解了.

这种形式的方程(4.23)称为**恰当微分方程**. 一个微分方程是否为恰当微分方程是有条件的, 在此不详述. 如何由方程(4.23)的 Φ 找 F, 一种方法是"凑", 另一种方法是积分. 本段中通过例子介绍"恰当线性微分方程"如何求解, 见例 11 与例 12. 下一段(3)介绍 n 阶恰当线性微分方程降阶法的一般理论, 见该处的定理.

例 11 求满足初值问题

$$y''(x) - 2xy'(x) - 2y(x) = x^2, y(0) = 1, y'(0) = 0$$

的解 $y(x)$.

解 将所给微分方程两边对 x 积分(用变限积分):

$$\int_0^x y''(t)\,\mathrm{d}t - 2\int_0^x ty'(t)\,\mathrm{d}t - 2\int_0^x y(t)\,\mathrm{d}t = \int_0^x t^2\,\mathrm{d}t,$$

利用初值条件及分部积分, 得

$$y'(x) - 2\left[ty(t)\Big|_0^x - \int_0^x y(t)\,\mathrm{d}t \right] - 2\int_0^x y(t)\,\mathrm{d}t = \frac{1}{3}x^3,$$

即

$$y'(x) - 2xy(x) = \frac{1}{3}x^3,$$

降为一阶方程. 按一阶线性方程方法解之, 得解

$$y(x) = \mathrm{e}^{x^2}\left[\int_0^x \frac{1}{3}t^3 \mathrm{e}^{-t^2}\,\mathrm{d}t + y(0) \right] = \mathrm{e}^{x^2}\left[\left(-\frac{1}{6}\right)(x^2\mathrm{e}^{-x^2} + \mathrm{e}^{-x^2}) + \frac{7}{6} \right]$$

$$= \frac{7}{6}\mathrm{e}^{x^2} - \frac{1}{6}(1 + x^2).$$

[注] 本题也可以采用凑的方法.

$$y''(x) - 2xy'(x) - 2y(x) = x^2,$$
$$y''(x) - 2(xy(x))' = x^2,$$
$$(y'(x) - 2xy(x))' = x^2,$$

从而

$$y'(x) - 2xy(x) = \frac{1}{3}x^3 + C_1.$$

由 $y(0)=1, y'(0)=0$, 定出 $C_1=0$. 从而得 $y'(x) - 2xy(x) = \frac{1}{3}x^3$. 以下与上述解法同.

例 12 求微分方程

$$x^2 y''(x) + 4(x+1)y'(x) + 2y(x) = \frac{2}{x^3}$$

满足初始条件 $y(1) = -\frac{1}{6}, y'(1) = 0$ 的特解.

解 试用恰当方程降阶法, 采用"凑"的办法. 看第一项, 试求

$$(x^2 y'(x))' = x^2 y''(x) + 2xy'(x),$$

所以

$$x^2 y''(x) = (x^2 y'(x))' - 2xy'(x),$$

原方程成为

$$(x^2 y'(x))' - 2xy'(x) + 4(x+1)y'(x) + 2y(x) = \frac{2}{x^3},$$

即

$$(x^2 y'(x))' + 2(xy'(x) + y(x)) + 4y'(x) = \frac{2}{x^3},$$

$$[x^2 y'(x) + 2xy(x) + 4y(x)]' = \frac{2}{x^3}.$$

两边从 $x=1$ 到 x 积分,

$$x^2 y'(x) + 2xy(x) + 4y(x) - (-1) = -\frac{1}{x^2} + 1,$$

即

$$x^2 y'(x) + 2(x+2)y(x) = -\frac{1}{x^2}.$$

解此一阶线性方程

$$y'(x) + \frac{2(x+2)}{x^2} y = -\frac{1}{x^4},$$

$$y(x) = e^{-\int_1^x \frac{2(t+2)}{t^2} dt} \left[-\int_1^x \frac{1}{s^4} e^{\int_1^s \frac{2(t+2)}{t^2} dt} ds + \left(-\frac{1}{6}\right) \right].$$

由于

$$\int_1^x \frac{2(t+2)}{t^2} dt = 2\ln|x| - \frac{4}{x} + 4,$$

所以

$$y(x) = \frac{e^{\frac{4}{x}}}{e^4 x^2} \left[-\int_1^x e^4 s^{-2} e^{-\frac{4}{s}} ds - \frac{1}{6} \right]$$

$$= \frac{e^{\frac{4}{x}}}{e^4 x^2} \left[-\frac{e^4}{4} (e^{-\frac{4}{x}} - e^{-4}) - \frac{1}{6} \right]$$

$$= -\frac{1}{4x^2} + \frac{e^{\frac{4}{x}}}{12 e^4 x^2}.$$

此解的存在区间为 $(0, +\infty)$.

(3) n 阶恰当线性微分方程降阶法的一般理论,有下述定理.

定理 设 $p_k(x)$ 在区间 (a,b) 内具有 $(n-k)$ 阶连续导数, $(k = 0, 1, \cdots, n)$, $p_0(x) \not\equiv 0$, $f(x)$ 在 (a,b) 内连续,给了 n 阶线性微分方程

$$\sum_{k=0}^{n} p_k(x) y^{(n-k)}(x) = f(x), \tag{4.24}$$

其中 $y^{(n-k)}(x)$ 表示 $y(x)$ 对 x 的 $(n-k)$ 阶导数, $y^{(0)}(x)$ 表示 $y(x)$ 本身 $(k = 0, 1, \cdots, n)$. 则

（Ⅰ）方程(4.24)为恰当 n 阶线性微分方程的充要条件是

$$\sum_{k=0}^{n} (-1)^{(n-k)} p_k^{(n-k)}(x) \equiv 0, \quad x \in (a,b) \tag{4.25}$$

（Ⅱ）当式(4.25)成立时,方程(4.24)可降低一阶成为 $(n-1)$ 阶线性微分方程

$$\sum_{k=0}^{n-1} q_k(x) y^{(n-k-1)}(x) - \sum_{k=0}^{n-1} q_k(x_0) y^{(n-k-1)}(x_0) = \int_{x_0}^{x} f(t) dt, \tag{4.26}$$

其中 $x_0 \in (a, b)$，$y^{(n-k-1)}(x_0)(k=0,1,\cdots,n-1)$ 为初值，

$$q_k(x) = \sum_{i=0}^{k} (-1)^i p_{k-i}^{(i)}(x), \quad k = 0, 1, \cdots, n-1. \tag{4.27}$$

式 (4.26) 也可写成

$$\sum_{k=0}^{n-1} q_k(x) y^{(n-k-1)}(x) = \int_{x_0}^{x} f(t) \mathrm{d}t + \sum_{k=0}^{n-1} q_k(x_0) y^{(n-k-1)}(x_0), \tag{4.26$'$}$$

或

$$\sum_{k=0}^{n-1} q_k(x) y^{(n-k-1)}(x) = \int f(x) \mathrm{d}x + C_1. \tag{4.26$''$}$$

证明 将方程 (4.24) 两边对 x 从 x_0 到 x 积分，由分部积分，对于第 k 项 ($k=0, 1, \cdots, n-1$)，有

$$\int_{x_0}^{x} p_k(t) y^{(n-k)}(t) \mathrm{d}t = \int_{x_0}^{x} p_k(t) \mathrm{d}y^{(n-k-1)}(t)$$

$$= \left[p_k(t) y^{(n-k-1)}(t) \right]_{x_0}^{x} - \int_{x_0}^{x} p_k'(t) y^{(n-k-1)}(t) \mathrm{d}t$$

$$= \left[p_k(t) y^{(n-k-1)}(t) \right]_{x_0}^{x} - \int_{x_0}^{x} p_k'(t) \mathrm{d}y^{(n-k-2)}(t)$$

$$= \left[p_k(t) y^{(n-k-1)}(t) \right]_{x_0}^{x} - \left[p_k'(t) y^{(n-k-2)}(t) \right]_{x_0}^{x} + \int_{x_0}^{x} p_k''(t) y^{(n-k-2)}(t) \mathrm{d}t$$

$$= \cdots$$

$$= \sum_{i=0}^{n-k-1} (-1)^i p_k^{(i)}(x) y^{(n-k-i-1)}(x) - \sum_{i=0}^{n-k-1} (-1)^i p_k^{(i)}(x_0) y^{(n-k-i-1)}(x_0)$$

$$+ (-1)^{n-k} \int_{x_0}^{x} p_k^{(n-k)}(t) y^{(0)}(t) \mathrm{d}t. \tag{4.28$_k$}$$

当 $k=n$ 时，即方程 (4.24) 左边的最后一项的积分，不能再用分部积分.

将方程 (4.24) 左、右两边同时对 x 从 x_0 到 x 积分，利用式 (4.28)$_k$ ($k=0,1,\cdots,n-1$)，以及最后一个 (不用分部积分的) 积分，得到

$$\sum_{k=0}^{n-1} \left(\sum_{i=0}^{n-k-1} (-1)^i p_k^{(i)}(x) y^{(n-k-i-1)}(x) \right)$$

$$- \sum_{k=0}^{n-1} \left(\sum_{i=0}^{n-k-1} (-1)^i p_k^{(i)}(x) y^{(n-k-i-1)}(x_0) \right)$$

$$+ \int_{x_0}^{x} \left(\sum_{k=0}^{n} (-1)^{n-k} p_k^{(n-k)}(t) \right) y^{(0)}(t) \mathrm{d}t = \int_{x_0}^{x} f(t) \mathrm{d}t. \tag{4.29}$$

改写

$$\sum_{k=0}^{n-1} \left(\sum_{i=0}^{n-k-1} (-1)^i p_k^{(i)}(x) y^{(n-k-i-1)}(x) \right)$$

$$= \sum_{i=0}^{n-1} \left(\sum_{k=0}^{n-i-1} (-1)^i p_k^{(i)}(x) y^{(n-k-i-1)}(x) \right) \quad (\text{交换 } i \text{ 与 } k \text{ 的次序})$$

$$= \sum_{i=0}^{n-1} \left(\sum_{j=i}^{n-1} (-1)^i p_{j-i}^{(i)}(x) y^{(n-j-1)}(x) \right) \quad (\text{命 } j = k+i, \text{以 } j \text{ 代 } k)$$

$$= \sum_{j=0}^{n-1} \left(\sum_{i=0}^{j} (-1)^i p_{j-i}^{(i)}(x) \right) y^{(n-j-1)}(x) \qquad \text{(再交换 } i \text{ 与 } j \text{ 次序)}$$

$$= \sum_{k=0}^{n-1} \left(\sum_{i=0}^{k} (-1)^i p_{k-i}^{(i)}(x) \right) y^{(n-k-1)}(x), \qquad \text{(改变记号，命 } k=j\text{)}$$

引入式(4.27)中的记号，从而式(4.29)可以写成

$$\sum_{k=0}^{n-1} q_k(x) y^{(n-k-1)}(x) - \sum_{k=0}^{n-1} q_k(x_0) y^{(n-k-1)}(x_0)$$

$$+ \int_{x_0}^{x} \left(\sum_{k=0}^{n} (-1)^{n-k} p_k^{(n-k)}(t) \right) y^{(0)}(t) dt = \int_{x_0}^{x} f(t) dt. \quad (4.30)$$

式(4.30)中含的最高阶导数为 $y^{(n-1)}(x)$. 但式中还含有 $y^{(0)}(x) \equiv y(x)$ 的积分表达式，所以式(4.30)为 $(n-1)$ 阶微分方程的充要条件是式(4.25)成立. 在此条件下，降阶以后的 $(n-1)$ 阶微分方程为式(4.26)(或式(4.26)′，或式(4.26)″). 证毕.

[注] 验证方程(4.24)是否为恰当线性微分方程可用条件(4.25)，具体降阶时不必死套式(4.27)和式(4.26)，例如可按上面例 11、例 12 或下面例 13、例 14 那样去做.

关于 $q_k(x)$ 的公式(4.27)可以改写为

$$q_k(x) = \sum_{j=0}^{k} (-1)^{k-j} p_j^{(k-j)}(x), \quad k = 0, 1, \cdots, n-1. \quad (4.27)'$$

它与式(4.25)十分类似，事实上，$q_n(x) \equiv 0$ 就是充要条件(4.25). 如果 $q_n(x) \equiv 0$ 之后又有 $q_{n-1}(x) = 0$，那么降阶之后的方程(4.26)中最低阶导数为 $y'(x)$. 又可方便地再降一阶，依此类推. 有推论：

推论 下式称为线性方程(4.24)的判定量

$$q_k(x) = \sum_{j=0}^{k} (-1)^{k-j} p_j^{(k-j)}(x), \quad k = 0, 1, \cdots, n-1, n. \quad (4.31)$$

若式(4.31)中当 $k = n, n-1, \cdots, n-s$ 时 $q_k(x) \equiv 0$, $q_{n-s-1}(x) \not\equiv 0$，则方程(4.24)可降阶到 $n-s-1$ 阶.

除了前面例 11 和例 12 外，再举两例.

例 13 求微分方程

$$(x + x^3) y''' + (2 + 8x^2) y'' + 14xy' + 4y = x$$

的通解.

解 可以先求出非齐次方程的一个特解. 由左边系数及右边为 x 知，可设特解 $y^* = ax + b$，于是有

$$14ax + 4(ax + b) = x,$$

$$a = \frac{1}{18}, b = 0, y^* = \frac{x}{18}.$$

下面求对应的齐次方程的通解. 由式(4.25),

$$-(x + x^3)''' + (2 + 8x^2)'' - (14x)' + 4 = -6 + 16 - 14 + 4 = 0,$$

故知所给方程是恰当线性微分方程. 对所给方程两边求不定积分，任意常数在最后统一加上. 有

$$\int (x + x^3) y''' \mathrm{d}x = \int (x + x^3) \mathrm{d}y'' = (x + x^3) y'' - \int (1 + 3x^2) \mathrm{d}y'$$

$$= (x + x^3) y'' - (1 + 3x^2) y' + \int 6x \mathrm{d}y$$

$$= (x + x^3) y'' - (1 + 3x^2) y' + 6xy - \int 6y \mathrm{d}x$$

$$\int (2 + 8x^2) y'' \mathrm{d}x = \int (2 + 8x^2) \mathrm{d}y' = (2 + 8x^2) y' - \int 16x \mathrm{d}y$$

$$= (2 + 8x^2) y' - 16xy + 16 \int y \mathrm{d}x,$$

$$\int 14xy' \mathrm{d}x = \int 14x \mathrm{d}y = 14xy - 14 \int y \mathrm{d}x,$$

最后的一个积分 $\int 4y \mathrm{d}x = 4 \int y \mathrm{d}x.$

将上面 4 式相加,原给方程经两边积分后成为

$$(x + x^3) y'' + (1 + 5x^2) y' + 4xy = C_1.$$

再检查它的判定量:

$$(x + x^3)'' - (1 + 5x^2)' + (4x) = 6x - 10x + 4x \equiv 0,$$

所以降阶以后的方程又是一个恰当方程. 将降阶之后的方程再用分部积分,得

$$(x + x^3) y' + 2x^2 y = C_1 x + C_2.$$

这是一个线性微分方程,化为

$$(1 + x^2) y' + 2xy = C_1 + \frac{C_2}{x}, \quad x \neq 0.$$

它又是一个恰当线性微分方程. 但不必用分部积分,而用视察法即可,得

$$((1 + x^2) y)' = C_1 + \frac{C_2}{x},$$

$$y = \frac{C_1 x + C_2 \ln |x| + C_3}{1 + x^2},$$

原方程的通解为

$$y = C_1 \left(\frac{x}{1 + x^2} \right) + C_2 \left(\frac{\ln |x|}{1 + x^2} \right) + \frac{C_3}{1 + x^2} + \frac{x}{18}, \quad x \neq 0.$$

例 14 求下面初值问题的特解

$$\begin{cases} xy''' + y'' + xy' + y = 1, \\ y(\pi) = -1, y'(\pi) = 0, y''(\pi) = 2. \end{cases}$$

解 由视察法就知道所给的是一个恰当微分方程:

$$(xy'')' + (xy)' = 1.$$

两边积分得

$$xy'' + xy = x + C_1.$$

代入初值,得 $2\pi - \pi = \pi + C_1$,所以 $C_1 = 0$. 于是得

$$xy'' + xy = x,$$

$$y'' + y = 1 \quad (\text{当 } x \neq 0 \text{ 时}).$$

易知,$y = C_2 \cos x + C_3 \sin x + 1$. 再由初值,

$$-1 = C_2(-1) + C_3 \cdot 0 + 1, \quad C_2 = 2.$$
$$y' = -C_2 \sin x + C_3 \cos x,$$
$$0 = -C_2 \cdot 0 + C_3(-1), \quad C_3 = 0.$$

所以特解为 $y = 2\cos x + 1$,由验算知,不必将 $x = 0$ 除外.

三、某些函数方程、积分方程、偏微分方程、差分微分方程化成常微分方程求解

并不是标题中所列的方程都可化成常微分方程求解,而是"某些".请见例子并注意其[注].

例 15 设 $f(x)$ 在 $(-\infty, +\infty)$ 内有定义,对任意 $x \in (-\infty, +\infty), y \in (-\infty, +\infty)$,成立 $f(x+y) = f(x)e^y + f(y)e^x$,且 $f'(0)$ 存在等于 $a, a \neq 0$. 则 $f(x) = $ _____.

分析 由 $f'(0)$ 存在,设法去证对一切 $x, f'(x)$ 存在,并求出 $f(x)$.

解 应填 $f(x) = axe^x$.

将 $y = 0$ 代入 $f(x+y) = f(x)e^y + f(y)e^x$,得
$$f(x) = f(x) + f(0)e^x,$$

所以 $f(0) = 0$.

$$\frac{f(x + \Delta x) - f(x)}{\Delta x} = \frac{f(x)e^{\Delta x} + f(\Delta x)e^x - f(x)}{\Delta x}$$
$$= f(x)\frac{e^{\Delta x} - 1}{\Delta x} + e^x \frac{f(\Delta x)}{\Delta x}$$
$$= f(x)\frac{e^{\Delta x} - 1}{\Delta x} + e^x \frac{f(\Delta x) - f(0)}{\Delta x}.$$

命 $\Delta x \to 0$,得
$$f'(x) = f(x) + e^x f'(0) = f(x) + ae^x,$$

所以 $f'(x)$ 存在.解此一阶微分方程,得
$$f(x) = e^x \left[\int ae^x \cdot e^{-x} dx + C \right] = e^x(ax + C).$$

因 $f(0) = 0$,所以 $C = 0$,从而得 $f(x) = axe^x$,如上所填.

例 16 设 $f(x)$ 在 $(-1, +\infty)$ 上可导,且其反函数存在为 $g(x)$. 若
$$\int_0^{f(x)} g(t)dt + \int_0^x f(t)dt = xe^x - e^x + 1,$$

则当 $-1 < x < +\infty$ 时 $f(x) = $ _____.

分析 未知函数含于积分之中的方程称为积分方程.现在此积分的限为变量,求此方程的解的办法是将方程两边对 x 求导数化成微分方程解之.注意,积分方程的初值条件蕴含于所给式子之中,读者应自行设法挖掘之.

解 应填 $f(x) = \begin{cases} e^x + \dfrac{1 - e^x}{x}, & \text{当 } x \neq 0. \\ 0, & \text{当 } x = 0. \end{cases}$

将所给方程两边对 x 求导,有
$$g(f(x))f'(x) + f(x) = xe^x.$$

因 $g(f(x)) \equiv x$,所以上式成为
$$xf'(x) + f(x) = xe^x.$$

以 $x=0$ 代入上式,由于 $f'(0)$ 存在,所以由上式得 $f(0)=0$. 当 $x\neq0$ 时,上式成为

$$f'(x)+\frac{1}{x}f(x)=\mathrm{e}^x,$$

解得

$$f(x)=\mathrm{e}^{-\int\frac{1}{x}\mathrm{d}x}\left[\int\mathrm{e}^x\cdot\mathrm{e}^{\int\frac{1}{x}\mathrm{d}x}\mathrm{d}x+C\right]$$

$$=\mathrm{e}^x+\frac{C-\mathrm{e}^x}{x},\text{当}\ x\neq0.$$

由于 $f(x)$ 在 $x=0$ 处可导,所以连续,命 $x\to0$,得

$$0=f(0)=1+\lim_{x\to0}\frac{C-\mathrm{e}^x}{x},$$

所以

$$\lim_{x\to0}\frac{C-\mathrm{e}^x}{x}=-1,$$

从而知 $C=1$. 于是得

$$f(x)=\begin{cases}\mathrm{e}^x+\dfrac{1-\mathrm{e}^x}{x}, & \text{当}\ x\neq0,\\[2mm] 0, & \text{当}\ x=0.\end{cases}$$

[**注**] 有时未知函数含于确定限的积分之中,例如设 $f(x)$ 连续,且 $f(x)=3x-\sqrt{1-x^2}\int_0^1 f^2(x)\mathrm{d}x$,求 $f(x)$. 不能用求导的办法企图将它化为常微分方程,而应如下去做. 命 $\int_0^1 f^2(x)\mathrm{d}x=a$,于是原式化为

$$f(x)=3x-a\sqrt{1-x^2},$$

于是

$$\int_0^1(3x-a\sqrt{1-x^2})^2\mathrm{d}x=a,$$

得

$$3-2a+a^2-\frac{a^2}{3}=a,$$

解得 $a=\dfrac{3}{2}$ 或 $a=3$. 于是

$$f(x)=3x-\frac{3}{2}\sqrt{1-x^2}\ \text{或}\ f(x)=3x-3\sqrt{1-x^2}.$$

例 17 设函数 $f(u)$ 有连续的一阶导数,$f(2)=1$,且函数 $z=xf\left(\dfrac{y}{x}\right)+yf\left(\dfrac{y}{x}\right)$ 满足

$$\frac{\partial z}{\partial x}+\frac{\partial z}{\partial y}=\frac{y}{x}-\left(\frac{y}{x}\right)^3,x>0,y>0,\tag{4.32}$$

求 z 的表达式.

分析 将 $z=xf\left(\dfrac{y}{x}\right)+yf\left(\dfrac{y}{x}\right)$ 代入式(4.32),注意到 f 中的变元实际是一元 $u=\dfrac{y}{x}$,所以最终有可能化为含有关于 $f(u)$ 的常微分方程.

解 $\dfrac{\partial z}{\partial x} = f\left(\dfrac{y}{x}\right) - \dfrac{y}{x}f'\left(\dfrac{y}{x}\right) - \left(\dfrac{y}{x}\right)^2 f'\left(\dfrac{y}{x}\right),$

$\dfrac{\partial z}{\partial y} = f\left(\dfrac{y}{x}\right) + f'\left(\dfrac{y}{x}\right) + \left(\dfrac{y}{x}\right)f'\left(\dfrac{y}{x}\right)$

代入式(4.32),得

$$f'(u)(1 - u^2) + 2f(u) = u - u^3, \tag{4.33}$$

其中 $u = \dfrac{y}{x}$. 由式(4.33)有

$$f'(u) + \frac{2}{1 - u^2}f(u) = u, \text{当 } u \neq \pm 1. \tag{4.34}$$

初值条件是 $u = 2$ 时 $f = 1$. 微分方程的解应该是 u 的连续函数,由于初值条件给在 $u = 2$ 处,所以 f 的连续区间应是包含 $u = 2$ 在内的一个开区间.

求解方程(4.34)得通解

$$
\begin{aligned}
f(u) &= \mathrm{e}^{-\int \frac{2}{1-u^2}\mathrm{d}u}\left[\int u\mathrm{e}^{\int \frac{2}{1-u^2}\mathrm{d}u}\mathrm{d}u + C\right] \\
&= \left|\frac{1-u}{1+u}\right|\left[\int u\left|\frac{1+u}{1-u}\right|\mathrm{d}u + C\right] \\
&= \frac{u-1}{u+1}\left[\int \frac{u(u+1)}{u-1}\mathrm{d}u + C\right] \\
&= \frac{u-1}{u+1}\left[\frac{u^2}{2} + 2u + 2\ln(u-1) + C\right],
\end{aligned}
$$

再以 $f(2) = 1$ 代入,得 $C = -3$,从而得

$$f(u) = \frac{u-1}{u+1}\left[\frac{u^2}{2} + 2u + 2\ln(u-1) - 3\right],$$

$$z = (y-x)\left[\frac{y^2}{2x^2} + \frac{2y}{x} + 2\ln\left(\frac{y}{x} - 1\right) - 3\right].$$

例 18 设 $z = z(u,v)$ 具有二阶连续偏导数,且 $z = z(x-2y, x+3y)$ 满足

$$6\frac{\partial^2 z}{\partial x^2} + \frac{\partial^2 z}{\partial x\partial y} - \frac{\partial^2 z}{\partial y^2} = 2\frac{\partial z}{\partial x} + \frac{\partial z}{\partial y},$$

求 $z = z(u,v)$ 的一般表达式.

分析 以 $z = z(u,v)$, $u = x - 2y$, $v = x + 3y$ 代入所给方程,得到 $z(u,v)$ 所应该满足的微分方程,也许这个方程能用常微分方程的办法解之.

解 以 $u = x - 2y$, $v = x + 3y$ 变换所给方程为 z 关于 u,v 的偏微分方程.

$$\frac{\partial z}{\partial x} = \frac{\partial z}{\partial u} + \frac{\partial z}{\partial v}, \frac{\partial z}{\partial y} = -2\frac{\partial z}{\partial u} + 3\frac{\partial z}{\partial v},$$

$$\frac{\partial^2 z}{\partial x^2} = \frac{\partial^2 z}{\partial u^2} + 2\frac{\partial^2 z}{\partial u\partial v} + \frac{\partial^2 z}{\partial v^2}, \frac{\partial^2 z}{\partial y^2} = 4\frac{\partial^2 z}{\partial u^2} - 12\frac{\partial^2 z}{\partial u\partial v} + 9\frac{\partial^2 z}{\partial v^2},$$

$$\frac{\partial^2 z}{\partial x\partial y} = -2\frac{\partial^2 z}{\partial u^2} + \frac{\partial^2 z}{\partial u\partial v} + 3\frac{\partial^2 z}{\partial v^2},$$

代入所给方程,化为

$$25\frac{\partial^2 z}{\partial u\partial v} = 5\frac{\partial z}{\partial v},$$

即

$$\frac{\partial}{\partial u}\left(\frac{\partial z}{\partial v}\right) = \frac{1}{5}\left(\frac{\partial z}{\partial v}\right).$$

命 $\frac{\partial z}{\partial v} = w$,得

$$\frac{\partial w}{\partial u} = \frac{1}{5}w.$$

它可以看成一个常微分方程(其中视 v 为常数),解得

$$w = \varphi(v)\mathrm{e}^{\frac{u}{5}},$$

其中 $\varphi(v)$ 为具有连续导数的 v 的任意函数. 再由

$$\frac{\partial z}{\partial v} = w = \varphi(v)\mathrm{e}^{\frac{u}{5}},$$

所以

$$z = \mathrm{e}^{\frac{u}{5}}\int\varphi(v)\mathrm{d}v + \psi(u),$$

或写成

$$z = \Phi(v)\mathrm{e}^{\frac{u}{5}} + \psi(u),$$

其中 $\psi(u)$ 是具有连续导数的 u 的任意函数,$\Phi(v)$ 是具有二阶连续导数的 v 的任意函数,$u = x - 2y$,$v = x + 3y$.

例 19 设 $f(x)$ 具有二阶导数,且 $f(x) + f'(\pi - x) = \sin x$,$f\left(\frac{\pi}{2}\right) = 0$. 求 $f(x)$.

分析 方程中含 $f(x)$ 与 $f'(\pi - x)$,其中变元分别为 x 与 $\pi - x$,不在同一个 x 处,又含有导数,这种方程称为差分-微分方程. 一般将它化成同一变元的微分方程处理之.

解 由 $f(x) + f'(\pi - x) = \sin x$,两边对 x 求导,有

$$f'(x) - f''(\pi - x) = \cos x.$$

第 2 个方程中命 $x = \pi - u$,并将 u 仍写为 x,得

$$f'(\pi - x) - f''(x) = -\cos x,$$

代入第 1 个方程,得

$$f(x) + f''(x) = \sin x + \cos x.$$

求得通解

$$f(x) = C_1\cos x + C_2\sin x + x\left(-\frac{1}{2}\cos x + \frac{1}{2}\sin x\right).$$

初值条件 $f\left(\frac{\pi}{2}\right) = 0$. 又由 $f(x) + f'(\pi - x) = \sin x$ 得 $f'\left(\frac{\pi}{2}\right) = 1$. 求得特解 $f(x) = \left(\frac{\pi}{4} - \frac{1}{2} - \frac{x}{2}\right)\cos x + \left(-\frac{\pi}{4} + \frac{x}{2}\right)\sin x.$

4.3 常微分方程的解的性质的讨论

常微分方程的解的性质的讨论,一般有三类问题.

第一种类型是,该常微分方程的解已求出,并且是用初等函数表示的. 讨论这类解的性质,实际上就是讨论表示这个解的函数的性质. 原则上说,已不属于常微分方程的范围. 为节

省篇幅,本章中不讨论这类问题.第二种类型是,该解已用变限积分表示,但该积分的结果,无法用初等函数表示,或者该积分中的被积函数为抽象函数.要讨论该解的性质,就是讨论这种变限函数的性质,正好适合高等数学的范畴,请见例 1 至例 7.第三种类型是,该方程的解无法用积分表示,当然更不要说用初等函数表示,而只能由方程本身来讨论其解的某些性质,这类题已属于常微分方程定性理论范围.但对其中个别可用高等数学知识解决的问题,仍颇有兴趣,这也是三类中最难的一类,请见例 8 与例 9.

一、常微分方程的解用积分表示时讨论其解的性质

例 1 设初值问题

$$\begin{cases} x\dfrac{\mathrm{d}y}{\mathrm{d}x} - (2x^2+1)y = x^2, x \geqslant 1, \\ y(1) = y_1. \end{cases}$$

(1) 用变限积分表示满足上述初值问题的解 $y(x)$;

(2) 讨论 $\lim\limits_{x \to +\infty} y(x)$.

分析 一阶线性初值问题的解有公式,根据(1)的结果再讨论(2).

解 (1)初值问题写成

$$\begin{cases} \dfrac{\mathrm{d}y}{\mathrm{d}x} - \left(2x + \dfrac{1}{x}\right)y = x, x \geqslant 1, \\ y(1) = y_1. \end{cases}$$

由通解公式[注]:

$$\begin{aligned}
y(x) &= \mathrm{e}^{\int_1^x \left(2t+\frac{1}{t}\right)\mathrm{d}t} \left[\int_1^x t\mathrm{e}^{-\int_1^t \left(2s+\frac{1}{s}\right)\mathrm{d}s}\mathrm{d}t + y_1\right] \\
&= \mathrm{e}^{-1}x\mathrm{e}^{x^2}\left[\int_1^x \mathrm{e}\cdot\mathrm{e}^{-t^2}\mathrm{d}t + y_1\right] = x\mathrm{e}^{x^2}\left(\int_1^x \mathrm{e}^{-t^2}\mathrm{d}t + y_1\mathrm{e}^{-1}\right).
\end{aligned}$$

(2)

$$\int_1^{+\infty} \mathrm{e}^{-t^2}\mathrm{d}t = \int_0^{+\infty} \mathrm{e}^{-t^2}\mathrm{d}t - \int_0^1 \mathrm{e}^{-t^2}\mathrm{d}t = \frac{\sqrt{\pi}}{2} - \int_0^1 \mathrm{e}^{-t^2}\mathrm{d}t,$$

$$\lim_{x \to +\infty}\left(\int_1^x \mathrm{e}^{-t^2}\mathrm{d}t + y_1\mathrm{e}^{-1}\right) = \frac{\sqrt{\pi}}{2} - \int_0^1 \mathrm{e}^{-t^2}\mathrm{d}t + y_1\mathrm{e}^{-1}.$$

若 $y_1 \neq \mathrm{e}\left(\int_0^1 \mathrm{e}^{-t^2}\mathrm{d}t - \dfrac{\sqrt{\pi}}{2}\right)$,则

$$\lim_{x \to +\infty} y(x) = \infty$$

若 $y_1 = \mathrm{e}\left(\int_0^1 \mathrm{e}^{-t^2}\mathrm{d}t - \dfrac{\sqrt{\pi}}{2}\right)$,则

$$\begin{aligned}
\lim_{x \to +\infty} y(x) &= \lim_{x \to +\infty} \frac{\int_1^x \mathrm{e}^{-t^2}\mathrm{d}t + y_1\mathrm{e}^{-1}}{\dfrac{1}{x}\mathrm{e}^{-x^2}} \quad \left(\frac{0}{0} \text{ 型}\right) \\
&= \lim_{x \to +\infty} \frac{\mathrm{e}^{-x^2}}{-\dfrac{1}{x^2}\mathrm{e}^{-x^2} - 2\mathrm{e}^{-x^2}} = -\frac{1}{2}.
\end{aligned}$$

所以该初值问题的解 $y(x)$ 当且仅当 $y_1 = \mathrm{e}\left(\int_0^1 \mathrm{e}^{-t^2}\,\mathrm{d}t - \dfrac{\sqrt{\pi}}{2}\right)$ 时 $\lim\limits_{x \to +\infty} y(x)$ 存在,等于 $-\dfrac{1}{2}$,其他情形 $\lim\limits_{x \to +\infty} y(x) = \infty$.

[注] 一阶线性方程

$$\frac{\mathrm{d}y}{\mathrm{d}x} + p(x)y = q(x)$$

的通解公式一般用不定积分表示. 但对于初值问题的解,为便于讨论其性质,宜用变限积分表示:

$$y(x) = \mathrm{e}^{-\int_{x_0}^{x} p(t)\,\mathrm{d}t}\left[\int_{x_0}^{x} q(t)\mathrm{e}^{\int_{x_0}^{t} p(s)\,\mathrm{d}s}\,\mathrm{d}t + y_0\right], \tag{4.35}$$

其中 $p(x),q(x)$ 为连续函数,$y_0 = y(x_0)$ 为初值. 如果将 x_0 固定,y_0 看成任意常数,则式(4.35)也可作为通解公式使用.

例 2 设 $y(x)$ 在区间 $[0,+\infty)$ 上存在连续的一阶导数,且

$$\lim_{x \to +\infty}(y'(x) + y(x)) = 0.$$

求 $\lim\limits_{x \to +\infty} y(x)$.

分析 粗粗一看,由 $\lim\limits_{x \to +\infty}(y'(x) + y(x)) = 0$ 去推求 $\lim\limits_{x \to +\infty} y(x)$,似乎要用到拉格朗日中值定理. 但并不知道 $\lim\limits_{x \to +\infty} y'(x)$,这又为难了. 利用微分方程,设计出一个微分方程使 $y(x)$ 是它的解,这样就柳暗花明了.

解 记 $y'(x) + y(x) = q(x)$,由题设知 $q(x)$ 连续. 解此一阶微分方程,并以 $y(x_0) = y_0$ 为初值条件,于是其唯一解就是题给的 $y(x)$:

$$y(x) = \mathrm{e}^{-\int_{x_0}^{x} \mathrm{d}x}\left[\int_{x_0}^{x} q(x)\mathrm{e}^{\int_{x_0}^{x} \mathrm{d}x}\,\mathrm{d}x + y_0\right]$$

$$= \mathrm{e}^{-x}\left[\int_{x_0}^{x} q(x)\mathrm{e}^{x}\,\mathrm{d}x + y_0\mathrm{e}^{x_0}\right],$$

$$\lim_{x \to +\infty} y(x) = \lim_{x \to +\infty} \frac{\displaystyle\int_{x_0}^{x} q(x)\mathrm{e}^{x}\,\mathrm{d}x + y_0\mathrm{e}^{x_0}}{\mathrm{e}^{x}}$$

$$\xlongequal{\text{[注]}} \lim_{x \to +\infty} \frac{q(x)\mathrm{e}^{x}}{\mathrm{e}^{x}} = \lim_{x \to +\infty} q(x) = 0.$$

[注] 这里 $\lim\limits_{x \to +\infty} \mathrm{e}^{x} = +\infty$,不论 $\lim\limits_{x \to +\infty}\left(\int_{x_0}^{x} q(x)\mathrm{e}^{x}\,\mathrm{d}x + y_0\mathrm{e}^{x_0}\right)$ 如何,均可使用洛必达法则. 见第一章习题 25.

例 3 设 $g(x)$ 与 $f(x)$ 都是以 ω 为周期的连续函数,讨论方程

$$\frac{\mathrm{d}y}{\mathrm{d}x} = g(x)y + f(x) \tag{4.36}$$

(1) 存在唯一以 ω 为周期的周期解的条件,并求出此唯一解;

(2) 一切解都是以 ω 为周期的周期解的条件,并求出所有这些解;

(3) 不存在以 ω 为周期的解的条件.

解 由通解公式入手. 由 3.2 节例 22 知道,$\int_0^{x} g(t)\,\mathrm{d}t$ 可以写成

$$\int_0^x g(t)\mathrm{d}t = \varphi(x) + \frac{x}{\omega}\int_0^\omega g(t)\mathrm{d}t, \tag{4.37}$$

其中 $\varphi(x)$ 为一个以 ω 为周期的周期函数. 为简单起见, 再命

$$\bar{g} = \frac{1}{\omega}\int_0^\omega g(t)\mathrm{d}t, \tag{4.38}$$

表示 $g(x)$ 在一个周期上的平均值. 于是方程(4.36)的通解可写成

$$y(x) = \mathrm{e}^{\int_0^x g(t)\mathrm{d}t}\left[\int_0^x f(t)\mathrm{e}^{-\int_0^t g(s)\mathrm{d}s}\mathrm{d}t + y_0\right]$$

$$= \mathrm{e}^{\varphi(x)+\bar{g}x}\left[\int_0^x f(t)\mathrm{e}^{-\varphi(t)-\bar{g}t}\mathrm{d}t + y_0\right] \tag{4.39}$$

$$y(x+\omega) = \mathrm{e}^{\varphi(x)+\bar{g}x}\cdot\mathrm{e}^{\bar{g}\omega}\left[\int_0^{x+\omega} f(t)\mathrm{e}^{-\varphi(t)-\bar{g}t}\mathrm{d}t + y_0\right]$$

$$= \mathrm{e}^{\varphi(x)+\bar{g}x}\cdot\mathrm{e}^{\bar{g}\omega}\left[\int_0^\omega f(t)\mathrm{e}^{-\varphi(t)-\bar{g}t}\mathrm{d}t + \int_\omega^{x+\omega} f(t)\mathrm{e}^{-\varphi(t)-\bar{g}t}\mathrm{d}t + y_0\right]$$

$$= \mathrm{e}^{\varphi(x)+\bar{g}x}\left[\mathrm{e}^{\bar{g}\omega}\int_0^\omega f(t)\mathrm{e}^{-\varphi(t)-\bar{g}t}\mathrm{d}t + \mathrm{e}^{\bar{g}\omega}\int_0^x f(t)\mathrm{e}^{-\varphi(t)-\bar{g}t}\cdot\mathrm{e}^{-\bar{g}\omega}\mathrm{d}t + y_0\mathrm{e}^{\bar{g}\omega}\right]$$

$$= \mathrm{e}^{\varphi(x)+\bar{g}x}\left[\mathrm{e}^{\bar{g}\omega}\int_0^\omega f(t)\mathrm{e}^{-\varphi(t)-\bar{g}t}\mathrm{d}t + \int_0^x f(t)\mathrm{e}^{-\varphi(t)-\bar{g}t}\mathrm{d}t + y_0\mathrm{e}^{\bar{g}\omega}\right],$$

$$y(x+\omega) - y(x) = \mathrm{e}^{\varphi(x)+\bar{g}x}\left[\mathrm{e}^{\bar{g}\omega}\int_0^\omega f(t)\mathrm{e}^{-\varphi(t)-\bar{g}t}\mathrm{d}t - y_0 + y_0\mathrm{e}^{\bar{g}\omega}\right].$$

以下分(1)、(2)、(3)讨论.

(1) 若 $\bar{g}\neq 0$, 即 $\int_0^\omega g(t)\mathrm{d}t \neq 0$, 取

$$y_0 = \frac{\mathrm{e}^{\bar{g}\omega}\displaystyle\int_0^\omega f(t)\mathrm{e}^{-\varphi(t)-\bar{g}t}\mathrm{d}t}{1 - \mathrm{e}^{\bar{g}\omega}}, \tag{4.40}$$

有

$$y(x+\omega) \equiv y(x).$$

$y(x)$ 具有周期 ω. 若

$$y_0 \neq \frac{\mathrm{e}^{\bar{g}\omega}\displaystyle\int_0^\omega f(t)\mathrm{e}^{-\varphi(t)-\bar{g}t}\mathrm{d}t}{1 - \mathrm{e}^{\bar{g}\omega}},$$

则上述的解 $y(x)$ 不是以 ω 为周期的.

所以在 $\bar{g}\neq 0$ 的条件下, 当且仅当 y_0 满足式(4.40)时, 相应的式(4.39)为唯一的以 ω 为周期的周期解.

(2) 若 $\bar{g}=0$, 则

$$y(x+\omega) - y(x) = \mathrm{e}^{\varphi(x)}\int_0^\omega f(t)\mathrm{e}^{-\varphi(t)}\mathrm{d}t,$$

与 y_0 无关. 如果又有 $\int_0^\omega f(x)\mathrm{e}^{-\varphi(x)}\mathrm{d}x = 0$, 则原方程的一切解

$$y(x) = \mathrm{e}^{\varphi(x)}\left[\int_0^x f(t)\mathrm{e}^{-\varphi(t)}\mathrm{d}t + y_0\right] \tag{4.41}$$

都是 ω 周期解.

(3) 若 $\bar{g} = 0$ 且 $\int_0^\omega f(x)e^{-\varphi(x)}dx \neq 0$,则对于任意 $y_0, y(x+\omega)-y(x) = e^{\varphi(x)}\int_0^\omega f(t)e^{-\varphi(t)}dt \neq 0$,所以不存在以 ω 为周期的周期解.讨论完毕.

[注] 举例:

(1) $y' = y + \sin x$,通解 $y = \dfrac{1}{2}(\cos x + \sin x) + y_0 e^x$,存在唯一(当 $y_0 = 0$)的以 2π 为周期的周期解.

(2) $y' = y\cos x + \cos x$ 的通解 $y = -1 + y_0 e^{\sin x}$ 都是以 2π 为周期的周期解.

(3) $y' = y\cos x + 1$ 的通解 $y = e^{\sin x}\left[\int_0^x e^{-\sin t}dt + y_0\right]$,无论 y_0 取什么数,$y(x+2\pi)-y(x) = e^{\sin x}\int_0^{2\pi} e^{-\sin t}dt > 0$,所以 $y(x)$ 都不是以 2π 为周期的周期解.

例 4 设 $f(x)$ 在 $(-\infty, +\infty)$ 上连续,且 $|f(x)| \leqslant M$.证明方程
$$y' + y = f(x)$$
在 $(-\infty, +\infty)$ 上存在一个有界的解,并求出此有界解.

解 由通解公式
$$y(x) = e^{-x}\left[\int_0^x e^t f(t)dt + y_0\right].$$
由于当 $x > 0$ 时
$$\left|\int_0^x e^t f(t)dt\right| \leqslant M\int_0^x e^t dt = M(e^x - 1),$$
$$|y(x)| \leqslant e^{-x}(M(e^x - 1) + |y_0|) = M - Me^{-x} + |y_0|e^{-x} \leqslant M - 0 + |y_0|,$$
对任意确定的 y_0,$|y(x)|$ 有界.

当 $x < 0$ 时,
$$y(x) = \frac{\int_0^x e^t f(t)dt + y_0}{e^x},$$
考虑积分
$$\int_0^{-\infty} e^t f(t)dt = \int_0^{+\infty} e^{-u}f(-u)(-du),$$
而
$$|-e^{-u}f(-u)| \leqslant Me^{-u}, \quad \int_0^{+\infty} Me^{-u}du = M(存在),$$
所以积分
$$\int_0^{-\infty} e^t f(t)dt$$
收敛,取
$$y_0 = -\int_0^{-\infty} e^t f(t)dt = \int_{-\infty}^0 e^t f(t)dt,$$
此时
$$y(x) = \frac{\int_0^x e^t f(t)dt + \int_{-\infty}^0 e^t f(t)dt}{e^x} = \frac{\int_{-\infty}^x e^t f(t)dt}{e^x}.$$
所以当 $x < 0$ 时,

$$\mid y(x) \mid \leqslant \mathrm{e}^{-x} \int_{-\infty}^{x} \mathrm{e}^{t} \mid f(t) \mid \mathrm{d}t \leqslant M \mathrm{e}^{-x} \int_{-\infty}^{x} \mathrm{e}^{t} \mathrm{d}t = M$$

有界.

按上述方法取定

$$y_0 = \int_{-\infty}^{0} \mathrm{e}^{t} f(t) \mathrm{d}t,$$

得到唯一解

$$y(x) = \mathrm{e}^{-x} \int_{-\infty}^{0} \mathrm{e}^{t} f(t) \mathrm{d}t,$$

它在区间$(-\infty, +\infty)$上有界.

例5 设函数$a(x)$和$b(x)$在区间$[0, +\infty)$上连续,并且$\lim\limits_{x \to +\infty} a(x) = \alpha < 0, \mid b(x) \mid \leqslant \beta(\alpha$ 与 β 都是常数$)$. 试证明:方程$\dfrac{\mathrm{d}y}{\mathrm{d}x} = a(x) y + b(x)$的一切解在$[0, +\infty)$上有界;若$\lim\limits_{x \to +\infty} b(x) = 0$,则该方程的一切解$y(x)$满足$\lim\limits_{x \to +\infty} y(x) = 0$.

解 由通解公式,方程

$$\frac{\mathrm{d}y}{\mathrm{d}x} = a(x) y + b(x)$$

的通解为

$$y(x) = \mathrm{e}^{\int_0^x a(t)\mathrm{d}t} \left[\int_0^x b(s) \mathrm{e}^{-\int_0^s a(t)\mathrm{d}t} \mathrm{d}s + y_0 \right].$$

考察$\mathrm{e}^{\int_0^x a(t)\mathrm{d}t}$,由于$\lim\limits_{x \to +\infty} a(x) = \alpha < 0$,所以存在$X > 0$,当$x > X$时,

$$\frac{3\alpha}{2} < a(x) < \frac{\alpha}{2},$$

$$\int_0^x a(t)\mathrm{d}t = \int_0^X a(t)\mathrm{d}t + \int_X^x a(t)\mathrm{d}t,$$

$$\int_0^X a(t)\mathrm{d}t + \frac{3\alpha}{2}(x - X) < \int_0^x a(t)\mathrm{d}t < \int_0^X a(t)\mathrm{d}t + \frac{\alpha}{2}(x - X).$$

由夹逼定理知

$$\lim_{x \to +\infty} \mathrm{e}^{\int_0^x a(t)\mathrm{d}t} = 0.$$

由洛必达法则,

$$\lim_{x \to +\infty} \frac{\int_0^x \beta \mathrm{e}^{-\int_0^s a(t)\mathrm{d}t} \mathrm{d}s + \mid y_0 \mid}{\mathrm{e}^{-\int_0^x a(t)\mathrm{d}t}} = \lim_{x \to +\infty} \frac{\beta \mathrm{e}^{-\int_0^x a(t)\mathrm{d}t}}{-a(x) \mathrm{e}^{-\int_0^x a(t)\mathrm{d}t}} = -\frac{\beta}{\alpha}(存在),$$

所以在区间$[0, +\infty)$上,

$$\left| \mathrm{e}^{\int_0^x a(t)\mathrm{d}t} \left[\int_0^x b(s) \mathrm{e}^{-\int_0^s a(t)\mathrm{d}t} \mathrm{d}s + y_0 \right] \right| \leqslant \mathrm{e}^{\int_0^x a(t)\mathrm{d}t} \left[\int_0^x \mid b(s) \mid \mathrm{e}^{-\int_0^s a(t)\mathrm{d}t} \mathrm{d}s + \mid y_0 \mid \right]$$

$$\leqslant \mathrm{e}^{\int_0^x a(t)\mathrm{d}t} \left[\int_0^x \beta \mathrm{e}^{-\int_0^s a(t)\mathrm{d}t} \mathrm{d}s + \mid y_0 \mid \right],$$

有界. 即方程的一切解在$[0, +\infty)$上有界.

若$\lim\limits_{x \to +\infty} b(x) = 0$,则对通解

$$y(x) = \frac{\int_0^x b(s) \mathrm{e}^{-\int_0^s a(t)\mathrm{d}t} \mathrm{d}s + y_0}{\mathrm{e}^{-\int_0^x a(t)\mathrm{d}t}}$$

使用洛必达法则,可知 $\lim\limits_{x \to +\infty} y(x) = 0$. 证毕.

例 6 试证明:黎卡堤方程

$$\frac{\mathrm{d}y}{\mathrm{d}x} = 4y^2 \cos^2 x + 2y \sin^2 x - 1$$

存在唯一的以 2π 为周期的周期解,并求之.

分析 方程 $y' = P(x)y^2 + Q(x)y + R(x)$ 称黎卡堤方程. 容易证明:设 $y_1(x)$ 是上述方程的一个解,则命

$$y = u + y_1(x)$$

之后,原方程可以化为 u 关于 x 的伯努利方程从而求得原黎卡堤方程的通解. 根据此线索求出所给方程的通解,然后求出唯一的以 2π 为周期的周期解.

解 由视察法易知 $y_1(x) = \dfrac{1}{2}$ 为原给方程的一个解. 命

$$y = u + \frac{1}{2},$$

代入原方程,化为

$$\frac{\mathrm{d}u}{\mathrm{d}x} = 4u^2 \cos^2 x + 2u(\cos^2 x + 1).$$

再命

$$z = \frac{1}{u},$$

上述方程化为

$$\frac{\mathrm{d}z}{\mathrm{d}x} = -2(\cos^2 x + 1)z - 4\cos^2 x.$$

由通解公式,得上述方程的通解为

$$z(x) = \mathrm{e}^{-\left(3x + \frac{1}{2}\sin 2x\right)} \left[-\int_0^x 4\cos^2 t \cdot \mathrm{e}^{3t + \frac{1}{2}\sin 2t} \,\mathrm{d}t + z_0 \right].$$

从而

$$z(x + 2\pi) = \mathrm{e}^{-\left(3x + \frac{1}{2}\sin 2x\right)} \cdot \mathrm{e}^{-6\pi} \left[-\int_0^{2\pi} 4\cos^2 t \cdot \mathrm{e}^{3t + \frac{1}{2}\sin 2t} \,\mathrm{d}t - \int_{2\pi}^{2\pi+x} 4\cos^2 t \cdot \mathrm{e}^{3t + \frac{1}{2}\sin 2t} \,\mathrm{d}t + z_0 \right]$$

$$= \mathrm{e}^{-\left(3x + \frac{1}{2}\sin 2x\right)} \left[-\mathrm{e}^{-6\pi} \int_0^{2\pi} 4\cos^2 t \cdot \mathrm{e}^{3t + \frac{1}{2}\sin 2t} \,\mathrm{d}t - \int_0^x 4\cos^2 t \cdot \mathrm{e}^{3t + \frac{1}{2}\sin 2t} \,\mathrm{d}t + z_0 \mathrm{e}^{-6\pi} \right]$$

$$z(x + 2\pi) - z(x) = \mathrm{e}^{-\left(3x + \frac{1}{2}\sin 2x\right)} \left[-\mathrm{e}^{-6\pi} \int_0^{2\pi} 4\cos^2 t \cdot \mathrm{e}^{3t + \frac{1}{2}\sin 2t} \,\mathrm{d}t + z_0 \mathrm{e}^{-6\pi} - z_0 \right]$$

取

$$z_0 = \frac{\mathrm{e}^{-6\pi} \displaystyle\int_0^{2\pi} 4\cos^2 t \cdot \mathrm{e}^{3t + \frac{1}{2}\sin 2t} \,\mathrm{d}t}{\mathrm{e}^{-6\pi} - 1} = \frac{\displaystyle\int_0^{2\pi} 4\cos^2 t \cdot \mathrm{e}^{3t + \frac{1}{2}\sin 2t} \,\mathrm{d}t}{1 - \mathrm{e}^{6\pi}},$$

存在唯一以 2π 为周期的周期解:

$$z(x) = \mathrm{e}^{-\left(3x + \frac{1}{2}\sin 2x\right)} \left[-\int_0^x 4\cos^2 t \cdot \mathrm{e}^{3t + \frac{1}{2}\sin 2t} \,\mathrm{d}t + z_0 \right].$$

再由

$$u(x) = \frac{1}{z(x)}, \ y(x) = u(x) + \frac{1}{2},$$

证明了 $y(x)$ 存在唯一以 2π 为周期的周期解. 证毕.

例 7 设函数 $f(x)$ 在区间 $[a,+\infty)$ 上连续且有界: $|f(x)| \leqslant M$. 试证明,微分方程

$$\frac{d^2 y}{dx^2} + 5\frac{dy}{dx} + 4y = f(x) \tag{4.42}$$

的任意一个解 $y(x)$ 在 $[a,+\infty)$ 上都有界.

分析 此题可以用"任意常数变易法"解的公式(4.20).但题中要求讨论解的性质,用不定积分不行,应改用该处的[**推论**]用变限积分公式.

解 对应的齐次方程有两个特解

$$y_1(x) = e^{-x} \text{ 与 } y_2(x) = e^{-4x}.$$

并设方程(4.42)的初值条件为

$$y(x_0) = y_0, y'(x_0) = y'_0.$$

于是 $y_1(x)$ 与 $y_2(x)$ 的朗斯基行列式

$$w(x) = y_1(x)y'_2(x) - y_2(x)y'_1(x) = -3e^{-5x},$$

方程(4.42)的初值问题的解(经简单化简后)为

$$y(x) = -\frac{1}{3}e^{-4x}(y_0 + y'_0)e^{4x_0} + \frac{1}{3}e^{-x}(4y_0 + y'_0)e^{x_0}$$

$$- \frac{1}{3}e^{-4x}\int_{x_0}^{x} f(t)e^{4t}dt + \frac{1}{3}e^{-x}\int_{x_0}^{x} f(t)e^{t}dt.$$

其中第 1 项与第 2 项在区间 $[a,+\infty)$ 上显然有界,对于第 3 项,

$$\left| -\frac{1}{3}e^{-4x}\int_{x_0}^{x} f(t)e^{4t}dt \right| \leqslant \frac{1}{3}e^{-4x}M \cdot \frac{1}{4} \mid e^{4x} - e^{4x_0} \mid$$

$$= \frac{M}{12} \mid 1 - e^{4(x_0 - x)} \mid \leqslant \frac{M}{12} \mid 1 - e^{4(x_0 - a)} \mid,$$

所以有界.类似地可知第 4 项亦有界.这就证明了 $y(x)$ 在区间 $[a,+\infty)$ 上有界,方程(4.42)在 $[a,+\infty)$ 上的任意一个解都有界.

二、直接由方程讨论解的性质

例 8 设函数 $p(x)$ 与 $q(x)$ 在 $[a,b]$ 上连续,$q(x) < 0$,并设 $y = y(x)$ 是方程

$$y'' + p(x)y' + q(x)y = 0 \tag{4.43}$$

满足 $y(a) = y(b) = 0$ 的解. 试证明:$y(x) \equiv 0, x \in [a,b]$.

分析 由于 $p(x), q(x)$ 未具体给出,所以该解无法具体求出,只能按照式子来分析. 要证 $y(x) \equiv 0, x \in [a,b]$,即证明不能有 $x_1 \in (a,b)$ 使 $y(x_1) > 0$,也不能有 $x_1 \in (a,b)$ 使 $y(x_1) < 0$.

解 用反证法,设存在 $x_1 \in (a,b)$ 使 $y(x_1) > 0$. 由于 $y(a) = y(b) = 0$,所以在 $[a,b]$ 上必存在最大值 $M > 0$. 设 $y(x_0) = M, x_0 \in (a,b)$,于是 $y'(x_0) = 0$. 又因 $y(x)$ 为式(4.43)的解,所以

$$y''(x_0) + p(x_0)y'(x_0) + q(x_0)y(x_0) = 0,$$

$$y''(x_0) = -q(x_0)y(x_0) > 0.$$

从而知 $y(x_0)$ 为 $y(x)$ 的极小值,矛盾.同理可证,若存在 $x_1 \in (a,b)$ 使 $y(x_1) < 0$,亦矛盾.故 $y(x) \equiv 0, x \in [a,b]$.

例 9 设 $y = y(x)$ 是微分方程

$$\frac{\mathrm{d}y}{\mathrm{d}x} = \frac{1}{1+x^2+y^2} \tag{4.44}$$

的任意一个解. 试证明 $\lim\limits_{x \to +\infty} y(x)$ 与 $\lim\limits_{x \to -\infty} y(x)$ 都存在.

分析　由式(4.44)知 $y(x)$ 为严格单调增函数, 再去证 $y(x)$ 有界即可.

解　在 $y=y(x)$ 的定义域内取 x_0, 记 $y_0=y(x_0)$. 以 $y=y(x)$ 代入它所满足的方程 (4.44), 有

$$\frac{\mathrm{d}y(x)}{\mathrm{d}x} = \frac{1}{1+x^2+y^2(x)} > 0,$$

所以 $y(x)$ 为严格单调增函数. 以下证它有界. 由式(4.44), 有

$$\mathrm{d}y(x) = \frac{1}{1+x^2+y^2(x)}\mathrm{d}x,$$

两边从 x_0 到 x 积分,

$$\int_{x_0}^{x} \mathrm{d}y(x) = \int_{x_0}^{x} \frac{1}{1+x^2+y^2(x)}\mathrm{d}x,$$

即

$$y(x) = y(x_0) + \int_{x_0}^{x} \frac{1}{1+x^2+y^2(x)}\mathrm{d}x.$$

设 $x \geq x_0$, 于是

$$y(x) \leq y(x_0) + \int_{x_0}^{x} \frac{1}{1+x^2}\mathrm{d}x$$

$$= y(x_0) + \arctan x - \arctan x_0 < y_0 + \frac{\pi}{2} - \arctan x_0,$$

$y(x)$ 有上界. 所以 $\lim\limits_{x \to +\infty} y(x)$ 存在.

类似地可证, 当 $x \leq x_0$ 时 $y(x)$ 有下界, 所以 $\lim\limits_{x \to -\infty} y(x)$ 也存在.

第四章习题

一、填空题

1. 设 C_1 与 C_2 为任意常数, 以 $y = \dfrac{1}{C_1 x + C_2} + 1$ 为通解的微分方程是____.

2. 设 $C \geq 0$ 为任意常数, 以 $y = Cx + \dfrac{2}{3} C^{3/2}$ 为通解的微分方程是____.

3. 设 C_1, C_2 为任意常数, $\varphi_1(x)$ 与 $\varphi_2(x)$ 具有二阶连续导数且它们线性无关, 则以 $y = C_1 \varphi_1(x) + C_2 \varphi_2(x)$ 为通解的二阶线性齐次微分方程是____.

4. 方程 $\sqrt{1+x^2} \sin 2y \cdot \dfrac{\mathrm{d}y}{\mathrm{d}x} = 2x\sin^2 y + \mathrm{e}^{2\sqrt{1+x^2}}$ 的通解是____.

5. 设 k 是常数, 方程 $\dfrac{\mathrm{d}y}{\mathrm{d}x} - ky = \sin x$ 的唯一以 2π 为周期的周期解是____.

6. 方程 $(y - x^2)\dfrac{\mathrm{d}y}{\mathrm{d}x} + 4xy = 0$ 的通解是____.

7. 方程 $\dfrac{d^2y}{dx^2}+(4x+e^{2y})\left(\dfrac{dy}{dx}\right)^3=0$ 的通解是____.

8. 微分方程 $\dfrac{d^3y}{dx^3}-\dfrac{1}{x}\dfrac{d^2y}{dx^2}=x$ 的通解是____.

9. 微分方程初值问题

$$\begin{cases} 2\dfrac{d^3y}{dx^3}=3\left(\dfrac{dy}{dx}\right)^2, \\ y\,|_{x=0}=-3,\dfrac{dy}{dx}\bigg|_{x=0}=1,\dfrac{d^2y}{dx^2}\bigg|_{x=0}=-1 \end{cases}$$

的解为____.

10. 微分方程 $2xy^3dx+(x^2y^2-1)dy=0$ 的通解为____.

11. 设 C 是任意常数,与曲线族 $y=\dfrac{C}{x}$ 上任意一点处都正交(即两切线互相垂直)的曲线族为____.

二、解答题

12. 作变量变换 $y=\dfrac{u}{\cos x}$,将微分方程 $\dfrac{d^2y}{dx^2}\cos x-2\dfrac{dy}{dx}\sin x+3y\cos x=e^x$ 化为 u 关于 x 的方程,并求原方程的通解.

13. 作自变量与未知函数的变换 $x=\tan t,y=u\sec t\left(-\dfrac{\pi}{2}<t<\dfrac{\pi}{2}\right)$,将微分方程 $(1+x^2)^2\dfrac{d^2y}{dx^2}=y$ 变换为 u 关于 t 的微分方程,并求满足 $y|_{x=0}=0,\dfrac{dy}{dx}\bigg|_{x=0}=1$ 的特解.

14. 设 $\varphi(x)$ 具有一阶连续的导数,$\varphi(0)=1$,并设 $(y^2+xy+\varphi(x)y)dx+(\varphi(x)+2xy)dy=0$ 是全微分方程,求 $\varphi(x)$ 及此全微分方程的通解.

15. 求微分方程 $\dfrac{dy}{dx}=\dfrac{-x+\sqrt{x^2+y^2}}{y}$ 的通解.

16. 求微分方程 $\dfrac{dy}{dx}=\dfrac{y}{2x}+\dfrac{1}{2y}\tan\dfrac{y^2}{x}$ 的通解.

17. 求微分方程 $x(xdy+ydx)+\sqrt{1-x^2y^2}dx=0$ 的通解.

18. 求微分方程 $\dfrac{dy}{dx}=\cos^2(x-y-5)$ 的通解.

19. 求微分方程 $\dfrac{dy}{dx}=y^2-\dfrac{2}{x^2}$ 的通解.

20. 求微分方程 $\dfrac{dy}{dx}=x^3y^3-xy$ 的通解.

21. 求微分方程 $(1-x^2)y''+2xy'-2y=-2$ 的通解.

22. 求微分方程 $4y''+4xy'+(x^2+1)y=0$ 的通解.

23. 求微分方程 $(x^2\ln x)y''-xy'+y=0$ 的通解.

24. 求微分方程 $y''+y'x^{\frac{1}{2}}+\dfrac{1}{4}(x^{-\frac{1}{2}}+x-36)y=xe^{\frac{1}{3}x^{\frac{3}{2}}}$ 的通解.

25. 设 $f(x)$ 在区间 $(0,+\infty)$ 内有定义,且 $f'(1)=a\neq1$. 又设对任意 $x\in(0,+\infty),y\in$

$(0,+\infty)$,恒有

$$f(xy) = f(x) + f(y) + (x-1)(y-1).$$

试证明对任意 $x\in(0,+\infty)$, $f'(x)$ 总存在,并求 $f(x)$.

26. 设 $f(x)$ 为连续函数,且 $f(x) = \mathrm{e}^x + \int_0^x tf(x-t)\mathrm{d}t$,求 $f(x)$.

27. 设 $f(x) = \mathrm{e}^x\left[1 - \int_0^x (f(t))^2\mathrm{d}t\right]$,求 $f(x)$.

28. 设 $f(x)$ 连续且 $f(x)\not\equiv 0$,并设 $f(x) = \int_0^x f(t)\mathrm{d}t + 2\int_0^1 tf^2(t)\mathrm{d}t$,求 $f(x)$.

29. 设 $f(x)$ 连续,且当 $x>-1$ 时,

$$f(x)\left[\int_0^x f(t)\mathrm{d}t + 1\right] = \frac{x\mathrm{e}^x}{2(1+x)^2},$$

求 $f(x)$.

30. 设函数 $f(u)$ 对一切 $u\neq v$ 均有

$$\frac{f(u) - f(v)}{u - v} = \alpha f'(u) + (1-\alpha)f'(v),$$

其中常数 $\alpha\in(0,1)$. 求 $f(x)$ 的表达式.

31. 设 $f(u)$ 具有二阶连续导数,且 $z=f(\mathrm{e}^x\sin y)$ 满足 $\dfrac{\partial^2 z}{\partial x^2} + \dfrac{\partial^2 z}{\partial y^2} = \mathrm{e}^x z$,求 $f(u)$.

32. 设 $r=\sqrt{x^2+y^2+z^2}>0$,函数 $u=f(r)$ 在 $0<r<+\infty$ 内具有二阶连续导数,且存在 $\delta>0$,在 $0<r<\delta$ 内 $f(r)$ 有界. 又设 $u=f(r)$ 满足 $\dfrac{\partial^2 u}{\partial x^2} + \dfrac{\partial^2 u}{\partial y^2} + \dfrac{\partial^2 u}{\partial z^2} = \ln r$,求 $f(r)$.

33. 设 $z=z(u,v)$ 具有二阶连续偏导数,并设 $z(x+y,x-y)$ 满足 $\dfrac{\partial^2 z}{\partial x^2} + 2\dfrac{\partial^2 z}{\partial x\partial y} + \dfrac{\partial^2 z}{\partial y^2} = 1$,求 $z=z(x+y,x-y)$ 的一般表达式.

34. 设在 $x>0$ 处函数 $f(x,y)$ 具有连续的一阶偏导数,且满足 $y\dfrac{\partial f}{\partial x} - x\dfrac{\partial f}{\partial y} = \left(\dfrac{y}{x}\right)^2$,求 $f(x,y)$ 的一般表达式.

35. 设 $f(x)$ 是以 2π 为周期的有二阶连续导数的函数,且满足 $f(x) + 3f'(x+\pi) = \sin x$,求 $f(x)$.

36. 设微分方程 $y' + ay = f(x)$ 中的 $f(x)$ 在区间 $[0,+\infty)$ 上连续,且 $\lim\limits_{x\to+\infty}f(x)=b$(常数),证明:

(1) 若常数 $a>0$,则该方程的一切解 $y(x)$ 均有 $\lim\limits_{x\to+\infty}y(x)=\dfrac{b}{a}$;

(2) 若常数 $a<0$,则该方程仅有一个解 $y_1(x)$ 满足 $\lim\limits_{x\to+\infty}y_1(x)=\dfrac{b}{a}$,其余的解 $y(x)$ 均有 $\lim\limits_{x\to+\infty}y(x)=\infty$,并请求出 $y_1(x)$.

37. 设常数 $a>0$,$f(x)$ 在区间 $[-1,1]$ 上连续,且 $\lim\limits_{x\to 0}f(x)=b$. 证明方程 $xy' + ay = f(x)$ 在 $x>0$ 处与 $x<0$ 处分别有且仅有一个解 $y(x)$,使 $\lim\limits_{x\to 0^+}y(x)$ $(\lim\limits_{x\to 0^-}y(x))$ 存在. 并请求出此极限值;而其他的解 $y(x)$ 均有 $\lim\limits_{x\to 0^+}y(x)=\infty$ $(\lim\limits_{x\to 0^-}y(x)=\infty)$.

38. 设常数 $a<0$，$f(x)$ 在区间 $[-1,1]$ 上连续，且 $\lim\limits_{x\to 0}f(x)=b$. 试证明：方程 $x\dfrac{\mathrm{d}y}{\mathrm{d}x}+ay=f(x)$ 的一切解 $y(x)$ 当 $x\to 0^{\pm}$ 时趋于同一极限，并求出这个极限值.

39. 设常数 $k\neq 0$，$f(x)$ 是以 ω 为周期的连续函数. 试证明：方程 $\dfrac{\mathrm{d}y}{\mathrm{d}x}=ky+f(x)$ 有且仅有一个周期为 ω 的周期解，并求出这个周期解.

40. 试证明：方程 $\dfrac{\mathrm{d}y}{\mathrm{d}x}=y\cos^2 x+\sin x$ 存在唯一的以 2π 为周期的周期解，并求之.

41. 方程 $\dfrac{\mathrm{d}y}{\mathrm{d}x}+y\cos x=\sin x$ 的诸解中有无周期为 2π 的解？若有求出之；若无，说明理由.

42. 设 $\dfrac{\mathrm{d}^2 y}{\mathrm{d}x^2}+p\dfrac{\mathrm{d}y}{\mathrm{d}x}+qy=f(x)$ 中常数 $p>0,q>0$，函数 $f(x)$ 在 $[0,+\infty)$ 上连续. 试证明：

(1) 如果 $f(x)$ 在 $[0,+\infty)$ 上有界，则该方程的任意一个解也有界；

(2) 如果 $\lim\limits_{x\to+\infty}f(x)=0$，则该方程的任意一个解 $y(x)$ 均有 $\lim\limits_{x\to+\infty}y(x)=0$.

43. 设 $f(x)$ 在 $[a,b]$ 上可导，$f'(x)+(f(x))^2-\int_a^x f(t)\mathrm{d}t=0$，且 $\int_a^b f(t)\mathrm{d}t=0$. 试证明在 $[a,b]$ 上 $f(x)\equiv 0$.

44. 设 $y(x)$ 是微分方程 $\dfrac{\mathrm{d}y}{\mathrm{d}x}=\dfrac{\sin xy}{1+x^2}$ 的任意一个解，试证明 $y(x)$ 在它的存在区间上有界.

45. 设 $y(x)$ 是微分方程 $\dfrac{\mathrm{d}y}{\mathrm{d}x}=1+x^2+y^2$ 的任意一个解，试证明它的存在区间必为有限区间.

46. 设函数 $y=y(x)$ 是满足微分方程 $y''=xy$ 及 $y(0)=0$ 的任意一个解，且 $y(x)\not\equiv 0$. 试证明：当 $x>0$ 时，$y(x)\neq 0$.

第四章习题答案

1. $y''+\dfrac{2}{1-y}(y')^2=0$.

2. $y=xy'+\dfrac{2}{3}(y')^{\frac{3}{2}}$.

3. $y''+p(x)y'+q(x)y=0$，其中 $p(x)=-\dfrac{\varphi_1''\varphi_2-\varphi_2''\varphi_1}{\varphi_1'\varphi_2-\varphi_2'\varphi_1}$，$q(x)=-\dfrac{\varphi_1'\varphi_2''-\varphi_2'\varphi_1''}{\varphi_1\varphi_2'-\varphi_2\varphi_1'}$.

4. $\sin^2 y=\mathrm{e}^{2\sqrt{1+x^2}}[\ln(x+\sqrt{1+x^2})+C]$.

5. $y=\dfrac{-k\sin x-\cos x}{1+k^2}$.

6. $x^2=y+C\sqrt{|y|}$.

7. $x=C_1\mathrm{e}^{2y}+C_2\mathrm{e}^{-2y}+\dfrac{1}{4}y\mathrm{e}^{2y}$.

8. $y=\dfrac{1}{12}x^4+C_1 x^3+C_2 x+C_3$.

9. $y = -1 - \dfrac{4}{x+2}$.

10. $x^2 y + \dfrac{1}{y} = C$(改写原式为 $2xy\mathrm{d}x + x^2\mathrm{d}y - \dfrac{1}{y^2}\mathrm{d}y = 0$).

11. $y^2 - x^2 = k$(k 是任意常数).

12. $y = C_1 \dfrac{\cos 2x}{\cos x} + C_2 \dfrac{\sin 2x}{\cos x} + \dfrac{\mathrm{e}^x}{5\cos x}$.

13. $y = \sqrt{1+x^2}\arctan x$.

14. $\varphi(x) = -x - 1 + 2\mathrm{e}^x$. 原全微分方程的通解为 $xy^2 - xy - y + 2y\mathrm{e}^x = C$.

15. $x = \dfrac{1}{2C}(y^2 - C^2)$.

16. $y^2 = x\arcsin Cx$.

17. $\arcsin(xy) + \ln|x| = C$.

18. $\cot(x - y - 5) = C - x$.

19. $y = \dfrac{1}{x} + \dfrac{3Cx^2}{1 - Cx^3}$(先看出一个解,记为 y_1,令 $y = u + y_1$).

20. $y^2 = (C\mathrm{e}^{x^2} + x^2 + 1)^{-1}$(原式两边同乘 y).

21. $y = C_1 x + C_2(x^2 + 1) + 1$.(参看 4.2 节例 6 后的[注](1)).

22. $y = \mathrm{e}^{-\frac{x^2}{4}}\left(C_1 \mathrm{e}^{\frac{x}{2}} + C_2 \mathrm{e}^{-\frac{x}{2}}\right)$(参看 4.2 节例 6 后的[注](2)).

23. $y = C_1(\ln x + 1) + C_2 x$(易知 $y_1 = x$ 是所给方程的一个解).

24. $y = \left(C_1 \mathrm{e}^{3x} + C_2 \mathrm{e}^{-3x} - \dfrac{x}{9}\right)\mathrm{e}^{\frac{1}{3}x^{\frac{3}{2}}}$(参看 4.2 节例 6 后的[注](2)).

25. $f(x) = (a-1)\ln x + x - 1$.

26. $f(x) = \dfrac{3}{4}\mathrm{e}^x + \dfrac{1}{2}x\mathrm{e}^x + \dfrac{1}{4}\mathrm{e}^{-x}$.

27. $f(x) = \dfrac{2\mathrm{e}^x}{\mathrm{e}^{2x} + 1}$.

28. $f(x) = \dfrac{2}{\mathrm{e}^2 + 1}\mathrm{e}^x$.

29. $f(x) = \dfrac{x\mathrm{e}^{\frac{x}{2}}}{2(1+x)^{3/2}}, x > -1$.

30. 当 $\alpha \ne \dfrac{1}{2}$ 时,$f(x) = ax + b$;当 $\alpha = \dfrac{1}{2}$ 时,$f(x) = ax^2 + bx + c$. 其中 a、b、c 均为常数 $\left(\text{当 } \alpha \ne \dfrac{1}{2} \text{ 时,易证 } f'(x) \text{ 为常数;当 } \alpha = \dfrac{1}{2} \text{ 时,易证 } f''(x) \text{ 为常数}\right)$.

31. $f(u) = C_1 \mathrm{e}^u + C_2 \mathrm{e}^{-u}$.

32. $f(r) = \dfrac{1}{6}r^2 \ln r - \dfrac{5}{36}r^2 + C$.

33. $z(x+y, x-y) = \dfrac{1}{8}(x+y)^2 + \varphi(x-y)(x+y) + \psi(x-y)$,其中 φ, ψ 具有二阶连续导数的任意函数.

34. $f(x,y) = -\dfrac{y}{x} + \arctan\dfrac{y}{x} + \varphi(\sqrt{x^2+y^2})$，其中 φ 具有连续的一阶导数 $\left(\dfrac{\partial f}{\partial \theta} = -\tan^2\theta，积分便得\right)$.

35. $f(x) = \dfrac{1}{10}\sin x + \dfrac{3}{10}\cos x$.

36. $a > 0$ 时，由通解公式及洛必达法则；$a < 0$ 时，先去证 $\displaystyle\int_0^{+\infty} f(x)e^{ax}\,dx$ 收敛，然后取 $y_0 = -\displaystyle\int_0^{+\infty} f(x)e^{ax}\,dx$，再对解 $y(x)$ 用洛必达法则.

37. 在 $x > 0$ 处，先证 $\displaystyle\int_1^0 f(x)x^{a-1}\,dx$ 收敛，取 $y(1) = \displaystyle\int_0^1 f(x)x^{a-1}\,dx$，再用洛必达法则得到 $\displaystyle\lim_{x\to 0^+} y(x) = \dfrac{b}{a}$. 当 $y(1) \neq \displaystyle\int_0^1 f(x)x^{a-1}\,dx$ 时，$\displaystyle\lim_{x\to 0^+} y(x) = \infty$ 在 $x < 0$ 处类似.

38. 极限值为 $\dfrac{b}{a}$（由通解公式及洛必达法则便得）.

39. 参见 4.3 节例 3. $y(x) = \dfrac{e^{k\omega}\displaystyle\int_0^\omega e^{-kt} f(x+t)\,dt}{1 - e^{k\omega}}$.

40. 参见 4.3 节例 3. $y(x) = e^{\frac{1}{2}x + \frac{1}{4}\sin 2x}\left[\displaystyle\int_{2\pi}^x \sin t \cdot e^{-\frac{1}{2}t - \frac{1}{4}\sin 2t}\,dt + \dfrac{1}{1-e^\pi}\displaystyle\int_0^{2\pi} \sin t \cdot e^{-\frac{1}{2}t - \frac{1}{4}\sin 2t}\,dt\right]$.

41. 参见 4.3 节例 3，无以 2π 为周期的周期解，因为 $\displaystyle\int_0^{2\pi} e^{\sin t}\sin t\,dt \neq 0$.

42. 利用变限积分表示的常数变易法公式讨论，分三种情形：当 $p^2 - 4q > 0$，则特征根 $r_1 < 0, r_2 < 0$；当 $p^2 - 4q = 0$，则 $r_1 = r_2 < 0$；当 $p^2 - 4q < 0$，则 $r_{1,2} = a \pm bi, a < 0$.

43. 命 $F(x) = \displaystyle\int_a^x f(t)\,dt$ 讨论之.

44. 仿 4.3 节例 9.

45. 讨论其反函数.

46. 用反证法.

第五章　向量代数与空间解析几何

5.1　向量代数与平面、直线

一、向量

有关向量,基本上有下列一些问题:向量的基本运算法则;两向量垂直、平行(共线)的条件;求向量的模、单位向量与两向量的夹角,求一向量在另一向量上的投影;三向量共面的条件;求一向量与另两个不共线向量都垂直;三角形的面积与四面体体积,等等.

当题中的向量不用坐标给出时,一般尽量用向量的几何性质讨论,使运算简洁.

例1　设 $a+3b$ 与 $7a-5b$ 垂直,$a-4b$ 与 $7a-2b$ 垂直,则 a 与 b 的夹角 $\varphi=$____.

分析　由两向量垂直列出等式,再由

$$\cos\varphi=\frac{a\cdot b}{|a||b|}$$

求出 φ.

解　应填 $\varphi=\dfrac{\pi}{3}$.

由条件有

$$\begin{cases}(a+3b)\cdot(7a-5b)=0,\\(a-4b)\cdot(7a-2b)=0,\end{cases}$$

得

$$\begin{cases}7|a|^2-15|b|^2+16a\cdot b=0,\\7|a|^2+8|b|^2-30a\cdot b=0.\end{cases}$$

求得 $|a|^2=2a\cdot b$,$|b|^2=2a\cdot b$,于是 a 与 b 的夹角 φ 的余弦

$$\cos\varphi=\frac{a\cdot b}{|a||b|}=\frac{1}{2},$$

所以 $\varphi=\dfrac{\pi}{3}$.

例2　设 a 与 b 是两个非零向量且不共线,则它们夹角平分线上的单位向量为____.

分析　如果 a,b 是两个单位向量,那么 $a+b$ 的方向就是 a 与 b 夹角的平分线方向,所以将 a,b 分别单位化即可.

解　应填 $\dfrac{|b|a+|a|b}{||b|a+|a|b|}$.

a^0+b^0 为 a 与 b 的夹角平分线上的向量,再将它单位化,得

$$\frac{a^0+b^0}{|a^0+b^0|}=\frac{\dfrac{a}{|a|}+\dfrac{b}{|b|}}{\left|\dfrac{a}{|a|}+\dfrac{b}{|b|}\right|}=\frac{|b|a+|a|b}{||b|a+|a|b|}.$$

它就是 a,b 夹角平分线上的单位向量.

例 3 设 e_1,e_2,e_3 是 3 个不共面向量,$a=3e_1+e_2,b=4e_2+3e_3,c=me_1+e_3$,则 a,b,c 共面的充要条件是 $m=$____.

分析 a,b,c 共面的充要条件是

$$(a\times b)\cdot c=0.$$

若 e_1,e_2,e_3 是 3 个相互垂直的单位向量,则上式可转化为一个行列式等于 0.但现在并不知道 e_1,e_2,e_3 是否为互相垂直的单位向量,所以应按混合积的运算规律计算之.

解 应填 $m=-4$.

$$\begin{aligned}(a\times b)\cdot c&=[(3e_1+e_2)\times(4e_2+3e_3)]\cdot(me_1+e_3)\\&=3m(e_2\times e_3)\cdot e_1+12(e_1\times e_2)\cdot e_3\\&=3m(e_1\times e_2)\cdot e_3+12(e_1\times e_2)\cdot e_3\\&=(3m+12)(e_1\times e_2)\cdot e_3,\end{aligned}$$

因为 e_1,e_2,e_3 不共面,所以 $(e_1\times e_2)\cdot e_3\neq 0$,所以 $(a\times b)\cdot c=0$ 的充要条件是 $3m+12=0$,即 $m=-4$.

例 4 设 e_1,e_2,a 是三维空间中 3 个已知向量,e_1 与 e_2 是单位向量,$e_1\cdot e_2=\dfrac{1}{2}$,$a\cdot e_1=3$,$a\cdot e_2=5$,且

$$|a-(x_0e_1+y_0e_2)|=\min_{(x,y)\in\mathbf{R}^2}|a-(xe_1+ye_2)|,$$

$$|a-(x_0e_1+y_0e_2)|=2.$$

求 x_0,y_0 的值及 $|a|$ 的值.

解 只给出 e_1 与 e_2 未给出 e_3,设 $e_3\perp e_1,e_3\perp e_2,|e_3|=1$.从而知 $e_1\cdot e_3=0,e_2\cdot e_3=0$.并设

$$a=a_1e_1+a_2e_2+a_3e_3.$$

于是有

$$a\cdot e_1=a_1+a_2e_1\cdot e_2+a_3e_1\cdot e_3=a_1+\frac{a_2}{2}=3,$$

$$a\cdot e_2=a_1e_1\cdot e_2+a_2+a_3e_2\cdot e_3=\frac{1}{2}a_1+a_2=5,$$

解得 $a_1=\dfrac{2}{3},a_2=\dfrac{14}{3}$.

将三维已知向量 a 与二维变动向量 xe_1+ye_2 的起点放在同一点,$|a-(xe_1+ye_2)|$ 表示 a 的终点与 (xe_1+ye_2) 的终点间的距离,求它的最小值所对应的向量 $(x_0e_1+y_0e_2)$,即表示 $(x_0e_1+y_0e_2)$ 的终点应是 a 的终点在 (e_1,e_2) 平面上的投影点,即向量 $(x_0e_1+y_0e_2)$ 应是 a 在 (e_1,e_2) 平面上的投影向量,所以

$$x_0=\frac{2}{3},\quad y_0=\frac{14}{3}.$$

为求 $|a|$,由 $|a-(x_0e_1+y_0e_2)|=2$ 有 $|a_3|=2$,

$$|a|^2=a\cdot a=\left(\frac{2}{3}\right)^2+\left(\frac{14}{3}\right)^2+a_3^2+2\cdot\frac{2}{3}\cdot\frac{14}{3}\cdot e_1\cdot e_2=\frac{88}{3},$$

$$|a|=2\sqrt{\frac{22}{3}}.$$

例 5 设 a,b,c 不共面,且有公共起点 O,并设 $\overrightarrow{OP}=\lambda a+\mu b+\gamma c$. 则向量 $a,b,c,\overrightarrow{OP}$ 的终点 A,B,C,P 共面的充要条件是____.

分析 A,B,C,P 共面 $\Leftrightarrow(\overrightarrow{PA}\times\overrightarrow{PB})\cdot\overrightarrow{PC}=0$. 再分别计算出 $\overrightarrow{PA},\overrightarrow{PB},\overrightarrow{PC}$ 代入即可.

解 应填 $\lambda+\mu+\gamma-1=0$.

$$\overrightarrow{PA}=a-\overrightarrow{OP}=a-(\lambda a+\mu b+\gamma c),$$

$$\overrightarrow{PB}=b-\overrightarrow{OP}=b-(\lambda a+\mu b+\gamma c),$$

$$\overrightarrow{PC}=c-\overrightarrow{OP}=c-(\lambda a+\mu b+\gamma c).$$

代入

$$(\overrightarrow{PA}\times\overrightarrow{PB})\cdot\overrightarrow{PC}=\left[((1-\lambda)a-\mu b-\gamma c)\times(-\lambda a+(1-\mu)b-\gamma c)\right]$$
$$\cdot(-\lambda a-\mu b+(1-\gamma)c)$$
$$=(1-\lambda-\mu-\gamma)(a\times b)\cdot c,$$

$$A,B,C,P \text{ 共面}\Leftrightarrow(\overrightarrow{PA}\times\overrightarrow{PB})\cdot\overrightarrow{PC}=0$$
$$\Leftrightarrow\lambda+\mu+\gamma-1=0.$$

例 6 设向量 $\overrightarrow{OA}=a,\overrightarrow{OB}=b,\overrightarrow{OC}=c$ 不共面,并且按右手法则从 a 到 b 而得 c(如图 5-1). O 在 A,B,C 决定的平面上的投影点记为 O';C 在 O,A,B 决定的平面上的投影点记为 C';$\triangle ABC$ 的面积记为 S;三棱锥的体积记为 V. 试以 a,b,c 表示:$(1)V$;$(2)S$;$(3)\overrightarrow{OO'}$;$(4)\overrightarrow{CC'}$.

分析 用混合积可计算三棱锥的体积;用叉积可计算三角形面积;用(1)、(2)的结果可得 $|\overrightarrow{OO'}|$,再结合 $\overrightarrow{OO'}$ 与平面 ABC 垂直可推得 $\overrightarrow{OO'}$ 的方向,从而得 $\overrightarrow{OO'}$;类似地可得 $\overrightarrow{CC'}$.

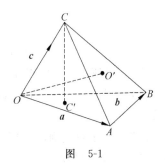

图 5-1

解 (1) $V=\dfrac{1}{6}(a\times b)\cdot c.$ [注1]

(2) $S=\dfrac{1}{2}|\overrightarrow{AB}\times\overrightarrow{BC}|=\dfrac{1}{2}|(b-a)\times(c-b)|$

$=\dfrac{1}{2}|a\times b+b\times c+c\times a|.$

(3) $\overrightarrow{AB}\times\overrightarrow{AC}$ 与 $\overrightarrow{OO'}$ 同向,[注1] 所以

$$\overrightarrow{OO'} \text{ 的单位向量}=\frac{\overrightarrow{AB}\times\overrightarrow{AC}}{|\overrightarrow{AB}\times\overrightarrow{AC}|}$$

$$=\frac{(b-a)\times(c-a)}{|(b-a)\times(c-a)|}=\frac{a\times b+b\times c+c\times a}{|a\times b+b\times c+c\times a|},$$

而

$$V=\frac{1}{3}|\overrightarrow{OO'}|S, \text{ 即 } |\overrightarrow{OO'}|=\frac{3V}{S}=\frac{(a\times b)\cdot c}{|a\times b+b\times c+c\times a|}, \text{[注2]}$$

所以

$$\overrightarrow{OO'}=\frac{(a\times b)\cdot c}{|a\times b+b\times c+c\times a|^2}(a\times b+b\times c+c\times a).$$

(4)类似可得

$$\overrightarrow{CC'} = \frac{(a \times b) \cdot c}{|a \times b|^2}(b \times a).$$

[注 1] 注意题设条件"按右手法则从 a 到 b 而得 c",所以 a,b,c 顺次构成的混合积大于 0;$\overrightarrow{AB} \times \overrightarrow{AC}$ 才与 $\overrightarrow{OO'}$ 同向,不然要符号相反.

[注 2] 此结论也可以由另一方法推得:$|\overrightarrow{OO'}|$ 等于 a 在 $\overrightarrow{OO'}$ 上的投影

$$\frac{a \cdot \overrightarrow{OO'}}{|\overrightarrow{OO'}|} = \frac{a \cdot (\overrightarrow{AB} \times \overrightarrow{AC})}{|\overrightarrow{AB} \times \overrightarrow{AC}|} = \frac{a \cdot (b \times c)}{|a \times b + b \times c + c \times a|}.$$

例 7 设向量 a,b,c 共面,$a = \{0,1,2\}$,$b = \{-2,1,3\}$,c 在 a 上的投影为 $\sqrt{5}$,c 在 b 上的投影为 $-\sqrt{14}$,求 c.

分析 按所给条件套公式即可.

解 题中 a,b 已用坐标给出,所以将 c 也设成 $c = \{x,y,z\}$.

c 在 a 上的投影 $\mathrm{prj}_a c = \dfrac{c \cdot a}{|a|} = \sqrt{5}$,推得

$$\frac{y+2z}{\sqrt{5}} = \sqrt{5}, \text{即 } y+2z = 5.$$

c 在 b 上的投影 $\mathrm{prj}_b c = \dfrac{c \cdot b}{|b|} = -\sqrt{14}$,推得

$$\frac{-2x+y+3z}{\sqrt{14}} = -\sqrt{14}, \text{即 } -2x+y+3z = -14.$$

又由 a,b,c 共面,所以 $(a \times b) \cdot c = 0$,推得

$$\begin{vmatrix} 0 & 1 & 2 \\ -2 & 1 & 3 \\ x & y & z \end{vmatrix} = 0, \text{即 } x-4y+2z = 0.$$

将上述三方程联立解之,得 $x=10,y=3,z=1$,即 $c = \{10,3,1\}$.

例 8 讨论 n 个点 $P_i(x_i,y_i,z_i)(i=1,2,\cdots,n)$,$n \geqslant 4$ 共面的充要条件,并用点 P_i 的坐标表示.

分析 n 个点共面的充要条件是其中任意 4 个点都共面,再由 4 个点共面的充要条件去推出进一步的结论.

解 任取 4 个点,例如取 $P_i(x_i,y_i,z_i)(i=1,2,3,4)$,

$$\overrightarrow{P_1P_2} = \{x_2-x_1, y_2-y_1, z_2-z_1\};$$
$$\overrightarrow{P_1P_3} = \{x_3-x_1, y_3-y_1, z_3-z_1\};$$
$$\overrightarrow{P_1P_4} = \{x_4-x_1, y_4-y_1, z_4-z_1\}.$$
$$P_1,P_2,P_3,P_4 \text{ 共面} \Leftrightarrow (\overrightarrow{P_1P_2} \times \overrightarrow{P_1P_3}) \cdot \overrightarrow{P_1P_4} = 0.$$

用行列式表示,为

$$\begin{vmatrix} x_2-x_1 & y_2-y_1 & z_2-z_1 \\ x_3-x_1 & y_3-y_1 & z_3-z_1 \\ x_4-x_1 & y_4-y_1 & z_4-z_1 \end{vmatrix} = 0,$$

由行列式的运算性质知,上式即为

$$-\begin{vmatrix} x_1 & y_1 & z_1 & 1 \\ x_2 & y_2 & z_2 & 1 \\ x_3 & y_3 & z_3 & 1 \\ x_4 & y_4 & z_4 & 1 \end{vmatrix} = 0.$$

即得充要条件为矩阵

$$\begin{bmatrix} x_1 & y_1 & z_1 & 1 \\ x_2 & y_2 & z_2 & 1 \\ x_3 & y_3 & z_3 & 1 \\ x_4 & y_4 & z_4 & 1 \end{bmatrix}$$

的秩小于等于 3.进一步考虑矩阵

$$A_n = \begin{bmatrix} x_1 & y_1 & z_1 & 1 \\ x_2 & y_2 & z_2 & 1 \\ \vdots & \vdots & \vdots & \vdots \\ x_n & y_n & z_n & 1 \end{bmatrix},$$

由上述讨论知,任意 4 个点 P_i 共面的充要条件是任取一个 4 阶子矩阵的秩小于等于 3,即 $r(A_n) \leqslant 3$.但 A_n 中至少有 1 个一阶行列式不为零,所以得出结论:

$$n \text{ 个点 } P_i(i=1,2,\cdots,n) \text{ 共面} \Leftrightarrow 1 \leqslant r(A_n) \leqslant 3.$$

[注] 请读者进一步讨论:(1)当 $r(A_n)=3$;(2)当 $r(A_n)=2$;(3)当 $r(A_n)=1$ 时,分别是什么情况.

二、平面与直线

关于平面与直线的题的解题途径通常是:

(1) 如果要求的是一些量,例如角的大小,线段的长度,某方向,某投影的长,或者判断直线与直线、平面与平面、直线与平面的平行、垂直,常以向量为工具讨论之.

(2) 如果要求的是某方程或某点的坐标,有如下几条途径可以考虑:

① 先用几何思想明确思路,根据认定的思路,先要求哪些,后要求哪些,然后按(1)所述,用向量为工具求出一些必要的量,建立起方程或求出点的坐标.

② 用待定参数的办法,取一较为方便的方程,作为所考虑的方程.先代入一些显而易见的数据,剩下一些待求的参数,再由已知条件求出这些参数.但是这种方法,有时其计算量可能较大.

③ 有时采用①与②相结合的办法,即凡能用几何的思路求出的先求出,然后用代数的方法定出其余一些参数,实际上此法用得较多.

④ 如果要求的是经过两已知平面的交线的平面方程,则采用平面束方程是较方便的,因为其中只有一个待定参数.

例 9 经过直线 $L_1: x+2y-2z=5, 5x-2y-z=0$ 与直线 $L_2: \dfrac{x+3}{2}=\dfrac{y}{3}=\dfrac{z-1}{4}$ 是否可作一平面?若可以,求出此平面方程;若不可以,说明理由.

分析 两直线平行或相交,则可作出经过此两直线的平面方程. 不然,则不可以.

解 $L_1 : x + 2y - 2z = 5, 5x - 2y - z = 0$ 的方向向量

$$\boldsymbol{\tau}_1 = \{1, 2, -2\} \times \{5, -2, -1\} = -3\{2, 3, 4\},$$

故知 $L_1 /\!/ L_2$. 并且 L_2 上取一点 $(-3, 0, 1)$,它不在 L_1 上,所以经过 L_1 与 L_2 存在唯一平面.

为了求出此平面的法向量 $\boldsymbol{n}$,在 L_1 上任取两点,例如取 $M_1\left(0, \dfrac{5}{6}, -\dfrac{5}{3}\right), M_2\left(\dfrac{5}{6}, \dfrac{25}{12}, 0\right)$,在 L_2 上取点 $M_0(-3, 0, 1)$. 于是 $\boldsymbol{n}$ 可取

$$\boldsymbol{n} = \overrightarrow{M_0M_1} \times \overrightarrow{M_1M_2} = \left\{3, \frac{5}{6}, -\frac{8}{3}\right\} \times \left\{\frac{5}{6}, \frac{5}{4}, \frac{5}{3}\right\} = \frac{5}{18}\{17, -26, 11\}.$$

因此所求平面的方程为

$$17(x + 3) - 26(y - 0) + 11(z - 1) = 0,$$

即

$$17x - 26y + 11z + 40 = 0.$$

例 10 经过直线 $L_1 : \dfrac{x-2}{1} = \dfrac{y-2}{3} = \dfrac{z-3}{1}$ 与 $L_2 : \dfrac{x-2}{1} = \dfrac{y-3}{4} = \dfrac{z-4}{2}$ 是否可以作一平面?若可以,求出此平面方程;若不可以,说明理由.

解 试求 L_1 与 L_2 是否有交点. 命

$$\frac{x-2}{1} = \frac{y-2}{3} = \frac{z-3}{1} = t,$$

则有

$$x = 2 + t, \quad y = 2 + 3t, \quad z = 3 + t,$$

代入 L_2,得

$$t = \frac{-1 + 3t}{4} = \frac{-1 + t}{2}.$$

此方程有解 $t = -1$. 故 L_1 与 L_2 相交于点 $(1, -1, 2)$.

L_1 的方向向量 $\boldsymbol{\tau}_1 = \{1, 3, 1\}$,$L_2$ 的方向向量 $\boldsymbol{\tau}_2 = \{1, 4, 2\}$,$L_1$ 与 L_2 所确定的平面法向量

$$\boldsymbol{n} = \boldsymbol{\tau}_1 \times \boldsymbol{\tau}_2 = \{1, 3, 1\} \times \{1, 4, 2\} = \{2, -1, 1\},$$

故经过 L_1 与 L_2 的平面方程为

$$2(x - 1) - (y + 1) + (z - 2) = 0,$$

即

$$2x - y + z - 5 = 0.$$

[注] (1) 两直线

$$L_1 : \frac{x - x_1}{l_1} = \frac{y - y_1}{m_1} = \frac{z - z_1}{n_1}, \{l_1, m_1, n_1\} \neq \boldsymbol{0}$$

$$L_2 : \frac{x - x_2}{l_2} = \frac{y - y_2}{m_2} = \frac{z - z_2}{n_2}, \{l_2, m_2, n_2\} \neq \boldsymbol{0}$$

共面的充要条件显然是混合积

$$(\{l_1, m_1, n_1\} \times \{l_2, m_2, n_2\}) \cdot \{x_2 - x_1, y_2 - y_1, z_2 - z_1\} = 0,$$

即

$$\Delta \equiv \begin{vmatrix} l_1 & m_1 & n_1 \\ l_2 & m_2 & n_2 \\ x_2 - x_1 & y_2 - y_1 & z_2 - z_1 \end{vmatrix} = 0.$$

（2）如果两直线都是由一般式给出：

$$L_1:\begin{cases} A_1 x + B_1 y + C_1 z + D_1 = 0, \\ A_2 x + B_2 y + C_2 z + D_2 = 0, \end{cases}$$

$$L_2:\begin{cases} A_3 x + B_3 y + C_3 z + D_3 = 0, \\ A_4 x + B_4 y + C_4 z + D_4 = 0. \end{cases}$$

由于已设 L_1 与 L_2 都是直线的一般式，所以向量

$$\{l_1, m_1, n_1\} = \left\{ \begin{vmatrix} B_1 & C_1 \\ B_2 & C_2 \end{vmatrix}, \begin{vmatrix} C_1 & A_1 \\ C_2 & A_2 \end{vmatrix}, \begin{vmatrix} A_1 & B_1 \\ A_2 & B_2 \end{vmatrix} \right\} \neq \mathbf{0},$$

$$\{l_2, m_2, n_2\} = \left\{ \begin{vmatrix} B_3 & C_3 \\ B_4 & C_4 \end{vmatrix}, \begin{vmatrix} C_3 & A_3 \\ C_4 & A_4 \end{vmatrix}, \begin{vmatrix} A_3 & B_3 \\ A_4 & B_4 \end{vmatrix} \right\} \neq \mathbf{0}.$$

不妨设

$$\begin{vmatrix} A_1 & B_1 \\ A_2 & B_2 \end{vmatrix} \neq 0, \ \text{且} \ \begin{vmatrix} B_3 & C_3 \\ B_4 & C_4 \end{vmatrix} \neq 0.$$

在 L_1 上任取一点，例如取 $P_1(x_1, y_1, 0) \in L_1$，由

$$\begin{cases} A_1 x_1 + B_1 y_1 + C_1 0 + D_1 = 0, \\ A_2 x_1 + B_2 y_1 + C_2 0 + D_2 = 0, \end{cases}$$

解得

$$x_1 = -\frac{\begin{vmatrix} D_1 & B_1 \\ D_2 & B_2 \end{vmatrix}}{\begin{vmatrix} A_1 & B_1 \\ A_2 & B_2 \end{vmatrix}}, \ y_1 = -\frac{\begin{vmatrix} A_1 & D_1 \\ A_2 & D_2 \end{vmatrix}}{\begin{vmatrix} A_1 & B_1 \\ A_2 & B_2 \end{vmatrix}}, \ (z_1 = 0);$$

在 L_2 上任取一点，例如取 $P_2(0, y_2, z_2) \in L_2$，由

$$\begin{cases} A_3 0 + B_3 y_2 + C_3 z_2 + D_3 = 0, \\ A_4 0 + B_4 y_2 + C_4 z_2 + D_4 = 0, \end{cases}$$

解得

$$y_2 = -\frac{\begin{vmatrix} D_3 & C_3 \\ D_4 & C_4 \end{vmatrix}}{\begin{vmatrix} B_3 & C_3 \\ B_4 & C_4 \end{vmatrix}}, \ z_2 = -\frac{\begin{vmatrix} B_3 & D_3 \\ B_4 & D_4 \end{vmatrix}}{\begin{vmatrix} B_3 & C_3 \\ B_4 & C_4 \end{vmatrix}}, \ (x_2 = 0),$$

将 $\{l_1, m_1, n_1\}$，$\{l_2, m_2, n_2\}$ 与 $\{x_2 - x_1, y_2 - y_1, z_2 - z_1\}$ 代入 Δ 中. 经过一番冗长而初等的运算，得到 L_1 与 L_2 共面的充要条件为

$$\Delta = -\begin{vmatrix} A_1 & B_1 & C_1 & D_1 \\ A_2 & B_2 & C_2 & D_2 \\ A_3 & B_3 & C_3 & D_3 \\ A_4 & B_4 & C_4 & D_4 \end{vmatrix} = 0.$$

如果 $\{l_1, m_1, n_1\}$ 与 $\{l_2, m_2, n_2\}$ 中分别是另外某二阶行列式不为零，做法也是类似的，结论仍是同一个四阶行列式等于零.

例 11 两平面 $x - 2y + 2z - 4 = 0$ 与 $2x - y - 2z - 5 = 0$ 的夹角 $\varphi = $____，它们的二面角的平分面的方程为____.

分析 两平面的夹角是它们法向量的夹角. 由于法向量未指定指向何方,所以除相互垂直情形外,这种夹角的大小的值一般有两个. 二面角的平分面经过这两平面的交线,所以可以用平面束方程求,也可由"平分面上的点到该两平面的距离相等"列出轨迹方程而求得.

解 应填 $\varphi=\dfrac{\pi}{2}$;平分面的方程为 $x+y-4z-1=0$ 及 $x-y-3=0$.

$x-2y+2z-4=0$ 的法向量可写为 $\boldsymbol{n}_1=\{1,-2,2\}$,$2x-y-2z-5=0$ 的法向量 $\boldsymbol{n}_2=\{2,-1,-2\}$.

$$\cos\varphi=\frac{\boldsymbol{n}_1\cdot\boldsymbol{n}_2}{|\boldsymbol{n}_1||\boldsymbol{n}_2|}=\frac{2+2-4}{3\cdot3}=0,$$

所以 $\varphi=\dfrac{\pi}{2}$.

求二面角的平分面方程的方法有多种.

方法 1 用平面束方程:
$$x-2y+2z-4+\lambda(2x-y-2z-5)=0,$$
即
$$(2\lambda+1)x-(\lambda+2)y+(2-2\lambda)z-4-5\lambda=0.$$
它与平面 $x-2y+2z-4=0$ 的二面角等于它与平面 $2x-y-2z-5=0$ 的二面角. 由夹角公式可得
$$|2\lambda+1+2(2+\lambda)+2(2-2\lambda)|=|2(2\lambda+1)+(2+\lambda)-2(2-2\lambda)|,$$
即 $9=|9\lambda|$,所以 $\lambda=\pm1$,相应的两个平面如上所填.

方法 2 设点 $P(x,y,z)$ 为要求的平分面上任意一点,则该点到两平面的距离相等,即
$$\frac{|x-2y+2z-4|}{\sqrt{1+4+4}}=\frac{|2x-y-2z-5|}{\sqrt{4+1+4}},$$
即
$$x-2y+2z-4=\pm(2x-y-2z-5),$$
化简之即得如上所填.

例 12 点 $M_1(x_1,y_1,z_1)$ 关于平面 $P:Ax+By+Cz+D=0$ 的对称点的坐标为____.

分析 由几何思路入手. 设对称点的坐标为 $M_2(x_2,y_2,z_2)$,则 M_1 与 M_2 的中点在平面 P 上,且 $M_1M_2\perp$ 平面 P,由此列出足够多的等式解出 (x_2,y_2,z_2) 即得.

解 应填 $x_2=x_1+At_2,y_2=y_1+Bt_2,z_2=z_1+Ct_2$,其中 $t_2=-\dfrac{2(Ax_1+By_1+Cz_1+D)}{A^2+B^2+C^2}$.

M_1 与 M_2 的中点坐标为
$$x=\frac{1}{2}(x_1+x_2),y=\frac{1}{2}(y_1+y_2),z=\frac{1}{2}(z_1+z_2),$$
且中点应在平面 P 上,于是有
$$A(x_1+x_2)+B(y_1+y_2)+C(z_1+z_2)+2D=0. \tag{5.1}$$
又 $\overrightarrow{M_1M_2}$ 应与 P 垂直,即应有
$$\frac{x_2-x_1}{A}=\frac{y_2-y_1}{B}=\frac{z_2-z_1}{C}$$
(其中若有分母为零,理解为分子亦应为零). 命上述比例式等于 t,即得
$$x_2=x_1+At,y_2=y_1+Bt,z_2=z_1+Ct,$$
代入式(5.1)中,解出

$$t = -\frac{2(Ax_1 + By_1 + Cz_1 + D)}{A^2 + B^2 + C^2} \xlongequal{\text{记为}} t_2,$$

于是得(x_2, y_2, z_2)如上所填.

例 13　经过点 $M_0(1, -1, 1)$ 并且与两直线 $L_1: \frac{x}{1} = \frac{y+2}{-2} = \frac{z-3}{1}$ 和 $L_2: \frac{x-2}{-1} = \frac{y}{1} = \frac{z+1}{2}$ 都相交的直线 L 的方程为____.

分析　本例这样的问题,对于不同的 L_1, L_2 与 M_0,由几何上分析,可能无解,也可能有无穷多解,也可能存在唯一解.

如果 L_1 与 L_2 平行(不重合,重合了就不是两条直线,下同),但 M_0 不在由 L_1, L_2 决定的平面上,则无解;如果 L_1 与 L_2 平行,而 M_0 在由 L_1, L_2 决定的平面上,则有无穷多解.

如果 L_1 与 L_2 为异面直线,但 M_0 在其中之一的直线上,则有无穷多解;如果 L_1 与 L_2 异面,而 $M_0 \notin L_1$ 且 $M_0 \notin L_2$,但 M_0 与其中之一的直线所决定的平面恰与另一直线平行,则无解.

其他情形存在唯一解.通过验算可知本题所给的 L_1, L_2 与 M_0,属于"其他情形",所以要求的直线存在唯一解.

要求的直线 L,它应该在 M_0 与 L_1 决定的平面 P_1 上,它又应该在 M_0 与 L_2 决定的平面 P_2 上,所以应该是这两平面的交线,这就是下面的方法 1.

按上面分析,既然 L 应该在 P_1 上,又要与 L_2 相交,那么 L 就应该通过 P_1 与 L_2 的交点 M_1.连接 M_0 与 M_1 的直线就是要求的直线,这就是下面的方法 2.

解　应填 $\frac{x-1}{-1} = \frac{y+1}{-1} = \frac{z-1}{2}$.由于直线方程可以有多种形式,其他形式的答案从略.

方法 1　L_1 的方向向量取 $\boldsymbol{\tau}_1 = \{1, -2, 1\}$.$L_1$ 上取一点,例如取点 $M_1(0, -2, 3)$.M_0 与 M_1 连线的方向向量可取 $\boldsymbol{\tau}_2 = \{1, 1, -2\}$.由 M_0 与 L_1 决定的平面 P_1 既与 $\boldsymbol{\tau}_1$ 垂直,又与 $\boldsymbol{\tau}_2$ 垂直,所以 P_1 的法向量可取

$$\boldsymbol{n}_1 = \boldsymbol{\tau}_1 \times \boldsymbol{\tau}_2 = \{3, 3, 3\} = 3\{1, 1, 1\}.$$

所以 P_1 的方程为

$$1(x-1) + 1(y+1) + 1(z-1) = 0,$$

即
$$P_1: x + y + z - 1 = 0. \tag{5.2}$$

类似地可得由 M_1 与 L_2 决定的平面

$$P_2: 2x + z - 3 = 0.$$

P_1 与 P_2 不平行,它们的交线就是要求的 L:

$$\begin{cases} x + y + z - 1 = 0, \\ 2x + z - 3 = 0. \end{cases}$$

方法 2　由 M_0 与 L_1 决定的平面 P_1 如式(5.2).L_2 与 P_1 的交点由联立方程

$$\begin{cases} x + y + z - 1 = 0, \\ \frac{x-2}{-1} = \frac{y}{1} = \frac{z+1}{2}, \end{cases}$$

可解得点 $M_1(2, 0, -1)$.点 M_0 与 M_1 连接的直线方程为

$$L: \frac{x-1}{-1} = \frac{y+1}{-1} = \frac{z-1}{2}.$$

例 14 求两直线

$$L_1 : \frac{x-1}{1} = \frac{y-2}{0} = \frac{z-3}{-1},$$

$$L_2 : \frac{x+2}{2} = \frac{y-1}{1} = \frac{z}{1}$$

的公垂线方程.

分析 所谓公垂线 L，是既与 L_1 垂直相交，又与 L_2 垂直相交的那种直线. 如果 $L_1 /\!/ L_2$，则公垂线不唯一. 此题 L_1 与 L_2 不平行，由 L_1 与 L_2 的方向向量可求得与 L_1，L_2 都垂直的 L 的方向向量 $\boldsymbol{\tau}$. 于是，由 L 与 L_1 决定的平面的法向量也可获得. 再在 L_1 上任取一点便得 L 与 L_1 决定的平面方程. 类似地可得 L 与 L_2 决定的平面. 此两平面相交便得 L. 按此思路便得如下解法.

解 公垂线 L 的方向向量记为 $\boldsymbol{\tau}$，L_1 与 L_2 的方向向量分别记为 $\boldsymbol{\tau}_1$ 与 $\boldsymbol{\tau}_2$，

$$\boldsymbol{\tau}_1 = \{1,0,-1\}, \boldsymbol{\tau}_2 = \{2,1,1\}.$$

$$\boldsymbol{\tau} = \boldsymbol{\tau}_1 \times \boldsymbol{\tau}_2 = \{1,-3,1\}.$$

L 与 L_1 决定的平面记为 P_1，其法向量记为 $\boldsymbol{n}_1$，L 与 L_2 决定的平面记为 P_2，其法向量记为 $\boldsymbol{n}_2$，于是

$$\boldsymbol{n}_1 = \boldsymbol{\tau}_1 \times \boldsymbol{\tau} = \{-3,-2,-3\},$$

$$\boldsymbol{n}_2 = \boldsymbol{\tau}_2 \times \boldsymbol{\tau} = \{4,-1,-7\}.$$

分别在 L_1 与 L_2 取点 $(1,2,3)$ 与 $(-2,1,0)$，于是由点法式，得

$$P_1 : -3(x-1) - 2(y-2) - 3(z-3) = 0,$$

即

$$3x + 2y + 3z - 16 = 0,$$

$$P_2 : 4(x+2) - (y-1) - 7(z-0) = 0,$$

即

$$4x - y - 7z + 9 = 0.$$

所以 L_1 与 L_2 的公垂线的方程为

$$L : \begin{cases} 3x + 2y + 3z - 16 = 0, \\ 4x - y - 7z + 9 = 0. \end{cases}$$

例 15 求例 14 中两直线 L_1 与 L_2 的公垂线的长，即求 L_1 与 L_2 间的距离.

分析 一种方法是按例 14 的办法先求出公垂线 L 的方程，分别求 L 与 L_1，L 与 L_2 的交点. 此两交点间的距离即为公垂线的长. 显然此法步骤过于冗长. 如果题目本身不要求公垂线方程，则采取下面思路较方便(回顾一下本大段一开始的说明，如果要求的是一些量，例如线段的长度……，常以向量为工具讨论之). 如果 $L_1 /\!/ L_2$，则在 L_2 上任取一点 M_0，用例 16 的公式(5.3).

解 在 L_1 上任取两点，例如如图 5-2 的 P_1 与 P_2，在 L_2 上任取两点例如 P_3 与 P_4. 以 $\overrightarrow{P_3P_1}$，$\overrightarrow{P_1P_2}$，$\overrightarrow{P_3P_4}$ 为棱的平行六面体的体积

$$V = | (\overrightarrow{P_3P_4} \times \overrightarrow{P_1P_2}) \cdot \overrightarrow{P_3P_1} |,$$

公垂线的长

$$d = \frac{| (\overrightarrow{P_3P_4} \times \overrightarrow{P_1P_2}) \cdot \overrightarrow{P_3P_1} |}{| \overrightarrow{P_3P_4} \times \overrightarrow{P_1P_2} |}.$$

取 $P_1(1,2,3)$，$P_2(2,2,2)$，$P_3(-2,1,0)$，$P_4(0,2,1)$，

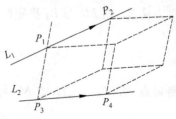

图 5-2

有 $\overrightarrow{P_1P_2}=\{1,0,-1\}$，$\overrightarrow{P_3P_4}=\{2,1,1\}$，$\overrightarrow{P_3P_1}=\{3,1,3\}$，$(\overrightarrow{P_3P_4}\times\overrightarrow{P_1P_2})\cdot\overrightarrow{P_3P_1}=-3$，

$\overrightarrow{P_3P_4}\times\overrightarrow{P_1P_2}=\{-1,3,-1\}$，所以 $d=\dfrac{|-3|}{\sqrt{1+9+1}}=\dfrac{3}{\sqrt{11}}$.

例 16　求点 $M_0(1,2,3)$ 到直线 $L:x-y+z=1,2x+z=3$ 的距离 d.

分析　此题有多种方法. 一是按解析几何的办法，过 M_0 作与 L 垂直的平面 P，它与 L 的交点记为 M_1. $d=|\overrightarrow{M_0M_1}|$. 第二种方法是用多元函数求最大、最小值的方法. 在 L 上取点 $M(x,y,z),d=\min|\overrightarrow{M_0M}|$，在约束条件 $M\in L$ 下讨论之. 第三种方法是，在 L 上任取两点，例如 $P_1(x_1,y_1,z_1)$ 与 $P_2(x_2,y_2,z_2)$，以 $\overrightarrow{P_1M_0}$，$\overrightarrow{P_1P_2}$ 为邻边的平行四边形的面积

$$A=|\overrightarrow{P_1M_0}\times\overrightarrow{P_1P_2}|,$$

从而

$$d=\frac{A}{|\overrightarrow{P_1P_2}|}=\frac{|\overrightarrow{P_1M_0}\times\overrightarrow{P_1P_2}|}{|\overrightarrow{P_1P_2}|}.\tag{5.3}$$

其中第三种方法最简捷.

解　今以第三种方法计算之. 如图 5-3 在 L 上取点 $P_1(1,1,1)$，$P_2(2,0,-1)$，于是

$\overrightarrow{P_1M_0}=\{0,1,2\}$，$\overrightarrow{P_1P_2}=\{1,-1,-2\}$，$|\overrightarrow{P_1M_0}\times\overrightarrow{P_1P_2}|=$

$\sqrt5$，$|\overrightarrow{P_1P_2}|=\sqrt6$，所以 $d=\dfrac{\sqrt5}{\sqrt6}=\dfrac{\sqrt{30}}{6}$.

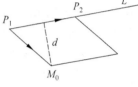

图　5-3

[注]　设 $M_0(x_0,y_0,z_0)$，$P_1(x_1,y_1,z_1)$，$P_2(x_2,y_2,z_2)$，直线 L 的方程为 $\dfrac{x-x_1}{l}=\dfrac{y-y_1}{m}=\dfrac{z-z_1}{n}$，则公式 (5.3) 成为

$$d=\frac{\{[n(y_0-y_1)-m(z_0-z_1)]^2+[l(z_0-z_1)-n(x_0-x_1)]^2+[m(x_0-x_1)-l(y_0-y_1)]^2\}^{\frac12}}{(l^2+m^2+n^2)^{\frac12}}.$$

$$\tag{5.4}$$

例 17　求曲线 $l:x=x(t),y=y(t),z=z(t)$ 在平面 $P:Ax+By+Cz+D=0$ 上的投影线 l_0 的方程.

解　经过 l 上任意一点 $(x(t),y(t),z(t))$ 作平面 P 的垂直线，其方程为

$$\frac{x-x(t)}{A}=\frac{y-y(t)}{B}=\frac{z-z(t)}{C}\xlongequal{\text{记为}}s,$$

则该垂直线方程可写成参数式：

$$x=x(t)+sA,y=y(t)+sB,z=z(t)+sC.$$

代入平面 P 的方程求出 s，记为 s_0，

$$s_0=-\frac{Ax(t)+By(t)+Cz(t)+D}{A^2+B^2+C^2},$$

于是得投影点的坐标：

$$x=x(t)+s_0A,y=y(t)+s_0B,z=z(t)+s_0C.$$

让 t 在 l 的定义域内变动，便得 l_0 的参数方程如上. 注意，t 变动时，s_0 不是常数.

[注 1]　若 P 为 xOy 平面，即 $A=B=D=0,C=1$，于是 l_0 的参数方程为

$$x=x(t),y=y(t),z=z(t)+s_0C=0.$$

换言之,为求曲线 $l:x=x(t),y=y(t),z=z(t)$ 在 xOy 平面上的投影曲线,只要将 $z=z(t)$ 换成 $z=0$ 即可.

[注 2] 方程 $x=x(t)+sA,y=y(t)+sB,z=z(t)+sC$ 中将 t 与 s 都看成参数,便是经过 l 且与 P 垂直的曲面方程.它与 P 联立,便是投影线 l_0 的方程.

例 18 在平面 $x-2y+2z=8$ 上求点 M 的坐标,使得 M 到点 $P(1,0,-1)$ 的距离与 M 到点 $Q(2,1,2)$ 的距离之和为最小.

分析 应先检查点 P 与点 Q 是在平面 $x-2y+2z=8$ 的同侧还是异侧?若异侧,那么线段 $\overline{PQ}$ 与该平面的交点即为所求.为此,命

$$F(x,y,z)=x-2y+2z-8,$$

分别以点 P,Q 的坐标代入,

$$F(1,0,-1)=-9,F(2,1,2)=-4,$$

两者同号,所以点 P,Q 在该平面的一侧.为此,先求出点 P 关于该平面的对称点 P_2 的坐标,使得 P_2 与 Q 分居于该平面的两侧.线段 $\overline{P_2Q}$ 与该平面的交点记为 M,于是

$$|\overline{PM}|+|\overline{QM}|=|\overline{P_2M}|+|\overline{QM}|=|\overline{P_2Q}|,$$

$\overline{P_2Q}$ 为直线段,所以最小.

解 由 5.1 节例 12,将 $P(1,0,-1)$ 改记为 $P_1(x_1,y_1,z_1)$,它关于平面 $x-2y+2z-8=0$ 的对称点记为 $P_2(x_2,y_2,z_2)$,有

$$x_2=x_1+At_1=1+t_1,y_2=y_1+Bt_1=-2t_1,z_2=z_1+Ct_1=-1+2t_1,$$

其中 $t_1=-\dfrac{2(Ax_1+By_1+Cz_1+D)}{A^2+B^2+C^2}=2$,于是 $P_2(3,-4,3)$.直线 P_2Q 的方程为

$$\frac{x-3}{1}=\frac{y+4}{-5}=\frac{z-3}{1}.$$

将它与平面方程 $x-2y+2z=8$ 联立,解得点 M 的坐标为

$$x=\frac{30}{13},y=-\frac{7}{13},z=\frac{30}{13}.$$

[注] 此题也可以用极值的办法去做,但很繁琐,读者不妨一试.

5.2 曲面与曲线

有关曲面与曲线的问题大致有以下情形:

(1) 标准型或经坐标平移后的二次曲面方程及其图形,准线在坐标平面上、母线与第三坐标轴平行的柱面方程及其图形,坐标面上的曲线绕其中一个坐标轴旋转一周的旋转曲面方程及其图形,这些都是基本的,掌握其方程与图形的对照即可.本节中不再单独举这方面的例子.

(2) 以参数形式或一般式表示的曲线(平面曲线或空间曲线),求其绕坐标轴或一般直线旋转生成的旋转曲面方程,见例 1、例 2、例 3;求以平面曲线或空间曲线为准线,母线与某向量平行的柱面方程,见例 4 与例 5;求锥面方程,见例 7.

(3) 以参数形式或一般式表示的曲线求其在平面(包括坐标面)上的投影,见例 6.

(4) 将曲线方程的一般式化为参数式,在多元函数微积分学中非常有用,本节中将举一例子供参考,见例 9 与例 10.

（5）坐标轴的旋转（即像陀螺一样三坐标轴都转动）一般教科书不提及，但仅是两坐标轴的旋转或须线性变换化简方程，仍应引起重视，因为这很有用．这部分内容与线性代数中二次型密切相关．见例 11.

（6）曲面的切平面与曲线的切线，虽属多元函数微积分学的范围，但经常与本节内容紧密相关，见例 8、例 12、例 13.

（7）根据某些条件去建立曲面与曲线的方程．见例 12、例 13.

（8）由某些条件确定方程中的系数应满足的关系．见例 14、例 15、例 16.

一、旋转面的方程

（1）坐标面（例如 yOz 平面）上的曲线

$$F(y,z) = 0 \tag{5.5}$$

绕 z 轴旋转一周生成的旋转面的方程是

$$F(\pm \sqrt{x^2+y^2}, z) = 0. \tag{5.6}$$

其中，若式(5.5)中只是在 $y \geqslant 0 (\leqslant 0)$ 处有定义，则式(5.6)中"±"号取"+"("−")．

（2）如果给出的是一般空间曲线

$$L: x = x(t), y = y(t), z = z(t), \tag{5.7}$$

绕 z 轴旋转一周生成的曲面记为 S，在 S 上任取一点 $P(x,y,z)$，设它是曲线 L 上某点所产生的，对应的点为 $(x(t), y(t), z(t)) \in L$. 于是

$$\begin{cases} x^2 + y^2 = x^2(t) + y^2(t), \\ z = z(t). \end{cases} \tag{5.8}$$

由式(5.8)消去 t 便得 S 的直角坐标方程．例如，若 $z = z(t)$ 存在反函数 $t = \varphi(z)$，代入式(5.8)的第 1 式，得

$$S: x^2 + y^2 = (x(\varphi(z)))^2 + (y(\varphi(z)))^2. \tag{5.9}$$

L 绕 y 轴旋转或 L 绕 x 轴旋转产生的旋转曲面的方程是类似的．

如果曲线 L 为坐标面上（例如 yOz 平面上）的曲线，则 L 的方程为

$$L: x = 0, y = y(t), z = z(t).$$

它绕 z 轴旋转一周生成的曲面 S 仍是式(5.9)，即

$$S: x^2 + y^2 = 0^2 + (y(\varphi(z)))^2. \tag{5.10}$$

其中 $y = y(\varphi(z))$ 为曲线 L 在 yOz 平面上的直角坐标表示式．

（3）如果 L 是由一般式给出：

$$L: \begin{cases} F(x,y,z) = 0, \\ G(x,y,z) = 0. \end{cases} \tag{5.11}$$

设旋转曲面 S 上的点 (x,y,z) 由 L 上的点 (X,Y,Z) 绕 z 轴旋转而来，于是

$$\begin{cases} x^2 + y^2 = X^2 + Y^2, \\ z = Z, \\ F(X,Y,Z) = 0, \\ G(X,Y,Z) = 0. \end{cases} \tag{5.12}$$

从以上 4 个式中消去其中 3 个量 X, Y, Z，便得

$$f(x,y,z) = 0,$$

即为旋转曲面 S 的方程.

(4) 一般曲线(5.11)绕一般直线

$$L_0 : \frac{x - x_1}{l} = \frac{y - y_1}{m} = \frac{z - z_1}{n}$$

旋转一周生成的旋转面 S 的公式推导如下:

设点 $P(x,y,z) \in S$,它由曲线(5.11)上点 $M(X,Y,Z)$ 旋转而产生. 于是 $\overline{PM} \perp L_0$,有

$$l(x - X) + m(y - Y) + n(z - Z) = 0. \tag{5.13}$$

又点 $P(x,y,z)$ 到旋转轴 L_0 的距离应等于点 $M(X,Y,Z)$ 到 L_0 的距离,由距离公式(5.4),有

$$[n(Y - y_1) - m(Z - z_1)]^2 + [l(Z - z_1) - n(X - x_1)]^2 + [m(X - x_1) - l(Y - y_1)]^2$$
$$= [n(y - y_1) - m(z - z_1)]^2 + [l(z - z_1) - n(x - x_1)]^2 + [m(x - x_1) - l(y - y_1)]^2.$$
$$\tag{5.14}$$

又因

$$F(X,Y,Z) = 0, \tag{5.15}$$
$$G(X,Y,Z) = 0, \tag{5.16}$$

从式(5.13)~式(5.16)中消去 X,Y,Z,便得曲线(5.11)绕直线 L_0 旋转一周生成的旋转曲面 S 的方程:

$$f(x,y,z) = 0. \tag{5.17}$$

若 L_0 为 z 轴,则 $l=0, m=0, n=1, (x_1, y_1, z_1) = (0, 0, 0)$,通过简单计算可知式(5.13)、式(5.14)就是式(5.12)的前两式.

例 1 经过点 $A(1,0,0)$ 与点 $B(0,1,1)$ 的直线绕 z 轴旋转一周生成的旋转曲面的方程是____.

分析 先求出直线 AB 的方程,然后代入式(5.9)即可.

解 应填 $x^2 + y^2 - 2z^2 + 2z - 1 = 0$.

由直线方程的两点式得直线 AB 的方程:

$$\frac{x - 1}{1} = \frac{y}{-1} = \frac{z}{-1}.$$

写成参数式:

$$x = 1 + t, y = -t, z = -t,$$

代入式(5.9),得旋转曲面 S 的方程:

$$x^2 + y^2 = (1 - z)^2 + z^2$$

即为所填.

例 2 曲线 $\begin{cases} y = 1, \\ x^2 + z^2 = 3 \end{cases}$ 绕 z 轴旋转一周所生成的旋转曲面方程为____.

分析 可以按式(5.12)消去 X, Y, Z,也可以将曲线 $\begin{cases} y = 1, \\ x^2 + z^2 = 3 \end{cases}$ 化成参数式然后按式(5.9)解题.

解 应填 $x^2 + y^2 + z^2 = 4, |z| \leqslant \sqrt{3}$.

方法 1 按式(5.12),由

$$\begin{cases} Y = 1, \\ X^2 + Z^2 = 3, \\ x^2 + y^2 = X^2 + Y^2, \\ z = Z \end{cases}$$

消去 X,Y,Z,得

$$x^2 + y^2 = X^2 + 1 = 3 - Z^2 + 1 = 3 - z^2 + 1 = 4 - z^2,$$

得 $x^2 + y^2 + z^2 = 4$. 又 $X^2 + Z^2 = 3$,所以 $|z| \leqslant \sqrt{3}$. 如上所填.

方法 2   化 $\begin{cases} y = 1, \\ x^2 + z^2 = 3 \end{cases}$ 为参数式:

$$x = \sqrt{3}\cos t, y = 1, z = \sqrt{3}\sin t.$$

有

$$x^2 + y^2 = (\sqrt{3}\cos t)^2 + 1 = 3\cos^2 t + 1 = 3(1 - \sin^2 t) + 1$$
$$= 4 - 3\sin^2 t = 4 - z^2,$$

所以得 $x^2 + y^2 + z^2 = 4$,且 $|z| \leqslant \sqrt{3}$.

例 3   求直线

$$L : \frac{x-1}{1} = \frac{y}{1} = \frac{z}{-1}$$

绕直线

$$L_0 : x = y = z$$

旋转一周生成的旋转曲面 S 的方程.

分析   按前述(4)的方法.

解   相当于前述公式(5.13)~式(5.16)中,$l = m = n = 1, x_1 = y_1 = z_1 = 0$,有

$$x - X + y - Y + z - Z = 0,$$
$$(Y - Z)^2 + (Z - X)^2 + (X - Y)^2 = (y - z)^2 + (z - x)^2 + (x - y)^2,$$

及

$$X - 1 = Y = -Z.$$

以上 4 个方程中消去 X,Y,Z,经化简便得

$$x^2 + y^2 + z^2 + 3(xy + yz + zx) - 2(x + y + z) + 1 = 0.$$

二、柱面方程,曲线在平面上的投影方程

(1) 设柱面 S 的准线方程用参数式表示为

$$C_0 : x = x(t), y = y(t), z = z(t); \tag{5.18}$$

母线的方向向量 $\boldsymbol{\tau} = \{l, m, n\}$. 则过准线上点 t 处的母线(它在 S 上)的方程为

$$\frac{x - x(t)}{l} = \frac{y - y(t)}{m} = \frac{z - z(t)}{n}. \tag{5.19}$$

其中点 (x,y,z) 在母线上,亦即在 S 上.再让 t 变动,便得柱面 S 的方程,即式(5.19)可以看成以参数 t 表示的 S 的参数方程.将式(5.19)表示的这两个方程消去 t,便得 S 的直角坐标方程:

$$f(x, y, z) = 0. \tag{5.20}$$

(2) 设柱面 S 的准线方程由一般式给出:

$$C_0 : \begin{cases} F(x, y, z) = 0, \\ G(x, y, z) = 0. \end{cases} \tag{5.21}$$

对于 C_0 上任意一点 (X,Y,Z), 过该点的母线为

$$\frac{x-X}{l} = \frac{y-Y}{m} = \frac{z-Z}{n}, \tag{5.22}$$

其中 (x,y,z) 在母线上,亦即在柱面 S 上,当点 (X,Y,Z) 在 C_0 上变动时,即 (X,Y,Z) 满足

$$\begin{cases} F(X,Y,Z) = 0, \\ G(X,Y,Z) = 0 \end{cases} \tag{5.23}$$

而变动时,由式(5.22)的点 (x,y,z) 描出的就是柱面 S. 所以从式(5.23)、(5.22)4 个方程消去其中的 (X,Y,Z),便得 S 的直角坐标方程

$$f(x,y,z) = 0. \tag{5.24}$$

特别的,若母线平行于 z 轴,则母线的方向向量

$$\{l,m,n\} = \{0,0,1\}.$$

于是式(5.22)成为

$$\begin{cases} x = X, \\ y = Y. \end{cases} \tag{5.22}'$$

式(5.23)成为

$$\begin{cases} F(x,y,Z) = 0, \\ G(x,y,Z) = 0. \end{cases} \tag{5.23}'$$

消去 Z,得柱面 S 的直角坐标方程

$$f(x,y) = 0. \tag{5.24}'$$

亦即从准线 C_0 的一般式

$$C_0 : \begin{cases} F(x,y,z) = 0, \\ G(x,y,z) = 0 \end{cases}$$

消去 z 所得到的方程 $f(x,y)=0$ 便是以 C_0 为准线,母线平行于 z 轴的柱面方程.

例如,以 $C_0 : \begin{cases} x^2+y^2-z^2=1, \\ x+y+z=1 \end{cases}$ 为准线,母线平行于 z 轴的柱面方程为

$$x^2 + y^2 - (1-x-y)^2 = 1,$$

即 $-xy+x+y=1$.

例 4 设柱面 S 的母线的方向向量 $\boldsymbol{\tau}=\{1,1,1\}$,准线 $C_0 : \begin{cases} x^2+y^2+z^2=1, \\ x+y+z=0, \end{cases}$ 则该柱面 S 的方程为____.

分析 所给的 C_0 为一般式,按上述(2)的方法做,也可直接套用式(5.22)、式(5.23),然后消去其中的 X,Y,Z 即可.

解 应填 $x^2+y^2+z^2-xy-yz-zx-\dfrac{3}{2}=0$.

由 $\boldsymbol{\tau}=\{1,1,1\}$,故 $l=m=n=1$.

$$F(X,Y,Z) = X^2 + Y^2 + Z^2 - 1 = 0, \tag{5.25}$$

$$G(X,Y,Z) = X + Y + Z = 0, \tag{5.26}$$

相应的式(5.22)为

$$x - X = y - Y = z - Z \overset{令}{=} u,$$

于是
$$X = x - u, Y = y - u, Z = z - u, \tag{5.27}$$

代入式(5.26),得 $u = \dfrac{1}{3}(x+y+z)$. 再连同式(5.27)代入式(5.25)得

$$\left[x - \frac{1}{3}(x+y+z) \right]^2 + \left[y - \frac{1}{3}(x+y+z) \right]^2 + \left[z - \frac{1}{3}(x+y+z) \right]^2 = 1,$$

化简之得如上所填.

例 5 求经过三平行直线 $L_1: x=y=z$; $L_2: x-1=y=z+1$; $L_3: x=y+1=z-1$ 的圆柱面方程(2010 年全国大学生数学竞赛(数学类)决赛题).

分析 先求出一条准线方程,然后套用本节二(2)的方法,这便是方法 1;或者设法求出该圆柱面的中心轴方程,再利用该柱面上任意一点 (x,y,z) 到此中心轴的距离为一常数,由点到直线的距离公式(5.3)(或公式(5.4)),推导出该圆柱面方程,这就是下面的方法 2.

解 **方法 1** 过原点且与 L_1 垂直的平面方程为
$$P: x+y+z = 0.$$
P 与 L_1, L_2, L_3 的交点分别为
$$A_1(0,0,0); \quad A_2(1,0,-1); \quad A_3(0,-1,1).$$
P 与此圆柱面的交线为圆周. 此圆的圆心坐标设为 $C(x_0, y_0, z_0)$. 由
$$|CA_1| = |CA_2| = |CA_3| \; \text{及} \; C \in P,$$
有
$$-x_0 + z_0 + 1 = 0, \; y_0 - z_0 + 1 = 0, \; x_0 + y_0 + z_0 = 0.$$
解得 C 点坐标为
$$(x_0, y_0, z_0) = (1, -1, 0).$$
于是准线方程为
$$\begin{cases} (x-1)^2 + (y+1)^2 + z^2 = |CA_1|^2 = 2, \\ x+y+z = 0. \end{cases}$$

设点 (x,y,z) 为柱面上任意一点,它位于经过准线上某点 (X,Y,Z) 的母线上,由于母线的方向向量为 $\{1,1,1\}$,于是上述母线的方程为
$$\frac{x-X}{1} = \frac{y-Y}{1} = \frac{z-Z}{1}, \tag{5.28}$$
其中 (X,Y,Z) 满足.
$$\begin{cases} X^2 + Y^2 + Z^2 - 2X + 2Y = 0, \tag{5.29} \\ X + Y + Z = 0. \tag{5.30} \end{cases}$$
由式(5.28)~式(5.30)消去 X, Y, Z,得柱面方程
$$x^2 + y^2 + z^2 - xy - yz - zx - 3x + 3y = 0.$$

方法 2 由方法 1,该圆柱面的中心轴直线方程为
$$L: \frac{x-1}{1} = \frac{y+1}{1} = \frac{z}{1}.$$
在 L 上任取两点,例如取
$$M_1(1, -1, 0), \quad M_2(2, 0, 1).$$
点 $M(x,y,z)$ 为柱面上任意一点,于是由公式(5.3)(或公式(5.4)),有

$$\sqrt{2} = d = \frac{|\overrightarrow{M_1 M} \times \overrightarrow{M_1 M_2}|}{|\overrightarrow{M_1 M_2}|}$$

$$= \frac{|\{(x-1),(y+1),z\} \times \{1,1,1\}|}{\sqrt{3}}$$

$$= \frac{\sqrt{2(x^2 + y^2 + z^2 - xy - yz - zx - 3x + 3y + 3)}}{\sqrt{3}},$$

即

$$x^2 + y^2 + z^2 - xy - yz - zx - 3x + 3y = 0.$$

(3) 曲线在坐标面上的投影方程. 设曲线 C_0 由参数式给出

$$C_0 : x = x(t), y = y(t), z = z(t). \tag{5.31}$$

它在坐标面例如 xOy 面上的投影曲线方程为

$$C_{xOy} : x = x(t), y = y(t), z = 0.$$

设曲线 C_0 由一般式给出：

$$C_0 : F(x,y,z) = 0, G(x,y,z) = 0,$$

消去其中的 z 得到的方程

$$H(x,y) = 0$$

为 C_0 在其上、母线平行于 z 轴的柱面方程. 曲线

$$H(x,y) = 0, z = 0 \tag{5.32}$$

为该柱面在 xOy 平面上的准线方程. C_0 在 xOy 平面上的投影曲线 C_{xOy} 含于曲线(5.32)之中. 注意，这里用了"含于"两字. 但以下为了简单起见，仍说式(5.32)为 C_0 在 xOy 平面上的投影曲线.

(4) 曲线在一般平面上的投影

设曲线 C_0 由参数式给出：

$$C_0 : x = x(t), y = y(t), z = z(t). \tag{5.33}$$

平面 P 的方程为

$$P : Ax + By + Cz + D = 0. \tag{5.34}$$

由(1)，以 C_0 为准线，母线的方向向量为 $\{A,B,C\}$ 的柱面方程由以下两个方程

$$\frac{x - x(t)}{A} = \frac{y - y(t)}{B} = \frac{z - z(t)}{C}$$

消去 t 即可. 例如得到

$$H(x,y,z) = 0.$$

将它与 P 的方程(5.34)联立，便得 C_0 在 P 上的投影曲线方程.

如果曲线 C_0 是由一般式给出：

$$C_0 : \begin{cases} F(x,y,z) = 0, \\ G(x,y,z) = 0, \end{cases} \tag{5.35}$$

则参照(2)中的讨论，设 (X,Y,Z) 为 C_0 上的任意一点，有

$$\begin{cases} F(X,Y,Z) = 0, \\ G(X,Y,Z) = 0. \end{cases} \tag{5.36}$$

过点 (X,Y,Z) 与 P 垂直的直线为

$$\frac{x - X}{A} = \frac{y - Y}{B} = \frac{z - Z}{C}. \tag{5.37}$$

从式(5.36)、式(5.37)消去 X,Y,Z，便得经过 C_0 且与 P 垂直的柱面方程：
$$H(x,y,z) = 0.$$
将它与式(5.34)联立便得 C_0 在 P 上的投影线方程.

例 6 求直线
$$C_0: \frac{x-1}{1} = \frac{y}{1} = \frac{z-1}{-1}$$
在平面
$$P: x - y + 2z - 1 = 0$$
上的投影直线 L 的方程.

分析 按(4)中所说的办法解题.

解 设点 (X,Y,Z) 为 C_0 上任意一点,于是有
$$X - 1 = Y = -(Z-1). \tag{5.38}$$
过点 (X,Y,Z) 与 P 垂直的直线方程为
$$\frac{x-X}{1} = \frac{y-Y}{-1} = \frac{z-Z}{2}. \tag{5.39}$$
将式(5.38)与式(5.39)中消去 X,Y,Z,便得经过 C_0 且与 P 垂直的柱面方程(实即平面)：
$$x - 3y - 2z + 1 = 0.$$
将它与 P 联立,便得 C_0 在 P 上的投影线方程
$$\begin{cases} x - 3y - 2z + 1 = 0, \\ x - y + 2z - 1 = 0. \end{cases}$$

[注] 由于 C_0 为直线,求 C_0 在 P 上的投影有多种方法,请读者思考.

三、锥面方程

设锥面的顶点为 $Q(x_0, y_0, z_0)$,锥面的准线为曲线 C_0,
$$C_0: x = x(t), y = y(t), z = z(t).$$
设 (x,y,z) 为锥面上任意一点,点 (x,y,z) 与顶点 Q 的连线(或其延长线)交准线 C_0 于 t 处对应的点 $(x(t), y(t), z(t))$,于是有
$$\frac{x-x_0}{x(t)-x_0} = \frac{y-y_0}{y(t)-y_0} = \frac{z-z_0}{z(t)-z_0}. \tag{5.40}$$
将式(5.40)这两个等式消去 t 便得此锥面方程.

若锥面的准线方程由一般式给出：
$$C_0: \begin{cases} F(x,y,z) = 0, \\ G(x,y,z) = 0. \end{cases}$$
对于锥面上任意一点 (x,y,z) 与顶点 Q 连线(或其延长线)交准线 C_0 于点 (X,Y,Z),于是有
$$\frac{x-x_0}{X-x_0} = \frac{y-y_0}{Y-y_0} = \frac{z-z_0}{Z-z_0}. \tag{5.41}$$
将式(5.41)与
$$\begin{cases} F(X,Y,Z) = 0, \\ G(X,Y,Z) = 0 \end{cases} \tag{5.42}$$

联立消去 X,Y,Z 便得此锥面的方程.

例 7 求以点 $O(0,0,0)$ 为顶点,曲线

$$C_0: \begin{cases} x^2 + y^2 + z^2 = 1, \\ x + y + z = 1 \end{cases}$$

为准线的锥面方程.

分析 按本例前的方法解题.

解 此时式(5.41)与式(5.42)分别为

$$\begin{cases} \dfrac{x}{X} = \dfrac{y}{Y} = \dfrac{z}{Z}, \\ X^2 + Y^2 + Z^2 = 1, \\ X + Y + Z = 1. \end{cases}$$

消去 X,Y,Z 得 $xy + yz + zx = 0$.

例 8 设 Γ 为椭圆抛物面 $z = 3x^2 + 4y^2 + 1$,从原点作 Γ 的切锥面,求切锥面的方程(本题为 2012 年全国大学生数学竞赛预赛题(数学类),本书选录时给出了多种解法).

解 **方法 1** 从原点作 Γ 的切锥面,设点 (X,Y,Z) 为一个切点,则经过该点的切锥面的法向量为 $\{6X,8Y,-1\}$. 它与过原点 $(0,0,0)$ 及点 (X,Y,Z) 的母线垂直,所以

$$\{6X,8Y,-1\} \cdot \{X,Y,Z\} = 0,$$

即

$$6X^2 + 8Y^2 - Z = 0.$$

又因切点在 Γ 上,所以有 $3X^2 + 4Y^2 - Z + 1 = 0$. 切点与点 O 连线是一条母线,设 (x,y,z) 是切锥面母线上任意一点,因此有

$$\frac{x}{X} = \frac{y}{Y} = \frac{z}{Z}.$$

将上面列出的 4 个方程联立:

$$\begin{cases} 6X^2 + 8Y^2 - Z = 0, \\ 3X^2 + 4Y^2 - Z + 1 = 0, \\ \dfrac{x}{X} = \dfrac{y}{Y} = \dfrac{z}{Z}, \end{cases}$$

消去其中的 X,Y,Z,便得母线上任意一点 (x,y,z) 满足的方程,即切锥面的方程

$$12x^2 + 16y^2 - z^2 = 0.$$

方法 2 利用椭圆抛物面 Γ 是二次曲面的特点,过原点作射线,当且仅当此射线与 Γ 有唯一交点且为切点时,相应的射线为所求的锥面的母线. 于是有下述方法.

设 (x,y,z) 为 Γ 的切锥面上的非原点的一点,于是点 (tx,ty,tz) 也是切锥面上的点,该点是 Γ 上的点的充要条件是存在唯一的 t,使

$$(tx,ty,tz) \in \Gamma, \quad 即 \ tz = (3x^2 + 4y^2)t^2 + 1.$$

t 是唯一的,即关于 t 的二次式的判别式为零:

$$\Delta = z^2 - 4(3x^2 + 4y^2) = 0.$$

即:点 (x,y,z) 为 Γ 的切锥面上的点的充要条件是

$$z^2 - 12x^2 - 16y^2 = 0,$$

此即 Γ 的方程.

[**注**] 方法 2 中最后的推导还可如下：当 $\Delta = 0$ 时，该 t 的二次式的唯一解为 $t_0 = \dfrac{z}{2(3x^2 + 4y^2)}$，对应的点 $(t_0 x, t_0 y, t_0 z) \in \Gamma$，即

$$\frac{z^2}{2(3x^2 + 4y^2)} = \left(\frac{z}{2(3x^2 + 4y^2)}\right)^2 (3x^2 + 4y^2) + 1,$$

于是得到切锥面上的点 (x, y, z) 所满足的关系式

$$z^2 = 12x^2 + 16y^2.$$

四、利用坐标线性变换化简方程，将曲线方程的一般式化为参数式

例 9 平面与球面的交线

$$C : \begin{cases} x^2 + y^2 + z^2 = a^2, \\ x + y + z = a \end{cases}$$

是一个圆周。(1) 求 C 的一种参数式；(2) 求 C 的半径及圆心坐标。

分析 曲线的参数式也好，一般式也好，它的表示方式不唯一。

要求 C 的参数式，一般办法是，将它投影到某坐标平面上，在此坐标平面将此投影曲线设法写成参数式，然后再由 C 的一般式写出第三个坐标，用上述参数表示即得 C 的参数式。

解 (1) 易见 C 为一个圆，将它投影到 xOy 平面上，为此，消去 z，得

$$x^2 + y^2 + (a - x - y)^2 = a^2,$$

化简即得 C 在 xOy 平面上的投影曲线 C_{xOy} 的方程：

$$x^2 + xy + y^2 - ax - ay = 0, z = 0. \tag{5.43}$$

C 是一个圆，C_{xOy} 是一个椭圆。为获得 C_{xOy} 的标准型，作正交变换（相当于将 Ox 轴与 Oy 轴作 $\dfrac{\pi}{4}$ 角旋转，不改变尺寸及直线与直线的夹角大小）：

$$x = \frac{\sqrt{2}}{2}(\xi - \eta), y = \frac{\sqrt{2}}{2}(\xi + \eta).$$

代入式 (5.43) 并经简单计算，式 (5.43) 化为

$$\frac{\left(\xi - \dfrac{\sqrt{2}}{3}a\right)^2}{\left(\dfrac{\sqrt{2}a}{3}\right)^2} + \frac{\eta^2}{\left(\sqrt{\dfrac{2}{3}}a\right)^2} = 1, z = 0.$$

引入参数 t，命

$$\begin{cases} \xi = \dfrac{\sqrt{2}}{3}a + \dfrac{\sqrt{2}}{3}a\cos t, \\ \eta = \sqrt{\dfrac{2}{3}}a\sin t, \end{cases}$$

得 C_{xOy} 的参数式：

$$\begin{cases} x = \dfrac{a}{3} + \dfrac{a}{3}\cos t - \dfrac{a}{\sqrt{3}}\sin t, \\ y = \dfrac{a}{3} + \dfrac{a}{3}\cos t + \dfrac{a}{\sqrt{3}}\sin t, \\ z = 0. \end{cases}$$

再回到曲线 C. 由上述 x,y 去计算出 C 中的 $z=a-x-y$, 于是得 C 的参数式:

$$x=\frac{a}{3}+\frac{a}{3}\cos t-\frac{a}{\sqrt{3}}\sin t, y=\frac{a}{3}+\frac{a}{3}\cos t+\frac{a}{\sqrt{3}}\sin t, z=\frac{a}{3}-\frac{2a}{3}\cos t,$$

其中 $0\leqslant t\leqslant 2\pi$.

(2) 由 C 的参数式可知, 圆周 C 的圆心坐标为 $\left(\frac{a}{3},\frac{a}{3},\frac{a}{3}\right)$. 为求半径 r, 有两种方法.

方法 1 由 C 的参数式, 有

$$\left(x-\frac{a}{3}\right)^2+\left(y-\frac{a}{3}\right)^2+\left(z-\frac{a}{3}\right)^2=\left(\frac{a}{3}\cos t-\frac{a}{\sqrt{3}}\sin t\right)^2+\left(\frac{a}{3}\cos t+\frac{a}{\sqrt{3}}\sin t\right)^2$$
$$+\left(-\frac{2a}{3}\cos t\right)^2=\frac{2}{3}a^2.$$

所以 C 的半径 $r=\sqrt{\frac{2}{3}}a$.

方法 2 用立体几何、平面几何的方法. 球心 $O(0,0,0)$ 到圆心 C 的距离为点 O 到平面 $x+y+z=a$ 的距离 $d=\frac{a}{\sqrt{3}}$, 点 O 到圆周 C 上任一点的距离为大圆半径 $R=a$, 所以 C 的半径 $r=\sqrt{a^2-\left(\frac{a}{\sqrt{3}}\right)^2}=\sqrt{\frac{2}{3}}a$.

例 10 求曲线

$$C:\begin{cases}x^2+y^2+z^2=11,\\ z=x^2+y^2+1\end{cases}$$

的一种参数式.

分析 消去 z 得到 C 在 xOy 平面上的投影曲线 C_{xOy}[注], 然后写出参数式.

解 以 $z=x^2+y^2+1$ 代入 $x^2+y^2+z^2=11$, 得

$$(x^2+y^2+1)^2+(x^2+y^2+1)-12=0,$$
$$(x^2+y^2+1-3)(x^2+y^2+1+4)=0.$$

得 C 在 xOy 平面上的投影曲线

$$C_{xOy}:\begin{cases}x^2+y^2-2=0.\\ z=0.\end{cases}$$

化成参数式, 为

$$x=\sqrt{2}\cos t, y=\sqrt{2}\sin t, z=0,$$

再将上述 x,y 代入 C 中得到 z, 从而得 C 的参数式:

$$x=\sqrt{2}\cos t, y=\sqrt{2}\sin t, z=2+1=3.$$

[注] 若消去 C 中的 x (或 y), 相应地得到 yOz 平面上的投影曲线 $C_{yOz}:z=3,x=0$ (或 zOx 上的投影曲线 $C_{zOx}:z=3,y=0$), 为了要得到 C 的参数式, 应将上述 $z=3$ 代入 C 的表达式中, 得 $x^2+y^2=2$, 还需将它化成参数式才行.

例 11 下面 4 个曲面:

(1) $xy-xz-yz+1=0$;

(2) $2x^2+y^2+z^2+2xz-2xy+z=0$;

(3) $x^2 + y^2 + z^2 - xy - yz - zx = 1$；

(4) $xy + yz + 2xz + 8z = 8$.

哪个是椭圆抛物面？哪个是单叶双曲面？哪个是二次锥面？哪个是柱面？并说明理由. 若是柱面,请求出其母线的方向向量,并指出其一条准线的方程,要求该准线所在的平面与母线垂直.

分析 (实的)二次曲面简单地可分成下面 10 类:

①椭球面(球面);②单叶双曲面;③双叶双曲面;④椭圆(旋转)抛物面;⑤双曲抛物面;⑥二次锥面;⑦椭圆(圆)柱面;⑧双曲柱面;⑨抛物柱面;⑩退化二次曲面.[注]

在坐标的非奇异线性变换下,这 10 种类型不会互变.于是知,可采用非奇异线性变换将它们化成标准型.必要时还要经配方法消去其一次方项(相当于坐标平移),就可识别其类型.

解 (1) $xy - xz - yz + 1 = 0$,即 $xy - z(x + y) + 1 = 0$.

命
$$\begin{cases} x = \xi - \eta, \\ y = \xi + \eta, \\ z = \zeta, \end{cases}$$

原方程化为
$$\xi^2 - \eta^2 - 2\xi\zeta + 1 = 0,$$
即
$$\xi^2 - 2\xi\zeta + \zeta^2 - \eta^2 - \zeta^2 + 1 = 0.$$

命
$$\begin{cases} X = \xi - \zeta, \\ Y = \eta, \\ Z = \zeta, \end{cases}$$

即
$$\begin{cases} X = \frac{1}{2}x + \frac{1}{2}y - z, \\ Y = -\frac{1}{2}x + \frac{1}{2}y, \\ Z = z, \end{cases} \qquad \begin{vmatrix} \frac{1}{2} & \frac{1}{2} & -1 \\ -\frac{1}{2} & \frac{1}{2} & 0 \\ 0 & 0 & 1 \end{vmatrix} = \frac{1}{2} \neq 0.$$

原式化为
$$X^2 - Y^2 - Z^2 + 1 = 0, \text{即} -X^2 + Y^2 + Z^2 = 1,$$
为单叶双曲面.

(2) $2x^2 + y^2 + z^2 + 2xz - 2xy + z = 0$,即 $(x-y)^2 + (x+z)^2 + z = 0$.

命
$$\begin{cases} x - y = \xi, \\ x + z = \eta, \\ z = \zeta, \end{cases} \qquad \text{即} \qquad \begin{cases} x = \eta - \zeta, \\ y = -\xi + \eta - \zeta, \\ z = \zeta. \end{cases}$$

因为
$$\begin{vmatrix} 0 & 1 & -1 \\ -1 & 1 & -1 \\ 0 & 0 & 1 \end{vmatrix} = 1 \neq 0,$$

所以上述变换是一个非奇异线性变换,在此变换下,原式变成

$$\xi^2 + \eta^2 + \zeta = 0,$$

所以原方程所表示的曲面为椭圆抛物面.

(3) $x^2 + y^2 + z^2 - xy - yz - zx = x^2 - x(y+z) + \dfrac{1}{4}(y+z)^2 + \dfrac{3}{4}(y^2+z^2) - \dfrac{3}{2}yz$

$$= \left(x - \frac{1}{2}y - \frac{1}{2}z\right)^2 + \frac{3}{4}(y-z)^2,$$

命

$$\begin{cases} \xi = x - \dfrac{1}{2}y - \dfrac{1}{2}z, \\[2mm] \eta = y - z, \\[2mm] \zeta = z, \end{cases}$$

行列式

$$\begin{vmatrix} 1 & -\dfrac{1}{2} & -\dfrac{1}{2} \\[2mm] 0 & 1 & -1 \\[2mm] 0 & 0 & 1 \end{vmatrix} = 1 \neq 0,$$

原方程变为

$$\xi^2 + \frac{3}{4}\eta^2 = 1, \tag{5.44}$$

是一椭圆柱面,所以原方程表示的是一椭圆柱面. 与其母线平行的直线可取 $\xi = 0$, $\eta = 0$. 回到原 (x, y, z) 系统,与其母线平行的直线可取

$$\begin{cases} x - \dfrac{1}{2}y - \dfrac{1}{2}z = 0, \\[2mm] y - z = 0, \end{cases}$$

其方向向量

$$\boldsymbol{\tau} = \left\{ \frac{3}{2}, 1, 1 \right\}.$$

过原点与 $\boldsymbol{\tau}$ 垂直的平面为

$$\frac{3}{2}x + y + z = 0.$$

它与原曲面方程联立,即得题中要求的一条准线方程:

$$\begin{cases} x^2 + y^2 + z^2 - xy - yz - zx = 1, \\[2mm] \dfrac{3}{2}x + y + z = 0. \end{cases}$$

母线与此准线所在的平面垂直.

(4) 对于方程 $xy + yz + 2zx + 8z - 8 = 0$,命

$$x = \xi + \eta, \quad y = \xi - \eta, \quad z = \zeta,$$

原方程化为

$$\xi^2 - \eta^2 + \zeta(2\xi + 2\eta + \xi - \eta + 8) - 8 = 0,$$

即

$$\xi^2 - \eta^2 + \zeta(3\xi + \eta + 8) - 8 = 0,$$

$$\xi^2 + 3\xi\zeta + \frac{9}{4}\zeta^2 - \left(\eta^2 - \eta\zeta + \frac{1}{4}\zeta^2\right) - 2\zeta^2 + 8\zeta - 8$$

$$= \left(\xi + \frac{3}{2}\zeta\right)^2 - \left(\eta - \frac{1}{2}\zeta\right)^2 - 2(\zeta - 2)^2 = 0.$$

命

$$\begin{cases} X = \xi + \dfrac{3}{2}\zeta, \\[2mm] Y = \eta - \dfrac{1}{2}\zeta, \\[2mm] Z = \zeta, \end{cases}$$

原方程化成

$$X^2 - Y^2 - 2(Z - 2)^2 = 0.$$

所以原方程所表示的是一个二次锥面,顶点在

$$(X, Y, Z) = (0, 0, 2).$$

回到原坐标系(x, y, z),顶点在点

$$(x, y, z) = (-3, 1, 2).$$

[注] 本书编者手边有一本 1955 年苏联国立技术理论文献出版社出版,依·姆·勃罗希吉姆,克·阿·赛米杰耶夫合编的《数学手册(工程师与高等工业学校学生用书)》,该手册用了更细致更具体的分类,今翻译抄录如下,以飨读者.

二次曲面类型的判别. 设二次曲面的一般方程为

$$a_{11}x^2 + a_{22}y^2 + a_{33}z^2 + 2a_{12}xy + 2a_{23}yz + 2a_{31}xz + 2a_{14}x + 2a_{24}y + 2a_{34}z + a_{44} = 0.$$

引入下面一些判定量(其中 $a_{ij} = a_{ji}$):

$$\Delta = \begin{vmatrix} a_{11} & a_{12} & a_{13} & a_{14} \\ a_{21} & a_{22} & a_{23} & a_{24} \\ a_{31} & a_{32} & a_{33} & a_{34} \\ a_{41} & a_{42} & a_{43} & a_{44} \end{vmatrix}, \quad \delta = \begin{vmatrix} a_{11} & a_{12} & a_{13} \\ a_{21} & a_{22} & a_{23} \\ a_{31} & a_{32} & a_{33} \end{vmatrix},$$

$$S = \sum_{i=1}^{3} a_{ii}, \quad T = a_{22}a_{33} + a_{33}a_{11} + a_{11}a_{22} - a_{23}^2 - a_{31}^2 - a_{12}^2.$$

容易证明,在坐标轴的平移及旋转下,这些量是不变的.有以下一些结论:

1. $\delta \neq 0$(有心曲面)

	$S\delta > 0, T > 0$	$S\delta$ 与 T 不是都大于 0
$\Delta < 0$	椭球面 $\dfrac{x^2}{a^2} + \dfrac{y^2}{b^2} + \dfrac{z^2}{c^2} = 1.$	双叶双曲面 $\dfrac{x^2}{a^2} + \dfrac{y^2}{b^2} - \dfrac{z^2}{c^2} = -1.$
$\Delta > 0$	虚椭球 $\dfrac{x^2}{a^2} + \dfrac{y^2}{b^2} + \dfrac{z^2}{c^2} = -1.$	单叶双曲面 $\dfrac{x^2}{a^2} + \dfrac{y^2}{b^2} - \dfrac{z^2}{c^2} = 1.$
$\Delta = 0$	虚锥面(具有实值) $\dfrac{x^2}{a^2} + \dfrac{y^2}{b^2} + \dfrac{z^2}{c^2} = 0.$	锥面 $\dfrac{x^2}{a^2} + \dfrac{y^2}{b^2} - \dfrac{z^2}{c^2} = 0.$

2. $\delta=0$（抛物面,柱面与一对平面）

	$\Delta<0$（此时 $T>0$）	$\Delta>0$（此时 $T<0$）
$\Delta\neq0$	椭圆抛物面 $\dfrac{x^2}{a^2}+\dfrac{y^2}{b^2}=\pm z$.	双曲抛物面 $\dfrac{x^2}{a^2}-\dfrac{y^2}{b^2}=\pm z$.
$\Delta=0$	\multicolumn{2}{l}{此时曲面为柱面,其准线的类型依赖于相应的二次曲线. 如果在分解条件 $$\begin{vmatrix} a_{11} & a_{12} & a_{14} \\ a_{21} & a_{22} & a_{24} \\ a_{41} & a_{42} & a_{44} \end{vmatrix} + \begin{vmatrix} a_{11} & a_{13} & a_{14} \\ a_{31} & a_{33} & a_{34} \\ a_{41} & a_{43} & a_{44} \end{vmatrix} + \begin{vmatrix} a_{22} & a_{23} & a_{24} \\ a_{32} & a_{33} & a_{34} \\ a_{42} & a_{43} & a_{44} \end{vmatrix}=0$$ 下,该二次曲面不能分解成两张实平面或虚平面或两张重合平面,或者不满足上述分解条件,那么此二次曲面是准线为二次曲线的柱面. 当 $T>0$ 时为实椭圆柱面或虚椭圆柱面,当 $T<0$ 时为双曲柱面,当 $T=0$ 时为抛物柱面.}

五、根据某些条件按照建立轨迹方程的方法建立曲面与曲线的方程

例 12 设 P 为曲面 $S:x^2+y^2+z^2-yz=1$ 上的动点,若 S 在点 P 处的切平面总与 xOy 平面垂直,

(1) 求点 P 的轨迹 C 的方程;

(2) 说明 C 是平面封闭曲线,并求曲线 C 在此平面上所围成的区域的面积.

分析 由多元函数微分学中关于曲面的法向量即可推知点 $P(x,y,z)$ 的坐标应满足的关系式. 由 C 的方程就可探讨第(2)个问题.

解 (1) 设点 $P(x,y,z)\in S$,S 在 P 处的法向量

$$\boldsymbol{n}=\{2x,2y-z,2z-y\}.$$

由 P 处切平面总与 xOy 平面垂直,故

$$\boldsymbol{n}\cdot\boldsymbol{k}=0,\text{即 } 2z-y=0.$$

将它与 S 联立,即得 C 的方程,

$$C:\begin{cases} 2z-y=0, \\ x^2+y^2+z^2-yz=1. \end{cases}$$

也可写成

$$C:\begin{cases} 2z-y=0. \\ x^2+\dfrac{3}{4}y^2=1. \end{cases}$$

(2)由 C 的第 1 式知道,C 在平面 $2z-y=0$ 上,所以 C 是一条平面曲线. 由第 2 式知道,C 是一个椭圆. C 在 xOy 平面上的投影曲线是一个椭圆:

$$C_{xOy}:\begin{cases} z=0, \\ x^2+\dfrac{3}{4}y^2=1, \end{cases}$$

其围成的面积 $A_{xOy}=\pi\cdot\dfrac{2}{\sqrt{3}}\cdot1=\dfrac{2}{\sqrt{3}}\pi$. 所以 C 在平面 $2z-y=0$ 上所围成的区域的面积为

$$A = \frac{A_{xOy}}{\cos\gamma} = \frac{2\pi}{\sqrt{3}} \Big/ \frac{2}{\sqrt{5}} = \sqrt{\frac{5}{3}}\pi,$$

其中 $\cos\gamma$ 为平面 $2z-y=0$ 的法向量 $\{0,-1,2\}$ 与 z 轴夹角的方向余弦.

例 13 经过定点 $M_0(x_0,0,0)$ 作椭球面

$$S: \frac{x^2}{a^2} + \frac{y^2}{b^2} + \frac{z^2}{c^2} = 1$$

的切平面,其中 $x_0>a>0,b>0,c>0$. 当切点 $M(X,Y,Z)$ 在 S 上运动时,求直线 M_0M(包括它的延长线)的轨迹方程.

分析 由 S 在 M 处的法向量与 $\overrightarrow{M_0M}$ 垂直可得到关于 (X,Y,Z) 的一个关系式,再由 $M\in S$ 又可得一个关系式. 又设 $P(x,y,z)$ 为直线 M_0M 上任意一点,便可得点 P 的轨迹方程.

解 S 上点 $M(X,Y,Z)$ 处的法向量

$$\boldsymbol{n} = \left\{ \frac{2X}{a^2}, \frac{2Y}{b^2}, \frac{2Z}{c^2} \right\},$$

因为 $\overrightarrow{M_0M} \perp \boldsymbol{n}$,所以

$$\frac{2X}{a^2}(X-x_0) + \frac{2Y}{b^2}(Y-0) + \frac{2Z}{c^2}(Z-0) = 0,$$

利用 S 的方程,上式可化简为

$$\frac{x_0 X}{a^2} = 1. \tag{5.45}$$

又因 $M\in S$,所以

$$\frac{X^2}{a^2} + \frac{Y^2}{b^2} + \frac{Z^2}{c^2} = 1. \tag{5.46}$$

设 $P(x,y,z)$ 为直线 M_0M 上任意一点,则

$$\frac{X-x_0}{x-x_0} = \frac{Y}{y} = \frac{Z}{z}. \tag{5.47}$$

将式 (5.45) 代入式 (5.47) 再代入式 (5.46) 消去 X,Y,Z,便得

$$(x-x_0)^2 - \left(\frac{x_0^2-a^2}{b^2}\right)y^2 - \left(\frac{x_0^2-a^2}{c^2}\right)z^2 = 0.$$

此为顶点在点 $(x_0,0,0)$ 的一个锥面.

例 14 求过原点且和椭球面 $4x^2+5y^2+6z^2=1$ 的交线为圆周的平面方程,这种平面有几个就求几个,并问相应的圆周半径是多少?

解 易见过原点的平面 Σ 与椭球面 $4x^2+5y^2+6z^2=1$ 的交线 Γ 一般是中心在原点的椭圆,特殊情况是中心在原点的圆周,现在要的正是这种情况. 所以易见 Γ 的中心(圆心)在原点. 从而知 Γ 必在以原点为球心的某个球面上,且 Γ 的半径就是这个球面的半径. 设此球面方程为

$$x^2 + y^2 + z^2 = r^2.$$

将它与椭球面联立,即考察

$$\begin{cases} x^2 + y^2 + z^2 = r^2, \\ 4x^2 + 5y^2 + 6z^2 = 1. \end{cases}$$

易见当 $r^2 \geqslant \frac{1}{4}$ 或 $r^2 \leqslant \frac{1}{6}$ 时,上述方程组无解或仅有"点解". 当 $\frac{1}{6} < r^2 < \frac{1}{4}$ 时,将 $5x^2 + 5y^2 + 5z^2 = 5r^2$ 与第 2 式相减,得

$$x^2 - z^2 = 5r^2 - 1.$$

当 $r^2 \neq \frac{1}{5}$ 且 $\frac{1}{6} < r^2 < \frac{1}{4}$ 时,上式表示该 Γ 位于双曲柱面 $x^2 - z^2 = 5r^2 - 1$ 上. 但双曲柱面上不可能包含整个圆周. 所以 $r^2 = \frac{1}{5}$. $x^2 - z^2 = 5r^2 - 1$ 成为一对平面 $x = z$ 或 $x = -z$. 即过原点的平面 Σ 是 $x = z$ 或 $x = -z$.

反过来,当 Σ 是平面 $x = z$ 或 $x = -z$ 时,则

$$\Gamma: \begin{cases} 4x^2 + 5y^2 + 6z^2 = 1, \\ x = z, \end{cases} \quad \text{或} \quad \Gamma: \begin{cases} 4x^2 + 5y^2 + 6z^2 = 1, \\ x = -z. \end{cases}$$

此时 Γ 既在 $x = z$ 上(或 $x = -z$ 上),又满足 $5x^2 + 5y^2 + 5z^2 = 1$,即 $x^2 + y^2 + z^2 = \frac{1}{5}$. 所以 Γ 是一个半径为 $\frac{1}{\sqrt{5}}$ 的圆周. 这种圆周一共有 2 个,分别如上所列,半径为 $\frac{1}{\sqrt{5}}$.

[注] 本题为 2011 年全国大学生数学竞赛(数学类)决赛题.

例 15 已知二次曲面 S 过以下 9 个点:$A(1,0,0),B(1,1,2),C(1,-1,-2),D(3,0,0),E(3,1,2),F(3,-2,-4),G(0,1,4),H(3,-1,-2),I(5,2\sqrt{2},8)$,求曲面 S 的方程.

解 设所求的二次曲面方程为

$$f(x,y,z) = a_{11}x^2 + a_{22}y^2 + a_{33}z^2 + 2a_{12}xy + 2a_{23}yz + 2a_{13}xz$$
$$+ 2a_{14}x + 2a_{24}y + 2a_{34}z + a_{44} = 0.$$

由所给的点知道,点 A、B、C 共线,其直线方程为

$$L_1: x = 1, y = t, z = 2t.$$

将 L_1 代入 f 中,f 成为 t 的二次多项式. 由题设知,$t = 0$(对应于点 A),或 $t = 1$(对应于点 B),或 $t = -1$(对应于点 C)时,f 均应等于 0,于是知,将 L_1 代入 f 后,此时的 $f(L_1)$ 实际上应恒等于 0. 即

$$f(L_1) = (a_{22} + 4a_{33} + 4a_{23})t^2 + (2a_{12} + 4a_{13} + 2a_{24} + 4a_{34})t + a_{11} + 2a_{14} + a_{44} \equiv 0$$

于是推得

$$a_{22} + 4a_{33} + 4a_{23} = 0, 2a_{12} + 4a_{13} + 2a_{24} + 4a_{34} = 0, a_{11} + 2a_{14} + a_{44} = 0. \quad (5.48)$$

同理,由于点 D、E、F、H 共线,其直线方程为

$$L_2: x = 3, y = t, z = 2t.$$

于是由

$$f(L_2) \equiv 0,$$

推得

$$a_{22} + 4a_{33} + 4a_{23} = 0, 6a_{12} + 12a_{13} + 2a_{24} + 4a_{34} = 0, 9a_{11} + 6a_{14} + a_{44} = 0. \quad (5.49)$$

式(5.48)与式(5.49)中有一个方程是一样的,所以以上实际上只有 5 个方程,从中推得

$$a_{14} = -2a_{11} \qquad\qquad (5.50)_1$$

$$a_{44} = 3a_{11} \qquad\qquad (5.50)_2$$

$$a_{12} = -2a_{13} \qquad\qquad (5.50)_3$$

$$a_{24} = -2a_{34} \tag{5.50}_4$$

$$a_{23} = -\frac{1}{4}a_{22} - a_{33} \tag{5.50}_5$$

最后,将点 G 与 I 分别代入 f 中,得到

$$a_{22} + 16a_{33} + 8a_{23} + 2a_{24} + 8a_{34} + a_{44} = 0, \tag{5.50}_6$$

$$25a_{11} + 8a_{22} + 64a_{33} + 20\sqrt{2}a_{12} + 32\sqrt{2}a_{23} + 80a_{13} + 10a_{14} + 4\sqrt{2}a_{24} + 16a_{34} + a_{44} = 0. \tag{5.50}_7$$

由以上式 $(5.50)_1$~式 $(5.50)_7$ 的 7 个方程,经简单而繁琐的运算,得到

$$a_{44} = 3a_{11}, a_{14} = -2a_{11}, a_{24} = \frac{3}{2}a_{11} - \frac{1}{2}a_{22} + 4a_{33},$$

$$a_{34} = -\frac{3}{4}a_{11} + \frac{1}{4}a_{22} - 2a_{33},$$

$$a_{12} = \frac{1}{10}(1 + 2\sqrt{2})a_{11} + \frac{1}{10}(1 - 2\sqrt{2})a_{22} + \frac{4}{5}a_{33},$$

$$a_{13} = -\frac{1}{20}(1 + 2\sqrt{2})a_{11} - \frac{1}{20}(1 - 2\sqrt{2})a_{22} - \frac{2}{5}a_{33},$$

$$a_{23} = -\frac{1}{4}a_{22} - a_{33}. \tag{5.51}$$

于是

$$\begin{aligned}
f(x,y,z) = & a_{11}x^2 + a_{22}y^2 + a_{33}z^2 + \frac{1}{5}\left[(1 + 2\sqrt{2})a_{11} + (1 - 2\sqrt{2})a_{22} + 8a_{33}\right]xy \\
& - \left(\frac{1}{2}a_{22} + 2a_{33}\right)yz - \frac{1}{10}\left[(1 + 2\sqrt{2})a_{11} + (1 - 2\sqrt{2})a_{22} + 8a_{33}\right]xz \\
& - 4a_{11}x + (3a_{11} - a_{22} + 8a_{33})y + \left(-\frac{3}{2}a_{11} + \frac{1}{2}a_{22} - 4a_{33}\right)z + 3a_{11}.
\end{aligned} \tag{5.52}$$

例如取 $a_{11} = 1, a_{22} = 1, a_{33} = -\frac{1}{4}$,则

$$f(x,y,z) = x^2 + y^2 - \frac{z^2}{4} - 4x + 3 = (x - 2)^2 + y^2 - \frac{z^2}{4} - 1 = 0,$$

为一张单叶双曲面.

又如取 $a_{11} = 0, a_{22} = 0, a_{33} = 1$,则

$$f(x,y,z) = z^2 + \frac{8}{5}xy - 2yz - \frac{4}{5}xz + 8y - 4z = (z - 2y)\left(z - \frac{4}{5}x - 4\right) = 0,$$

为两张相交的平面,是"退化的"二次曲面. 点 A, B, C, D, E, F, H 在平面 $z - 2y = 0$ 上,点 G 与点 I 在平面 $z - \frac{4}{5}x - 4 = 0$ 上. 前一平面经过 x 轴,后一平面与 y 轴平行.

如果取 $a_{11} = a_{22} = a_{33} = 1$,则

$$\begin{aligned}
f(x,y,z) = & x^2 + y^2 + z^2 + 2xy - \frac{5}{2}yz - xz - 4x + 10y - 5z + 3 \\
= & \left(x + y - \frac{z}{2} - 2\right)^2 + \frac{3}{4}\left(-y + z - \frac{14}{3}\right)^2 - \frac{3}{4}\left(y - \frac{14}{3}\right)^2 - 1 = 0
\end{aligned}$$

也是一张单叶双曲面,但与

$$(x-2)^2 + y^2 - \frac{z^2}{4} - 1 = 0$$

不是同一张单叶双曲面.

如果取 $a_{11}=1, a_{22}=0, a_{33}=0$,则

$$f(x,y,z) = x^2 - 4x + 3 + \left[\frac{1}{5}(1+2\sqrt{2})x + 3\right]\left(y - \frac{z}{2}\right).$$

作非奇异线性变换:

$$\xi = x, \quad \eta = y - \frac{z}{2}, \quad \zeta = z,$$

(其系数行列式为 $1 \neq 0$),

$$f = \xi^2 - 4\xi + 3 + \left[\frac{1}{5}(1+2\sqrt{2})\xi + 3\right]\eta,$$

缺变量 ζ,故知 $f=0$ 为一张柱面,其准线为 $\zeta=0$ 平面上的一双曲线,故是双曲柱面,可见这 9 个点所共的二次曲面有很多.

[注] 本题为 2010 年全国大学生数学竞赛(数学类)预赛题,此处选用时作了改写.

例 16 设 a 与 b 是两常数,$0<a<1, b>0$,又设存在平面 $Ax+By+Cz=0$ 与两曲面 $\frac{x^2}{a^2}+y^2-\frac{z^2}{4}=1$ 及 $\frac{x^2}{b^2}+y^2+\frac{z^2}{4}=1$ 的截痕都是圆.求 A、B、C 所满足的条件及 a、b 所满足的关系式.

分析 曲面 $\frac{x^2}{a^2}+y^2-\frac{z^2}{4}=1$ 与 $\frac{x^2}{b^2}+y^2+\frac{z^2}{4}=1$ 分别为单叶双曲面与椭球面.平面 $Ax+By+Cz=0$ 在一定条件下与它们相截,但截痕要为圆,又需一定的条件.在 xOy 上的平面曲线

$$ax^2 + bxy + cy^2 + dx + ey + f = 0$$

为圆的充要条件是

$$b=0, a=c \neq 0, \ d^2+e^2-4af>0.$$

但现在截痕在平面 $Ax+By+Cz=0$ 上,如何去导出此截痕为圆的条件?这是本题面临的问题.

易知,平面 $Ax+By+Cz=0$ 上此两截痕圆的圆心均在点 $O(0,0,0)$,于是截痕上的点 (x,y,z) 除了满足相应的曲面方程及 $Ax+By+Cz=0$ 外,还应满足

$$x^2 + y^2 + z^2 = r^2 \quad (\text{或 } R^2)$$

其中 $r>0$(相应地 $R>0$)为某常数.

解 若 $C=0$,则平面 $Ax+By+Cz=0$ 与 z 轴平行,它与单叶双曲面 $\frac{x^2}{a^2}+y^2-\frac{z^2}{4}=1$ 相交的交线不是封闭曲线,故 $C \neq 0$. 于是两交线分别为圆的条件是

$$\begin{cases} z = -\dfrac{A}{C}x - \dfrac{B}{C}y, \\[2mm] \dfrac{x^2}{a^2} + y^2 - \dfrac{z^2}{4} = 1, \\[2mm] x^2 + y^2 + z^2 = r^2 \quad (\text{某 } r > 0); \end{cases} \tag{5.53}$$

及

$$\begin{cases} z = -\dfrac{A}{C}x - \dfrac{B}{C}y, \\[2mm] \dfrac{x^2}{b^2} + y^2 + \dfrac{z^2}{4} = 1, \\[2mm] x^2 + y^2 + z^2 = R^2 \quad (某\ R > 0). \end{cases} \tag{5.54}$$

由式(5.53)的第 1 式与第 2、3 式得

$$\begin{cases} \left(\dfrac{1}{a^2} - \dfrac{A^2}{4C^2}\right)x^2 + \left(1 - \dfrac{B^2}{4C^2}\right)y^2 - \dfrac{AB}{4C^2}xy = 1, \\[2mm] \dfrac{1}{r^2}\left[\left(1 + \dfrac{A^2}{C^2}\right)x^2 + \left(1 + \dfrac{B^2}{C^2}\right)y^2 + \dfrac{AB}{C^2}xy\right] = 1. \end{cases}$$

上述两式事实上都是截痕在 xOy 平面上的投影曲线方程,应是同一式,所以

$$\dfrac{1}{a^2} - \dfrac{A^2}{4C^2} = \dfrac{1}{r^2}\left(1 + \dfrac{A^2}{C^2}\right), 1 - \dfrac{B^2}{4C^2} = \dfrac{1}{r^2}\left(1 + \dfrac{B^2}{C^2}\right),$$

$$-\dfrac{AB}{4C^2} = \dfrac{AB}{r^2C^2} \quad \left(即\ AB\left(\dfrac{1}{r^2C^2} + \dfrac{1}{4C^2}\right) = 0\right).$$

由上述第 3 式有 $AB = 0$.

若 $A = 0$,则由第 1 式有 $r = a$,由 $0 < a < 1$,上述第 2 式:左边 $\leqslant 1$,右边 > 1. 矛盾. 故 $A \neq 0$.

从而 $B = 0$. 由第 2 式知 $r = 1$. 再由第 1 式有

$$\dfrac{1}{a^2} - \dfrac{A^2}{4C^2} = 1 + \dfrac{A^2}{C^2},$$

于是

$$\dfrac{A^2}{C^2} = \dfrac{4}{5}\left(\dfrac{1}{a^2} - 1\right).$$

对方程组(5.54)作类似的讨论,得到

$$\dfrac{1}{b^2} + \dfrac{A^2}{4C^2} = \dfrac{1}{R^2}\left(1 + \dfrac{A^2}{C^2}\right), 1 = \dfrac{1}{R^2}.$$

所以 $R = 1$ 且

$$\dfrac{A^2}{C^2} = \dfrac{4}{3}\left(\dfrac{1}{b^2} - 1\right).$$

于是得到结论:

$$C \neq 0,\ B = 0,\ A \neq 0.$$

a 与 b 之间满足关系 $\dfrac{4}{5}\left(\dfrac{1}{a^2} - 1\right) = \dfrac{4}{3}\left(\dfrac{1}{b^2} - 1\right)$,即

$$\dfrac{5}{b^2} - \dfrac{3}{a^2} = 2.$$

并且

$$\dfrac{A^2}{C^2} = \dfrac{4}{5}\left(\dfrac{1}{a^2} - 1\right) 或 \dfrac{A^2}{C^2} = \dfrac{4}{3}\left(\dfrac{1}{b^2} - 1\right).$$

第五章习题

一、填空题

1.设向量 $A = 3a + 2b - c$，$|a| = 1$，$|b| = 2$，$|c| = \sqrt{3}$，a 与 b 的夹角为 $\frac{\pi}{3}$，b 与 c 的夹角为 $\frac{5\pi}{6}$，c 与 a 的夹角为 $\frac{\pi}{2}$，则 $|A| =$ ___.

2.设 $|a| = 1$，$|b| = 2$，a 与 b 的夹角为 $\frac{\pi}{3}$，$c = 2a - 3b$，则 c 在 a 上的投影 $\mathrm{prj}_a c =$ ___.

3.设 a，b，c 不共线，则 $a \times b = b \times c = c \times a$ 的充要条件是 ___.

4.设 a，b，c 不共面，并设 $\boldsymbol{\alpha} = 3a + b - 7c$，$\boldsymbol{\beta} = a - 3b + kc$，$\boldsymbol{\gamma} = a + b - 3c$. 若 $\boldsymbol{\alpha}$，$\boldsymbol{\beta}$，$\boldsymbol{\gamma}$ 共面，则 $k =$ ___. 此时 $\boldsymbol{\alpha} =$ __ $\boldsymbol{\beta} +$ __ $\boldsymbol{\gamma}$.

5.点 $O(0,0,0)$ 到由三点 $A(5,2,0)$，$B(2,5,0)$，$C(1,2,4)$ 确定的平面的距离 $d =$ ___.

6.设直线 $\frac{x-1}{1} = \frac{y+1}{2} = \frac{z-1}{\lambda}$ 与直线 $\frac{x+1}{1} = \frac{y-1}{1} = \frac{z}{1}$ 相交，则 $\lambda =$ ___.

7.经过点 $(2,-1,4)$ 且与两平行直线

$$L_1 : \frac{x-1}{1} = \frac{y+3}{-2} = \frac{z-2}{1}, L_2 : \frac{x-2}{-1} = \frac{y-1}{2} = \frac{z}{1}$$

确定的平面相平行的平面方程为 ___.

8.经过点 $M(2,1,3)$ 且与直线 $L : \frac{x+1}{3} = \frac{y-1}{2} = \frac{z}{-1}$ 垂直并相交的直线方程为 ___.

9.经过点 $M(-3,5,-9)$ 且与两直线

$$\begin{cases} y = 3x + 5, \\ z = 2x - 3; \end{cases} \quad \begin{cases} y = 4x - 7, \\ z = 5x + 10, \end{cases}$$

都相交的直线方程为 ___.

10.两直线

$$\frac{x+1}{3} = \frac{y+3}{2} = z, \quad x = \frac{y+5}{2} = \frac{z-2}{7}$$

的公垂线方程为 ___.

11.经过点 $(1,2,3)$ 且与 z 轴相交，又与直线 $x = y = z$ 垂直，该直线方程为 ___.

12.经过点 $(-2,0,0)$ 与 $(0,-2,0)$ 且与锥面 $x^2 + y^2 = z^2$ 交成抛物线的平面方程为 ___.

二、解答题

13.求直线 $\frac{x}{a} = \frac{y-b}{0} = \frac{z}{1}$ 绕 z 轴旋转而成的旋转面方程. 并讨论当 a，b 不同时为零时，曲面的名称.

14.求一直线使之与三平行直线 $L_1 : x = y = z$；$L_2 : x + 1 = y = z - 1$；$L_3 : x = y - 1 = z$

+1 间的距离相等.

15. 求经过点 $A(1,0,0)$ 与 $B(0,0,1)$ 的直线绕直线 $\begin{cases} x=1, \\ y=1 \end{cases}$ 一周生成的旋转面方程,并指出曲面名称.

16. 求直线 $L: \begin{cases} x=0, \\ y=0 \end{cases}$ 绕直线 $L_0: x=y=z$ 旋转一周生成的旋转面 S 的方程,并指出曲面名称.

17. 求直线 $L: \begin{cases} x=1, \\ y=0 \end{cases}$ 绕直线 $L_0: x=y=z$ 旋转一周生成的旋转面 S 的方程,并指出曲面名称.

18. 设曲面 $(1-a)x^2+(1-a)y^2+2z^2+2(1+a)xy=1$. 讨论 a 的值,说明曲面为何种曲面.

19. 设曲面 $2x^2-2xy+(5-a)y^2+2z^2-6y+1=0$. 讨论 a 的值,说明曲面为何种曲面.

20. 设曲面 $S, z=1+\left(\dfrac{x^2}{a^2}+\dfrac{y^2}{b^2}\right)$, $a>0, b>0$. 经过点 $O(0,0,0)$ 作 S 的切平面. 设切点为 $M(X,Y,Z)$,当点 M 在 S 上运动时,求直线 OM(包括它的延长线)的轨迹方程,并说明切点 M 的轨线为一个平面上的椭圆.

21. 设 x,y,z 依赖于 t,θ 的关系为

$$\begin{cases} x=a\cos\theta-a\sin\theta \cdot t, \\ y=b\sin\theta+b\cos\theta \cdot t, \\ z=ct, \end{cases} \qquad (*)$$

其中 a,b,c 均为正常数,$\theta \in [0,2\pi]$,$t \in (-\infty,+\infty)$.

(1) 若 θ 固定,t 变动,则式($*$)表示什么样的轨迹?

(2) 若 t 固定,θ 变动,则式($*$)表示什么样的轨迹?

(3) 若 θ 与 t 都变动,则式($*$)表示什么样的轨迹?

请用直角坐标方程说明之.

22. 求以点 $O(0,0,0)$ 为顶点,曲线 $C_0: \begin{cases} x^2-2z+1=0, \\ y+z=1 \end{cases}$ 为准线的锥面方程.

23. 求以曲线 $C_0: \begin{cases} x^2+y^2+z^2=1, \\ x+y+z=1 \end{cases}$ 为准线,母线平行于 z 轴的柱面方程.

24. 求直线 $l: \begin{cases} \dfrac{x-1}{1}=\dfrac{y}{1}=\dfrac{z-1}{-1} \end{cases}$ 在平面 $\pi: x-y+2z=1$ 上的投影直线 l_0 的方程,并求 l_0 绕 y 轴旋转一周所生成曲面的方程.

第五章习题答案

1. $2\sqrt{13}$.　　　　2. -1.　　　　3. $\boldsymbol{a}+\boldsymbol{b}+\boldsymbol{c}=0$.

4. $k=1, \boldsymbol{\alpha}=\dfrac{1}{2}\boldsymbol{\beta}+\dfrac{5}{2}\boldsymbol{\gamma}$.　　5. $\dfrac{7}{3}\sqrt{3}$.　　　6. $\dfrac{5}{4}$.

7. $y+2z-7=0$. 8. $\dfrac{x-2}{2}=\dfrac{y-1}{-1}=\dfrac{z-3}{4}$. 9. $x=\dfrac{y-71}{22}=\dfrac{z+3}{2}$.

10. $\dfrac{x+1}{3}=\dfrac{y+\dfrac{17}{4}}{-5}=z$. 11. $\dfrac{x-1}{1}=\dfrac{y-2}{2}=\dfrac{z-3}{-3}$.

12. 两解 $x+y\pm\sqrt{2}z+2=0$. 从该平面与 z 轴的夹角应为 $\dfrac{\pi}{4}$ 入手.

13. $x^2+y^2=a^2z^2+b^2$. 当 $a\neq0,b\neq0$ 时为旋转的单叶双曲面；当 $a\neq0,b=0$ 时为圆锥面；当 $a=0,b\neq0$ 时为圆柱面.

14. $x+1=y-1=z$.

15. 单叶双曲面 $(x-1)^2+y^2-z^2=1$.

16. 锥面 $xy+yz+zx=0$.

17. 单叶双曲面 $xy+yz+zx-3(x+y+z)+3=0$(先作非奇异线性变换 $\xi=x+y+2z$, $\eta=x-y,\zeta=2z$；再作平移 $X=\xi-6,Y=\eta,Z=\zeta-3$，就可知道是单叶双曲面).

18. $a=0$ 时为椭圆柱面，$a>0$ 时为单叶双曲面，$a=-1$ 时为球面，$a<0$ 但 $a\neq-1$ 时为椭球面.

19. $a>\dfrac{9}{2}$ 时为双叶双曲面，$a=\dfrac{9}{2}$ 时，为椭圆抛物面，$-\dfrac{9}{2}<a<\dfrac{9}{2}$ 时为椭球面，$a=-\dfrac{9}{2}$ 时为一点，$a<-\dfrac{9}{2}$ 时为虚曲面(无图像).

20. $z^2=4\left(\dfrac{x^2}{a^2}+\dfrac{y^2}{b^2}\right)$. 它与原曲面 $z=1+\dfrac{x^2}{a^2}+\dfrac{y^2}{b^2}$ 交线为平面 $z=2$ 上的一个椭圆 $\dfrac{x^2}{a^2}+\dfrac{y^2}{b^2}=1$.

21. (1)是一条直线 $\dfrac{x-a\cos\theta}{-a\sin\theta}=\dfrac{y-b\sin\theta}{b\cos\theta}=\dfrac{z}{c}$；(2)$\dfrac{x^2}{a^2}+\dfrac{y^2}{b^2}=1+t^2$，$z=ct$，是 $z=ct$ 平面上的一个椭圆；(3)$\dfrac{x^2}{a^2}+\dfrac{y^2}{b^2}=1+\dfrac{z^2}{c^2}$. 是一个单叶双曲面.

22. $x^2+y^2=z^2$，但要去掉此锥面上 $y+z=1$ 的点.

23. $x^2+y^2+xy-x-y=0$.

24. l_0 为 $\begin{cases}x-y+2z-1=0,\\ x-3y-2z+1=0.\end{cases}$ 旋转面方程为 $4x^2-17y^2+4z^2+2y-1=0$.

第六章　多元函数微分学

6.1　函数、极限、连续,偏导数与全微分

一、极限与连续

高等数学课程中,关于极限问题,一般只在区域 D 的内部或区域 D 的边界上(属于或不属于 D)的点进行讨论.本段讨论的问题大致有:

(1) 二元函数二重极限的存在性.此类问题有一定的难度,高等数学中仅限于简单情形,一般不涉及 ε-δ.处理的方法大致是下面所列的①、②、⑤,特别是⑤夹逼定理.有时也可试试将它拆解成几个一元的和或积.要证 $f(x,y)$ 的二重极限不存在,通常用的办法是,取两条路径 l_1 与 l_2,命 $(x,y) \rightarrow (x_0,y_0)$,若沿 l_1 的 $\lim\limits_{(x,y)\rightarrow(x_0,y_0)} f(x,y)$ 与沿 l_2 的 $\lim\limits_{(x,y)\rightarrow(x_0,y_0)} f(x,y)$ 不等,或其中有一个极限不存在,则二重极限 $\lim\limits_{(x,y)\rightarrow(x_0,y_0)} f(x,y)$ 不存在.**这是判断二元函数二重极限不存在的有效方法.**

一元函数中关于求极限的下述法则(方法)可以搬过来用:

① 四则运算及复合函数运算法则;

② 极限与无穷小的关系,等价无穷小替换;

③ 保号性;

④ 存在极限必局部有界;

⑤ 夹逼定理.

下述求极限的法则(方法)不能用于二元,当然更不能用于多元:

⑥ 单调有界准则;

⑦ 洛必达法则.

(2) 二重极限与逐次极限(或称累次极限) $\lim\limits_{y\rightarrow y_0}(\lim\limits_{x\rightarrow x_0} f(x,y)),\lim\limits_{x\rightarrow x_0}(\lim\limits_{y\rightarrow y_0} f(x,y))$ 是两个不同的概念.它们之间的因果关系有下述定理.

定理 6.1　设点 $(x_0,y_0) \in$ 平面区域 D 或为 D 的边界上一点.设①二重极限存在:

$$\lim\limits_{(x,y)\rightarrow(x_0,y_0)} f(x,y) = A;$$

②对于 D 内任意固定的 y,对 x 的单重极限存在:

$$\lim\limits_{x\rightarrow x_0} f(x,y) = \varphi(y),$$

(这里当然应事先假定,对于固定的 y,可以讨论 $\lim\limits_{x\rightarrow x_0} f(x,y)$),则逐次极限

$$\lim\limits_{y\rightarrow y_0}\varphi(y) = \lim\limits_{y\rightarrow y_0}(\lim\limits_{x\rightarrow x_0} f(x,y))$$

必存在,且

$$\lim_{y \to y_0}(\lim_{x \to x_0} f(x,y)) = \lim_{(x,y) \to (x_0,y_0)} f(x,y) = A.$$

类似地,有

定理 6.1′ 设点$(x_0,y_0) \in$平面区域D或为D的边界上一点. 设①二重极限存在:

$$\lim_{(x,y) \to (x_0,y_0)} f(x,y) = A;$$

②对于D内任意固定的x,对y的单重极限存在:

$$\lim_{y \to y_0} f(x,y) = \varphi(x).$$

(这里应事先假定,对于固定的x,可以讨论$\lim_{y \to y_0} f(x,y)$),则逐次极限

$$\lim_{x \to x_0} \varphi(x) = \lim_{x \to x_0}(\lim_{y \to y_0} f(x,y))$$

必存在,且

$$\lim_{x \to x_0}(\lim_{y \to y_0} f(x,y)) = \lim_{(x,y) \to (x_0,y_0)} f(x,y) = A.$$

关于逐次极限是否能交换极限次序? 由上述定理 6.1 与 6.1′,立即有下述定理.

定理 6.2 设点$(x_0,y_0) \in$平面区域D或为D的边上一点. 设①二重极限存在:

$$\lim_{(x,y) \to (x_0,y_0)} f(x,y) = A;$$

②设对于D内任意固定的y,对x的单重极限存在:

$$\lim_{x \to x_0} f(x,y) = \varphi(y);$$

③设对于D内任意固定的x,对y的单重极限存在:

$$\lim_{y \to y_0} f(x,y) = \varphi(x).$$

则

$$\lim_{y \to y_0}(\lim_{x \to x_0} f(x,y)) = \lim_{x \to x_0}(\lim_{y \to y_0} f(x,y)) = \lim_{(x,y) \to (x_0,y_0)} f(x,y).$$

[注1] 若仅设

$$\lim_{y \to y_0}(\lim_{x \to x_0} f(x,y)) \quad 与 \quad \lim_{x \to x_0}(\lim_{y \to y_0} f(x,y))$$

存在,则它们并不一定能相等. 但若它们分别存在而不相等,那么立即可推知二重极限

$$\lim_{(x,y) \to (x_0,y_0)} f(x,y)$$

一定不存在.

[注2] 提请注意的是,如果

$$\lim_{y \to y_0}(\lim_{x \to x_0} f(x,y)) = \lim_{x \to x_0}(\lim_{y \to y_0} f(x,y)),$$

并不能说二重极限

$$\lim_{(x,y) \to (x_0,y_0)} f(x,y)$$

必存在. 即二重极限存在不是两个逐次极限存在且相等的必要条件.

反之,如果二重极限存在,两个逐次极限也可能都不存在,即二重极限存在,不是两个逐次极限存在的充分条件.

(3) 关于二元函数的连续性的定义,运算性质以及在闭区域上的性质,与一元函数的类似. 由于判断二元函数的连续性依赖于二重极限,有一定难度. 在以下题中,点到为止. 用连续函数的性质是不难的,散见于题中.

例 1　设 $f(x,y)$ 如下,讨论 $\lim\limits_{(x,y)\to(0,0)}f(x,y)$,$\lim\limits_{x\to 0}(\lim\limits_{y\to 0}f(x,y))$ 与 $\lim\limits_{y\to 0}(\lim\limits_{x\to 0}f(x,y))$,应说明理由.

(1) $f(x,y)=\dfrac{x^2y^2}{x^4+y^2}$;　　(2) $f(x,y)=\dfrac{x-y}{x+y}$;

(3) $f(x,y)=\dfrac{x^2y^2}{x^2y^2+(x-y)^2}$;　　(4) $f(x,y)=(x+y)\sin\dfrac{1}{x}\sin\dfrac{1}{y}$.

分析　讨论 $\lim\limits_{(x,y)\to(0,0)}f(x,y)$ 的存在性时,一般用夹逼定理,讨论其不存在性时一般取两条不同路径.讨论 $\lim\limits_{x\to 0}(\lim\limits_{y\to 0}f(x,y))$ 与 $\lim\limits_{y\to 0}(\lim\limits_{x\to 0}f(x,y))$ 时分别按一元讨论之.

解　(1) $|f(x,y)-0|=\left|\dfrac{x^2y^2}{x^4+y^2}\right|\leqslant\dfrac{\frac{1}{2}(x^4+y^2)|y|}{x^4+y^2}=\dfrac{1}{2}|y|$.

当 $(x,y)\to(0,0)$ 时,右边 $\to 0$,左边 $\geqslant 0$. 由夹逼定理知
$$\lim_{(x,y)\to(0,0)}f(x,y)=0.$$
而
$$\lim_{y\to 0}f(x,y)=\lim_{y\to 0}\frac{x^2y^2}{x^4+y^2}=0\quad(\text{无论 } x=0 \text{ 还是 } x\neq 0),$$
$$\lim_{x\to 0}(\lim_{y\to 0}f(x,y))=0.$$
$$\lim_{x\to 0}f(x,y)=\lim_{x\to 0}\frac{x^2y^2}{x^4+y^2}=0\quad(\text{无论 } y=0 \text{ 还是 } y\neq 0),$$
$$\lim_{y\to 0}(\lim_{x\to 0}f(x,y))=0.$$

(2) 取 $y=kx$,$f(x,y)=\dfrac{x-kx}{x+kx}=\dfrac{1-k}{1+k}$　$(k\neq -1)$,

沿 $y=kx$,$\lim\limits_{(x,y)\to(0,0)}f(x,y)=\dfrac{1-k}{1+k}$,因 k 而异,所以 $\lim\limits_{(x,y)\to(0,0)}f(x,y)$ 不存在.
$$\lim_{y\to 0}f(x,y)=\lim_{y\to 0}\frac{x-y}{x+y}=\begin{cases}1,&x\neq 0,\\-1,&x=0.\end{cases}$$
所以
$$\lim_{x\to 0}(\lim_{y\to 0}f(x,y))=\lim_{x\to 0}1=1.$$
又
$$\lim_{x\to 0}f(x,y)=\lim_{x\to 0}\frac{x-y}{x+y}=\begin{cases}-1,&y\neq 0,\\1,&y=0.\end{cases}$$
所以
$$\lim_{y\to 0}(\lim_{x\to 0}f(x,y))=\lim_{y\to 0}(-1)=-1.$$

(3) 沿直线 $y=kx$,
$$\lim_{(x,y)\to(0,0)}f(x,y)=\lim_{x\to 0}f(x,kx)=\lim_{x\to 0}\frac{k^2x^4}{k^2x^4+x^2(1-k)^2}$$
$$=\begin{cases}1,&\text{当 } k=1,\\0,&\text{当 } k\neq 1,\end{cases}$$
所以 $\lim\limits_{(x,y)\to(0,0)}f(x,y)$ 不存在.

$$\lim_{y \to 0} f(x,y) = \lim_{y \to 0} \frac{x^2 y^2}{x^2 y^2 + (x-y)^2} = 0 \quad (\text{无论 } x = 0 \text{ 还是 } x \neq 0),$$

$$\lim_{x \to 0}(\lim_{y \to 0} f(x,y)) = 0.$$

而

$$\lim_{x \to 0} f(x,y) = \lim_{y \to 0} \frac{x^2 y^2}{x^2 y^2 + (x-y)^2} = 0 \quad (\text{无论 } y = 0 \text{ 还是 } y \neq 0),$$

$$\lim_{y \to 0}(\lim_{x \to 0} f(x,y)) = 0.$$

(4) $|f(x,y) - 0| = \left| (x+y)\sin\frac{1}{x}\sin\frac{1}{y} \right| \leqslant |x+y| \leqslant |x| + |y|$

$$\leqslant \sqrt{2(x^2 + y^2)},$$

当 $(x,y) \to (0,0)$ 时,右边$\to 0$,由夹逼定理知

$$\lim_{(x,y) \to (0,0)} f(x,y) = 0.$$

而

$$f(x,y) = x\sin\frac{1}{x}\sin\frac{1}{y} + y\sin\frac{1}{x}\sin\frac{1}{y},$$

对于固定的 $y, y \neq 0, \lim\limits_{x \to 0} f(x,y)$ 不存在,所以 $\lim\limits_{y \to 0}(\lim\limits_{x \to 0} f(x,y))$ 当然谈不上存在. 同理 $\lim\limits_{x \to 0}(\lim\limits_{y \to 0} f(x,y))$ 也不存在.

[注] 以上四个例子分别说明:

对于(1),二重极限及两个逐次极限都存在(当然它们相等).

对于(2),二重极限不存在,两个逐次极限分别存在,但不相等.

对于(3),二重极限不存在,两个逐次极限分别存在,且相等.

对于(4),二重极限存在,但两个逐次极限分别都不存在.

还可以举出例子,二重极限存在,一个逐次极限存在,另一个逐次极限却不存在;也可以举出例子,二重极限不存在,一个逐次极限存在,另一个逐次极限不存在. 当然也可举出例子,三个极限都不存在. 请见习题.

例 2 求 $\lim\limits_{(x,y) \to (0,0)} x^2 y^2 \ln(x^2 + y^2)$.

分析 由于 $\lim\limits_{u \to 0} u \ln u = 0$,所以 $\lim\limits_{(x,y) \to (0,0)} (x^2 + y^2)\ln(x^2 + y^2) = 0$. 于是容易想到下面的解法.

解 $\lim\limits_{(x,y) \to (0,0)} x^2 y^2 \ln(x^2 + y^2) = \lim\limits_{(x,y) \to (0,0)} \frac{x^2 y^2}{(x^2+y^2)}((x^2+y^2)\ln(x^2+y^2))$,

而

$$\lim_{(x,y) \to (0,0)} (x^2 + y^2)\ln(x^2 + y^2) = 0,$$

及

$$\left| \frac{x^2 y^2}{x^2 + y^2} \right| \leqslant \frac{\frac{1}{4}(x^2+y^2)^2}{x^2 + y^2} = \frac{1}{4}(x^2 + y^2),$$

当 $(x,y) \to (0,0)$ 时,右边$\to 0$. 由夹逼定理知

$$\lim_{(x,y) \to (0,0)} \frac{x^2 y^2}{x^2 + y^2} = 0.$$

再由运算法则知

$$\lim_{(x,y) \to (0,0)} x^2 y^2 \ln(x^2 + y^2) = 0.$$

例 3 求 $\lim\limits_{(x,y)\to(+\infty,+\infty)}\left(1+\dfrac{1}{x}\right)^{\frac{x^2 y}{1+xy}}$.

分析 $\lim\limits_{(x,y)\to(+\infty,+\infty)}f(x,y)$ 有时也写成 $\lim\limits_{\substack{x\to+\infty\\y\to+\infty}}f(x,y)$.

在二元函数中 $\lim\limits_{(x,y)\to(+\infty,+\infty)}f(x,y)=A$ 与 $\lim\limits_{(x,y)\to(x_0,y_0)}f(x,y)=A$ 的定义表述的差异,与一元

函数中 $\lim\limits_{x\to+\infty}f(x)=A$ 与 $\lim\limits_{x\to x_0}f(x)=A$ 的定义表述的差异是类似的,读者可自行叙述之.

处理这类问题,常可将它作变换 $x=\dfrac{1}{u},y=\dfrac{1}{v}$ 化成 $u\to0^+$,$v\to0^+$ 来讨论.

解 $\left(1+\dfrac{1}{x}\right)^{\frac{x^2 y}{1+xy}}\xlongequal{x=u^{-1},\,y=v^{-1}}(1+u)^{\frac{1}{u(1+uv)}}=\left[(1+u)^{\frac{1}{u}}\right]^{\frac{1}{1+uv}}$

$$\lim_{(x,y)\to(+\infty,+\infty)}\left(1+\frac{1}{x}\right)^{\frac{x^2 y}{1+xy}}=\lim_{(u,v)\to(0^+,0^+)}\left[(1+u)^{\frac{1}{u}}\right]^{\frac{1}{1+uv}},$$

而

$$\lim_{(u,v)\to(0^+,0^+)}(1+u)^{\frac{1}{u}}=\mathrm{e},\qquad \lim_{(u,v)\to(0^+,0^+)}\frac{1}{1+uv}=1,$$

所以

$$\lim_{(x,y)\to(+\infty,+\infty)}\left(1+\frac{1}{x}\right)^{\frac{x^2 y}{1+xy}}=\mathrm{e}^1=\mathrm{e}.$$

[**注**] 也可以不经变换 $x=u^{-1}$,$y=v^{-1}$ 而直接处理.

例 4 设 $f(x,y)=\dfrac{x^2 y}{x^4+y^2}$,

(1) 讨论沿直线

$$l:\begin{cases}x=t\cos\alpha\\y=t\sin\alpha\end{cases},(t>0,\alpha\in[0,2\pi]\text{ 为确定的值}),t\to0^+\text{ 时},\lim f(x,y)=?$$

(2) 讨论 $\lim\limits_{(x,y)\to(0,0)}f(x,y)$ 的存在性.

解 (1) 沿直线 l,

$$f(x,y)=f(t\cos\alpha,t\sin\alpha)=\frac{t^3\cos^2\alpha\sin\alpha}{t^4\cos^4\alpha+t^2\sin^2\alpha}=\frac{t\cos^2\alpha\sin\alpha}{t^2\cos^4\alpha+\sin^2\alpha},$$

当 $\alpha\in[0,2\pi]$,$\alpha\neq0,\pi,2\pi$.

$$\lim_{t\to0^+}f(t\cos\alpha,t\sin\alpha)=\lim_{t\to0^+}\frac{t\cos^2\alpha\sin\alpha}{t^2\cos^4\alpha+\sin^2\alpha}=0,$$

当 $\alpha\neq0,\pi,2\pi$ 时.而当 $\alpha=0$ 或 π,或 2π 时,

$$f(x,y)=f(t\cos\alpha,t\sin\alpha)=\frac{0}{t^4+0}=0,$$

$$\lim_{t\to0^+}f(t\cos\alpha,t\sin\alpha)=0,$$

所以沿直线 l,无论是什么方向,$\lim\limits_{(x,y)\to(0,0)}f(x,y)=0$.

(2) 取抛物线 $y=kx^2$,

$$f(x,kx^2)=\frac{kx^4}{x^4+k^2 x^4}=\frac{k}{1+k^2},$$

$$\lim_{(x,y)\to(0,0)}f(x,y)\bigg|_{y=kx^2}=\lim_{x\to0}f(x,kx^2)=\frac{k}{1+k^2},$$

此极限随 k 而异,所以

$$\lim_{(x,y)\to(0,0)}f(x,y)\ \text{不存在.}$$

[注1] 此例说明二重极限的复杂性:即使沿任意直线 l,让点 $(x,y)\to(0,0)$,有 $f(x,y)\to A$(同一个值),但二重极限仍可能不存在.

[注2] 有的读者可能会用极坐标处理此题.将 (x,y) 换成 (r,θ),

$$\begin{cases}x=r\cos\theta,\\y=r\sin\theta.\end{cases}$$

于是

$$\begin{aligned}f(x,y)&=f(r\cos\theta,r\sin\theta)=\frac{r^3\cos^2\theta\sin\theta}{r^4\cos^4\theta+r^2\sin^2\theta}\\&=\frac{r\cos^2\theta\sin\theta}{r^2\cos^4\theta+\sin^2\theta},\end{aligned}$$

当 $(x,y)\to(0,0)$ 就认为"等价"于 $r\to0$,从而认为

$$\lim_{(x,y)\to(0,0)}f(x,y)=\lim_{r\to0}\frac{r\cos^2\theta\sin\theta}{r^2\cos^4\theta+\sin^2\theta}=0.$$

这是错的! 因为由 $(x,y)\to(0,0)$ 推知 $r\to0$,但此过程中,θ 并不是常数(若 θ 为常数,那么就如同本例(1)中所做的那样,仅是沿直线 $\begin{cases}x=r\cos\theta\\y=r\sin\theta\end{cases}$($\theta$ 固定)趋于点 $(0,0)$). 如果在 $r\to0$ 的过程中,也有 $\theta\to0$,那么处理

$$\lim_{\substack{r\to0\\\theta\to0}}\frac{r\cos^2\theta\sin\theta}{r^2\cos^4\theta+\sin^2\theta}$$

仍是一个棘手的问题. 所以在用**极坐标处理极限问题时应特别小心**.

并不是说不能用极坐标处理极限问题. 例如前面的例2,可以用极坐标处理如下:
命 $x=r\cos\theta,y=r\sin\theta$,

$$x^2y^2\ln(x^2+y^2)=r^4\cos^2\theta\sin^2\theta\ln r^2,$$

当 $r\to0$ 时,不论 θ 如何,总有

$$|r^4\cos^2\theta\sin^2\theta\ln r^2|\leqslant|r^4\ln r^2|,$$

$$\lim_{r\to0}r^4\ln r^2=0,$$

所以 $\lim\limits_{(x,y)\to(0,0)}x^2y^2\ln(x^2+y^2)=0$.

[注3] 一般,对任意固定的 $\alpha\in[0,2\pi]$,

$$\lim_{t\to0^+}f(x_0+t\cos\alpha,\ y_0+t\sin\alpha)$$

称为 $f(x,y)$ 沿射线 $x=x_0+t\cos\alpha,y=y_0+t\sin\alpha$(当 $t\to0^+$ 时)的方向极限. 若

$$\lim_{(x,y)\to(0,0)}f(x,y)=A(\text{存在}),$$

则易知对任意方向 $\alpha,\alpha\in[0,2\pi]$,方向极限都存在,且等于 A. 但反之,由本例可见,若沿任意方向 α,方向极限都存在并且相等,但二重极限也不一定存在.

注意,$\alpha=0$ 时的方向极限

$$\lim_{t \to 0^+} f(x_0 + t, y_0) = \lim_{x \to x_0^+} f(x, y_0)$$

与逐次极限

$$\lim_{x \to x_0^+} \left(\lim_{y \to y_0} f(x, y) \right)$$

并不等同. 这是因为

$$f(x, y_0) \quad 与 \quad \lim_{y \to y_0} f(x, y)$$

并不一定相等. 所以方向极限存在不等同于逐次极限存在.

例 5 设 $f(x, y)$ 在 $D = \{(x, y) \mid x^2 + y^2 \leqslant 1\}$ 上连续,且 $f(1, 0) = 1, f(0, 1) = -1$. 试证明:至少存在两个不同的点 (ξ_1, η_1) 与 $(\xi_2, \eta_2), (\xi_1, \eta_1) \neq (\xi_2, \eta_2), \xi_i^2 + \eta_i^2 = 1 (i = 1, 2)$, 使 $f(\xi_i, \eta_i) = 0 (i = 1, 2)$.

分析 想到使用连续函数介值定理. 两个办法:一是化成一元处理;二是直接用二元的连续函数介值定理.

解 方法 1 已知的点 $(1, 0)$ 与 $(0, 1)$ 以及要求的点 $(\xi_i, \eta_i)(i = 1, 2)$ 都在单位圆周 $x^2 + y^2 = 1$ 上. 命

$$x = \cos\theta, \quad y = \sin\theta,$$
$$\varphi(\theta) \equiv f(\cos\theta, \sin\theta),$$

$\varphi(\theta)$ 是 θ 的连续函数,且 $\varphi(\theta + 2\pi) = \varphi(\theta)$. 已知

$$\varphi(0) = 1, \quad \varphi\left(\frac{\pi}{2}\right) = -1.$$

所以至少存在一点 $\theta_1 \in \left(0, \frac{\pi}{2}\right)$ 使 $\varphi(\theta_1) = 0$, 即至少存在一点 $(\xi_1, \eta_1), \xi_1 = \cos\theta_1, \eta_1 = \sin\theta_1, \xi_1^2 + \eta_1^2 = 1$, 使

$$f(\xi_1, \eta_1) = \varphi(\theta_1) = 0.$$

又因 $\varphi\left(\frac{\pi}{2}\right) = -1, \varphi(2\pi) = 1$, 所以至少存在一点 $\theta_2 \in \left(\frac{\pi}{2}, 2\pi\right)$, 使 $\varphi(\theta_2) = 0$, 即至少存在一点 $(\xi_2, \eta_2), \xi_2 = \cos\theta_2, \eta_2 = \sin\theta_2, \xi_2^2 + \eta_2^2 = 1$, 使

$$f(\xi_2, \eta_2) = \varphi(\theta_2) = 0.$$

由于 $0 < \theta_1 < \frac{\pi}{2} < \theta_2 < 2\pi$, 点 (ξ_1, η_1) 位于第一象限内,点 (ξ_2, η_2) 不位于第一象限内,所以 $(\xi_1, \eta_1) \neq (\xi_2, \eta_2)$.

方法 2 由二元连续函数的性质,在 D 上作一连续曲线:从点 $(1, 0)$ 到点 $(0, 1)$ 沿圆周 $x^2 + y^2 = 1$ 的劣弧,因 $f(1, 0) = 1, f(0, 1) = -1$, 故知在这弧上至少存在一点 (ξ_1, η_1) 使 $f(\xi_1, \eta_1) = 0$.

同理,在从点 $(1, 0)$ 到点 $(0, 1)$ 沿圆周 $x^2 + y^2 = 1$ 的优弧上,至少存在一点 (ξ_2, η_2) 使 $f(\xi_2, \eta_2) = 0$.

$$(\xi_1, \eta_1) \neq (\xi_2, \eta_2), \quad \xi_i^2 + \eta_i^2 = 1 \quad (i = 1, 2).$$

证毕.

二、偏导数与全微分,方向导数

以二元函数 $u = f(x, y)$ 而论, u 对 x 的偏导数 $\dfrac{\partial u}{\partial x}$ 就是将其他变量都看成常数,而只是 u

对 x 求导数. 而全微分 $\mathrm{d}u$ 是将 x 与 y 同时改变得到的增量

$$\Delta u = f(x + \Delta x, \ y + \Delta y) - f(x, y),$$

如果能写成

$$\Delta u = A\Delta x + B\Delta y + o(\sqrt{(\Delta x)^2 + (\Delta y)^2}),$$

其中 A 和 B 只与 x, y 有关, 而与 $\Delta x, \Delta y$ 均无关, 且

$$\lim_{(\Delta x, \Delta y) \to (0,0)} \frac{o(\sqrt{(\Delta x)^2 + (\Delta y)^2})}{\sqrt{(\Delta x)^2 + (\Delta y)^2}} = 0,$$

则称 $u = f(x, y)$ 在点 (x, y) 处可微, 并称 $\mathrm{d}u = A\Delta x + B\Delta y$ 为 $u = f(x, y)$ 在点 (x, y) 处的全微分.

在一元函数中, 可微的充要条件是可导, 而二元 (多元) 函数中, 偏导数实质上还是一元的, 而可微乃至全微分实质上是二元 (多元) 的, 所以可微以及全微分的要求远远高于偏导数的存在性.

函数连续, 偏导数存在, 函数可微, 偏导数连续有下述关系:

偏导数连续 $\Rightarrow$ 函数可微;

函数可微 $\Rightarrow$ 函数连续;

函数可微 $\Rightarrow$ 偏导数存在.

反向均不成立. 函数连续与偏导数存在无因果关系.

方向导数是指 $f(x, y)$ 沿射线 $\begin{cases} x = x_0 + t\cos\alpha \\ y = y_0 + t\sin\alpha \end{cases}$ ($t > 0, \alpha \in [0, 2\pi]$ 为固定的值, $\{\cos\alpha, \cos\beta\}$

为 l 的单位向量) 变化时的变化率:

$$\left.\frac{\partial f}{\partial l}\right|_{(x_0, y_0)} = \lim_{t \to 0^+} \frac{f(x_0 + t\cos\alpha, \ y_0 + t\sin\alpha) - f(x_0, y_0)}{t}. \tag{6.1}$$

通常写成如下形式. 命 $\Delta x = t\cos\alpha$, $\Delta y = t\sin\alpha$ 分别表示沿 l 方向 x, y 的改变量, $t = \sqrt{(x - x_0)^2 + (y - y_0)^2} \xlongequal{\text{记为}} \rho$, 于是

$$\left.\frac{\partial f}{\partial l}\right|_{(x_0, y_0)} = \lim_{\rho \to 0} \frac{f(x_0 + \Delta x, \ y_0 + \Delta y) - f(x_0, y_0)}{\rho}. \tag{6.2}$$

容易看出, 如果 $\alpha = 0$, 即 l 为 i 方向, $\Delta x = t\cos 0 > 0$, $\rho = \Delta x$,

$$\left.\frac{\partial f}{\partial l}\right|_{(x_0, y_0)} = \lim_{\Delta x \to 0^+} \frac{f(x_0 + \Delta x, \ y_0) - f(x_0, y_0)}{\Delta x}. \tag{6.3}$$

类似地, 如果 $\alpha = \pi$, 即 l 为 $-i$ 方向, $\Delta x = t\cos\pi < 0$, $\rho = |\Delta x| = -\Delta x$,

$$\left.\frac{\partial f}{\partial l}\right|_{(x_0, y_0)} = \lim_{\Delta x \to 0^-} \frac{f(x_0 + \Delta x, \ y_0) - f(x_0, y_0)}{-\Delta x}$$

$$= -\lim_{\Delta x \to 0^-} \frac{f(x_0 + \Delta x, \ y_0) - f(x_0, y_0)}{\Delta x}. \tag{6.4}$$

对照偏导数的定义

$$\left.\frac{\partial f}{\partial x}\right|_{(x_0, y_0)} = \lim_{\Delta x \to 0} \frac{f(x_0 + \Delta x, \ y_0) - f(x_0, y_0)}{\Delta x}, \tag{6.5}$$

容易看出, 式 (6.3)、式 (6.4) 与式 (6.5) 是不同的. 式 (6.5) 中 $\Delta x \to 0$ 的右上角无 "$\pm$", 是双侧极限, 而式 (6.3) 与式 (6.4) 都是单侧的. 可见:

$$\text{沿 } \boldsymbol{i} \text{ 方向的} \frac{\partial f}{\partial l}\bigg|_{(x_0,y_0)} = \frac{\partial f}{\partial x}\bigg|_{(x_0,y_0)}, \tag{6.6}$$

$$\text{沿 } -\boldsymbol{i} \text{ 方向的} \frac{\partial f}{\partial l}\bigg|_{(x_0,y_0)} = -\frac{\partial f}{\partial x}\bigg|_{(x_0,y_0)}. \tag{6.7}$$

如果 $\dfrac{\partial f}{\partial x}\bigg|_{(x_0,y_0)}$ 存在，则两个方向导数(6.3)与(6.4)都存在，且反号；而如果式(6.3)与式(6.4)分别存在，则式(6.5)未必存在. 只有当式(6.3)与式(6.4)分别存在且反号时，式(6.5)才存在.

对 j 方向有类似的结论：

$$\text{沿 } \boldsymbol{j} \text{ 方向的} \frac{\partial f}{\partial l}\bigg|_{(x_0,y_0)} = \frac{\partial f}{\partial y}\bigg|_{(x_0,y_0)}, \tag{6.8}$$

$$\text{沿 } -\boldsymbol{j} \text{ 方向的} \frac{\partial f}{\partial l}\bigg|_{(x_0,y_0)} = -\frac{\partial f}{\partial y}\bigg|_{(x_0,y_0)}. \tag{6.9}$$

如果 $u=f(x,y,z)$ 是三元函数，类似的可定义方向导数. 不过此时由点 (x_0,y_0,z_0) 出发的射线写成

$$\begin{cases} x = x_0 + t\cos\alpha, \\ y = y_0 + t\cos\beta, \quad t>0, \\ z = z_0 + t\cos\gamma, \end{cases} \tag{6.10}$$

$\{\cos\alpha,\cos\beta,\cos\gamma\}$ 为 l 方向的单位向量，$0\leqslant\alpha,\beta,\gamma\leqslant\pi$，$\cos^2\alpha+\cos^2\beta+\cos^2\gamma=1$. 有类似于式(6.3)、(6.4)的极限式及关系式：

$$\text{沿 } \boldsymbol{k} \text{ 方向的} \frac{\partial f}{\partial l}\bigg|_{(x_0,y_0,z_0)} = \frac{\partial f}{\partial z}\bigg|_{(x_0,y_0,z_0)}, \tag{6.11}$$

$$\text{沿 } -\boldsymbol{k} \text{ 方向的} \frac{\partial f}{\partial l}\bigg|_{(x_0,y_0,z_0)} = -\frac{\partial f}{\partial z}\bigg|_{(x_0,y_0,z_0)}. \tag{6.12}$$

设函数 $u=f(x,y,z)$ 在点 (x_0,y_0,z_0) 处可微，则该函数在该处沿方向 $\boldsymbol{l}=\{\cos\alpha,\cos\beta,\cos\gamma\}$ 的方向导数可由式(6.13)计算：

$$\begin{aligned} \frac{\partial u}{\partial l}\bigg|_{(x_0,y_0,z_0)} &= \left[\frac{\partial u}{\partial x}\cos\alpha + \frac{\partial u}{\partial y}\cos\beta + \frac{\partial u}{\partial z}\cos\gamma\right]_{(x_0,y_0,z_0)} \\ &= \left\{\frac{\partial u}{\partial x}, \frac{\partial u}{\partial y}, \frac{\partial u}{\partial z}\right\} \cdot \{\cos\alpha,\cos\beta,\cos\gamma\}_{(x_0,y_0,z_0)}. \end{aligned} \tag{6.13}$$

可微是存在方向导数的充分条件但不是必要条件，见例 6.

例 6 试讨论三元函数 $u=f(x,y,z)=\sqrt{x^2+y^2+z^2}$ 在点 $O(0,0,0)$ 处的偏导数的存在性及在该点处沿方向 $\boldsymbol{l}^0=\{\cos\alpha,\cos\beta,\cos\gamma\}$ 的方向导数 $\dfrac{\partial u}{\partial l}$.

分析 按定义做.

解
$$\begin{aligned} \frac{\partial u}{\partial x}\bigg|_{(0,0,0)} &= \lim_{x\to 0}\frac{f(x,0,0)-f(0,0,0)}{x-0} = \lim_{x\to 0}\frac{\sqrt{x^2}}{x} \\ &= \lim_{x\to 0}\frac{|x|}{x}, \end{aligned}$$

所以 $\dfrac{\partial u}{\partial x}\bigg|_{(0,0,0)}$ 不存在. 同理 $\dfrac{\partial u}{\partial y}\bigg|_{(0,0,0)}$ 与 $\dfrac{\partial u}{\partial z}\bigg|_{(0,0,0)}$ 也不存在.

按定义求 $\dfrac{\partial u}{\partial l}$.[注]

$$\frac{\partial u}{\partial l}\bigg|_{(0,0,0)} = \lim_{t \to 0^+} \frac{f(0 + t\cos\alpha, 0 + t\cos\beta, 0 + t\cos\gamma) - f(0,0,0)}{t}$$

$$= \lim_{t \to 0^+} \frac{\sqrt{(t\cos\alpha)^2 + (t\cos\beta)^2 + (t\cos\gamma)^2}}{t}$$

$$= \lim_{t \to 0^+} \frac{\sqrt{t^2}}{t} = \lim_{t \to 0^+} \frac{t}{t} = 1.$$

即此函数在点$(0,0,0)$处沿任何方向$\{\cos\alpha, \cos\beta, \cos\gamma\}$的方向导数都等于 1.

[**注**] 也可以用类似于公式(6.2)的式子求$\dfrac{\partial u}{\partial l}\bigg|_{(0,0,0)}$. 但是不能用公式(6.13)做. 因为式(6.13)成立的前提是函数可微. 而在点$(0,0,0)$处偏导数不存在, 当然在该点不可微, 而方向导数却可以存在.

例 7 设

(1) $f(x,y) = \begin{cases} \dfrac{x^2 y^2}{(x^2 + y^2)^{3/2}}, & \text{当}(x,y) \neq (0,0), \\ 0, & \text{当}(x,y) = (0,0); \end{cases}$

(2) $g(x,y) = \begin{cases} (x^2 + y^2)\sin\dfrac{1}{x^2 + y^2}, & \text{当}(x,y) \neq (0,0), \\ 0, & \text{当}(x,y) = (0,0). \end{cases}$

讨论它们在点$(0,0)$处的

① 偏导数的存在性; ② 函数的连续性;

③ 方向导数的存在性; ④ 函数的可微性.

分析 逐个按定义做.

解 (1) ①按定义易知$f'_x(0,0) = 0$, $f'_y(0,0) = 0$.

② $|f(x,y) - 0| = \dfrac{x^2 y^2}{(x^2 + y^2)^{3/2}} \leqslant \dfrac{1}{4}(x^2 + y^2)^{1/2} \longrightarrow 0$ (当$(x,y) \to (0,0)$, 所以$f(x,y)$在点$(0,0)$处连续).

③ $l^0 = \{\cos\alpha, \sin\alpha\}$,

$$\lim_{t \to 0^+} \frac{f(t\cos\alpha, t\sin\alpha) - f(0,0)}{t} = \lim_{t \to 0^+} \cos^2\alpha \sin^2\alpha = \cos^2\alpha \sin^2\alpha \text{(存在)}.$$

④ $\Delta f = f(0 + \Delta x, 0 + \Delta y) - f(0,0) = \dfrac{(\Delta x)^2 (\Delta y)^2}{((\Delta x)^2 + (\Delta y)^2)^{3/2}}$, 按可微定义, 若可微, 则

$$\Delta f = \frac{\partial f}{\partial x}\bigg|_{(0,0)} \Delta x + \frac{\partial f}{\partial y}\bigg|_{(0,0)} \Delta y + o(\sqrt{(\Delta x)^2 + (\Delta y)^2})$$

$$= 0 + o(\sqrt{(\Delta x)^2 + (\Delta y)^2}),$$

即应有

$$\lim_{(\Delta x, \Delta y) \to (0,0)} \frac{(\Delta x)^2 (\Delta y)^2}{((\Delta x)^2 + (\Delta y)^2)^2} = 0.$$

但上式并不成立$\left(\text{例如取 } \Delta y = k\Delta x, \text{上式左边为} \dfrac{k^2}{(1+k^2)^2}\right)$, 故不可微.

(2) 以下直接证明④成立, 由此可推知①、②、③均成立. 事实上,

$$\Delta g = g(0 + \Delta x, 0 + \Delta y) - g(0,0) = ((\Delta x)^2 + (\Delta y)^2)\sin\frac{1}{(\Delta x)^2 + (\Delta y)^2},$$

$$\lim_{(\Delta x, \Delta y) \to (0,0)} \frac{\Delta g}{\sqrt{(\Delta x)^2 + (\Delta y)^2}} = \lim_{(\Delta x, \Delta y) \to (0,0)} \sqrt{(\Delta x)^2 + (\Delta y)^2} \sin \frac{1}{(\Delta x)^2 + (\Delta y)^2} = 0,$$

所以

$$\Delta g = o(\sqrt{(\Delta x)^2 + (\Delta y)^2}) = 0 \cdot \Delta x + 0 \cdot \Delta y + o(\sqrt{(\Delta x)^2 + (\Delta y)^2}),$$

按 $g(x,y)$ 在点 $(0,0)$ 处可微的定义知,$g(x,y)$ 在点 $(0,0)$ 处可微.

例 8 设 $f(x,y) = \begin{cases} \dfrac{xy^3}{x^2 + y^2}, & \text{当} (x,y) \neq (0,0), \\ 0, & \text{当} (x,y) = (0,0). \end{cases}$ 求 $f''_{xy}(0,0)$ 与 $f''_{yx}(0,0)$.

分析 为求 $f''_{xy}(0,0)$ 与 $f''_{yx}(0,0)$,应先求出 $f'_x(x,y)$,$f'_x(0,0)$ 与 $f'_y(x,y)$,$f'_y(0,0)$. 因为不知道 $f''_{xy}(x,y)$ 与 $f''_{yx}(x,y)$ 在点 $(0,0)$ 处是否连续,所以不能认为 $f''_{xy}(0,0) = f''_{yx}(0,0)$. 而事实上,由下面的具体解法,可知本题的 $f''_{xy}(0,0) \neq f''_{yx}(0,0)$.

解 当 $(x,y) \neq (0,0)$ 时,

$$f'_x(x,y) = \frac{y^3(y^2 - x^2)}{(x^2 + y^2)^2}, \quad f'_x(0,y) = y.$$

$$f'_x(0,0) = \lim_{x \to 0} \frac{f(x,0) - f(0,0)}{x} = \lim_{x \to 0} \frac{0 - 0}{x} = 0,$$

$$f''_{xy}(0,0) = \lim_{y \to 0} \frac{f'_x(0,y) - f'_x(0,0)}{y} = \lim_{y \to 0} \frac{y - 0}{y} = 1.$$

当 $(x,y) \neq (0,0)$ 时,

$$f'_y(x,y) = \frac{xy^2(3x^2 - y^2)}{(x^2 + y^2)^2}, \quad f'_y(x,0) = 0,$$

$$f'_y(0,0) = \lim_{y \to 0} \frac{f(0,y) - f(0,0)}{y} = \lim_{y \to 0} \frac{0 - 0}{y} = 0,$$

$$f''_{yx}(0,0) = \lim_{x \to 0} \frac{f'_y(x,0) - f'_y(0,0)}{x} = \lim_{x \to 0} \frac{0 - 0}{x} = 0.$$

$$f''_{xy}(0,0) = 1 \neq f''_{yx}(0,0) = 0.$$

例 9 设函数 $f(x,y,z)$ 可微,试证明:$f(x,y,z)$ 为 n 次齐次函数的充要条件是对于任意一点 (x,y,z),成立关系式:

$$xf'_x(x,y,z) + yf'_y(x,y,z) + zf'_z(x,y,z) = nf(x,y,z).$$

分析 $f(x,y,z)$ 为 n 次齐次函数的定义是,对于任意正(实)数 t 及任意一点 (x,y,z),成立关系式:

$$f(tx, ty, tz) = t^n f(x,y,z). \tag{6.14}$$

由式(6.14)即可证本题.

解 设 (x_0, y_0, z_0) 为任意一点,代入式(6.14),并将该式两边对 t 求导,有

$$x_0 f'_x(tx_0, ty_0, tz_0) + y_0 f'_y(tx_0, ty_0, tz_0) + z_0 f'_z(tx_0, ty_0, tz_0)$$
$$= nt^{n-1} f(x_0, y_0, z_0).$$

命 $t = 1$,于是得 $x_0 f'_x(x_0, y_0, z_0) + y_0 f'_y(x_0, y_0, z_0) + z_0 f'_z(x_0, y_0, z_0) = nf(x_0, y_0, z_0)$. 由于点 (x_0, y_0, z_0) 的任意性,便得

$$xf'_x(x,y,z) + yf'_y(x,y,z) + zf'_z(x,y,z) = nf(x,y,z). \tag{6.15}$$

必要性证毕.

以下证充分性. 对于任意固定的一点 (x_0, y_0, z_0), 命

$$\varphi(t) = \frac{f(tx_0, ty_0, tz_0)}{t^n}, \quad t > 0.$$

于是 $\varphi'(t)$ 的分子为

$$t[x_0 f_x'(tx_0, ty_0, tz_0) + y_0 f_y'(tx_0, ty_0, tz_0) + z_0 f_z'(tx_0, ty_0, tz_0)]$$
$$- nf(tx_0, ty_0, tz_0).$$

由充分性的条件 (6.15), 命其中的 $x = tx_0, y = ty_0, z = tz_0$, 即知上式为 0, 即 $\varphi'(t)$ 的分子为 0, 从而知 $\varphi'(t) = 0$. 从而知 $\varphi(t) =$ 某常数. 但易知 $\varphi(1) = f(x_0, y_0, z_0)$, 所以

$$\varphi(t) = f(x_0, y_0, z_0),$$

即

$$f(tx_0, ty_0, tz_0) = t^n f(x_0, y_0, z_0).$$

由于 (x_0, y_0, z_0) 的任意性, 故知式 (6.14) 成立. 充分性证毕.

例 10 设 $f(x, y)$ 存在二阶连续的混合偏导数, 且 $f(x, y) \neq 0$. 试证明 $f(x, y) = g(x)h(y)$ 的充分必要条件是

$$f \frac{\partial^2 f}{\partial x \partial y} = \frac{\partial f}{\partial x} \cdot \frac{\partial f}{\partial y}. \tag{6.16}$$

分析 证必要性是将 $f(x, y) = g(x)h(y)$ 代入式 (6.16) 的左边, 经计算可得出式 (6.16) 右边即可. 证充分性是由式 (6.16) 出发, 将它看作微分方程, 解得 $f(x, y)$ 成 $g(x)$ 与 $h(y)$ 相乘的形式.

解 必要性. 设 $f(x, y) = g(x)h(y)$, 有

$$\frac{\partial f}{\partial x} = g'(x)h(y), \quad \frac{\partial f}{\partial y} = g(x)h'(y),$$

$$\frac{\partial^2 f}{\partial x \partial y} = g'(x)h'(y).$$

所以

$$f \frac{\partial^2 f}{\partial x \partial y} = g(x)h(y)g'(x)h'(y) = \frac{\partial f}{\partial x} \cdot \frac{\partial f}{\partial y}.$$

充分性 设式 (6.16) 成立. 记 $u = \dfrac{\partial f}{\partial x}$, 于是式 (6.16) 成为

$$f \frac{\partial u}{\partial y} = u \frac{\partial f}{\partial y}.$$

从而

$$\frac{\partial}{\partial y}\left(\frac{u}{f}\right) = \frac{f \dfrac{\partial u}{\partial y} - u \dfrac{\partial f}{\partial y}}{f^2} = 0,$$

所以 $\dfrac{u}{f} = \varphi(x)$, 即 $\dfrac{1}{f} \cdot \dfrac{\partial f}{\partial x} = \varphi(x)$, 其中 $\varphi(x)$ 为任意的具有连续导数的函数. 将上式两边积分得

$$\ln|f| = \int \varphi(x)\mathrm{d}x + \psi(y),$$

其中 $\psi(y)$ 为具有连续导数的函数. 于是得

$$f = \pm \mathrm{e}^{\int \varphi(x)\mathrm{d}x} \cdot \mathrm{e}^{\psi(y)} \xup*{\text{记为}} g(x)h(y). \text{证毕}.$$

例 11 设 $u=x+y\sin u$ 确定了可微函数 $u=u(x,y)$,试证明:

(1) $\dfrac{\partial u}{\partial y}=\sin u \cdot \dfrac{\partial u}{\partial x}$; (2) $\dfrac{\partial^n u}{\partial y^n}=\dfrac{\partial^{n-1}}{\partial x^{n-1}}\left(\sin^n u \cdot \dfrac{\partial u}{\partial x}\right)$.

分析 由隐函数求导可得(1).再由数学归纳法证(2).

解 (1) 由 $u=x+y\sin u$ 两边对 x 求偏导数,有

$$\frac{\partial u}{\partial x}=1+y\cos u \cdot \frac{\partial u}{\partial x},\text{所以}\frac{\partial u}{\partial x}=\frac{1}{1-y\cos u}.$$

由 $u=x+y\sin u$ 两边对 y 求偏导数,有

$$\frac{\partial u}{\partial y}=\sin u+y\cos u \cdot \frac{\partial u}{\partial y},$$

所以

$$\frac{\partial u}{\partial y}=\frac{\sin u}{1-y\cos u}.$$

易知(1)得证.

(2) 由 $\dfrac{\partial u}{\partial x}$ 与 $\dfrac{\partial u}{\partial y}$ 的表达式易知 u 对 x,y 可求任意阶连续偏导数,且 $n=1$ 时,(2)成立.设对 $n=k$ 时,

$$\frac{\partial^k u}{\partial y^k}=\frac{\partial^{k-1}}{\partial x^{k-1}}\left(\sin^k u \cdot \frac{\partial u}{\partial x}\right)$$

成立,于是有

$$\begin{aligned}
\frac{\partial^{k+1}u}{\partial y^{k+1}} &=\frac{\partial^{k-1}}{\partial x^{k-1}}\left(\frac{\partial}{\partial y}\left(\sin^k u \cdot \frac{\partial u}{\partial x}\right)\right)\\
&=\frac{\partial^{k-1}}{\partial x^{k-1}}\left(k\sin^{k-1}u\cos u \cdot \frac{\partial u}{\partial y} \cdot \frac{\partial u}{\partial x}+\sin^k u \cdot \frac{\partial^2 u}{\partial x \partial y}\right)\\
&=\frac{\partial^{k-1}}{\partial x^{k-1}}\left(k\sin^{k-1}u\cos u \cdot \sin u \cdot \left(\frac{\partial u}{\partial x}\right)^2+\sin^k u \cdot \frac{\partial}{\partial x}\left(\sin u \cdot \frac{\partial u}{\partial x}\right)\right)\\
&=\frac{\partial^{k-1}}{\partial x^{k-1}}\left(k\sin^k u\cos u \cdot \left(\frac{\partial u}{\partial x}\right)^2+\sin^k u\cos u \cdot \left(\frac{\partial u}{\partial x}\right)^2+\sin^{k+1}u \cdot \frac{\partial^2 u}{\partial x^2}\right)\\
&=\frac{\partial^{k-1}}{\partial x^{k-1}}\left(\frac{\partial}{\partial x}\left(\sin^{k+1}u \cdot \left(\frac{\partial u}{\partial x}\right)\right)\right)=\frac{\partial^k}{\partial x^k}\left(\sin^{k+1}u \cdot \left(\frac{\partial u}{\partial x}\right)\right).
\end{aligned}$$

即 $n=k+1$ 时,(2)亦成立.故对一切正整数 n,(2)成立.

例 12 设 A,B,C 为常数,$B^2-AC>0,A\neq 0$.$u(x,y)$ 具有二阶连续偏导数,试证明必存在非奇异线性变换

$$\xi=\lambda_1 x+y,\quad \eta=\lambda_2 x+y\ (\lambda_1,\lambda_2\text{ 为常数}),$$

将方程 $A\dfrac{\partial^2 u}{\partial x^2}+2B\dfrac{\partial^2 u}{\partial x \partial y}+C\dfrac{\partial^2 u}{\partial y^2}=0$ 化成 $\dfrac{\partial^2 u}{\partial \xi \partial \eta}=0$.

解 $\dfrac{\partial u}{\partial x}=\lambda_1\dfrac{\partial u}{\partial \xi}+\lambda_2\dfrac{\partial u}{\partial \eta},\quad \dfrac{\partial u}{\partial y}=\dfrac{\partial u}{\partial \xi}+\dfrac{\partial u}{\partial \eta},$

$\dfrac{\partial^2 u}{\partial x^2}=\lambda_1^2\dfrac{\partial^2 u}{\partial \xi^2}+2\lambda_1\lambda_2\dfrac{\partial^2 u}{\partial \xi \partial \eta}+\lambda_2^2\dfrac{\partial^2 u}{\partial \eta^2},\ \dfrac{\partial^2 u}{\partial y^2}=\dfrac{\partial^2 u}{\partial \xi^2}+2\dfrac{\partial^2 u}{\partial \xi \partial \eta}+\dfrac{\partial^2 u}{\partial \eta^2},$

$\dfrac{\partial^2 u}{\partial x \partial y}=\lambda_1\dfrac{\partial^2 u}{\partial \xi^2}+(\lambda_1+\lambda_2)\dfrac{\partial^2 u}{\partial \xi \partial \eta}+\lambda_2\dfrac{\partial^2 u}{\partial \eta^2}.$

代入所给方程,将该方程化为

$$\left(A\lambda_1^2 + 2B\lambda_1 + C\right)\frac{\partial^2 u}{\partial \xi^2} + 2\left(\lambda_1\lambda_2 A + (\lambda_1 + \lambda_2)B + C\right)\frac{\partial^2 u}{\partial \xi \partial \eta}$$
$$+ \left(A\lambda_2{}^2 + 2B\lambda_2 + C\right)\frac{\partial^2 u}{\partial \eta^2} = 0.$$

由于 $B^2 - AC > 0, A \neq 0$,所以代数方程 $A\lambda^2 + 2B\lambda + C = 0$ 有两个不相等的实根 λ_1 与 λ_2. 取此 λ_1 与 λ_2,代入变换后的方程,成为 $\dfrac{\partial^2 u}{\partial \xi \partial \eta} = 0$. 变换的系数行列式 $\lambda_1 - \lambda_2 \neq 0$.

　　[**注**]　若 $A = 0$ 而 $C \neq 0$,则可命 $\xi = x + \lambda_1 y, \eta = x + \lambda_2 y$,类似可证. 若 $A = C = 0$,则所给方程本身就是 $\dfrac{\partial^2 u}{\partial x \partial y} = 0$ 的形式. 故只要 $B^2 - AC > 0$,总可经非奇异线性变换化原方程为 $\dfrac{\partial^2 u}{\partial \xi \partial \eta} = 0$ 的形式.

　　例 13　设

$$f(x, y) = \begin{cases} x\sin\left(4\arctan\dfrac{y}{x}\right), & \text{当 } x \neq 0, \\ 0, & \text{当 } x = 0. \end{cases}$$

(1) 讨论 $f(x, y)$ 在点 $(0,0)$ 的某邻域 U 内的连续性;

(2) 在 U 内求偏导(函)数 $f'_x(x, y)$ 与 $f'_y(x, y)$,并证明它们在 U 内有界;

(3) 证明:在 U 内 $f'_x(x, y)$ 分别对 x、对 y 连续;

(4) 证明 $f(x, y)$ 在点 $O(0,0)$ 并不可微分.

　　解　(1) 在点 (x_0, y_0) 处,如果 $x_0 \neq 0$,则在点 (x_0, y_0) 的足够小的邻域内的点 (x, y),总可认为其 $x \neq 0$. 于是总有

$$\lim_{(x,y) \to (x_0, y_0)} f(x, y) = \lim_{(x,y) \to (x_0, y_0)} x\sin\left(4\arctan\dfrac{y}{x}\right) = x_0\sin\left(4\arctan\dfrac{y_0}{x_0}\right),$$

所以在点 (x_0, y_0) $(x_0 \neq 0)$ 处连续. 如果 $x_0 = 0$,则由

$$f(x, y) = \begin{cases} x\sin\left(4\arctan\dfrac{y}{x}\right), & \text{当 } x \neq 0, \\ 0, & \text{当 } x = 0, \end{cases}$$

不论 $x \neq 0$ 还是 $x = 0$,总有

$$| f(x, y) - f(0, y_0) | = | f(x, y) | \leqslant | x | \leqslant \sqrt{x^2 + (y - y_0)^2},$$
$$\xrightarrow[(x, y) \to (0, y_0)]{} 0.$$

所以

$$\lim_{(x,y) \to (0, y_0)} f(x, y) = f(0, y_0) = 0.$$

总之 $f(x, y)$ 在全平面连续.

　　(2) 设 $x \neq 0$,则

$$f'_x(x, y) = \sin\left(4\arctan\dfrac{y}{x}\right) + \cos\left(4\arctan\dfrac{y}{x}\right) \cdot \left(\dfrac{-4xy}{x^2 + y^2}\right), \qquad (6.17)$$

而

$$f'_x(0,y) = \lim_{x \to 0} \frac{f(x,y) - f(0,y)}{x - 0} = \lim_{x \to 0} \frac{x \sin\left(4 \arctan \dfrac{y}{x}\right)}{x} = 0^{[注]}. \tag{6.18}$$

由于

$$\left| \frac{-4xy}{x^2 + y^2} \right| \leqslant 2,$$

所以无论 $x=0$ 还是 $x \neq 0$,均有 $|f'_x(x,y)|$ 有界. 又当 $x \neq 0$ 时,

$$f'_y(x,y) = x \cos\left(4 \arctan \frac{y}{x}\right) \cdot \frac{1}{x} = \cos\left(4 \arctan \frac{y}{x}\right), \tag{6.19}$$

而

$$f'_y(0,y) = 0, \tag{6.20}$$

所以无论 $x=0$ 还是 $x \neq 0$,也均有 $|f'_y(x,y)|$ 有界.

(3) 由

$$f'_x(x,y) = \begin{cases} \sin\left(4 \arctan \dfrac{y}{x}\right) - \dfrac{4xy}{x^2 + y^2} \cos\left(4 \arctan \dfrac{y}{x}\right), & \text{当 } x \neq 0, \\ 0, & \text{当 } x = 0, \end{cases}$$

考虑在点 (x_0, y_0) 处 $f'_x(x,y)$ 对 x 的连续性.

设 $x_0 \neq 0$,则当 $y_0 \neq 0$ 时,

$$\lim_{x \to x_0} f'_x(x, y_0) = \lim_{x \to x_0} \left(\sin\left(4 \arctan \frac{y_0}{x}\right) - \frac{4xy_0}{x^2 + y_0^2} \cos\left(4 \arctan \frac{y_0}{x}\right) \right)$$
$$= f'_x(x_0, y_0).$$

当 $y_0 = 0$ 时,则由式(6.17),

$$\lim_{x \to x_0} f'_x(x, y_0) = 0 = f'_x(x_0, 0).$$

所以当 $x_0 \neq 0$ 时,在点 (x_0, y_0) 处 $f'_x(x,y)$ 对 x 连续.

再设 $x_0 = 0$,则 $f'_x(x_0, y) \equiv 0$. 若 $y_0 \neq 0$,则有

$$\lim_{x \to x_0} f'_x(x, y) = \lim_{x \to 0} \left[\sin\left(4 \arctan \frac{y_0}{x}\right) - \frac{4xy_0}{x^2 + y_0^2} \cos\left(4 \arctan \frac{y_0}{x}\right) \right] = 0$$
$$= f'_x(x_0, y). \tag{6.21}$$

若 $y_0 = 0$,则

$$\lim_{x \to x_0} f'_x(x, 0) = \lim_{x \to 0} 0 = 0 = f'_x(0,0) = f'_x(x_0, 0).$$

所以当 $x_0 = 0$ 时,在点 (x_0, y_0) 处 $f'_x(x,y)$ 对 x 也连续. 总之 $f'_x(x,y)$ 对 x 连续.

类似地可证,$f'_x(x,y)$ 对 y 也连续.

(4) 用反证法证 $f(x,y)$ 在点 $O(0,0)$ 处不可微. 若可微,则

$$\Delta f \big|_{(0,0)} = f(0 + \Delta x, 0 + \Delta y) - f(0,0)$$
$$= \Delta x \sin\left(4 \arctan \frac{\Delta y}{\Delta x}\right) - 0$$
$$\xmapsto{\text{应等于}} f'_x(0,0) \Delta x + f'_y(0,0) \Delta y + o(\rho) = o(\rho),$$

其中 $\rho = [(\Delta x)^2 + (\Delta y)^2]^{\frac{1}{2}}$. 于是应有

$$\lim_{\rho \to 0} \frac{\Delta x \sin\left(4\arctan \frac{\Delta y}{\Delta x}\right)}{\rho} = 0.$$

但上式是不成立的.因为若取 $\Delta y = k\Delta x$ 让 $\Delta x \to 0$,有

$$\lim_{\rho \to 0} \frac{\Delta x \sin\left(4\arctan \frac{\Delta y}{\Delta x}\right)}{\rho} = \lim_{\rho \to 0} \frac{\Delta x \sin(4\arctan k)}{\sqrt{1+k^2}\,|\Delta x|}.$$

显然上式右边不等于零.故知 $f(x,y)$ 在 $(0,0)$ 不可微.

[注] $\displaystyle\lim_{x \to 0} \frac{x\sin\left(4\arctan \frac{y}{x}\right)}{x} = \lim \sin\left(4\arctan \frac{y}{x}\right).$

当 $y=0$ 时,上述极限显然为 0. 当 $y\neq 0$,则分 4 种情形:① $y>0,x\to 0^+$;② $y>0,x\to 0^-$;③ $y<0,x\to 0^+$;④ $y<0,x\to 0^-$. 对于①与④两种情形,

$$\lim_{x \to 0}\arctan \frac{y}{x} = \frac{\pi}{2};$$

对于②与③两种情形,

$$\lim_{x \to 0}\arctan \frac{y}{x} = -\frac{\pi}{2}.$$

所以总有

$$\lim_{x \to 0}\sin\left(4\arctan \frac{y}{x}\right) = 0.$$

6.2 多元函数微分学的应用

本节包括几何上的应用,函数的极值与最值.

一、曲面的切平面与曲线的切线

本大段涉及的问题主要是曲面的法向量与曲线的切向量.用到的基本公式有二:

(1) 设 $F(x,y,z)$ 在点 $p_0(x_0,y_0,z_0)$ 处可微,$F(x_0,y_0,z_0)=0$,且在点 p_0 处,三个偏导数 F'_x,F'_y,F'_z 不同时为零,则曲面 $F(x,y,z)=0$ 在点 p_0 的法向量为

$$\boldsymbol{n} = \{F'_x, F'_y, F'_z\}_{p_0}, \tag{6.22}$$

且指向 F 的增大方向.

(2) 设 $x=x(t),y=y(t),z=z(t)$ 在 $t=t_0$ 处可导,且三个导数 $x'(t_0),y'(t_0),z'(t_0)$ 不同时为零,则曲线

$$l: \begin{cases} x=x(t), \\ y=y(t), \\ z=z(t) \end{cases}$$

在 $t=t_0$ 处的切向量为

$$\boldsymbol{\tau} = \{x'(t_0), y'(t_0), z'(t_0)\}, \tag{6.23}$$

且指向 t 增大方向.

本大段的题基本无难点.

例 1 经过直线 $L: \dfrac{x-6}{2} = \dfrac{y-3}{1} = \dfrac{2z-1}{-2}$ 且与椭球面 $S: x^2 + 2y^2 + 3z^2 = 21$ 相切的切平面方程为____.

分析 设切点为 $M(x_0, y_0, z_0)$,于是可求得 S 在点 M 处的切平面方程.再让它经过直线 L,便可求得 M,从而得切平面方程.

另一方法是利用经过 L 的平面束方程,再让它与 S 相切,便可求出平面束方程中的参数.

解 应填 $x+2z=7$ 与 $x+4y+6z=21$(两解).

方法 1 设切点为 $M(x_0, y_0, z_0)$,于是 S 在点 M 处的法向量 $\boldsymbol{n} = \{2x_0, 4y_0, 6z_0\}$,切平面方程为

$$2x_0(x-x_0) + 4y_0(y-y_0) + 6z_0(z-z_0) = 0.$$

再利用 S 的方程化简得

$$x_0 x + 2y_0 y + 3z_0 z = 21.$$

在 L 上任取两点,例如点 $\left(6, 3, \dfrac{1}{2}\right)$ 与点 $\left(4, 2, \dfrac{3}{2}\right)$,代入上式得

$$6x_0 + 6y_0 + \dfrac{3}{2}z_0 = 21, \quad 及 \quad 4x_0 + 4y_0 + \dfrac{9}{2}z_0 = 21.$$

再由 S 的方程 $x_0{}^2 + 2y_0{}^2 + 3z_0{}^2 = 21$,联立解得切点

$$(3, 0, 2) \quad 与 \quad (1, 2, 2).$$

故得切平面如上所填,有二解.

方法 2 直线 L 的方程可写成 $x-2y=0, x+2z-7=0$.经过 L 的平面束方程可写成

$$x - 2y + \lambda(x + 2z - 7) = 0, \tag{6.24}$$

即

$$(1+\lambda)x - 2y + 2\lambda z - 7\lambda = 0.$$

椭球面 S 在点 $M(x_0, y_0, z_0)$ 的法向量为

$$\boldsymbol{n} = \{2x_0, 4y_0, 6z_0\},$$

于是有

$$\dfrac{2x_0}{1+\lambda} = \dfrac{4y_0}{-2} = \dfrac{6z_0}{2\lambda}. \tag{6.25}$$

又 M 在 S 上,又在切平面上,故有

$$x_0{}^2 + 2y_0{}^2 + 3z_0{}^2 = 21, \tag{6.26}$$

及

$$(1+\lambda)x_0 - 2y_0 + 2\lambda z_0 - 7\lambda = 0, \tag{6.27}$$

由式(6.25)、式(6.26)、式(6.27)联立解得 $\lambda = -\dfrac{3}{2}, x_0 = 1, y_0 = 2, z_0 = 2$;于是得切平面方程 $x + 4y + 6z = 21$.

但注意,采用平面束方程(6.24)时,它并不包括方程 $x+2z-7=0$ 在内.它是否也是适合条件的另一解呢? 为此,有两个办法来进一步检查.一是将平面束方程写成

$$x + 2z - 7 + \mu(x - 2y) = 0,$$

按上述办法重新做一遍,得 $\mu=0$,即

$$x + 2z - 7 = 0$$

也是解,便得两个解如上所填.

另一办法是,将 $x+2z-7=0$ 与 $S:x^2+2y^2+3z^2=21$ 联立,得
$$2y^2+7(z-2)^2=0,$$
得 $y_0=0,z_0=2$,从而 $x_0=3$. 点 $(x_0,y_0,z_0)=(3,0,2)$ 在平面 $x+2z-7=0$ 上,也在曲面 $S:x^2+2y^2+3z^2=21$ 上,并且在该点处,两者的法向量
$$\{1,0,2\} \quad 与 \quad \{6,0,12\}$$
平行,故平面 $x+2z-7=0$ 与曲面 S 的确在点 $(3,0,2)$ 处相切,前者也是后者的一个切平面. 得二解.

例 2 在曲面 $S:3x^2+6y^2+9z^2+4xy+6xz+12yz-24=0$ 上其切平面与 xOy 平面垂直的切点的轨线 C 的方程为____;C 在 xOy 平面上的投影曲线 C_{xOy} 的方程为____.

解 应分别填 $\begin{cases} 3x^2+6y^2+9z^2+4xy+6xz+12yz-24=0, \\ x+2y+3z=0, \end{cases}$ $\begin{cases} x^2+y^2-12=0, \\ z=0. \end{cases}$

所给曲面在其上点 (x,y,z) 处的法向量为
$$\boldsymbol{n}=\{6x+4y+6z,\ 12y+4x+12z,\ 18z+6x+12y\}. \quad [注]$$
切平面与 xOy 平面垂直的充要条件是 $\boldsymbol{n}\cdot\boldsymbol{k}=0$,即
$$18z+6x+12y=0, \quad 或写成 \quad x+2y+3z=0.$$
与原曲面方程联立,即为 C 的方程
$$C:\begin{cases} 3x^2+6y^2+9z^2+4xy+6xz+12yz-24=0, \\ x+2y+3z=0. \end{cases}$$
在 C 的联立式中消去 z,即得以 C 为准线,母线平行于 z 轴的柱面方程,经计算,为
$$x^2+y^2=12.$$
将它与 $z=0$ 联立即得 C 在 xOy 平面上的投影方程,如上所填.

[注] 在使 $\boldsymbol{n}=\boldsymbol{0}$ 的点处,即同时使
$$\begin{cases} 6x+4y+6z=0, \\ 4x+12y+12z=0, \\ 6x+12y+18z=0 \end{cases}$$
成立的点处,无法讨论其切平面. 对本题来说,由于上述方程组的系数行列式不为零,故从中解得唯一解为 $(x,y,z)=(0,0,0)$. 此点不在原给曲面上,所以在该处以下的讨论是有意义的. 不然,例如设曲面为
$$F(x,y,z)=x^2+y^2-z^2=0,$$
求其上切平面与 xOy 平面垂直的切点的轨线 C 的方程,仿照本题做法,
$$\boldsymbol{n}=\{2x,2y,-2z\},$$
$$\boldsymbol{n}\cdot\boldsymbol{k}=-2z=0,$$
得 $z=0$. 将它与原方程联立,
$$\begin{cases} z=0, \\ x^2+y^2-z^2=0, \end{cases}$$
仅得一点 $(0,0,0)$. 不能说在曲面 $F(x,y,z)=x^2+y^2-z^2=0$ 上其切平面与 xOy 平面垂直的切点的轨线为一点 $(0,0,0)$,这种说法是错的,因为在点 $(0,0,0)$ 处根本不存在切平面,所以在讨论切平面时,务必注意条件:"F'_x,F'_y,F'_z 不同时为零".

例3 曲线 $L:\begin{cases}3x^2+2y^2-2z-1=0, \\ x^2+y^2+z^2-4y-2z+2=0\end{cases}$ 上点 $M(1,1,2)$ 处的切线方程为____.

解 应填 $\begin{cases}3x+2y-z-3=0, \\ x-y+z-2=0,\end{cases}$ 或 $\dfrac{x-1}{1}=\dfrac{y-1}{-4}=\dfrac{z-2}{-5}$.

方法 1 曲面 $3x^2+2y^2-2z-1=0$ 与曲面 $x^2+y^2+z^2-4y-2z+2=0$ 在点 $M(1,1,2)$ 的切平面方程分别为

$$6(x-1)+4(y-1)-2(z-2)=0 \quad 与 \quad 2(x-1)-2(y-1)+2(z-2)=0.$$

将它们联立

$$\begin{cases}3x+2y-z-3=0, \\ x-y+z-2=0,\end{cases}$$

即为切线方程.

方法 2 曲面 $3x^2+2y^2-2z-1=0$ 在点 $M(1,1,2)$ 处的法向量为 $\boldsymbol{n}_1=\{6,4,-2\}$,曲面 $x^2+y^2+z^2-4y-2z+2=0$ 在点 M 处的法向量为 $\boldsymbol{n}_2=\{2,-2,2\}$. 所以曲线 L 在点 M 处的切向量

$$\begin{aligned}\boldsymbol{\tau}=\boldsymbol{n}_1\times\boldsymbol{n}_2&=\{6,4,-2\}\times\{2,-2,2\} \\ &=\{4,-16,-20\}=4\{1,-4,-5\}.\end{aligned}$$

由点向式知,L 在点 M 处的切线方程为

$$\frac{x-1}{1}=\frac{y-1}{-4}=\frac{z-2}{-5}.$$

方法 3 直接由 L 求出它在点 M 处的切向量. 又有两个方法. 其一是在 L 的一般式中将 x 看成自变量,两式同时对 x 求导数,这样得到的 $\left\{1,\dfrac{\mathrm{d}y}{\mathrm{d}x},\dfrac{\mathrm{d}z}{\mathrm{d}x}\right\}$ 即为 L 在点 M 处的切向量. 另一方法是,对 L 的一般式求全微分:

$$\begin{cases}6x\,\mathrm{d}x+4y\,\mathrm{d}y-2\,\mathrm{d}z=0, \\ 2x\,\mathrm{d}x+(2y-4)\,\mathrm{d}y+(2z-2)\,\mathrm{d}z=0,\end{cases}$$

以点 $M(1,1,2)$ 代入,并解出

$$\begin{aligned}\mathrm{d}x:\mathrm{d}y:\mathrm{d}z&=\begin{vmatrix}4 & -2 \\ -2 & 2\end{vmatrix}:\begin{vmatrix}-2 & 6 \\ 2 & 2\end{vmatrix}:\begin{vmatrix}6 & 4 \\ 2 & -2\end{vmatrix} \\ &=4:(-16):(-20)=1:(-4):(-5).\end{aligned}$$

由直线方程的一般式便得 L 在点 M 的切线方程:

$$\frac{x-1}{1}=\frac{y-1}{-4}=\frac{z-2}{-5},$$

如上所填.

[注] 本题用多种方法解题目的在于告知读者求曲线的切向量的多种方法.

例4 设 $F(u,v)$ 可微,且 F_u' 与 F_v' 不同时为零. 又设 a,b,c 都是常数,且 $a\neq0$. 试证明,曲面 $F(ax-bz,ay-cz)=0$ 的任意一个切平面都与某一直线平行;并求出该直线的方向向量.

分析 要讨论其切平面,应从 $\dfrac{\partial F}{\partial x},\dfrac{\partial F}{\partial y},\dfrac{\partial F}{\partial z}$ 入手.

解 $\dfrac{\partial F}{\partial x}=F'_u \cdot a,\ \dfrac{\partial F}{\partial y}=F'_v \cdot a,\ \dfrac{\partial F}{\partial z}=F'_u \cdot (-b)+F'_v \cdot (-c).$ 取向量

$$\boldsymbol{\tau}=\{b,c,a\},$$

有

$$\left\{\dfrac{\partial F}{\partial x},\dfrac{\partial F}{\partial y},\dfrac{\partial F}{\partial z}\right\} \cdot \boldsymbol{\tau}=abF'_u+acF'_v-abF'_u-acF'_v=0.$$

故知曲面 $F(ax-bz,ay-cz)=0$ 的任意一个切平面的法向量与向量 $\boldsymbol{\tau}$ 垂直，即任意一个切平面与以 $\boldsymbol{\tau}$ 为方向的直线平行．证毕．

例 5 证明：(1)曲线

$$C:x=a\mathrm{e}^t\cos t,y=a\mathrm{e}^t\sin t,z=a\mathrm{e}^t\ (t\ \text{为参数}) \tag{6.28}$$

在锥面 $x^2+y^2-z^2=0$ 上，其中 $a>0$ 为常数，t 为参数；(2)C 与锥面的任意一条母线都交成定角．

分析 首先应写出该锥面母线的方程，然后讨论它与 C 的交点处的交角．

解 (1)由 C 的方程有

$$x^2+y^2=a^2\mathrm{e}^{2t}\cos^2 t+a^2\mathrm{e}^{2t}\sin^2 t=a^2\mathrm{e}^{2t}=z^2,$$

所以 C 在锥面 $x^2+y^2=z^2$ 上．

(2) 锥面的母线通过原点，设所讨论的母线的方向余弦为 $\{\cos\alpha,\cos\beta,\cos\gamma\}$，由于 $z^2=x^2+y^2$，所以 $\gamma=\dfrac{\pi}{4}$，于是由 $\cos^2\alpha+\cos^2\beta+\cos^2\gamma=1$ 推知 $\cos^2\alpha+\cos^2\beta=\dfrac{1}{2}$，母线的方程为

$$l:\begin{cases} x=s\cos\alpha, \\ y=s\cos\beta, \\ z=\dfrac{\sqrt{2}}{2}s, \end{cases} s\ \text{为参数},\ \cos^2\alpha+\cos^2\beta=\dfrac{1}{2}.$$

C 的方程为

$$C:\begin{cases} x=a\mathrm{e}^t\cos t, \\ y=a\mathrm{e}^t\sin t, \\ z=a\mathrm{e}^t, \end{cases} t\ \text{为参数}.$$

为求其交点，命

$$s\cos\alpha=a\mathrm{e}^t\cos t,\quad s\cos\beta=a\mathrm{e}^t\sin t,\quad \dfrac{\sqrt{2}}{2}s=a\mathrm{e}^t. \tag{6.29}$$

由式(6.29)的第 3 式，得 $s=\sqrt{2}a\mathrm{e}^t$，代入式(6.29)第 1 式与第 2 式，依次得到

$$\cos\alpha=\dfrac{\sqrt{2}}{2}\cos t,\quad \cos\beta=\dfrac{\sqrt{2}}{2}\sin t. \tag{6.30}$$

注意到条件 $\cos^2\alpha+\cos^2\beta=\dfrac{1}{2}$，所以式(6.30)中实际只有一个独立的．从中求得 t，相应地由 $s=\sqrt{2}a\mathrm{e}^t$ 得对应的 s，说明 C 与 l 存在交点．

再看 C 与 l 在交点处的交角．

$$C\ \text{的切向量}=\{a\mathrm{e}^t\cos t-a\mathrm{e}^t\sin t,\ a\mathrm{e}^t\sin t+a\mathrm{e}^t\cos t,\ a\mathrm{e}^t\},$$

$$l\ \text{的切向量}=\left\{\cos\alpha,\ \cos\beta,\ \dfrac{\sqrt{2}}{2}\right\}.$$

在交点处它们的交角的方向余弦(利用点积及式(6.30))：

$$\cos(\overset{\wedge}{l,C}) = \cfrac{ae^t\left(\cos t\cos\alpha - \sin t\cos\alpha + \sin t\cos\beta + \cos t\cos\beta + \cfrac{\sqrt{2}}{2}\right)}{\sqrt{\cos^2\alpha + \cos^2\beta + \cfrac{1}{2}} \cdot \sqrt{(ae^t)^2((\cos t - \sin t)^2 + (\sin t + \cos t)^2 + 1)}}$$

$$= \frac{\sqrt{2}}{\sqrt{3}} = \frac{1}{3}\sqrt{6},$$

为一常数,所以不论 l 中的 α 与 β 是什么,C 与 l 总相交,且交点处交角为确定的值:

$$\cos(\overset{\wedge}{l,C}) = \frac{1}{3}\sqrt{6}.$$

[**注**] 本题提供了由空间两参数式的曲线求它们的交点的方法.

二、极值与最值

在这个标题下的问题大致有下面 4 类:

(1) 显函数或隐函数求极值点的必要条件(即求驻点),进一步,再用充分条件(充分条件限二元函数)讨论驻点是否真的是极大(小)值点;

(2) 用拉格朗日乘数法求约束条件下极值的必要条件,由此得到驻点.再用充分条件(限二元函数)讨论它是否为极大(小)值点;

(3) 求函数在指定区域内的最大(小)值;

(4) 最大(小)值的应用问题.

其中(1)无甚难点;(2)的关键是要解多个方程构成的方程组,有计算量;(3)在讨论时有些繁琐;(4)应该说是重点.

例 6 设 $f(x,y)$ 在沿着经过点 $M_0(x_0,y_0)$ 的任意直线上,$f(x_0,y_0)$ 总是极小值,它是否是 $f(x_0,y_0)$ 为二元函数 $f(x,y)$ 的极小值的充分条件? 试考察例子:$f(x,y)=(x-y^2)\cdot(2x-y^2)$ 在点 $(0,0)$ 处的情形.

解 不是充分条件,考察例子 $f(x,y)=(x-y^2)(2x-y^2)$,取经过点 $(0,0)$ 的直线 $x=t\cos\alpha,y=t\sin\alpha,t$ 为参数,$\alpha\in(0,\pi)$ 为任意确定的值.命

$$\varphi(t) = f(t\cos\alpha, t\sin\alpha) = 2t^2\cos^2\alpha - 3t^3\sin^2\alpha\cos\alpha + t^4\sin^4\alpha,$$

有

$$\varphi'(t) = 4t\cos^2\alpha - 9t^2\sin^2\alpha\cos\alpha + 4t^3\sin^4\alpha,$$

$$\varphi''(t) = 4\cos^2\alpha - 18t\sin^2\alpha\cos\alpha + 12t^2\sin^4\alpha,$$

$$\varphi'(0) = 0, \quad \varphi''(0) = 4\cos^2\alpha > 0 \left(\text{当 } \alpha \neq \frac{\pi}{2} \text{ 时}\right),$$

当 $\alpha=\frac{\pi}{2}$ 时,$\varphi''(t)=12t^2$,有 $\varphi'''(t)=24t,\varphi^{(4)}(t)=24>0$,所以不论 $\alpha\neq\frac{\pi}{2}$ 还是 $\alpha=\frac{\pi}{2}$,当 $t=0$ 时 $\varphi(0)=0$ 总是 $\varphi(t)$ 的极小值. 即 $f(x,y)=(x-y^2)(2x-y^2)$ 在沿着经过点 $O(0,0)$ 的任意直线上,$f(0,0)=0$ 总是 $f(x,y)$ 的极小值. 但是,取曲线 $\frac{3}{2}x-y^2=0$,在此弧上,

$$f(x,y) = f\left(\frac{2}{3}y^2, y\right) = \left(\frac{2}{3}y^2 - y^2\right)\left(\frac{4}{3}y^2 - y^2\right) = -\frac{1}{9}y^4,$$

当 $y\neq0$,有 $f\left(\frac{2}{3}y^2,y\right)<0$,所以 $f(0,0)=0$ 不是二元函数 $f(x,y)=(x-y^2)(2x-y^2)$ 的极

小值.

[注]　此例说明,若沿着经过点 $M_0(x_0,y_0)$ 的任意直线,$f(x_0,y_0)$ 总是 $f(x,y)$ 的极小值,但 $f(x_0,y_0)$ 不见得是 $f(x,y)$ 的极小值,而反之,如果 $f(x_0,y_0)$ 是二元函数 $f(x,y)$ 的极小值,那么 $f(x_0,y_0)$ 必定是经过点 $M_0(x_0,y_0)$ 的任意曲线上 $f(x,y)$ 的极小值.读者会证此结论么?

例 7　设 $f(x,y)$ 在点 $O(0,0)$ 的某邻域 U 内连续,且 $\lim\limits_{(x,y)\to(0,0)}\dfrac{f(x,y)-xy}{x^2+y^2}=a$,常数 $a>\dfrac{1}{2}$.试讨论 $f(0,0)$ 是否为 $f(x,y)$ 的极值? 是极大值还是极小值?

分析　利用极限与无穷小的关系,写出 $f(x,y)$ 的表达式讨论之.

解　由 $\lim\limits_{(x,y)\to(0,0)}\dfrac{f(x,y)-xy}{x^2+y^2}=a$ 知,

$$\frac{f(x,y)-xy}{x^2+y^2}=a+\alpha,\qquad \lim\limits_{(x,y)\to(0,0)}\alpha=0.$$

再命 $a=\dfrac{1}{2}+b,b>0$,于是上式可改写为

$$f(x,y)=xy+\left(\frac{1}{2}+b+\alpha\right)(x^2+y^2)$$

$$=\frac{1}{2}(x+y)^2+(b+\alpha)(x^2+y^2),$$

由 $f(x,y)$ 的连续性,有

$$f(0,0)=\lim\limits_{(x,y)\to(0,0)}f(x,y)=0.$$

另一方面,由 $\lim\limits_{(x,y)\to(0,0)}\alpha=0$ 知,存在点 $(0,0)$ 的去心邻域 $\mathring{U}_\delta(0)$,当 $(x,y)\in\mathring{U}_\delta(0)$ 时,$|\alpha|<\dfrac{b}{2}$,故在 $\mathring{U}_\delta(0)$ 内,$f(x,y)>0$. 所以 $f(0,0)$ 是 $f(x,y)$ 的极小值.

[注]　条件 $a>\dfrac{1}{2}$ 十分重要. 若 $a=\dfrac{1}{2}$,则 $b=0$,取 $y=-x$,$f(x,-x)=0+2\alpha x^2$,无法知道它的符号,所以并不能断言 $f(0,0)$ 为极小值.

例 8　设 $z=z(x,y)$ 是由 $x^2-6xy+10y^2-2yz-z^2+18=0$ 确定的连续函数,求 $z=z(x,y)$ 的极值点和极值.

分析　极值的必要条件,二元函数极值的充分条件,对显函数与隐函数是一样的.所以只要求出 $\dfrac{\partial z}{\partial x},\cdots,\dfrac{\partial^2 z}{\partial y^2}$ 等去检查即可.但为了说明在驻点处的确存在隐函数 $z=z(x,y)$,最后还得复查一下满足隐函数存在定理的条件.

解　命 $F(x,y,z)=x^2-6xy+10y^2-2yz-z^2+18=0$,由隐函数求导法有

$$\frac{\partial z}{\partial x}=-\frac{\dfrac{\partial F}{\partial x}}{\dfrac{\partial F}{\partial z}}=-\frac{2x-6y}{-2y-2z},\frac{\partial z}{\partial y}=-\frac{\dfrac{\partial F}{\partial y}}{\dfrac{\partial F}{\partial z}}=-\frac{-6x+20y-2z}{-2y-2z},$$

命

$$2x-6y=0,\quad -6x+20y-2z=0,$$

再与原方程

$$x^2 - 6xy + 10y^2 - 2yz - z^2 + 18 = 0$$

联立解得

$$(x, y, z)_1 = (9, 3, 3) \quad \text{或} \quad (x, y, z)_2 = (-9, -3, -3).$$

再计算二阶偏导数,

$$A = \frac{\partial^2 z}{\partial x^2}\bigg|_{(9,3,3)} = \frac{1}{6}, \ B = \frac{\partial^2 z}{\partial x \partial y}\bigg|_{(9,3,3)} = -\frac{1}{2}, \ C = \frac{\partial^2 z}{\partial y^2}\bigg|_{(9,3,3)} = \frac{5}{3},$$

$$B^2 - AC = -\frac{1}{36} < 0, \ A = \frac{1}{6} > 0.$$

由于在点 $(x, y, z)_1 = (9, 3, 3)$ 处,$\frac{\partial F}{\partial z} = -12 \neq 0$,所以在该处满足隐函数存在定理条件,故点 $(x, y)_1 = (9, 3)$ 的确为函数 $z = z_1(x, y)$ 的极小值点,极小值为 3.

类似地,对于点 $(x, y, z)_2 = (-9, -3, -3)$,有

$$A = \frac{\partial^2 z}{\partial x^2}\bigg|_{(-9,-3,-3)} = -\frac{1}{6}, \ B = \frac{\partial^2 z}{\partial x \partial y}\bigg|_{(-9,-3,-3)} = \frac{1}{2}, \ C = \frac{\partial^2 z}{\partial y^2}\bigg|_{(-9,-3,-3)} = -\frac{5}{3},$$

$$B^2 - AC = -\frac{1}{36} < 0, \ A = -\frac{1}{6} < 0.$$

由于在点 $(x, y, z)_2 = (-9, -3, -3)$ 处,$\frac{\partial F}{\partial z} = 12 \neq 0$,所以在该处满足隐函数存在定理条件,故点 $(x, y)_2 = (-9, -3)$ 的确为函数 $z = z_2(x, y)$ 的极大值点,极大值为 -3.

例 9 求函数 $f(x, y) = x^2 + 2y^2 - x^2 y^2$ 在区域 $D = \{(x, y) \mid x^2 + y^2 \leqslant 4, y \geqslant 0\}$ 上的最大值与最小值.

解 先求 $f(x, y)$ 在 D 的内部的驻点. 由

$$f'_x(x, y) = 2x - 2xy^2 = 0, \ f'_y(x, y) = 4y - 2x^2 y = 0,$$

解得 $x = 0$ 或 $y = \pm 1$;$x = \pm\sqrt{2}$ 或 $y = 0$. 经配对之后,位于区域 D 内部的点为 $M_1(-\sqrt{2}, 1)$,$M_2(\sqrt{2}, 1)$. 经计算,

$$f(-\sqrt{2}, 1) = 2, \quad f(\sqrt{2}, 1) = 2.$$

再考虑 D 的边界上的 $f(x, y)$. 在 $y = 0$ 上,$f(x, 0) = x^2$,最大值 $f(2, 0) = 4$,最小值 $f(0, 0) = 0$. 又在 $x^2 + y^2 = 4$ 上,

$$f(x, y)\big|_{x^2+y^2=4} = x^2 + 2(4 - x^2) - x^2(4 - x^2) = x^4 - 5x^2 + 8$$

$$\xlongequal{\text{记为}} g(x), \quad -2 < x < 2.$$

$$g'(x) = 4x^3 - 10x \xlongequal{\text{令}} 0,$$

得

$$x = 0 \quad \text{或} \quad x = \pm\frac{\sqrt{10}}{2}.$$

有 $g(0) = 8$,$g\left(\pm\frac{\sqrt{10}}{2}\right) = \frac{7}{4}$,比较以上所获得的那些函数值的大小,有

$$\max_{(x,y) \in D} f(x, y) = f(0, 2) = 8,$$

$$\min_{(x,y) \in D} f(x, y) = f(0, 0) = 0.$$

例 10 求三角形内一点到三边距离的乘积的最大值;并用此证明:当 $x > 0, y > 0, z > 0$

时成立不等式 $\sqrt[3]{xyz} \leqslant \dfrac{1}{3}(x+y+z)$.

解 设三角形的三边长分别为 a,b,c(均大于 0). 此三角形的面积设为 S,三角形内的点 P 到三边的距离分别为 x,y,z(均大于 0),则该点到三边的距离的乘积为

$$f = xyz.$$

将点 P 与该三角形顶点连线,该三角形被划分成三个小三角形. 由面积公式知道,有

$$\dfrac{1}{2}ax + \dfrac{1}{2}by + \dfrac{1}{2}cz = S.$$

这可以看成 x,y,z 应满足的约束条件. 由拉格朗日乘数法,命

$$W = xyz + \lambda(ax + by + cz - 2S),$$

$$\dfrac{\partial W}{\partial x} = yz + a\lambda \xlongequal{\text{命}} 0, \dfrac{\partial W}{\partial y} = xz + b\lambda \xlongequal{\text{命}} 0, \dfrac{\partial W}{\partial z} = xy + c\lambda \xlongequal{\text{命}} 0,$$

$$\dfrac{\partial W}{\partial \lambda} = ax + by + cz - 2S \xlongequal{\text{命}} 0.$$

解得唯一驻点 $(x_0, y_0, z_0) = \left(\dfrac{2S}{3a}, \dfrac{2S}{3b}, \dfrac{2S}{3c}\right)$. 显然,当点 P 位于三角形边界上时 $f = 0$,为 f 的最小值. 当点位于三角形内部时,f 存在最大值. 由于驻点唯一,故当 $(x, y, z) = \left(\dfrac{2S}{3a}, \dfrac{2S}{3b}, \dfrac{2S}{3c}\right)$ 时,f 最大. $\max f = \dfrac{8S^3}{27abc}$.

当 a,b,c,x,y,z 均为正数时,由已证有

$$xyz \leqslant \dfrac{8S^3}{27abc} = \dfrac{(ax + by + cz)^3}{27abc},$$

命 $a = b = c = 1$,推得

$$xyz \leqslant \dfrac{(x+y+z)^3}{27}, \quad 即 \sqrt[3]{xyz} \leqslant \dfrac{1}{3}(x+y+z). \tag{6.31}$$

例 11 设三角形三边长之和为定值 $2p$. 将此三角形绕其一条边旋转产生一旋转体. 欲使此旋转体体积为最大,求此三角形各边分别为多长?并问是绕哪条边旋转的?最大体积 V 是多少?

分析 无论三角形的两底角都是锐角或者有一底角为钝角或直角,绕其底边旋转产生的旋转体体积 V 的公式都是

$$V = \dfrac{\pi}{3} H^2 B,$$

其中 B 为底边的长,H 为对于此底边的高. 读者会推导吗?利用此公式,可方便地解决本题.

解 **方法 1** 设三角形底边长为 $2c(c < p)$,则另两边长之和为 $2p - 2c \xlongequal{\text{记为}} 2a$,因此顶点 C 位于以底边两端点为焦点、半长轴为 a 的椭圆弧上. 按通常办法,由椭圆标准方程知,顶点 C 到对边的高

$$y = b\sqrt{1 - \dfrac{x^2}{a^2}},$$

其中 $b = \sqrt{a^2 - c^2}$,上面的 H 就是这里的 y,于是

$$V = \frac{\pi}{3} \left(\frac{(a^2 - c^2)(a^2 - x^2)}{a^2} \right) \cdot 2c$$

以 $a = p - c$ 代入化为 (x, c) 的二元函数:

$$V = \frac{2\pi}{3} \left[p^2 - 2pc - \frac{p^2 - 2pc}{(p-c)^2} x^2 \right] c.$$

$$\frac{\partial V}{\partial x} = \frac{2\pi}{3} \left(-\frac{p^2 - 2pc}{(p-c)^2} \cdot 2x \right) c,$$

$$\frac{\partial V}{\partial c} = \frac{2\pi}{3} \left[\left(p^2 - 2pc - \frac{p^2 - 2pc}{(p-c)^2} x^2 \right) + \left(-2p - \frac{(p-c)(-2p) + 2(p^2 - 2pc)}{(p-c)^3} x^2 \right) c \right].$$

由 $\frac{\partial V}{\partial x} = 0$ 解得 $x = 0$ 或 $c = \frac{p}{2}$. 但当 $c = \frac{p}{2}$ 时 $a = p - c = \frac{p}{2}$, 三角形"压扁"了. 所以只得到 $x = 0$. 代入 $\frac{\partial V}{\partial c} = 0$ 中, 得 $c = \frac{p}{4}$. 以下验证当 $x = 0, c = \frac{p}{4}$ 时, V 达最大(实际上可以不必验证. 因为由实际问题本身可知必有最大值). 经简单的计算, 并以 $x = 0, c = \frac{p}{4}$ 代入, 得

$$\frac{\partial^2 V}{\partial x^2} = -\frac{32\pi}{27} < 0, \quad \frac{\partial^2 V}{\partial x \partial c} = 0, \quad \frac{\partial^2 V}{\partial c^2} = -\frac{8\pi p}{3} < 0,$$

$$\left(\frac{\partial^2 V}{\partial x \partial c} \right)^2 - \left(\frac{\partial^2 V}{\partial x^2} \right) \left(\frac{\partial^2 V}{\partial c^2} \right) < 0,$$

所以在 $x = 0, c = \frac{p}{4}$ 处, V 达最大, $V_{\max} = \frac{p^3}{12}$.

方法 2 用 3 边求三角形面积的公式. 设三角形的 3 条边长分别为 x、y、z. 则由平面几何公式知, 该三角形面积

$$S = \sqrt{p(p-x)(p-y)(p-z)},$$

设绕其旋转的那条边长为 $B = y$, 则又有

$$S = \frac{1}{2} Hy.$$

于是

$$V = \frac{\pi}{3} H^2 B = \frac{4\pi}{3} \cdot \frac{S^2}{y} = \frac{4}{3} \pi p \frac{(p-x)(p-y)(p-z)}{y},$$

其中

$$x + y + z = 2p.$$

将 V 取对数以化简计算:

$$\ln V = \ln \left(\frac{4}{3} \pi p \right) + \ln(p-x) + \ln(p-y) + \ln(p-z) - \ln y.$$

用拉格朗日乘数法. 命

$$F(x, y, z, \lambda) = \ln \left(\frac{4}{3} \pi p \right) + \ln(p-x) + \ln(p-y) + \ln(p-z) - \ln y + \lambda(x + y + z - 2p),$$

$$\frac{\partial F}{\partial x} = -\frac{1}{p-x} + \lambda = 0, \quad \frac{\partial F}{\partial y} = -\frac{1}{p-y} - \frac{1}{y} + \lambda = 0,$$

$$\frac{\partial F}{\partial z} = -\frac{1}{p-z} + \lambda = 0, \quad \frac{\partial F}{\partial \lambda} = x + y + z - 2p = 0.$$

解得 $x = z = \frac{3}{4} p, y = \frac{p}{2}$, 为唯一可能的极值点. 而根据问题本身知旋转体最大体积值是存在

的,所以知当 $x=z=\dfrac{3}{4}p$ 且 $y=\dfrac{p}{2}$ 时,V 最大,最大值为 $\dfrac{\pi}{12}p^3$.

例 12 设点 (x,y,z) 在第一卦限的球面 $x^2+y^2+z^2=5R^2$ 上,(1)求 $f(x,y,z)=xyz^3$ 的最大值;(2)证明对任意正数 a,b,c,不等式 $abc^3 \leqslant 27\left(\dfrac{a+b+c}{5}\right)^5$ 成立.

分析 求 $f(x,y,z)=xyz^3$ 的最大值点与求 $v=\ln f=\ln x+\ln y+3\ln z$ 的最大值点一致.由(1)建立起不等式再过渡到(2).

解 (1)命 $F(x,y,z,\lambda)=\ln x+\ln y+3\ln z+\lambda(x^2+y^2+z^2-5R^2)$,由 $\dfrac{\partial F}{\partial x}=0,\dfrac{\partial F}{\partial y}=0,$ $\dfrac{\partial F}{\partial z}=0,\dfrac{\partial F}{\partial \lambda}=0$ 得

$$\frac{1}{x}+2\lambda x=0,\ \frac{1}{y}+2\lambda y=0,\ \frac{3}{z}+2\lambda z=0,\ x^2+y^2+z^2-5R^2=0.$$

解得在第一卦限中唯一驻点:

$$x=R,\ y=R,\ z=\sqrt{3}R. \tag{6.32}$$

在约束条件下,当点从第一卦限内趋于第一卦限的边界时,$f\to 0$,不可能取到最大值. 而第一卦限内驻点唯一,所以

$$\max f(x,y,z)=f(R,R,\sqrt{3}R)=\sqrt{27}R^5.$$

(2) 由(1)有:当 $x^2+y^2+z^2=5R^2,x>0,y>0,z>0$ 时,

$$xyz^3 \leqslant \sqrt{27}\left(\frac{x^2+y^2+z^2}{5}\right)^{\frac{5}{2}},$$

于是

$$x^2y^2(z^2)^3 \leqslant 27\left(\frac{x^2+y^2+z^2}{5}\right)^5.$$

命 $a=x^2,b=y^2,c=z^2$,有

$$abc^3 \leqslant 27\left(\frac{a+b+c}{5}\right)^5.$$

例 13 设 $A,B,C,D,a>0,b>0$ 都是常数,$C\neq 0$. 求平面 $Ax+By+Cz+D=0$ 被椭圆柱面 $\dfrac{x^2}{a^2}+\dfrac{y^2}{b^2}=1$ 截下的有限部分的面积.

分析 被截下的有限部分在 xOy 平面上的投影是个椭圆 $\dfrac{x^2}{a^2}+\dfrac{y^2}{b^2}\leqslant 1$,其面积是有公式可计算的,则可知空间被截下部分的面积,这是方法 1,用不到求极值的方法.

另一方法是,利用求极值的方法求出被截出的椭圆的半长、短轴,便可求得面积.

解 方法 1 平面 $Ax+By+Cz+D=0$ 的法向量为

$$\boldsymbol{n}=\{A,B,C\},$$

$$\boldsymbol{n}^0=\{\cos\alpha,\cos\beta,\cos\gamma\},\ |\cos\gamma|=\frac{|C|}{\sqrt{A^2+B^2+C^2}},$$

投影的面积 $=\pi ab$.

所以所求的面积 $A=\dfrac{\pi ab}{|\cos\gamma|}=\dfrac{\pi ab}{|C|}\sqrt{A^2+B^2+C^2}$.

方法 2 平面 $Ax+By+Cz+D=0$ 与平面 $Ax+By+Cz=0$ 被椭圆柱面 $\dfrac{x^2}{a^2}+\dfrac{y^2}{b^2}=1$ 截

下的面积是相等的. 而后者被截下的这个椭圆中心在原点, 计算其半长、短轴比较方便.

设 (x,y,z) 为椭圆

$$l: \begin{cases} \dfrac{x^2}{a^2} + \dfrac{y^2}{b^2} = 1, \\[2mm] Ax + By + Cz = 0 \end{cases} \tag{6.33}$$

上的任意一点, $d = \sqrt{x^2+y^2+z^2}$ 为原点 (即椭圆中心) 到 l 上点 (x,y,z) 的距离. d_{max}, d_{min} 分别是长半轴与短半轴, 它们是存在的. 所以为求长、短半轴等价于求 d 在约束条件 (6.33) 下的最大、最小值. 由于 d 有根号不方便, 改为讨论 d^2. 命

$$F(x,y,z,\lambda,\mu) = x^2 + y^2 + z^2 - \lambda\left(\dfrac{x^2}{a^2} + \dfrac{y^2}{b^2} - 1\right) - \mu(Ax + By + Cz). \quad [\text{注 } 1]$$

由拉格朗日乘数法, 得

$$\begin{cases} 2x - \dfrac{2\lambda}{a^2}x - A\mu = 0, \quad 2y - \dfrac{2\lambda}{b^2}y - B\mu = 0, \quad 2z - C\mu = 0, \\[2mm] \dfrac{x^2}{a^2} + \dfrac{y^2}{b^2} - 1 = 0, \quad Ax + By + Cz = 0. \end{cases} \tag{6.34}$$

以 x,y,z 分别乘式 (6.34) 的第 1, 2, 3 式并相加, 易见有

$$\lambda = x^2 + y^2 + z^2.$$

故

$$d = \sqrt{x^2 + y^2 + z^2} = \sqrt{\lambda},$$
$$\max d = \sqrt{\lambda_{max}}, \quad \min d = \sqrt{\lambda_{min}}. \tag{6.35}$$

另一方面, 由式 (6.34) 的第 3 式得 $\mu = \dfrac{2z}{C}$, 代入式 (6.34) 第 1, 2 式得

$$x = \dfrac{Aa^2}{C(a^2+\lambda)}z, \quad y = \dfrac{Bb^2}{C(b^2+\lambda)}z,$$

代入式 (6.34) 第 5 式并稍作化简便得

$$C^2\lambda^2 - [(A^2+C^2)a^2 + (B^2+C^2)b^2]\lambda + (A^2+B^2+C^2)a^2b^2 = 0. \tag{6.36}$$

这是关于 λ 的二次方程, 经过计算, 其判别式

$$[(A^2+C^2)a^2 + (B^2+C^2)b^2]^2 - 4C^2(A^2+B^2+C^2)a^2b^2$$
$$= [(A^2+C^2)a^2 - (B^2+C^2)b^2]^2 + 4a^2b^2A^2B^2 > 0,$$

(仅当 $a=b$ 且 $A=B=0$ 时等号成立, 此时题意自明已不必讨论). 所以 λ 有两个不等实根, 且均为正, 式 (6.35) 的确有意义.

所截得的椭圆面积

$$S = \pi(\max d)(\min d) = \pi\sqrt{\lambda_{max}\lambda_{min}}.$$

由韦达定理, 得[注2]

$$S = \pi\sqrt{\dfrac{(A^2+B^2+C^2)a^2b^2}{C^2}} = \pi ab\,\dfrac{\sqrt{A^2+B^2+C^2}}{|C|}.$$

[**注 1**] λ 是一个数, 写成 $+\lambda$ 或 $-\lambda$ 本来无所谓. 但从后面的计算可见, 写成 $-\lambda$ 比较方便.

[**注 2**] 由韦达定理避免了分别计算 λ_{max} 与 λ_{min}.

由以上解法可见, 本题中多处运用了简化处理手法, 读者可细心体会.

例 14 在曲面 $2x^2 + 2y^2 + z^2 = 1$ 上求点 P，使函数 $u(x,y,z) = x^2 + y^2 + z^2$ 在点 P 沿方向 $l = \{1, -1, 0\}$ 的方向导数为最大.

解 $l^0 = \left\{ \dfrac{1}{\sqrt{2}}, -\dfrac{1}{\sqrt{2}}, 0 \right\}$,

$$\frac{\partial u}{\partial l} = \frac{\partial u}{\partial x} \cdot \frac{1}{\sqrt{2}} + \frac{\partial u}{\partial y} \left(-\frac{1}{\sqrt{2}} \right) + \frac{\partial u}{\partial z} \cdot 0 = \sqrt{2}(x - y).$$

按题意，就是求函数 $\sqrt{2}(x - y)$ 在约束条件 $2x^2 + 2y^2 + z^2 = 1$ 下的最大值. 命

$$F(x, y, z, \lambda) = x - y + \lambda(2x^2 + 2y^2 + z^2 - 1),$$

由 $\dfrac{\partial F}{\partial x} = 0, \dfrac{\partial F}{\partial y} = 0, \dfrac{\partial F}{\partial z} = 0, \dfrac{\partial F}{\partial \lambda} = 0$, 得

$$1 + 4\lambda x = 0, \quad -1 + 4\lambda y = 0, \quad 2\lambda z = 0, \quad 2x^2 + 2y^2 + z^2 - 1 = 0,$$

解得

$$(x, y, z)_1 = \left(\frac{1}{2}, -\frac{1}{2}, 0 \right) \quad 及 \quad (x, y, z)_2 = \left(-\frac{1}{2}, \frac{1}{2}, 0 \right).$$

在点 $M_1\left(\dfrac{1}{2}, -\dfrac{1}{2}, 0 \right)$ 处, $\dfrac{\partial u}{\partial l} = \sqrt{2}\left(\dfrac{1}{2} + \dfrac{1}{2} \right) = \sqrt{2}$；在点 $M_2\left(-\dfrac{1}{2}, \dfrac{1}{2}, 0 \right)$ 处, $\dfrac{\partial u}{\partial l} = -\sqrt{2}$. 所以在 M_1 处, $\dfrac{\partial u}{\partial l}$ 最大.

第六章习题

一、填空题

1. 设 $f(x, y) = \dfrac{1}{x^2 + y^2}\left(x^4 + y^4 \sin \dfrac{1}{y} \sin \dfrac{1}{x} \right)$，则 $\lim\limits_{(x,y) \to (0,0)} f(x, y) = \underline{\qquad}$, $\lim\limits_{y \to 0}(\lim\limits_{x \to 0} f(x, y)) = \underline{\qquad}$, $\lim\limits_{x \to 0}(\lim\limits_{y \to 0} f(x, y)) = \underline{\qquad}$.

2. 设 $f(x, y) = \dfrac{1}{x^2 + y^2}\left(x^2 + y^2 \sin \dfrac{1}{x} \right)$，则 $\lim\limits_{(x,y) \to (0,0)} f(x, y) = \underline{\qquad}$, $\lim\limits_{y \to 0}(\lim\limits_{x \to 0} f(x, y)) = \underline{\qquad}$, $\lim\limits_{x \to 0}(\lim\limits_{y \to 0} f(x, y)) = \underline{\qquad}$.

3. 设 $f(x, y) = \dfrac{1}{x^2 + y^2}\left(x^2 \sin \dfrac{1}{y} + y^2 \sin \dfrac{1}{x} \right)$，则 $\lim\limits_{(x,y) \to (0,0)} f(x, y) = \underline{\qquad}$, $\lim\limits_{y \to 0}(\lim\limits_{x \to 0} f(x, y)) = \underline{\qquad}$, $\lim\limits_{x \to 0}(\lim\limits_{y \to 0} f(x, y)) = \underline{\qquad}$.

4. $\lim\limits_{(x,y) \to (0,0)} \dfrac{\sin(xy)}{x} = \underline{\qquad}$.

5. $\lim\limits_{(x,y) \to (+\infty, +\infty)} (x^2 + y^2) e^{-(x+y)} = \underline{\qquad}$.

6. $\lim\limits_{(x,y) \to (+\infty, +\infty)} \left(\dfrac{xy}{x^2 + y^2} \right)^x = \underline{\qquad}$.

7. $\lim\limits_{(x,y) \to (+\infty, a)} \left(1 + \dfrac{1}{x} \right)^{\frac{x^2}{x+y}} = \underline{\qquad}$.

8. $\lim\limits_{(x,y) \to (0,0)} \dfrac{x^2 + y^2}{\sqrt{1 + |x| + |y|} - 1} = \underline{\qquad}$.

9. 设 $f(x,y) = \dfrac{\sin x^4 + 3x^2 y^2 + 2xy^3}{(x^2+y^2)^2}$，则 $\lim\limits_{(x,y)\to(0,0)} f(x,y) = $ ____，$\lim\limits_{x\to 0}(\lim\limits_{y\to 0} f(x,y)) = $ ____，$\lim\limits_{y\to 0}(\lim\limits_{x\to 0} f(x,y)) = $ ____.

二、解答题

10. 设 $f(x,y) = \dfrac{x^3 y}{x^6 + y^2}$，当 $(x,y) \neq (0,0)$；$f(0,0) = 0$. 试证明：

(1) 沿着过点 $O(0,0)$ 的射线

$$l: \begin{cases} x = t\cos\alpha, \\ y = t\sin\alpha, \end{cases} (0 \leqslant t < +\infty,\ \alpha \in [0,2\pi] \text{ 为确定的值}),$$

函数 $f(t\cos\alpha, t\sin\alpha)$ 对 t 在 $t=0$ 是连续的. 即对任意 $\alpha \in [0,2\pi]$，有

$$\lim_{t\to 0^+} f(t\cos\alpha,\ t\sin\alpha) = f(0,0) = 0.$$

(2) 函数 $f(x,y)$ 在点 $(0,0)$ 对 (x,y) 并不连续.

11. 设

$$f(x,y) = \begin{cases} \dfrac{\ln(1+xy)}{x}, & \text{当 } x \neq 0, \\ y, & \text{当 } x = 0. \end{cases}$$

讨论 $f(x,y)$ 在点 $(0,0)$ 处的连续性.

12. 设

$$f(x,y) = \begin{cases} 1, & \text{当 } 0 < y < x^2; \\ 0, & \text{当 } (x,y) \text{ 在其他处.} \end{cases}$$

讨论 $f(x,y)$ 在点 $(0,0)$ 处的连续性及点 $(0,0)$ 处沿任意方向的连续性.

13. 设 $D = \{(x,y)\,|\,x \geqslant 0, y \geqslant 0\}$，

$$f(x,y) = \begin{cases} \dfrac{x^2 + y^2}{x^2 y^2} \mathrm{e}^{-\frac{x+y}{xy}}, & \text{当 } (x,y) \in D, \text{且 } xy \neq 0; \\ 0, & \text{当 } (x,y) \in D, \text{且 } xy = 0. \end{cases}$$

试讨论 $f(x,y)$ 在 D 上的连续性.

14. 设二元函数

$$u = f(x,y) = \begin{cases} \dfrac{x^2 y}{x^4 + y^2}, & \text{当 } (x,y) \neq (0,0), \\ 0, & \text{当 } (x,y) = (0,0). \end{cases}$$

(1) 求 $\left.\dfrac{\partial u}{\partial x}\right|_{(0,0)}$，$\left.\dfrac{\partial u}{\partial y}\right|_{(0,0)}$.

(2) 设 $l^0 = \{\cos\alpha, \sin\alpha\}$ 为原点出发的单位向量，$\alpha \in [0,2\pi]$. 求方向导数 $\left.\dfrac{\partial u}{\partial l}\right|_{(0,0)}$.

15. 设 $u = u(x,y)$ 具有二阶连续偏导数，且满足方程 $\dfrac{\partial^2 u}{\partial x^2} = \dfrac{\partial^2 u}{\partial y^2}$. 又设 $u(x,2x) = x$，$\dfrac{\partial u}{\partial x}(x,2x) = x^2$. 求 $\dfrac{\partial^2 u}{\partial x^2}(x,2x)$，$\dfrac{\partial^2 u}{\partial x \partial y}(x,2x)$，$\dfrac{\partial^2 u}{\partial y^2}(x,2x)$.

16. 设 $f'_x(x,y)$ 在点 (x_0,y_0) 处关于 (x,y) 连续,又设 $f'_y(x_0,y_0)$ 存在.试证明 $f(x,y)$ 在点 (x_0,y_0) 处可微.(注意,这里的可微性充分条件比通常教科书上讲的可微性充分条件要弱)

17. 设函数 $f(z)$ 与 $\varphi(z)$ 可求任意导数,$z=z(x,y)$ 为由方程 $z=x+y\varphi(z)$ 确定的可微函数,$u=f(z)$.试证明:对任意正整数 n,

$$\frac{\partial^n u}{\partial y^n} = \frac{\partial^{n-1}}{\partial x^{n-1}}\left[(\varphi(z))^n \frac{\partial u}{\partial x}\right]$$

成立.

18. 设 $f(x,y)=\sqrt{|xy|}$.证明:$f'_x(0,0)$ 与 $f'_y(0,0)$ 都存在,但 $f(x,y)$ 在点 $(0,0)$ 处不可微.

19. 设

$$f(x,y) = \begin{cases} \dfrac{xy}{\sqrt{x^2+y^2}}, & 当(x,y) \neq (0,0); \\ 0, & 当(x,y) = (0,0). \end{cases}$$

证明:$f(x,y)$ 在点 $(0,0)$ 的某邻域内连续,且存在有界的偏导数 $f'_x(x,y)$ 与 $f'_y(x,y)$,但在点 $(0,0)$ 处 $f(x,y)$ 不可微.

20. 设 $f(x,y)=xy\cdot\dfrac{x^2-y^2}{x^2+y^2}$,当 $(x,y)\neq(0,0)$;$f(0,0)=0$.求 $f''_{xy}(0,0)$ 与 $f''_{yx}(0,0)$.

21. 设

$$f(x,y) = \begin{cases} (x+y)^2\sin\dfrac{1}{\sqrt{x^2+y^2}}, & (x,y) \neq (0,0); \\ 0, & (x,y) = (0,0). \end{cases}$$

(1) 求 $f'_x(x,y)$ 与 $f'_y(x,y)$;

(2) 证明 $f'_x(x,y)$ 与 $f'_y(x,y)$ 在点 $(0,0)$ 不连续;

(3) 证明 $f(x,y)$ 在点 $(0,0)$ 处可微.

22. 设方程

$$A\frac{\partial^2 u}{\partial x^2} + 2B\frac{\partial^2 u}{\partial x^2} + C\frac{\partial^2 u}{\partial y^2} = 0$$

中 A,B,C 为常数,$u(x,y)$ 具有二阶连续偏导数.

(1) 若 $B^2-AC<0$,则必存在非奇异线性变换

$$x = \alpha\xi + \beta\eta, \quad y = \gamma\xi + \delta\eta, \quad \alpha\delta - \beta\gamma \neq 0$$

将所给方程化为

$$\frac{\partial^2 u}{\partial \xi^2} + \frac{\partial^2 u}{\partial \eta^2} = 0.$$

(2) 若 $B^2-AC=0$,则必存在非奇异线性变换

$$x = a\xi + b\eta, \quad y = c\xi + d\eta, \quad ad - bc \neq 0$$

将所给方程化为

$$\frac{\partial^2 u}{\partial \eta^2} = 0.$$

(3) 若 $B^2-AC>0$,请见 6.1 节例 12.

23. 设由方程组 $u+v=x+y$，$y\sin u=x\sin v$ 确定 u,v 为 x,y 的可微函数. 求 $\dfrac{\partial u}{\partial x}\cdot\dfrac{\partial v}{\partial y}-\dfrac{\partial u}{\partial y}\cdot\dfrac{\partial v}{\partial x}-\dfrac{\partial u}{\partial x}+\dfrac{\partial u}{\partial y}$.

24. 设 $x=\cos\varphi\cos\theta,y=\cos\varphi\sin\theta,z=\sin\varphi$ 确定了 z 为 x,y 的可微函数 $z=z(x,y)$，试用两种方法求 $\dfrac{\partial^2 z}{\partial x^2}$.

25. (1) 设 $u=u(x,y)$ 可微，将 $\left(\dfrac{\partial u}{\partial x}\right)^2+\left(\dfrac{\partial u}{\partial y}\right)^2$ 用极坐标表示；(2) 设 $u=u(x,y)$ 具有二阶连续偏导数，将 $\dfrac{\partial^2 u}{\partial x^2}+\dfrac{\partial^2 u}{\partial y^2}$ 用极坐标表示.

26. (1) 设 $u=u(x,y,z)$ 可微，将 $\left(\dfrac{\partial u}{\partial x}\right)^2+\left(\dfrac{\partial u}{\partial y}\right)^2+\left(\dfrac{\partial u}{\partial z}\right)^2$ 变换成球面坐标：$x=r\sin\varphi\cos\theta,y=r\sin\varphi\sin\theta,z=r\cos\varphi$ 表示；(2) 设 $u=u(x,y,z)$ 具有二阶连续偏导数，将 $\dfrac{\partial^2 u}{\partial x^2}+\dfrac{\partial^2 u}{\partial y^2}+\dfrac{\partial^2 u}{\partial z^2}$ 变换成球面坐标表示.

27. 设 $x=x(u,v)$ 与 $y=y(u,v)$ 均可微，求其反函数 $u=u(x,y)$ 与 $v=v(x,y)$ 的一阶偏导数 $\dfrac{\partial u}{\partial x},\dfrac{\partial u}{\partial y},\dfrac{\partial v}{\partial x},\dfrac{\partial v}{\partial y}$（设式子中出现的分母不为零）.

28. 求由曲线 $\begin{cases}3x^2+2y^2=12,\\ z=0\end{cases}$ 绕 y 轴旋转一周得到的旋转曲面在点 $(0,\sqrt{3},\sqrt{2})$ 处的指向外侧的单位法向量.

29. 设常数 a,b,c 均为正. 设曲面 $xyz=\lambda$ 与曲面 $\dfrac{x^2}{a^2}+\dfrac{y^2}{b^2}+\dfrac{z^2}{c^2}=1$ 在第一卦限内某点相切，求常数 λ 的值，并求切点坐标及公共切平面方程.

30. 已知曲面 $x^2+y^2+z^2-yz=1$ 为椭球面. 求它在 xOy 平面上的投影（闭）区域.

31. 设椭球面 $\dfrac{x^2}{a^2}+\dfrac{y^2}{b^2}+\dfrac{z^2}{c^2}=1$ 上的点 $p(x,y,z)$ 处的法向量与 x 轴的交角等于与 z 轴的交角，求 p 的轨线方程；并求此轨线在 xOy 平面上的投影线的方程.

32. 设 $F(u,v)$ 具有连续的偏导数，且 F'_u 与 F'_v 不同时为零. 求曲面 $F\left(\dfrac{x-a}{z-c},\dfrac{y-b}{z-c}\right)=0$ 上任意一点 (x_0,y_0,z_0) 处的切平面方程. 并证明：不论 (x_0,y_0,z_0) 如何，这些切平面都经过同一个定点. 并请求出此定点.

33. 设 $\Phi(u)$ 具有连续的一阶导数，证明：曲面 $ax+by+cz=\Phi(x^2+y^2+z^2)$ 在点 (x_0,y_0,z_0) 处的法向量与两向量 $\{x_0,y_0,z_0\}$、$\{a,b,c\}$ 共面.

34. 设 $u(x,y,z)$ 与 $v(x,y,z)$ 在点 $p_0(x_0,y_0,z_0)$ 处均可微. (1) 求等量面 $v(x,y,z)=v(x_0,y_0,z_0)$ 在 p_0 处沿 v 增加方向的法向量 $\boldsymbol{n}$；(2) 求 $u(x,y,z)$ 在 p_0 处的梯度 $\mathbf{grad}u|_{p_0}$；(3) 求 $\boldsymbol{n}$ 与 $\mathbf{grad}u|_{p_0}$ 的夹角余弦.

35. 设 $u=u(x,y,z)$ 是由方程 $e^{z+u}-xy-yz-zu=0$ 确定的 x,y,z 的可微函数，求 $u=u(x,y,z)$ 在点 $p(1,1,0)$ 处的方向导数的最小值.

36. $f(x,y)=x+y+4\sin x\sin y$，求 $f(x,y)$ 的极大值点及极小值点.

37. 设函数 $z=z(x,y)$ 是由方程 $(x+y)^2+(y+z)^2+(z+x)^2=3$ 确定的可微的函数，求 $z=z(x,y)$ 的极值点及极值.

38. 求函数 $u=x^2+2y^2+3z^2$ 在闭区域 $D=\{(x,y,z)\,|\,x^2+y^2+z^2\leqslant 100\}$ 上的最大值与最小值.

39. 求函数 $u=x^2+y^2-12x+16y$ 在闭区域 $D=\{(x,y)\,|\,x^2+y^2\leqslant 25\}$ 上的最大值与最小值.

40. 经过第一卦限中的点 (a,b,c) 作平面与三坐标轴的正向相交，如何作使该平面与三坐标面围成的四面体体积最小？

41. 在第一卦限内作椭球面 $\dfrac{x^2}{a^2}+\dfrac{y^2}{b^2}+\dfrac{z^2}{c^2}=1$ 的切平面，使得切平面与三坐标轴围成的四面体体积为最小，求切点的坐标.

42. 求曲面 $4z=3x^2-2xy+3y^2$ 到平面 $x+y-4z=1$ 的最短距离.

43. 从原点到曲线 C：$\begin{cases} x^2+y^2-z^2=0, \\ 3x+z-1=0 \end{cases}$ 上点的距离有无最长？有无最短？若有求之. 若无请说明理由.

44. 设二元函数 $u(x,y)=75-x^2-y^2+xy$，其定义域为 $D=\{(x,y)\,|\,x^2+y^2-xy\leqslant 75\}$.

(1) 设点 $M(x_0,y_0)\in D$，求过 M_0 的方向向量 $\boldsymbol{l}=\{\cos\alpha,\cos\beta\}$，使 $\dfrac{\partial u}{\partial l}\Big|_{M_0}$ 为最大. 并记此最大值为 $g(x_0,y_0)$；

(2) 设 M_0 在 D 的边界 $x^2+y^2-xy=75$ 上变动，求 $g(x_0,y_0)$ 的最大值.

45. 已知曲线 C：$\begin{cases} x^2+y^2-2z^2=0, \\ x+y+3z=5, \end{cases}$ 求 C 上距 xOy 平面最远的点和最近的点.

46. 设 $u=x+y+z$ 及球面 S：$x^2+y^2+z^2=1$. 求球面上的点 $P_0(x_0,y_0,z_0)$，使 u 在点 P_0 处沿 S 的外法线方向的方向导数为最大.

47. 设 x,y,z 为实数且 $e^x+y^2+|z|=3$，证明 $e^x y^2|z|\leqslant 1$.

48. 在约束条件 $x^2+y^2+z^2=1$，$x+y+z=0$ 下，求 $u=xyz$ 的最大值与最小值.

49. 在约束条件 $x^2+y^2+z^2=1$；$x\cos\alpha+y\cos\beta+z\cos\gamma=0$ 下，求 $u=\dfrac{x^2}{a^2}+\dfrac{y^2}{b^2}+\dfrac{z^2}{c^2}$ 的最大值与最小值. 其中 $a>b>c>0$，$\cos^2\alpha+\cos^2\beta+\cos^2\gamma=1$.

50. 求过原点的平面 $x\cos\alpha+y\cos\beta+z\cos\gamma=0$ 被椭球面 $\dfrac{x^2}{a^2}+\dfrac{y^2}{b^2}+\dfrac{z^2}{c^2}=1$ 截下的有限部分的面积. 其中 $\cos^2\alpha+\cos^2\beta+\cos^2\gamma=1$，$a>0,b>0,c>0$ 为常数.

51. 在椭圆抛物面 $\dfrac{z}{c}=\dfrac{x^2}{a^2}+\dfrac{y^2}{b^2}$ 与平面 $z=c$ 围成的空间区域中，放置有最大体积的长方体，求该长方体体积. 其中 $a>0,b>0,c>0$ 均为常数.

第六章习题答案

1. 依次为 0，不存在，0.

2. 依次为不存在，不存在，1.

3. 都不存在.

4. 0. 由 $\left|\dfrac{\sin xy}{x}\right| \leqslant \dfrac{|xy|}{|x|} = |y|$. 如果下面那样做：$\lim\limits_{(x,y)\to(0,0)} \dfrac{\sin(xy)}{x} =$

$\lim\limits_{(x,y)\to(0,0)} \left(\dfrac{\sin(xy)}{xy} \cdot \dfrac{xy}{x}\right) = \lim\limits_{(x,y)\to(0,0)} \left(\dfrac{\sin(xy)}{xy} \cdot y\right) = 1 \cdot 0 = 0$，则是不允许的，因为 $(x,y)\to$

$(0,0)$ 的过程中，y 可以取到 0，乘、除 xy 是不允许的.

5. 0. 　　6. 0. 　　7. e. 　　8. 0. 　　9. 不存在,1,0.

10. 参照 6.1 节例 4.

11. $f(0,0)=0$；$|f(x,y)|\leqslant|y|$，即可证明.

12. $f(x,y)$ 在点 $(0,0)$ 处二重极限不存在,所以不连续；而沿任意方向是连续的.

13. 当 $(x_0,y_0)\in D$ 且 $x_0 y_0\neq 0$ 时,$f(x,y)$ 在点 (x_0,y_0) 连续是显然的. 在点 $(0,y_0)$ 处

$(y_0>0)$,取点 (x,y) $(x>0,y>0)$,有 $f(x,y)-f(0,y_0)=\dfrac{x^2+y^2}{x^2 y^2}\mathrm{e}^{-\frac{x+y}{xy}}=\dfrac{1}{y^2}\mathrm{e}^{-\frac{1}{y}}\mathrm{e}^{-\frac{1}{x}}+$

$\dfrac{1}{x^2}\mathrm{e}^{-\frac{1}{x}}\mathrm{e}^{-\frac{1}{y}}$. 当 $(x,y)\to(0^+,y_0)$ 时,上式右边 $\to 0$.其他情形类似可证. 结论：$f(x,y)$ 在 D 上

处处连续.

14. (1) $0,0$；(2) 当 $\alpha\neq 0,\pi$ 时,$\left.\dfrac{\partial u}{\partial l}\right|_{(0,0)}=\dfrac{\cos^2\alpha}{\sin\alpha}$；当 $\alpha=0$ 或 π 时,$\left.\dfrac{\partial u}{\partial l}\right|_{(0,0)}=0$.

15. 顺次为 $-\dfrac{4}{3}x$, $-\dfrac{4}{3}x$, $\dfrac{5}{3}x$.

16. 提示：$f(x_0+\Delta x,y_0+\Delta y)-f(x_0,y_0)=f(x_0+\Delta x,y_0+\Delta y)-f(x_0,y_0+\Delta y)+f(x_0,y_0+\Delta y)-f(x_0,y_0)$.

17. 用数学归纳法.

18. 仿 6.1 节例 7 的①.

19. 按定义讨论 $f(x,y)$ 在点 $(0,0)$ 处的连续性.求出导函数,讨论其有界性.

20. $f''_{xy}(0,0)=0$, $f''_{yx}(0,0)=1$.

21. (1) $f'_x(x,y)=2(x+y)\sin\dfrac{1}{\sqrt{x^2+y^2}}-\dfrac{1}{2}(x+y)^2\cos\dfrac{1}{\sqrt{x^2+y^2}}\cdot\dfrac{x}{\sqrt{(x^2+y^2)^3}}$,当

$(x,y)\neq(0,0)$；$f'_x(0,0)=0$. $f'_y(x,y)=2(x+y)\sin\dfrac{1}{\sqrt{x^2+y^2}}-\dfrac{1}{2}(x+y)^2\cos\dfrac{1}{\sqrt{x^2+y^2}}\cdot$

$\dfrac{y}{\sqrt{(x^2+y^2)^3}}$,$f'_y(0,0)=0$. (2) 由(1)可知 $f'_x(x,y)$ 与 $f'_y(x,y)$ 在 $(0,0)$ 处不连续. (3) 由

$\dfrac{f(x,y)-f(0,0)}{\sqrt{x^2+y^2}}\longrightarrow 0$(当 $(x,y)\to(0,0)$)知 $f(x,y)$ 在 $(0,0)$ 处可微.

22. (1) $\xi=px+y,\eta=qx$,其中 $p=-\dfrac{B}{A}$,$q=\dfrac{\sqrt{AC-B^2}}{A}\neq 0$；(2) 不妨设 $AC\neq 0$(因若

不然,则 $B=0$,方程本身就是 $\dfrac{\partial^2 u}{\partial\eta^2}=0$ 的形式),作变换 $\xi=px+y,\eta=y$,其中 $p=-\dfrac{B}{A}$.请读

者注意 p 与 q 的形式与二次代数方程 $A\lambda^2+2B\lambda+C=0$ 的关系.

23. 0.

24. 化成直角坐标为 $x^2+y^2+z^2=1$,$\dfrac{\partial^2 z}{\partial x^2}=-\dfrac{x^2+z^2}{z^3}$；或者直接由参数式对 x 求偏导

数,$\dfrac{\partial^2 z}{\partial x^2} = -\dfrac{\sin^2\varphi + \cos^2\varphi\cos^2\theta}{\sin^3\varphi}$.

25. (1) $\left(\dfrac{\partial u}{\partial r}\right)^2 + \dfrac{1}{r^2}\left(\dfrac{\partial u}{\partial \theta}\right)^2$. 由 $x = r\cos\theta, y = r\sin\theta$ 对 x 求偏导数解得 $\dfrac{\partial r}{\partial x}$ 与 $\dfrac{\partial \theta}{\partial x}$,对 y 求偏导解得 $\dfrac{\partial r}{\partial y}$ 与 $\dfrac{\partial \theta}{\partial y}$. 再由复合求导公式得 $\dfrac{\partial u}{\partial x}$ 与 $\dfrac{\partial u}{\partial y}$; (2) $\dfrac{\partial^2 u}{\partial r^2} + \dfrac{1}{r}\dfrac{\partial u}{\partial r} + \dfrac{1}{r^2}\dfrac{\partial^2 u}{\partial \theta^2}$.

26. (1) $\left(\dfrac{\partial u}{\partial r}\right)^2 + \dfrac{1}{r^2}\left(\dfrac{\partial u}{\partial \varphi}\right)^2 + \dfrac{1}{r^2\sin^2\varphi}\left(\dfrac{\partial u}{\partial \theta}\right)^2$; (2) $\dfrac{1}{r^2}\left[\dfrac{\partial}{\partial r}\left(r^2\dfrac{\partial u}{\partial r}\right) + \dfrac{1}{\sin\varphi}\dfrac{\partial}{\partial \varphi}\left(\sin\varphi\dfrac{\partial u}{\partial \varphi}\right) + \dfrac{1}{\sin^2\varphi}\dfrac{\partial^2 u}{\partial \theta^2}\right]$. 两种办法:一种是仿 25 题方法;另一种方法是,先将球面坐标分解成两个逐次变换:$x = R\cos\theta, y = r\sin\theta, z = z$,再作 $R = r\sin\varphi, \theta = \theta, z = r\cos\varphi$. 每一个变换套 25 题的结果.

27. $\dfrac{\partial u}{\partial x} = \dfrac{1}{J}\dfrac{\partial y}{\partial v}$, $\dfrac{\partial v}{\partial x} = -\dfrac{1}{J}\dfrac{\partial y}{\partial u}$, $\dfrac{\partial u}{\partial y} = -\dfrac{1}{J}\dfrac{\partial x}{\partial v}$, $\dfrac{\partial v}{\partial y} = \dfrac{1}{J}\dfrac{\partial x}{\partial u}$, 其中 $J = \dfrac{\partial x}{\partial u}\dfrac{\partial y}{\partial v} - \dfrac{\partial x}{\partial v}\dfrac{\partial y}{\partial u}$.

28. $\dfrac{1}{\sqrt{5}}\{0, \sqrt{2}, \sqrt{3}\}$.

29. $\lambda = \dfrac{abc}{\sqrt{27}}$,切点坐标 $\left(\dfrac{a}{\sqrt{3}}, \dfrac{b}{\sqrt{3}}, \dfrac{c}{\sqrt{3}}\right)$,切平面方程 $\dfrac{x}{a} + \dfrac{y}{b} + \dfrac{z}{c} = \sqrt{3}$.

30. $\left\{(x,y)\ \middle|\ x^2 + \dfrac{3}{4}y^2 \leqslant 1\right\}$. 仿 6.2 节例 2.

31. $\dfrac{x}{a^2} = \dfrac{z}{c^2}$ 与 $\dfrac{x^2}{a^2} + \dfrac{y^2}{b^2} + \dfrac{z^2}{c^2} = 1$ 联立;$\left(\dfrac{1}{a^2} + \dfrac{c^2}{a^4}\right)x^2 + \dfrac{y^2}{b^2} = 1$, $z = 0$.

32. 切平面方程 $\left(\dfrac{\partial F}{\partial u}\right)_0 \dfrac{1}{z_0 - c}(x - x_0) + \left(\dfrac{\partial F}{\partial v}\right)_0 \dfrac{1}{z_0 - c}(y - y_0) + \left[\left(\dfrac{\partial F}{\partial u}\right)_0\left(-\dfrac{x_0 - a}{(z_0 - c)^2}\right) + \left(\dfrac{\partial F}{\partial v}\right)_0\left(-\dfrac{y_0 - b}{(z_0 - c)^2}\right)\right](z - z_0) = 0$. 都通过点 (a, b, c).

33. 用混合积证共面.

34. (1) $\boldsymbol{n} = \left\{\dfrac{\partial v}{\partial x}, \dfrac{\partial v}{\partial y}, \dfrac{\partial v}{\partial z}\right\}_{P_0}$; (2) $\mathbf{grad}u\ |_{P_0} = \left\{\dfrac{\partial u}{\partial x}, \dfrac{\partial u}{\partial y}, \dfrac{\partial u}{\partial z}\right\}_{P_0}$; (3) $\cos\theta = \left(\dfrac{\partial u}{\partial x}\dfrac{\partial v}{\partial x} + \dfrac{\partial u}{\partial y}\dfrac{\partial v}{\partial y} + \dfrac{\partial u}{\partial z}\dfrac{\partial v}{\partial z}\right)\middle/\left(\left(\dfrac{\partial u}{\partial x}\right)^2 + \left(\dfrac{\partial u}{\partial y}\right)^2 + \left(\dfrac{\partial u}{\partial z}\right)^2\right)^{\frac{1}{2}}\left(\left(\dfrac{\partial v}{\partial x}\right)^2 + \left(\dfrac{\partial v}{\partial y}\right)^2 + \left(\dfrac{\partial v}{\partial z}\right)^2\right)^{\frac{1}{2}}\bigg|_{P_0}$.

35. $-\sqrt{2}$.

36. 驻点 $P_{m,n}: x = \dfrac{\pi}{12}(-1)^{m+1} + (m+n)\dfrac{\pi}{2}$, $y = \dfrac{\pi}{12}(-1)^{m+1} + (m-n)\dfrac{\pi}{2}$(其中 $m, n = 0, \pm 1, \pm 2, \cdots, m$ 与 n 任意配对). 当 m 为奇数且 n 为偶数时,$P_{m,n}$ 为极大值点;当 m 为偶数且 n 为奇数时,$P_{m,n}$ 为极小值点;当 m 与 n 有相同的奇、偶性时 $P_{m,n}$ 不是极值点.

37. 当 $x = y = \dfrac{1}{2}$ 时,$z = -\dfrac{3}{2}$ 为极小值;当 $x = y = -\dfrac{1}{2}$ 时,$z = \dfrac{3}{2}$ 为极大值.

38. $\max u = 300$, $\min u = 0$.

39. $\min u = -75$, $\max u = 125$.

40. 所作的平面方程为 $\dfrac{x}{3a} + \dfrac{y}{3b} + \dfrac{z}{3c} = 1$.

41. $\left(\dfrac{a}{\sqrt{3}}, \dfrac{b}{\sqrt{3}}, \dfrac{c}{\sqrt{3}}\right)$.

42. $\dfrac{\sqrt{2}}{8}$.

43. 有最短距离为 $\dfrac{\sqrt{2}}{4}$,无最长距离,因 C 是双曲线.

44. (1) 函数 u 在点 $M_0(x_0,y_0)$ 处的梯度方向 $\{y_0-2x_0,\ x_0-2y_0\}$ 使 $\dfrac{\partial u}{\partial \boldsymbol{l}}\Big|_{M_0}$ 最大,最大值为 $\sqrt{5x_0{}^2+5y_0{}^2-8x_0y_0}$;(2) $g(x_0,y_0)$ 的最大值为 450.

45. 最远的点为 $(-5,-5,5)$;最近的点为 $(1,1,1)$.

46. $p_0\left(\dfrac{1}{\sqrt{3}},\dfrac{1}{\sqrt{3}},\dfrac{1}{\sqrt{3}}\right)$ 处 $\dfrac{\partial u}{\partial \boldsymbol{n}}\Big|_{p_0}=\sqrt{3}$ 为最大.

47. 提示:在约束条件 $u^2+v^2+w^2=3$ 下,求 $u^2v^2w^2$ 的最大值.

48. $u_{\min}=-\dfrac{1}{3\sqrt{6}}$, $u_{\max}=\dfrac{1}{3\sqrt{6}}$.

49. $u_{\min}=\lambda_1$, $u_{\max}=\lambda_2$,其中 λ_1,λ_2 为方程 $\lambda^2-\left(\dfrac{\sin^2\alpha}{a^2}+\dfrac{\sin^2\beta}{b^2}+\dfrac{\sin^2\gamma}{c^2}\right)\lambda+\left(\dfrac{\cos^2\alpha}{b^2c^2}+\dfrac{\cos^2\beta}{a^2c^2}+\dfrac{\cos^2\gamma}{a^2b^2}\right)=0$ 的两实根,$(\lambda_1<\lambda_2)$.

50. 仿 6.2 节例 13 方法 2. $\dfrac{\pi abc}{\sqrt{a^2\cos^2\alpha+b^2\cos^2\beta+c^2\cos^2\gamma}}$.

51. $\dfrac{1}{2}abc$.

第七章 多元函数积分学

7.1 二重积分

二重积分中涉及的内容大致有:

(1) 直角坐标中的定限及计算;

(2) 极坐标中的定限及计算;

(3) 直角坐标中交换积分次序;

(4) 直—极互换;

(5) 坐标变换;

(6) 讨论(或利用)二重积分的性质,证明题;

(7) 几何应用和物理应用.

其中(1)至(4)基本上无难点,关键是要看准用何种方法处理较方便、快捷,这就需要有相当的熟练程度.(5)根据积分区域并结合被积函数,选取适当的坐标变换计算二重积分,是有技巧性的题. 非数学类的教科书中不一定介绍这些,读者宜细心体会.(6)用到的性质、方法较多,例如奇、偶性,轮换对称性,积分中值定理,化成定积分,等等.(7)几何应用与物理应用,大都有基本公式,再用微元法处理即可.至于被积函数为分块情形(例如具有绝对值号,具有最值号,具有取整值的函数),应如同定积分那样处理,见例题.

例 1 $I = \int_0^1 dy \int_0^1 \sqrt{e^{2x} - y^2}\, dx + \int_1^e dy \int_{\ln y}^1 \sqrt{e^{2x} - y^2}\, dx = \underline{\quad\quad}$.

分析 无法直接先对 x 积分,宜交换积分次序考虑之.

解 应填 $\frac{\pi}{8}(e^2 - 1)$.

由原积分的限知,将 D 划分为 $D_1 \bigcup D_2$,其中

$D_1 = \{(x,y) \mid 0 \leqslant x \leqslant 1, 0 \leqslant y \leqslant 1\} = \{(x,y) \mid 0 \leqslant y \leqslant 1, 0 \leqslant x \leqslant 1\}$;

$D_2 = \{(x,y) \mid \ln y \leqslant x \leqslant 1, 1 \leqslant y \leqslant e\} = \{(x,y) \mid 1 \leqslant y \leqslant e^x, 0 \leqslant x \leqslant 1\}$.

所以积分区域

$$D = D_1 \bigcup D_2 = \{(x,y) \mid 0 \leqslant y \leqslant e^x, 0 \leqslant x \leqslant 1\}.$$

$$I = \int_0^1 dx \int_0^{e^x} \sqrt{e^{2x} - y^2}\, dy.$$

有两个方法求上述积分.

方法 1 将 $\int_0^{e^x} \sqrt{e^{2x} - y^2}\, dy$ 看成半径为 e^x 的圆面积的 $\frac{1}{4}$,从而

$$I = \int_0^1 \frac{\pi}{4}(e^x)^2\, dx = \frac{\pi}{8} e^{2x} \Big|_0^1 = \frac{\pi}{8}(e^2 - 1).$$

方法 2 作变量变换,命 $y=\mathrm{e}^x\sin t$(x 视为常数),$\displaystyle\int_0^{\mathrm{e}^x}\sqrt{\mathrm{e}^{2x}-y^2}\,\mathrm{d}y=\mathrm{e}^{2x}\int_0^{\frac{\pi}{2}}\cos^2 t\,\mathrm{d}t=\frac{\pi}{4}\mathrm{e}^{2x}$, 从而

$$I=\int_0^1\frac{\pi}{4}\mathrm{e}^{2x}\,\mathrm{d}x=\frac{\pi}{8}(\mathrm{e}^2-1).$$

例 2 设 $f(x)$ 为连续函数,$\displaystyle F(t)=\int_1^t\mathrm{d}y\int_y^t f(x)\,\mathrm{d}x$,则 $F'(2)=$ ____.

分析 宜采用变限求导定理.不过里面的积分 $\displaystyle\int_y^t f(x)\,\mathrm{d}x$ 的上限 t,含于外面积分 $\displaystyle\int_1^t\left(\int_y^t f(x)\,\mathrm{d}x\right)\mathrm{d}y$ 的被积函数中,按照一般工科教科书的要求,宜先将此 t 从被积函数中析离开来.

解 应填 $f(2)$.

方法 1 交换积分次序:

$$F(t)=\int_1^t\mathrm{d}y\int_y^t f(x)\,\mathrm{d}x=\int_1^t\mathrm{d}x\int_1^x f(x)\,\mathrm{d}y=\int_1^t(x-1)f(x)\,\mathrm{d}x,$$
$$F'(t)=(t-1)f(t),\quad F'(2)=f(2).$$

方法 2 命一个原函数.设 $\Phi'(x)=f(x)$,

$$F(t)=\int_1^t\left[\Phi(t)-\Phi(y)\right]\mathrm{d}y=(t-1)\Phi(t)-\int_1^t\Phi(y)\,\mathrm{d}y,$$
$$F'(t)=(t-1)\Phi'(t)+\Phi(t)-\Phi(t)=(t-1)\Phi'(t)=(t-1)f(t),$$
$$F'(2)=f(2).$$

方法 3 分部积分法.

$$F(t)=\int_1^t\left[\int_y^t f(x)\,\mathrm{d}x\right]\mathrm{d}y=\left[y\int_y^t f(x)\,\mathrm{d}x\right]_1^t+\int_1^t yf(y)\,\mathrm{d}y$$
$$=-\int_1^t f(x)\,\mathrm{d}x+\int_1^t yf(y)\,\mathrm{d}y=\int_1^t(x-1)f(x)\,\mathrm{d}x.$$
$$F'(t)=(t-1)f(t),\ F'(2)=f(2).$$

[注 1] 以上三个方法,是化简含有函数记号或第一道积分无法进行的逐次积分的重要方法.

[注 2] 也可直接采用下述形式的含参变量的变限求导定理,该定理的一般形式如下:

定理 设函数 $f(t,x)$ 及 $\dfrac{\partial}{\partial t}f(t,x)$ 为二元连续函数,$\varphi_1(t)$ 与 $\varphi_2(t)$ 分别为一元可微函数,则

$$\frac{\mathrm{d}}{\mathrm{d}t}\int_{\varphi_1(t)}^{\varphi_2(t)}f(t,x)\,\mathrm{d}x=f(t,\varphi_2(t))\varphi_2'(t)-f(t,\varphi_1(t))\varphi_1'(t)$$
$$+\int_{\varphi_1(t)}^{\varphi_2(t)}f_t'(t,x)\,\mathrm{d}x. \tag{7.1}$$

若其中 $f(t,x)$ 不含 t,则 $f_t'(t,x)\equiv 0$,公式 (7.1) 成为通常见到的变限求导公式:

$$\frac{\mathrm{d}}{\mathrm{d}t}\int_{\varphi_1(t)}^{\varphi_2(t)}f(x)\,\mathrm{d}x=f(\varphi_2(t))\varphi_2'(t)-f(\varphi_1(t))\varphi_1'(t). \tag{7.2}$$

现在本题中被积函数为

$$\psi(t,y) = \int_y^t f(x)\,\mathrm{d}x,$$

而

$$F(t) = \int_1^t \psi(t,y)\,\mathrm{d}y,$$

即被积函数 $\psi(t,y)$ 中含有参量 t，积分 $\int_1^t \psi(t,y)\,\mathrm{d}y$ 的上限中也有 t，可套用公式(7.1)如下：

$$F'(t) = \psi(t,t) \cdot t_t' + \int_1^t \left(\int_y^t f(x)\,\mathrm{d}x \right)_t' \mathrm{d}y$$

$$= 0 + \int_1^t f(t)\,\mathrm{d}y = (t-1)f(t),$$

$$F'(2) = f(2).$$

例 3　设 $f(x)$ 为连续函数且恒不为零，$D = \{(x,y) \mid x^2 + y^2 \leqslant R^2\}$，则 $I = \iint\limits_D \dfrac{af(x) + bf(y)}{f(x) + f(y)}\mathrm{d}\sigma =$ ＿＿＿．

分析　设将区域 D 中的 x 与 y 轮换之后成为的区域记为 D_1，并设 $\varphi(x,y)$ 在 D 上连续，则有

$$\iint\limits_D \varphi(x,y)\,\mathrm{d}\sigma = \iint\limits_{D_1} \varphi(y,x)\,\mathrm{d}\sigma. \tag{7.3}$$

特别，若 x 与 y 轮换之后 D 不变，则式(7.3)成为

$$\iint\limits_D \varphi(x,y)\,\mathrm{d}\sigma = \iint\limits_D \varphi(y,x)\,\mathrm{d}\sigma. \tag{7.3}'$$

公式(7.3)与公式(7.3)$'$都称为**二重积分的轮换对称性公式**．

解　应填 $\dfrac{1}{2}(a+b)\pi R^2$．

$$I = \iint\limits_D \frac{af(x) + bf(y)}{f(x) + f(y)}\mathrm{d}\sigma = \iint\limits_D \frac{af(y) + bf(x)}{f(y) + f(x)}\mathrm{d}\sigma,$$

$$2I = \iint\limits_D \frac{a(f(x) + f(y)) + b(f(x) + f(y))}{f(x) + f(y)}\mathrm{d}\sigma = \iint\limits_D (a+b)\,\mathrm{d}\sigma$$

$$= (a+b)\pi R^2,$$

所以 $I = \dfrac{1}{2}(a+b)\pi R^2$．

例 4　设 D 是由曲线 $y = x^3$ 与 $x = -1, y = 1$ 所围成的有界闭区域，则 $\iint\limits_D (y^2 + \sin(xy))\mathrm{d}\sigma =$ ＿＿＿．

分析　如图 7-1，如果积分区域 D 关于 y 轴对称，其中 D_1 为 D 中 $x \geqslant 0$ 的部分，D_2 为 D 中 $x \leqslant 0$ 部分．并设 $f(x,y)$ 在 D 上连续，则有

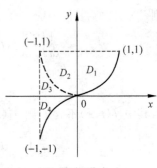

图 7-1

$$\iint\limits_D f(x,y)\,\mathrm{d}\sigma = \begin{cases} 2\iint\limits_{D_1} f(x,y)\,\mathrm{d}\sigma, & \text{若 } f(-x,y) = f(x,y); \\ 0, & \text{若 } f(-x,y) = -f(x,y). \end{cases} \tag{7.4}$$

如果积分区域 D 关于 x 轴对称,其中 D_3 为 D 中 $y\geqslant 0$ 的部分,D_4 为 D 中 $y\leqslant 0$ 的部分,并设 $f(x,y)$ 在 D 上连续,则有

$$\iint\limits_{D}f(x,y)\mathrm{d}\sigma = \begin{cases} 2\iint\limits_{D_3}f(x,y)\mathrm{d}\sigma, & \text{若 } f(x,-y)=f(x,y); \\ 0, & \text{若 } f(x,-y)=-f(x,y). \end{cases} \tag{7.5}$$

如果所给区域有某种对称性,或能创造出某种对称性,则可利用公式(7.3)~公式(7.5)化简计算.

解 应填 $\dfrac{2}{3}$.

如图 7-1,作曲线 $y=-x^3$,连同 x 轴与 y 轴,将 D 分成 4 块 D_1,D_2,D_3 与 D_4.

$$\iint\limits_{D}(y^2+\sin(xy))\mathrm{d}\sigma = \iint\limits_{D_1\cup D_2}y^2\mathrm{d}\sigma + \iint\limits_{D_3\cup D_4}y^2\mathrm{d}\sigma + \iint\limits_{D_1\cup D_2}\sin(xy)\mathrm{d}\sigma + \iint\limits_{D_3\cup D_4}\sin(xy)\mathrm{d}\sigma,$$

而

$$\iint\limits_{D_1\cup D_2}y^2\mathrm{d}\sigma + \iint\limits_{D_3\cup D_4}y^2\mathrm{d}\sigma = 2\iint\limits_{D_2}y^2\mathrm{d}\sigma + 2\iint\limits_{D_3}y^2\mathrm{d}\sigma$$

$$= 2\iint\limits_{D_2\cup D_3}y^2\mathrm{d}\sigma = 2\int_{-1}^{0}\mathrm{d}x\int_{0}^{1}y^2\mathrm{d}y = \frac{2}{3}.$$

$$\iint\limits_{D_1\cup D_2}\sin(xy)\mathrm{d}\sigma = 0, \quad \iint\limits_{D_3\cup D_4}\sin(xy)\mathrm{d}\sigma = 0.$$

所以如上所填.

例 5 设 $f(x,y)$ 连续,$f(0,0)=0$ 且 $f(x,y)$ 在点 $(0,0)$ 处可微. 试用 $f'_x(0,0)$ 与 $f'_y(0,0)$ 表示 $\displaystyle\lim_{x\to 0}\dfrac{\displaystyle\int_{0}^{x^2}\mathrm{d}t\int_{x}^{\sqrt{t}}f(t,u)\mathrm{d}u}{1-\mathrm{e}^{-\frac{x^4}{4}}} = \underline{\qquad}$.

分析 交换积分次序使里面一道积分限中不再含 x,这样对 x 求导会带来方便.

解 应填 $-f'_y(0,0)$.

$$\int_{0}^{x^2}\mathrm{d}t\int_{x}^{\sqrt{t}}f(t,u)\mathrm{d}u = -\int_{0}^{x}\mathrm{d}u\int_{0}^{u^2}f(t,u)\mathrm{d}t,$$

于是

$$I = \lim_{x\to 0}\frac{-\displaystyle\int_{0}^{x}\mathrm{d}u\int_{0}^{u^2}f(t,u)\mathrm{d}t}{1-\mathrm{e}^{-\frac{x^4}{4}}} = -\lim_{x\to 0}\frac{\displaystyle\int_{0}^{x^2}f(t,x)\mathrm{d}t}{x^3\mathrm{e}^{-\frac{x^4}{4}}}.$$

再由积分中值定理,

$$I = -\lim_{x\to 0}\frac{\displaystyle\int_{0}^{x^2}f(t,x)\mathrm{d}t}{x^3\mathrm{e}^{-\frac{x^4}{4}}} = -\lim_{x\to 0}\frac{f(\xi,x)x^2}{x^3\mathrm{e}^{-\frac{x^4}{4}}} = -\lim_{x\to 0}\frac{f(\xi,x)}{x}, \quad 0<\xi<x^2.$$

由于 $f(x,y)$ 在点 $(0,0)$ 处可微且 $f(0,0)=0$,于是

$$f(x,y) = f(0,0) + f'_x(0,0)x + f'_y(0,0)y + o(\sqrt{x^2+y^2}),$$

$$f(\xi,x) = f'_x(0,0)\xi + f'_y(0,0)x + o(\sqrt{\xi^2+x^2}),$$

所以

$$I = -\lim_{x \to 0} \frac{f'_x(0,0)\xi + f'_y(0,0)x + o(\sqrt{\xi^2 + x^2})}{x} = -(0 + f'_y(0,0))$$

$$= -f'_y(0,0).$$

其中,因为 $0 < \dfrac{\xi}{x} < x$, $\lim\limits_{x \to 0} \dfrac{\xi}{x} = 0$.

例 6　设 $D = \{(x,y) \mid 0 \leqslant y \leqslant 1 - x, 0 \leqslant x \leqslant 1\}$,计算 $\iint\limits_{D} e^{\frac{y}{x+y}} d\sigma$.

分析　若用直角坐标,无论是先 x 后 y,还是先 y 后 x,第一道积分无法用初等函数表示,改用极坐标试之.

解　边界直线 $y = 1 - x$ 化为极坐标 $r = \dfrac{1}{\cos\theta + \sin\theta}$,于是

$$\iint\limits_{D} e^{\frac{y}{x+y}} d\sigma = \int_0^{\frac{\pi}{2}} d\theta \int_0^{\frac{1}{\cos\theta + \sin\theta}} e^{\frac{\sin\theta}{\cos\theta + \sin\theta}} r \, dr$$

$$= \frac{1}{2} \int_0^{\frac{\pi}{2}} e^{\frac{\sin\theta}{\cos\theta + \sin\theta}} \frac{1}{(\cos\theta + \sin\theta)^2} d\theta$$

$$= \frac{1}{2} \int_0^{\frac{\pi}{2}} e^{\frac{\sin\theta}{\cos\theta + \sin\theta}} d\left(\frac{\sin\theta}{\cos\theta + \sin\theta}\right)$$

$$= \frac{1}{2} e^{\frac{\sin\theta}{\cos\theta + \sin\theta}} \Big|_0^{\frac{\pi}{2}} = \frac{1}{2}(e - 1).$$

例 7　计算 $I = \iint\limits_{D} r^2 \sin\theta \cdot \sqrt{1 - r^2 \cos 2\theta} \, dr d\theta$,其中 D 在极坐标系中表示为 $D = \left\{(r,\theta) \mid 0 \leqslant r \leqslant \dfrac{1}{\cos\theta}, 0 \leqslant \theta \leqslant \dfrac{\pi}{4}\right\}$.

分析　题给的是极坐标形式,但直接用极坐标去做,并不方便,改用直角坐标试之.

解　改用直角坐标,$\cos 2\theta = \cos^2\theta - \sin^2\theta$,$r = \dfrac{1}{\cos\theta}$ 成为 $x = 1$,$\theta = 0$ 与 $\theta = \dfrac{\pi}{4}$ 分别成为 $y = 0$ 与 $y = x$.于是

$$I = \int_0^1 dx \int_0^x y \sqrt{1 - x^2 + y^2} \, dy$$

$$= \frac{1}{2} \int_0^1 dx \int_0^x \sqrt{1 - x^2 + y^2} \, d(1 - x^2 + y^2) \quad (\text{后者视 } y \text{ 为变量})$$

$$= \frac{1}{3} \int_0^1 (1 - x^2 + y^2)^{\frac{3}{2}} \Big|_{y=0}^{y=x} dx$$

$$= \frac{1}{3} \int_0^1 [1 - (1 - x^2)^{\frac{3}{2}}] dx \quad (\text{令 } x = \sin t)$$

$$= \frac{1}{3} - \frac{1}{3} \int_0^{\frac{\pi}{2}} \cos^4 t \, dt = \frac{1}{3} - \frac{\pi}{16}.$$

[注]　由例 6、例 7 可见,什么样的二重积分用极坐标计算方便,什么样的用直角坐标方便,要从两方面来考虑:一是被积函数为 $f(x^2 + y^2)$,$f\left(\dfrac{y}{x}\right)$,或 x、y 次数不高的多项式,二是积分区域 D 的边界的形状,边界若是由极坐标方程给出(例如双纽线、心形线等),或是以 O 为中心的圆周,或是圆心在坐标轴上经过原点的圆周,用极坐标做可能会方便些. 若能两者

兼顾最好,不能兼顾时主要要看被积函数能够积分,如上面的例 6 与例 7,主要看被积函数.

例 8 计算 $I = \iint\limits_{D} \dfrac{(x+y)\ln\left(1+\dfrac{y}{x}\right)}{\sqrt{1-x-y}}\mathrm{d}x\mathrm{d}y$,其中 $D = \{(x,y) \mid 0 \leqslant x+y \leqslant 1, x \geqslant 0,$ $y \geqslant 0\}$.

分析 容易看出,用二重积分中的坐标变换较方便,但一般非数学类的教材中未列入此项内容,所以将此法列为方法 3.由上面两例子启发,此题也许可用极坐标做,即为下面的方法 1.用直角坐标做显得十分麻烦而要有技巧,这就是下面的方法 2.

解 方法 1 用极坐标,

$$I = \int_0^{\frac{\pi}{2}} (\cos\theta + \sin\theta)\ln(1+\tan\theta)\mathrm{d}\theta \int_0^{\frac{1}{\cos\theta+\sin\theta}} \frac{r^2}{\sqrt{1-r(\cos\theta+\sin\theta)}}\mathrm{d}r.$$

对内层积分,作积分变量变换,命 $1-r(\cos\theta+\sin\theta)=t$,视 θ 为常数,有 $r=\dfrac{1-t}{\cos\theta+\sin\theta}$;当 $r=$ 0 时 $t=1$;$r=\dfrac{1}{\cos\theta+\sin\theta}$ 时 $t=0$;$\mathrm{d}r=\dfrac{-\mathrm{d}t}{\cos\theta+\sin\theta}$. 于是

$$I = \int_0^{\frac{\pi}{2}} (\cos\theta + \sin\theta)\ln(1+\tan\theta)\mathrm{d}\theta \int_1^0 \frac{(-1)}{(\cos\theta+\sin\theta)^3} \cdot \frac{(1-t)^2}{\sqrt{t}}\mathrm{d}t$$

$$= \int_0^{\frac{\pi}{2}} \frac{\ln(1+\tan\theta)}{(\cos\theta+\sin\theta)^2}\mathrm{d}\theta \int_0^1 (t^{-\frac{1}{2}} - 2t^{\frac{1}{2}} + t^{\frac{3}{2}})\mathrm{d}t$$

$$= \frac{16}{15}\int_0^{\frac{\pi}{2}} \frac{\ln(1+\tan\theta)}{(\cos\theta+\sin\theta)^2}\mathrm{d}\theta.$$

对于最后这个积分,作积分变量变换,命 $\tan\theta=u$,有 $\sec^2\theta\mathrm{d}\theta=\mathrm{d}u$,于是

$$I = \frac{16}{15}\int_0^{+\infty} \frac{\ln(1+u)}{(1+u)^2}\mathrm{d}u = \frac{16}{15}\left[-\frac{\ln(1+u)}{1+u}\Big|_0^{+\infty} + \int_0^{+\infty} \frac{1}{(1+u)^2}\mathrm{d}u\right]$$

$$= \frac{16}{15}\left[0 - \frac{1}{1+u}\Big|_0^{+\infty}\right] = \frac{16}{15}(0+1) = \frac{16}{15}.$$

方法 2 由于区域 D 关于 x 与 y 轮换对称,所以

$$I = \iint\limits_{D} \frac{(x+y)\ln\left(1+\dfrac{y}{x}\right)}{\sqrt{1-x-y}}\mathrm{d}x\mathrm{d}y = \iint\limits_{D} \frac{(x+y)\ln\left(1+\dfrac{x}{y}\right)}{\sqrt{1-x-y}}\mathrm{d}x\mathrm{d}y,$$

$$2I = \iint\limits_{D} \frac{(x+y)\ln\left(1+\dfrac{y}{x}\right)}{\sqrt{1-x-y}}\mathrm{d}x\mathrm{d}y + \iint\limits_{D} \frac{(x+y)\ln\left(1+\dfrac{x}{y}\right)}{\sqrt{1-x-y}}\mathrm{d}x\mathrm{d}y$$

$$= \iint\limits_{D} \frac{(x+y)\ln\dfrac{(x+y)^2}{xy}}{\sqrt{1-x-y}}\mathrm{d}x\mathrm{d}y$$

$$= 2\iint\limits_{D} \frac{(x+y)\ln(x+y)}{\sqrt{1-x-y}}\mathrm{d}x\mathrm{d}y - 2\iint\limits_{D} \frac{(x+y)\ln x}{\sqrt{1-x-y}}\mathrm{d}x\mathrm{d}y,$$

$$I = \int_0^1 \mathrm{d}x \int_0^{1-x} \frac{(x+y)\ln(x+y)}{\sqrt{1-x-y}}\mathrm{d}y - \int_0^1 \ln x\mathrm{d}x \int_0^{1-x} \frac{x+y}{\sqrt{1-x-y}}\mathrm{d}y.$$

对于上述两个积分的里层积分,作同样的积分变量变换,命 $x+y=u$(视 x 为常数),得

$$I = \int_0^1 \mathrm{d}x \int_x^1 \frac{u \ln u}{\sqrt{1-u}} \mathrm{d}u - \int_0^1 \ln x \mathrm{d}x \int_x^1 \frac{u}{\sqrt{1-u}} \mathrm{d}u.$$

将两个逐次积分都交换积分次序,得

$$\begin{aligned} I &= \int_0^1 \mathrm{d}u \int_0^u \frac{u \ln u}{\sqrt{1-u}} \mathrm{d}x - \int_0^1 \frac{u}{\sqrt{1-u}} \mathrm{d}u \int_0^u \ln x \mathrm{d}x \\ &= \int_0^1 \frac{u^2 \ln u}{\sqrt{1-u}} \mathrm{d}u - \int_0^1 \frac{u}{\sqrt{1-u}} \mathrm{d}u \int_0^u \ln x \mathrm{d}x \\ &= \int_0^1 \frac{u^2 \ln u}{\sqrt{1-u}} \mathrm{d}u - \int_0^1 \frac{u}{\sqrt{1-u}} (u \ln u - u) \mathrm{d}u \\ &= \int_0^1 \frac{u^2}{\sqrt{1-u}} \mathrm{d}u = \frac{16}{15}. \end{aligned}$$

方法 3　命 $\xi = x + y, \eta = \dfrac{y}{x}$ 作二重积分的变量变换,有 $x = \dfrac{\xi}{1+\eta}, y = \dfrac{\xi \eta}{1+\eta}$,

$$J = \begin{vmatrix} \dfrac{\partial x}{\partial \xi} & \dfrac{\partial x}{\partial \eta} \\ \dfrac{\partial y}{\partial \xi} & \dfrac{\partial y}{y\eta} \end{vmatrix} = \frac{\xi}{(1+\eta)^2}, D = \{ (\xi, \eta) \mid 0 \leqslant \xi \leqslant 1, 0 \leqslant \eta < +\infty \}.$$

$$I = \iint_D \frac{\xi^2 \ln(1+\eta)}{\sqrt{1-\xi}(1+\eta)^2} \mathrm{d}\xi \mathrm{d}\eta = \int_0^{+\infty} \frac{\ln(1+\eta)}{(1+\eta)^2} \mathrm{d}\eta \int_0^1 \frac{\xi^2}{\sqrt{1-\xi}} \mathrm{d}\xi.$$

参见方法 1 的最后一步:

$$\int_0^{+\infty} \frac{\ln(1+\eta)}{(1+\eta)^2} \mathrm{d}\eta = 1,$$

参见方法 2 的最后一步:

$$\int_0^1 \frac{\xi^2}{\sqrt{1-\xi}} \mathrm{d}\xi = \frac{16}{15},$$

所以 $I = \dfrac{16}{15}$.

[注]　本题为 2009 年全国大学生数学竞赛(非数学类)预赛题. 本题实际上是二重积分的反常积分,但因为是收敛的,所以可按正常积分那样作变量变换.

例 9　设 $D = \{ (x,y) \mid x^2 + y^2 \leqslant \sqrt{2}, x \geqslant 0, y \geqslant 0 \}$,$[1+x^2+y^2]$ 表示不超过 $1+x^2+y^2$ 的最大整数. 计算二重积分 $I = \iint_D xy[1+x^2+y^2] \mathrm{d}\sigma$.

解　**方法 1**　先写出 $[1+x^2+y^2]$ 的分块表达式,为此先划分 D:

$$D_1 = \{ (x,y) \mid x^2 + y^2 < 1, x \geqslant 0, y \geqslant 0 \},$$

$$D_2 = \{ (x,y) \mid 1 \leqslant x^2 + y^2 \leqslant \sqrt{2}, x \geqslant 0, y \geqslant 0 \}.$$

于是

$$[1+x^2+y^2] = \begin{cases} 1, & \text{当} (x,y) \in D_1, \\ 2, & \text{当} (x,y) \in D_2. \end{cases}$$

$$I = \iint_D xy[1+x^2+y^2] \mathrm{d}\sigma = \iint_{D_1} xy \mathrm{d}\sigma + \iint_{D_2} 2xy \mathrm{d}\sigma,$$

用极坐标,从而

$$I = \int_0^{\frac{\pi}{2}} d\theta \int_0^1 r^3 \sin\theta\cos\theta dr + \int_0^{\frac{\pi}{2}} d\theta \int_1^{\sqrt[4]{2}} 2r^3 \sin\theta\cos\theta dr = \frac{1}{8} + \frac{1}{4} = \frac{3}{8}.$$

方法 2 先用极坐标

$$I = \int_0^{\frac{\pi}{2}} d\theta \int_0^{\sqrt[4]{2}} r^3 \sin\theta\cos\theta \cdot [1 + r^2] dr = \int_0^{\frac{\pi}{2}} \sin\theta\cos\theta d\theta \int_0^{\sqrt[4]{2}} r^3 [1 + r^2] dr$$

$$= \frac{1}{2} \int_0^{\sqrt[4]{2}} r^3 [1 + r^2] dr.$$

再由

$$[1 + r^2] = \begin{cases} 1, & \text{当 } 0 \leqslant r < 1, \\ 2, & \text{当 } 1 \leqslant r \leqslant \sqrt[4]{2}, \end{cases}$$

得

$$I = \frac{1}{2} \left(\int_0^1 r^3 dr + \int_1^{\sqrt[4]{2}} 2r^3 dr \right) = \frac{3}{8}.$$

[**注**] 在方法 1 中,D_1 少了一条边界,如何计算二重积分$\iint\limits_{D_1} xy d\sigma$?事实上,只要被积函数有界,仅在有限个线段处无定义,其积分一样可以计算,且$\iint\limits_{D_1} xy d\sigma = \iint\limits_{x^2+y^2\leqslant 1} xy d\sigma.$

例 10 设 $D = \{(x, y) \mid 0 \leqslant x \leqslant 1, 0 \leqslant y \leqslant 1\}$. (1) 计算 $I = \iint\limits_D |x^2 + y^2 - 1| d\sigma$;

(2) 设 $f(x, y)$ 在 D 上连续,且$\iint\limits_D f(x, y) d\sigma = \frac{1}{3}, \iint\limits_D f(x, y)(x^2 + y^2) d\sigma = \frac{\pi}{4}$,试证明,存在点$(\xi, \eta) \in D$,使 $|f(\xi, \eta)| \geqslant 1$.

解 (1)方法 1 将 D 划分成两块,如图 7-2,使得

$$|x^2 + y^2 - 1| = \begin{cases} x^2 + y^2 - 1, & \text{当}(x, y) \in D_2; \\ 1 - x^2 - y^2, & \text{当}(x, y) \in D_1. \end{cases}$$

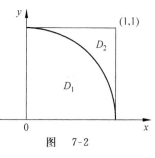

图　7-2

于是

$$\iint\limits_D |x^2 + y^2 - 1| d\sigma = \iint\limits_{D_1} (1 - x^2 - y^2) d\sigma + \iint\limits_{D_2} (x^2 + y^2 - 1) d\sigma$$

$$= \int_0^{\frac{\pi}{2}} d\theta \int_0^1 (1 - r^2) r dr + \int_0^1 dx \int_{\sqrt{1-x^2}}^1 (x^2 + y^2 - 1) dy$$

$$= \frac{\pi}{8} + \int_0^1 \left[(x^2 - 1) - (x^2 - 1)\sqrt{1 - x^2} + \frac{1}{3} - \frac{1}{3}(1 - x^2)^{\frac{3}{2}} \right] dx$$

$$= \frac{\pi}{8} + \int_0^1 \left[x^2 - \frac{2}{3} + \frac{2}{3}(1 - x^2)^{\frac{3}{2}} \right] dx = \frac{\pi}{8} - \frac{1}{3} + \frac{2}{3} \int_0^{\frac{\pi}{2}} \cos^4 t dt$$

$$= \frac{\pi}{8} - \frac{1}{3} + \frac{\pi}{8} = \frac{\pi}{4} - \frac{1}{3}.$$

方法 2 区域 D 关于直线 $y = x$ 对称,而被积函数也关于 x 与 y 对称,作直线 $y = x$,在 D 内 $y = x$ 以下部分记为 D_3. 即 $D_3 = \{(x, y) \mid 0 \leqslant y \leqslant x \leqslant 1\}$,直线 $x = 1$ 化成极坐标为 $r = \sec\theta$,

$$\iint\limits_{D} |\,x^2+y^2-1\,|\,\mathrm{d}\sigma = 2\iint\limits_{D_3} |\,x^2+y^2-1\,|\,\mathrm{d}\sigma$$

$$= 2\Big[\int_0^{\frac{\pi}{4}}\mathrm{d}\theta\int_0^1 (1-r^2)r\mathrm{d}r + \int_0^{\frac{\pi}{4}}\mathrm{d}\theta\int_1^{\sec\theta} (r^2-1)r\mathrm{d}r\Big]$$

$$= \frac{\pi}{2}\Big(\frac{1}{2}-\frac{1}{4}\Big) + 2\int_0^{\frac{\pi}{4}}\Big(\frac{1}{4}\sec^4\theta - \frac{1}{2}\sec^2\theta - \frac{1}{4}+\frac{1}{2}\Big)\mathrm{d}\theta$$

$$= \frac{\pi}{4}-\frac{1}{3}.$$

(2) 由 $\iint\limits_{D} f(x,y)\mathrm{d}\sigma = \dfrac{1}{3}$，$\iint\limits_{D} f(x,y)(x^2+y^2)\mathrm{d}\sigma = \dfrac{\pi}{4}$，所以

$$\frac{\pi}{4}-\frac{1}{3} = \iint\limits_{D} f(x,y)(x^2+y^2-1)\mathrm{d}\sigma = \Big|\iint\limits_{D} f(x,y)(x^2+y^2-1)\mathrm{d}\sigma\Big|$$

$$\leqslant \iint\limits_{D} |\,f(x,y)\,|\,|\,x^2+y^2-1\,|\,\mathrm{d}\sigma \leqslant M\iint\limits_{D} |\,x^2+y^2-1\,|\,\mathrm{d}\sigma$$

$$= M\Big(\frac{\pi}{4}-\frac{1}{3}\Big),$$

所以 $M\geqslant 1$，其中 $M = \max\limits_{(x,y)\in D} |\,f(x,y)\,|$，由于 $|\,f(x,y)\,|$ 在 D 上连续，所以存在 $(\xi,\eta)\in D$，使 $|\,f(\xi,\eta)\,| = M$，从而知存在 $(\xi,\eta)\in D$ 使 $|\,f(\xi,\eta)\,|\geqslant 1$.

［注］ 如果题中只有第(2)问而没有第(1)问，你会证第(2)问吗？

例 11 设 $p(x)$ 在 $[a,b]$ 上非负且连续，$f(x)$ 与 $g(x)$ 在 $[a,b]$ 上连续且有相同的单调性. $D=\{(x,y)\,|\,a\leqslant x\leqslant b, a\leqslant y\leqslant b\}$，证明

$$\iint\limits_{D} p(x)f(x)p(y)g(y)\mathrm{d}x\mathrm{d}y \leqslant \iint\limits_{D} p(x)f(y)p(y)g(y)\mathrm{d}x\mathrm{d}y.$$

解 将要证的不等式左、右两边分别记为 I_1 与 I_2，

$$I_1 = \iint\limits_{D} p(x)f(x)p(y)g(y)\mathrm{d}x\mathrm{d}y,$$

$$I_2 = \iint\limits_{D} p(x)f(y)p(y)g(y)\mathrm{d}x\mathrm{d}y.$$

于是

$$I_1 - I_2 = \iint\limits_{D} p(x)p(y)g(y)(f(x)-f(y))\mathrm{d}x\mathrm{d}y.$$

由于 D 关于 x 与 y 对称，所以 I_1-I_2 又可写成

$$I_1 - I_2 = \iint\limits_{D} p(y)p(x)g(x)(f(y)-f(x))\mathrm{d}x\mathrm{d}y.$$

所以

$$2(I_1-I_2) = \iint\limits_{D} p(x)p(y)(g(y)-g(x))(f(x)-f(y))\mathrm{d}x\mathrm{d}y.$$

因 $g(x)$ 与 $f(x)$ 的单调性相同，所以

$$(f(x)-f(y))(g(x)-g(y)) \geqslant 0,$$

从而知

$$I_1 - I_2 \leqslant 0,$$

有 $I_1 \leqslant I_2$.

[注] 若 $p(x) \equiv 1$,则要证明的成为

$$\iint\limits_D f(x)g(y)\mathrm{d}x\mathrm{d}y \leqslant \iint\limits_D f(y)g(y)\mathrm{d}x\mathrm{d}y,$$

即

$$\left(\int_a^b f(x)\mathrm{d}x\right)\left(\int_a^b g(x)\mathrm{d}x\right) \leqslant (b-a)\int_a^b f(x)g(x)\mathrm{d}x,$$

此即第三章习题 36.

例 12 设 D 为 xOy 平面上由摆线 $x=a(t-\sin t)$, $y=a(1-\cos t)$, $0 \leqslant t \leqslant 2\pi$,与 x 轴所围成的区域,求 D 的形心的坐标 $(\bar{x}, \bar{y})$.

解 由对称性知 $\bar{x}=\pi a$, $\bar{y}=\dfrac{\iint\limits_D y\mathrm{d}\sigma}{\iint\limits_D \mathrm{d}\sigma}$. 摆线的纵坐标记为 $y(x)$,于是

$$\iint\limits_D y\mathrm{d}\sigma = \iint\limits_D y\mathrm{d}x\mathrm{d}y = \int_0^{2\pi a}\mathrm{d}x\int_0^{y(x)} y\mathrm{d}y = \frac{1}{2}\int_0^{2\pi a} y^2(x)\mathrm{d}x,$$

其中 $y=y(x)$ 由摆线的参数式确定的 y 为 x 的函数. 作变量变换命 $x=a(t-\sin t)$,于是

$$\frac{1}{2}\int_0^{2\pi a} y^2(x)\mathrm{d}x = \frac{1}{2}\int_0^{2\pi}(a(1-\cos t))^2 a(1-\cos t)\mathrm{d}t$$

$$= \frac{a^3}{2}\int_0^{2\pi}(1-\cos t)^3\mathrm{d}t = 4a^3\int_0^{2\pi}\sin^6\frac{t}{2}\mathrm{d}t$$

$$= 8a^3\int_0^{\pi}\sin^6 u\mathrm{d}u = 16a^3\int_0^{\frac{\pi}{2}}\sin^6 u\mathrm{d}u$$

$$= 16a^3 \cdot \frac{5}{6} \cdot \frac{3}{4} \cdot \frac{1}{2} \cdot \frac{\pi}{2} = \frac{5}{2}\pi a^3.$$

$$\iint\limits_D \mathrm{d}\sigma = \int_0^{2\pi a}\mathrm{d}x\int_0^{y(x)}\mathrm{d}y = \int_0^{2\pi a} y(x)\mathrm{d}x$$

$$= \int_0^{2\pi} a(1-\cos t) \cdot a(1-\cos t)\mathrm{d}t = a^2\int_0^{2\pi}(1-\cos t)^2\mathrm{d}t$$

$$= 4a^2\int_0^{2\pi}\sin^4\frac{t}{2}\mathrm{d}t = 8a^2\int_0^{\pi}\sin^4 u\mathrm{d}u = 16a^2\int_0^{\frac{\pi}{2}}\sin^4 u\mathrm{d}u$$

$$= 16a^2 \cdot \frac{3}{4} \cdot \frac{1}{2} \cdot \frac{\pi}{2} = 3a^2\pi,$$

所以 $\bar{y}=\dfrac{5}{6}a$,即形心坐标为 $\left(\pi a, \dfrac{5}{6}a\right)$.

[注] 一般,若 D 的边界由参数方程给出,可仿此题求二重积分.

例 13 设 $f(x)=\begin{cases} x^x, & \text{当 } x>0, \\ 1, & \text{当 } x=0. \end{cases}$

(1)证明 $f(x)$ 在区间 $[0,1]$ 上连续;

(2)命 $D=\{(x,y)\mid 0 \leqslant x \leqslant 1, 0 \leqslant y \leqslant 1\}$,证明 $\iint\limits_D f(xy)\mathrm{d}x\mathrm{d}y = \int_0^1 f(x)\mathrm{d}x.$

分析 (1)由 $\lim\limits_{x\to 0^+} x^x = 1$,故知 $f(x)$ 在 $x=0$ 处右连续.

(2)$(xy)^{xy}$ 仅在 $xy=0$ 处无定义,但 $\lim\limits_{u\to 0^+} u^u = 1$(存在),故 $(xy)^{xy}$ 在 D 上有界,

$\iint\limits_D f(xy)\mathrm{d}x\mathrm{d}y = \iint\limits_D (xy)^{xy}\mathrm{d}x\mathrm{d}y$ 存在. 计算后一积分便可知(2)成立.

解 (1)$x^x = \mathrm{e}^{x\ln x}$,$\lim\limits_{x\to 0^+} x\ln x = 0$,所以

$$\lim_{x\to 0^+} x^x = 1.$$

从而知 $f(x)$ 在 $x=0$ 处右连续,所以 $f(x)$ 在 $[0,1]$ 上连续. (1)证毕.

(2)$\iint\limits_D (xy)^{xy}\mathrm{d}x\mathrm{d}y = \int_0^1 \mathrm{d}y \int_0^1 (xy)^{xy}\mathrm{d}x,$

对后者作积分变量变换,命 $xy=t(y>0$ 固定$)$,$\mathrm{d}x = \dfrac{1}{y}\mathrm{d}t,$

$$\int_0^1 \mathrm{d}y \int_0^1 (xy)^{xy}\mathrm{d}x = \int_0^1 \mathrm{d}y \int_0^y \frac{t^t}{y}\mathrm{d}t \xlongequal{\text{交换次序}} \int_0^1 \mathrm{d}t \int_t^1 \frac{t^t}{y}\mathrm{d}y$$

$$= -\int_0^1 t^t \ln t \mathrm{d}t$$

而 $(t^t)' = t^t \ln t + t^t$,所以

$$\int_0^1 t^t \ln t \mathrm{d}t = t^t \Big|_0^1 - \int_0^1 t^t \mathrm{d}t = 0 - \int_0^1 t^t \mathrm{d}t = -\int_0^1 f(t)\mathrm{d}t,$$

$$\iint\limits_D f(xy)\mathrm{d}x\mathrm{d}y = \iint\limits_D (xy)^{xy}\mathrm{d}x\mathrm{d}y = \int_0^1 t^t \mathrm{d}t = \int_0^1 f(x)\mathrm{d}x.$$

证毕.

例 14 设二元函数 $f(x,y)$ 在区域 $D=\{(x,y)\,|\,0\leqslant x\leqslant 1, 0\leqslant y\leqslant 1\}$ 上具有连续的 4 阶偏导数,且 $\left|\dfrac{\partial^4 f}{\partial x^2 \partial y^2}\right| \leqslant 3$,在 D 的边界上 $f(x,y)\equiv 0$. 证明

$$\left|\iint\limits_D f(x,y)\mathrm{d}\sigma\right| \leqslant \frac{1}{48}.$$

分析 条件是 $\left|\dfrac{\partial^4 f}{\partial x^2 \partial y^2}\right| \leqslant 3$,要将 $f(x,y)$ 化成 $\dfrac{\partial^4 f}{\partial x^2 \partial y^2}$,想到用分部积分. 设 $\varphi(x)$ 在区间 $[0,1]$ 上具有二阶连续的导数,且 $\varphi(0)=\varphi(1)=0$,由分部积分容易证明

$$\int_0^1 \varphi(x)\mathrm{d}x = -\frac{1}{2}\int_0^1 (x-x^2)\varphi''(x)\mathrm{d}x. \tag{7.6}$$

由式(7.6)着手证明本题.

解 由题设条件,在 D 的边界上,$f(x,y)\equiv 0$. 于是知

$$f(0,y) \equiv f(1,y) \equiv f(x,0) \equiv f(x,1) \equiv 0.$$

由公式(7.6),将下述 $\int_0^1 f(x,y)\mathrm{d}y$ 中的 x 看成常数,有

$$\iint\limits_D f(x,y)\mathrm{d}\sigma = \int_0^1 \mathrm{d}x \int_0^1 f(x,y)\mathrm{d}y = -\frac{1}{2}\int_0^1 \left[\int_0^1 (y-y^2) f''_{yy}(x,y)\mathrm{d}y\right]\mathrm{d}x$$

$$= -\frac{1}{2}\int_0^1 (y-y^2)\mathrm{d}y \int_0^1 f''_{yy}(x,y)\mathrm{d}x.$$

对 $\int_0^1 f''_{yy}(x,y)\mathrm{d}x$ 再用式(7.6),将其中 y 作为常数,有

$$\left|\iint\limits_D f(x,y)\mathrm{d}\sigma\right| = \left|\frac{1}{4}\int_0^1 (y-y^2)\mathrm{d}y\int_0^1 (x-x^2)f^{(4)}_{xxyy}(x,y)\mathrm{d}x\right|$$

$$\leqslant \frac{3}{4}\int_0^1 (y-y^2)\mathrm{d}y\int_0^1 (x-x^2)\mathrm{d}x = \frac{3}{4}\left(\int_0^1 (x-x^2)\mathrm{d}x\right)^2$$

$$= \frac{1}{48}.$$

证毕.

7.2 三重积分

三重积分中涉及的内容大致与二重积分的相当,有

(1)直角坐标中的定限及计算,包括先一后二法(也称投影法)或先二后一法(也称截面法);

(2)球面坐标中的定限及计算,一般按 ρ—φ—θ 次序定限,也有很特殊的按 φ—θ—ρ 次序定限;

(3)柱面坐标中的定限及计算,包括先 z 后 r、θ 或先 r、θ 后 z 计算,或按 r—z—θ 的次序计算等;

(4)直角坐标、球面坐标及柱面坐标系中的互换;

(5)坐标变换;

(6)讨论(或利用)三重积分的性质;

(7)几何应用和物理应用.

由于三重积分远比二重积分复杂,所以如果有难题的话,要远比二重积分的难.

例1 设 $f(x,y,z)$ 为连续函数,将逐次积分

$$\int_0^1 \mathrm{d}x \int_0^{1-x} \mathrm{d}y \int_0^{x+y} f(x,y,z)\mathrm{d}z$$

改变为先 x 次 z 后 y 的积分次序为____.

分析 如果将所给的逐次积分化为三重积分,再根据三重积分的积分区域重新定限,是很麻烦的.现改为分两步走的办法:先变更为先 z 次 x 后 y,再变更为先 x 次 z 后 y.每一步只变更两个变量,可以用两变量交换积分次序的办法,比三变量同时变更次序方便.

解 应填 $\int_0^1 \mathrm{d}y \int_0^y \mathrm{d}z \int_0^{1-y} f(x,y,z)\mathrm{d}x + \int_0^1 \mathrm{d}y \int_y^1 \mathrm{d}z \int_{z-y}^{1-y} f(x,y,z)\mathrm{d}x$.

第一步,先变更 x 与 y 的次序,如图 7-3,有

$$\int_0^1 \mathrm{d}x \int_0^{1-x} \mathrm{d}y \int_0^{x+y} f(x,y,z)\mathrm{d}z = \int_0^1 \mathrm{d}y \int_0^{1-y} \mathrm{d}x \int_0^{x+y} f(x,y,z)\mathrm{d}z,$$

再变更为先 x 次 z 后 y,即变更 x 与 z 的次序,此时 y 看做常数,于是,如图 7-4,

$$\int_0^1 \mathrm{d}y \int_0^{1-y} \mathrm{d}x \int_0^{x+y} f(x,y,z)\mathrm{d}z$$

$$= \int_0^1 \mathrm{d}y \left[\int_0^y \mathrm{d}z \int_0^{1-y} f(x,y,z)\mathrm{d}x + \int_y^1 \mathrm{d}z \int_{z-y}^{1-y} f(x,y,z)\mathrm{d}x\right],$$

从而

$$\int_0^1 dx \int_0^{1-x} dy \int_0^{x+y} f(x,y,z)dz = \int_0^1 dy \int_0^y dz \int_0^{1-y} f(x,y,z)dx$$
$$+ \int_0^1 dy \int_y^1 dz \int_{z-y}^{1-y} f(x,y,z)dx.$$

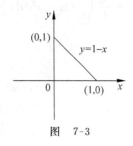

图　7-3

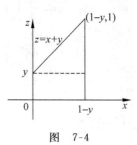

图　7-4

例 2　设 $f(x)$ 为连续函数,试将逐次积分 $\int_0^1 dx \int_0^x dy \int_0^y f(z)dz$ 化为一个定积分的形式为___.

解　应填 $\dfrac{1}{2}\int_0^1 (1-z)^2 f(z)dz.$ 　　　　　　　　　　　　　　(7.7)

方法 1　交换积分次序法. 改变先 z 后 y 的次序为先 y 后 z 的次序,此时 x 作为常数,有

$$\int_0^1 dx \int_0^x dy \int_0^y f(z)dz = \int_0^1 dx \int_0^x f(z)dz \int_z^x dy = \int_0^1 dx \int_0^x f(z)(x-z)dz.$$

再更换为先 x 后 z:

$$\int_0^1 dx \int_0^x f(z)(x-z)dz = \int_0^1 dz \int_z^1 f(z)(x-z)dx = \frac{1}{2}\int_0^1 (1-z)^2 f(z)dz,$$

如上所填.

方法 2　原函数法. 引入原函数

$$F(y) = \int_0^y f(z)dz,$$

有 $F(0)=0$,且

$$\int_0^1 dx \int_0^x dy \int_0^y f(z)dz = \int_0^1 dx \int_0^x F(y)dy = \int_0^1 \left[yF(y)\Big|_0^x - \int_0^x yf(y)dy \right]dx$$
$$= \int_0^1 \left[xF(x) - \int_0^x yf(y)dy \right]dx$$
$$= \int_0^1 xF(x)dx - \int_0^1 dx \int_0^x yf(y)dy$$
$$= \frac{1}{2}x^2 F(x)\Big|_0^1 - \frac{1}{2}\int_0^1 x^2 f(x)dx - \int_0^1 dy \int_y^1 yf(y)dx$$
$$= \frac{1}{2}F(1) - \frac{1}{2}\int_0^1 x^2 f(x)dx - \int_0^1 (1-y)yf(y)dy$$
$$= \frac{1}{2}\int_0^1 f(x)dx + \frac{1}{2}\int_0^1 x^2 f(x)dx - \int_0^1 yf(y)dy$$
$$= \frac{1}{2}\int_0^1 (1-x)^2 f(x)dx,$$

如上所填.

[注] 细心的读者会发现,方法 1 可以推广.见习题 30 题.

例 3 $\int_0^1 \mathrm{d}x \int_0^{\sqrt{1-x^2}} \mathrm{d}y \int_{\sqrt{x^2+y^2}}^{\sqrt{2-(x^2+y^2)}} (x^2+y^2+z^2)^{\frac{1}{2}} \mathrm{d}z = $ _____.

分析 直角坐标中不容易计算,通过积分区域 Ω,化成球面坐标计算.

解 应填 $\dfrac{\pi}{4}(2-\sqrt{2})$.

由所给出的逐次积分知道,化成三重积分后,积分区域为
$$\Omega = \{(x,y,z) \mid \sqrt{x^2+y^2} \leqslant \sqrt{2-(x^2+y^2)}, 0 \leqslant y \leqslant \sqrt{1-x^2}, 0 \leqslant x \leqslant 1\}.$$
即 Ω 为介于上半球面 $x^2+y^2+z^2=2(z\geqslant 0)$ 与锥面 $z=\sqrt{x^2+y^2}$ 之间且在第一卦限中的区域:
$$\Omega = \left\{(\rho,\varphi,\theta) \mid 0 \leqslant \rho \leqslant \sqrt{2}, 0 \leqslant \varphi \leqslant \frac{\pi}{4}, 0 \leqslant \theta \leqslant \frac{\pi}{2}\right\}.$$
于是所给积分
$$I = \iiint_\Omega \rho \mathrm{d}v = \int_0^{\frac{\pi}{2}} \mathrm{d}\theta \int_0^{\frac{\pi}{4}} \mathrm{d}\varphi \int_0^{\sqrt{2}} \rho^3 \sin\varphi \mathrm{d}\rho = \frac{\pi}{4}(2-\sqrt{2}).$$

例 4 设 $\Omega = \{(x,y,z) \mid z \leqslant \sqrt{x^2+y^2} \leqslant \sqrt{3}z, 0 \leqslant z \leqslant 4\}$,计算三重积分 $\iiint_\Omega z \mathrm{d}v$.

分析 本题的 Ω 由两个同中心轴的圆锥并介于 $z=0$ 与 $z=4$ 之间的部分构成,有多种方法可做.

解 方法 1 用球面坐标.
$$x = \rho\sin\varphi\cos\theta, y = \rho\sin\varphi\sin\theta, z = \rho\cos\varphi, \mathrm{d}v = \rho^2\sin\varphi \mathrm{d}\rho\mathrm{d}\varphi\mathrm{d}\theta.$$
在球面坐标下,
$$\Omega = \left\{(\rho,\varphi,\theta) \mid 0 \leqslant \theta \leqslant 2\pi, \frac{\pi}{4} \leqslant \varphi \leqslant \frac{\pi}{3}, 0 \leqslant \rho \leqslant \frac{4}{\cos\varphi}\right\},$$
于是
$$\iiint_\Omega z \mathrm{d}v = \int_0^{2\pi} \mathrm{d}\theta \int_{\frac{\pi}{4}}^{\frac{\pi}{3}} \mathrm{d}\varphi \int_0^{\frac{4}{\cos\varphi}} \rho\cos\varphi \cdot \rho^2 \sin\varphi \mathrm{d}\rho$$
$$= 2\pi \int_{\frac{\pi}{4}}^{\frac{\pi}{3}} \frac{1}{4}\left(\frac{4}{\cos\varphi}\right)^4 \sin\varphi\cos\varphi \mathrm{d}\varphi$$
$$= 128\pi \int_{\frac{\pi}{4}}^{\frac{\pi}{3}} \frac{\sin\varphi}{\cos^3\varphi} \mathrm{d}\varphi = 128\pi.$$

方法 2 用直角坐标,先 (x,y) 后 z,即先将 Ω 投影到 z 轴,得区间 $[0,4]$.对于 $z \in [0,4]$,作平面 $z=z$ 截 Ω 得环域 $D_z = \{(x,y) \mid z \leqslant \sqrt{x^2+y^2} \leqslant \sqrt{3}z\}$,于是
$$\iiint_\Omega z \mathrm{d}v = \int_0^4 z \mathrm{d}v \iint_{D_z} \mathrm{d}x\mathrm{d}y.$$
而 $\iint_{D_z} \mathrm{d}x\mathrm{d}y$ 为环域 D_z 的面积,由初等数学公式可以计算:
$$\iint_{D_z} \mathrm{d}x\mathrm{d}y = \pi((\sqrt{3}z)^2 - z^2) = 2\pi z^2.$$

所以

$$\iiint_\Omega z\,\mathrm{d}v = \int_0^4 2\pi z^3\,\mathrm{d}z = \frac{1}{2}\pi 4^4 = 128\pi.$$

方法 3　用柱面坐标,先(r,θ)后z,其中(r,θ)在D_z上进行,$D_z=\{(r,\theta)\mid z\leqslant r\leqslant\sqrt{3}z,$
$0\leqslant\theta\leqslant 2\pi\}$,

$$\iiint_\Omega z\,\mathrm{d}v = \int_0^4 z\,\mathrm{d}z\iint_{D_z} r\,\mathrm{d}r\mathrm{d}\theta = \int_0^4 z\,\mathrm{d}z\int_0^{2\pi}\mathrm{d}\theta\int_z^{\sqrt{3}z} r\,\mathrm{d}r = \int_0^4 z\,\mathrm{d}z\int_0^{2\pi} z^2\,\mathrm{d}\theta$$

$$= 2\pi\int_0^4 z^3\,\mathrm{d}z = \frac{\pi}{2}\cdot 4^4 = 128\pi.$$

方法 4　仍用柱面坐标,不过先z后(r,θ). 为此,将Ω投影到xOy平面,投影域记为

$$D = \{(x,y)\mid x^2+y^2\leqslant(4\sqrt{3})^2 = 48\}.$$

但仔细分析,D由两部分组成:

$$D_1 = \{(x,y)\mid x^2+y^2\leqslant 4^2 = 16\},$$
$$D_2 = \{(x,y)\mid 16\leqslant x^2+y^2\leqslant 48\},\quad D = D_1\bigcup D_2.$$

从而
$$\iiint_\Omega z\,\mathrm{d}v = \iint_{D_1} r\,\mathrm{d}r\mathrm{d}\theta\int_{\frac{r}{\sqrt{3}}}^r z\,\mathrm{d}z + \iint_{D_2} r\,\mathrm{d}r\mathrm{d}\theta\int_{\frac{r}{\sqrt{3}}}^4 z\,\mathrm{d}z$$

$$= \int_0^{2\pi}\mathrm{d}\theta\int_0^4 r\,\mathrm{d}r\int_{\frac{r}{\sqrt{3}}}^r z\,\mathrm{d}z + \int_0^{2\pi}\mathrm{d}\theta\int_4^{4\sqrt{3}} r\,\mathrm{d}r\int_{\frac{r}{\sqrt{3}}}^4 z\,\mathrm{d}z$$

$$= 128\pi.$$

方法 5　D_1与D_2如方法 4,

$$\iiint_\Omega z\,\mathrm{d}v = \iint_{D_1\bigcup D_2} r\,\mathrm{d}r\mathrm{d}\theta\int_{\frac{r}{\sqrt{3}}}^4 z\,\mathrm{d}z - \iint_{D_1} r\,\mathrm{d}r\mathrm{d}\theta\int_r^4 z\,\mathrm{d}z = \cdots = 128\pi.$$

[**注**]　以上的方法 2 与方法 3 实质上是一样的,即先(x,y)(或先(r,θ))后z. 为此,应先将Ω投影到z轴,得z上的投影区间(如本例的$[0,4]$),作平面$z=z$截Ω得D_z(所以此法也称截面法). 在D_z上做关于(x,y)(或(r,θ))的二重积分,要求此积分容易做或有现成公式可套,然后再对z积分.

由于本例的Ω是由中心轴为z轴的圆锥构成,所以在满足其他的一定条件下,用球面坐标有其独特方便之处.

读者可以看出,方法 4 是比较繁的,方法 5 比方法 4 略胜一筹,但也不及方法 1～3 简捷. 读者从本例中掌握用球面坐标、柱面坐标以及截面法处理三重积分的步骤,并会从中选优.

读者还会看出,如果本例条件Ω中将$0\leqslant z\leqslant 4$改为$0\leqslant z\leqslant\sqrt{1-(x^2+y^2)}$(即将平面$z=4$改为球面$z=\sqrt{1-(x^2+y^2)}$),那么显然用方法 1(球面坐标)要比其他方法都方便.

例 5　设常数a,b,c,A,B,C均为正,$\Omega=\left\{(x,y,z)\mid\dfrac{x^2}{A^2}+\dfrac{y^2}{B^2}+\dfrac{z^2}{C^2}\leqslant 1\right\}$,计算
$$\iiint_\Omega\left(\frac{x}{a}+\frac{y}{b}+\frac{z}{c}\right)^2\mathrm{d}v.$$

解　由奇函数与对称性立即可知

$$I = \iiint\limits_{\Omega} \left(\frac{x}{a} + \frac{y}{b} + \frac{z}{c} \right)^2 \mathrm{d}v = \iiint\limits_{\Omega} \left(\frac{x^2}{a^2} + \frac{y^2}{b^2} + \frac{z^2}{c^2} + 2\frac{xy}{ab} + 2\frac{yz}{bc} + 2\frac{zx}{ca} \right) \mathrm{d}v$$

$$= \iiint\limits_{\Omega} \left(\frac{x^2}{a^2} + \frac{y^2}{b^2} + \frac{z^2}{c^2} \right) \mathrm{d}v.^{[注]}$$

以下有两个方法.

方法 1 以计算 $\iiint\limits_{\Omega} z^2 \mathrm{d}v$ 为例,将 Ω 投影到 z 轴得区间 $[-C, C]$,并记 $D_z = \left\{ (x, y) \mid \frac{x^2}{A^2} + \frac{y^2}{B^2} \leqslant 1 - \frac{z^2}{C^2} \right\}$,于是

$$\iiint\limits_{\Omega} z^2 \mathrm{d}v = \int_{-C}^{C} z^2 \mathrm{d}z \iint\limits_{D_z} \mathrm{d}x \mathrm{d}y = \int_{-C}^{C} z^2 \pi A \sqrt{1 - \frac{z^2}{C^2}} B \sqrt{1 - \frac{z^2}{C^2}} \mathrm{d}z$$

$$= \pi AB \int_{-C}^{C} \left(1 - \frac{z^2}{C^2} \right) z^2 \mathrm{d}z = \frac{4}{15} \pi ABC^3.$$

所以

$$\iiint\limits_{\Omega} \frac{z^2}{c^2} \mathrm{d}v = \frac{4}{15} \pi AB \frac{C^3}{c^2} = \frac{4}{15} \pi ABC \left(\frac{C^2}{c^2} \right).$$

类似地可得 $\iiint\limits_{\Omega} \frac{y^2}{b^2} \mathrm{d}v$ 与 $\iiint\limits_{\Omega} \frac{x^2}{a^2} \mathrm{d}v$. 所以

$$I = \frac{4}{15} \pi ABC \left(\frac{A^2}{a^2} + \frac{B^2}{b^2} + \frac{C^2}{c^2} \right).$$

方法 2 由三重积分的坐标变换,设变换为

$$x = x(\xi, \eta, \zeta), \ y = y(\xi, \eta, \zeta), \ z = z(\xi, \eta, \zeta),$$

它们均具有一阶连续偏导数,且

$$J = \frac{\partial(x, y, z)}{\partial(\xi, \eta, \zeta)} = \begin{vmatrix} \dfrac{\partial x}{\partial \xi} & \dfrac{\partial x}{\partial \eta} & \dfrac{\partial x}{\partial \zeta} \\[2mm] \dfrac{\partial y}{\partial \xi} & \dfrac{\partial y}{\partial \eta} & \dfrac{\partial y}{\partial \zeta} \\[2mm] \dfrac{\partial z}{\partial \xi} & \dfrac{\partial z}{\partial \eta} & \dfrac{\partial z}{\partial \zeta} \end{vmatrix} \neq 0,$$

并设在上述变换下,将区域 Ω 变换为 Ω',则

$$\iiint\limits_{\Omega} f(x, y, z) \mathrm{d}v = \iiint\limits_{\Omega'} f(x(\xi, \eta, \zeta), \ y(\xi, \eta, \zeta), \ z(\xi, \eta, \zeta)) J \mathrm{d}\xi \mathrm{d}\eta \mathrm{d}\zeta.$$

对于本题用坐标变换,命

$$x = A\xi, \ y = B\eta, \ z = C\zeta,$$

于是 $J = ABC$,Ω 成为 $\Omega' = \{ (\xi, \eta, \zeta) \mid \xi^2 + \eta^2 + \zeta^2 \leqslant 1 \}$,

$$\iiint\limits_{\Omega} \frac{z^2}{c^2} \mathrm{d}v = \frac{C^2}{c^2} \iiint\limits_{\Omega'} ABC \zeta^2 \mathrm{d}\xi \mathrm{d}\eta \mathrm{d}\zeta$$

$$= \frac{ABC^3}{c^2} \int_0^{2\pi} \mathrm{d}\theta \int_0^{\pi} \mathrm{d}\varphi \int_0^1 \rho^4 \cos^2 \varphi \sin \varphi \mathrm{d}\rho$$

$$= \frac{4\pi}{15} \frac{ABC^3}{c^2}.$$

同理

$$\iiint\limits_{\Omega} \frac{x^2}{a^2}\mathrm{d}v = \frac{4\pi}{15}\frac{A^3 BC}{a^2}, \iiint\limits_{\Omega} \frac{y^2}{b^2}\mathrm{d}v = \frac{4\pi}{15}\frac{AB^3 C}{b^2},$$

$$I = \frac{4\pi}{15}ABC\left(\frac{A^2}{a^2}+\frac{B^2}{b^2}+\frac{C^2}{c^2}\right).$$

［注］ 三重积分中有类似于 7.1 节例 4 中所说的关于区域对称性,被积函数关于变量 x、y、z 的奇偶性的公式(7.4)、公式(7.5).

例 6 设 $D = \left\{(x,y) \left| \frac{x^2}{a^2}+\frac{y^2}{b^2} \leqslant 1\right.\right\}$,计算 $I = \iint\limits_{D}\sqrt{1-\frac{x^2}{a^2}-\frac{y^2}{b^2}}\mathrm{d}\sigma$,其中 a、b 为正常数.

解 **方法 1** 利用该积分的几何意义,I 为椭球体 $\frac{x^2}{a^2}+\frac{y^2}{b^2}+z^2 \leqslant 1$ 的上半个的体积. 命 $\Omega = \left\{(x,y,z)\left|\frac{x^2}{a^2}+\frac{y^2}{b^2}+z^2 \leqslant 1, z \geqslant 0\right.\right\}$,于是 $I = \iiint\limits_{\Omega}\mathrm{d}v$. 再用截面法,

$$I = \iiint\limits_{\Omega}\mathrm{d}v = \int_0^1\mathrm{d}z\iint\limits_{D_z}\mathrm{d}\sigma,$$

其中

$$D_z = \left\{(x,y)\left|\frac{x^2}{a^2}+\frac{y^2}{b^2} \leqslant 1-z^2, z = 常数 \in [0,1]\right.\right\},$$

所以

$$I = \int_0^1 \pi a\sqrt{1-z^2}b\sqrt{1-z^2}\mathrm{d}z = \pi ab\int_0^1(1-z^2)\mathrm{d}z = \frac{2}{3}\pi ab.$$

方法 2 用广义极坐标,命

$$x = ar\cos\theta, y = br\sin\theta, D_{r,\theta} = \{(r,\theta) \mid 0 \leqslant r \leqslant 1, 0 \leqslant \theta \leqslant 2\pi\}.$$

$$\frac{\partial(x,y)}{\partial(r,\theta)} = \begin{vmatrix} a\cos\theta & b\sin\theta \\ -ar\sin\theta & br\cos\theta \end{vmatrix} = abr,$$

$$I = \iint\limits_{D}\sqrt{1-\frac{x^2}{a^2}-\frac{y^2}{b^2}}\mathrm{d}\sigma = ab\iint\limits_{D_{r,\theta}}\sqrt{1-r^2}r\mathrm{d}r\mathrm{d}\theta = \frac{2}{3}\pi ab.$$

例 7 计算由曲面 $x^2+y^2+z^2 = 2Rz$ 与 $z = \sqrt{Ax^2+By^2}$ 所围成的在 $z \geqslant 0$ 处的空间区域 Ω 的体积,其中 A,B,R 均为正常数.

分析 由球面坐标入手.

解 用球面坐标,该体积

$$V = \iiint\limits_{\Omega}\rho^2\sin\varphi\mathrm{d}\rho\mathrm{d}\varphi\mathrm{d}\theta,$$

$$0 \leqslant \rho \leqslant 2R\cos\varphi, 0 \leqslant \varphi \leqslant \varphi_0, 0 \leqslant \theta \leqslant 2\pi.$$

其中 φ_0 由锥面方程 $z = \sqrt{Ax^2+By^2}$ 得到如下:在该锥面上,$\varphi = \varphi_0$ 满足 $0 < \varphi_0 < \frac{\pi}{2}$ 且

$$\rho^2\cos^2\varphi_0 = A\rho^2\sin^2\varphi_0\cos^2\theta + B\rho^2\sin^2\varphi_0\sin^2\theta,$$

即

$$\tan^2\varphi_0 = \frac{1}{A\cos^2\theta + B\sin^2\theta}.$$

于是

$$V = \int_0^{2\pi} \mathrm{d}\theta \int_0^{\varphi_0} \mathrm{d}\varphi \int_0^{2R\cos\varphi} \rho^2 \sin\varphi \mathrm{d}\rho$$

$$= -\frac{2}{3} R^3 \int_0^{2\pi} (\cos^4\varphi_0 - 1)\mathrm{d}\theta = \frac{4}{3}\pi R^3 - \frac{2}{3}R^3 \int_0^{2\pi} \cos^4\varphi_0 \mathrm{d}\theta.$$

其中

$$I = \int_0^{2\pi} \cos^4\varphi_0 \mathrm{d}\theta = 4\int_0^{\frac{\pi}{2}} \cos^4\varphi_0 \mathrm{d}\theta$$

$$= 4\int_0^{\frac{\pi}{2}} \left[\frac{A\cos^2\theta + B\sin^2\theta}{(A+1)\cos^2\theta + (B+1)\sin^2\theta}\right]^2 \mathrm{d}\theta$$

$$= 4\int_0^{\frac{\pi}{2}} \left[\frac{A + B\tan^2\theta}{(A+1) + (B+1)\tan^2\theta}\right]^2 \mathrm{d}\theta$$

$$\xlongequal{\tan\theta = t} 4\int_0^{+\infty} \left[\frac{A + Bt^2}{(A+1) + (B+1)t^2}\right]^2 \frac{1}{1+t^2} \mathrm{d}t$$

$$= 4\int_0^{+\infty} \left[1 - \frac{1+t^2}{(A+1) + (B+1)t^2}\right]^2 \frac{1}{1+t^2} \mathrm{d}t$$

$$= 4\left[\int_0^{+\infty} \frac{1}{1+t^2}\mathrm{d}t - \int_0^{+\infty} \frac{2}{(A+1) + (B+1)t^2}\mathrm{d}t + I_1\right]$$

$$= 4\left[\frac{\pi}{2} - \frac{\pi}{\sqrt{(A+1)(B+1)}} + I_1\right],$$

其中

$$I_1 = \int_0^{+\infty} \frac{1+t^2}{[(A+1) + (B+1)t^2]^2}\mathrm{d}t$$

$$= \int_0^{+\infty} \frac{1}{(A+1)[(A+1) + (B+1)t^2]}\mathrm{d}t$$

$$+ \left(1 - \frac{B+1}{A+1}\right)\int_0^{+\infty} \frac{t^2}{[(A+1) + (B+1)t^2]^2}\mathrm{d}t,$$

对于前一积分直接用公式,后一积分用分部积分,于是经简单计算后得

$$I_1 = \frac{\pi}{2(A+1)\sqrt{(A+1)(B+1)}} - \frac{A-B}{2(A+1)(B+1)}\left[\frac{t}{(A+1) + (B+1)t^2}\bigg|_0^{+\infty}\right.$$

$$\left. - \int_0^{+\infty} \frac{\mathrm{d}t}{(A+1) + (B+1)t^2}\right]$$

$$= \frac{\pi}{2(A+1)\sqrt{(A+1)(B+1)}} + \frac{(A-B)\pi}{4[(A+1)(B+1)]^{3/2}}$$

$$= \frac{\pi}{4\sqrt{(A+1)(B+1)}}\left(\frac{1}{A+1} + \frac{1}{B+1}\right),$$

从而

$$V = \frac{4}{3}\pi R^3 - \frac{8}{3}R^3\left[\frac{\pi}{2} - \frac{\pi}{\sqrt{(A+1)(B+1)}} + \frac{\pi}{4\sqrt{(A+1)(B+1)}}\left(\frac{1}{A+1} + \frac{1}{B+1}\right)\right]$$

$$= \frac{8R^3\pi}{3\sqrt{(A+1)(B+1)}}\left[1 - \frac{1}{4}\left(\frac{1}{A+1} + \frac{1}{B+1}\right)\right].$$

特例，当 $A=B=1$ 时，

$$V = R^3\pi.$$

例 8 设 a 是正常数，求由曲面

$$(x^2 + y^2 + z^2)^3 = a^3 xyz$$

在第一卦限中围成的体积 V.

分析 应先大致确定出该曲面的形状.

解 由方程所给形式，用球面坐标讨论方便.

$$x = \rho\sin\varphi\cos\theta, y = \rho\sin\varphi\sin\theta, z = \rho\cos\varphi,$$

原给曲面方程化为

$$\rho^3 = a^3 \sin^2\varphi\cos\varphi\sin\theta\cos\theta,$$

$$\rho = a \sqrt[3]{\sin^2\varphi\cos\varphi\sin\theta\cos\theta}. \tag{7.8}$$

对固定的 $\theta \in \left[0, \dfrac{\pi}{2}\right]$，式(7.8)为一曲线，从 $\varphi=0$ 出发；ρ 逐渐增大，然后至 $\varphi=\dfrac{\pi}{2}$，ρ 又回到 $\rho=0$，构成一个封闭曲线. 如此再让 θ 在区间 $\left[0, \dfrac{\pi}{2}\right]$ 上由 $\theta=0$ 至 $\theta=\dfrac{\pi}{2}$，可见式(7.8)在第一卦限中是一张封闭曲面. 犹如在原点扎紧的一只口袋.

$$V = \int_0^{\frac{\pi}{2}} \mathrm{d}\theta \int_0^{\frac{\pi}{2}} \mathrm{d}\varphi \int_0^{a\sqrt[3]{\sin^2\varphi\cos\varphi\sin\theta\cos\theta}} \rho^2 \sin\varphi \mathrm{d}\rho$$

$$= \frac{1}{3} \int_0^{\frac{\pi}{2}} \mathrm{d}\theta \int_0^{\frac{\pi}{2}} a^3 \sin^3\varphi\cos\varphi\sin\theta\cos\theta \mathrm{d}\varphi = \frac{a^3}{24}$$

例 9 设 a 与 b 都是常数，且 $b \geqslant a > 0$.

(1)试写出 yOz 平面上的圆 $(y-b)^2 + z^2 = a^2$ 绕 Oz 轴一周生成的环面 S 的方程；

(2)S 所围成的实心环的空间区域记为 Ω，计算三重积分 $\displaystyle\iiint\limits_{\Omega} (x+y)^2 \mathrm{d}v$.

分析 按照空间解析几何中的方法，容易写出 S 的直角坐标方程. 由于 Ω 为围绕 Oz 一周的区域，所以用柱面坐标可能方便些.

解 (1)用 $\sqrt{x^2+y^2}$ 替代 $(y-b)^2 + z^2 = a^2$ 中的 y，便得 S 的直角坐标方程[注1]为

$$(\sqrt{x^2 + y^2} - b)^2 + z^2 = a^2.$$

(2)用柱面坐标，按 r—z—θ 的次序定限，如图 7-5，r 从 r_1 到 r_2[注2]，

$$r_1 = b - \sqrt{a^2 - z^2}, r_2 = b + \sqrt{a^2 - z^2}.$$

z 从 z_1 到 z_2，

$$z_1 = -a, z_2 = a.$$

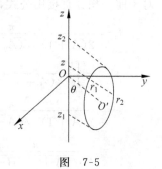

图 7-5

θ 从 0 到 2π.

$$\iiint\limits_{\Omega} (x+y)^2 \mathrm{d}v = \int_0^{2\pi} \mathrm{d}\theta \int_{-a}^{a} \mathrm{d}z \int_{b-\sqrt{a^2-z^2}}^{b+\sqrt{a^2-z^2}} r(r\cos\theta + r\sin\theta)^2 \mathrm{d}r$$

$$= \int_0^{2\pi} \mathrm{d}\theta \int_{-a}^{a} \frac{1}{4} \left[(b + \sqrt{a^2-z^2})^4 - (b - \sqrt{a^2-z^2})^4 \right] (1 + 2\sin\theta\cos\theta) \mathrm{d}z$$

$$= \frac{\pi}{2} \int_{-a}^{a} \left[8b^3(a^2-z^2)^{\frac{1}{2}} + 8b(a^2-z^2)^{\frac{3}{2}} \right] dz$$

$$= 8\pi \left[\int_0^{\frac{\pi}{2}} b^3 a^2 \cos^2 t \, dt + \int_0^{\frac{\pi}{2}} ba^4 \cos^4 t \, dt \right]$$

$$= 8\pi \left[a^2 b^3 \cdot \frac{1}{2} \cdot \frac{\pi}{2} + a^4 b \cdot \frac{3}{4} \cdot \frac{1}{2} \cdot \frac{\pi}{2} \right]$$

$$= 2\pi^2 a^2 b \left(b^2 + \frac{3}{4} a^2 \right).$$

[**注 1**]　由于 $b \geqslant a > 0$，所以 $(y-b)^2 + z^2 = a^2$ 中的 $y \geqslant 0$. 因此旋转曲面的方程应写成 $\left(\sqrt{x^2+y^2} - b \right)^2 + z^2 = a^2$，而不是 $\left(-\sqrt{x^2+y^2} - b \right)^2 + z^2 = a^2$.

[**注 2**]　若采取先 z 次 r 后 θ 的次序积分，则 z 从 $-\sqrt{a^2-(r-b)^2}$ 到 $\sqrt{a^2-(r-b)^2}$；r 从 $b-a$ 到 $b+a$；θ 从 0 到 2π.

$$\iiint_{\Omega} (x+y)^2 dv = \int_0^{2\pi} d\theta \int_{b-a}^{b+a} dr \int_{-\sqrt{a^2-(r-b)^2}}^{\sqrt{a^2-(r-b)^2}} r^3 (\cos\theta + \sin\theta)^2 dz$$

$$= 4\pi \int_{b-a}^{b+a} r^3 \sqrt{a^2-(r-b)^2} \, dr$$

$$= 4\pi \int_{-a}^{a} (b+t)^3 \sqrt{a^2-t^2} \, dt$$

$$= 8\pi \int_0^{a} (b^3 + 3bt^2) \sqrt{a^2-t^2} \, dt,$$

同样可得 $\iiint_{\Omega} (x+y)^2 dv = 2\pi^2 a^2 b \left(b^2 + \frac{3}{4} a^2 \right)$，积分略显麻烦.

例 10　将一个质量均匀的旋转抛物体 $\Omega: x^2 + y^2 \leqslant z \leqslant 1$ 放在水平 $z=0$ 的桌面上，可以达到平衡. 但是这种平衡是不稳定的，即略加扰动，此 Ω 即呈摇摆状态，它最终趋于一稳定平衡状态. 试证明当处于稳定平衡状态时，Ω 的中心轴与桌子平面的夹角 $\theta = \arctan \sqrt{\dfrac{3}{2}}$.

分析　物体最稳定的位置为使它的重心最低. 所以先计算出重心位置. 桌面是该旋转抛物面的切平面，重心与切点的连线为切平面的法线. 由此即可确定出此抛物面中心轴与切平面的交角.

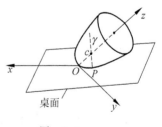

图 7-6

解

$$\iiint_{\Omega} z \, dv = \int_0^{2\pi} d\theta \int_0^1 dz \int_0^{\sqrt{z}} zr \, dr = \frac{\pi}{3},$$

$$\iiint_{\Omega} dv = \int_0^{2\pi} d\theta \int_0^1 dz \int_0^{\sqrt{z}} r \, dr = \frac{\pi}{2}.$$

重心坐标 $C(0,0,\bar{z}), \bar{z} = \dfrac{2}{3}$.

设切点 $P(x_0, y_0, z_0)$，$x_0^2 + y_0^2 = z_0$，$(x_0, y_0) \neq (0,0)$，则

$$\overrightarrow{CP} = \{x_0, y_0, z_0 - \bar{z}\} = \left\{ x_0, y_0, z_0 - \frac{2}{3} \right\}.$$

曲面 $z = x^2 + y^2$ 在点 P 处的法向量

$$n = \{2x_0, 2y_0, -1\}.$$

由 $n /\!/ \overrightarrow{CP}$，所以 $z_0 - \dfrac{2}{3} = -\dfrac{1}{2}$，$z_0 = \dfrac{2}{3} - \dfrac{1}{2} = \dfrac{1}{6}$. 因此

$$\overrightarrow{PC} = \left\{ -x_0, -y_0, \frac{1}{2} \right\},$$

$\overrightarrow{PC}$ 与 Oz 正向夹角记为 γ

$$\cos\gamma = \frac{\overrightarrow{PC} \cdot k}{|\overrightarrow{PC}|} = \frac{\dfrac{1}{2}}{\sqrt{x_0^2 + y_0^2 + \dfrac{1}{4}}} = \frac{\dfrac{1}{2}}{\sqrt{\dfrac{1}{6} + \dfrac{1}{4}}}$$

$$= \sqrt{\frac{3}{5}}.$$

Oz 轴与桌面夹角记为 θ，$\theta = \dfrac{\pi}{2} - \gamma$，

$$\tan\theta = \cot\gamma = \frac{\cos\gamma}{\sin\gamma} = \frac{\cos\gamma}{\sqrt{1 - \cos^2\gamma}} = \sqrt{\frac{3}{2}},$$

所以 $\theta = \arctan\sqrt{\dfrac{3}{2}}$. 证毕.

[注] 也可用下述方法求出 z_0 然后求出 θ. 切平面的方程为
$$2x_0(x - x_0) + 2y_0(y - y_0) - (z - z_0) = 0,$$
即
$$2x_0 x + 2y_0 y - z - z_0 = 0.$$

点 C 到切平面的距离

$$d = \frac{\left| 0 + 0 - \dfrac{2}{3} - z_0 \right|}{\sqrt{4x_0^2 + 4y_0^2 + 1}} = \frac{\left| \dfrac{2}{3} + z_0 \right|}{\sqrt{4z_0 + 1}},$$

要使 d 最小，即

$$\varphi(z_0) = \frac{\left(\dfrac{2}{3} + z_0 \right)^2}{4z_0 + 1}$$

最小，由

$$\varphi'(z_0) = \frac{2(18z_0^2 + 9z_0 - 2)}{9(4z_0 + 1)^2} = 0,$$

解得 $z_0 = \dfrac{1}{6}$，$z_0 = -\dfrac{2}{3}$（舍去）. 易知当 $z_0 = \dfrac{1}{6}$ 时 $\varphi(z_0)$ 为极小值，$z_0 = \dfrac{1}{6}$ 为 $\varphi(z_0)$ 的唯一驻点，故也是 $\varphi(z_0)$ 的最小值点. 有了 z_0，其他见原解法.

例 11 设函数 $f(x)$ 连续，a、b、c 为常数，$\delta = \sqrt{a^2 + b^2 + c^2} > 0$，$\Omega = \{(x, y, z) \mid x^2 + y^2 + z^2 \leqslant 1\}$. 试证明：

$$I = \iiint_\Omega f(ax + by + cz)\,dv = \pi \int_{-1}^1 (1 - u^2) f(\delta u)\,du.$$

分析 方法 1，由于 I 中含有 $ax + by + cz$. 分割 Ω 的微元 dv 为片状域，使在片域 dv 上 $ax + by + cz$ 可看成不变. 这样就容易将 I 化为定积分. 方法 2，用坐标变换命 $ax + by + cz = \delta\zeta$.

解 方法 1 对于固定的 u, 作平面
$$P_u: ax + by + cz = \delta u.$$
由点到平面的距离公式知, 点 $O(0,0,0)$ 到平面 P_u 的距离 $d = |u|$. 故知 P_u 与 Ω 有交的充要条件是
$$|u| \leqslant 1.$$
作平面族
$$P_u: ax + by + cz = \delta u, \ |u| \leqslant 1,$$
用它来分割 Ω 成片状, P_u 与
$$P_u + \mathrm{d}u: ax + by + cz = \delta(u + \mathrm{d}u)$$
将 Ω 分割成的片域作为 $\mathrm{d}v$, 由一元积分学旋转体体积公式知,
$$\mathrm{d}v = \pi \int_u^{u+\mathrm{d}u} (\sqrt{1-u^2})^2 \mathrm{d}u = \pi \left[u - \frac{1}{3} u^3 \right]_u^{u+\mathrm{d}u}$$
$$= \pi \left\{ \mathrm{d}u - \frac{1}{3} \left[(u+\mathrm{d}u)^3 - u^3 \right] \right\} = \pi \left[\mathrm{d}u - \frac{1}{3}(3u^2 \mathrm{d}u + \cdots) \right].$$
取上式右边 $\mathrm{d}u$ 的线性主部, 得
$$\mathrm{d}v = \pi(1 - u^2) \mathrm{d}u$$
(微元法中只要取线性主部即可). 于是
$$I = \iiint\limits_{\Omega} f(ax + by + cz) \mathrm{d}v = \pi \int_{-1}^1 f(\delta u)(1 - u^2) \mathrm{d}u.$$
方法 2 作直角坐标正交变换
$$(x, y, z) \mapsto (\xi, \eta, \zeta),$$
其中第 3 个变换关系为
$$\frac{ax + by + cz}{\delta} = \zeta,$$
其他两个变换关系不必写出. 在 $O\xi\eta\zeta$ 坐标系中用柱面坐标:
$$\xi = r\cos\theta, \eta = r\sin\theta, \zeta = \zeta,$$
于是
$$\iiint\limits_{\Omega} f(ax + by + cz) \mathrm{d}v = \iiint\limits_{\Omega} f(\delta\zeta) \mathrm{d}v$$
$$= \int_{-1}^1 \mathrm{d}\zeta \iint\limits_{D_\zeta} f(\delta\zeta) r \mathrm{d}r \mathrm{d}\theta,$$
其中 $D_\zeta = \{(r, \theta) \mid 0 \leqslant r \leqslant \sqrt{1-\zeta^2}, 0 \leqslant \theta \leqslant 2\pi\}$ 为平面 $\zeta = \zeta$ 与 Ω 的截面区域. 于是 $\iint\limits_{D_\zeta} r \mathrm{d}r \mathrm{d}\theta$
$= \pi(1 - \zeta^2)$, 从而
$$\iiint\limits_{\Omega} f(ax + by + cz) \mathrm{d}v = \pi \int_{-1}^1 (1 - \zeta^2) f(\delta\zeta) \mathrm{d}\zeta.$$
证毕.

例 12 设 $f(x)$ 为连续函数, $t > 0$, 区域 Ω 是由抛物面 $z = x^2 + y^2$ 与球面 $x^2 + y^2 + z^2 = t^2$ 所围起来的上半部分. 定义三重积分
$$F(t) = \iiint\limits_{\Omega} f(x^2 + y^2 + z^2) \mathrm{d}v,$$

求 $F(t)$ 的导数 $F'(t)$(本题为 2012 年大学生数学竞赛(非数学类)预赛题).

分析 由 Ω 的形状知,用柱面坐标按 z—r—θ 的次序积分方便.

解 先求出曲面 $z=x^2+y^2$ 与曲面 $x^2+y^2+z^2=t^2$ 交线在 xOy 平面上的投影曲线,为
$$(x^2+y^2)^2+(x^2+y^2)-t^2=0,$$

即
$$x^2+y^2=\frac{1}{2}(\sqrt{1+4t^2}-1)\xlongequal{\text{记为}}a^2.$$

由柱面坐标,
$$F(t)=\iiint\limits_{\Omega}f(x^2+y^2+z^2)\mathrm{d}v=2\pi\int_0^a r\mathrm{d}r\int_{r^2}^{\sqrt{t^2-r^2}}f(r^2+z^2)\mathrm{d}z.$$

由公式(7.1),
$$F'(t)=2\pi a\int_{a^2}^{\sqrt{t^2-a^2}}f(r^2+z^2)\mathrm{d}z+2\pi\int_0^a r\cdot\frac{t}{\sqrt{t^2-r^2}}f(r^2+t^2-r^2)\mathrm{d}r,$$

但因 $a^4+a^2-t^2=0$,从而 $a^2=\sqrt{t^2-a^2}$,第一个积分的上限等于下限,积分的值为零,所以
$$F'(t)=2\pi tf(t^2)\int_0^a\frac{r}{\sqrt{t^2-r^2}}\mathrm{d}r=-2\pi tf(t^2)\left[\sqrt{t^2-r^2}\right]_{r=0}^{r=a}$$
$$=2\pi tf(t^2)\left[t-\sqrt{t^2-a^2}\right]=2\pi tf(t^2)(t-a^2)$$
$$=\pi tf(t^2)(2t+1-\sqrt{1+4t^2}).$$

7.3 第一型曲线积分与平面第二型曲线积分

一、第一型曲线积分

无论是平面还是空间的第一型(即对弧长的)曲线积分,形式都较简单,一般用参数式计算,少数特殊的可用与重积分类似的对称性(见公式(7.4)、公式(7.5),或轮换对称性,见公式(7.3)、公式(7.3)′)化简而计算之.

例 1 设 l 为圆周 $\begin{cases}x^2+y^2+z^2=a^2,\\x+y+z=0\end{cases}$ 一周,则第一型曲线积分 $I=\int_l(x+y)^2\mathrm{d}l=$ ____.

分析 由于本题的 l 及被积函数形式特殊,可利用对称性及 l 的方程化简本题,这就是下面的方法 1.也可用参数式计算,但较麻烦,见方法 2.

解 应填 $\frac{2}{3}\pi a^3$.

方法 1 在 l 上,$x+y=-z$,于是
$$I=\int_l(x+y)^2\mathrm{d}l=\int_l z^2\mathrm{d}l.$$

将 l 的方程中 x,y,z 依次轮换,其方程不变,即 l 满足轮换对称条件,于是(参照式(7.3)′)
$$I=\int_l z^2\mathrm{d}l=\int_l y^2\mathrm{d}l=\int_l x^2\mathrm{d}l,$$
$$3I=\int_l(x^2+y^2+z^2)\mathrm{d}l=\int_l a^2\mathrm{d}l=a^2\int_l\mathrm{d}l.$$

而 $\int_l \mathrm{d}l$ 为 l 的长度,为 $2\pi a$,于是

$$3I = 2\pi a^3,$$

$$I = \frac{2}{3}\pi a^3.$$

方法 2　将 l 化成参数式,为此,将 l 投影到 xOy 平面,得

$$l_{xOy}:\begin{cases} x^2 + y^2 + (x+y)^2 = a^2, \\ z = 0, \end{cases}$$

即

$$\begin{cases} x^2 + xy + y^2 = \dfrac{1}{2}a^2, \\ z = 0. \end{cases}$$

命

$$x = \frac{\sqrt{2}}{2}(\xi - \eta), \quad y = \frac{\sqrt{2}}{2}(\xi + \eta),$$

得

$$\begin{cases} 3\xi^2 + \eta^2 = a^2, \\ z = 0. \end{cases}$$

易知上式可化成如下的参数式:

$$\xi = \frac{a}{\sqrt{3}}\cos t, \quad \eta = a\sin t, \quad z = 0 \quad (0 \leqslant t \leqslant 2\pi).$$

回到 (x,y,z),得 l_{xOy} 的参数式:

$$x = \frac{\sqrt{2}}{2}\left(\frac{\sqrt{3}}{3}a\cos t - a\sin t\right),\ y = \frac{\sqrt{2}}{2}\left(\frac{\sqrt{3}}{3}a\cos t + a\sin t\right),\ z = 0,$$

得 l 的参数式:

$$x = \frac{\sqrt{2}}{2}\left(\frac{\sqrt{3}}{3}a\cos t - a\sin t\right),\ y = \frac{\sqrt{2}}{2}\left(\frac{\sqrt{3}}{3}a\cos t + a\sin t\right),\ z = -\frac{\sqrt{6}}{3}a\cos t$$

$(0 \leqslant t \leqslant 2\pi)$. 代入第一型曲线积分的计算公式:

$$I = \int_0^{2\pi} (x(t) + y(t))^2 \sqrt{x'^2(t) + y'^2(t) + z'^2(t)}\,\mathrm{d}t \tag{7.9}$$

$$= \int_0^{2\pi} \frac{2}{3}a^3\cos^2 t\,\mathrm{d}t = \frac{8}{3}a^3\int_0^{\frac{\pi}{2}}\cos^2 t\,\mathrm{d}t = \frac{2}{3}\pi a^3.$$

例 2　设常数 $a>0$,以平面 $z=0$ 上极坐标曲线 $r=a(1+\cos\theta)$ 为准线、平行于 z 轴的直线为母线的柱面被两平面 $z=0$ 与 $z=2a+x+y$ 截下的有限部分的面积为____.

分析　母线平行于 z 轴的柱面 $S:f(x,y)=0$ 上介于两曲线弧

$$l_1:\begin{cases} z = z_1(x,y), \\ f(x,y) = 0 \end{cases} \quad 与 \quad l_2:\begin{cases} z = z_2(x,y), \\ f(x,y) = 0, \end{cases} \quad z_1(x,y) \leqslant z_2(x,y)$$

之间的曲面 S 的面积为

$$A = \int_l [z_2(x,y) - z_1(x,y)]\mathrm{d}l, \tag{7.10}$$

其中 l 为 S 的位于 $z=0$ 平面上的准线,其方程为 $\begin{cases} f(x,y)=0, \\ z=0. \end{cases}$ 按此公式即可计算本题的面积.

解 应填 $\dfrac{112}{5}a^2$.

由公式 (7.10), $z_1(x,y)\equiv 0$, $z_2(x,y)=2a+x+y$, 柱面在 $z=0$ 平面上的准线用极坐标表示为 $r=a(1+\cos\theta)$, 所以

$$\mathrm{d}l=\sqrt{r^2+r'^2}\,\mathrm{d}\theta=2a\left|\cos\frac{\theta}{2}\right|\mathrm{d}\theta,$$

$$\begin{aligned}
\text{面积} &=\int_0^{2\pi}(2a+r\cos\theta+r\sin\theta)2a\left|\cos\frac{\theta}{2}\right|\mathrm{d}\theta\\
&=\int_0^{2\pi}(2a+a(1+\cos\theta)\cos\theta+a(1+\cos\theta)\sin\theta)2a\left|\cos\frac{\theta}{2}\right|\mathrm{d}\theta\\
&=2a^2\int_{-\pi}^{\pi}(2+(1+\cos\theta)\cos\theta+(1+\cos\theta)\sin\theta)\left|\cos\frac{\theta}{2}\right|\mathrm{d}\theta\\
&=4a^2\int_0^{\pi}(2+(1+\cos\theta)\cos\theta)\cos\frac{\theta}{2}\mathrm{d}\theta\\
&=8a^2\int_0^{\pi}\left(\cos\frac{\theta}{2}-\cos^3\frac{\theta}{2}+2\cos^5\frac{\theta}{2}\right)\mathrm{d}\theta\\
&=16a^2\int_0^{\frac{\pi}{2}}(\cos u-\cos^3 u+2\cos^5 u)\mathrm{d}u=\frac{112}{5}a^2.
\end{aligned}$$

例3 计算由曲线 $y=x^2$ 与直线 $y=mx$(常数 $m>0$)在第一象限中所围成的图形绕该直线所产生的旋转体体积 V.

分析 本题有多种思考路线. 求出曲线 $y=x^2$ 上的点到直线 $y=mx$ 的距离, 以此距离为旋转半径, 用微元法可求出 V, 这是方法 1. 用坐标轴旋转, 将直线 $y=mx$ 化为 $O\xi$ 轴, 同时得到旋转后的曲线 $y=x^2$ 的方程(参数式), 再按旋转体体积公式计算之, 这是方法 2. 方法 2 要用到坐标轴旋转.

解 **方法 1** 设点 (X,X^2) 为抛物线 $y=x^2$ 上的点, 作它对直线 $y=mx$ 的垂直线, 其方程为

$$y-X^2=-\frac{1}{m}(x-X). \tag{7.11}$$

直线 $y=mx$ 上的点记为 (x,y). $y=mx$ 与式 (7.11) 的交点为

$$x=\frac{X+mX^2}{1+m^2},\quad y=\frac{m(X+mX^2)}{1+m^2}. \tag{7.12}$$

点 (X,X^2) 到直线 $y=mx$ 的距离为

$$\delta=\frac{|mX-X^2|}{\sqrt{1+m^2}} \tag{7.13}$$

将直线 $y=mx$ 上两交点 $(0,0)$ 与 (m,m^2) 间的弧段作为第一型曲线积分的弧 l, 由微元法得旋转体体积

$$V=\pi\int_l\delta^2\mathrm{d}l,$$

再由式 (7.13) 及 $\mathrm{d}l=\sqrt{1+m^2}\mathrm{d}x$, 并且由式 (7.12) 将 x 转换为 X(或将 X 转换为 x)得

$$\begin{aligned}
V&=\pi\int_l\delta^2\mathrm{d}l=\pi\int_0^m\frac{(mX-X^2)^2}{1+m^2}\sqrt{1+m^2}\mathrm{d}x\\
&=\pi\int_0^m\frac{(mX-X^2)^2}{(1+m^2)^{3/2}}(1+2mX)\mathrm{d}X=\frac{\pi m^5}{30\sqrt{1+m^2}}
\end{aligned}$$

方法 2 作坐标轴旋转,新坐标系为 $\xi O\eta$. $O\xi$ 轴与直线 $y = mx$ 重合,正向指向右上方;将 $O\xi$ 轴正向按逆时针转 $\frac{\pi}{2}$ 为 $O\eta$ 轴正向. 由坐标轴旋转公式,有

$$x = \xi\cos\varphi - \eta\sin\varphi, y = \xi\sin\varphi + \eta\cos\varphi,$$

其中 φ 为直线 $y = mx$ 对 Ox 轴的倾角,

$$\tan\varphi = m, \cos\varphi = \frac{1}{\sqrt{1+m^2}}, \sin\varphi = \frac{m}{\sqrt{1+m^2}}.$$

于是有

$$\xi = \frac{1}{\sqrt{1+m^2}}x + \frac{m}{\sqrt{1+m^2}}y, \eta = -\frac{m}{\sqrt{1+m^2}}x + \frac{1}{\sqrt{1+m^2}}y. \tag{7.14}$$

由对 $O\xi$ 轴旋转的旋转体体积公式及式(7.14)有

$$V = \pi \int_0^m \eta^2 \mathrm{d}\xi = \pi \int_0^m \left(-\frac{m}{\sqrt{1+m^2}}x + \frac{1}{\sqrt{1+m^2}}x^2\right)^2 \left(\frac{1}{\sqrt{1+m^2}} + \frac{2mx}{\sqrt{1+m^2}}\right)\mathrm{d}x$$

$$= \frac{\pi}{\sqrt{(1+m^2)^3}} \int_0^m (x^2 - mx)^2 (2mx + 1)\mathrm{d}x = \frac{\pi m^5}{30\sqrt{1+m^2}}.$$

[注1] 方法 1 中,作与直线 $y = mx$ 垂直的平面"切割"V 构成微元,所以 $\mathrm{d}V = \pi\delta^2\mathrm{d}l$ 而不是 $\mathrm{d}V = \pi\delta^2\mathrm{d}x$.

[注2] 在方法 2 中,若直接去推出 η 与 ξ 的关系去计算 $V = \pi\int_0^m \eta^2\mathrm{d}\xi$,将会带来复杂的运算. 而将式(7.14)(其中 $y = x^2$)看成对 x 的参数式去计算就方便.

二、平面第二型(即对坐标的)曲线积分

平面第二型曲线积分是多元函数积分学的重点内容,定理多,类型多,方法多. 有些定理在有的教科书上未必写到,但仍属于基本的,本书将它们放在例题、习题或它们的"分析"、"注"中.

关于平面第二型曲线积分常见的有下述一些类型的题以及如何处理它们的方法. 以下提到的曲线,如无进一步假定,总认为它们是逐段光滑的.

(1) 用参数式计算,这是基本方法,封闭或不封闭的曲线积分都可以用. 用参数式计算第二型曲线积分的计算公式,在一般教科书上都有. 用该法的关键是:曲线的参数式要容易找到,化成的定积分要容易计算.

(2) 封闭曲线格林公式法. 使用该公式的关键点是,积分应该是封闭曲线的第二型曲线积分,在该封闭曲线 l 所围成的有界闭区域 D 上应满足格林公式的条件,D 的边界 l 应是正向的,化成的二重积分要容易计算.

(3) 加、减弧段格林公式法. 此法用于非封闭曲线 l_{AB} 情形:

$$\int_{l_{AB}} P(x,y)\mathrm{d}x + Q(x,y)\mathrm{d}y = \int_{l_{AB} \cup c_{BA}} P(x,y)\mathrm{d}x + Q(x,y)\mathrm{d}y$$

$$- \int_{c_{BA}} P(x,y)\mathrm{d}x + Q(x,y)\mathrm{d}y$$

$$= \pm \iint_D \left(\frac{\partial Q}{\partial x} - \frac{\partial P}{\partial y}\right)\mathrm{d}\sigma + \int_{c_{AB}} P(x,y)\mathrm{d}x + Q(x,y)\mathrm{d}y. \tag{7.15}$$

其中 c_{AB} 为添加上去弧段,D 为 $l_{AB} \bigcup c_{BA}$ 所围成的单连通有界闭区域. 若 $l_{AB} \bigcup c_{BA}$ 为 D 的正向边界,则"$\pm$"中取"$+$",若为负向,则取"$-$". 使用式(7.15)的关键是,D 应是一个单连通区域,在 D 上可以用格林公式,式(7.15)右边的两个积分都要容易计算. 详见例 5 及例 6 的 I_2.

(4) 路径无关选路法. 判别路径无关,利用原函数求曲线积分,利用曲线积分求原函数.

判别路径无关有两种情形:

① 在 D 为单连通且 $P(x,y)$ 与 $Q(x,y)$ 具有一阶连续偏导数的前提下,路径无关的充要条件为 $\dfrac{\partial Q}{\partial x} \equiv \dfrac{\partial P}{\partial y}$;

② 在 $P(x,y)$ 与 $Q(x,y)$ 在区域 D 上连续的前提下,路径无关的充要条件为存在(单值的)原函数 $u(x,y)$. 这里并不要求 D 为单连通,也不要求 P 与 Q 存在连续的偏导数,括号中"单值的"三个字是用以强调,实际上,凡讲到函数都是单值的.

无论是①还是②,只要能求出原函数,则均可利用原函数求曲线积分. 若仅知与路径无关而一时无法找出其原函数,则可以另选一条便于计算的路径去求此曲线积分. 若条件允许也可用折线法公式求之. 但请务必注意,另选一条路径或用折线法求,前提是"路径无关"(见前述①或②),详见例 4 及例 6 的 I_1.

(5) 复连通下的封闭曲线积分.

一般的复连通域较为复杂,下面说一种最简单的复连通情形. 设 D 为单连通域,点 $M_0(x_0,y_0) \in D$,D 中去掉 M_0 余下的区域是一种最简单的复连通域,记为 D_0. 设 $P(x,y)$ 与 $Q(x,y)$ 在 D_0 内连续,l 为 D_0 内任意一条简单封闭曲线. 则下述两命题等价:

① $\oint_l P(x,y)\mathrm{d}x + Q(x,y)\mathrm{d}y = 0$(当 l 不围绕点 M_0 时).

② $\oint_l P(x,y)\mathrm{d}x + Q(x,y)\mathrm{d}y = $ 常数 k,与具体 l 无关(当 l 围绕点 M_0 且为同一转向时).

如果增设 $P(x,y)$ 与 $Q(x,y)$ 具有连续的一阶偏导数,则又与下述③等价.

③ $\dfrac{\partial Q}{\partial x} \equiv \dfrac{\partial P}{\partial y}$(当点 $(x,y) \in D_0$).

其中①与②等价参见下面例 7 的证明,①与③等价来自前述(4)的①. 例子见例 7 的(1)、(2)及例 8.

(6) 与路径无关相关联的问题. 这类问题主要有:

① 已知某曲线积分 $\int_l P(x,y)\mathrm{d}x + Q(x,y)\mathrm{d}y$ 与路径无关;或 ② 已知某表达式 $P(x,y)\mathrm{d}x + Q(x,y)\mathrm{d}y$ 为全微分方程;或 ③ 已知某微分方程 $P(x,y)\mathrm{d}x + Q(x,y)\mathrm{d}y = 0$ 为全微分方程;或 ④ 已知某向量场 $\{P(x,y),Q(x,y)\}$ 为梯度场,其中 $P(x,y),Q(x,y)$ 中含有未知函数或未知参数,求这些未知函数及参数. 在单连通区域中,设 $P(x,y)$ 与 $Q(x,y)$ 具有连续的一阶偏导数的前提下,以上 4 个问题是等价的. 都归结为由 $\dfrac{\partial Q}{\partial x} = \dfrac{\partial P}{\partial y}$ 去求这些未知函数及参数. 见例 7 的(3)及例 9.

(7) 第一型与第二型的关系见下面式(7.20),具有绝对值号的曲线积分,见例 10.

例 4 设 l 为从点 $A(-1,0)$ 到点 $B(3,0)$ 的上半个圆周 $(x-1)^2 + y^2 = 4, y \geqslant 0$. 则

$$\int_l \frac{(4x-y)\mathrm{d}x + (x+y)\mathrm{d}y}{4x^2 + y^2} = \underline{\qquad}.$$

分析 上述圆周的参数式可写成 $x = 1 + 2\cos t, y = 2\sin t, t$ 从 π 到 0. 以此代入分母后将会发现该积分难做. 可先试一下该题是否与路径无关?

解 应填 $-\dfrac{\pi}{2} + \ln 3$.

命 $\quad P(x,y) = \dfrac{4x-y}{4x^2 + y^2}, \quad Q(x,y) = \dfrac{x+y}{4x^2 + y^2},$

有 $\quad \dfrac{\partial Q}{\partial x} = \dfrac{-4x^2 - 8xy + y^2}{4x^2 + y^2}, \quad \dfrac{\partial P}{\partial y} = \dfrac{-4x^2 - 8xy + y^2}{4x^2 + y^2},$

所以 $\quad \dfrac{\partial Q}{\partial x} \equiv \dfrac{\partial P}{\partial y}$, 当 $(x,y) \neq (0,0)$.

因此知, 在不包含点 $O(0,0)$ 在内的单连通区域 D 内, 该曲线积分与路径无关. 改取一条路径 l_1, l_1 由下述办法构成:

从点 $A(-1,0)$ 到 $C(1,0)$ 沿椭圆 $4x^2 + y^2 = 4$ 的上半个, 其参数式可写成:

$$\widehat{AC}: \begin{cases} x = \cos t, \\ y = 2\sin t, \end{cases} \quad t \text{ 从 } \pi \text{ 到 } 0.$$

从点 $C(1,0)$ 到点 $B(3,0)$ 沿水平线段:

$$\overline{CB}: y = 0, x \text{ 从 } 1 \text{ 到 } 3.$$

于是

$$\int_l \frac{(4x-y)\mathrm{d}x + (x+y)\mathrm{d}y}{4x^2 + y^2} = \int_{\widehat{AC}} + \int_{\overline{CB}},$$

其中

$$\int_{\widehat{AC}} \frac{(4x-y)\mathrm{d}x + (x+y)\mathrm{d}y}{4x^2 + y^2} = \frac{1}{4}\int_\pi^0 2\mathrm{d}t = -\frac{\pi}{2},$$

$$\int_{\overline{CB}} \frac{(4x-y)\mathrm{d}x + (x+y)\mathrm{d}y}{4x^2 + y^2} = \int_1^3 \frac{4x}{4x^2}\mathrm{d}x = \ln 3.$$

所以原积分为 $-\dfrac{\pi}{2} + \ln 3$.

例 5 设 $f(u)$ 具有连续的一阶导数, l_{AB} 为以 $\overline{AB}$ 为直径的左上半个圆弧, 从 A 到 B, 其中点 $A(1,1)$, 点 $B(3,3)$. 则第二型曲线积分 $\displaystyle\int_{l_{AB}} \left(\frac{1}{x}f\left(\frac{x}{y}\right) + 2y\right)\mathrm{d}x - \left(\frac{1}{y}f\left(\frac{x}{y}\right) + x\right)\mathrm{d}y = \underline{\qquad}.$

分析 由条件知, 在第一象限(不包括边界)中, 被积函数满足格林公式具有连续偏导数条件, 采用加、减弧段格林公式法.

解 应填 $3\pi + 4$.

添直线段 $\overline{BA}$ (即半圆的直径从 B 到 A), 有

$$\int_{l_{AB}} = \int_{l_{AB} \cup \overline{BA}} \left[\frac{1}{x}f\left(\frac{x}{y}\right) + 2y\right]\mathrm{d}x - \left[\frac{1}{y}f\left(\frac{x}{y}\right) + x\right]\mathrm{d}y$$

$$- \int_{\overline{BA}} \left[\frac{1}{x}f\left(\frac{x}{y}\right) + 2y\right]\mathrm{d}x - \left[\frac{1}{y}f\left(\frac{x}{y}\right) + x\right]\mathrm{d}y,$$

其中 $l_{AB} \cup \overline{BA}$ 围成的有界区域,记为
$$D = \{(x,y) \mid (x-2)^2 + (y-2)^2 \leqslant (\sqrt{2})^2, y \geqslant x\},$$

$l_{AB} \cup \overline{BA}$ 为负向.由格林公式

$$\int_{l_{AB} \cup \overline{BA}} \left(\frac{1}{x} f\left(\frac{x}{y}\right) + 2y \right) \mathrm{d}x - \left(\frac{1}{y} f\left(\frac{x}{y}\right) + x \right) \mathrm{d}y$$

$$= -\iint_D \left(-\frac{\partial}{\partial x}\left(\frac{1}{y} f\left(\frac{x}{y}\right) + x \right) - \frac{\partial}{\partial y}\left(\frac{1}{x} f\left(\frac{x}{y}\right) + 2y \right) \right) \mathrm{d}\sigma$$

$$= 3\iint_D \mathrm{d}\sigma = 3 \cdot \frac{1}{2}\pi(\sqrt{2})^2 = 3\pi,$$

$$\int_{\overline{BA}} \left(\frac{1}{x} f\left(\frac{x}{y}\right) + 2y \right) \mathrm{d}x - \left(\frac{1}{y} f\left(\frac{x}{y}\right) + x \right) \mathrm{d}y$$

$$= \int_1^3 \left(\frac{1}{x} f(1) + 2x - \frac{1}{x} f(1) - x \right) \mathrm{d}x = \int_1^3 x\,\mathrm{d}x = 4.$$

所以原式 $= 3\pi + 4$.

[注] 如果直接用参数式,命 $x = 2 + \sqrt{2}\cos t, y = 2 + \sqrt{2}\sin t, t$ 从 $t = \dfrac{\pi}{4}$ 到 $t = \dfrac{5\pi}{4}$,代入原给积分,由于含有 $f\left(\dfrac{2+\sqrt{2}\cos t}{2+\sqrt{2}\sin t}\right)$ 项,很难积分.

例 6 设 $u(x,y)$ 具有连续的一阶偏导数,l_{AB} 为自点 $O(0,0)$ 沿曲线 $y = \sin x$ 至点 $A(2\pi,0)$ 的有向弧段,求曲线积分

$$I = \int_{l_{OA}} (yu(x,y) + xyu_x'(x,y) + y + x\sin x)\mathrm{d}x$$

$$+ (xu(x,y) + xyu_y'(x,y) + \mathrm{e}^{y^2} - x)\mathrm{d}y.$$

分析 直接以曲线方程 $y = \sin x$ 代入计算,含有 $\mathrm{e}^{\sin^2 x}\cos x$,对 x 无法积分.若用格林公式,要出现 $\dfrac{\partial}{\partial y}u_x'(x,y)$,为 u 的二阶偏导数,题中未设它存在.今将 I 拆成两个积分分别考虑之.

解 $I = \displaystyle\int_{l_{OA}} (yu(x,y) + xyu_x'(x,y))\mathrm{d}x + (xu(x,y) + xyu_y'(x,y))\mathrm{d}y$

$$+ \int_{l_{OA}} (y + x\sin x)\mathrm{d}x + (\mathrm{e}^{y^2} - x)\mathrm{d}y.$$

其中第 1 个积分,由原函数法,

$$I_1 = \int_{l_{OA}} (yu(x,y) + xyu_x'(x,y))\mathrm{d}x + (xu(x,y) + xyu_y'(x,y))\mathrm{d}y$$

$$= \int_{l_{OA}} u(x,y)(y\mathrm{d}x + x\mathrm{d}y) + xy\mathrm{d}u(x,y)$$

$$= \int_{l_{OA}} \mathrm{d}(xyu(x,y)) = xyu(x,y) \Big|_{(0,0)}^{(2\pi,0)} = 0;$$

对于第 2 个积分,添加线段 $\overline{AO}$,与原弧 $y = \sin x (0 \leqslant x \leqslant 2\pi)$ 构成 8 字形,围成两块区域(见图 7-7):

$$D_1 = \{(x,y) \mid 0 \leqslant y \leqslant \sin x, 0 \leqslant x \leqslant \pi\},$$
$$D_2 = \{(x,y) \mid \sin x \leqslant y \leqslant 0, \pi \leqslant x \leqslant 2\pi\},$$

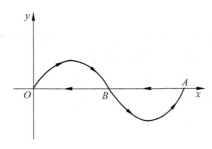

图　7-7

其中 D_1 的边界 $\overparen{OB} \cup \overline{BO}$ 为负向，D_2 的边界 $\overparen{BA} \cup \overline{AB}$ 为正向. 在 D_1 与 D_2 上分别用格林公式，有

$$
\begin{aligned}
I_2 &= \int_{l_{OA} \cup \overline{AO}} - \int_{\overline{AO}} (y + x\sin x)\mathrm{d}x + (\mathrm{e}^{y^2} - x)\mathrm{d}y \\
&= \int_{l_{OB} \cup \overline{BO}} (y + x\sin x)\mathrm{d}x + (\mathrm{e}^{y^2} - x)\mathrm{d}y \\
&\quad + \int_{l_{BA} \cup \overline{AB}} (y + x\sin x)\mathrm{d}x + (\mathrm{e}^{y^2} - x)\mathrm{d}y - \int_{2\pi}^{0} x\sin x\,\mathrm{d}x \\
&= -\iint_{D_1} (-1-1)\mathrm{d}\sigma + \iint_{D_2} (-1-1)\mathrm{d}\sigma + \int_0^{2\pi} x\sin x\,\mathrm{d}x \\
&= \int_0^\pi \mathrm{d}x \int_0^{\sin x} 2\mathrm{d}y - \int_\pi^{2\pi} \mathrm{d}x \int_{\sin x}^0 2\mathrm{d}y + [-x\cos x + \sin x]_0^{2\pi} \\
&= 2\int_0^{2\pi} \sin x\,\mathrm{d}x - 2\pi = -2\pi.
\end{aligned}
$$

所以原积分为 -2π.

例 7　设 $\varphi(y)$ 为连续函数. 如果在围绕原点的任意一条逐段光滑的正向简单封闭曲线 l 上，曲线积分

$$\oint_l \frac{\varphi(y)\mathrm{d}x + 2xy\mathrm{d}y}{2x^2 + y^4} = k, \tag{7.16}$$

其值与具体 l 无关，为同一常数某 k.

（1）试证明：对于任意一条逐段光滑的简单封闭曲线 L，它不围绕原点也不经过原点，则必有

$$\oint_L \frac{\varphi(y)\mathrm{d}x + 2xy\mathrm{d}y}{2x^2 + y^4} = 0, \tag{7.17}$$

且其逆亦成立，即若式（7.17）成立，则式（7.16）亦成立.

（2）试证明：在任意一个不含原点在其内的单连通区域 D_0 上，曲线积分

$$\int_{c_{AB}} \frac{\varphi(y)\mathrm{d}x + 2xy\mathrm{d}y}{2x^2 + y^4} \tag{7.18}$$

与具体的 c 无关而仅与点 A, B 有关.

(3) 如果增设 $\varphi(y)$ 具有连续的导数, 求 $\varphi(y)$ 的表达式.

分析 (1)与(2)中并未设 $\varphi(y)$ 具有连续的导数, 所以不能用条件 $\dfrac{\partial Q}{\partial x} \equiv \dfrac{\partial P}{\partial y}$ 来考察, 而只能用曲线积分本身来讨论.

解 (1)设 L 是一条不围绕原点也不经过原点的逐段光滑的简单封闭曲线, 如图 7-8, L 为 $\overset{\frown}{ABCDA}$, 添弧 $\overset{\frown}{CEA}$, 使构成两条简单封闭曲线弧

$$l_1: \overset{\frown}{ABCEA} \quad \text{与} \quad l_2: \overset{\frown}{ADCEA},$$

它们均将原点 O 包围在它们的内部, 由式(7.16)知,

$$\oint_{l_1} \frac{\varphi(y)\mathrm{d}x + 2xy\mathrm{d}y}{2x^2 + y^4} = k, \quad \oint_{l_2} \frac{\varphi(y)\mathrm{d}x + 2xy\mathrm{d}y}{2x^2 + y^4} = k.$$

所以

$$\oint_L \frac{\varphi(y)\mathrm{d}x + 2xy\mathrm{d}y}{2x^2 + y^4} = \int_{\overset{\frown}{ABC}} \cdots + \int_{\overset{\frown}{CDA}} \cdots$$

$$= \int_{\overset{\frown}{ABC}} \cdots + \int_{\overset{\frown}{CEA}} \cdots - \int_{\overset{\frown}{ADC}} \cdots - \int_{\overset{\frown}{CEA}} \cdots$$

$$= \oint_{l_1} \cdots - \oint_{l_2} \cdots = k - k = 0.$$

以下证其逆亦成立. 即设式(7.17)成立, 设 l_1 与 l_2 分别为两条各自围绕原点 O 的逐段光滑的简单封闭曲线, 且有相同转向. 如图 7-9, 不妨设 l_1 与 l_2 不相交, 作一线段 $\overline{AB}$, 沟通 l_1 与 l_2. 下述

$$L: \overset{\frown}{BCDBAEFAB}$$

为一条不围绕原点 O 的简单的封闭曲线. 由假定

$$\oint_L \frac{\varphi(y)\mathrm{d}x + 2xy\mathrm{d}y}{2x^2 + y^4} = 0.$$

而另一方面,

$$\oint_L \frac{\varphi(y)\mathrm{d}x + 2xy\mathrm{d}y}{2x^2 + y^4} = \oint_{l_1} \cdots + \oint_{\overline{BA}} \cdots - \oint_{l_2} \cdots + \oint_{\overline{AB}} \cdots$$

$$= \oint_{l_1} \cdots - \oint_{l_2} \cdots,$$

所以 $\oint_{l_1} \cdots = \oint_{l_2} \cdots$, 即只要 l 是围绕原点的简单封闭曲线, 且具有同一特向, 则 $\oint_l$ 为一常数.

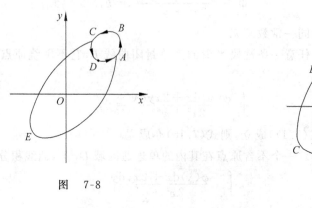

图 7-8   图 7-9

（2）设 c_{AB} 与 c'_{AB} 为 D_0 内连接点 A 与点 B 的任意两条逐段光滑的曲线，由 $c_{AB} \bigcup c'_{BA}$ 构成了一条逐段光滑的封闭曲线. 由

$$\oint_{c_{AB} \cup c'_{BA}} = 0,$$

所以

$$\int_{c_{AB}} \cdots = -\int_{c'_{BA}} \cdots = \int_{c'_{AB}} \cdots.$$

即积分与路径无关.

（3）既然在不含原点在其内的单连通域 D_0 上积分式（7.18）与路径无关且

$$P(x,y) = \frac{\varphi(y)}{2x^2 + y^4} \quad 与 \quad Q(x,y) = \frac{2xy}{2x^2 + y^4}$$

具有连续的一阶偏导数，由本大段开始的（4）①知，必有

$$\frac{\partial Q}{\partial x} \equiv \frac{\partial P}{\partial y}, \quad (x,y) \in D_0.$$

经计算，得

$$(2x^2 + y^4)\varphi'(y) - 4y^3\varphi(y) = 2y^5 - 4x^2 y.$$

由于 x 与 y 均为自变量，故得到

$$\begin{cases} 2x^2\varphi'(y) = -4x^2 y, \\ y^4\varphi'(y) - 4y^3\varphi(y) = 2y^5. \end{cases}$$

由前一方程得

$$\varphi'(y) = -2y,$$

解得 $\varphi(y) = -y^2 + C_1$. 代入第二式得 $C_1 = 0$. 所以 $\varphi(y) = -y^2$.

　　[注]　由以上（1）、（2）的推导可知，（1）、（2）与曲线积分的具体表达式无关，只要连续即可.（3）中才用到函数的具体表达式.

　　例 8　设 l 是以点 $(1,0)$ 为中心，R 为半径的圆周逆时针一周，$R > 1$. 求 $\oint_l \frac{y\mathrm{d}x - x\mathrm{d}y}{4x^2 + y^2}$.

　　分析　l 的参数式为

$$l : \begin{cases} x = 1 + R\cos t, \\ y = R\sin t, \end{cases} \quad t 从 0 到 2\pi.$$

若用参数式计算，分母十分麻烦不易积分. 这种情形往往先去考察是否成立

$$\frac{\partial Q}{\partial x} \equiv \frac{\partial P}{\partial y}?$$

其中 $P(x,y) = \frac{y}{4x^2 + y^2}$，$Q(x,y) = \frac{-x}{4x^2 + y^2}$. 经计算

$$\frac{\partial Q}{\partial x} = \frac{4x^2 - y^2}{(4x^2 + y^2)^2} = \frac{\partial P}{\partial y}, \quad 当 (x,y) \neq (0,0). \tag{7.19}$$

而 l 内部的区域为本大段开始所说的情形（5），满足其中的条件③，因此可用下法计算之.

　　解　由于式（7.19）在去原点 $O(0,0)$ 的区域内成立，并考虑到所给积分的分母，取

$$l_1 : \begin{cases} x = \dfrac{\delta}{2}\cos t, \\ y = \delta\sin t, \end{cases} \quad t 从 t = 0 到 t = 2\pi.$$

$\delta>0$ 使 l_1 全部在 l 所围的区域的内部. 由(5)知有

$$\oint_l \frac{y\mathrm{d}x - x\mathrm{d}y}{4x^2 + y^2} = \oint_{l_1} \frac{y\mathrm{d}x - x\mathrm{d}y}{4x^2 + y^2} = \frac{\delta^2}{\delta^2}\int_0^{2\pi}\left(-\frac{1}{2}\right)\mathrm{d}t = -\pi.$$

例 9　试确定常数 λ，使在右半平面 $x>0$ 上，向量场

$$\boldsymbol{A}(x,y) = \{2xy(x^4 + y^2)^\lambda, -x^2(x^4 + y^2)^\lambda\}$$

为某函数 $u(x,y)$ 的梯度场，并求 $u(x,y)$.

解　$\boldsymbol{A}(x,y)$ 为某 $u(x,y)$ 的梯度场的充要条件是

$$\{2xy(x^4 + y^2)^\lambda, -x^2(x^4 + y^2)^\lambda\} = \left\{\frac{\partial u}{\partial x}, \frac{\partial u}{\partial y}\right\},$$

于是推知充要条件是

$$\frac{\partial}{\partial x}(-x^2(x^4 + y^2)^\lambda) \equiv \frac{\partial}{\partial y}(2xy(x^4 + y^2)^\lambda).$$

即

$$4x(x^4 + y^2)^\lambda(1 + \lambda) = 0,$$

故 $\lambda = -1$. 要求 $u(x,y)$ 使

$$\frac{\partial u}{\partial x} = \frac{2xy}{x^4 + y^2}, \frac{\partial u}{\partial y} = -\frac{x^2}{x^4 + y^2}.$$

以下用两种方法求 $u(x,y)$.

方法 1　用曲线积分求原函数法.

$$u(x,y) = \int_l \frac{2xy}{x^4 + y^2}\mathrm{d}x - \frac{x^2}{x^4 + y^2}\mathrm{d}y.$$

取起点 $(1,0)$，终点 (x,y)，于是由折线法公式，

$$u(x,y) = -\int_0^y \frac{x^2}{x^4 + y^2}\mathrm{d}y + \int_1^x \frac{0}{0 + y^2}\mathrm{d}x = -\frac{1}{x^2}\int_0^y \frac{1}{1 + \left(\frac{y}{x^2}\right)^2}\mathrm{d}y$$

$$= -\arctan\frac{y}{x^2} + C \quad (C \text{ 为任意常数}).$$

方法 2　由 $\dfrac{\partial u}{\partial y} = -\dfrac{x^2}{x^4 + y^2}$，所以

$$u(x,y) = -\int \frac{x^2}{x^4 + y^2}\mathrm{d}y + \varphi(x) = -\arctan\frac{y}{x^2} + \varphi(x).$$

又由 $\dfrac{\partial u}{\partial x} = \dfrac{2xy}{x^4 + y^2}$ 并且与上述 $u(x,y) = -\arctan\dfrac{y}{x^2} + \varphi(x)$ 对照，得出 $\varphi'(x) = 0$，所以 $\varphi(x) = C$，得 $u(x,y)$ 如方法 1.

例 10　设 l 为圆周 $x^2 + y^2 = 4$ 正向一周，求 $I = \oint_l y^3\mathrm{d}x + |3y - x^2|\mathrm{d}y$.

解　记

$$I_1 = \oint_l y^3\mathrm{d}x, \quad I_2 = \oint_l |3y - x^2|\mathrm{d}y.$$

对于 I_1 直接用格林公式. 记 $D = \{(x,y) \mid x^2 + y^2 \leqslant 4\}$，有

$$I_1 = \oint_l y^3\mathrm{d}x = -\iint_D 3y^2\mathrm{d}\sigma = -3\int_0^{2\pi}\mathrm{d}\theta\int_0^2 r^3\sin^2\theta\mathrm{d}\theta = -12\pi.$$

求 I_2,有两个方法.

方法 1　用参数式,$\overset{\frown}{ADB}$:$x=2\cos t$,$y=2\sin t$,t 从 $\frac{\pi}{6}$ 到 $\frac{5\pi}{6}$;$\overset{\frown}{BCA}$:x,y 同上,t 从 $\frac{5\pi}{6}$ 到 $\frac{13\pi}{6}$

(图 7-10).

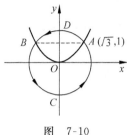

图　7-10

$$I_2 = \int_{\overset{\frown}{ADB}} (3y-x^2)\mathrm{d}y + \int_{\overset{\frown}{BCA}} (x^2-3y)\mathrm{d}y$$

$$= \int_{\frac{\pi}{6}}^{\frac{5\pi}{6}} (6\sin t - 4\cos^2 t) \cdot 2\cos t\,\mathrm{d}t$$

$$+ \int_{\frac{5\pi}{6}}^{\frac{13\pi}{6}} (4\cos^2 t - 6\sin t) \cdot 2\cos t\,\mathrm{d}t$$

$$= 2\int_{\frac{\pi}{6}}^{\frac{5\pi}{6}} (12\sin t\cos t - 8\cos^3 t)\,\mathrm{d}t = 0.$$

所以 $I = I_1 + I_2 = -12\pi$.

方法 2　添加并减去直线段 $\overline{AB}$,

$$I_2 = \int_{\overset{\frown}{ADB}} (3y-x^2)\mathrm{d}y + \int_{\overset{\frown}{BCA}} (x^2-3y)\mathrm{d}y$$

$$= \int_{\overset{\frown}{ADB}\cup\overline{BA}} (3y-x^2)\mathrm{d}y + \int_{\overline{AB}} (3y-x^2)\mathrm{d}y$$

$$+ \int_{\overset{\frown}{BCA}\cup\overline{AB}} (x^2-3y)\mathrm{d}y + \int_{\overline{BA}} (x^2-3y)\mathrm{d}y.$$

记 $D_1 = \{(x,y)\,|\,x^2+y^2\leqslant 4, y\geqslant 1\}$,$D_2 = \{(x,y)\,|\,x^2+y^2\leqslant 4, y\leqslant 1\}$.由格林公式及对称性,

$$\int_{\overset{\frown}{ADB}\cup\overline{BA}} (3y-x^2)\mathrm{d}y = \iint_{D_1} (-2x)\mathrm{d}\sigma = 0,$$

$$\int_{\overset{\frown}{BCA}\cup\overline{AB}} (x^2-3y)\mathrm{d}y = \iint_{D_2} 2x\mathrm{d}\sigma = 0,$$

又 $\int_{\overline{AB}} (3y-x^2)\mathrm{d}y = 0$,$\int_{\overline{BA}} (x^2-3y)\mathrm{d}y = 0$.于是知 $I_2 = 0$.所以 $I = I_1 + I_2 = -2\pi$.

例 11　设 l 为曲线 $x^2+y^2 = R^2$(常数 $R > 0$) 一周,$\boldsymbol{n}$ 为 l 的外法线方向向量,$u(x,y)$ 具有二阶连续偏导数且 $\frac{\partial^2 u}{\partial x^2} + \frac{\partial^2 u}{\partial y^2} = x^2 + y^2$.求 $\oint_l \frac{\partial u}{\partial n}\mathrm{d}l$.

分析　这是以第一型形式出现的封闭曲线积分,化成第二型曲线积分再以格林公式计算之.第一型与第二型的换算公式如下:

设 L_{AB} 为从点 A 到点 B 的光滑曲线,

$$\boldsymbol{\tau} = \{\cos\alpha,\sin\alpha\}$$

为沿 L_{AB} 从点 A 到点 B 方向的单位向量,$P(x,y)$ 与 $Q(x,y)$ 在 L_{AB} 上连续,则第一型与第二型的换算关系为

$$\int_{L_{AB}} (P(x,y)\cos\alpha + Q(x,y)\sin\alpha)\mathrm{d}l$$

$$= \int_{L_{AB}} P(x,y)\mathrm{d}x + Q(x,y)\mathrm{d}y. \qquad (7.20)$$

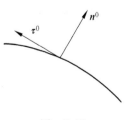

图　7-11

右边为第二型曲线积分,有方向,方向体现在 L_{AB} 上,即投影 $\mathrm{d}x,\mathrm{d}y$ 上,左边体现在被积函数的 $\cos\alpha,\sin\alpha$ 上.

解 设 $\boldsymbol{\tau}^0=\{\cos\alpha,\sin\alpha\}$ 为 l 沿逆时针方向的单位向量.将它按顺时针方向转 $\dfrac{\pi}{2}$,便得 l 的外法线方向的单位向量,[注]

$$\boldsymbol{n}^0=\{\sin\alpha,-\cos\alpha\}.$$

方向导数

$$\frac{\partial u}{\partial n}=\frac{\partial u}{\partial x}\sin\alpha+\frac{\partial u}{\partial y}(-\cos\alpha),$$

$$\oint_l\frac{\partial u}{\partial n}\mathrm{d}l=\oint_l\left(\frac{\partial u}{\partial x}\sin\alpha-\frac{\partial u}{\partial y}\cos\alpha\right)\mathrm{d}l$$

$$=\oint_l\frac{\partial u}{\partial x}\mathrm{d}y-\frac{\partial u}{\partial y}\mathrm{d}x$$

$$\xlongequal{\text{格林公式}}\iint\limits_D\left(\frac{\partial^2 u}{\partial x^2}+\frac{\partial^2 u}{\partial y^2}\right)\mathrm{d}\sigma$$

$$=\iint\limits_D(x^2+y^2)\mathrm{d}\sigma=\int_0^{2\pi}\mathrm{d}\theta\int_0^R r^3\mathrm{d}r$$

$$=\frac{\pi}{2}R^4.$$

其中 $D=\{(x,y)\,|\,x^2+y^2\leqslant R^2\}$ 为 l 所围成的有界区域.

[注] 将向量 $\boldsymbol{\tau}^0=\{\cos\alpha,\sin\alpha\}$ 顺时针转 $\dfrac{\pi}{2}$,即将 α 改为 $\alpha-\dfrac{\pi}{2}$,便得外法线方向单位向量 $\boldsymbol{n}^0=\left\{\cos\left(\alpha-\dfrac{\pi}{2}\right),\sin\left(\alpha-\dfrac{\pi}{2}\right)\right\}=\{\sin\alpha,-\cos\alpha\}.$

例 12 已知平面区域 $D=\{(x,y)\,|\,x^2+y^2\leqslant 1\}$,$l$ 为 D 的边界正向一周.证明:

(1) $I=\displaystyle\oint_l\frac{x\mathrm{e}^{\sin y}\mathrm{d}y-y\mathrm{e}^{-\sin x}\mathrm{d}x}{4x^2+5y^2}=\oint_l\frac{x\mathrm{e}^{-\sin y}\mathrm{d}y-y\mathrm{e}^{\sin x}\mathrm{d}x}{5x^2+4y^2};$

(2) $I=\displaystyle\oint_l\frac{x\mathrm{e}^{\sin y}\mathrm{d}y-y\mathrm{e}^{-\sin x}\mathrm{d}x}{4x^2+5y^2}\geqslant\frac{2}{5}\pi.$

解(1) 方法 1(参数式法) 命 $x=\cos t,y=\sin t$,于是

(1) 的左边 $=\displaystyle\int_0^{2\pi}\frac{\cos^2 t\cdot\mathrm{e}^{\sin(\sin t)}+\sin^2 t\cdot\mathrm{e}^{-\sin(\cos t)}}{4+\sin^2 t}\mathrm{d}t,$

(1) 的右边 $=\displaystyle\oint_l\frac{x\mathrm{e}^{-\sin y}\mathrm{d}y-y\mathrm{e}^{\sin x}\mathrm{d}x}{5x^2+4y^2}$

$$=\int_{\frac{\pi}{2}}^{\frac{5\pi}{2}}\frac{\cos^2 t\cdot\mathrm{e}^{-\sin(\sin t)}+\sin^2 t\cdot\mathrm{e}^{\sin(\cos t)}}{4+\cos^2 t}\mathrm{d}t$$

$$\xlongequal{t=\frac{\pi}{2}+u}\int_0^{2\pi}\frac{\sin^2 u\cdot\mathrm{e}^{-\sin(\cos u)}+\cos^2 u\cdot\mathrm{e}^{-\sin(\sin u)}}{4+\sin^2 u}\mathrm{d}u$$

$$=-\int_0^{-2\pi}\frac{\sin^2 u\cdot\mathrm{e}^{-\sin(\cos u)}+\cos^2 u\cdot\mathrm{e}^{\sin(\sin u)}}{4+\sin^2 u}\mathrm{d}u$$

$$= \int_{-2\pi}^{0} \frac{\sin^2 u \cdot \mathrm{e}^{-\sin(\cos u)} + \cos^2 u \cdot \mathrm{e}^{\sin(\sin u)}}{4 + \sin^2 u} \mathrm{d}u = (1) \text{ 的左边}.$$

方法 2(格林公式法) 由于分母含有 $4x^2 + 5y^2$，在点 O 处它为零，不能直接用格林公式. 宜将 l 代入分母变形，并请注意两项变形不同之处.

(1) 的左边 $= \oint_l \dfrac{x\mathrm{e}^{\sin y}}{4 + y^2} \mathrm{d}y - \dfrac{y\mathrm{e}^{-\sin x}}{5 - x^2} \mathrm{d}x = \iint\limits_{D} \left[\dfrac{\mathrm{e}^{\sin y}}{4 + y^2} + \dfrac{\mathrm{e}^{-\sin x}}{5 - x^2} \right] \mathrm{d}\sigma,$

(1) 的右边 $= \oint_l \dfrac{x\mathrm{e}^{-\sin y}}{5 - y^2} \mathrm{d}y - \dfrac{y\mathrm{e}^{\sin x}}{4 + x^2} \mathrm{d}x = \iint\limits_{D} \left[\dfrac{\mathrm{e}^{-\sin y}}{5 - y^2} + \dfrac{\mathrm{e}^{\sin x}}{4 + x^2} \right] \mathrm{d}\sigma,$

再由在区域 D 上，x 与 y 轮换对称，由公式(7.3)，所以(1) 的左边 $=$ (1) 的右边.

(2) 也有两个方法.

方法 1(参数法) 由(1) 已有

$$I = \int_0^{2\pi} \frac{\cos^2 t \cdot \mathrm{e}^{\sin(\sin t)} + \sin^2 t \cdot \mathrm{e}^{-\sin(\cos t)}}{4 + \sin^2 t} \mathrm{d}t.$$

$$\geqslant \frac{1}{5} \int_0^{2\pi} (\cos^2 t \cdot \mathrm{e}^{\sin(\sin t)} + \sin^2 t \cdot \mathrm{e}^{-\sin(\cos t)}) \mathrm{d}t,$$

及 $I = \int_0^{2\pi} \dfrac{\sin^2 u \cdot \mathrm{e}^{-\sin(\cos u)} + \cos^2 u \cdot \mathrm{e}^{\sin(\sin u)}}{4 + \sin^2 u} \mathrm{d}u$

$$\geqslant \frac{1}{5} \int_0^{2\pi} (\sin^2 u \cdot \mathrm{e}^{-\sin(\cos u)} + \cos^2 u \cdot \mathrm{e}^{\sin(\sin u)}) \mathrm{d}u,$$

$$= -\frac{1}{5} \int_{\pi}^{-\pi} (\sin^2 t \cdot \mathrm{e}^{-\sin(\cos t)} + \cos^2 t \cdot \mathrm{e}^{-\sin(\sin t)}) \mathrm{d}t \quad (u = \pi - t)$$

$$= \frac{1}{5} \int_0^{2\pi} (\sin^2 t \cdot \mathrm{e}^{\sin(\cos t)} + \cos^2 t \cdot \mathrm{e}^{-\sin(\sin t)}) \mathrm{d}t,$$

所以

$$2I \geqslant \frac{1}{5} \int_0^{2\pi} \left[\sin^2 t \cdot (\mathrm{e}^{\sin(\cos t)} + \mathrm{e}^{-\sin(\cos t)}) + \cos^2 t \cdot (\mathrm{e}^{\sin(\sin t)} + \mathrm{e}^{-\sin(\sin t)}) \right] \mathrm{d}t$$

$$\geqslant \frac{2}{5} \int_0^{2\pi} (\sin^2 t + \cos^2 t) \mathrm{d}t = \frac{4}{5}\pi.$$

所以 $I \geqslant \dfrac{2}{5}\pi$.

方法 2(格林公式法) 由(1)得

$$I = \iint\limits_{D} \left(\frac{\mathrm{e}^{\sin y}}{4 + y^2} + \frac{\mathrm{e}^{-\sin x}}{5 - x^2} \right) \mathrm{d}\sigma$$

$$\geqslant \frac{1}{5} \left[\iint\limits_{D} \mathrm{e}^{\sin y} \mathrm{d}\sigma + \iint\limits_{D} \mathrm{e}^{-\sin x} \mathrm{d}\sigma \right]$$

$$= \frac{1}{5} \left[\iint\limits_{D} \mathrm{e}^{\sin x} \mathrm{d}\sigma + \iint\limits_{D} \mathrm{e}^{-\sin x} \mathrm{d}\sigma \right]$$

$$= \frac{1}{5} \iint\limits_{D} (\mathrm{e}^{\sin x} + \mathrm{e}^{-\sin x}) \mathrm{d}\sigma$$

$$\geqslant \frac{2}{5} \iint\limits_{D} \mathrm{d}\sigma = \frac{2}{5}\pi.$$

例 13 设 $f(x,y)$ 在区域 $D=\{(x,y)\,|\,x>0,y>0\}$ 处具有连续的一阶偏导数,且为二次齐次函数.试证明:对于 D 内任意一条逐段光滑的简单封闭曲线 l 均有

$$\oint_l f(x,y)\left(\frac{\mathrm{d}y}{xy^2}-\frac{\mathrm{d}x}{x^2y}\right)=0.$$

分析 二次齐次函数的定义见 6.1 节例 9 的式(6.14).由此定义及式(6.15)即可作答.

解 $\oint_l f(x,y)\left(\dfrac{\mathrm{d}y}{xy^2}-\dfrac{\mathrm{d}x}{x^2y}\right)=0$ 的充要条件是

$$\frac{\partial}{\partial y}\left(-\frac{f(x,y)}{x^2y}\right)=\frac{\partial}{\partial x}\left(\frac{f(x,y)}{xy^2}\right),\quad (x,y)\in D$$

即

$$xf'_x(x,y)+yf'_y(x,y)=2f(x,y).$$

由题设 $f(x,y)$ 为二次齐次函数,其充要条件是

$$xf'_x(x,y)+yf'_y(x,y)=2f(x,y). \tag{7.21}$$

由此就证明了 $\oint_l f(x,y)\left(\dfrac{\mathrm{d}y}{xy^2}-\dfrac{\mathrm{d}x}{x^2y}\right)=0$, 当 $l\subset D$ 时.

例 14 设 $f(x,y)$ 在区域 $D=\{(x,y)\,|\,x^2+y^2\leqslant1\}$ 上有二阶连续偏导数,且 $\dfrac{\partial^2 f}{\partial x^2}+\dfrac{\partial^2 f}{\partial y^2}=e^{-(x^2+y^2)}$. 计算

$$\iint_D\left(x\frac{\partial f}{\partial x}+y\frac{\partial f}{\partial y}\right)\mathrm{d}\sigma.$$

分析 解决本题的关键是将被积函数 $x\dfrac{\partial f}{\partial x}+y\dfrac{\partial f}{\partial y}$ 化成 $\dfrac{\partial^2 f}{\partial x^2}+\dfrac{\partial^2 f}{\partial y^2}$ 的形式.方法 1 是设计出某种形式的封闭曲线积分,用格林公式,方法 2 是将要计算的二重积分利用被积函数的特点及积分区域的特点化成极坐标处理.两种方法都有相当的技巧.

解 方法 1 命 l 为 D 的边界正向一周.则由格林公式有

$$\oint_l \frac{1}{2}(x^2+y^2)f'_y\mathrm{d}x-\frac{1}{2}(x^2+y^2)f'_x\mathrm{d}y=\iint_D\left(-\frac{1}{2}\right)\left(\frac{\partial}{\partial x}(x^2+y^2)f'_x-\frac{\partial}{\partial y}(x^2+y^2)f'_y\right)\mathrm{d}\sigma$$

$$=-\iint_D(xf'_x+yf'_y)\mathrm{d}\sigma-\frac{1}{2}\iint_D(x^2+y^2)(f''_{xx}+f''_{yy})\mathrm{d}\sigma,$$

所以

$$\iint_D(xf'_x+yf'_y)\mathrm{d}\sigma=-\frac{1}{2}\iint_D(x^2+y^2)(f''_{xx}+f''_{yy})\mathrm{d}\sigma-\frac{1}{2}\oint_l(x^2+y^2)f'_y\mathrm{d}x-(x^2+y^2)f'_x\mathrm{d}y$$

$$=-\frac{1}{2}\iint_D r^2 e^{-r^2}r\mathrm{d}r\mathrm{d}\theta-\frac{1}{2}\oint_l f'_y\mathrm{d}x-f'_x\mathrm{d}y$$

$$=-\frac{1}{4}\int_0^{2\pi}\mathrm{d}\theta\int_0^1 u e^{-u}\mathrm{d}u+\frac{1}{2}\iint_D(f''_{xx}+f''_{yy})\mathrm{d}\sigma$$

$$=-\frac{1}{4}\int_0^{2\pi}\mathrm{d}\theta\int_0^1 u e^{-u}\mathrm{d}u+\frac{1}{2}\int_0^{2\pi}\mathrm{d}\theta\int_0^1 r e^{-r^2}\mathrm{d}r$$

$$=-\frac{1}{4}\int_0^{2\pi}\mathrm{d}\theta\int_0^1 u e^{-u}\mathrm{d}u+\frac{1}{4}\int_0^{2\pi}\mathrm{d}\theta\int_0^1 e^{-u}\mathrm{d}u$$

$$=\frac{1}{4}\int_0^{2\pi}\mathrm{d}\theta\int_0^1(e^{-u}-u e^{-u})\mathrm{d}u=\frac{\pi}{2}u e^{-u}\Big|_0^1=\frac{\pi}{2e}.$$

方法 2　对于原二重积分,采用极坐标形式(先 θ 后 r):

$$\iint\limits_{D}(xf'_{x}+yf'_{y})\mathrm{d}\sigma=\int_{0}^{2\pi}\mathrm{d}\theta\int_{0}^{1}(r\mathrm{cos}\theta\cdot f'_{x}+r\mathrm{sin}\theta\cdot f'_{y})r\mathrm{d}r$$

$$=\int_{0}^{1}r\mathrm{d}r\int_{0}^{2\pi}(r\mathrm{cos}\theta\cdot f'_{x}+r\mathrm{sin}\theta\cdot f'_{y})\mathrm{d}\theta.$$

命 $D_{r}=\{(x,y)\,|\,x^{2}+y^{2}\leqslant r^{2}\},l_{r}=\{(x,y)\,|\,x^{2}+y^{2}=r^{2},$ 正向一周$\}$,

$$\int_{0}^{2\pi}(r\mathrm{cos}\theta\cdot f'_{x}+r\mathrm{sin}\theta\cdot f'_{y})\mathrm{d}\theta=\oint_{l_{r}}(\mathrm{cos}\theta\cdot f'_{x}+\mathrm{sin}\theta\cdot f'_{y})\mathrm{d}l.$$

命 l_{r} 的单位切向量为

$$\boldsymbol{\tau}=\{\mathrm{cos}\alpha,\mathrm{sin}\alpha\},$$

易知 $\mathrm{cos}\alpha=\mathrm{cos}\left(\dfrac{\pi}{2}+\theta\right)=-\mathrm{sin}\theta,\mathrm{sin}\alpha=\mathrm{sin}\left(\dfrac{\pi}{2}+\theta\right)=\mathrm{cos}\theta,$ 于是

$$\int_{0}^{2\pi}(r\mathrm{cos}\theta\cdot f'_{x}+r\mathrm{sin}\theta\cdot f'_{y})\mathrm{d}\theta=\oint_{l_{r}}(\mathrm{cos}\theta\cdot f'_{x}+\mathrm{sin}\theta\cdot f'_{y})\mathrm{d}l$$

$$=\oint_{l_{r}}(\mathrm{sin}\alpha\cdot f'_{x}-\mathrm{cos}\alpha\cdot f'_{y})\mathrm{d}l=\oint_{l_{r}}(-f'_{y}\mathrm{d}x+f'_{x}\mathrm{d}y)$$

$$=\iint\limits_{D_{r}}(f''_{xx}+f''_{yy})\mathrm{d}\sigma=\int_{0}^{2\pi}\mathrm{d}\theta\int_{0}^{r}\mathrm{e}^{-s^{2}}s\mathrm{d}s$$

$$=-\pi[\mathrm{e}^{-s^{2}}]_{0}^{r}=-\pi(\mathrm{e}^{-r^{2}}-1).$$

从而

$$\iint\limits_{D}(xf'_{x}+yf'_{y})\mathrm{d}\sigma=-\pi\int_{0}^{1}r(\mathrm{e}^{-r^{2}}-1)\mathrm{d}r$$

$$=\frac{\pi}{2}[\mathrm{e}^{-r^{2}}+r^{2}]_{0}^{1}=\frac{\pi}{2\mathrm{e}}.$$

[注]　将一个二重积分写成一个其边界上的(低一维的)封闭曲线的曲线积分与另一个二重积分之和,有些类似于一元函数定积分中的分部积分法.实际上有下述公式,它是格林公式的变形:

设 $A(x,y)$ 与 $B(x,y)$ 及平面有界闭区域 D 以及它的边界 l,满足格林公式的一切条件,则有

$$\iint\limits_{D}A(x,y)B'_{x}(x,y)\mathrm{d}x\mathrm{d}y=\oint_{l}A(x,y)B(x,y)\mathrm{d}y-\iint\limits_{D}A'_{x}(x,y)B(x,y)\mathrm{d}x\mathrm{d}y,\qquad(7.22)$$

$$\iint\limits_{D}A'_{y}(x,y)B(x,y)\mathrm{d}x\mathrm{d}y=-\oint_{l}A(x,y)B(x,y)\mathrm{d}x-\iint\limits_{D}A(x,y)B'_{y}(x,y)\mathrm{d}x\mathrm{d}y.\quad(7.23)$$

例如本题方法 1 中,取 $A(x,y)=f'_{x},B'_{x}(x,y)=x,$ 有 $A'_{x}(x,y)=f''_{xx},B(x,y)=\dfrac{1}{2}(x^{2}+y^{2}).$ 从而有

$$\iint\limits_{D}xf'_{x}\mathrm{d}x\mathrm{d}y=\oint_{l}\frac{1}{2}(x^{2}+y^{2})f'_{x}\mathrm{d}y-\iint\limits_{D}\frac{1}{2}(x^{2}+y^{2})f''_{xx}\mathrm{d}x\mathrm{d}y.$$

类似地有

$$\iint\limits_{D} y f'_y \mathrm{d}x\mathrm{d}y = -\oint_l \frac{1}{2}(x^2+y^2)f'_y\mathrm{d}x - \iint\limits_{D} \frac{1}{2}(x^2+y^2)f''_{yy}\mathrm{d}x\mathrm{d}y.$$

使用上述公式(7.22)与公式(7.23)的关键是如何取 $A(x,y)$ 与 $B(x,y)$.

例 15 设 l 是任意一条不经过原点的分段光滑的简单封闭曲线,正向一周. a、b、m、n 均为正常数,且 m、n 为整数. 讨论并求平面第二型曲线积分

$$I = \oint_l \frac{m y^n x^{m-1}\mathrm{d}x - n y^{n-1}x^m\mathrm{d}y}{b^2 x^{2m}+a^2 y^{2n}}.$$

解 按通常的 P、Q 记号,容易求得

$$\frac{\partial Q}{\partial x} = \frac{mn(b^2 y^{n-1}x^{3m-1}-a^2 y^{3n-1}x^m)}{(b^2 x^{2m}+a^2 y^{2n})^2} = \frac{\partial P}{\partial y},\text{当}(x,y)\neq(0,0).$$

所以在不含点 $O(0,0)$ 的单连通区域 D 内,该曲线积分与路径无关. 以下分几种情况讨论.

(Ⅰ) 若 l 为不环绕点 $O(0,0)$ 的任意一条逐段光滑的封闭曲线,则 $\oint_l = 0$.

(Ⅱ) 若 l 为环绕点 $O(0,0)$ 的任意一条逐段光滑的简单封闭曲线,则 $\oint_l$ 与具体的 l 无关. 今取

$$l: b^2 x^{2m}+a^2 y^{2n} = a^2 b^2,\text{正向一周}.$$

易知 l 包含于矩形区域 $|x|\leqslant a^{\frac{1}{m}}$,$|y|\leqslant b^{\frac{1}{n}}$ 中,且是一条光滑的简单封闭曲线,它环绕点 $O(0,0)$.

$$\oint_l \frac{m y^n x^{m-1}\mathrm{d}x - n y^{n-1}x^m\mathrm{d}y}{b^2 x^{2m}+a^2 y^{2n}} = \frac{1}{a^2 b^2}\oint_l m y^n x^{m-1}\mathrm{d}x - n y^{n-1}x^m\mathrm{d}y$$

$$= -\frac{2mn}{a^2 b^2}\iint\limits_{D} x^{m-1}y^{n-1}\mathrm{d}\sigma.$$

其中 $D=\{(x,y)\mid b^2 x^{2m}+a^2 y^{2n}\leqslant a^2 b^2\}$,第二个等式来自格林公式. 下面再分两种情形.

(Ⅱ₁) 若 m 与 n 中至少有一个为偶数,则 x^{m-1} 与 y^{n-1} 中至少有一为奇次幂. 由于 D 对称于 x 轴又对称于 y 轴,所以

$$\oint_l = -\frac{2mn}{a^2 b^2}\iint\limits_{D} x^{m-1}y^{n-1}\mathrm{d}\sigma = 0.$$

(Ⅱ₂) 若 m 与 n 都是奇数,则 x^{m-1} 与 y^{n-1} 都是偶次幂. 所以

$$\oint_l = -\frac{2mn}{a^2 b^2}\iint\limits_{D} x^{m-1}y^{n-1}\mathrm{d}\sigma = -\frac{8mn}{a^2 b^2}\int_0^a\mathrm{d}x\int_0^{y=y(x)} x^{m-1}y^{n-1}\mathrm{d}y.$$

其中 $y=y(x)$ 由 D 的边界方程解得 $y(x)=\left[\frac{b}{a}\sqrt{a^2-(x^m)^2}\right]^{\frac{1}{n}}$. 于是,

$$\oint_l = -\frac{8m}{a^2 b^2}\int_0^a x^{m-1}\frac{b}{a}\sqrt{a^2-(x^m)^2}\mathrm{d}x$$

$$\xlongequal{u=x^m} -\frac{8}{a^3 b}\int_0^a \sqrt{a^2-u^2}\mathrm{d}u = -\frac{2\pi}{ab}.$$

[注 1] 有些考研题,例如数学一 2000 五题,2005(19)题是本题的特例或变形.

[注 2] 不要以为作变换 $bx^m=\xi$,$ay^n=\eta$ 可迅速解决本题. 因为若 m 与 n 中至少有一个为偶数时,上述变换不是一对一的.

例 16 设 $I_\alpha(r) = \int_C \dfrac{y\,\mathrm{d}x - x\,\mathrm{d}y}{(x^2 + y^2)^\alpha}$，其中 α 为常数，曲线 C 为椭圆 $x^2 + xy + y^2 = r^2$，取正

向. 求极限 $\lim\limits_{r \to +\infty} I_\alpha(r)$. (本题为 2013 年全国大学生数学竞赛(非数学类)预赛题).

解 按通常记号 $P(x,y)$ 与 $Q(x,y)$，

$$\frac{\partial Q}{\partial x} = \frac{(2\alpha - 1)x^2 - y^2}{(x^2 + y^2)^{\alpha+1}},$$

$$\frac{\partial P}{\partial y} = \frac{x^2 - (2\alpha - 1)y^2}{(x^2 + y^2)^{\alpha+1}}.$$

当 $\alpha \neq 1$ 时，$\dfrac{\partial Q}{\partial x} \neq \dfrac{\partial P}{\partial y}$. 当 $\alpha = 1$ 时，$\dfrac{\partial Q}{\partial x} \equiv \dfrac{\partial P}{\partial y}$(当 $(x,y) \neq (0,0)$).

所以当 $\alpha = 1$ 时，可取圆 $x^2 + y^2 = r^2$ 正向一周，易知 $I_\alpha(r) = -2\pi$.

当 $\alpha \neq 1$ 时，该积分不是与路径无关，不能用换路方法，也不能用格林公式，只能用具体的 C 去计算. 为此先导出 C 的一个参数式. 命

$$x = u + v, y = u - v, C \text{ 成为 } 3u^2 + v^2 = r^2.$$

再命

$$u = \frac{r}{\sqrt{3}}\cos t, v = r\sin t, t \text{ 从 } 0 \text{ 到 } 2\pi,$$

于是曲线 C 的参数方程可写成：

$$x = \frac{r}{\sqrt{3}}\cos t - r\sin t, y = \frac{r}{\sqrt{3}}\cos t + r\sin t.$$

当 t 从 0 到 2π 时，保持 C 为正向一周. 于是经一番初等而复杂的运算之后，得

$$I_\alpha(r) = -2^{1-\alpha} 3^{\alpha - \frac{1}{2}} r^{2-2\alpha} \int_0^{2\pi} \frac{\mathrm{d}t}{(\cos^2 t + 3\sin^2 t)^\alpha}.$$

而上述积分是存在的，且为正，所以

$$\lim_{r \to +\infty} I_\alpha(r) = \begin{cases} 0, & \text{当 } \alpha > 1, \\ -\infty, & \text{当 } \alpha < 1, \\ -2\pi, & \text{当 } \alpha = 1. \end{cases}$$

7.4 曲面积分与空间第二型曲线积分

一、第一型曲面积分

第一型曲面积分 $\iint\limits_S f(x,y,z)\,\mathrm{d}S$，又称对面积的曲面积分，类型较简单，一般用投影法计

算. 其方法是，将 S 投影到某坐标平面上，要求对于 S 上任意两点，其投影点不重合. 设投影

到 xOy 平面，得投影域 D_{xy}，S 由(单值)函数

$$z = z(x,y), \quad (x,y) \in D_{xy}$$

表示，并设 $z(x,y)$ 存在连续的偏导数，则

$$\iint\limits_{S} f(x,y,z)\mathrm{d}S = \iint\limits_{D_{xy}} f(x,y,z(x,y))\sqrt{1+\left(\frac{\partial z}{\partial x}\right)^2+\left(\frac{\partial z}{\partial y}\right)^2}\mathrm{d}\sigma \qquad (7.24)$$

第一型曲面积分有与重积分类似的对称性(或轮换对称性)的性质,可用以化简计算.

例 1　设 S 为椭球面 $\dfrac{x^2}{9}+\dfrac{y^2}{4}+z^2=1$,已知 S 的面积为 A,则第一型曲面积分 $\iint\limits_{S}[(2x+3y)^2+(6z-1)^2]\mathrm{d}S=$ ____.

解　应填 $37A$.

$$(2x+3y)^2+(6z-1)^2 = 4x^2+9y^2+36z^2+12xy-12z+1,$$

由于 S 分别对称于三个坐标平面,所以

$$\iint\limits_{S} xy\mathrm{d}S = 0, \quad \iint\limits_{S} z\mathrm{d}S = 0.$$

又在 S 上 $4x^2+9y^2+36z^2=36$,所以

$$原积分 = \iint\limits_{S}(4x^2+9y^2+36z^2+12xy-12z+1)\mathrm{d}S$$

$$= \iint\limits_{S} 37\mathrm{d}S = 37A.$$

例 2　设 $S=\{(x,y,z)\mid z=\sqrt{x^2+y^2},1\leqslant z\leqslant 4\}$,则 $\iint\limits_{S}(x+y+z)\mathrm{d}S=$ ____.

解　代入式(7.24),$\dfrac{\partial z}{\partial x}=\dfrac{x}{\sqrt{x^2+y^2}}$,$\dfrac{\partial z}{\partial y}=\dfrac{y}{\sqrt{x^2+y^2}}$,

$$\iint\limits_{S}(x+y+z)\mathrm{d}S = \iint\limits_{D}(x+y+\sqrt{x^2+y^2})\sqrt{1+1}\mathrm{d}\sigma,$$

其中 $D=\{(x,y)\mid 1\leqslant x^2+y^2\leqslant 16\}$. 由极坐标,

$$原式 = \sqrt{2}\int_0^{2\pi}\mathrm{d}\theta\int_1^4(r\cos\theta+r\sin\theta+r)r\mathrm{d}r$$

$$= 42\sqrt{2}\pi.$$

例 3　(1)说明曲面 $S\colon x^2+y^2+z^2-yz=1$ 为椭球面;(2)设 P 为 S 上的动点,若 S 在点 P 处的切平面总与 xOy 面垂直,求点 P 的轨迹 C 的方程;(3)计算曲面积分

$$I = \iint\limits_{\Sigma}\frac{(x+\sqrt{3})(2z-y)}{\sqrt{4+y^2+z^2-4yz}}\mathrm{d}S,$$

其中 Σ 为椭球面 S 位于曲线 C 的上方部分.

解　(1)$S\colon x^2+y^2+z^2-yz-1=x^2+z^2-yz+\dfrac{1}{4}y^2+\dfrac{3}{4}y^2-1=x^2+\left(z-\dfrac{1}{2}y\right)^2+\dfrac{3}{4}y^2-1=0$,由 5.2 节知,这是一个椭球面.

(2) 有两个方法.

方法 1　利用 S 是椭球面这个特性,由 $S\colon x^2+\dfrac{3}{4}y^2+\left(z-\dfrac{1}{2}y\right)^2=1$,作坐标变换:

$$x=x,y=y,\zeta=z-\frac{1}{2}y, \qquad (7.25)$$

椭球面 S 成为

$$x^2 + \frac{3}{4}y^2 + \zeta^2 = 1. \tag{7.26}$$

切平面与 xOy 平面垂直,即法向量与 xOy 平面平行.在线性变换下,"平行"这一性质不会改变,在变换式(7.25)之下,xOy 平面也未改变,xOy 平面就是平面 $\zeta = 0$.所以曲面 S 上切平面与 xOy 平面垂直的轨线就是

$$C: \begin{cases} z - \dfrac{1}{2}y = 0, \\ x^2 + \dfrac{3}{4}y^2 + \left(z - \dfrac{1}{2}y\right)^2 = 1, \end{cases}$$

或写成

$$C: \begin{cases} y - 2z = 0, \\ x^2 + \dfrac{3}{4}y^2 = 1. \end{cases} \tag{7.27}$$

方法2 S 上点 $P(x,y,z)$ 处的法向量

$$\boldsymbol{n} = \{2x, 2y - z, 2z - y\}.$$

在点 P 处切平面与 xOy 平面垂直的充要条件为

$$\boldsymbol{n} \cdot \boldsymbol{k} = 0, \text{即 } 2z - y = 0.$$

即点 $P(x,y,z)$ 的坐标应同时满足

$$\begin{cases} 2z - y = 0, \\ x^2 + y^2 + z^2 - yz = 1, \end{cases}$$

或写成

$$C: \begin{cases} 2z - y = 0, \\ x^2 + \dfrac{3}{4}y^2 = 1. \end{cases}$$

(3) C 在 xOy 平面上的投影所围成的区域

$$D = \left\{ (x,y) \mid x^2 + \frac{3}{4}y^2 \leqslant 1 \right\}$$

就是 Σ 在 xOy 平面上的投影区域. S 在 C 上方部分由隐式

$$x^2 + y^2 + z^2 - yz = 1 \quad \left(\text{连带条件 } z \geqslant \frac{1}{2}y\right)$$

所确定.于是

$$dS = \sqrt{1 + \left(\frac{\partial z}{\partial x}\right)^2 + \left(\frac{\partial z}{\partial y}\right)^2}\, d\sigma = \sqrt{1 + \left(\frac{2x}{y - 2z}\right)^2 + \left(\frac{2y - z}{y - 2z}\right)^2}\, d\sigma$$

$$= \frac{\sqrt{4 + y^2 + z^2 - 4yz}}{|y - 2z|}\, d\sigma = \frac{\sqrt{4 + y^2 + z^2 - 4yz}}{(2z - y)}\, d\sigma,$$

$$I = \iint\limits_{D} (x + \sqrt{3})\, d\sigma.$$

由于 D 对称于 y 轴,所以 $\iint\limits_{D} x\, d\sigma = 0$,$D$ 的面积为 $\dfrac{2}{\sqrt{3}}\pi$,所以 $I = \iint\limits_{D} \sqrt{3}\, d\sigma = \sqrt{3} \cdot \dfrac{2}{\sqrt{3}}\pi = 2\pi.$

例 4 设函数 $f(x)$ 连续，a、b、c 为常数，$\delta = \sqrt{a^2 + b^2 + c^2} > 0$. 试用积分 $\int_{-1}^{1} f(\delta u)\,\mathrm{d}u$ 表示第一型曲面积分

$$I = \iint\limits_{S} f(ax + by + cz)\,\mathrm{d}S,$$

其中 $S = \{(x,y,z) \mid x^2 + y^2 + z^2 = 1\}$.

分析 方法 1 由于 I 中含有 $ax + by + cz$. 分割 S 的微元 $\mathrm{d}S$ 为带域，使在带域 $\mathrm{d}S$ 上 $ax + by + cz$ 可看成不变，这样就容易将 I 化为定积分. 方法 2，用坐标变换命 $ax + by + cz = \delta \zeta$.

解 方法 1 对于固定的 u，作平面

$$P_u : ax + by + cz = \delta u,$$

由点到平面的距离公式知，点 $O(0,0,0)$ 到平面 P_u 的距离 $d = |u|$. 易知 P_u 与 S 有交的充要条件是

$$|u| \leqslant 1.$$

作平面族

$$P_u : ax + by + cz = \delta u, \ |u| \leqslant 1,$$

用它来分割 S 成一片片状. P_u 与

$$P_{u+\mathrm{d}u} : ax + by + cz = \delta(u + \mathrm{d}u)$$

将 S 切割下一条环形域作为 $\mathrm{d}S$. 由一元积分学中旋转曲面面积公式，设 $f(x)$ 具有连续的一阶导数，曲线 $y = f(x)$ 对应于 $x_1 \leqslant x \leqslant x_2$ 上的弧段绕 Ox 轴旋转一周的曲面面积为

$$S = \int_{x_1}^{x_2} 2\pi f(x) \sqrt{1 + f'^2(x)}\,\mathrm{d}x,$$

以 $f(x) = \sqrt{1-x^2}$，$x_1 = u$，$x_2 = u + \mathrm{d}u$ 代入并将 S 改记为 $\mathrm{d}S$，得

$$\mathrm{d}S = 2\pi \mathrm{d}u.$$

于是

$$I = \iint\limits_{S} f(ax + by + cz)\,\mathrm{d}S = 2\pi \int_{-1}^{1} f(\delta u)\,\mathrm{d}u.$$

方法 2 作直角正交变换

$$(x,y,z) \mapsto (\xi, \eta, \zeta),$$

其中第 3 个变换关系为

$$\frac{ax + by + cz}{\delta} = \zeta,$$

而第 1、第 2 两个变换关系不必具体写出，与平面 $\zeta = 0$ 垂直且经过点 O 向上的轴为 $O\zeta$ 轴正向. 在此变换下，球面

$$S : x^2 + y^2 + z^2 = 1 \rightarrow S : \xi^2 + \eta^2 + \zeta^2 = 1,$$

在坐标系 $O\xi\eta\zeta$ 中用球面坐标：

$$\xi = \rho\sin\varphi\cos\theta, \eta = \rho\sin\varphi\sin\theta, \zeta = \rho\cos\theta, (\rho = 1)$$

$$\mathrm{d}S = \sin\varphi\,\mathrm{d}\varphi\,\mathrm{d}\theta,$$

于是

$$I = \iint\limits_{S} f(ax + by + cz)\,\mathrm{d}S = \int_0^{2\pi} \mathrm{d}\theta \int_0^{\pi} f(\delta\cos\varphi)\sin\varphi\,\mathrm{d}\varphi$$

$$= 2\pi \int_0^{\pi} f(\delta\cos\varphi)\sin\varphi\,\mathrm{d}\varphi.$$

命 $\cos\varphi = u$，从而

$$I = 2\pi \int_1^{-1} f(\delta u)(-\,\mathrm{d}u) = 2\pi \int_{-1}^{1} f(\delta u)\,\mathrm{d}u.$$

例 5　双纽线 $(x^2 + y^2)^2 = a^2(x^2 - y^2)$ 右支绕 x 轴一周生成的旋转曲面记为 S.

(1) 求 S 的面积；

(2) 求第一型曲面积分 $\iint\limits_{S} x^2\,\mathrm{d}S$.

解　(1) S 的面积记为 A，由旋转曲面面积公式有

$$A = 2\pi \int_l y\,\mathrm{d}l.$$

其中 l 为双纽线 $(x^2 + y^2)^2 = a^2(x^2 - y^2)$ 在第一象限中的弧. 采用极坐标，双纽线方程化成

$$r^2 = a^2\cos 2\theta,$$

有

$$rr' = -a^2\sin 2\theta,$$

$$y\,\mathrm{d}l = r\sin\theta \cdot \sqrt{r^2 + r'^2}\,\mathrm{d}\theta = \sin\theta \cdot \sqrt{r^4 + (rr')^2}\,\mathrm{d}\theta$$

$$= a^2\sin\theta\,\mathrm{d}\theta,$$

$$A = \int_0^{\frac{\pi}{4}} 2\pi a^2\sin\theta\,\mathrm{d}\theta = \pi a^2(2 - \sqrt{2}).$$

(2) 用一系列与 x 轴垂直的平面剖分 S，将 S 剖分为一个个带状环，微元环的面积

$$\mathrm{d}S = 2\pi y\,\mathrm{d}l = 2\pi a^2\sin\theta\,\mathrm{d}\theta,$$

$$\iint\limits_{S} x^2\,\mathrm{d}S = 2\pi a^2 \int_0^{\frac{\pi}{4}} r^2\cos^2\theta\sin\theta\,\mathrm{d}\theta$$

$$= 2\pi a^4 \int_0^{\frac{\pi}{4}} \cos 2\theta\cos^2\theta\sin\theta\,\mathrm{d}\theta$$

$$= 2\pi a^4 \int_0^{\frac{\pi}{4}} (2\cos^2\theta - 1)\cos^2\theta\sin\theta\,\mathrm{d}\theta$$

$$= 2\pi a^4 \left[-\frac{2}{5}\cos^5\theta + \frac{1}{3}\cos^3\theta \right]_0^{\frac{\pi}{4}} = \frac{\pi}{15}a^4(2 + \sqrt{2}).$$

二、第二型(或称对坐标面的)曲面积分

第二型曲面积分也是多元函数积分学的重点内容. 常见的有下述一些类型的题以及如何处理它们的方法. 以下提到的曲面 S，如无进一步假定. 总认为它们是双侧曲面并且是逐片光滑的；P,Q,R 总认为在 S 上是连续的.

(1) 用投影法计算，这是基本方法，教科书上都有. 以计算 $\iint\limits_{S} R(x,y,z)\,\mathrm{d}x\mathrm{d}y$ 为例，其要点是，① 将曲面 S 投影到 xOy 平面，设其投影域为 D_{xy}，S 在 D_{xy} 上由(单值)函数 $z = z(x,y)$

表示(此意味着,要求 D_{xy} 上每一点 (x,y) 只对应 S 上唯一的一点 (x,y,z),其中 $z=z(x,y)$,即 S 上任意两点在 D_{xy} 上的**投影点不重合**). ② 代入公式

$$\iint\limits_{S} R(x,y,z)\mathrm{d}x\mathrm{d}y = \pm \iint\limits_{D_{xy}} R(x,y,z(x,y))\mathrm{d}x\mathrm{d}y, \tag{7.28}$$

其中左边的 $\mathrm{d}x\mathrm{d}y$ 为有向曲面 S 的面积元在 xOy 平面上的投影,带有符号的;右边的 $\mathrm{d}x\mathrm{d}y$ 为二重积分的面积元,恒为正. 若 S 的法向量与 z 轴正向夹角为锐角,则取"$+$",若为钝角,则取"$-$". 若 S 垂直于 xOy 平面,则 $\iint\limits_{S} R(x,y,z)\mathrm{d}x\mathrm{d}y = 0$. ③ 若 S 在 D_{xy} 平面上的投影不满足"投影点不重合"条件,则应将 S 剖分使之满足"投影点不重合"条件.

对于 $\iint\limits_{S} P(x,y,z)\mathrm{d}y\mathrm{d}z$ 与 $\iint\limits_{S} Q(x,y,z)\mathrm{d}z\mathrm{d}x$ 类似地处理.

(2) 封闭曲面高斯公式法. 高斯定理的条件及公式,一般教科书上都有. 满足高斯定理条件的封闭曲面积分用高斯公式计算,一般都较方便,关键是,化成的三重积分要容易计算.

(3) 非封闭曲面加减曲面片高斯公式法. 如果 S 不是封闭曲面,添上一个曲面片 S_1,使 $S \cup S_1$ 构成一个封闭曲面,要求该封闭曲面所围成的有界闭区域 Ω 为面单连通(或称二维单连通区域,是指:如果空间区域 Ω 内任意一个封闭曲面所围成的区域全在 Ω 内,则称 Ω 为面单连通的);在该有界闭区域上,函数 $P(x,y,z)$,$Q(x,y,z)$ 与 $R(x,y,z)$ 具有连续的一阶偏导数;并且 $S \cup S_1$ 的法向量要么都指向 Ω 外侧,要么都指向 Ω 的内侧. 则

$$\iint\limits_{S} P\mathrm{d}y\mathrm{d}z + Q\mathrm{d}z\mathrm{d}x + R\mathrm{d}x\mathrm{d}y = \iint\limits_{S \cup S_1} \cdots - \iint\limits_{S_1} \cdots$$

$$= \pm \iiint\limits_{\Omega} \left(\frac{\partial P}{\partial x} + \frac{\partial Q}{\partial y} + \frac{\partial R}{\partial z} \right) \mathrm{d}v - \left(\iint\limits_{S_1} P\mathrm{d}y\mathrm{d}z + Q\mathrm{d}z\mathrm{d}x + R\mathrm{d}x\mathrm{d}y \right). \tag{7.29}$$

其中"$\pm$"如此取定:若 $S \cup S_1$ 的法向量指向 Ω 外,取"$+$"号,指向 Ω 内,取"$-$"号.

使用此法的关键点是,式(7.29)右边的三重积分与曲面积分 $\iint\limits_{S_1}$ 都要容易计算,一般尽可能将 S_1 取为平面,特别取成与某一个坐标平面或与某两个坐标平面都垂直,这样可减少计算量. 见例 7 的方法 2.

(4) 化成第一型曲面积分计算,或直接化为一个二重积分计算. 设

$$\boldsymbol{n}^0 = \{\cos\alpha, \cos\beta, \cos\gamma\}$$

为 S 的指定侧的单位法向量,则**第二型曲面积分与第一型曲面积分有如下关系:**

$$\iint\limits_{S} P(x,y,z)\mathrm{d}y\mathrm{d}z + Q(x,y,z)\mathrm{d}z\mathrm{d}x + R(x,y,z)\mathrm{d}x\mathrm{d}y$$

$$= \iint\limits_{S} (P(x,y,z)\cos\alpha + Q(x,y,z)\cos\beta + R(x,y,z)\cos\gamma)\mathrm{d}S. \tag{7.30}$$

使用此公式计算第二型曲面积分的优点是,不必如(1)那样一个一个地分别去投影,要去计算三个积分. 缺点是要计算 $\{\cos\alpha, \cos\beta, \cos\gamma\}$,会出现偏导数,而最终还要将 $\iint\limits_{S} \cdots \mathrm{d}S$ 化为二重积分.

有时,干脆将式(7.30)的右边直接化为二重积分,一举将三个第二型曲面积分直接化为

一个二重积分如下:

设 S 可以投影到 xOy 平面上去满足投影点不重合的条件,即 S 可以由(单值)函数 $z=z(x,y)$ 来表达,其对应的投影域为 D_{xy},于是 S 在指定侧的单位法向量为

$$\boldsymbol{n}^0 = \frac{\pm 1}{\sqrt{1+\left(\dfrac{\partial z}{\partial x}\right)^2+\left(\dfrac{\partial z}{\partial y}\right)^2}}\left\{-\frac{\partial z}{\partial x},-\frac{\partial z}{\partial y},1\right\},$$

其中"$\pm$"号如此选取,当 S 的法向量与 z 轴正向夹角为锐角时,取"$+$",为钝角时,取"$-$". 于是

$$\cos\alpha = \frac{\pm 1}{\sqrt{1+\left(\dfrac{\partial z}{\partial x}\right)^2+\left(\dfrac{\partial z}{\partial y}\right)^2}}\left(-\frac{\partial z}{\partial x}\right), \quad \cos\beta = \frac{\pm 1}{\sqrt{1+\left(\dfrac{\partial z}{\partial x}\right)^2+\left(\dfrac{\partial z}{\partial y}\right)^2}}\left(-\frac{\partial z}{\partial y}\right),$$

$$\cos\gamma = \frac{\pm 1}{\sqrt{1+\left(\dfrac{\partial z}{\partial x}\right)^2+\left(\dfrac{\partial z}{\partial y}\right)^2}}. \tag{7.31}$$

又因

$$\mathrm{d}S = \sqrt{1+\left(\frac{\partial z}{\partial x}\right)^2+\left(\frac{\partial z}{\partial y}\right)^2}\,\mathrm{d}x\mathrm{d}y, \tag{7.32}$$

其中式(7.32)右边的 $\mathrm{d}x\mathrm{d}y$ 为 $\mathrm{d}S$ 在 xOy 平面上投影的面积元素,即二重积分面积元素,于是式(7.30)化为

$$\iint\limits_S P(x,y,z)\mathrm{d}y\mathrm{d}z + Q(x,y,z)\mathrm{d}z\mathrm{d}x + R(x,y,z)\mathrm{d}x\mathrm{d}y$$

$$=\pm \iint\limits_{D_{xy}}\left[P(x,y,z(x,y))\left(-\frac{\partial z}{\partial x}\right)+Q(x,y,z(x,y))\left(-\frac{\partial z}{\partial y}\right)+R(x,y,z(x,y))\right]\mathrm{d}x\mathrm{d}y,$$

$$\tag{7.33}$$

此便是直接将第二型曲面积分转换成一个二重积分的计算公式,其中"$\pm$"号的选定如上规定.

使用此公式的优点是,将三个第二型曲面积分一举化为一个二重积分,也许可以从中合并一些项,消掉一些项,缺点是要计算偏导数.

类似地,如果 S 可以投影到 yOz 平面上去,或投影到 zOx 平面上去满足投影点不重合条件,那么也可分别得类似的两个公式,请读者自行推导之.

(5) 面单连通区域内,封闭曲面积分为零的充要条件.

设 G 是空间的一个区域. 如果对于任意一个全在 G 内的封闭曲面,其内部的区域也必在 G 内,则称 G 为一个面单通区域.

设 G 为空间的面单连通区域,$P(x,y,z)$,$Q(x,y,z)$ 与 $R(x,y,z)$ 在 G 内具有连续的一阶偏导数,S 为 G 内任意一张逐片光滑的封闭曲面. 则

$$\iint\limits_S P(x,y,z)\mathrm{d}y\mathrm{d}z + Q(x,y,z)\mathrm{d}z\mathrm{d}x + R(x,y,z)\mathrm{d}x\mathrm{d}y = 0 \tag{7.34}$$

的充要条件是

$$\mathrm{div}\{P,Q,R\} = \frac{\partial P}{\partial x} + \frac{\partial Q}{\partial y} + \frac{\partial R}{\partial z} \equiv 0, \quad \text{当}(x,y,z)\in G. \tag{7.35}$$

必要性用反证法证,只要 G 是一个区域即可;充分性证明中要用到面单连通性质,否则有反例.反例见例 11(1).

(6) 面复连通区域内的封闭曲面积分,一般情形较为复杂.简单的见例 11,与封闭曲面积分为零的有关问题,见例 12.

(7) 其他一些问题.

例 6 设封闭曲面 $S:x^2+y^2+z^2=R^2(R>0)$,法向量向外,则 $\oiint\limits_{S}\dfrac{x^3\mathrm{d}y\mathrm{d}z+y^3\mathrm{d}z\mathrm{d}x+z^3\mathrm{d}x\mathrm{d}y}{x^2+y^2+z^2}$ = ____.

分析 封闭曲面积分一般立刻想到用高斯公式,但本题直接用不行,因为在 S 内部的区域 Ω 中有点 $O(0,0,0)$,在该点处被积函数不连续.抓住本题特点,先设法消去分母.

解 应填 $\dfrac{12}{5}\pi R^3$.

以 S 的方程代入被积函数,得

$$I=\oiint\limits_{S}\frac{x^3\mathrm{d}y\mathrm{d}z+y^3\mathrm{d}z\mathrm{d}x+z^3\mathrm{d}x\mathrm{d}y}{x^2+y^2+z^2}$$
$$=\frac{1}{R^2}\oiint\limits_{S}x^3\mathrm{d}y\mathrm{d}z+y^3\mathrm{d}z\mathrm{d}x+z^3\mathrm{d}x\mathrm{d}y. \tag{7.36}$$

命

$$\Omega=\{(x,y,z)\mid x^2+y^2+z^2\leqslant R^2\},$$

由高斯公式,

$$I=\frac{1}{R^2}\iiint\limits_{\Omega}(3x^2+3y^2+3z^2)\mathrm{d}v \tag{7.37}$$
$$=\frac{3}{R^2}\int_0^{2\pi}\mathrm{d}\theta\int_0^{\pi}\mathrm{d}\varphi\int_0^R\rho^2\cdot\rho^2\sin\varphi\mathrm{d}\rho$$
$$=\frac{12}{5}\pi R^5.$$

[注] 式(7.36)是曲面积分,在 S 上做,所以可以将 S 的方程代入以化简,式(7.37)是三重积分,不是在 S 上积分,是在 Ω 上积分,所以不能将 S 的方程代入.

例 7 计算 $I=\iint\limits_{S}x^3\mathrm{d}y\mathrm{d}z+y^2\mathrm{d}z\mathrm{d}x$,其中 S 是椭球面 $\dfrac{x^2}{a^2}+\dfrac{y^2}{b^2}+\dfrac{z^2}{c^2}=1$ 的上半个的上侧.

解 方法 1 逐个投影法.先计算

$$I_1=\iint\limits_{S}x^3\mathrm{d}y\mathrm{d}z.$$

为此,应将 S 投影到 yOz 平面.记

$$S_1=\left\{(x,y,z)\mid x=a\left(1-\frac{y^2}{b^2}-\frac{z^2}{c^2}\right)^{\frac{1}{2}},z\geqslant 0\right\},前侧;$$

$$S_2=\left\{(x,y,z)\mid x=-a\left(1-\frac{y^2}{b^2}-\frac{z^2}{c^2}\right)^{\frac{1}{2}},z\geqslant 0\right\},后侧.$$

它们在 yOz 平面上的投影均为

$$D_{yz}=\left\{(y,z)\mid \frac{y^2}{b^2}+\frac{z^2}{c^2}\leqslant 1,z\geqslant 0\right\}.$$

$$I_1 = \iint\limits_{S} x^3 \mathrm{d}y\mathrm{d}z = \iint\limits_{S_1} x^3 \mathrm{d}y\mathrm{d}z + \iint\limits_{S_2} x^3 \mathrm{d}y\mathrm{d}z$$

$$= a^3 \iint\limits_{D_{yz}} \left[\left(1 - \frac{y^2}{b^2} - \frac{z^2}{c^2} \right)^{\frac{1}{2}} \right]^3 \mathrm{d}y\mathrm{d}z - a^3 \iint\limits_{D_{yz}} \left[- \left(1 - \frac{y^2}{b^2} - \frac{z^2}{c^2} \right)^{\frac{1}{2}} \right]^3 \mathrm{d}y\mathrm{d}z$$

$$= 2a^3 \iint\limits_{D_{yz}} \left(1 - \frac{y^2}{b^2} - \frac{z^2}{c^2} \right)^{\frac{3}{2}} \mathrm{d}y\mathrm{d}z. \tag{7.38}$$

计算式(7.38)又分三个方法.

方法 1.1　用广义极坐标,命

$$y = br\cos\theta, \quad z = cr\sin\theta.$$

$$J = \begin{vmatrix} \dfrac{\partial y}{\partial r} & \dfrac{\partial y}{\partial \theta} \\ \dfrac{\partial z}{\partial r} & \dfrac{\partial z}{\partial \theta} \end{vmatrix} = \begin{vmatrix} b\cos\theta & -br\sin\theta \\ c\sin\theta & cr\cos\theta \end{vmatrix} = bcr, \tag{7.39}$$

从而

$$I_1 = 2a^3 bc \int_0^\pi \mathrm{d}\theta \int_0^1 (1 - r^2)^{\frac{3}{2}} r \mathrm{d}r = \frac{2}{5}\pi a^3 bc.$$

方法 1.2　将式(7.38)右边化成一个三重积分,然后再化成先(y,z)后x的积分次序. 为此,构造空间区域Ω,

$$\Omega = \left\{ (x,y,z) \,\middle|\, \frac{x^2}{a^2} + \frac{y^2}{b^2} + \frac{z^2}{c^2} \leqslant 1, x \geqslant 0, z \geqslant 0 \right\}.$$

$$I_1 = 2 \iiint\limits_{\Omega} 3x^2 \mathrm{d}x\mathrm{d}y\mathrm{d}z = 6 \iiint\limits_{\Omega} x^2 \mathrm{d}x\mathrm{d}y\mathrm{d}z$$

$$= 6 \int_0^a x^2 \mathrm{d}x \iint\limits_{D_x} \mathrm{d}y\mathrm{d}z,$$

其中 $D_x = \left\{ (y,z) \,\middle|\, \dfrac{y^2}{b^2} + \dfrac{z^2}{c^2} \leqslant 1 - \dfrac{x^2}{a^2}, z \geqslant 0 \right\}$, $\iint\limits_{D_x} \mathrm{d}y\mathrm{d}z$ 为 D_x 的面积,从而

$$I_1 = 6 \int_0^a x^2 \cdot \frac{\pi}{2} b \sqrt{1 - \frac{x^2}{a^2}} \cdot c \sqrt{1 - \frac{x^2}{a^2}} \mathrm{d}x$$

$$= 3bc\pi \int_0^a x^2 \left(1 - \frac{x^2}{a^2} \right) \mathrm{d}x$$

$$= 3bc\pi \left(\frac{a^3}{3} - \frac{a^5}{5a^2} \right) = \frac{2}{5}\pi a^3 bc.$$

方法 1.3　直接用直角坐标计算式(7.38). 按通常直角坐标中定限办法,

$$I_1 = 2a^3 \int_{-b}^{b} \mathrm{d}y \int_0^{c\sqrt{1 - \frac{y^2}{b^2}}} \left(1 - \frac{y^2}{b^2} - \frac{z^2}{c^2} \right)^{\frac{3}{2}} \mathrm{d}z.$$

在对z的积分中,做积分变量变换,命

$$z = c \sqrt{1 - \frac{y^2}{b^2}} \sin t \quad (\text{视 } y \text{ 为常数}),$$

$$z = 0 \text{ 时}, t = 0; z = c \sqrt{1 - \frac{y^2}{b^2}} \text{ 时}, t = \frac{\pi}{2}, \mathrm{d}z = c \sqrt{1 - \frac{y^2}{b^2}} \cos t \mathrm{d}t,$$

$$I_1 = 2a^3 \int_{-b}^{b} \mathrm{d}y \int_0^{\frac{\pi}{2}} c\left(1 - \frac{y^2}{b^2}\right)^2 \cos^4 t \mathrm{d}t$$

$$= 2a^3 c \int_{-b}^{b} \left(1 - \frac{y^2}{b^2}\right)^2 \mathrm{d}y \int_0^{\frac{\pi}{2}} \cos^4 t \mathrm{d}t$$

$$= 2a^3 c \cdot \frac{3}{4} \cdot \frac{1}{2} \cdot \frac{\pi}{2} \int_{-b}^{b} \left(1 - \frac{2}{b^2} y^2 + \frac{1}{b^4} y^4\right) \mathrm{d}y$$

$$= \frac{2}{5} \pi a^3 bc.$$

以下再计算另一个积分

$$I_2 = \iint_S y^2 \mathrm{d}z \mathrm{d}x.$$

为此,将 S 投影到 zOx 平面,也需将 S 剖分为左、右两个:

$$S_3 = \left\{ (x,y,z) \mid y = b\left(1 - \frac{x^2}{a^2} - \frac{z^2}{c^2}\right)^{\frac{1}{2}}, z \geqslant 0 \right\},$$

$$S_4 = \left\{ (x,y,z) \mid y = -b\left(1 - \frac{x^2}{a^2} - \frac{z^2}{c^2}\right)^{\frac{1}{2}}, z \geqslant 0 \right\}.$$

它们在 zOx 平面上的投影均为

$$D_{zx} = \left\{ (z,x) \mid \frac{x^2}{a^2} + \frac{z^2}{c^2} \leqslant 1, z \geqslant 0 \right\}.$$

$$I_2 = \iint_S y^2 \mathrm{d}z \mathrm{d}x = \iint_{S_3} y^2 \mathrm{d}z \mathrm{d}x + \iint_{S_4} y^2 \mathrm{d}z \mathrm{d}x$$

$$= b^2 \iint_{D_{zx}} \left[\left(1 - \frac{x^2}{a^2} - \frac{z^2}{c^2}\right)^{\frac{1}{2}}\right]^2 \mathrm{d}z \mathrm{d}x - b^2 \iint_{D_{zx}} \left[-\left(1 - \frac{x^2}{a^2} - \frac{z^2}{c^2}\right)^{\frac{1}{2}}\right]^2 \mathrm{d}z \mathrm{d}x$$

$$= 0.$$

所以最后,$I = I_1 + I_2 = \dfrac{2}{5} \pi a^3 bc.$

方法 2　加、减曲面片高斯公式法. 添加曲面片

$$S_1 = \left\{ (x,y,z) \mid z = 0, \frac{x^2}{a^2} + \frac{y^2}{b^2} \leqslant 1, \text{法向量向下} \right\},$$

并记　$\Omega_1 = \left\{ (x,y,z) \,\middle|\, \frac{x^2}{a^2} + \frac{y^2}{b^2} + \frac{z^2}{c^2} \leqslant 1, z \geqslant 0 \right\},$

则　$\displaystyle I = \iint_S x^3 \mathrm{d}y \mathrm{d}z + y^2 \mathrm{d}z \mathrm{d}x + \iint_{S_1} \cdots - \iint_{S_1} \cdots$

$$= \iiint_{\Omega_1} (3x^2 + 2y) \mathrm{d}v - 0$$

$$= \iiint_{\Omega_1} 3x^2 \mathrm{d}v = 3 \int_{-a}^{a} x^2 \mathrm{d}x \iint_{D_x} \mathrm{d}y \mathrm{d}z,$$

其中 $D_x = \left\{ (y,z) \,\middle|\, \frac{y^2}{b^2} + \frac{z^2}{c^2} \leqslant 1 - \frac{x^2}{a^2}, z \geqslant 0 \right\}.$ 以下做类似于方法 1.2 的计算,最后 $I =$

$\dfrac{2}{5} \pi a^3 bc.$

例 8　计算曲面积分

$$I = \iint\limits_{S} \frac{2\mathrm{d}y\mathrm{d}z}{x\cos^2 x} + \frac{\mathrm{d}z\mathrm{d}x}{\cos^2 y} - \frac{\mathrm{d}x\mathrm{d}y}{z\cos^2 z},$$

其中 S 是球面 $x^2 + y^2 + z^2 = 1$，法向量向外.

分析　化成第一型曲面积分，这样可以避免计算三个积分而合并为计算一个积分.

解　S 的指向 S 外的法向量为

$$\boldsymbol{n} = \{2x, 2y, 2z\},$$

$$\boldsymbol{n}^0 = \frac{\{2x, 2y, 2z\}}{\sqrt{(2x)^2 + (2y)^2 + (2z)^2}} = \{x, y, z\},$$

所以　$\cos\alpha = x, \cos\beta = y, \cos\gamma = z.$

由公式(7.30)，

$$I = \iint\limits_{S} \left(\frac{2}{\cos^2 x} + \frac{y}{\cos^2 y} - \frac{1}{\cos^2 z} \right) \mathrm{d}S.$$

由对称性

$$\iint\limits_{S} \frac{y}{\cos^2 y} \mathrm{d}S = 0,$$

由轮换对称性，

$$\iint\limits_{S} \frac{2}{\cos^2 x} \mathrm{d}S = \iint\limits_{S} \frac{2}{\cos^2 z} \mathrm{d}S.$$

所以

$$I = \iint\limits_{S} \frac{1}{\cos^2 z} \mathrm{d}S.$$

取 S 为上半个，$z = \sqrt{1-x^2-y^2}$，$\mathrm{d}S = \sqrt{1 + \left(\dfrac{\partial z}{\partial x}\right)^2 + \left(\dfrac{\partial z}{\partial y}\right)^2} \mathrm{d}\sigma_{xy} = \dfrac{1}{\sqrt{1-x^2-y^2}} \mathrm{d}\sigma_{xy}$，并记 $D = \{(x,y) \mid x^2 + y^2 \leqslant 1\}$，于是

$$I = 2\iint\limits_{D} \frac{1}{\sqrt{1-x^2-y^2}\cos^2 \sqrt{1-x^2-y^2}} \mathrm{d}\sigma_{xy}$$

$$= 2\int_0^{2\pi} \mathrm{d}\theta \int_0^1 \frac{r}{(1-r^2)^{\frac{1}{2}} \cos^2 (1-r^2)^{\frac{1}{2}}} \mathrm{d}r$$

$$= 4\pi \tan(1-r^2)^{\frac{1}{2}} \Big|_1^0 = 4\pi \tan 1.$$

例 9　设 Σ 是一个光滑封闭曲面，方向朝外，给定第二型曲面积分

$$I = \iint\limits_{\Sigma} (x^3 - x)\mathrm{d}y\mathrm{d}z + (2y^3 - y)\mathrm{d}z\mathrm{d}x + (3z^3 - z)\mathrm{d}x\mathrm{d}y,$$

试确定曲面 Σ，使得积分 I 的值最小，并求该最小值.(本题为 2013 年全国大学生数学竞赛 (非数学类)预赛题).

解　设 Σ 所围的空间区域为 Ω，由高斯公式，得

$$I = 3\iiint\limits_{\Omega} (x^2 + 2y^2 + 3z^2 - 1)\mathrm{d}v.$$

当 Ω 为包围点 $O(0,0,0)$ 在其内的较小空间区域时，易知 $I<0$，所以 $\min I<0$. 要使 I 达到最

小值，Ω 所包围的区域应扩大到 $x^2+2y^2+3z^2-1\leqslant 0$ 的边界，所以取

$$\Sigma_0 = \{(x,y,z) \mid x^2+2y^2+3z^2=1\},$$

其内部区域记为 Ω_0：

$$\Omega_0 = \{(x,y,z) \mid x^2+2y^2+3z^2 \leqslant 1\},$$
$$I_0 = 3\iiint\limits_{\Omega_0}(x^2+2y^2+3z^2-1)\mathrm{d}v = \min I.$$

下面计算 I_0.

方法 1　由 7.2 节例 5 提供的方法 1 及结论，相当于该处的 $A=a=1,B=b=\dfrac{1}{\sqrt{2}}$,

$C=c=\dfrac{1}{\sqrt{3}}$, 从而

$$I_0 = 3\left[\frac{4}{15}\pi\frac{1}{\sqrt{6}}(1+1+1) - \frac{4}{3}\pi\left(1\cdot\frac{1}{\sqrt{2}}\cdot\frac{1}{\sqrt{3}}\right)\right] = -\frac{4\sqrt{6}}{15}\pi.$$

方法 2　作变换

$$x=\xi,\ y=\frac{1}{\sqrt{2}}\eta,\ z=\frac{1}{\sqrt{3}}\zeta,$$

有

$$J=\frac{1}{\sqrt{6}}, \Omega_0' = \{(\xi,\eta,\zeta)\mid \xi^2+\eta^2+\zeta^2\leqslant 1\},$$
$$I_0 = 3\iiint\limits_{\Omega_0}(x^2+2y^2+3z^2-1)\mathrm{d}v = \frac{3}{\sqrt{6}}\iiint\limits_{\Omega_0'}(\xi^2+\eta^2+\zeta^2-1)\mathrm{d}v$$
$$=\frac{3}{\sqrt{6}}\int_0^{2\pi}\mathrm{d}\theta\int_0^{\pi}\mathrm{d}\varphi\int_0^1(\rho^2-1)\rho^2\sin\varphi\mathrm{d}\rho = -\frac{4\sqrt{6}}{15}\pi.$$

例 10　设 S 为平面 $x-y+z=1$ 介于三坐标平面间的有限部分，法向量与 z 轴夹角为锐角，$f(x,y,z)$ 连续，计算

$$I = \iint\limits_S[f(x,y,z)+x]\mathrm{d}y\mathrm{d}z + [2f(x,y,z)+y]\mathrm{d}z\mathrm{d}x + [f(x,y,z)+z]\mathrm{d}x\mathrm{d}y.$$

分析　式中含有函数 $f(x,y,z)$，但并不知道它的具体表达式，分别投影是不可能计算的. 将它化为第一型曲面积分，合成一个式子也许能化简.

解　将 S 投影到 xOy 平面，其投影域为

$$D = \{(x,y)\mid x-y\leqslant 1, x\geqslant 0, y\leqslant 0\}$$

（如图 7-12），从 S 的方程解出

$$z = 1-x+y.$$

方法 1　化成第一型曲面积分，S 与 z 轴夹角为锐角的法向量

$$\boldsymbol{n}=\{1,-1,1\},\quad \boldsymbol{n}^0 = \frac{1}{\sqrt{3}}\{1,-1,1\}.$$

由公式(7.30),得

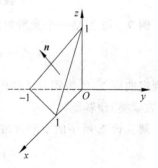

图　7-12

$$I = \iint\limits_{S} \left\{ [f(x,y,z)+x]\frac{1}{\sqrt{3}} + [2f(x,y,z)+y]\left(-\frac{1}{\sqrt{3}}\right) + [f(x,y,z)+z]\frac{1}{\sqrt{3}} \right\} \mathrm{d}S$$

$$= \frac{1}{\sqrt{3}} \iint\limits_{S} (x-y+z)\mathrm{d}S = \frac{1}{\sqrt{3}} \iint\limits_{S} \mathrm{d}S. \tag{7.40}$$

$\iint\limits_{S} \mathrm{d}S$ 为 S 的面积,可以借助平面几何的办法求得[注]. S 是一个三角形,三边长都是 $\sqrt{2}$,所以

$\iint\limits_{S} \mathrm{d}S = \frac{\sqrt{3}}{2}, I = \frac{1}{2}$.

方法 2 用公式(7.33)直接将该积分化为一个二重积分. 由

$$\frac{\partial z}{\partial x} = -1, \quad \frac{\partial z}{\partial y} = 1,$$

于是

$$I = \iint\limits_{D} \left[(f(x,y,1-x+y)+x)\left(-\frac{\partial z}{\partial x}\right) + (2f(x,y,1-x+y)+y)\left(-\frac{\partial z}{\partial y}\right) \right.$$

$$\left. + f(x,y,1-x+y) + (1-x+y) \right] \mathrm{d}x\mathrm{d}y$$

$$= \iint\limits_{D} (x-y+1-x+y)\mathrm{d}x\mathrm{d}y = \iint\limits_{D} \mathrm{d}x\mathrm{d}y = D \text{ 的面积}$$

$$= \frac{1}{2}.$$

[注] 如果 $\iint\limits_{S} \mathrm{d}S$ 不能用几何办法求得,则仍要化成二重积分.

例 11 计算 $I = \oiint\limits_{S} \dfrac{x\mathrm{d}y\mathrm{d}z + y\mathrm{d}z\mathrm{d}x + z\mathrm{d}x\mathrm{d}y}{(x^2+y^2+z^2)^{3/2}}$,

(1) 设其中的 S 为椭球面 $\dfrac{x^2}{a^2} + \dfrac{y^2}{b^2} + \dfrac{z^2}{c^2} = 1$,法向量向外;

(2) 设其中的 S 为椭球面 $\dfrac{(x-x_0)^2}{a^2} + \dfrac{(y-y_0)^2}{b^2} + \dfrac{(z-z_0)^2}{c^2} = 1$,法向量向外,且

$$\max\{a,b,c\} < \sqrt{x_0^2 + y_0^2 + z_0^2}.$$

以上的 x_0, y_0, z_0 为常数,a, b, c 为正常数.

分析 按通常的记号,以 P, Q, R 表示三个被积函数,如果当 $(x,y,z) \neq (0,0,0)$ 时,P,Q, R 均有连续的偏导数,且

$$\frac{\partial P}{\partial x} + \frac{\partial Q}{\partial y} + \frac{\partial R}{\partial z} \equiv 0, (x,y,z) \neq (0,0,0). \tag{7.41}$$

则由高斯定理知,对于任意一个不包含原点在其内部的封闭曲面 S 的积分

$$\oiint\limits_{S} P(x,y,z)\mathrm{d}y\mathrm{d}z + Q(x,y,z)\mathrm{d}z\mathrm{d}x + R(x,y,z)\mathrm{d}x\mathrm{d}y = 0. \tag{7.42}$$

而对于任意两个包含原点在其内部的封闭曲面 S_1 与 S_2,只要它们的法向量指向一样(均指向外侧或均指向内侧),则必有

$$\oiint_{S_1} P(x,y,z)\mathrm{d}y\mathrm{d}z + Q(x,y,z)\mathrm{d}z\mathrm{d}x + R(x,y,z)\mathrm{d}x\mathrm{d}y$$

$$= \oiint_{S_2} P(x,y,z)\mathrm{d}y\mathrm{d}z + Q(x,y,z)\mathrm{d}z\mathrm{d}x + R(x,y,z)\mathrm{d}x\mathrm{d}y$$

$$= k(某个数,与具体的 S_1,S_2 无关). \tag{7.43}$$

按以上两点,立即可解本题.

解 命 $P=\dfrac{x}{(x^2+y^2+z^2)^{3/2}}, Q=\dfrac{y}{(x^2+y^2+z^2)^{3/2}}, R=\dfrac{z}{(x^2+y^2+z^2)^{3/2}}$,它们在全空间除点 $(0,0,0)$ 外,均有连续偏导数,且

$$\frac{\partial P}{\partial x} + \frac{\partial Q}{\partial y} + \frac{\partial R}{\partial z} \equiv 0.$$

以下分 (1)、(2) 两种情形讨论.

(1) 取 $S_1:x^2+y^2+z^2=\delta^2, \delta>0$ 足够小,S 的法向量向外,由式 (7.43),

$$\iint_S \frac{x\mathrm{d}y\mathrm{d}z + y\mathrm{d}z\mathrm{d}x + z\mathrm{d}x\mathrm{d}y}{(x^2+y^2+z^2)^{3/2}} = \iint_{S_1} \frac{x\mathrm{d}y\mathrm{d}z + y\mathrm{d}z\mathrm{d}x + z\mathrm{d}x\mathrm{d}y}{(x^2+y^2+z^2)^{3/2}}$$

$$= \frac{1}{\delta^3}\iint_{S_1} x\mathrm{d}y\mathrm{d}z + y\mathrm{d}z\mathrm{d}x + z\mathrm{d}x\mathrm{d}y$$

$$= \frac{1}{\delta^3}\iiint_\Omega 3\mathrm{d}v = \frac{1}{\delta^3} \cdot 3 \cdot \frac{4}{3}\pi\delta^3 = 4\pi,$$

其中 $\Omega = \{(x,y,z) \mid x^2+y^2+z^2 \leqslant \delta^2\}, \iiint_\Omega \mathrm{d}v$ 等于 Ω 的体积.

(2) 由 $\max\{a,b,c\} < \sqrt{x_0^2+y_0^2+z_0^2}$ 及 a,b,c 均为正数知,原点在该椭球面所包围的区域的外部,所以由高斯公式知,

$$\oiint_S \frac{x\mathrm{d}y\mathrm{d}z + y\mathrm{d}z\mathrm{d}x + z\mathrm{d}x\mathrm{d}y}{(x^2+y^2+z^2)^{3/2}} = 0.$$

[**注**] 在 (1) 中,用 S_1 来代替 S 计算该曲面积分的这种方法称"挖洞法",在平面第二型曲线积分中也有此法.

例 12 设 $f(x)$ 在 $(-\infty,+\infty)$ 内存在连续的一阶导数,并设 S 为任意一张双侧的逐片光滑的曲面片,它的边界曲线为 l,l 的走向与曲面 S 的侧的定向按右手法则规定,设

$$\iint_S (xf(x)-xy+z^2)\mathrm{d}y\mathrm{d}z + (3f(x)y+y^2z)\mathrm{d}z\mathrm{d}x + (yz-yz^2-2x^4z+y)\mathrm{d}x\mathrm{d}y$$

的值仅与 l 及其走向有关,与绷在 l 上的具体 S 无关,求 $f(x)$.

分析 要将"与绷在 l 上的具体 S 无关"这一条件量化. 为此,设 S_1 为绷在 l 上的另一张双侧的逐片光滑曲面片,其法向量的指向与 l 的定向也构成右手法则. 由两个积分相等去推出某些重要式子.

解 如图 7-13,作双侧曲面片 S_1,它也以 l 为边界,其法向量与 l 构成右手法则. 以 S_1^- 表示 S_1 的反侧曲面. 于是

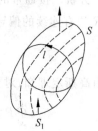

图 7-13

$$0 = \iint\limits_{S} \cdots - \iint\limits_{S_1} \cdots = \iint\limits_{S} \cdots + \iint\limits_{S_1^-} \cdots$$

$$= \pm \iiint\limits_{\Omega} (f(x) + xf'(x) - y + 3f(x) + 2yz + y - 2yz - 2x^4) \mathrm{d}v$$

$$= \pm \iiint\limits_{\Omega} (xf'(x) + 4f(x) - 2x^4) \mathrm{d}v, \tag{7.44}$$

以上的 Ω 表示 S 与 S_1^- 围成的空间有界闭区域,若 $S \cup S_1^-$ 的法向量指向 Ω 外,"$\pm$"中取"$+$",若指向 Ω 内,取"$-$".由 S 及 S_1 的任意性,从式(7.44)推知

$$xf'(x) + 4f(x) - 2x^4 \equiv 0. \ [注] \tag{7.45}$$

当 $x \neq 0$ 时,上式可改写为

$$x^4 f'(x) + 4x^3 f(x) - 2x^7 \equiv 0,$$

即

$$\left(x^4 f(x) - \frac{1}{4} x^8\right)' \equiv 0,$$

$$x^4 f(x) - \frac{1}{4} x^8 \equiv C,$$

$$f(x) \equiv \frac{1}{4} x^4 + \frac{C}{x^4}.$$

因 $f(x)$ 在 $(-\infty, +\infty)$ 内存在一阶导数,所以 $C = 0$.又由式(7.45)知,$x = 0$ 时 $f(x) = 0$.所以不论 $x = 0$ 还是 $x \neq 0$,总之 $f(x) = \frac{1}{4} x^4$.

[注]　由式(7.44)推出式(7.45)的步骤如下:命

$$\varphi(x) = xf'(x) + 4f(x) - 2x^4.$$

设存在某 x_0 使 $\varphi(x_0) > 0$,则存在 $\delta > 0$,当 $x \in (x_0 - \delta, x_0 + \delta)$ 时 $\varphi(x) > 0$.作曲面 S 与 S_1^-,S 与 S_1^- 的公共边界为 l,$S \cup S_1^-$ 围成空间区域 Ω,Ω 在 x 轴上的投影位于区间 $(x_0 - \delta, x_0 + \delta)$ 之内,式(7.44)右边(不计前面的正负号)为

$$\iiint\limits_{\Omega} \varphi(x) \mathrm{d}v > 0,$$

与左边为 0 矛盾.若 $\varphi(x_0) < 0$ 亦矛盾.故 $\varphi(x) \equiv 0$.

例 13　设 $f(x, y, z)$ 在区域 $\Omega = \{(x, y, z) \mid x^2 + y^2 + z^2 \leqslant R^2, 常数 R > 0\}$ 上有二阶连续偏导数,且 $\dfrac{\partial^2 f}{\partial x^2} + \dfrac{\partial^2 f}{\partial y^2} + \dfrac{\partial^2 f}{\partial z^2} = \sqrt{x^2 + y^2 + z^2}$,计算

$$I = \iiint\limits_{\Omega} \left(x \frac{\partial f}{\partial x} + y \frac{\partial f}{\partial y} + z \frac{\partial f}{\partial z}\right) \mathrm{d}v.$$

分析　一种办法是用高斯公式将 I 化为一个封闭曲面的曲面积分与某一个三重积分之和,而后者的被积函数中含有 $\dfrac{\partial^2 f}{\partial x^2} + \dfrac{\partial^2 f}{\partial y^2} + \dfrac{\partial^2 f}{\partial z^2}$.另一办法是用球面坐标处理 $\iiint\limits_{\Omega} \cdots \mathrm{d}v$.两种方法都有相当的技巧.

解　方法 1　命 $S = \{(x, y, z) \mid x^2 + y^2 + z^2 = R^2\}$,法向量向外,由高斯公式[注1],有

$$\iiint\limits_{\Omega} x f'_x \mathrm{d}v = \iint\limits_{S} \frac{1}{2} (x^2 + y^2 + z^2) f'_x \mathrm{d}y \mathrm{d}z - \frac{1}{2} \iiint\limits_{\Omega} (x^2 + y^2 + z^2) f''_{xx} \mathrm{d}v,$$

$$\iiint\limits_{\Omega} yf'_y \, \mathrm{d}v = \iint\limits_{S} \frac{1}{2}(x^2 + y^2 + z^2)f'_y \, \mathrm{d}z\mathrm{d}x - \frac{1}{2}\iiint\limits_{\Omega}(x^2 + y^2 + z^2)f''_{yy} \, \mathrm{d}v,$$

$$\iiint\limits_{\Omega} zf'_z \, \mathrm{d}v = \iint\limits_{S} \frac{1}{2}(x^2 + y^2 + z^2)f'_z \, \mathrm{d}x\mathrm{d}y - \frac{1}{2}\iiint\limits_{\Omega}(x^2 + y^2 + z^2)f''_{zz} \, \mathrm{d}v.$$

于是

$$I = \iint\limits_{S} \frac{1}{2}(x^2 + y^2 + z^2)(f'_x \, \mathrm{d}y\mathrm{d}z + f'_y \, \mathrm{d}z\mathrm{d}x + f'_z \, \mathrm{d}x\mathrm{d}y)$$

$$- \frac{1}{2}\iiint\limits_{\Omega}(x^2 + y^2 + z^2)(f''_{xx} + f''_{yy} + f''_{zz}) \, \mathrm{d}v$$

$$= \frac{R^2}{2}\iint\limits_{S}(f'_x \, \mathrm{d}y\mathrm{d}z + f'_y \, \mathrm{d}z\mathrm{d}x + f'_z \, \mathrm{d}x\mathrm{d}y) -$$

$$\frac{1}{2}\iiint\limits_{\Omega}(x^2 + y^2 + z^2)^{\frac{3}{2}} \, \mathrm{d}v.$$

前者再用高斯公式,然后与后者合并再用球面坐标得

$$I = \frac{R^2}{2}\iiint\limits_{\Omega}(f''_{xx} + f''_{yy} + f''_{zz}) \, \mathrm{d}v - \frac{1}{2}\iiint\limits_{\Omega}(x^2 + y^2 + z^2)^{\frac{3}{2}} \, \mathrm{d}v$$

$$= \frac{1}{2}\iiint\limits_{\Omega}\left[R^2(x^2 + y^2 + z^2)^{\frac{1}{2}} - (x^2 + y^2 + z^2)^{\frac{3}{2}}\right]\mathrm{d}v$$

$$= \frac{1}{2}\int_0^{2\pi}\mathrm{d}\theta\int_0^{\pi}\sin\varphi\mathrm{d}\varphi\int_0^R(R^2\rho - \rho^3)\rho^2 \, \mathrm{d}\rho = \frac{\pi}{6}R^6.$$

方法 2　用球面坐标计算

$$I = \iiint\limits_{\Omega}(xf'_x + yf'_y + zf'_z) \, \mathrm{d}v.$$

取球面 $S_\rho = \{(x,y,z) \mid x^2 + y^2 + z^2 = \rho^2\}$, $0 < \rho \leqslant R$. 空间区域 Ω 的体积元素

$$\mathrm{d}v = \mathrm{d}\rho\mathrm{d}S,$$

其中 $\mathrm{d}S$ 为球面 S_ρ 上在球坐标下的面积元素, S_ρ 的外法线单位向量为

$$\boldsymbol{n}^0 = \{\cos\alpha, \cos\beta, \cos\gamma\} = \left\{\frac{x}{\rho}, \frac{y}{\rho}, \frac{z}{\rho}\right\}.$$

于是

$$I = \iiint\limits_{\Omega}(xf'_x + yf'_y + zf'_z) \, \mathrm{d}v$$

$$= \int_0^R \rho\mathrm{d}\rho\iint\limits_{S_\rho}\left(\frac{x}{\rho}f'_x + \frac{y}{\rho}f'_y + \frac{z}{\rho}f'_z\right)\mathrm{d}S^{[注2]}$$

$$= \int_0^R \rho\mathrm{d}\rho\iint\limits_{S_\rho}(\cos\alpha \cdot f'_x + \cos\beta \cdot f'_y + \cos\gamma \cdot f'_z)\mathrm{d}S$$

$$\xlongequal{\text{高斯公式}} \int_0^R \rho\mathrm{d}\rho\iiint\limits_{\Omega_\rho}(f''_{xx} + f''_{yy} + f''_{zz}) \, \mathrm{d}v$$

$$= \int_0^R \rho\mathrm{d}\rho\iiint\limits_{\Omega_\rho}(x^2 + y^2 + z^2)^{\frac{1}{2}} \, \mathrm{d}v$$

其中

$$\iiint\limits_{\Omega_\rho} (x^2 + y^2 + z^2)^{\frac{1}{2}} \mathrm{d}v = \int_0^{2\pi} \mathrm{d}\theta \int_0^\pi \mathrm{d}\varphi \int_0^\rho r \cdot r^2 \sin\varphi \mathrm{d}r = \pi\rho^4.$$

于是

$$I = \int_0^R \pi\rho^5 \mathrm{d}\rho = \frac{\pi}{6} R^6.$$

[**注 1**] 这里巧妙地使用了高斯公式. 一般, 设 $A(x,y,z)$ 与 $B(x,y,z)$ 在空间有界闭区域 Ω 上连续且有连续的一阶偏导数, S 为 Ω 的全部边界, 逐片光滑, 外侧, 则有

$$\iiint\limits_{\Omega} A'_x(x,y,z)B(x,y,z)\mathrm{d}v = \oiint\limits_{S} A(x,y,z)B(x,y,z)\mathrm{d}y\mathrm{d}z$$
$$- \iiint\limits_{\Omega} A(x,y,z)B'_x(x,y,z)\mathrm{d}v, \qquad (7.46)$$

$$\iiint\limits_{\Omega} A'_y(x,y,z)B(x,y,z)\mathrm{d}v = \oiint\limits_{S} A(x,y,z)B(x,y,z)\mathrm{d}z\mathrm{d}x$$
$$- \iiint\limits_{\Omega} A(x,y,z)B'_y(x,y,z)\mathrm{d}v, \qquad (7.47)$$

$$\iiint\limits_{\Omega} A'_z(x,y,z)B(x,y,z)\mathrm{d}v = \oiint\limits_{S} A(x,y,z)B(x,y,z)\mathrm{d}x\mathrm{d}y$$
$$- \iiint\limits_{\Omega} A(x,y,z)B'_z(x,y,z)\mathrm{d}v. \qquad (7.48)$$

[**注 2**] 将 $\mathrm{d}v$ 写成 $\mathrm{d}v = \mathrm{d}\rho \mathrm{d}S$ 之后, 写成

$$\iiint\limits_{\Omega} \cdots \mathrm{d}v = \int_0^R \cdots \mathrm{d}\rho \iint\limits_{S_\rho} \cdots \mathrm{d}S,$$

就是在球面坐标系中先对 (φ, θ) 积分, 后对 ρ 积分(这种做法不常见到, 但本题中恰恰用到了). 但因本题中不必具体计算 $\iint\limits_{S_\rho} \cdots \mathrm{d}S$, 而只要将它化成适合套用高斯公式的形式即可. 巧妙地用到积分区域的特殊性.

由以上两[**注**]可见, 本题有相当的技巧性及题目的特殊性.

例 14 设 S 是光滑的封闭曲面, Ω 是 S 所包围的空间有界闭区域, V 是 Ω 的体积. 向量 $\boldsymbol{r} = \{x,y,z\}, r = |\boldsymbol{r}|, \theta$ 是 S 的法向量(指向 Ω 外)与 $\boldsymbol{r}$ 的交角. 原点 $O(0,0,0)$ 不在 S 上. 试证明

$$\frac{1}{3} \oiint\limits_{S} r\cos\theta \mathrm{d}S = V.$$

分析 左边是曲面积分, 右边是体积, 想到用高斯公式. 为此应先将左边化为第二型形式. 若 $O \in S$, 则 θ 无定义, 故题中条件 $O \overline{\in} S$ 是有用的.

解 设 S 的指向 Ω 外的单位法向量为

$$\boldsymbol{n}^0 = \{\cos\alpha, \cos\beta, \cos\gamma\},$$
$$r\cos\theta = \boldsymbol{r} \cdot \boldsymbol{n}^0 = x\cos\alpha + y\cos\beta + z\cos\gamma,$$

于是

$$\frac{1}{3} \oiint\limits_{S} r\cos\theta \mathrm{d}S = \frac{1}{3} \oiint\limits_{S} (x\cos\alpha + y\cos\beta + z\cos\gamma)\mathrm{d}S$$

$$= \frac{1}{3} \oiint\limits_{S} x\,\mathrm{d}y\mathrm{d}z + y\mathrm{d}z\mathrm{d}x + z\mathrm{d}x\mathrm{d}y$$

$$= \frac{1}{3} \iiint\limits_{\Omega} 3\mathrm{d}V = V.$$

例 15　一半径为 R(米)的球,完全置于水中,求球面所受水的压力(牛).

分析　应先建立坐标系,曲面微元上所受到的水压力其大小为微元上方水柱的重量,方向垂直于该微元且指向球心.由此积分便得整个球所受的水压力.

解　建立坐标系,球心为坐标原点,向上为 z 轴正向,水平面为 $z=h\geqslant R$. 取球面面积元素 $\mathrm{d}S$,在其上取一点 $M(x,y,z)$,认为作用在 $\mathrm{d}S$ 上的水压力作用于点 M,其大小为 $g(h-z)\mathrm{d}S$,方向为 $-\boldsymbol{r}^0$,$\boldsymbol{r}=\{x,y,z\}$.于是作用在 $\mathrm{d}S$ 上的力的微元

$$\mathrm{d}\boldsymbol{F} = -\boldsymbol{r}^0 g(h-z)\mathrm{d}S,$$

$$\boldsymbol{F} = -g\iint\limits_{S} \boldsymbol{r}^0(h-z)\mathrm{d}S. \tag{7.49}$$

由对称性,知 $F_x=0,F_y=0$,

$$F_z = -g\iint\limits_{S} \frac{z(h-z)}{\sqrt{x^2+y^2+z^2}}\mathrm{d}S$$

$$= g\iint\limits_{S} \frac{z^2}{\sqrt{x^2+y^2+z^2}}\mathrm{d}S.$$

S 分上、下两块,在 xOy 平面上的投影域均为

$$D = \{(x,y) \mid x^2+y^2 \leqslant R^2\},$$

于是

$$\mathrm{d}S = \frac{R}{\sqrt{R^2-x^2-y^2}}\mathrm{d}x\mathrm{d}y,$$

$$F_z = 2g\iint\limits_{D} \sqrt{R^2-x^2-y^2}\,\mathrm{d}x\mathrm{d}y.$$

由被积函数的几何意义,立刻可知

$$F_z = \frac{4}{3}\pi R^3 g\,(\text{牛}),$$

等于同体积的水重,方向指向上.

[**注**]　也可将式(7.49)化为第二型曲面积分.

$$\boldsymbol{r}^0 = \left\{ \frac{x}{\sqrt{x^2+y^2+z^2}}, \frac{y}{\sqrt{x^2+y^2+z^2}}, \frac{z}{\sqrt{x^2+y^2+z^2}} \right\}$$

$$= \{\cos\alpha, \cos\beta, \cos\gamma\},$$

于是

$$\boldsymbol{F} = -g\left\{\iint\limits_{S}(h-z)\mathrm{d}y\mathrm{d}z, \iint\limits_{S}(h-z)\mathrm{d}z\mathrm{d}x, \iint\limits_{S}(h-z)\mathrm{d}x\mathrm{d}y\right\}.$$

由高斯公式,

$$-g\iint\limits_{S}(h-z)\mathrm{d}y\mathrm{d}z = 0,$$

$$-g\iint\limits_{S}(h-z)\mathrm{d}z\mathrm{d}x = 0,$$

$$-g\iint\limits_S (h-z)\mathrm{d}x\mathrm{d}y = g\iiint\limits_\Omega \mathrm{d}v = \frac{3}{4}\pi R^3 g.$$

于是

$$\boldsymbol{F} = \left\{0, 0, \frac{4}{3}\pi R^3 g\right\}.$$

故知所受压力等于同体积的水重,方向向上.

三、空间第二型曲线积分

空间第二型曲线积分的题的类型与如何处理它们的方法,与平面情形类似. 以下先指出两点两者不同之处:

(1) 对比于平面封闭曲线积分的格林公式,空间曲线积分与之相对应的是斯托克斯公式.

设 S 是一张双侧曲面片,逐片光滑,l 是 S 的边界一周,逐段光滑. S 的法向量与 l 的走向之间按右手法则确定. 并设 $P(x,y,z), Q(x,y,z)$ 与 $R(x,y,z)$ 在 S 及其边界 l 上连续且具有连续的一阶偏导数,则

$$\oint_l P\mathrm{d}x + Q\mathrm{d}y + R\mathrm{d}z = \iint\limits_S \begin{vmatrix} \mathrm{d}y\mathrm{d}z & \mathrm{d}z\mathrm{d}x & \mathrm{d}x\mathrm{d}y \\ \dfrac{\partial}{\partial x} & \dfrac{\partial}{\partial y} & \dfrac{\partial}{\partial z} \\ P & Q & R \end{vmatrix} \tag{7.50}$$

$$= \iint\limits_S \begin{vmatrix} \cos\alpha & \cos\beta & \cos\gamma \\ \dfrac{\partial}{\partial x} & \dfrac{\partial}{\partial y} & \dfrac{\partial}{\partial z} \\ P & Q & R \end{vmatrix} \mathrm{d}S, \tag{7.51}$$

其中第一个等式右边用第二型曲面积分形式表示,第二个等式右边用第一型曲面积分表示,其中 $\{\cos\alpha, \cos\beta, \cos\gamma\}$ 为 S 所对应的单位法向量.

如果 S 为平面 xOy 上的区域 D,l 为 D 的边界正向,P, Q, R 中不含 z,则公式 (7.50) 就是格林公式,并且此时式 (7.50) 的右边与式 (7.51) 的右边完全一样.

(2) 空间曲线积分与路径无关定理中要用到"空间线单连通区域"的概念,其定义是:设 Ω 为空间的一个区域,如果对于 Ω 内的任意一条封闭曲线 l,在其上一定可以绷上一张全在 Ω 内的曲面片,则称 Ω 为线单连通区域,也称一维单连通区域. 不是线单连通区域的区域称空间线复连通区域. 例如空间环形区域(如充满气的汽车内胎内的区域)是一个空间线复连通区域,但它是一个空间面单连通区域. 两个同心球面之间的空间区域是一个线单连通区域,但不是一个面单连通区域.

空间线复连通区域中最简单的一种是,全空间去掉一条直线的情形,例如去掉 z 轴:

$$G = \{(x,y,z) \mid x^2 + y^2 > 0\}$$

是一种最简单的线复连通区域.

在 7.3 节第二大段中所讲的平面第二型曲线积分的类型及处理方法和结论,只要按照上述不同之处加以修改之后,就可以搬到空间中来,详见例子.

例 16 计算 $I = \oint_L (y^2 - z^2)\mathrm{d}x + (2z^2 - x^2)\mathrm{d}y + (3x^2 - y^2)\mathrm{d}z$,其中 L 是平面 $x + y + z = 2$ 与柱面 $|x| + |y| = 1$ 的交线,从 z 轴正向看 L,L 是逆时针方向.

分析 本题表面上看不难,实际上有一定难度,难在具体计算,应请读者注意.

解 **方法 1** 封闭曲线积分容易想到斯托克斯公式法.用斯托克斯公式,取平面 $x+y+z=2$ 被 L 所围成的有界部分为绷在 L 上的曲面 S,按斯托克斯公式,S 的法向量与 z 轴正向的交角应为锐角.

$$I=\oint_L (y^2-z^2)\mathrm{d}x+(2z^2-x^2)\mathrm{d}y+(3x^2-y^2)\mathrm{d}z$$

$$=\iint_S(-2y-4z)\mathrm{d}y\mathrm{d}z+(-2z-6x)\mathrm{d}z\mathrm{d}x+(-2x-2y)\mathrm{d}x\mathrm{d}y \quad (7.52)$$

方法 1.1 改换成第一型曲面积分,S 的单位法向量

$$\boldsymbol{n}^0=\{\cos\alpha,\cos\beta,\cos\gamma\}=\frac{1}{\sqrt{3}}\{1,1,1\},$$

由式(7.52)得

$$I=\iint_S\left((-2y-4z)\frac{1}{\sqrt{3}}+(-2z-6x)\frac{1}{\sqrt{3}}+(-2x-2y)\frac{1}{\sqrt{3}}\right)\mathrm{d}S$$

$$=-\frac{2}{\sqrt{3}}\iint_S(4x+2y+3z)\mathrm{d}S.$$

S 的方程为 $z=2-x-y$,$\mathrm{d}S=\sqrt{1+\left(\dfrac{\partial z}{\partial x}\right)^2+\left(\dfrac{\partial z}{\partial y}\right)^2}\mathrm{d}x\mathrm{d}y=\sqrt{3}\mathrm{d}x\mathrm{d}y$,$S$ 在 xOy 平面上的投影域 $D_{xy}=\{(x,y)\,|\,|x|+|y|\leqslant1\}$,于是

$$I=-2\iint_{D_{xy}}(x-y+6)\mathrm{d}x\mathrm{d}y.$$

D_{xy} 既对称于 x 轴,又对称于 y 轴,所以

$$\iint_{D_{xy}}x\mathrm{d}x\mathrm{d}y=0,\iint_{D_{xy}}y\mathrm{d}x\mathrm{d}y=0,$$

$$\iint_{D_{xy}}\mathrm{d}x\mathrm{d}y=D\text{ 的面积}=2,$$

所以

$$I=-12\iint_{D_{xy}}\mathrm{d}x\mathrm{d}y=-24.$$

方法 1.2 将式(7.52)化为一个二重积分(公式(7.33)):

$$I=\iint_{D_{xy}}\left[(-2y-4(2-x-y))\left(-\frac{\partial z}{\partial x}\right)+(-2(2-x-y)-6x)\left(-\frac{\partial z}{\partial y}\right)\right.$$

$$\left.+(-2x-2y)\right]\mathrm{d}x\mathrm{d}y$$

$$=-2\iint_{D_{xy}}(x-y+6)\mathrm{d}x\mathrm{d}y=-24.$$

方法 1.3(分别投影法) 为计算 $\displaystyle\iint_S(-2y-4z)\mathrm{d}y\mathrm{d}z$,将 S 投向 yOz 平面,其投影域为

$$D_{yz}=\{(y,z)\,\big|\,|2-y-z|+|y|\leqslant1\}.$$

分别命 $y \geqslant 0, y \leqslant 0, 2-y-z \geqslant 0, 2-y-z \leqslant 0$, 可得 D_{yz} 的 4 条边的方程, 从而 D_{yz} 可改写为

$$D_{yz} = \left\{ (y,z) \mid \frac{1-z}{2} \leqslant y \leqslant \frac{3-z}{2}, 1 \leqslant z \leqslant 3 \right\},$$

从而

$$I_1 = \iint\limits_{S} (-2y - 4z) \mathrm{d}y\mathrm{d}z = -2 \iint\limits_{D_{yz}} (y + 2z) \mathrm{d}y\mathrm{d}z$$

$$= -2 \int_1^3 \mathrm{d}z \int_{\frac{1}{2}(1-z)}^{\frac{1}{2}(3-z)} (y + 2z) \mathrm{d}y = -16.$$

将第 2 个积分的 S 投影到 zOx 平面上去,

$$I_2 = -2 \iint\limits_{S} (z + 3x) \mathrm{d}z\mathrm{d}x = -2 \iint\limits_{D_{zx}} (z + 3x) \mathrm{d}z\mathrm{d}x,$$

其中 $D_{zx} = \left\{ (z,x) \mid |x| + |2-x-z| \leqslant 1 \right\} = \left\{ (z,x) \mid \frac{1-z}{2} \leqslant x \leqslant \frac{3-z}{2}, 1 \leqslant z \leqslant 3 \right\}$, 从而

$$I_2 = -2 \int_1^3 \mathrm{d}z \int_{\frac{1}{2}(1-z)}^{\frac{1}{2}(3-z)} (z + 3x) \mathrm{d}x = -8.$$

将第 3 个积分的 S 投影到 xOy 平面上去,

$$I_3 = \iint\limits_{S} (-2x - 2y) \mathrm{d}x\mathrm{d}y = -2 \iint\limits_{D_{xy}} (x + y) \mathrm{d}x\mathrm{d}y,$$

其中 $D_{xy} = \left\{ (x,y) \mid |x| + |y| \leqslant 1 \right\}$, 所以 $I_3 = 0$. 从而

$$I = I_1 + I_2 + I_3 = -24.$$

方法 2　用参数式计算, 由于 L 是由 4 个直线段构成的 4 边形, 所以用参数式计算时, 要一段段计算.

$$L: |x| + |y| = 1, z = 2 - x - y.$$

当 $x \geqslant 0, y \geqslant 0$ 时, $L_1: y = 1 - x, z = 2 - x - y = 1, x$ 从 1 到 0,

$$\int_{L_1} (y^2 - z^2) \mathrm{d}x + (2z^2 - x^2) \mathrm{d}y + (3x^2 - y^2) \mathrm{d}z$$

$$= \int_1^0 \left[(1-x)^2 - 1 + (2 - x^2)(-1) \right] \mathrm{d}x = \frac{7}{3}.$$

当 $x \leqslant 0, y \geqslant 0, L_2: y = 1 + x, z = 1 - 2x, x$ 从 0 到 -1,

$$\int_{L_2} = \int_0^{-1} (2x + 4) \mathrm{d}x = -3.$$

当 $x \leqslant 0, y \leqslant 0, L_3: y = -1 - x, z = 3, x$ 从 -1 到 0,

$$\int_{L_3} = \int_{-1}^0 (2x^2 + 2x - 26) \mathrm{d}x = -\frac{79}{3}.$$

当 $x \geqslant 0, y \leqslant 0, L_4: y = x - 1, z = 3 - 2x, x$ 从 0 到 1,

$$\int_{L_4} = \int_0^1 (-18x + 12) \mathrm{d}x = 3.$$

所以

$$I = \int_{L_1} + \int_{L_2} + \int_{L_3} + \int_{L_4} = -24.$$

方法 3（降维法）　将 L 所在的方程 $z = 2 - x - y$ 代入曲线积分以降低一维, 降为

$$I=\oint_{L_1}(y^2-(2-x-y)^2)\mathrm{d}x+(2(2-x-y)^2-x^2)\mathrm{d}y+(3x^2-y^2)(-\mathrm{d}x-\mathrm{d}y)$$

$$=\oint_{L_1}(-4x^2+y^2-2xy+4x+4y-4)\mathrm{d}x+(-2x^2+3y^2+4xy-8x-8y+4)\mathrm{d}y$$

$$\xlongequal{\text{格林公式}}-2\iint_{D_{xy}}(6+x-y)\mathrm{d}x\mathrm{d}y=-24.$$

其中 L_1 为 L 在 xOy 平面上的投影：$|x|+|y|=1$，$D_{xy}=\{(x,y)\,|\,|x|+|y|\leqslant1\}$. 最后得到 -24 参见方法 1.1 最后几步.

　　[注] 由于本题的 L 及其投影为封闭折线，所以用参数式计算或分别投影计算都十分麻烦.

　　例 17 求 $I=\displaystyle\int_L\frac{(x+y-z)\mathrm{d}x+(y+z-x)\mathrm{d}y+(z+x-y)\mathrm{d}z}{\sqrt{x^2+y^2+z^2}}$，其中曲线为 L：

$\begin{cases}x^2+y^2+z^2=1,\\x+y+z=1\end{cases}$ 自点 $A(1,0,0)$ 至点 $C(0,0,1)$ 的长弧段.

　　分析 L 上的点满足 $x^2+y^2+z^2=1$ 及 $x+y+z=1$. 以此代入化简积分式：

$$I=\int_L(1-2z)\mathrm{d}x+(1-2x)\mathrm{d}y+(1-2y)\mathrm{d}z.$$
$$(7.53)$$

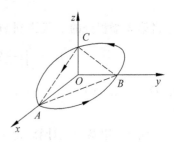

图　7-14

以下有多种解法.

　　解 方法 1（加、减弧段斯托克斯公式法） 添直线段 $\overline{CA}$（图 7-14），

$$I=\int_{L\cup\overline{CA}}\cdots-\int_{\overline{CA}}\cdots,$$

由斯托克斯公式，记 S 为平面 $x+y+z=1$ 上由 $L\cup\overline{CA}$ 所围成的曲面，法向量与 z 轴夹角为锐角，于是

$$\int_{L\cup\overline{CA}}=\iint_S(-2)\mathrm{d}y\mathrm{d}z+(-2)\mathrm{d}z\mathrm{d}x+(-2)\mathrm{d}x\mathrm{d}y$$

$$=-2\iint_S\mathrm{d}y\mathrm{d}z+\mathrm{d}z\mathrm{d}x+\mathrm{d}x\mathrm{d}y.$$

换成第一型曲面积分，S 的 $\boldsymbol{n}^0=\{\cos\alpha,\cos\beta,\cos\gamma\}=\dfrac{1}{\sqrt{3}}\{1,1,1\}$，于是

$$\int_{L\cup\overline{CA}}=-2\iint_S(\cos\alpha+\cos\beta+\cos\gamma)\mathrm{d}S$$

$$=-\frac{6}{\sqrt{3}}\iint_S\mathrm{d}S.$$

其中 $\displaystyle\iint_S\mathrm{d}S$ 为 S 的面积. 可用几何办法计算如下：原点 O 到平面 $x+y+z=1$ 的距离为 $\dfrac{1}{\sqrt{3}}$，圆的半径 $r=\sqrt{1^2-\left(\dfrac{1}{\sqrt{3}}\right)^2}=\sqrt{\dfrac{2}{3}}$，圆的面积为 $\dfrac{2}{3}\pi$. 而 $\triangle ABC$ 的面积 $=\dfrac{1}{2}\sqrt{2}\cdot\sqrt{2}\sin\dfrac{\pi}{3}=\dfrac{\sqrt{3}}{2}$.

所以

$$\text{小圆缺的面积} = \frac{1}{3}\left(\left(\sqrt{\frac{2}{3}}\right)^2\pi - \frac{\sqrt{3}}{2}\right) = \frac{2}{9}\pi - \frac{\sqrt{3}}{6},$$

$$\text{大圆缺} S \text{ 的面积} = \frac{2}{3}\pi - \left(\frac{2}{9}\pi - \frac{\sqrt{3}}{6}\right) = \frac{4}{9}\pi + \frac{\sqrt{3}}{6}.$$

所以

$$\int_{L\cup\overline{CA}} = -\frac{6}{\sqrt{3}}\left(\frac{4}{9}\pi + \frac{\sqrt{3}}{6}\right) = -\frac{8}{3\sqrt{3}}\pi - 1.$$

再用参数法计算 $\int_{\overline{CA}}$, 取 $\overline{CA}$: $z = 1 - x, y = 0$.

$$\int_{\overline{CA}}(1-2z)\mathrm{d}x + (1-2x)\mathrm{d}y + (1-2y)\mathrm{d}z$$

$$= \int_0^1 (1 - 2(1-x) - 1)\mathrm{d}x = -2\int_0^1(1-x)\mathrm{d}x = -1.$$

最后

$$I = \int_{L\cup\overline{CA}}\cdots - \int_{\overline{CA}}\cdots = -\frac{8}{3\sqrt{3}}\pi - 1 - (-1) = -\frac{8}{3\sqrt{3}}\pi.$$

方法 2(参数法) 由 5.2 节例 9, L 的参数式可写成

$$x = \frac{1}{3} + \frac{1}{3}\cos t - \frac{1}{\sqrt{3}}\sin t, y = \frac{1}{3} + \frac{1}{3}\cos t + \frac{1}{\sqrt{3}}\sin t, z = \frac{1}{3} - \frac{2}{3}\cos t,$$

$$t \text{ 从 } t = -\frac{\pi}{3} \text{ 到 } t = \pi.$$

代入式(7.53), 经简单计算, 得

$$I = -\frac{2}{\sqrt{3}}\int_{-\frac{\pi}{3}}^{\pi}\mathrm{d}t = -\frac{8}{3\sqrt{3}}\pi.$$

[注 1] 不要以为本题用参数法做很快, 其实为了求参数式要化不少过程.

[注 2] 本题也可用降维法做, 但降维之后还得用参数法或添加线段后用格林公式, 并不见得比上述方法方便.

例 18 设曲线 L: $\begin{cases}\dfrac{x^2}{a^2} + \dfrac{y^2}{b^2} = 1, \\ x + y + z = 1,\end{cases}$ 从原点看 L, L 是顺时针的. 求 $I = $

$\oint_L \dfrac{-y\mathrm{d}x + x\mathrm{d}y + 2z(x^2+y^2)\mathrm{d}z}{x^2+y^2}$, 其中常数 $a > 0, b > 0$.

解 记 $P(x,y,z) = \dfrac{-y}{x^2+y^2}$, $Q(x,y,z) = \dfrac{x}{x^2+y^2}$, $R(x,y,z) = \dfrac{2z(x^2+y^2)}{x^2+y^2}$, 容易知道, 当 $x^2 + y^2 \neq 0$ 时,

$$\frac{\partial P}{\partial y} = \frac{\partial Q}{\partial x}, \frac{\partial Q}{\partial z} = \frac{\partial R}{\partial y}, \frac{\partial R}{\partial x} = \frac{\partial P}{\partial z}.$$

于是推知, 若 L 是任意一条逐段光滑的简单封闭曲线, 如果它不围绕 z 轴, 则该积分为零; 如果它围绕 z 轴, 则该积分的值为一常数 k, 与具体的 L 无关.

现在的曲线 L 围绕 z 轴，直接计算 I 并不方便. 为清除分母的麻烦，改取（如图 7-15 所示）

$$L_1: \begin{cases} x^2 + y^2 = 1, \\ z = 0. \end{cases}$$

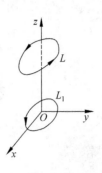

L_1 的参数方程可取为

$$L_1: x = \cos t, y = \sin t, z = 0,$$

L_1 与 L 应有相同转向，故 L_1 应自 $t=0$ 到 $t=2\pi$. 代入所给积分，经简单运算，得

$$I = \int_0^{2\pi} 1 \mathrm{d}t = 2\pi.$$

图　7-15

[注]　本题中所用到的结论，类似于平面第二型曲线积分中所讲的(5).

例 19　设 $f(x) > 0 (x > 0)$ 与 $g(z) > 0 (z > 0)$ 均有连续的一阶导数，且 $f(1) = 2, g(1) = 3$，并设对于任意一条逐段光滑的全在第一卦限内的封闭曲线 L，有

$$\oint_L (2xyzg(z) + z + \sin x)\mathrm{d}x + (f(x)g(z)z + \mathrm{e}^y)\mathrm{d}y$$
$$+ (3yf(x)g(z) + x + \mathrm{e}^z)\mathrm{d}z \equiv 0,$$

求 $f(x)$ 与 $g(z)$.

分析　按常规记 $P(x,y,z), Q(x,y,z)$ 与 $R(x,y,z)$，在第一卦限内，它们都具有连续的一阶偏导数，第一卦限是一个线单连通区域，类似于平面第二型曲线积分与路径无关的充要条件（见该大段(4)之①）为

$$\frac{\partial Q}{\partial x} \equiv \frac{\partial P}{\partial y}, \frac{\partial R}{\partial y} \equiv \frac{\partial Q}{\partial z}, \frac{\partial P}{\partial z} \equiv \frac{\partial R}{\partial x}, \tag{7.54}$$

由此推得 $f(x)$ 与 $g(z)$ 应满足的充要条件.

解　以 $P(x,y,z) = 2xyzg(z) + z + \sin x, Q(x,y,z) = f(x)g(z)z + \mathrm{e}^y, R(x,y,z) = 3yf(x)g(z) + x + \mathrm{e}^z$ 代入式(7.54)，得

$$f'(x) = 2x, g'(z)z = 2g(z).$$

解之并由 $f(1) = 2, g(1) = 3$，得 $f(x) = x^2 + 1, g(z) = 3z^2$.

第七章习题

一、填空题

1. $\int_{\frac{1}{4}}^{\frac{1}{2}} \mathrm{d}y \int_{\frac{1}{2}}^{\sqrt{y}} \mathrm{e}^{\frac{x}{x}} \mathrm{d}x + \int_{\frac{1}{2}}^{1} \mathrm{d}y \int_{y}^{\sqrt{y}} \mathrm{e}^{\frac{x}{x}} \mathrm{d}x = $ ____.

2. 设 D 为由曲线 $y = \sin x$ 与 x 轴介于 $0 \leqslant x \leqslant 2\pi$ 之间所围成的区域，$f(x,y)$ 在 D 上连续，则 $\iint_D f(x,y)\mathrm{d}\sigma$ 化成先 y 后 x 的逐次积分为 $\iint_D f(x,y)\mathrm{d}\sigma = $ ____，化成先 x 后 y 的逐次积分为 $\iint_D f(x,y)\mathrm{d}\sigma = $ ____.

3. 设 D 是 xOy 平面上以点 $\left(\frac{\pi}{2}, \frac{\pi}{2}\right), \left(-\frac{\pi}{2}, \frac{\pi}{2}\right), \left(-\frac{\pi}{2}, -\frac{\pi}{2}\right)$ 为顶点的三角形区域，

则 $\iiint\limits_{D}\left[(\sin x\sin y)^3+(\sin x\sin y)^2\right]\mathrm{d}\sigma=$ ____.

4. $\displaystyle\int_{-1}^{1}\mathrm{d}x\int_{|x|}^{\sqrt{2-x^2}}\sin(x^2+y^2)\mathrm{d}y=$ ____.

5. 设 $D=\left\{(x,y)\mid x^2+y^2\leqslant\dfrac{\pi}{2}\right\}$，则 $\iint\limits_{D}(\sin x^2)(\cos y^2)\mathrm{d}\sigma=$ ____.

6. 设 $f(t)$ 在 $[0,+\infty)$ 上连续，且 $f(t)=1+\iint\limits_{x^2+y^2\leqslant 4t^2}f\left(\dfrac{1}{2}\sqrt{x^2+y^2}\right)\mathrm{d}\sigma$. 则 $f(t)=$ ____.

7. 设 $f(x,y)$ 为连续函数，且 $f(x,y)=xy+2\iint\limits_{D}f(x,y)\mathrm{d}\sigma$，其中 D 为由 $y=0$，$y=x^2$，$x=1$ 围成的平面区域，则 $f(x,y)=$ ____.

8. 设 $D=\{(x,y)\mid x^2+y^2\leqslant 1\}$，$M=\iint\limits_{D}(x+y)^3\mathrm{d}\sigma$，$N=\iint\limits_{D}\cos^2 x\sin^2 y\mathrm{d}\sigma$，$P=\iint\limits_{D}(\mathrm{e}^{-(x^2+y^2)}-1)\mathrm{d}\sigma$，则 M,N,P 之间的大小关系为 ____ $>$ ____ $>$ ____.

9. $\displaystyle\int_{-\frac{\pi}{2}}^{\frac{\pi}{2}}\mathrm{d}\theta\int_{0}^{\cos\theta}\mathrm{e}^{r^2\sin\theta}r^4\sin\theta\mathrm{d}r=$ ____.

10. $\displaystyle\int_{-1}^{1}\mathrm{d}x\int_{-\sqrt{1-x^2}}^{\sqrt{1-x^2}}\mathrm{d}y\int_{\sqrt{x^2+y^2}}^{1}\sqrt{x^2+y^2+z^2}\mathrm{d}z=$ ____.

11. 设常数 $a>0,b>0$. $\Omega=\left\{(x,y,z)\;\middle|\;\dfrac{x^2}{a^2}+\dfrac{y^2}{b^2}\leqslant z\leqslant 1\right\}$，则 $\iiint\limits_{\Omega}z\mathrm{d}v=$ ____.

12. 设 l 为平面曲线 $y=\ln x$ 介于点 $A(1,0)$ 与点 $B(7,\ln 7)$ 之间的弧段，则第一型曲线积分 $\displaystyle\int_{l}\mathrm{e}^{2y}\mathrm{d}l=$ ____.

13. 设 l 为椭圆 $\dfrac{x^2}{4}+\dfrac{y^2}{3}=1$，其周长记为 a，则 $\displaystyle\oint_{l}(2xy+3x^2+4y^2)\mathrm{d}l=$ ____.

14. 设 S 为球面 $x^2+y^2+z^2=a^2$（常数 $a>0$），则第一型曲面积分 $I=\iint\limits_{S}(x+2y-3z+4)^2\mathrm{d}S=$ ____.

15. 设 $l:\begin{cases}x^2+y^2+z^2=a^2,\\x-y=0\end{cases}$（常数 $a>0$），则 $\displaystyle\int_{l}x^2\mathrm{d}l=$ ____.

16. 设 l 为椭圆 $\dfrac{x^2}{a^2}+\dfrac{y^2}{b^2}=1$ 逆时针一周（a,b 均为正常数），则第二型曲线积分 $\displaystyle\int_{l}-y^3\mathrm{d}x+x^3\mathrm{d}y=$ ____.

17. 设 l 为封闭折线 $|x|+|x+y|=1$ 正向一周，则第二型曲线积分 $\displaystyle\oint_{l}x^2y^2\mathrm{d}x-\cos(x+y)\mathrm{d}y=$ ____.

18. 设 S 为球面 $x^2+y^2+z^2=a^2$（$a>0$），法向量向外，则第二型曲面积分 $\iint\limits_{S}x^3\mathrm{d}y\mathrm{d}z=$ ____.

19. 设 L 为空间曲线 $\begin{cases}x^2+y^2=1,\\x-y+z=2,\end{cases}$ 从 z 轴正向往 z 轴负向看，L 是顺时针的. 则空间第二型曲线积分 $\displaystyle\oint_{L}(z-y)\mathrm{d}x+(x-z)\mathrm{d}y+(x-y)\mathrm{d}z=$ ____.

20. 设 $u(x,y,z)$ 具有二阶连续偏导数,则 $\mathrm{rot}(\mathbf{grad}u) = $ ____.

21. 设 $\mathbf{A}(x,y,z) = \{P(x,y,z), Q(x,y,z), R(x,y,z)\}$,其中 P, Q, R 具有二阶连续偏导数,则 $\mathrm{div}(\mathbf{rot}\mathbf{A}) = $ ____.

二、解答题

22. 计算 $\displaystyle\int_0^1 \mathrm{d}y \int_y^1 \frac{y}{1+x^2+y^2} \mathrm{d}x$.

23. 设 $a_1, b_1, c_1, a_2, b_2, c_2$ 都是常数,$\Delta = a_1 b_2 - a_2 b_1 \neq 0$,求封闭曲线 $l:(a_1 x + b_1 y + c_1)^2 + (a_2 x + b_2 y + c_2)^2 = 1$ 所围成的图形的面积.

24. 求蔓叶线 $x^3 + y^3 = 3axy$ 所围成的图形的面积,其中常数 $a > 0$.

25. 计算 $\displaystyle\oint_l \frac{y\mathrm{d}x - x\mathrm{d}y}{Ax^2 + 2Bxy + Cy^2}$,其中 A, B, C 均为常数,$A > 0, B^2 - AC < 0, l$ 为 $|x| + |y| = 1$ 正向一周.

26. 设 l 为不经过原点的逐段光滑的简单封闭曲线正向一周,讨论 $\displaystyle\oint_l \frac{xy(x\mathrm{d}y - y\mathrm{d}x)}{x^4 + y^4}$ 的值.

27. 设 $D = \{(x,y) \mid (x-1)^2 + (y-1)^2 \leqslant 2, y \geqslant x\}$,计算 $\displaystyle\iint_D (x-y)\mathrm{d}\sigma$.

28. 设 $f(x)$ 与 $g(x)$ 在 $[a,b]$ 上连续,用二重积分证明

$$\left[\int_a^b f(x)g(x)\mathrm{d}x\right]^2 \leqslant \int_a^b f^2(x)\mathrm{d}x \cdot \int_a^b g^2(x)\mathrm{d}x.$$

29. 设 $f(x)$ 在 $[0,1]$ 上单调增加且连续,用二重积分证明

$$\frac{\displaystyle\int_0^1 xf^3(x)\mathrm{d}x}{\displaystyle\int_0^1 xf^2(x)\mathrm{d}x} \geqslant \frac{\displaystyle\int_0^1 f^3(x)\mathrm{d}x}{\displaystyle\int_0^1 f^2(x)\mathrm{d}x}.$$

30. 设 $f_0(x)$ 在 $(-\infty, +\infty)$ 内连续,$f_n(x) = \displaystyle\int_0^x f_{n-1}(t)\mathrm{d}t, (n = 1, 2, \cdots)$. 试证明:
$f_n(x) = \dfrac{1}{(n-1)!} \displaystyle\int_0^x f_0(t)(x-t)^{n-1}\mathrm{d}t, n = 1, 2, \cdots$.

31. 设常数 $b \geqslant a > 0$. 将 yOz 平面上的圆 $(y-b)^2 + z^2 \leqslant a^2$ 绕 Oz 轴一周生成的实心环域记为 Ω. 求 $\displaystyle\iiint_\Omega \sqrt{a^2 - z^2}\mathrm{d}v$.

32. 设 $f(z)$ 为连续函数,试将 $\displaystyle\int_0^1 x^3 \mathrm{d}x \int_{x^2}^1 \mathrm{d}y \int_0^y f(z)\mathrm{d}z$ 表示成 $f(z)$ 某形式的定积分.

33. 计算 $\displaystyle\int_0^1 \mathrm{d}x \int_0^x \mathrm{d}z \int_0^z \frac{\sin y}{1-y}\mathrm{d}y$.

34. 计算 $\displaystyle\int_{-1}^1 \mathrm{d}x \int_0^{\sqrt{1-x^2}} \mathrm{d}y \int_1^{1+\sqrt{1-x^2-y^2}} \frac{\mathrm{d}z}{\sqrt{x^2+y^2+z^2}}$.

35. 计算 $\displaystyle\iiint_\Omega |\sqrt{x^2+y^2+z^2} - 1|\mathrm{d}v$,其中 $\Omega = \{(x,y,z) \mid \sqrt{x^2+y^2} \leqslant z \leqslant 1\}$.

36. 求抛物面 $z = 4 + x^2 + y^2$ 的切平面 P 的切点坐标,使得该切平面与该抛物面之间介于圆柱面 $(x-1)^2 + y^2 = 1$ 内部的体积为最小.

37. 设空间区域 Ω 是由抛物柱面 $y = \sqrt{z}$，平面 $x + z = \dfrac{\pi}{2}$，$x = 0$，$y = 0$ 所围成，求 $\displaystyle\iiint\limits_{\Omega} \dfrac{y\sin z}{z}\mathrm{d}v$.

38. 设 L 为 $z = \sqrt{x^2 + 5y^2}$ 与 $z = 1 + 2y$ 的交线，计算 $\displaystyle\int_L (x^2 + y^2 + 2x - z - 4)\mathrm{d}l$.

39. 设 L 为 $\begin{cases} x^2 + y^2 + z^2 = 4. \\ x + y + z = 1, \end{cases}$ 计算 $\displaystyle\int_L (xy + yz + zx)\mathrm{d}l$.

40. 设 $f(x)$ 在 $(-\infty, +\infty)$ 内连续，l 为从点 $A\left(3, \dfrac{2}{3}\right)$ 到点 $B(1, 2)$ 的直线段，计算 $\displaystyle\int_l \dfrac{1 + y^2 f(xy)}{y}\mathrm{d}x + \dfrac{x}{y^2}\left[y^2 f(xy) - 1\right]\mathrm{d}y$.

41. 设 l 为曲线 $x^2 + y^2 = \sqrt{x^2 + y^2} - x$ 正向一周，计算 $\displaystyle\oint_l (y - \mathrm{e}^x)\mathrm{d}x + (3x + \mathrm{e}^y)\mathrm{d}y$.

42. 设 l 为自点 $A(-1, 0)$ 沿 $x^2 + y^2 = 1$ 的上半个圆至点 $B(1, 0)$，计算 $\displaystyle\int_l \dfrac{(x\mathrm{e}^x + 5y^3x^2 + x - 4)\mathrm{d}x - (3x^5 + \sin y)\mathrm{d}y}{x^2 + y^2}$.

43. 设 $f(x)$ 具有二阶连续导数，$f(0) = 0$，$f'(0) = 1$，且 $\displaystyle\int_l \left[xy(x + y) - f(x)\right]\mathrm{d}x + \left[f'(x) + x^2 y\right]\mathrm{d}y$ 与路径无关，求 $f(x)$ 并求

$$\int_{(0,0)}^{(1,1)} \left[xy(x + y) - f(x)\right]\mathrm{d}x + \left[f'(x) + x^2 y\right]\mathrm{d}y.$$

44. 设 S 为球面 $(x - a)^2 + (y - b)^2 + (z - c)^2 = R^2$ 的外侧，计算 $\displaystyle\oiint\limits_S x^2\mathrm{d}y\mathrm{d}z + y^2\mathrm{d}z\mathrm{d}x + z^2\mathrm{d}x\mathrm{d}y$，其中 a, b, c, R 均为常数，$R > 0$.

45. 设 S 为立体 $\Omega = \{(x, y, z) \mid x \geqslant \sqrt{y^2 + z^2}, \sqrt{1 - z^2 - y^2} \leqslant x \leqslant \sqrt{2 - z^2 - y^2}\}$ 全表面的外侧，$f(u)$ 具有一阶连续导数，且为奇函数，计算

$$\oiint\limits_S x^3\mathrm{d}y\mathrm{d}z + \left[y^3 + f(yz)\right]\mathrm{d}z\mathrm{d}x + \left[z^3 + f(yz)\right]\mathrm{d}x\mathrm{d}y.$$

46. 设 S 为椭球面 $\dfrac{x^2}{a^2} + \dfrac{y^2}{b^2} + \dfrac{z^2}{c^2} = 1$ 的上半个的外侧，a, b, c 均为正常数，求

$$\iint\limits_S \dfrac{(x - y + z)\mathrm{d}y\mathrm{d}z + (x + y - z)\mathrm{d}z\mathrm{d}x + (-x + y + z)\mathrm{d}x\mathrm{d}y}{(x^2 + y^2 + z^2)^{3/2}}.$$

47. 设点 $M(\xi, \eta, \zeta)$ 是椭球面 $\dfrac{x^2}{a^2} + \dfrac{y^2}{b^2} + \dfrac{z^2}{c^2} = 1$ 上第一卦限的点，S 是该椭球面在点 M 处的切平面被三坐标平面所截得的三角形，法向量与 z 轴正向夹角为锐角。求 (ξ, η, ζ)，使曲面积分

$$I = \iint\limits_S x\mathrm{d}y\mathrm{d}z + y\mathrm{d}z\mathrm{d}x + z\mathrm{d}x\mathrm{d}y$$

的值最小，并求出此最小值.

48. 设 S 为简单光滑封闭曲面，$\boldsymbol{n}$ 为 S 的外法线向量，$\boldsymbol{r} = \{(x - \xi), (y - \eta), (z - \zeta)\}$，$\theta$ 为 $\boldsymbol{r}$ 与 $\boldsymbol{n}$ 的交角. 分两种情形求曲面积分：

$$I(\xi, \eta, \zeta) = \oiint\limits_S \dfrac{\cos\theta}{|\boldsymbol{r}|^2}\mathrm{d}S.$$

(1) 点(ξ,η,ζ)在 S 的内部；

(2) 点(ξ,η,ζ)不在 S 的内部.

49. 设 S 为曲面 $z=\dfrac{1}{2}(x^2+y^2)$ 介于平面 $z=2$ 与 $z=8$ 之间，法向量与 z 轴正向交角为钝角.计算

$$I=\iint\limits_{S}(z^2+x)\mathrm{d}y\mathrm{d}z-z\mathrm{d}x\mathrm{d}y.$$

50. 设 $u=(x^2+y^2+z^2)^{-\frac{1}{2}}$，求向量场 **grad**$u$ 通过球面 $S:x^2+y^2+\left(z-\dfrac{R}{2}\right)^2=R^2$ 向外的流量.

51. 设 $f(x,y,z)$ 为连续函数，S 为曲面 $z=\dfrac{1}{2}(x^2+y^2)$ 介于 $z=2$ 与 $z=8$ 之间的部分，法向量与 z 轴正向交角为锐角，计算

$$\iint\limits_{S}[yf(x,y,z)+x]\mathrm{d}y\mathrm{d}z+[xf(x,y,z)+y]\mathrm{d}z\mathrm{d}x+[2xyf(x,y,z)+z]\mathrm{d}x\mathrm{d}y.$$

52. 设常数 a,b,c 均为正，S 为曲面 $\dfrac{x^2}{a^2}+\dfrac{y^2}{b^2}+\dfrac{z^2}{c^2}=1$ 的外侧.计算

$$\iint\limits_{S}\frac{\mathrm{d}y\mathrm{d}z}{x}+\frac{\mathrm{d}z\mathrm{d}x}{y}+\frac{\mathrm{d}x\mathrm{d}y}{z}.$$

53. 设 S 为椭球面 $\dfrac{x^2}{2}+\dfrac{y^2}{2}+z^2=1$ 的上半个，点 $P(x,y,z)\in S$，π 为 S 在点 P 处的切平面，$\rho(x,y,z)$ 为点 $O(0,0,0)$ 到平面 π 的距离，求 $\iint\limits_{S}\dfrac{z}{\rho(x,y,z)}\mathrm{d}S$.

54. 有一薄壁薄底容器(即不计容器厚度)，侧面为旋转抛物面 $2z=x^2+y^2$，$\dfrac{3}{2}\leqslant z\leqslant4$，底为 $z=\dfrac{3}{2}$，$x^2+y^2\leqslant3$.求该容器形心的坐标.

55. 求由锥面 $z=\sqrt{x^2+y^2}$，平面 $z=0$，圆柱面 $x^2+y^2=2y$ 围成的立体的全表面面积.

56. 设 S 是光滑的简单封闭曲面，法向量向外，Ω 是 S 所包围的有界闭区域.函数 $u(x,y,z)$ 和 $v(x,y,z)$ 在 Ω 上具有二阶连续偏导数，$\dfrac{\partial u}{\partial n}$ 与 $\dfrac{\partial v}{\partial n}$ 分别为 u 与 v 沿 S 的外法线方向向量 **n** 的方向导数.试证明：

(1) $\oiint\limits_{S}u\dfrac{\partial v}{\partial n}\mathrm{d}S=\iiint\limits_{\Omega}[\mathbf{grad}u\cdot\mathbf{grad}v+u\,\mathrm{div}(\mathbf{grad}u)]\mathrm{d}\Omega$；

(2) $\oiint\limits_{S}\left(v\dfrac{\partial u}{\partial n}-u\dfrac{\partial v}{\partial n}\right)\mathrm{d}S=\iiint\limits_{\Omega}(v\Delta u-u\Delta v)\mathrm{d}\Omega$，

记号 $\Delta=\dfrac{\partial^2}{\partial x^2}+\dfrac{\partial^2}{\partial y^2}+\dfrac{\partial^2}{\partial z^2}$.

57. 设 $L:\begin{cases}x^2+y^2+z^2=a^2,\\x+y+z=a\end{cases}$ (常数 $a>0$)，从原点看 L，L 是逆时针的.求 $\oint\limits_{L}y^2\mathrm{d}x+z^2\mathrm{d}y+x^2\mathrm{d}z$.

58. 设 L 为球面 $x^2+y^2+z^2=1$ 在第 1 卦限部分的边界,从球心看 L,L 为逆时针的,计算

$$\int_L (y^2-z^2)\mathrm{d}x+(z^2-x^2)\mathrm{d}y+(x^2-y^2)\mathrm{d}z.$$

59. 设 L 为自点 $A(a,0,0)$ 沿螺线

$$x=a\cos t,y=a\sin t,z=\frac{h}{2\pi}t$$

至点 $B(a,0,h)$ 的弧,其中 a,h 均为正常数. 求

$$\int_L (x^2-yz)\mathrm{d}x+(y^2-xz)\mathrm{d}y+(z^2-xy)\mathrm{d}z.$$

60. 一底半径为 R 高为 H 的无盖圆柱形容器,倾斜地放置,使其底平面与水平面成 $\frac{\pi}{4}$ 角. 问该容器能储多少水?

61. 有一只圆柱形无盖容器,容器高 6 cm,半径 1 cm. 在容器壁上钻有两上小孔用以安装支架,使容器可以自由倾斜. 设两小孔 A 与 B 距底均为 2 cm,连线恰为直径,水可以从小孔向外流. 今将线段 AB 固定在水平位置,该容器在这个支架上可以任意倾斜. 问这只容器最多可盛多少水而不致流出?

62. 设 l 是过原点、方向向量为 $\{\alpha,\beta,\gamma\}$ 的直线,其中 $\alpha^2+\beta^2+\gamma^2=1$. 匀质椭球体 $\frac{x^2}{a^2}+\frac{y^2}{b^2}+\frac{z^2}{c^2}\leqslant 1$ 绕 l 旋转,其中常数 $a>b>c>0$,匀质密度设为 1.(Ⅰ)求其转动惯量 J;(Ⅱ)让 l 变动,求 J 的最大值与最小值(本题为 2010 年全国大学生数学竞赛(非数学类)预赛题).

63. 设 $a_{ij}(i,j=1,2,3)$ 都是常数,并设三阶行列式 $\Delta=\det(a_{ij})\neq0$. 又设 $f=a_{11}x+a_{12}y+a_{13}z,g=a_{21}x+a_{22}y+a_{23}z,h=a_{31}x+a_{32}y+a_{33}z$. 空间区域 $\Omega=\{(x,y,z)\mid|f|+|g|+|h|\leqslant1\}$,$S$ 为 Ω 的边界曲面外侧. 计算第二型曲面积分

$$I=\oiint\limits_S \frac{f\mathrm{d}y\mathrm{d}z+g\mathrm{d}z\mathrm{d}x+h\mathrm{d}x\mathrm{d}y}{(f^2+g^2+h^2)^{3/2}},$$

第七章习题答案

1. $\frac{3}{8}\mathrm{e}-\frac{1}{2}\sqrt{\mathrm{e}}$.

2. $\int_0^\pi\mathrm{d}x\int_0^{\sin x}f(x,y)\mathrm{d}y+\int_\pi^{2\pi}\mathrm{d}x\int_{\sin x}^0 f(x,y)\mathrm{d}y=\int_0^1\mathrm{d}y\int_{\arcsin y}^{\pi-\arcsin y}f(x,y)\mathrm{d}x+\int_{-1}^0\mathrm{d}y\int_{\pi-\arcsin y}^{2\pi+\arcsin y}f(x,y)\mathrm{d}x.$

3. $\frac{\pi^2}{32}$.　　　　4. $\frac{\pi}{4}(1-\cos2)$.　　　　5. $\frac{\pi}{2}$.

6. $\mathrm{e}^{4\pi t^2}$.　　　　7. $xy+\frac{1}{4}$.　　　　8. $N>M>P$.

9. 0.(将 θ 当做 x,r 当做 y,看成直角坐标).

10. $\frac{\pi}{6}(2\sqrt{2}-1)$.　　11. $\frac{\pi}{3}ab$.　　12. $\frac{248}{3}\sqrt{2}$.

13. $12a$.　　14. $\left(\frac{14}{3}a^2+16\right)4\pi a^2$.　　15. $\frac{\pi}{2}a^3$.

16. $\frac{3}{4}ab\pi(a^2+b^2)$.

17. 0. 先用格林公式,然后以 $-x$ 换 x, $-y$ 换 y,区域 $D=\{(x,y)\,|\,|\,x\,|+|\,x+y\,|\leqslant 1\}$ 不变,二重积分的被积函数改了一个符号,所以 $\iint\limits_{D}\cdots\mathrm{d}\sigma=0$.

18. $\frac{4}{5}\pi a^5$. 用高斯公式,然后将三个类似的三重积分相加即得.

19. -2π.　　　　　　20. **0**.　　　　　　　　　21. 0.

22. $\frac{1}{2}\ln\frac{3}{2}+\frac{1}{\sqrt{2}}\arctan\sqrt{2}-\frac{\pi}{4}$(用极坐标,先 θ 后 r 积分).

23. $\frac{\pi}{|\Delta|}$. 两个方法:(1) 命 $a_1x+b_1y+c_1=\cos t$, $a_2x+b_2y+c_2=\sin t$,解出 x,y 得 l 的参数式,用曲线积分 $\left|\frac{1}{2}\oint_l x\mathrm{d}y-y\mathrm{d}x\right|$ 从 $t=0$ 到 $t=2\pi$;(2) 用二重积分的坐标变换 $\xi=a_1x+b_1y+c_1$, $\eta=a_2x+b_2y+c_2$, $\iint\limits_{D}\mathrm{d}x\mathrm{d}y=\iint\limits_{\xi^2+\eta^2\leqslant 1}\frac{1}{|\Delta|}\mathrm{d}\xi\mathrm{d}\eta$.

24. $\frac{3}{2}a^3$. 两个方法:(1) 化成极坐标;(2) 由格林公式化为封闭曲线的曲线积分,再由曲线的参数式 $x=\frac{3at}{1+t^3}$, $y=\frac{3at^2}{1+t^3}$ 化曲线积分为(反常)积分.

25. $-\frac{2\pi}{\sqrt{AC-B^2}}$. (1) 由于路径无关,改取 $x=\delta\cos t$, $y=\delta\sin t$, $\delta>0$, t 从 0 到 2π. 再设法化为 0 到 $\frac{\pi}{2}$ 的积分,最后化为反常积分 $\int_0^{+\infty}$. (2) 也可改用封闭折线: $|\,x\,|\leqslant 1$, $|\,y\,|\leqslant 1$ 的边界正向一周.

26. 0. 由于当 $(x,y)\neq(0,0)$ 时 $\frac{\partial Q}{\partial x}\equiv\frac{\partial P}{\partial y}$,故当 l 不围绕点 O 时 $\oint_l=0$;当 l 围绕点 O 时取 $x=\cos t$, $y=\sin t$, t 从 $-\pi$ 到 π. 本题为 7.3 节例 15 的特例.

27. $-\frac{8}{3}$.

28. 将右边构造成一个二重积分,然后再用基本不等式: $a^2+b^2\geqslant 2ab$.

29. 移项相减考察分子合并成一个二重积分,并参考 7.1 节例 13.

30. 用数学归纳法并交换积分次序.

31. $\frac{8}{3}\pi a^3b$. 用柱面坐标,按 $r-z-\theta$ 的次序方便. 若按 $z-r-\theta$ 的次序麻烦.

32. $\frac{1}{12}\int_0^1(1-z^3)f(z)\mathrm{d}z$.　　33. $\frac{1}{2}(1-\sin 1)$.　　34. $\left(\frac{7}{6}-\frac{2\sqrt{2}}{3}\right)\pi$.

35. $\frac{\pi}{6}(\sqrt{2}-1)$.　　　36. 切点 $(1,0,5)$.　　37. $\frac{\pi}{4}-\frac{1}{2}$.

38. 0.　　　　　　　39. $-\pi\sqrt{33}$.　　　40. -4.

41. 3π.　　　　　　42. $\frac{5}{4}\pi-8+\frac{2}{\mathrm{e}}$.　　43. $f(x)=\frac{1}{12}x^4+x,\frac{79}{60}$.

44. $\frac{8}{3}\pi R^3(a+b+c)$.　　45. $\left(\frac{27}{5}\sqrt{2}-6\right)\pi$.　　46. 2π.

47. $M\left(\dfrac{a}{\sqrt{3}},\dfrac{b}{\sqrt{3}},\dfrac{c}{\sqrt{3}}\right)$, $I_{\min}=\dfrac{3\sqrt{3}}{2}abc$.

48. (1) 4π；(2) 0. 提示：$\cos\theta=\boldsymbol{r}^0\cdot\boldsymbol{n}^0=\dfrac{1}{|\boldsymbol{r}|}\{(x-\xi),(y-\eta),(z-\zeta)\}\cdot\{\cos\alpha,\cos\beta,$
$\cos\gamma\}$.

49. 120π. 　　　　　　　　50. -4π. 　　　　　　　51. -60π.

52. $\dfrac{4\pi}{abc}(a^2b^2+b^2c^2+c^2a^2)$. 分别投影法. 例如 $\displaystyle\iint\limits_{S}\dfrac{\mathrm{d}x\mathrm{d}y}{z}=\dfrac{2}{c}\iint\limits_{\frac{x^2}{a^2}+\frac{y^2}{b^2}\leqslant 1}\dfrac{\mathrm{d}x\mathrm{d}y}{\sqrt{1-\dfrac{x^2}{a^2}-\dfrac{y^2}{b^2}}}$ 再仿

式(7.26) 的 计算方法. 注意上述右边是个反常的二重积分,但是是收敛的.

53. $\dfrac{3}{2}\pi$. 　　　　　　54. $\left(0,0,\dfrac{1211}{470}\right)$. 　　　55. $8+(1+\sqrt{2})\pi$.

56. (1) 化成第二型用高斯公式；(2) 用(1).

57. $\dfrac{4}{3\sqrt{3}}\pi a^3$. 　　　　　　58. 4. 　　　　　　　59. $\dfrac{h^3}{3}$.

60. 当 $H\geqslant 2R$ 时,能储水 $(H-R)R^2\pi$；当 $H<2R$ 时,能储水 $2(H-R)\left[\dfrac{\pi}{4}R^2+\dfrac{1}{2}(H-\right.$
$R)$ $\sqrt{2HR-H^2}+\dfrac{R^2}{2}\arcsin\dfrac{H-R}{R}\Big]+\dfrac{2}{3}(2HR-H^2)^{3/2}$.

61. $\dfrac{3\sqrt{3}}{2}+\dfrac{4}{3}\pi$. 以底圆心为坐标原点,垂直向上为 z 轴正向,在底圆上与 AB 平行的轴
为 x 轴,按右手法则建 y 轴. 取点 $M(0,1,u)(0\leqslant u\leqslant 6)$,作平面 MAB,建立起容器内可储水
的容积的积分式,分 $0\leqslant u\leqslant 4$ 及 $4<u\leqslant 6$ 两种情形讨论之.

62. $J=\dfrac{4}{15}abc\pi\left[(1-\alpha^2)a^2+(1-\beta^2)b^2+(1-\gamma^2)c^2\right]$. $J_{\max}=\dfrac{4abc\pi}{15}(a^2+b^2)$（绕短轴 z
转）；$J_{\min}=\dfrac{4abc\pi}{15}(b^2+c^2)$（绕长轴 x 转）.

63. $\dfrac{4\pi}{3|\Delta|}(a_{11}+a_{22}+a_{33})$. 用挖洞法改取 $S_1=\{(x,y,z)\mid f^2+g^2+h^2=1\}$ 外侧,再用高
斯公式.计算高斯公式后的三重积分时用曲面坐标.

第八章 无穷级数

8.1 数项级数

数项级数的基本问题是判别数项级数的敛散性,包括收敛、条件收敛、绝对收敛或发散. 在收敛的情形下,能否求出它的收敛和,是一个有难度的问题.

下面三类级数的敛散性是读者应熟记的结果.

① p-级数:

$$\sum_{n=1}^{\infty} \frac{1}{n^p} \begin{cases} 收敛, & 当 \ p>1, \\ 发散, & 当 \ p \leqslant 1. \end{cases}$$

一些特殊的 p-级数求和,将在以后各节中介绍若干特例.

② 几何级数(或称等比级数,$a \neq 0, r \neq 0$):

$$\sum_{n=0}^{\infty} ar^n \begin{cases} 收敛,其和 \ S = \dfrac{a}{1-r}, & 当 \ |r| < 1, \\ 发散, & 当 \ |r| \geqslant 1. \end{cases}$$

③ 级数

$$\sum_{n=2}^{\infty} \frac{1}{n \ln^p n} \begin{cases} 收敛, & 当 \ p>1, \\ 发散, & 当 \ p \leqslant 1. \end{cases}$$

一个级数 $\sum\limits_{n=1}^{\infty} u_n$,若容易看出 $\lim u_n$ 不存在,或虽存在但不为零,则立刻可知该级数发散. 但一般来说,考虑 $\lim\limits_{n \to \infty} u_n$ 并不方便,即使 $\lim\limits_{n \to \infty} u_n$ 存在但为零,仍无法得知 $\sum\limits_{n=1}^{\infty} u_n$ 的敛散性. 为进一步考虑级数的敛散性,常将级数分成正项级数、交错级数、任意项级数来考虑.

一、正项级数判敛法

正项级数判敛,常按先易后难的下述次序进行. 设 $\sum\limits_{n=1}^{\infty} u_n$ 为正项级数.

(1) 比值判别法,若 $\lim\limits_{n \to \infty} \dfrac{u_{n+1}}{u_n} = r$,则当 $r<1$ 时,$\sum\limits_{n=1}^{\infty} u_n$ 收敛;当 $r>1$ 时,$\sum\limits_{n=1}^{\infty} u_n$ 发散;当 $r=1$ 时,此法失效.

但注意,若 $r>1$ 或当 n 充分大之后的一切 n 均有 $\dfrac{u_{n+1}}{u_n} \geqslant 1 \left(不论 \lim\limits_{n \to \infty} \dfrac{u_{n+1}}{u_n} 是否存在\right)$,均可推出 $\lim\limits_{n \to \infty} u_n \neq 0$(或 $\lim\limits_{n \to \infty} u_n$ 存在不为零,或 $\lim\limits_{n \to \infty} u_n$ 不存在),从而知 $\sum\limits_{n=1}^{\infty} u_n$ 发散. 读者注意,此时的发散是由 $\lim\limits_{n \to \infty} u_n \neq 0$ 而引起的.

比值判别法是一个使用方便,但较为粗糙的方法,常可能失效.

(2) 根值法. 若 $\lim\limits_{n\to\infty}\sqrt[n]{u_n}=r$,之后的结论与比值判别法同. 同样请注意,若 $r>1$ 或当 n 充分大之后的一切 n 均有 $\sqrt[n]{u_n}\geqslant1$,均可推出 $\lim\limits_{n\to\infty}u_n\neq0$,从而知 $\sum\limits_{n=1}^{\infty}u_n$ 发散.

进一步请注意,如果 $\lim\limits_{n\to\infty}\dfrac{u_{n+1}}{u_n}$ 存在等于 r,则 $\lim\limits_{n\to\infty}\sqrt[n]{u_n}$ 亦存在且等于 r(见第一章习题 31). 可见,若用比值法能获知敛、散性,则由根值法亦能获知. 但反之,由根值法 $\lim\limits_{n\to\infty}\sqrt[n]{u_n}=r$,并不能推出 $\lim\limits_{n\to\infty}\dfrac{u_{n+1}}{u_n}=r$. 例如,设 $u_n=2^{-n}\cdot2^{(-1)^n}$,$\lim\limits_{n\to\infty}\sqrt[n]{u_n}=2^{-1}<1$,级数 $\sum\limits_{n=1}^{\infty}u_n$ 收敛,但 $\lim\limits_{n\to\infty}\dfrac{u_{n+1}}{u_n}$ 却不存在. 可见根值法的要求较低. 但实际上,根值法要考虑 $\sqrt[n]{u_n}$,使用起来并不方便.

(3) 比较判别法的极限形式. 设 $\sum\limits_{n=1}^{\infty}u_n$ 与 $\sum\limits_{n=1}^{\infty}v_n$ 是两个正项级数. 若

$$\lim_{n\to\infty}\frac{u_n}{v_n}=A, \tag{8.1}$$

如果 $0\leqslant A<+\infty$,且 $\sum\limits_{n=1}^{\infty}v_n$ 收敛,则 $\sum\limits_{n=1}^{\infty}u_n$ 亦收敛;如果 $0<A\leqslant+\infty$,且 $\sum\limits_{n=1}^{\infty}v_n$ 发散,则 $\sum\limits_{n=1}^{\infty}u_n$ 亦发散.

(3_1) 作为 (3) 的特例,在同为正项级数条件下,且当 $n\to\infty$ 时 u_n 与 v_n 为同阶无穷小,则 $\sum\limits_{n=1}^{\infty}u_n$ 与 $\sum\limits_{n=1}^{\infty}v_n$ 同敛散.

(3_2) 作为 (3) 的另一特例,取 $v_n=\dfrac{1}{n^p}$,若

$$\lim_{n\to\infty}n^p u_n=A,$$

则当 $0\leqslant A<+\infty$ 且 $p>1$ 时,$\sum\limits_{n=1}^{\infty}u_n$ 收敛;当 $0<A\leqslant+\infty$ 且 $p\leqslant1$ 时,$\sum\limits_{n=1}^{\infty}u_n$ 发散. 如果用无穷小的阶的话来说,(3_2) 可改述为:

设当 $n\to\infty$ 时,u_n 为 $\dfrac{1}{n^p}$ 的同阶或高阶无穷小,且 $p>1$,则 $\sum\limits_{n=1}^{\infty}u_n$ 收敛;当 $n\to\infty$ 时,u_n 为 $\dfrac{1}{n^p}$ 的同阶或低阶无穷小,且 $p\leqslant1$,则 $\sum\limits_{n=1}^{\infty}u_n$ 发散.

方法 (1)、(2) 失效的级数,有时用 (3) 可得到解决. 但用 (3) 困难之点是,要去找一个级数 $\sum\limits_{n=1}^{\infty}v_n$,$\sum\limits_{n=1}^{\infty}v_n$ 的敛散性要事先知道,还要去求式 (8.1) 的极限. 如果式 (8.1) 的 $A=+\infty$,但 $\sum\limits_{n=1}^{\infty}v_n$ 收敛;或式 (8.1) 的 $A=0$,但 $\sum\limits_{n=1}^{\infty}v_n$ 发散,都导致失败无法判知敛散性.

(3_2) 避免了式 (8.1) 求极限,而以无穷小的阶来代替. 对于熟悉无穷小的阶的读者来说,有其方便和迅速之处. 读者从 (3_2) 的方法中也不难看出,什么情形将会导致 (3_2) 失效.

(4) 比较判别法. 设 $\sum\limits_{n=1}^{\infty}u_n$ 与 $\sum\limits_{n=1}^{\infty}v_n$ 是两个正项级数,且当 $n=1,2,\cdots$ 时,

$$u_n \leqslant v_n. \tag{8.2}$$

若 $\sum\limits_{n=1}^{\infty} v_n$ 收敛，则 $\sum\limits_{n=1}^{\infty} u_n$ 亦收敛；若 $\sum\limits_{n=1}^{\infty} u_n$ 发散，则 $\sum\limits_{n=1}^{\infty} v_n$ 亦发散.

前述(1)至(3)三个判别法是以极限为条件推出相应的敛散性.(4)以不等式替代极限，条件显得更基础，适用显得更广泛.特别对那些具体表达式并不知道的级数，极限可能无能为力，就要考虑是否能用比较判别法了.

比较判别法比前面三个判别法更为基本，但也更难以实施.要求读者对不等式较为熟悉.一般来说，不等式来自下述几个方面：①初等数学的基本不等式；②用微分学的办法推出的不等式；③用极限保号性推出的局部不等式；④由题中条件给出或推出的不等式.

(5) 正项级数收敛原理.正项级数 $\sum\limits_{n=1}^{\infty} u_n$ 收敛的充要条件是，它的前 n 项部分和 $S_n = \sum\limits_{i=1}^{n} u_i$ 所成的数列 $\{S_n\}$ 有上界.设 M 是其一个上界，则

$$\sum_{n=1}^{\infty} u_n = \lim_{n\to\infty} S_n \leqslant M. \tag{8.3}$$

既然是充要条件，当然是最基本的方法，使用的难点是不言而喻的：求和 S_n 与估界 M 都是难点.

(6) 柯西收敛准则.数项级数 $\sum\limits_{n=1}^{\infty} u_n$ 收敛的充要条件是，对于任给的 $\varepsilon > 0$，存在 $N > 0$，当 $n > N$ 及一切正整数 p，均有

$$| S_{n+p} - S_n | < \varepsilon,$$

即

$$| u_{n+1} + u_{n+2} + \cdots + u_{n+p} | < \varepsilon.$$

(本章习题 47 用到柯西收敛准则).

在讨论级数敛散性时，常要对级数进行某些运算，例如乘(除)常数因子，拆项，并项等等，必要时用到再说.

例 1 设 a 是常数，讨论级数 $\sum\limits_{n=1}^{\infty} \dfrac{|a|^n n!}{n^n}$ 的敛散性.

分析 通项 $u_n = \dfrac{|a|^n n!}{n^n}$ 中含有 $n!$，一般用比值法试之.u_n 中含有 n^n，也可用根值法试之.

解 方法 1 比值法.当 $|a| = 0$ 时显然收敛.设 $a \neq 0$,

$$\lim_{n\to\infty} \frac{u_{n+1}}{u_n} = \lim_{n\to\infty} \frac{|a|}{\left(1 + \dfrac{1}{n}\right)^n} = \frac{|a|}{\mathrm{e}}.$$

可见，当 $|a| < \mathrm{e}$ 时，则原给级数收敛；当 $|a| > \mathrm{e}$ 时，原给级数发散.当 $|a| = \mathrm{e}$ 时，由于当 $n \to \infty$ 时，$\left(1 + \dfrac{1}{n}\right)^n$ 单调增加趋于 e，所以

$$\frac{u_{n+1}}{u_n} = \frac{\mathrm{e}}{\left(1 + \dfrac{1}{n}\right)^n} > 1, n = 1, 2, \cdots$$

从而知 $\lim\limits_{n\to\infty} u_n \neq 0$，所以此时原级数也发散.总之，当 $|a| < \mathrm{e}$ 时原给级数收敛，当 $|a| \geqslant \mathrm{e}$ 时原给级数发散.

方法 2 根值法. 前曾提及, 凡用比值法得到的结论, 用根值法也可得到. 现在具体做一遍. 由 $u_n = \dfrac{|a|^n n!}{n^n}$ 有

$$\ln \sqrt[n]{u_n} = \ln|a| + \frac{1}{n}\sum_{i=1}^{n}\ln\frac{i}{n},$$

$$\lim_{n\to\infty}\ln\sqrt[n]{u_n} = \ln|a| + \lim_{n\to\infty}\frac{1}{n}\sum_{i=1}^{n}\ln\frac{i}{n}$$

$$= \ln|a| + \int_0^1 \ln x \, \mathrm{d}x = \ln|a| - 1,$$

所以

$$\lim_{n\to\infty}\sqrt[n]{u_n} = \mathrm{e}^{\ln|a|-1} = \frac{|a|}{\mathrm{e}}.$$

当 $|a| < \mathrm{e}$ 时原级数收敛, 当 $|a| > \mathrm{e}$ 时发散. 当 $|a| = \mathrm{e}$ 时需进一步讨论. 由积分的几何意义可见,

$$\frac{1}{n}\sum_{i=1}^{n}\ln\frac{i}{n} > \int_0^1 \ln x \, \mathrm{d}x = -1,$$

所以当 $|a| = \mathrm{e}$ 时,

$$\ln\sqrt[n]{u_n} = \ln\mathrm{e} + \frac{1}{n}\sum_{i=1}^{n}\ln\frac{i}{n}$$

$$> 1 - 1 = 0 \quad (n = 1, 2, \cdots),$$

$$\sqrt[n]{u_n} > \mathrm{e}^0 = 1 \quad (n = 1, 2, \cdots),$$

从而知该级数发散.

[注] 将来讨论了绝对收敛之后, 由本例立即可见, 级数 $\displaystyle\sum_{n=1}^{\infty}\frac{a^n n!}{n^n}$ 当 $|a| < \mathrm{e}$ 时绝对收敛; 当 $|a| \geqslant \mathrm{e}$ 时发散.

例 2 设 $P_k(x)$ 与 $Q_m(x)$ 分别为 x 的 k 次与 m 次多项式, 最高次方系数均为 1. 设 n_0 为充分大的正整数, 使当 $x > n_0$ 时 $P_k(x) > 0, Q_m(x) > 0$. 试讨论无穷级数

$$\sum_{n=n_0}^{\infty}\frac{P_k(n)}{Q_m(n)}$$

的敛散性.

解 因为当 $n \to \infty$ 时 $\dfrac{P_k(n)}{Q_m(n)} \sim \left(\dfrac{1}{n}\right)^{m-k}$. 由比较判别法极限形式 (3_2) 知, 当 $m - k > 1$ 时该级数收敛, 当 $m - k \leqslant 1$ 时该级数发散.

[注] 任何一个多项式, 将它的最高次方系数括出之后, 总可使该多项式的最高次方系数为 1. 又因一个级数的敛散性与它的前 n 项无关, 所以只要分母不取到零, 在讨论敛散性时, $\displaystyle\sum_{n=n_0}^{\infty}$ 与 $\displaystyle\sum_{n=1}^{\infty}$ 是一样的. 因此, 对于通项为 n 的有理分式的数项级数, 只要计算一下分母的最高幂数与分子最高幂数之差即可获知其敛散性.

例 3 设 $\varphi(x)$ 是 $(-\infty, +\infty)$ 上的连续的周期函数, 周期为 T, 且 $\displaystyle\int_0^T \varphi(x)\mathrm{d}x = 0$. $f(x)$ 在区间 $[0, T]$ 上具有连续的一阶导数. 记

$$a_n = \int_0^T f(x)\varphi(nx)\mathrm{d}x, n = 1, 2, \cdots,$$ (8.4)

证明级数 $\sum_{n=1}^{\infty} a_n^2$ 收敛.

分析 关键当然是从式(8.4)入手. 无论用什么方法, 总要设法将 n 化到积分号外. 若令 $nx = u, f(x)$ 会成为 $f\left(\dfrac{u}{n}\right)$, 达不到目的. 由于 $f(x)$ 具有一阶连续导数, 想到用分部积分, 与此同时, 要引进 $\varphi(x)$ 的一个原函数.

解 命

$$\Phi(x) = \int_0^x \varphi(t)\mathrm{d}t.$$

由 3.1 节例 3 的[注]知, $\Phi(x)$ 是 T 周期函数的充要条件是 $\int_0^T \varphi(t)\mathrm{d}t = 0$. 故由题的条件知, $\Phi(x)$ 是 T 周期的连续函数, 所以存在 $M>0$, 对一切 x, $|\Phi(x)| \leqslant M$. 由分部积分,

$$\begin{aligned}
a_n &= \int_0^T f(x)\varphi(nx)\mathrm{d}x = \frac{1}{n}\int_0^T f(x)\mathrm{d}\Phi(nx) \\
&= \frac{1}{n}\left[f(x)\Phi(nx) \mid_0^T - \int_0^T \Phi(nx)f'(x)\mathrm{d}x \right] \\
&= -\frac{1}{n}\int_0^T \Phi(nx)f'(x)\mathrm{d}x,
\end{aligned}$$

由于 $f'(x)$ 在 $[0,T]$ 上连续, 所以存在 N, 当 $x \in [0,T]$ 时, $|f'(x)| \leqslant N$. 于是

$$|a_n| \leqslant \frac{1}{n}MNT,$$

$$a_n^2 \leqslant \frac{1}{n^2}(MNT)^2.$$

由比较判别法知 $\sum_{n=1}^{\infty} a_n^2$ 收敛.

[注] 用比较判别法常要先去构造一个不等式.

例 4 设 $f(x)$ 在区间 $[1, +\infty)$ 上连续, 非负, 单调减少, 试证明: 无穷级数 $\sum_{n=1}^{\infty} f(n)$ 与反常积分 $\int_1^{+\infty} f(x)\mathrm{d}x$ 同敛散.

分析 此定理称"无穷级数的积分判敛法", 已在 3.3 节例 6 的(2)中证明了. 本节一开始讲的第③个级数

$$\sum_{n=2}^{\infty} \frac{1}{n\ln^p n}$$

与其对应的反常积分

$$\int_2^{+\infty} \frac{1}{x\ln^p x}\mathrm{d}x$$

同敛散, 而后者是可以积分的. 当 $p \neq 1$ 时,

$$\int_2^{+\infty} \frac{1}{x\ln^p x}\mathrm{d}x = \frac{1}{1-p}\ln^{1-p}x \Big|_2^{+\infty}$$

$$= \begin{cases} \dfrac{1}{p-1}\ln^{1-p}2, & \text{当 } p > 1, \\ +\infty, & \text{当 } p < 1. \end{cases}$$

而当 $p=1$ 时，

$$\int_2^{+\infty} \frac{1}{x\ln x}\mathrm{d}x = \ln\ln x\Big|_2^{+\infty} = +\infty,$$

所以当 $p \leqslant 1$ 时无穷级数 $\displaystyle\sum_{n=2}^{\infty}\frac{1}{n\ln^p n}$ 发散，当 $p > 1$ 时收敛.以此③为基础，又可作为比较判别法的比较对象.例如，因为

$$\lim_{n\to\infty}\frac{n\ln^2 n}{\sqrt{n^2-1}\ln^2(n^2+1)} = \frac{1}{4},$$

所以 $\displaystyle\sum_{n=2}^{\infty}\frac{1}{\sqrt{n^2-1}\ln^2(n^2+1)}$ 与 $\displaystyle\sum_{n=2}^{\infty}\frac{1}{n\ln^2 n}$ 同敛散，而后者是收敛的，所以前者亦收敛.

例5 设 $f(x)$ 在 $x=0$ 处存在二阶导数 $f''(0)$，且 $\displaystyle\lim_{x\to 0}\frac{f(x)}{x}=0$. 试证明级数 $\displaystyle\sum_{n=k}^{\infty}\left|f\left(\frac{1}{n}\right)\right|$ 收敛，其中 k 为足够大的正整数.

分析 $f(x)$ 在 $x=0$ 处存在二阶导数，所以 $f(x)$ 在 $x=0$ 的某邻域内有定义且一阶导数存在.题中 n 从 k 开始，主要是对应于邻域多大而言的.反正 k 多大不影响该级数的敛散性.

题中条件"$f''(0)$ 存在且 $\displaystyle\lim_{x\to 0}\frac{f(x)}{x}=0$"去推出一个有用的极限式或有用的不等式.

解 由 $f(x)$ 在 $x=0$ 处连续及 $\displaystyle\lim_{x\to 0}\frac{f(x)}{x}=0$，立即可推出 $f(0)=0$，$f'(0)=0$（见 2.1 节例1）.以下有两个方法.

方法1 利用比较判别法的极限形式.为此考察

$$\lim_{x\to 0}\frac{f(x)}{x^2} \xlongequal{\text{洛}} \lim_{x\to 0}\frac{f'(x)}{2x} = \lim_{x\to 0}\frac{f'(x)-f'(0)}{2(x-0)} = \frac{1}{2}f''(0).$$

所以

$$\lim_{n\to\infty}\frac{\left|f\left(\dfrac{1}{n}\right)\right|}{\dfrac{1}{n^2}} = \frac{1}{2}\,|\,f''(0)\,|.$$

而级数

$$\sum_{n=1}^{\infty}\frac{1}{n^2}$$

是收敛的，所以 $\displaystyle\sum_{n=k}^{\infty}\left|f\left(\frac{1}{n}\right)\right|$ 收敛.

方法2 构造不等式.由佩亚诺余项泰勒公式：

$$f(x) = f(0) + f'(0)x + \frac{1}{2}f''(0)x^2 + o(x^2),$$

若 $f''(0)\neq 0$，则当 $|x|$ 足够小时，

$$|\,f(x)\,| \leqslant |\,f''(0)\,|x^2,$$

即有 $\left| f\left(\dfrac{1}{n}\right) \right| \leqslant |f''(0)| \dfrac{1}{n^2}$. 由比较判别法知 $\displaystyle\sum_{n=k}^{\infty}\left| f\left(\dfrac{1}{n}\right) \right|$ 收敛. 若 $f''(0)=0$，由于 $\displaystyle\lim_{x\to 0}\dfrac{o(x^2)}{x^2}=0$，所以当 $|x|$ 足够小时，$\left| \dfrac{o(x^2)}{x^2} \right| \leqslant 1$，所以

$$|f(x)| \leqslant x^2, \quad f\left(\dfrac{1}{n}\right) \leqslant \dfrac{1}{n^2},$$

由比较判别法知 $\displaystyle\sum_{n=k}^{\infty}\left| f\left(\dfrac{1}{n}\right) \right|$ 收敛.

[注]　本例提供了如何由导数去构造极限式或不等式的方法以判别敛散性. 2013 年全国大学生数学竞赛(非数学类)预赛卷上有此题. 本书中给出了多个解法.

例 6　设 $a_1=2, a_{n+1}=\dfrac{1}{2}\left(a_n+\dfrac{1}{a_n}\right)(n=1,2,\cdots)$. 证明级数 $\displaystyle\sum_{n=1}^{\infty}\left(\dfrac{a_n}{a_{n+1}}-1\right)$ 收敛.

分析　先要考察 $\{a_n\}$ 是个什么性质的数列，才能确定用什么方法. 如果 a_n 满足某不等式，也许可用比较判别法. 如果 $\displaystyle\lim_{n\to\infty}a_n$ 存在，也许可用比值判别法.

解　先考察 $\{a_n\}$ 的性质. 由 $a_1=2$ 及 $a_{n+1}=\dfrac{1}{2}\left(a_n+\dfrac{1}{a_n}\right)$ 知对一切 $n, a_n>0$. 从而对一切 $n, a_{n+1} \geqslant \dfrac{2}{2}=1$.

$$\dfrac{a_{n+1}}{a_n}=\dfrac{1}{2}\left(1+\dfrac{1}{a_n^2}\right) \leqslant 1,$$

所以数列 $\{a_n\}$ 单调减少. 于是知 $\displaystyle\lim_{n\to\infty}a_n$ 存在. 记此极限为 $a, a \geqslant 1$. 即 $\displaystyle\lim_{n\to\infty}a_n=a \geqslant 1$ [注 1].

由此知 $\displaystyle\sum_{n=1}^{\infty}\left(\dfrac{a_n}{a_{n+1}}-1\right)$ 为正项级数. 以下有两个方法讨论其收敛性.

方法 1　比较判别法. $\displaystyle\sum_{n=1}^{\infty}\left(\dfrac{a_n}{a_{n+1}}-1\right)$ 的通项

$$\dfrac{a_n}{a_{n+1}}-1=\dfrac{a_n-a_{n+1}}{a_{n+1}} \leqslant \dfrac{a_n-a_{n+1}}{a}.$$

级数 $\displaystyle\sum_{n=1}^{\infty}(a_n-a_{n+1})$ 的前 n 项部分和

$$S_n=\sum_{i=1}^{n}(a_i-a_{i+1})=(a_1-a_2)+(a_2-a_3)+\cdots+(a_n-a_{n+1})$$

$$=a_1-a_{n+1}.$$

$$\lim_{n\to\infty}S_n=a_1-\lim_{n\to\infty}a_{n+1}=a_1-a(\text{存在}),$$

所以 $\displaystyle\sum_{n=1}^{\infty}(a_n-a_{n+1})$ 收敛 [注 2]，从而知 $\displaystyle\sum_{n=1}^{\infty}\left(\dfrac{a_n}{a_{n+1}}-1\right)$ 收敛.

方法 2　比值判别法. 以 $a_{n+1}=\dfrac{1}{2}\left(a_n+\dfrac{1}{a_n}\right)$ 代入，有

$$\dfrac{a_n}{a_{n+1}}-1=\dfrac{a_n^2-1}{a_n^2+1},$$

用比值法，再用到 [注 1] $\displaystyle\lim_{n\to\infty}a_n=1$ 及 $\dfrac{a_{n+1}^2-1}{a_n^2-1}=\dfrac{a_n^2-1}{4a_n^2}$，有

$$\lim_{n \to \infty} \frac{\dfrac{a_{n+1}^2 - 1}{a_{n+1}^2 + 1}}{\dfrac{a_n^2 - 1}{a_n^2 + 1}} = \lim_{n \to \infty} \frac{a_n^2 + 1}{a_{n+1}^2 + 1} \cdot \lim_{n \to \infty} \frac{a_n^2 - 1}{4a_n^2} = 1 \cdot 0 = 0 < 1,$$

所以收敛.

[注 1]　由于 $\lim\limits_{n \to \infty} a_n$ 存在, 记为 a, 将 $a_{n+1} = \dfrac{1}{2}\left(a_n + \dfrac{1}{a_n}\right)$ 两边取极限, 得 $a = \dfrac{1}{2}\left(a + \dfrac{1}{a}\right)$, 解得 $a = \pm 1$. 但 $a \geqslant 1$, 故 $a = 1$.

[注 2]　由刚才的推导, 读者可以见到有下述**定理**: "级数 $\sum\limits_{n=1}^{\infty}(a_n - a_{n+1})$ 收敛的充要条件是 $\lim\limits_{n \to \infty} a_n$ 存在". 此定理十分有用.

例 7　设 $a_n \leqslant c_n \leqslant b_n (n = 1, 2, \cdots)$, 且 $\sum\limits_{n=1}^{\infty} a_n$ 与 $\sum\limits_{n=1}^{\infty} b_n$ 都收敛, 试证明 $\sum\limits_{n=1}^{\infty} c_n$ 亦收敛.

分析　并不知道 $\sum\limits_{n=1}^{\infty} a_n$、$\sum\limits_{n=1}^{\infty} c_n$ 与 $\sum\limits_{n=1}^{\infty} b_n$ 是否是正项级数, 所以不能立即用比较判别法. 首要的事情是构造正项级数.

解　由 $a_n \leqslant c_n \leqslant b_n$, 所以 $0 \leqslant b_n - c_n \leqslant b_n - a_n$, $n = 1, 2, \cdots$. 因 $\sum\limits_{n=1}^{\infty} a_n$ 与 $\sum\limits_{n=1}^{\infty} b_n$ 都收敛, 所以 $\sum\limits_{n=1}^{\infty}(b_n - a_n)$ 收敛, 由比较判别法知, $\sum\limits_{n=1}^{\infty}(b_n - c_n)$ 亦收敛. 又因
$$c_n = b_n - (b_n - c_n),$$
所以
$$\sum_{n=1}^{\infty} c_n = \sum_{n=1}^{\infty}[b_n - (b_n - c_n)] = \sum_{n=1}^{\infty} b_n - \sum_{n=1}^{\infty}(b_n - c_n), \text{收敛}.$$

[注]　本题的证明虽然十分简单, 但构思十分巧妙. 先是构造正项级数, 其次利用级数的和(差)运算性质. 此例说明, 讨论敛散性时, 也要注意运算级数的性质.

例 8　设 $a_n > 0 (n = 1, 2, \cdots)$, $S_n = \sum\limits_{k=1}^{n} a_k$, 证明:

(1) 当 $\alpha > 1$ 时, 级数 $\sum\limits_{n=1}^{\infty} \dfrac{a_n}{S_n^{\alpha}}$ 收敛;

(2) 当 $0 < \alpha \leqslant 1$ 时, 并设 $\lim\limits_{n \to \infty} S_n = +\infty$, 则级数 $\sum\limits_{n=1}^{\infty} \dfrac{a_n}{S_n^{\alpha}}$ 发散.

分析　只知道 $a_n > 0$, 所以只能用正项级数的收敛原理或柯西准则讨论之.

解　(1) 命 $f(x) = x^{1-\alpha}$, $\alpha > 1$,
有
$$f'(x) = (1-\alpha)x^{-\alpha},$$
$$f(S_n) - f(S_{n-1}) = f'(\xi)(S_n - S_{n-1}) = (1-\alpha)\xi^{-\alpha} a_n,$$
其中 $S_{n-1} < \xi < S_n$. 于是
$$S_n^{1-\alpha} - S_{n-1}^{1-\alpha} = (1-\alpha)\xi^{-\alpha} a_n \leqslant (1-\alpha)S_n^{-\alpha} a_n,$$
所以
$$\sum_{k=2}^{n} \frac{a_k}{S_k^{\alpha}} \leqslant \frac{1}{\alpha - 1} \sum_{k=2}^{n}\left(\frac{1}{S_{k-1}^{\alpha-1}} - \frac{1}{S_k^{\alpha-1}}\right) = \frac{1}{\alpha - 1}\left(\frac{1}{S_1^{\alpha-1}} - \frac{1}{S_n^{\alpha-1}}\right) < \frac{1}{\alpha - 1} \cdot \frac{1}{S_1^{\alpha-1}},$$

正项级数 $\sum\limits_{n=1}^{\infty}\dfrac{a_n}{S_n^\alpha}$ 前 n 项部分和有界,所以该级数收敛.

（2）容易知道,当 $0<\alpha<1$ 时

$$\frac{a_n}{S_n}<\frac{a_n}{S_n^\alpha},$$

由于

$$\sum_{k=n+1}^{n+p}\frac{a_k}{S_k}\geqslant\frac{1}{S_{n+p}}\sum_{k=n+1}^{n+p}a_k=\frac{S_{n+p}-S_n}{S_{n+p}}=1-\frac{S_n}{S_{n+p}}$$

因为 $\lim\limits_{n\to\infty}S_n=+\infty$,所以无论 N 多大,总存在 $n>N$ 及正整数 p,使 $\dfrac{S_n}{S_{n+p}}<\dfrac{1}{2}$. 从而

$$\sum_{k=n+1}^{n+p}\frac{a_k}{S_k}>\frac{1}{2},$$

由柯西准则知级数 $\sum\limits_{n=1}^{\infty}\dfrac{a_n}{S_n}$ 发散. 由比较判别法知,当 $0<\alpha<1$ 时 $\sum\limits_{n=1}^{\infty}\dfrac{a_n}{S_n^\alpha}$ 发散. 证毕.

[注] 本题为 2010 年全国大学生数学竞赛（非数学类）预赛题.

例 9 设 $a_n>0(n=1,2,\cdots)$,且级数 $\sum\limits_{n=1}^{\infty}\dfrac{1}{a_n}$ 收敛.试证明级数 $\sum\limits_{n=1}^{\infty}\dfrac{n^2a_n}{(a_1+a_2+\cdots+a_n)^2}$ 收敛.

分析 参见例 8 的分析,并利用 $\sum\limits_{n=1}^{\infty}\dfrac{1}{a_n}$ 收敛的充要条件,或它收敛的必要条件.

正项级数 $\sum\limits_{n=1}^{\infty}\dfrac{1}{a_n}$ 收敛的充要条件是,存在常数 $T>0$,使对一切 m,$\sum\limits_{n=1}^{\infty}\dfrac{1}{a_n}$ 的前 m 项部分和 $T_m=\sum\limits_{n=1}^{m}\dfrac{1}{a_n}<T$.

现在关键问题是,要去建立所给级数的前 m 项部分和与 T 之间的关系.

解 命 $b_n=a_1+a_2+\cdots+a_n$,有 $a_n=b_n-b_{n-1}$,并认为 $b_0=0$. 于是

$$\sum_{n=1}^{\infty}\frac{n^2a_n}{(a_1+a_2+\cdots+a_n)^2}$$

的前 m 项部分和

$$S_m=\sum_{n=1}^{m}\frac{n^2a_n}{(a_1+a_2+\cdots+a_n)^2}=\sum_{n=1}^{m}\frac{n^2}{b_n^2}(b_n-b_{n-1})$$

$$=\frac{1}{a_1}+\sum_{n=2}^{m}\frac{n^2}{b_n^2}(b_n-b_{n-1})\leqslant\frac{1}{a_1}+\sum_{n=2}^{m}\frac{n^2}{b_nb_{n-1}}(b_n-b_{n-1})$$

$$=\frac{1}{a_1}+\sum_{n=2}^{m}\frac{n^2}{b_{n-1}}-\sum_{n=2}^{m}\frac{n^2}{b_n}$$

$$=\frac{1}{a_1}+\sum_{n=1}^{m-1}\frac{(n+1)^2}{b_n}-\sum_{n=2}^{m}\frac{n^2}{b_n}$$

$$=\frac{1}{a_1}+\frac{4}{b_1}+\sum_{n=2}^{m-1}\frac{(n+1)^2}{b_n}-\sum_{n=2}^{m}\frac{n^2}{b_n}$$

$$\leqslant\frac{5}{a_1}+\sum_{n=2}^{m}\frac{(n+1)^2}{b_n}-\sum_{n=2}^{m}\frac{n^2}{b_n}=\frac{5}{a_1}+2\sum_{n=2}^{m}\frac{n}{b_n}+\sum_{n=2}^{m}\frac{1}{b_n}. \tag{8.5}$$

再由柯西-施瓦茨不等式(柯西-施瓦茨不等式的积分形式见 3.2 节例 2,离散型的证明见本题的[注]),

$$\left(\sum_{n=2}^{m}\frac{n}{b_n}\right)^2 = \left[\sum_{n=2}^{m}\left(\frac{n\sqrt{a_n}}{b_n}\cdot\frac{1}{\sqrt{a_n}}\right)\right]^2 \leqslant \sum_{n=2}^{m}\left(\frac{n\sqrt{a_n}}{b_n}\right)^2\cdot\sum_{n=2}^{m}\left(\frac{1}{\sqrt{a_n}}\right)^2,$$

即

$$\sum_{n=2}^{m}\frac{n}{b_n} \leqslant \sqrt{\sum_{n=2}^{m}\frac{n^2a_n}{b_n^2}}\cdot\sqrt{\sum_{n=2}^{m}\frac{1}{a_n}} \leqslant \sqrt{S_m}\cdot\sqrt{T_m}.$$

于是由式(8.5)得

$$S_m \leqslant \frac{5}{a_1}+2\sqrt{S_m}\sqrt{T_m}+T_m \leqslant \frac{5}{a_1}+2\sqrt{S_m}\sqrt{T}+T.$$

于是得

$$(S_m-\sqrt{T})^2 \leqslant \frac{5}{a_1}+2T,$$

$$-\sqrt{\frac{5}{a_1}+2T} \leqslant S_m-\sqrt{T} \leqslant \sqrt{\frac{5}{a_1}+2T}.$$

所以

$$S_m \leqslant \sqrt{T}+\sqrt{\frac{5}{a_1}+2T}(\text{有界}).$$

所以 $\lim\limits_{m\to\infty}S_m$ 存在,即级数

$$\sum_{n=1}^{\infty}\frac{n^2a_n}{(a_1+a_2+\cdots+u_n)^2} \text{ 收敛}.$$

[注] 离散型的柯西-施瓦茨不等式如下:

设 $x_i,y_i \geqslant 0(i=1,\cdots,n)$,则不等式成立:

$$\left(\sum_{i=1}^{n}x_iy_i\right)^2 \leqslant \left(\sum_{i=1}^{n}x_i^2\right)\left(\sum_{i=1}^{n}y_i^2\right).$$

证明如下:设 λ,x_i,y_i 都是实数,则

$$\sum_{i=1}^{n}(\lambda x_i+y_i)^2 \geqslant 0.$$

将上式展开:

$$\lambda^2\left(\sum_{i=1}^{n}x_i^2\right)+2\lambda\sum_{i=1}^{n}x_iy_i+\sum_{i=1}^{n}y_i^2 \geqslant 0.$$

因此,它的判别式必定

$$\left(\sum_{i=1}^{n}x_iy_i\right)^2-\left(\sum_{i=1}^{n}x_i^2\right)\left(\sum_{i=1}^{n}y_i^2\right) \leqslant 0.$$

例 10 设 $\{a_n\}$ 为正项单调增加数列.试证明:级数 $\sum\limits_{n=1}^{\infty}\dfrac{n}{a_1+a_2+\cdots+a_n}$ 收敛的充要条件是 $\sum\limits_{n=1}^{\infty}\dfrac{1}{a_n}$ 收敛.

分析 设法建立起 $\dfrac{n}{a_1+a_2+\cdots+a_n}$ 与 $\dfrac{1}{a_n}$ 之间的不等式关系.

解 由 $\{a_n\}$ 单调增加,所以

$$a_1 + a_2 + \cdots + a_n \leqslant na_n,$$

$$\frac{n}{a_1 + a_2 + \cdots + a_n} \geqslant \frac{1}{a_n}.$$

若 $\displaystyle\sum_{n=1}^{\infty} \frac{n}{a_1 + a_2 + \cdots + a_n}$ 收敛,则 $\displaystyle\sum_{n=1}^{\infty} \frac{1}{a_n}$ 亦收敛,必要性证毕. 又

$$\frac{2n}{a_1 + a_2 + \cdots + a_{2n}} < \frac{2n}{a_{n+1} + a_{n+2} + \cdots + a_{2n}} \leqslant \frac{2n}{na_n} = \frac{2}{a_n},$$

$$\frac{2n+1}{a_1 + a_2 + \cdots + a_{2n+1}} < \frac{2(n+1)}{a_{n+1} + \cdots + a_{2n+1}} \leqslant \frac{2(n+1)}{(n+1)a_n} = \frac{2}{a_n}.$$

如果 $\displaystyle\sum_{n=1}^{\infty} \frac{1}{a_n}$ 收敛,则 $\displaystyle\sum_{n=1}^{\infty} \frac{2}{a_n}$ 收敛,由比较判别法知 $\displaystyle\sum_{n=1}^{\infty} \frac{n}{a_1 + a_2 + \cdots + a_n}$ 收敛. 充分性证毕.

二、交错级数、任意项级数判敛法,条件收敛与绝对收敛

考察任意项级数 $\displaystyle\sum_{n=1}^{\infty} u_n$ 的敛散性,可以先考察它的通项的绝对值所成的级数 $\displaystyle\sum_{n=1}^{\infty} |u_n|$,如果它收敛,则原级数 $\displaystyle\sum_{n=1}^{\infty} u_n$ 必收敛,并称是绝对收敛. 如果它发散,并且此发散是由比值法或根值法判知的,则此时必定 $\lim\limits_{n\to\infty} |u_n| \neq 0$,从而 $\lim\limits_{n\to\infty} u_n \neq 0$,故原级数 $\displaystyle\sum_{n=1}^{\infty} u_n$ 亦必发散.

如果 $\displaystyle\sum_{n=1}^{\infty} |u_n|$ 的发散不是由 $\lim\limits_{n\to\infty} u_n \neq 0$ 引起的,那么应回到 $\displaystyle\sum_{n=1}^{\infty} u_n$ 来考虑. 又分两种情形:

(1) 如果 $\displaystyle\sum_{n=1}^{\infty} u_n$ 是交错级数,并且满足莱布尼茨定理的条件,那么立即可知该级数收敛. 由于前面已说过其绝对值所成的级数发散,故此时该级数是条件收敛.

(2) 如果 $\displaystyle\sum_{n=1}^{\infty} u_n$ 不是交错级数,或虽是交错级数但不满足莱布尼茨定理的条件,那么就得另想办法. 此时的办法大致有:

(2_1) 添括号. 将级数的项与项适当用括号括起来,构成一个新的级数. 如果该新级数发散,则原级数必发散(若新级数收敛,不能断言原级数必收敛). 如例 12 中 $\alpha \neq 1$ 的情形.

(2_2) 拆项. 例如将通项 u_n 写成

$$u_n = v_n + w_n,$$

分别考虑级数 $\displaystyle\sum_{n=1}^{\infty} v_n$ 与 $\displaystyle\sum_{n=1}^{\infty} w_n$.

若 $\displaystyle\sum_{n=1}^{\infty} v_n$ 与 $\displaystyle\sum_{n=1}^{\infty} w_n$ 都收敛,则 $\displaystyle\sum_{n=1}^{\infty} u_n$ 收敛,且

$$\sum_{n=1}^{\infty} u_n = \sum_{n=1}^{\infty} v_n + \sum_{n=1}^{\infty} w_n.$$

如例 13 以及前面的例 7.

若 $\sum\limits_{n=1}^{\infty} v_n$ 与 $\sum\limits_{n=1}^{\infty} w_n$ 中一个收敛,一个发散,则 $\sum\limits_{n=1}^{\infty} u_n$ 发散. 如例 12.

若 $\sum\limits_{n=1}^{\infty} v_n$ 与 $\sum\limits_{n=1}^{\infty} w_n$ 都发散,则无法断定 $\sum\limits_{n=1}^{\infty} u_n$ 是敛还是散.

(2_3) 用例 15 后的[注]中所说的阿贝尔判别法或狄利克雷判别法处理.

(2_4) 若还不行,则一般按定义处理:

① 求出级数前 n 项部分和

$$S_n = \sum_{i=1}^{n} u_i,$$

② 讨论 $\lim\limits_{n\to\infty} S_n$. 若存在,级数收敛,若不存在,则级数发散.

这里 ①、② 两步都十分困难.

(2_5) 按柯西收敛准则处理.

例 11 设 $a_n = \int_0^{\frac{\pi}{4}} \tan^n x \, dx \, (n=1,2,\cdots)$,讨论级数 $\sum\limits_{n=1}^{\infty} (-1)^n a_n$ 是条件收敛,绝对收敛,还是发散?

解 显然 $a_n > a_{n+1} \, (n=1,2,\cdots)$.

$$a_{n+2} + a_n = \int_0^{\frac{\pi}{4}} (\tan^2 x + 1) \tan^n x \, dx = \int_0^{\frac{\pi}{4}} \tan^n x \, d\tan x = \frac{1}{n+1},$$

所以

$$2a_{n+2} < a_{n+2} + a_n = \frac{1}{n+1}, \quad 2a_n > a_{n+2} + a_n = \frac{1}{n+1},$$

$$\frac{1}{2(n+1)} < a_n < \frac{1}{2(n-1)}, \quad n = 2,3,\cdots.$$

于是推知级数

$$\sum_{n=1}^{\infty} a_n \text{ 发散}, \quad \sum_{n=1}^{\infty} (-1)^n a_n \text{ 收敛}.$$

所以 $\sum\limits_{n=1}^{\infty} (-1)^n a_n$ 条件收敛.

例 12 设 $\alpha > 0$ 为常数,讨论级数

$$1 - \frac{1}{2^\alpha} + \frac{1}{3} - \frac{1}{4^\alpha} + \frac{1}{5} - \frac{1}{6^\alpha} + \cdots \tag{8.6}$$

的敛散性 $\left(\text{上述级数的规律是 } u_{2n-1} = \frac{1}{2n-1}, u_{2n} = -\frac{1}{(2n)^\alpha}\right).$

分析 这是交错级数,若能用莱布尼茨定理,问题迎刃而解. 若不满足莱布尼茨定理条件,应另想办法.

解 当 $\alpha = 1$ 时显然收敛,且条件收敛.

若 $\alpha > 1$,考虑两个级数:

$$v_n = \frac{1}{2n-1}, \sum_{n=1}^{\infty} v_n = \sum_{n=1}^{\infty} \frac{1}{2n-1} \text{ 发散};$$

$$w_n = \frac{1}{(2n)^\alpha}, \sum_{n=1}^{\infty} w_n = \sum_{n=1}^{\infty} \frac{1}{(2n)^\alpha} \text{ 收敛.}$$

因此

$$\sum_{n=1}^{\infty} (v_n - w_n) = \sum_{n=1}^{\infty} \left[\frac{1}{2n-1} - \frac{1}{(2n)^\alpha}\right] \text{发散.} \tag{8.7}$$

脱去括号后成为级数

$$1 - \frac{1}{2^\alpha} + \frac{1}{3} - \frac{1}{4^\alpha} + \frac{1}{5} - \frac{1}{6^\alpha} + \cdots,$$

它若收敛,则添加括号后成为的式(8.7)也应收敛,得出矛盾.所以原级数(8.6)发散.

若 $0 < \alpha < 1$,考虑式(8.6)添括号后的式(8.7),其通项

$$\frac{1}{2n-1} - \frac{1}{(2n)^\alpha} = \frac{(2n)^\alpha - (2n-1)}{(2n-1)(2n)^\alpha} < 0 (\text{当 } n \text{ 足够大}),$$

$$\lim_{n \to \infty} \frac{-\dfrac{(2n)^\alpha - (2n-1)}{(2n-1)(2n)^\alpha}}{\dfrac{1}{(2n)^\alpha}} = \lim_{n \to \infty} \frac{(2n-1)(2n)^\alpha - (2n)^{2\alpha}}{(2n-1)(2n)^\alpha}$$

$$= 1 - \lim_{n \to \infty} \frac{(2n)^\alpha}{2n-1} = 1 - 0 = 1.$$

由于 $\sum_{n=1}^{\infty} \dfrac{1}{(2n)^\alpha}$ 发散,所以 $\sum_{n=1}^{\infty}\left[-\dfrac{(2n)^\alpha - (2n-1)}{(2n-1)(2n)^\alpha}\right]$ 发散,从而 $\sum_{n=1}^{\infty}\left(\dfrac{1}{2n-1} - \dfrac{1}{(2n)^\alpha}\right)$ 发散.因此脱去括号后成为的式(8.6)也发散.

总之,该级数当 $\alpha = 1$ 时条件收敛,当 $\alpha > 0$ 且 $\alpha \neq 1$ 时均发散.

例 13 讨论级数

$$\sum_{n=1}^{\infty} \frac{(-2)^n}{[2^n + (-1)^n]n} \tag{8.8}$$

的敛散性.

分析 容易看出,它是个交错级数.去掉分子上的因子 $(-1)^n$ 之后,

$$\frac{2^n}{[2^n + (-1)^n]n}$$

不单调减少,不满足莱布尼茨定理条件,应另想办法.

解 先考虑是否绝对收敛.由于

$$\frac{2^n}{[2^n + (-1)^n]n} = \frac{1}{\left[1 + \left(-\dfrac{1}{2}\right)^n\right]n} > \frac{1}{2n},$$

因 $\sum_{n=1}^{\infty} \dfrac{1}{2n}$ 发散,所以该级数不绝对收敛.

采取拆项的办法.原通项

$$\frac{(-2)^n}{[2^n + (-1)^n]n} = \frac{(-1)^n}{n} - \frac{1}{[2^n + (-1)^n]n},$$

$\sum_{n=1}^{\infty} \dfrac{(-1)^n}{n}$ 收敛,而

$$\frac{1}{[2^n + (-1)^n]n} < \frac{1}{2^n - 1},$$

$$\lim_{n \to \infty} \frac{\frac{1}{2^{n+1} - 1}}{\frac{1}{2^n - 1}} = \frac{1}{2} < 1.$$

由比值判别法再由比较判别法知

$$\sum_{n=1}^{\infty} \frac{1}{[2^n + (-1)^n]n}$$

收敛. 故知原级数(8.8)收敛, 且是条件收敛.

[注] 由上面例 10、例 13 可见, 拆项或添括号是常用的办法.

例 14 设 $a_n = \int_0^{\frac{\pi}{2}} \sin^n x \, dx (n = 1, 2, \cdots)$, 证明 $\sum_{n=1}^{\infty} (-1)^n a_n$ 条件收敛.

解 $a_{n+1} = \int_0^{\frac{\pi}{2}} \sin^{n+1} x \, dx < \int_0^{\frac{\pi}{2}} \sin^n x \, dx = a_n (n = 1, 2, \cdots)$, 所以 $\{a_n\}$ 单调减少. 由华里士(Wallis)公式

$$a_n = \begin{cases} \frac{n-1}{n} \cdot \frac{n-3}{n-2} \cdot \cdots \cdot \frac{1}{2} \cdot \frac{\pi}{2}, & \text{当 } n \text{ 为偶数 } n \geqslant 2 \text{ 时}, \\ \frac{n-1}{n} \cdot \frac{n-3}{n-2} \cdot \cdots \cdot \frac{2}{3} \cdot 1, & \text{当 } n \text{ 为奇数 } n \geqslant 3 \text{ 时}. \end{cases}$$

显然

$$a_n > \begin{cases} \frac{\pi}{2n}, & \text{当 } n \text{ 为偶数 } n \geqslant 2 \text{ 时}, \\ \frac{2}{n}, & \text{当 } n \text{ 为奇数 } n \geqslant 3 \text{ 时}. \end{cases}$$

所以 $\sum_{n=1}^{\infty} a_n$ 发散, 又当 n 为偶数且 $n \geqslant 2$ 时,

$$a_n^2 = \left(\frac{n-1}{n}\right)\left(\frac{n-1}{n}\right)\left(\frac{n-3}{n-2}\right)\left(\frac{n-3}{n-2}\right) \cdots \left(\frac{1}{2}\right)\left(\frac{1}{2}\right)\left(\frac{\pi^2}{4}\right)$$

$$< \left(\frac{n}{n+1}\right)\left(\frac{n-1}{n}\right)\left(\frac{n-2}{n-1}\right)\left(\frac{n-3}{n-2}\right) \cdots \left(\frac{2}{3}\right)\left(\frac{1}{2}\right)\left(\frac{\pi^2}{4}\right) = \frac{\pi^2}{4(n+1)},$$

$$a_n < \frac{\pi}{2\sqrt{n+1}}.$$

当 $n \geqslant 3$ 为奇数时, 类似可得

$$a_n < \sqrt{\frac{2}{n+1}},$$

所以 $\lim_{n \to \infty} a_n = 0$, 由莱布尼茨判别法知, $\sum_{n=1}^{\infty} (-1)^n a_n$ 收敛. 再由 $\sum_{n=1}^{\infty} |(-1)^n a_n| = \sum_{n=1}^{\infty} a_n$ 发散,

所以 $\sum_{n=1}^{\infty} (-1)^n a_n$ 条件收敛.

例 15 设 $\lim_{n \to \infty} n a_n = a$, 级数 $\sum_{n=1}^{\infty} n(a_n - a_{n+1})$ 收敛, 其和为 b. 试证明级数 $\sum_{n=1}^{\infty} a_n$ 收敛并求其和.

分析 并不知道$\{a_n\}$是否为正项数列,因此只有按定义证明$\sum\limits_{n=1}^{\infty}a_n$收敛,并且应将$\sum\limits_{n=1}^{\infty}a_n$的前$n$项部分和用已知的数列$\{na_n\}$的通项及已知收敛级数$\sum\limits_{n=1}^{\infty}n(a_n-a_{n+1})$的部分和来表示.

解
$$
\begin{aligned}
S_n &= a_1+a_2+\cdots+a_n\\
&=(a_1-a_2)+2(a_2-a_3)+3(a_3-a_4)+\cdots\\
&\quad+n(a_n-a_{n+1})+(n+1)a_{n+1}-a_{n+1}\\
&=\sum_{k=1}^{n}k(a_k-a_{k+1})+(n+1)a_{n+1}-a_{n+1}.
\end{aligned}
$$

由条件知
$$
\lim_{n\to\infty}\sum_{k=1}^{n}k(a_k-a_{k+1})=\sum_{n=1}^{\infty}n(a_n-a_{n+1})=b,
$$
$$
\lim_{n\to\infty}(n+1)a_{n+1}=a,
$$
$$
\lim_{n\to\infty}a_{n+1}=\lim_{n\to\infty}\left((n+1)a_{n+1}\cdot\frac{1}{n+1}\right)=a\cdot 0=0,
$$

所以
$$
\sum_{n=1}^{\infty}a_n=\lim_{n\to\infty}S_n=b+a-0=b+a,
$$

同时也证明了该级数$\sum\limits_{n=1}^{\infty}a_n$收敛.

[注] 实际上,本例是下述的特殊情形.考虑级数
$$
S=\sum_{m=1}^{\infty}\alpha_m\beta_m, \tag{8.9}
$$

命
$$
B_m=\beta_1+\beta_2+\cdots+\beta_m \quad (m=1,2,\cdots),
$$

有
$$
\beta_m=B_m-B_{m-1} \quad (m=1,2,\cdots;\text{认为 } B_0=0),
$$
$$
\begin{aligned}
S_n &= \sum_{m=1}^{n}\alpha_m\beta_m=\sum_{m=1}^{n}\alpha_m(B_m-B_{m-1})\\
&=\alpha_1(B_1-B_0)+\alpha_2(B_2-B_1)+\cdots+\alpha_n(B_n-B_{n-1})\\
&=(\alpha_1-\alpha_2)B_1+(\alpha_2-\alpha_3)B_2+\cdots+(\alpha_{n-1}-\alpha_n)B_{n-1}+\alpha_nB_n\\
&=\sum_{m=1}^{n-1}(\alpha_m-\alpha_{m+1})B_m+\alpha_nB_n.
\end{aligned} \tag{8.10}
$$

本例中,相当于
$$
\beta_m=1(m=1,2,\cdots),\quad B_m=m(m=1,2,\cdots),
$$

级数
$$
S=\sum_{m=1}^{\infty}\alpha_m\beta_m=\sum_{m=1}^{\infty}\alpha_m, \tag{8.11}
$$
$$
S_n=\sum_{m=1}^{n}(\alpha_m-\alpha_{m+1})m+n\alpha_n.
$$

例中给出的条件是

$$(P_1): \sum_{m=1}^{\infty} (\alpha_m - \alpha_{m+1}) m \text{ 收敛} = b;$$

$$(P_2): \lim_{n \to \infty} n\alpha_n \text{ 存在} = a.$$

在此两条件下推知级数(8.11)

$$\sum_{m=1}^{\infty} \alpha_m = \lim_{n \to \infty} \left(\sum_{m=1}^{n} (\alpha_m - \alpha_{m+1}) m + n\alpha_n \right) = b + a. \tag{8.12}$$

级数(8.9)在如下另一些条件下,也可推知它收敛.

狄利克雷判敛法 设级数(8.9)满足狄利克雷条件:

$(D_1): |B_n|$ 有界 $\leqslant M (n = 1, 2, \cdots)$;

$(D_2): \{\alpha_n\}$ 单调而趋于零 $\lim\limits_{n \to \infty} \alpha_n = 0$,

则级数(8.9)收敛.

证 不妨认为 $\{\alpha_n\}$ 单调减少. 于是在式(8.10)中,

$$|(\alpha_m - \alpha_{m+1}) B_m| \leqslant (\alpha_m - \alpha_{m+1}) M, \tag{8.13}$$

而以右边为通项的级数

$$M \sum_{m=1}^{\infty} (\alpha_m - \alpha_{m+1}) = M(\alpha_1 - \lim_{m \to \infty} \alpha_m) = M\alpha_1 (\text{收敛}),$$

由比较判别法知级数

$$\sum_{m=1}^{\infty} (\alpha_m - \alpha_{m+1}) B_m \tag{8.14}$$

收敛,又由无穷小与有界变量相乘,

$$\lim_{n \to \infty} \alpha_n B_n = 0.$$

由式(8.10)知级数(8.9)收敛.

阿贝尔判敛法 设级数(8.9)满足阿贝尔条件:

$(A_1): \lim\limits_{n \to \infty} B_n$ 存在;

$(A_2): \{\alpha_n\}$ 单调且有界

$$|\alpha_n| \leqslant K \quad (n = 1, 2, \cdots),$$

则级数(8.9)收敛.

证 由条件 (A_1) 可推知 (D_1) 成立,再结合条件 (A_2) 知式(8.13)成立,从而知级数(8.14)收敛.再由 (A_2) 及 (A_1) 知,

$$\lim_{n \to \infty} \alpha_n \text{ 存在}, \lim_{n \to \infty} B_n \text{ 存在},$$

故式(8.10)的第 2 项极限 $\lim\limits_{n \to \infty} \alpha_n B_n$ 存在. 于是知式(8.10)的

$$\lim_{n \to \infty} S_n$$

存在,即级数(8.9)收敛.

例 16 证明:

(1) 将调和级数改成两项正、两项负依次下去所成的级数

$$1 + \frac{1}{2} - \frac{1}{3} - \frac{1}{4} + \frac{1}{5} + \frac{1}{6} - \frac{1}{7} - \frac{1}{8} + \cdots \tag{8.15}$$

是收敛的；

（2）将调和级数改成两项正、一项负依次下去所成的级数

$$1 + \frac{1}{2} - \frac{1}{3} + \frac{1}{4} + \frac{1}{5} - \frac{1}{6} + \frac{1}{7} + \frac{1}{8} - \frac{1}{9} + \cdots + \frac{1}{3n+1} + \frac{1}{3n+2} - \frac{1}{3n+3} + \cdots$$

$$(8.16)$$

是发散的.

解 （1）命 $\alpha_m = \frac{1}{m}, \beta_m$ 如下：

$$\beta_1 = 1, \beta_2 = 1, \beta_3 = -1, \beta_4 = -1, \beta_5 = 1, \beta_6 = 1, \cdots,$$

显然

$$B_m = \beta_1 + \beta_2 + \cdots + \beta_m$$

满足 $0 \leqslant B_m \leqslant 2$（有界），且 $\{\alpha_m\}$ 单调而 $\lim\limits_{m \to \infty} \alpha_m = 0$. 满足条件 D_1 与 D_2，故知级数(8.15)收敛.

（2）将式(8.16)每三项添一括号，所成的级数记为 $\sum\limits_{n=1}^{\infty} v_n$，

$$v_n = \frac{1}{3n+1} + \frac{1}{3n+2} - \frac{1}{3n+3} = \frac{9n^2 + 18n + 7}{(3n+1)(3n+2)(3n+3)}.$$

当 $n \to \infty$ 时，$v_n \sim \frac{1}{3n}$，$\sum\limits_{n=1}^{\infty} \frac{1}{3n}$ 发散，故 $\sum\limits_{n=1}^{\infty} v_n$ 发散. 所以原级数(8.16)亦发散（因若收敛，则添加括号后的级数亦收敛）.

[**注**] 将上述例子推广如下：

将调和级数改成 k 项正、m 项负依次下去构成一个级数，如果 $k = m$，则该级数收敛；如果 $k \neq m$，则该级数必发散.

上述题(1)能否用题(2)的方法证？题(2)能否用题(1)的方法证？

例 17 设级数 $\sum\limits_{n=1}^{\infty} a_n$ 收敛且和为 S. 证明级数

$$\sum_{n=1}^{\infty} \frac{a_1 + 2a_2 + \cdots + na_n}{n(n+1)}$$

亦收敛，并求其和.

分析 从通项入手.

解 $\frac{1}{n(n+1)} = \frac{1}{n} - \frac{1}{n+1}$，

$$\frac{a_1 + 2a_2 + \cdots + na_n}{n(n+1)} = \frac{a_1 + 2a_2 + \cdots + na_n}{n} - \frac{a_1 + 2a_2 + \cdots + na_n}{n+1}$$

$$= \frac{a_1 + 2a_2 + \cdots + na_n}{n} - \frac{a_1 + 2a_2 + \cdots + (n+1)a_{n+1}}{n+1} + a_{n+1}.$$

命

$$b_n = \frac{a_1 + 2a_2 + \cdots + na_n}{n} \quad (b_1 = a_1),$$

于是

$$\frac{a_1 + 2a_2 + \cdots + na_n}{n(n+1)} = b_n - b_{n+1} + a_{n+1}.$$

这样一来,所给级数拆成两级数,后一级数

$$\sum_{n=1}^{\infty} a_{n+1} = \sum_{n=1}^{\infty} a_n - a_1 = S - a_1.$$

前一级数

$$\sum_{n=1}^{\infty} (b_n - b_{n+1})$$

的前 n 项部分和

$$\sum_{m=1}^{n} (b_m - b_{m+1}) = b_1 - b_{n+1}.$$

若能证明

$$\lim_{n \to \infty} b_n = \lim_{n \to \infty} \frac{a_1 + 2a_2 + \cdots + na_n}{n}$$

存在并求出其和,则本题就迎刃而解了.命

$$S_n = \sum_{m=1}^{n} a_n,$$

于是

$$a_m = S_m - S_{m-1} \quad (S_0 = 0),$$

$$\sum_{m=1}^{n} ma_m = \sum_{m=1}^{n} m(S_m - S_{m-1}) = nS_n - (S_1 + S_2 + \cdots + S_{n-1}),$$

$$b_n = \frac{\sum_{m=1}^{n} ma_m}{n} = S_n - \frac{S_1 + S_2 + \cdots + S_{n-1}}{n}.$$

而

$$\lim_{n \to \infty} \frac{S_1 + S_2 + \cdots + S_{n-1}}{n} = \lim_{n \to \infty} \frac{S_1 + S_2 + \cdots + S_{n-1}}{n-1} \cdot \frac{n-1}{n}$$

$$= \lim_{n \to \infty} \frac{S_1 + S_2 + \cdots + S_{n-1}}{n-1} \quad \text{(由施笃兹定理)}$$

$$= \lim_{n \to \infty} S_{n-1} = S.$$

于是

$$\lim_{n \to \infty} b_n = S - S = 0.$$

这样一来

$$\lim_{n \to \infty} \sum_{m=1}^{n} (b_m - b_{m+1}) = b_1 - \lim_{n \to \infty} b_{n+1} = b_1,$$

于是

$$\sum_{n=1}^{\infty} \frac{a_1 + 2a_2 + \cdots + na_n}{n(n+1)} = \sum_{n=1}^{\infty} (b_n - b_{n+1}) + \sum_{n=1}^{\infty} a_{n+1}$$

$$= b_1 + S - a_1 = S.$$

[**注**] 2013 年全国大学生数学竞赛预赛(非数学类)第七题"判断级数 $\sum_{n=1}^{\infty} \frac{1 + \frac{1}{2} + \cdots + \frac{1}{n}}{(n+1)(n+2)}$ 的敛散性,若收敛,求其和",是本题的特例.为证此,在本题中取 $a_1 = 1, a_n = \frac{1}{n(n-1)}, n = 2, 3, \cdots$. 则

$$S = \sum_{n=1}^{\infty} a_n = a_1 + \sum_{n=2}^{\infty} a_n = a_1 + \sum_{n=2}^{\infty} \frac{1}{n(n-1)} = 1 + 1 = 2.$$

$$\sum_{m=1}^{\infty} \frac{1 + \frac{1}{2} + \cdots + \frac{1}{m}}{(m+1)(m+2)} = \sum_{m=1}^{\infty} \left[\frac{1 + 1 + \frac{1}{2} + \cdots + \frac{1}{m}}{(m+1)(m+2)} - \frac{1}{(m+1)(m+2)} \right]$$

$$= \sum_{m=1}^{\infty} \left(\frac{a_1 + 2a_2 + \cdots + (m+1)a_{m+1}}{(m+1)(m+2)} - \frac{1}{(m+1)(m+2)} \right)$$

$$= \sum_{m=0}^{\infty} \left(\frac{a_1 + 2a_2 + \cdots + (m+1)a_{m+1}}{(m+1)(m+2)} - \frac{1}{(m+1)(m+2)} \right) - \frac{a_1}{2}$$

$$= \sum_{n=1}^{\infty} \frac{a_1 + 2a_2 + \cdots + na_n}{n(n+1)} - \sum_{m=1}^{\infty} \frac{1}{(m+1)(m+2)} - \frac{a_1}{2}$$

$$\xlongequal{\text{由本例}} \sum_{n=1}^{\infty} a_n - \sum_{m=1}^{\infty} \frac{1}{(m+1)(m+2)} - \frac{a_1}{2}$$

$$= 2 - \frac{1}{2} - \frac{1}{2} = 1.$$

例 18　讨论 $\sum_{n=0}^{\infty} (-1)^{[\ln n]} \frac{1}{n}$ 的敛散性.

分析　按定义，$[\ln n]$ 为不超过 $\ln n$ 的最大整数，所以首先要将 n 分段，写出 $[\ln n]$ 的表达式.

解　设 $e^m \leqslant n < e^{m+1}$，有 $[e^m] + 1 \leqslant n \leqslant [e^{m+1}]$ 及

$$m \leqslant \ln n < m+1, \quad [\ln n] = m.$$

从而

$$\sum_{n=1}^{\infty} (-1)^{[\ln n]} \frac{1}{n} = \sum_{m=0}^{\infty} (-1)^m \left(\sum_{n=[e^m]+1}^{[e^{m+1}]} \frac{1}{n} \right) = \sum_{m=0}^{\infty} (-1)^m u_m,$$

其中

$$u_m = \sum_{n=[e^m]+1}^{[e^{m+1}]} \frac{1}{n} = \frac{1}{[e^m]+1} + \frac{1}{[e^m]+2} + \cdots + \frac{1}{[e^{m+1}]}$$

$$> \frac{[e^{m+1}] - [e^m]}{[e^{m+1}]} = 1 - \frac{[e^m]}{[e^{m+1}]}.$$

又因 $[e^{m+1}] \geqslant [2e^m] \geqslant 2[e^m]$，从而 $u_m > 1 - \frac{1}{2} = \frac{1}{2}$. 所以 $\sum_{m=0}^{\infty} (-1)^m u_m$ 发散，于是原级数 $\sum_{n=1}^{\infty} (-1)^{[\ln n]} \frac{1}{n}$ 亦发散(因若收敛，则添括号后所成级数 $\sum_{m=1}^{\infty} (-1)^m u_m$ 应收敛).

例 19　设对于任何收敛于 0 的数列 $\{x_n\}$，级数 $\sum_{n=1}^{\infty} a_n x_n$ 都是收敛的. 证明：级数 $\sum_{n=1}^{\infty} a_n$ 绝对收敛.

分析　用反证法较易入手. 设 $\sum_{n=1}^{\infty} |a_n|$ 发散，即 $\sum_{n=1}^{\infty} |a_n| = +\infty$，去构造一个数列 $\{x_n\}$，$\lim_{n \to \infty} x_n = 0$，但使 $\sum_{n=1}^{\infty} a_n x_n$ 发散.

解 用反证法,设 $\sum\limits_{i=1}^{\infty}|a_i|=+\infty$,则对于 $n\geqslant 1$ 及正整数 k,存在正整数 $m>n$ 使

$$\sum_{i=1}^{m}|a_i|\geqslant k.$$

取 $n=1$ 及 $k=1$.存在正整数 $m_1>1$,使

$$\sum_{i=1}^{m_1}|a_i|\geqslant 1.$$

再取 $n=m_1+1,k=2$,存在正整数 $m_2>m_1$ 使

$$\sum_{i=m_1+1}^{m_2}|a_i|\geqslant 2.$$

$\cdots$,由此得到 $1\leqslant m_1<m_2<\cdots<m_k<\cdots$ 使

$$\sum_{i=m_{k-1}+1}^{m_k}|a_i|\geqslant k(k=1,2,\cdots).$$

取 $x_i=\dfrac{1}{k}\mathrm{sgn}a_i(m_{k-1}\leqslant i\leqslant m_k,m_0=0)$,则无论 $M>0$ 如何大,只要 $k-1>M$,总有

$$m_k>m_{k-1}>k-1>M,$$

于是

$$\sum_{i=m_{k-1}+1}^{m_k}a_ix_i=\sum_{i=m_{k-1}+1}^{m_k}\frac{|a_i|}{k}\geqslant 1.$$

所以

$$\sum_{i=1}^{m_h}a_ix_i\geqslant k,$$

与级数 $\sum\limits_{n=1}^{\infty}a_nx_n$ 收敛矛盾.说明反证法的前提不成立,所以 $\sum\limits_{i=1}^{\infty}a_i$ 绝对收敛.

三、某些数项级数求和(之一)

数项级数求和是个较难的问题,本段中介绍求和的几种主要方法,将来到 8.2 节与 8.3 节中还将介绍其他方法.

(1)拆项求和法,将通项拆成几项相加、减,使前后相消化简而求和.这里也包括利用三角公式、反三角公式化简.

(2)利用等比级数求和公式,也包括复数情形的公式.

(3)利用 1.2 节例 20 的公式:

$$\sum_{k=1}^{n}\frac{1}{k}=\ln n+\mathrm{c}+\gamma_n,\tag{8.17}$$

其中 $\mathrm{c}=0.57721566490\cdots$ 称欧拉常数,$\lim\limits_{n\to\infty}\gamma_n=0$.

例 20 $\sum\limits_{n=1}^{\infty}\dfrac{1}{n(n+2)(n+4)}$ 的和 = ____.

分析 采用拆项求和的办法.设 k 为正整数,求 $\sum\limits_{n=1}^{\infty}\dfrac{1}{n(n+k)(n+2k)}$ 的和都可用类似办法处理.

解 应填 $\dfrac{11}{96}$.

$$\frac{1}{m(m+2)(m+4)} = \frac{1}{8}\left(\frac{1}{m} - \frac{2}{m+2} + \frac{1}{m+4}\right),$$

$$S_n = \sum_{m=1}^{n} \frac{1}{m(m+2)(m+4)} = \frac{1}{8}\sum_{m=1}^{n}\left(\frac{1}{m} - \frac{2}{m+2} + \frac{1}{m+4}\right)$$

$$= \frac{1}{8}\left(\frac{11}{12} - \frac{1}{n+1} - \frac{1}{n+2} + \frac{1}{n+3} + \frac{1}{n+4}\right),$$

$$S = \lim_{n\to\infty} S_n = \frac{11}{96}.$$

例 21 $\displaystyle\sum_{n=1}^{\infty}\arctan\frac{1}{n^2+n+1}$ 的和 $=$ ____.

分析 利用反三角函数的公式(当 $xy>-1$ 时):

$$\arctan\frac{x-y}{1+xy} = \arctan x - \arctan y.$$

解 应填 $\dfrac{\pi}{4}$.

取 $x=n+1, y=n,$

$$\arctan\frac{1}{n^2+n+1} = \arctan\frac{1}{1+n(n+1)}$$

$$= \arctan(n+1) - \arctan n,$$

$$\sum_{m=1}^{n}\arctan\frac{1}{m^2+m+1} = \sum_{m=1}^{n}(\arctan(m+1) - \arctan m)$$

$$= \arctan(n+1) - \arctan 1,$$

$$\sum_{m=1}^{\infty}\arctan\frac{1}{m^2+m+1} = \lim_{n\to\infty}(\arctan(n+1) - \arctan 1)$$

$$= \frac{\pi}{2} - \frac{\pi}{4} = \frac{\pi}{4}.$$

例 22 设常数 $|q|<1$,则 $\displaystyle\sum_{n=1}^{\infty}q^n\sin nx = $ ____.

分析 利用欧拉公式.

$$q^n\sin nx = \frac{1}{2i}((qe^{ix})^n - (qe^{-ix})^n).$$

解 应填 $\dfrac{q\sin x}{1-2q\cos x+q^2}, x\in(-\infty,+\infty).$

因为 $|q|<1$,所以 $|q^n\sin nx|\leqslant q^n$,当 $|q|<1$ 时 $\displaystyle\sum_{n=1}^{\infty}q^n$ 收敛,所以 $\displaystyle\sum_{n=1}^{\infty}q^n\sin nx$ 绝对收敛.

类似地可知 $\displaystyle\sum_{n=1}^{\infty}q^n\cos nx$ 也绝对收敛.由欧拉公式,

$$q^n e^{inx} = q^n(\cos nx + i\sin nx),$$

所以 $\displaystyle\sum_{n=1}^{\infty}q^n e^{inx}$ 与 $\displaystyle\sum_{n=1}^{\infty}q^n e^{-inx}$ 均收敛.所以

$$\sum_{n=1}^{\infty} q^n \sin nx = \frac{1}{2i} \sum_{n=1}^{\infty} (q^n e^{inx} - q^n e^{-inx})$$

$$= \frac{1}{2i} \Big[\sum_{n=1}^{\infty} (qe^{ix})^n - \sum_{n=1}^{\infty} (qe^{-ix})^n \Big]$$

$$= \frac{1}{2i} \Big[\frac{1}{1 - qe^{ix}} - \frac{1}{1 - qe^{-ix}} \Big]$$

$$= \frac{q\sin x}{1 + q^2 - 2q\cos x}, \quad x \in (-\infty, +\infty).$$

例 23 考察熟知的条件收敛级数

$$1 - \frac{1}{2} + \frac{1}{3} - \frac{1}{4} + \frac{1}{5} - \frac{1}{6} + \cdots + (-1)^{n-1} \frac{1}{n} + \cdots \tag{8.18}$$

将其重新排列(带着符号重排),头 k 个正项之后,接着排头 m 个负项. 然后再在次 k 个正项之后接着排次 m 个负项,如此等等. 试证明,这样所得到的级数其和等于 $\ln\Big(2\sqrt{\dfrac{k}{m}}\Big)$.

解 由式(8.17)有

$$H_n = 1 + \frac{1}{2} + \frac{1}{3} + \cdots + \frac{1}{n} = \ln n + c + \gamma_n.$$

从而

$$\frac{1}{2} H_m = \frac{1}{2} + \frac{1}{4} + \frac{1}{6} + \cdots + \frac{1}{2m} = \frac{1}{2}(\ln m + c + \gamma_m). \tag{8.19}$$

$$H_{2k} - \frac{1}{2} H_k = 1 + \frac{1}{3} + \frac{1}{5} + \cdots + \frac{1}{2k-1} = \ln 2 + \frac{1}{2}\ln k + \frac{1}{2}c + \gamma_{2k} - \frac{1}{2}\gamma_k \tag{8.20}$$

将式(8.18)按题中所指规律重新排列,得

$$1 + \frac{1}{3} + \cdots + \frac{1}{2k-1} - \frac{1}{2} - \cdots - \frac{1}{2m} + \frac{1}{2k+1} + \cdots + \frac{1}{4k-1} - \frac{1}{2m+2} - \cdots - \frac{1}{4m} + \cdots.$$
$$\tag{8.21}$$

为求上述级数的和,先添括号,将第 1 组正项与第 1 组负项括起来,记为 u_1;再将第 2 组正项与第 2 组负项括起来,记为 u_2,$\cdots$,如此得到

$$u_1 + u_2 + \cdots + u_n + \cdots \tag{8.22}$$

式(8.22)的前 n 项部分和记为 $\widetilde{S}_n$,由式(8.19)与式(8.20),有

$$\widetilde{S}_n = H_{2kn} - \frac{1}{2} H_{kn} - \frac{1}{2} H_{mn}$$

$$= \ln 2 + \frac{1}{2}\ln kn + \frac{1}{2}c + \gamma_{2kn} - \frac{1}{2}\gamma_{kn} - \frac{1}{2}(\ln mn + c + \gamma_{mn})$$

$$= \ln 2\sqrt{\frac{k}{m}} + \gamma_{2kn} - \frac{1}{2}\gamma_{kn} - \frac{1}{2}\gamma_{mn}.$$

由于 $\lim\limits_{n\to\infty} \gamma_{2kn} = 0$,$\lim\limits_{n\to\infty} \gamma_{kn} = 0$,$\lim\limits_{n\to\infty} \gamma_{mn} = 0$,有

$$\lim_{n\to\infty} \widetilde{S}_n = \ln\Big(2\sqrt{\frac{k}{m}}\Big).$$

即级数(8.22)收敛,收敛和为 $\ln\Big(2\sqrt{\dfrac{k}{m}}\Big)$.

而式(8.21)的部分和或为式(8.22)的部分之和,或介于式(8.22)的两相邻部分和之间. 若为后者,两部分和相差小于 $k+m$ 项(常数项),而这些项的每一项当 $n \to \infty$ 均趋于零,于是式(8.21)的部分和与式(8.22)的部分和趋于同一极限,即式(8.21)亦收敛于 $\ln\left(2\sqrt{\dfrac{k}{m}}\right)$.

特例:若 $k=1, m=1$,即级数(8.18)本身,它收敛于 ln2.

若 $k=2, m=2$,即级数

$$1 + \frac{1}{3} - \frac{1}{2} - \frac{1}{4} + \frac{1}{5} + \frac{1}{7} - \frac{1}{6} - \frac{1}{8} + \cdots \tag{8.23}$$

它收敛于 ln2(注意式(8.23)不是式(8.15)).

若 $k=2, m=1$,即级数

$$1 + \frac{1}{3} - \frac{1}{2} + \frac{1}{5} + \frac{1}{7} - \frac{1}{4} + \frac{1}{9} + \frac{1}{11} - \frac{1}{6} + \cdots \tag{8.24}$$

它收敛于 $\ln 2\sqrt{2}$(注意式(8.24)不是式(8.16)).

8.2 幂级数与泰勒级数

一、幂级数及其收敛半径、收敛区间与收敛域

在一定条件下,求幂级数的收敛半径有一套规范的方法——比值公式法与根值公式法,分别来源于数项级数的比值判别法与根值判别法. 按定义,收敛区间指的是开区间,收敛域指的是收敛点的全体. 从收敛区间过渡到收敛域,有一定难度,即讨论收敛区间端点处的敛散性,有一定难度.

例1 设幂级数 $\displaystyle\sum_{n=1}^{\infty} a_n x^n$ 与 $\displaystyle\sum_{n=1}^{\infty} b_n x^n$ 的收敛半径分别为 $\dfrac{\sqrt{5}}{3}$ 与 $\dfrac{1}{3}$,并设 $\displaystyle\lim_{n\to\infty}\left|\dfrac{a_{n+1}}{a_n}\right|$ 与 $\displaystyle\lim_{n\to\infty}\left|\dfrac{b_{n+1}}{b_n}\right|$ 均存在,则 $\displaystyle\sum_{n=1}^{\infty} \dfrac{a_n^2}{b_n^2} x^n$ 的收敛半径=____.

解 应填 5.

由求收敛半径的公式

$$\lim_{n\to\infty} \frac{\dfrac{a_{n+1}^2}{b_{n+1}^2}}{\dfrac{a_n^2}{b_n^2}} = \lim_{n\to\infty}\left(\frac{a_{n+1}^2}{a_n^2} \cdot \frac{b_n^2}{b_{n+1}^2}\right). \tag{8.25}$$

因题设

$$\lim_{n\to\infty}\left|\frac{a_{n+1}}{a_n}\right| \text{与} \lim_{n\to\infty}\left|\frac{b_{n+1}}{b_n}\right|$$

均存在,由求收敛半径的公式知,

$$\lim_{n\to\infty}\left|\frac{a_{n+1}}{a_n}\right| = \frac{1}{R_a} = \frac{3}{\sqrt{5}},$$

$$\lim_{n\to\infty}\left|\frac{b_{n+1}}{b_n}\right| = \frac{1}{R_b} = 3,$$

代入式(8.25),得

$$\lim_{n \to \infty}\left(\frac{a_{n+1}^2}{a_n^2} \cdot \frac{b_n^2}{b_{n+1}^2}\right) = \frac{9}{5} \cdot \frac{1}{9} = \frac{1}{5},$$

所以所求的收敛半径为 5.

[注] 若题中未设 $\lim\limits_{n \to \infty}\left|\dfrac{a_{n+1}}{a_n}\right|$ 与 $\lim\limits_{n \to \infty}\left|\dfrac{b_{n+1}}{b_n}\right|$ 均存在,则由 $R_a = \dfrac{\sqrt{5}}{3}$ 与 $R_b = \dfrac{1}{3}$ 推不出 $\lim\limits_{n \to \infty}\left|\dfrac{a_{n+1}}{a_n}\right|$ 与 $\lim\limits_{n \to \infty}\left|\dfrac{b_{n+1}}{b_n}\right|$ 均存在,当然更推不出 $\lim\limits_{n \to \infty}\left|\dfrac{a_{n+1}}{a_n}\right| = \dfrac{3}{\sqrt{5}}$ 与 $\lim\limits_{n \to \infty}\left|\dfrac{b_{n+1}}{b_n}\right| = 3$.

例如,设 $a_n = \left(\dfrac{3}{\sqrt{5}}\right)^n$,幂级数 $\sum\limits_{n=1}^{\infty} a_n x^n$ 的收敛半径等于 $\dfrac{\sqrt{5}}{3}$. 设 $b_n = \left(\dfrac{5+(-1)^n}{2}\right)^n$,幂级数

$$\sum_{n=1}^{\infty}\left(\frac{5+(-1)^n}{2}\right)^n x^n = 2x + 3^2 x^2 + 2^3 x^3 + 3^4 x^4 + \cdots \tag{8.26}$$

它可以拆成两个幂级数:

$$2x + 2^3 x^3 + 2^5 x^5 + \cdots$$

与

$$3^2 x^2 + 3^4 x^4 + 3^6 x^6 + \cdots$$

之和. 前者的收敛半径为 $\dfrac{1}{2}$,收敛域为 $\left(-\dfrac{1}{2}, \dfrac{1}{2}\right)$. 后者的收敛半径为 $\dfrac{1}{3}$,收敛域为 $\left(-\dfrac{1}{3}, \dfrac{1}{3}\right)$,所以式(8.26)的收敛域为 $\left(-\dfrac{1}{3}, \dfrac{1}{3}\right)$,收敛半径为 $\dfrac{1}{3}$. 但极限

$$\lim_{n \to \infty}\left|\frac{b_{n+1}}{b_n}\right| = \varliminf_{n \to \infty}\frac{\left(\dfrac{5+(-1)^{n+1}}{2}\right)^{n+1}}{\left(\dfrac{5+(-1)^n}{2}\right)^n} = \frac{1}{2}\lim_{n \to \infty}\frac{(5+(-1)^{n+1})^{n+1}}{(5+(-1)^n)^n} \tag{8.27}$$

并不存在.

由阿贝尔定理知,一个幂级数的收敛半径总是存在的,但极限 $\lim\limits_{n \to \infty}\left|\dfrac{b_{n+1}}{b_n}\right|$ 可以不存在,也不是 $+\infty$. 此时求收敛半径应另想办法.

现在再来看 a_n 与 b_n 如本注中所给,幂级数 $\sum\limits_{n=1}^{\infty}\dfrac{b_n^2}{a_n^2}x^n$ 的收敛半径如何? 由所设,

$$\sum_{n=1}^{\infty}\frac{b_n^2}{a_n^2}x^n = \sum_{n=1}^{\infty}\frac{\left(\dfrac{5+(-1)^n}{2}\right)^{2n}}{\left(\dfrac{9}{5}\right)^n}x^n$$

$$= \sum_{n=1}^{\infty}\left[\frac{5}{36}(5+(-1)^n)^2\right]^n x^n.$$

它可以拆成两个幂级数

$$\frac{20}{9}x + \left(\frac{20}{9}\right)^3 x^3 + \left(\frac{20}{9}\right)^5 x^5 + \cdots$$

与

$$(5x)^2 + (5x)^4 + (5x)^6 + \cdots$$

之和,前者收敛半径为 $\dfrac{9}{20}$,后者收敛半径为 $\dfrac{1}{5}$,故公共收敛域为 $\left(-\dfrac{1}{5}, \dfrac{1}{5}\right)$,收敛半径为 $\dfrac{1}{5}$.

从此例启发,为求收敛半径,有时要将一个幂级数拆成两个(其收敛域并不相同的)幂级数来讨论. 若拆开成的两个幂级数收敛域不同,则取其公共收敛部分而得原级数收敛域. 若

拆开成的两个幂级数收敛域相同,则又将如何呢? 请看下例:

例 2 幂级数 $\sum\limits_{n=1}^{\infty}\left(\dfrac{1}{2^n}-\sin\dfrac{1}{2^n}\right)x^n$ 的收敛半径为___.

分析 若拆成如下两个幂级数

$$\sum_{n=0}^{\infty}\frac{1}{2^n}x^n \quad \text{与} \quad \sum_{n=0}^{\infty}\left(\sin\frac{1}{2^n}\right)x^n,$$

按通常比值法求收敛半径的方法,容易知道,这两个幂级数的收敛半径都是 2,收敛域都是 $(-2,2)$.但题给的这个幂级数的收敛域是否也是 $(-2,2)$? 换言之,当拆成的两个幂级数收敛域一样时,能否用这样拆的办法去求原幂级数的收敛域呢? 从级数的和(差)的运算法则,读者容易看出,这样的推理是有问题的.这是因为:两幂级数如果在收敛域端点处都发散,而对应项相加所成的幂级数可能收敛! 本题实际上就是这种情形.遇到这种情形,有多种办法处理.一是仍回到原幂级数去考虑,如本例下面所做的.另一种办法是回到比较法去,如下面的例 3.

解 应填 $R=8$.

因为 $\dfrac{1}{2^n}>\sin\dfrac{1}{2^n}$,所以所给的系数均为正.考虑

$$\lim_{n\to\infty}\frac{\dfrac{1}{2^{n+1}}-\sin\dfrac{1}{2^{n+1}}}{\dfrac{1}{2^n}-\sin\dfrac{1}{2^n}},$$

将 $\dfrac{1}{2^n}$ 改记为 x,便于使用洛必达法则.

$$\lim_{x\to 0}\frac{\dfrac{x}{2}-\sin\dfrac{x}{2}}{x-\sin x}=\lim_{x\to 0}\frac{\dfrac{1}{2}-\dfrac{1}{2}\cos\dfrac{x}{2}}{1-\cos x}=\frac{1}{2}\lim_{x\to 0}\frac{\dfrac{1}{2}\sin\dfrac{x}{2}}{\sin x}$$

$$=\frac{1}{8}.$$

所以幂级数

$$\sum_{n=1}^{\infty}\left(\frac{1}{2^n}-\sin\frac{1}{2^n}\right)x^n$$

的收敛半径 $R=8$.

例 3 幂级数 $\sum\limits_{n=1}^{\infty}\dfrac{2+(-1)^n\sin n}{n}x^n$ 的收敛半径、收敛域分别为___,___.

解 应填 $R=1$,收敛域为 $[-1,1)$.

由

$$\frac{1}{n}|x|^n\leqslant\left|\frac{2+(-1)^n\sin n}{n}x^n\right|\leqslant\frac{3}{n}|x|^n,$$

当 $|x|<1$ 时,$\sum\limits_{n=1}^{\infty}\dfrac{3}{n}|x|^n$ 绝对收敛,所以 $\sum\limits_{n=1}^{\infty}\dfrac{2+(-1)^n\sin n}{n}x^n$ 绝对收敛.当 $|x|>1$ 时,

$\sum\limits_{n=1}^{\infty}\dfrac{1}{n}|x|^n$ 发散,所以当 $|x|>1$ 时,$\sum\limits_{n=1}^{\infty}\dfrac{1}{n}x^n$ 发散,从而知,当 $|x|>1$ 时,

$$\sum_{n=1}^{\infty}\frac{2+(-1)^n\sin n}{n}x^n$$

发散.由阿贝尔关于收敛半径的理论知,所给幂级数的收敛半径 $R=1$,收敛区间为 $(-1,1)$.

再看 $x=1$ 处,$\dfrac{2+(-1)^n\sin n}{n}>\dfrac{1}{n}$,而 $\sum\limits_{n=1}^{\infty}\dfrac{1}{n}$ 发散,所以 $\sum\limits_{n=1}^{\infty}\dfrac{2+(-1)^n\sin n}{n}$ 发散.

在 $x=-1$ 处，$\sum\limits_{n=1}^{\infty}\dfrac{2(-1)^n}{n}$ 收敛，而将级数

$$\sum_{n=1}^{\infty}\frac{\sin n}{n}$$

看成 $\sum\limits_{n=1}^{\infty}\alpha_n\beta_n, \alpha_n=\dfrac{1}{n}$ 单调减少趋于零，$\beta_n=\sin n$，可以证明（见［注］）：

$$|B_n|=\left|\sum_{m=1}^{n}\beta_m\right|\text{有界}, n=1,2,\cdots.$$

由 8.1 节的例 15 的［注］知，此级数满足该处的条件(D_1)与(D_2)，所以级数 $\sum\limits_{n=1}^{\infty}\dfrac{\sin n}{n}$ 收敛.

所以该幂级数的收敛域为$[-1,1)$.

［注］ 用欧拉公式，$\sin m$ 为 $\mathrm{e}^{\mathrm{i}m}$ 的虚部：$\sin m=\mathrm{I}(\mathrm{e}^{\mathrm{i}m})$，

$$\begin{aligned}\sum_{m=1}^{n}\sin m&=\sum_{m=1}^{n}\mathrm{I}(\mathrm{e}^{\mathrm{i}m})=\mathrm{I}\Big(\sum_{m=1}^{n}\mathrm{e}^{\mathrm{i}m}\Big)\\&=\mathrm{I}\Big(\frac{\mathrm{e}^{\mathrm{i}}(1-\mathrm{e}^{\mathrm{i}n})}{1-\mathrm{e}^{\mathrm{i}}}\Big)=\mathrm{I}\Big(\frac{(\cos 1+\mathrm{i}\sin 1)(1-\cos n+\mathrm{i}\sin n)}{(1-\cos 1)+\mathrm{i}\sin 1}\Big)\\&=\mathrm{I}\Big(\frac{(\cos 1+\mathrm{i}\sin 1)(1-\cos n+\mathrm{i}\sin n)((1-\cos 1)-\mathrm{i}\sin 1)}{(1-\cos 1)^2+\sin^2 1}\Big).\end{aligned}$$

显然分母为某一常数且不为 0，分子展开取虚部，显然只有有限项（项数与 n 无关），每项仅是一些正弦、余弦，故其界与 n 无关，即 $\left|\sum\limits_{m=1}^{n}\sin m\right|\leqslant K$（与 n 无关）.

例 4 幂级数 $\sum\limits_{n=1}^{\infty}\dfrac{2^n}{(3^n+2^n)n}x^n$ 的收敛半径、收敛区间与收敛域分别为____，____，____.

解 应填 $\dfrac{3}{2},\left(-\dfrac{3}{2},\dfrac{3}{2}\right),\left[-\dfrac{3}{2},\dfrac{3}{2}\right)$.

$$\lim_{n\to\infty}\frac{\dfrac{2^{n+1}}{3^{n+1}+2^{n+1}}\cdot\dfrac{1}{n+1}}{\dfrac{2^n}{3^n+2^n}\cdot\dfrac{1}{n}}=\lim_{n\to\infty}\frac{2(3^n+2^n)}{3^{n+1}+2^{n+1}}$$

$$=\lim_{n\to\infty}\frac{2\left(1+\left(\dfrac{2}{3}\right)^n\right)}{3+\left(\dfrac{2}{3}\right)^n\cdot 2}=\frac{2}{3}.$$

所以收敛半径 $R=\dfrac{3}{2}$，收敛区间为 $\left(-\dfrac{3}{2},\dfrac{3}{2}\right)$.

考察区间端点处的敛散性. 在 $x=\dfrac{3}{2}$ 处，代入通项，有

$$\frac{3^n}{(3^n+2^n)n}=\frac{1}{\left(1+\left(\dfrac{2}{3}\right)^n\right)n}>\frac{1}{2n},$$

因 $\sum\limits_{n=1}^{\infty}\dfrac{1}{2n}$ 发散，所以在 $x=\dfrac{3}{2}$ 处该幂级数发散.

在另一端点 $x = -\dfrac{3}{2}$ 处，通项成为

$$(-1)^n \frac{1}{\left(1 + \left(\frac{2}{3}\right)^n\right)n},$$

命

$$u_n = \frac{1}{\left(1 + \left(\frac{2}{3}\right)^n\right)n} > 0,$$

$\sum\limits_{n=1}^{\infty} (-1)^n u_n$ 为交错级数. $\lim\limits_{n\to\infty} u_n = 0$. 为考察 $\{u_n\}$ 是否单调减少，命

$$w(x) = (1 + b^x)x, x > 0, b = \frac{2}{3},$$

$$w'(x) = 1 + b^x + xb^x \ln b,$$

当 $x \to +\infty$ 时，$b^x \to 0$，$xb^x \ln b \to 0$（来自洛必达法则），于是

$$\lim_{x\to+\infty} w'(x) = 1 > 0,$$

故当 x 充分大时 $w'(x) > 0$，$w(x)$ 单调增，所以 $\{u_n\}$ 单调减，$\sum\limits_{n=1}^{\infty} (-1)^n u_n$ 满足莱布尼茨条件，收敛.

故收敛域为 $\left[-\dfrac{3}{2}, \dfrac{3}{2}\right)$.

例 5 设 $b_n = 1 + \dfrac{1}{2} + \cdots + \dfrac{1}{n}$，则幂级数 $\sum\limits_{n=1}^{\infty} \dfrac{x^n}{b_n}$ 的收敛半径、收敛区间、收敛域分别为 ____，____，____.

解 应填 $1, (-1, 1), [-1, 1)$.

$$\lim_{n\to\infty} \frac{\frac{1}{b_{n+1}}}{\frac{1}{b_n}} = \lim_{n\to\infty} \frac{b_n}{b_{n+1}} = \lim_{n\to\infty} \frac{b_{n+1} - \frac{1}{n+1}}{b_{n+1}} = 1 - \lim_{n\to\infty} \frac{1}{(n+1)b_{n+1}} = 1,$$

所以收敛半径 $R = 1$，收敛区间 $(-1, 1)$.

考察端点处. $x = -1$ 处，易见 $\sum\limits_{n=1}^{\infty} \dfrac{(-1)^n}{b_n}$ 满足莱布尼茨定理条件，收敛. 在 $x = 1$ 处，级数成为 $\sum\limits_{n=1}^{\infty} \dfrac{1}{b_n}$，以下证明此级数发散. 为此构造不等式. 当 $x > 0$ 时，由单调性易知有

$$\frac{x}{1+x} < \ln(1+x).$$

于是有

$$\frac{1}{1+k} < \ln\left(1 + \frac{1}{k}\right) = \ln(k+1) - \ln k,$$

$$\sum_{k=1}^{n-1} \frac{1}{1+k} < \ln n.$$

所以

$$b_n = 1 + \frac{1}{2} + \cdots + \frac{1}{n} = 1 + \sum_{k=1}^{n-1} \frac{1}{1+k} < 1 + \ln n < 2\ln n,$$

$$\frac{1}{b_n} > \frac{1}{2\ln n}.$$

从而知 $\sum\limits_{n=1}^{\infty} \frac{1}{b_n}$ 发散,该幂级数在 $x=1$ 处发散.所以该幂级数的收敛域为 $[-1,1)$.

例 6 求幂级数 $\sum\limits_{n=1}^{\infty} \left(\frac{\sin \pi (3+\sqrt{5})^n}{n} \right) x^n$ 的收敛半径、收敛区间与收敛域.

分析 正弦函数具有周期性.能否将 $\sin \pi (3+\sqrt{5})^n$ 化为 $\sin \pi \alpha^n$,其中 $|\alpha| < 1$,这样就容易求其收敛半径了.

解 令

$$M_n = (3+\sqrt{5})^n + (3-\sqrt{5})^n$$

$$= \sum_{k=0}^{n} C_n^k 3^{n-k} (\sqrt{5})^k + \sum_{k=0}^{n} C_n^k (-1)^k 3^{n-k} (\sqrt{5})^k$$

$$= \sum_{k=0}^{n} [1 + (-1)^k] C_n^k 3^{n-k} (\sqrt{5})^k,$$

当 k 为奇数时,上述和式中对应项为 0;当 k 为偶数时,$(1+(-1)^k)=2$,$(\sqrt{5})^k$ 为 5 的正整数幂.所以 M_n 为偶数 $(n=1,2,\cdots)$.因而

$$\sin \pi (3+\sqrt{5})^n = \sin \pi [M_n - (3-\sqrt{5})^n] = -\sin \pi (3-\sqrt{5})^n.$$

注意,$0 < 3-\sqrt{5} < 1$,原给幂级数成为

$$\sum_{n=1}^{\infty} \left(\frac{-\sin \pi (3-\sqrt{5})^n}{n} \right) x^n.$$

以下为书写简单起见,记 $\alpha = 3-\sqrt{5} > 0$.用通常求收敛半径的公式,

$$\lim_{n \to \infty} \left| \frac{-\dfrac{\sin \pi \alpha^{n+1}}{n+1}}{-\dfrac{\sin \pi \alpha^n}{n}} \right| = \lim_{n \to \infty} \frac{\pi \alpha^{n+1}}{\pi \alpha^n} = \alpha.$$

收敛半径 $R = \dfrac{1}{\alpha} = \dfrac{1}{3-\sqrt{5}}$,收敛区间为 $\left(\dfrac{-1}{3-\sqrt{5}}, \dfrac{1}{3-\sqrt{5}} \right)$.再分别考虑 $x = \dfrac{1}{\alpha}$ 与 $x = -\dfrac{1}{\alpha}$ 处级数的敛散性.

在 $x = \dfrac{1}{\alpha}$ 处,原级数成为

$$-\sum_{n=1}^{\infty} \frac{\sin \pi \alpha^n}{n} \cdot \frac{1}{\alpha^n}.$$

记 $u_n = \dfrac{\sin \pi \alpha^n}{\alpha^n}$,$\lim\limits_{n \to \infty} u_n = \pi$,所以当 $n >$ 某 n_0 时,$u_n > 1$,$\dfrac{u_n}{n} > \dfrac{1}{n}$,级数 $\sum\limits_{n=1}^{\infty} \dfrac{u_n}{n}$ 发散.故原级数在 $x = \dfrac{1}{\alpha}$ 处发散.

在 $x=-\dfrac{1}{\alpha}$ 处,原级数可写成

$$-\pi\sum_{n=1}^{\infty}\left(\frac{(-1)^n}{n}\cdot\frac{\sin\pi\alpha^n}{\pi\alpha^n}\right).\tag{8.28}$$

其中级数 $\displaystyle\sum_{n=1}^{\infty}\frac{(-1)^n}{n}$ 收敛,数列 $\left\{\dfrac{\sin\pi\alpha^n}{\pi\alpha^n}\right\}$ 单调且有界,由 8.1 节例 15 后的[注]中的阿贝尔判别法知,级数(8.28)收敛.故所给幂级数的收敛域为 $\left[-\dfrac{1}{\alpha},\dfrac{1}{\alpha}\right)$,即 $\left[-\dfrac{1}{3-\sqrt{5}},\dfrac{1}{3-\sqrt{5}}\right)$.

［注］　以上例 1～例 6 讨论收敛半径,特别讨论端点敛散性时,用到的方法对于一般数项级数的敛散性有同样的意义,请读者反复体会.

二、泰勒级数,函数展开成幂级数

函数展开成泰勒级数的形状及函数展开成泰勒级数的充要条件,是读者所熟知的,一般教科书上都有介绍.

函数展开成泰勒级数的方法有直接法与间接法.直接法就是代泰勒级数的公式,过程较繁,且要去判别余项趋于零这件事,有相当的难度.

间接展开法的基础在于展开式的唯一性.即:不论用什么方法去展开,只要展开的函数确定,展开点确定,则其展开成的幂级数

$$f(x)=\sum_{n=0}^{\infty}a_n(x-x_0)^n,\ |x-x_0|<R$$

必是 $f(x)$ 的泰勒级数

$$f(x)=\sum_{n=0}^{\infty}\frac{f^{(n)}(x_0)}{n!}(x-x_0)^n,\ |x-x_0|<R,\tag{8.29}$$

即必定

$$a_n=\frac{1}{n!}f^{(n)}(x_0),n=0,1,2,\cdots.\tag{8.30}$$

在此基础上,利用五个基本展开式及幂级数的变量替换、四则运算及分析运算得到幂级数的展开式.

五个基本展开式是:

① $e^x=\displaystyle\sum_{n=0}^{\infty}\frac{x^n}{n!},\ -\infty<x<+\infty;$ 　(8.31)

② $\sin x=\displaystyle\sum_{n=0}^{\infty}\frac{(-1)^n x^{2n+1}}{(2n+1)!},\ -\infty<x<+\infty;$ 　(8.32)

③ $\cos x=\displaystyle\sum_{n=0}^{\infty}\frac{(-1)^n x^{2n}}{(2n)!},\ -\infty<x<+\infty;$ 　(8.33)

④ $\ln(1+x)=\displaystyle\sum_{n=1}^{\infty}(-1)^{n-1}\frac{x^n}{n},\ -1<x\leqslant1;$ 　(8.34)

⑤ $(1+x)^m=1+\displaystyle\sum_{n=1}^{\infty}\frac{m(m-1)\cdots(m-n+1)}{n!}x^n.$ 　(8.35)

⑤的收敛域如下:

当 m 为 0 或正整数时,⑤为有限项,即二项式定理;

当 $m \neq 0, m \neq$ 正整数时,收敛区间均为$(-1,1)$,在 $x = \pm 1$ 处敛散如下表.

	$m > 0$	绝对收敛
$x = 1$ 处	$0 > m > -1$	条件收敛
	$m \leqslant -1$	发散
$x = -1$ 处	$m > 0$	绝对收敛
	$m < 0$	发散

常用的下式是⑤的一种特殊情形:

⑤₁
$$\frac{1}{1+x} = \sum_{n=0}^{\infty} (-1)^n x^n, \quad -1 < x < 1. \tag{8.36}$$

以上几个展开式,式后注明的都是它的收敛域.

如何使用变量替换、四则运算以及分析运算以获得 $f(x)$ 的幂级数的展开式并确定相应的收敛域,请见例子.

例 7 函数 $f(x) = \dfrac{1}{x^2}$ 展开成 $x-2$ 的幂级数及成立范围分别为____,____.

解 应填 $\dfrac{1}{x^2} = \sum_{n=1}^{\infty} \dfrac{(-1)^{n+1} n}{2^{n+1}} (x-2)^{n-1}, 0 < x < 4.$

方法 1 命 $g(x) = \dfrac{1}{x}, f(x) = -g'(x).$

$$g(x) = \frac{1}{x} = \frac{1}{2 + (x-2)} = \frac{1}{2} \cdot \frac{1}{1 + \dfrac{x-2}{2}}$$

$$= \frac{1}{2} \sum_{n=0}^{\infty} (-1)^n \left(\frac{x-2}{2}\right)^n = \sum_{n=0}^{\infty} \frac{(-1)^n}{2^{n+1}} (x-2)^n, \quad -2 < x-2 < 2.$$

$$f(x) = -g'(x) = -\sum_{n=1}^{\infty} \frac{(-1)^n n}{2^{n+1}} (x-2)^{n-1}$$

$$= \sum_{n=1}^{\infty} \frac{(-1)^{n+1} n}{2^{n+1}} (x-2)^{n-1}, \quad 0 < x < 4.$$

方法 2 直接利用式(8.35).

$$f(x) = \frac{1}{x^2} = \frac{1}{(2 + (x-2))^2} = \frac{1}{4} \cdot \frac{1}{\left(1 + \dfrac{x-2}{2}\right)^2}$$

$$= \frac{1}{4} \left(1 + \frac{x-2}{2}\right)^{-2}$$

$$= \frac{1}{4} \left[1 + \sum_{n=1}^{\infty} \frac{-2(-3)\cdots(-2-(n-1))}{n!} \left(\frac{x-2}{2}\right)^n\right]$$

$$= \frac{1}{4} \left[1 + \sum_{n=1}^{\infty} \frac{(-1)^n (n+1)!}{n! 2^n} (x-2)^n\right]$$

$$= \frac{1}{4} \left[1 + \sum_{n=1}^{\infty} \frac{(-1)^n (n+1)}{2^n} (x-2)^n\right]$$

$$= \sum_{n=1}^{\infty} \frac{(-1)^{n+1} n}{2^{n+1}} (x-2)^{n-1}, \quad -2 < x-2 < 2, \text{即} \ 0 < x < 4.$$

例 8 设 $f(x) = \dfrac{x}{1-x-x^2}$，则 $f(x)$ 展开成的 x 的幂级数（即麦克劳林级数）及成立范围分别为____，____.

解 应填 $f(x) = \dfrac{1}{\sqrt{5}} \sum\limits_{n=0}^{\infty} \left[\left(\dfrac{1+\sqrt{5}}{2} \right)^{n+1} + (-1)^n \left(\dfrac{\sqrt{5}-1}{2} \right)^{n+1} \right] x^{n+1}$，$|x| < \dfrac{\sqrt{5}-1}{2}$.

命 $1-x-x^2=0$，即 $x^2+x-1=0$.

解得

$$x_1 = \alpha = \frac{-1+\sqrt{5}}{2} > 0, \quad x_2 = \beta = \frac{-1-\sqrt{5}}{2} < 0.$$

从而

$$f(x) = \frac{x}{\sqrt{5}} \left(\frac{1}{\alpha - x} - \frac{1}{\beta - x} \right)$$

$$= \frac{x}{\sqrt{5}\alpha} \sum_{n=0}^{\infty} \left(\frac{x}{\alpha} \right)^n - \frac{x}{\sqrt{5}\beta} \sum_{n=0}^{\infty} \left(\frac{x}{\beta} \right)^n$$

$$= \frac{1}{\sqrt{5}} \sum_{n=0}^{\infty} \left(\frac{1}{\alpha^{n+1}} - \frac{1}{\beta^{n+1}} \right) x^{n+1}$$

$$= \frac{1}{\sqrt{5}} \sum_{n=0}^{\infty} \left[\left(\frac{1+\sqrt{5}}{2} \right)^{n+1} + (-1)^n \left(\frac{\sqrt{5}-1}{2} \right)^{n+1} \right] x^{n+1},$$

因为 $|\beta| > \alpha > 0$，所以上式成立的范围为 $|x| < \dfrac{\sqrt{5}-1}{2}$.

例 9 设

$$f(x) = \begin{cases} \dfrac{\ln(1+x)}{x(1+x)}, & \text{当} -1 < x < +\infty, x \neq 0; \\ 1, & \text{当} x = 0, \end{cases}$$

则 $f(x)$ 展开成的麦克劳林级数及成立的范围分别为____，____.

解 应填 $f(x) = \sum\limits_{n=1}^{\infty} (-1)^{n-1} \left(1 + \dfrac{1}{2} + \dfrac{1}{3} + \cdots + \dfrac{1}{n} \right) x^{n-1}$，成立范围为 $-1 < x < 1$.

由式 (8.34) 及式 (8.36)，

$$\ln(1+x) = \sum_{m=1}^{\infty} (-1)^{m-1} \frac{x^m}{m}, \quad -1 < x \leqslant 1,$$

$$\frac{1}{1+x} = \sum_{k=0}^{\infty} (-1)^k x^k, \quad -1 < x < 1.$$

由幂级数乘法公式[注]

$$\frac{\ln(1+x)}{1+x} = \left(\sum_{k=0}^{\infty} (-1)^k x^k \right) \left(\sum_{m=1}^{\infty} \frac{(-1)^{m-1}}{m} x^m \right)$$

$$= \sum_{n=1}^{\infty} \left(\sum_{m=1}^{n} (-1)^{n-m} (-1)^{m-1} \frac{1}{m} \right) x^n$$

$$= \sum_{n=1}^{\infty} (-1)^{n-1} \left(\sum_{m=1}^{n} \frac{1}{m} \right) x^n$$

$$= \sum_{n=1}^{\infty}(-1)^{n-1}\left(1+\frac{1}{2}+\frac{1}{3}+\cdots+\frac{1}{n}\right)x^n, -1 < x < 1.$$

所以

$$\frac{\ln(1+x)}{x(1+x)} = \sum_{n=1}^{\infty}(-1)^{n-1}\left(1+\frac{1}{2}+\frac{1}{3}+\cdots+\frac{1}{n}\right)x^{n-1}, -1 < x < 1, x \neq 0.$$

上述级数当 $x=0$ 时收敛于 1, 所以

$$\sum_{n=1}^{\infty}(-1)^{n-1}\left(1+\frac{1}{2}+\frac{1}{3}+\cdots+\frac{1}{n}\right)x^{n-1}$$

$$= \begin{cases} \dfrac{\ln(1+x)}{x(1+x)}, & \text{当}-1 < x < 1, x \neq 0; \\ 1, & \text{当 } x = 0. \end{cases}$$

所以

$$f(x) = \sum_{n=1}^{\infty}(-1)^{n-1}\left(1+\frac{1}{2}+\frac{1}{3}+\cdots+\frac{1}{n}\right)x^{n-1}, \text{当}-1 < x < 1.$$

$f(x)$ 在 $x>-1$ 时虽有定义, 但其麦克劳林展开式却只能在 $-1 < x < 1$ 内成立.

[**注**] 设 $f(x) = \sum_{k=0}^{\infty}a_k x^k$, 收敛区间为 $(-R_a, R_a)$,

$g(x) = \sum_{m=0}^{\infty}b_m x^m$, 收敛区间为 $(-R_b, R_b)$.

记 $R = \min(R_a, R_b)$, 则 $f(x)g(x)$ 的麦克劳林展开式及收敛区间为

$$f(x)g(x) = \left(\sum_{k=0}^{\infty}a_k x^k\right)\left(\sum_{m=0}^{\infty}b_m x^m\right)$$

$$= \sum_{n=0}^{\infty}\left(\sum_{k+m=n}a_k b_m\right)x^n, \quad |x| < R.$$

或写成

$$f(x)g(x) = \left(\sum_{k=0}^{\infty}a_k x^k\right)\left(\sum_{m=0}^{\infty}b_m x^m\right)$$

$$= \sum_{n=0}^{\infty}\left(\sum_{m=0}^{n}a_{n-m} b_m\right)x^n, \quad |x| < R. \tag{8.37}$$

这称为幂级数的乘法公式.

例 10 设 $f(x) = \arctan\dfrac{1-2x}{1+2x}$, 则 $f(x)$ 的麦克劳林展开式与成立的范围分别为____,

____.

解 应填

$$\arctan\frac{1-2x}{1+2x} = \frac{\pi}{4} + 2\sum_{n=0}^{\infty}(-1)^{n+1}4^n\frac{x^{2n+1}}{2n+1}, -\frac{1}{2} < x \leqslant \frac{1}{2}.$$

由

$$f'(x) = -\frac{2}{1+4x^2} = -2\sum_{n=0}^{\infty}(-1)^n(4x^2)^n = -2\sum_{n=0}^{\infty}(-1)^n 4^n x^{2n}, |4x^2| < 1.$$

从而由逐项积分[注 1],

$$\arctan\frac{1-2x}{1+2x} = f(x) = f(0) + \int_0^x f'(x)\mathrm{d}x$$

$$= \frac{\pi}{4} + \int_0^x \left(-2 \sum_{n=0}^{\infty} (-1)^n 4^n x^{2n} \right) \mathrm{d}x$$

$$= \frac{\pi}{4} + 2 \sum_{n=0}^{\infty} (-1)^{n+1} 4^n \int_0^x x^{2n} \mathrm{d}x$$

$$= \frac{\pi}{4} + 2 \sum_{n=0}^{\infty} (-1)^{n+1} 4^n \frac{x^{2n+1}}{2n+1}, \quad -\frac{1}{2} < x < \frac{1}{2}. \tag{8.38}$$

逐项积分之后,收敛半径不变,收敛域不会缩小[注 2].那么会不会扩大到区间端点呢? 讨论如下[注 3]:

①式(8.38)右边级数在 $x = \frac{1}{2}$ 处成为

$$\frac{\pi}{4} + \sum_{n=0}^{\infty} \frac{(-1)^{n+1}}{2n+1},$$

它收敛.由幂级数的理论知,幂级数

$$\frac{\pi}{4} + 2 \sum_{n=0}^{\infty} (-1)^{n+1} 4^n \frac{x^{2n+1}}{2n+1}$$

的和函数在 $x = \frac{1}{2}$ 处连续.从而将式(8.38)右边命 $x \to \frac{1}{2}^-$ 取极限,有

$$\lim_{x \to \frac{1}{2}^-} \left(\frac{\pi}{4} + 2 \sum_{n=0}^{\infty} (-1)^{n+1} 4^n \frac{x^{2n+1}}{2n+1} \right)$$

$$= \frac{\pi}{4} + \sum_{n=0}^{\infty} \frac{(-1)^{n+1}}{2n+1}.$$

②将式(8.38)左边命 $x \to \frac{1}{2}^-$ 取极限,由于 $f(x) = \arctan \frac{1-2x}{1+2x}$ 在 $x = \frac{1}{2}$ 处左连续,所以

$$\lim_{x \to \frac{1}{2}^-} f(x) = \lim_{x \to \frac{1}{2}^-} \arctan \frac{1-2x}{1+2x} = \arctan 0 = 0.$$

所以,将式(8.38)左、右两边同时命 $x \to \frac{1}{2}^-$ 取极限,得

$$0 = \frac{\pi}{4} + \sum_{n=0}^{\infty} \frac{(-1)^{n+1}}{2n+1}. \tag{8.39}$$

说明式(8.39)左、右两边同时以 $x = \frac{1}{2}$ 代入仍成立.即式(8.38)成立的范围可扩大到区间 $\left(-\frac{1}{2}, \frac{1}{2} \right]$.

至于在 $x = -\frac{1}{2}$ 处,虽然式(8.38)右边级数收敛,级数在该点连续:

$$\lim_{x \to -\frac{1}{2}^+} \left(\frac{\pi}{4} + 2 \sum_{n=0}^{\infty} (-1)^{n+1} 4^n \frac{x^{2n+1}}{2n+1} \right)$$

$$= \frac{\pi}{4} + 2 \sum_{n=0}^{\infty} (-1)^{n+1} 4^n \frac{\left(-\frac{1}{2} \right)^{2n+1}}{2n+1}$$

$$= \frac{\pi}{4} + \sum_{n=0}^{\infty} \frac{(-1)^n}{2n+1},$$

但式(8.38)左边函数 $\arctan\dfrac{1-2x}{1+2x}$ 在 $x=-\dfrac{1}{2}$ 处无定义,故式(8.38)的成立范围不可能扩大到 $x=-\dfrac{1}{2}$ 处. 最后结论是

$$\arctan\frac{1-2x}{1+2x}=\frac{\pi}{4}+2\sum_{n=0}^{\infty}(-1)^{n+1}4^n\frac{x^{2n+1}}{2n+1},\ -\frac{1}{2}<x\leqslant\frac{1}{2}. \tag{8.40}$$

[**注 1**] 设 $f'(x)=\displaystyle\sum_{n=0}^{\infty}a_n(x-x_0)^n$,

则
$$f(x)=f(x_0)+\int_{x_0}^{x}f'(x)\mathrm{d}x=f(x_0)+\int_{x_0}^{x}\sum_{n=0}^{\infty}a_n(x-x_0)^n\mathrm{d}x$$

$$=f(x_0)+\sum_{n=0}^{\infty}a_n\int_{x_0}^{x}(x-x_0)^n\mathrm{d}x$$

$$=f(x_0)+\sum_{n=0}^{\infty}\frac{a_n}{n+1}(x-x_0)^{n+1}. \tag{8.41}$$

在此,积分用变限定积分,下限取展开点 x_0.

[**注 2**] 如上,设 $f'(x)=\displaystyle\sum_{n=0}^{\infty}a_n(x-x_0)^n$ 的收敛域为 $x_0-R\leqslant x<x_0+R$,则逐项积分之后的式(8.41),收敛半径仍是 R,收敛域不会缩小,例如设原来左端点 x_0-R 处收敛,则式(8.41)在此点仍收敛. 原来在 x_0+R 处发散,式(8.41)在此点可能仍发散,也可能变为收敛. 如何判断,请看[注 3].

[**注 3**] 设如上,能否扩大到端点 x_0+R 处,要检查两项:①若在端点处级数(8.41)收敛;②并且 $f(x)$ 在此点连续(左端点处右连续,右端点处左连续),则展开式(8.41)在此点也成立,即成立范围可扩大到此端点. 一般的证明也如同本例所做的①②那样.

如果仅是级数收敛(如本例 x_0-R 处那样),函数在此点无定义或不连续,则成立范围就不能扩大到此点. 但若函数在此点存在极限并以此补充函数的定义,则式(8.41)的成立范围可扩大到此点.

[**注 4**] 逐项求导为逐项积分之逆. 设

$$g(x)=\sum_{n=0}^{\infty}a_n(x-x_0)^n \tag{8.42}$$

在级数的收敛域 $(x_0-R,x_0+R]$ 上成立,逐项求导之后:

$$g'(x)=\sum_{n=1}^{\infty}a_n n(x-x_0)^{n-1}, \tag{8.43}$$

收敛半径不变,收敛域不会扩大. 式(8.42)在 x_0+R 处成立,逐项求导后的式(8.43)在 x_0+R 处是否也成立呢? 也要检查两项:① 如果式(8.43)右边级数在 x_0+R 处收敛,②式(8.43)左边函数 $g'(x)$ 在 x_0+R 处连续,则在端点 x_0+R 处,式(8.43)仍保持成立. 两项里只要有一项不成立,则式(8.43)在该点处就不再保持成立了.

例 11 设常数 b 满足 $b^2<1$,函数 $f(x)=\dfrac{x+1}{x^2-2bx+1}$,(Ⅰ)求 $f(x)$ 展开的麦克劳林级数 $\displaystyle\sum_{n=0}^{\infty}a_n x^n$,并求该幂级数的收敛半径、收敛区间与收敛域;(Ⅱ)并请证明在该收敛域

内该幂级数的确收敛于 $f(x)$.

分析 分母为二次式的有理真分式函数展开成麦克劳林级数的题,教科书的习题中一般只提到分母可因子分解,将它拆成分母为一次式的两个真分式之和,然后利用公式展开,这就是所谓间接展开法.但本题的条件 $b^2 < 1$,限制了实数范围内因子分解.对于本题,下面介绍两个方法.一是将分母用复系数因子分解,仿照实系数那样拆成两项之和,然后利用欧拉公式仿实系数那样展开;另一方法是直接展开法,求出系数 $a_n (n=0,1,2,\cdots)$ 及余项,再求出收敛域并证明在收敛域内当 $n \to \infty$ 时余项趋于 0.其中方法 2 有相当技巧但并不比第一种方法繁琐,甚至更简洁,并且可推广到分母为一般的二次三项式中去(见本例解完后的[**注**]).

解 方法 1 （Ⅰ）用间接法,将 $f(x)$ 拆项成为

$$\frac{x+1}{x^2 - 2bx + 1} = \frac{1}{2(1-b)} \left(\frac{1 - b + \mathrm{i}\sqrt{1-b^2}}{x - (b - \mathrm{i}\sqrt{1-b^2})} + \frac{1 - b - \mathrm{i}\sqrt{1-b^2}}{x - (b + \mathrm{i}\sqrt{1-b^2})} \right)$$

命 $\qquad\qquad \cos\varphi = b$,有 $\sin\varphi = \sqrt{1-b^2}$,

其中当 $0 \leqslant b < 1$ 时取 $0 < \varphi \leqslant \frac{\pi}{2}$;当 $-1 < b \leqslant 0$ 时取 $\frac{\pi}{2} \leqslant \varphi < \pi$.再用欧拉公式,于是有

$$\frac{x+1}{x^2 - 2bx + 1} = \frac{1}{2(1-b)} \left(\frac{1 - \mathrm{e}^{-\mathrm{i}\varphi}}{x - \mathrm{e}^{-\mathrm{i}\varphi}} + \frac{1 - \mathrm{e}^{\mathrm{i}\varphi}}{x - \mathrm{e}^{\mathrm{i}\varphi}} \right)$$

$$= \frac{1}{2(1-b)} \left(\frac{1 - \mathrm{e}^{\mathrm{i}\varphi}}{1 - x\mathrm{e}^{\mathrm{i}\varphi}} + \frac{1 - \mathrm{e}^{-\mathrm{i}\varphi}}{1 - x\mathrm{e}^{-\mathrm{i}\varphi}} \right)$$

$$= \frac{1}{2(1-b)} \sum_{n=0}^{\infty} \left[(1 - \mathrm{e}^{\mathrm{i}\varphi})\mathrm{e}^{\mathrm{i}n\varphi} + (1 - \mathrm{e}^{-\mathrm{i}\varphi})\mathrm{e}^{-\mathrm{i}n\varphi} \right] x^n$$

$$= \frac{1}{2(1-b)} \sum_{n=0}^{\infty} 2(\cos n\varphi - \cos(n+1)\varphi) x^n$$

$$= \frac{2}{1-b} \sum_{n=0}^{\infty} \left(\sin\frac{(2n+1)\varphi}{2} \sin\frac{\varphi}{2} \right) x^n,$$

$\left(\text{特别},若 b = \frac{1}{2},则上式右端} = 2\sum_{n=0}^{\infty} \left(\sin\frac{(2n+1)\pi}{6} \right) x^n \right).$

当 $|x| < 1$ 时,存在 $r \in (0,1)$,使 $|x| < r < 1$. $\sum_{n=0}^{\infty} r^n$ 收敛,所以上面所展开的麦克劳林级数绝对收敛.当 $|x| = 1$ 时,该级数的通项成振荡型,$n \to \infty$ 时不趋于零,所以所展开的幂级数当 $|x| = 1$ 时发散.所以所展开的麦克劳林级数的收敛半径为 1,收敛区间 = 收敛域 $= (-1,1)$.

（Ⅱ）该展开式的成立范围当然也是 $(-1,1)$,这是因为每一步在 $(-1,1)$ 内都成立,且当 $x = \pm 1$ 时右边级数已无定义了,所以等式当然也只在 $(-1,1)$ 内成立.

方法 2 （Ⅰ）用直接法,求

$$f(x) = \frac{x+1}{x^2 - 2bx + 1}$$

的各阶导数.有 $f(0) = 1, f'(0) = 1 + 2b$.又

$$f(x)(x^2 - 2bx + 1) = x + 1,$$

两边对 x 求 n 阶导数,由高阶导数的莱布尼茨公式,有

$$f^{(n)}(x)(x^2 - 2bx + 1) + nf^{(n-1)}(x)(2x - 2b) + \frac{n(n-1)}{2}f^{(n-2)}(x) \cdot 2 = 0.$$

再命

$$a_n(x) = \frac{f^{(n)}(x)}{n!}, \quad n = 0, 1, 2, \cdots$$

有 $\qquad a_0(0) = 1, a_1(0) = 1 + 2b,$

$$a_n(x)(x^2 - 2bx + 1) + a_{n-1}(x)(2x - 2b) + a_{n-2}(x) = 0, \quad \text{当 } n \geq 2, \quad (8.44)_x$$

命 $x = 0$,上式成为

$$a_n(0) - 2ba_{n-1}(0) + a_{n-2}(0) = 0, \quad n \geq 2. \tag{8.44}_0$$

将它看成以 $a_n = a_n(0)$ 关于 n 的二阶常系数线性齐次差分方程,其对应的特征方程为

$$\lambda^2 - 2b\lambda + 1 = 0,$$

特征根

$$\lambda_{1,2} = \alpha \pm \mathrm{i}\beta, \ \alpha = b, \ \beta = \sqrt{1 - b^2},$$

引入

$$r = \sqrt{\alpha^2 + \beta^2} = 1, \ \cos\varphi = b, \ \sin\varphi = \sqrt{1 - b^2},$$

当 $0 \leq b < 1$ 时取 $0 < \varphi \leq \frac{\pi}{2}$;当 $-1 < b \leq 0$ 时取 $\frac{\pi}{2} \leq \varphi < \pi$. 上述差分方程的通解为

$$a_n(0) = (C_1 \cos n\varphi + C_2 \sin n\varphi).$$

由 $a_0(0) = 1$ 及 $a_1(0) = 1 + 2b$,推得

$$1 = a_0(0) = C_1, \ 1 + 2b = a_1(0) = C_1 \cos\varphi + C_2 \sin\varphi,$$

注意到 $\cos\varphi = b, \sin\varphi = \sqrt{1 - b^2}$,于是

$$C_1 = 1, \ C_2 = \frac{1 + b}{\sqrt{1 - b^2}},$$

从而

$$\begin{aligned}
a_n(0) &= \frac{1}{1 - b}\left[(1 - b)\cos n\varphi + \sqrt{1 - b^2}\sin n\varphi\right] \\
&= \frac{1}{1 - b}\left[\cos n\varphi - (\cos\varphi\cos n\varphi - \sin\varphi\sin n\varphi)\right] \\
&= \frac{1}{1 - b}\left[\cos n\varphi - \cos(n + 1)\varphi\right] = \frac{2}{1 - b}\sin\frac{(2n + 1)\varphi}{2}\sin\frac{\varphi}{2}.
\end{aligned}$$

将此系数代入 $\sum\limits_{n=0}^{\infty} a_n(0)x^n$,所得麦克劳林级数与由方法 1 得到的完全一致.

(Ⅱ)以下证明:当 $n \to \infty$ 时余项 $R_n(x)$ 的极限趋于零,即

$$\lim_{n \to \infty} R_n(x) = 0.$$

为此,应求出 $f^{(n)}(x)$ 或 $a_n(x) = \dfrac{f^{(n)}(x)}{n!}$. 利用 $(8.44)_x$,将其中的 x 看成参数(常数),它对应的特征方程为

$$(x^2 - 2bx + 1)\lambda^2 + 2(x - b)\lambda + 1 = 0,$$

特征根

$$\lambda_{1,2} = \frac{-(x-b) \pm \sqrt{(x-b)^2 - (x^2 - 2bx + 1)}}{x^2 - 2bx + 1}$$

$$= \frac{-(x-b) \pm \mathrm{i}\sqrt{1-b^2}}{x^2 - 2bx + 1} \xrightarrow{\text{记为}} \alpha(x) \pm \mathrm{i}\beta(x),$$

其中

$$\alpha(x) = -\frac{x-b}{x^2 - 2bx + 1}, \quad \beta(x) = \frac{\sqrt{1-b^2}}{x^2 - 2bx + 1},$$

引入

$$r(x) = \sqrt{\alpha^2(x) + \beta^2(x)} = \frac{1}{\sqrt{x^2 - 2bx + 1}},$$

$$\cos\varphi(x) = \frac{\alpha(x)}{r(x)} = -\frac{x-b}{\sqrt{x^2 - 2bx + 1}}, \sin\varphi(x) = \frac{\sqrt{1-b^2}}{\sqrt{x^2 - 2bx + 1}}.$$

在下面的讨论中并不需要具体知道 $\varphi(x)$ 的具体的值.

于是 $(8.44)_x$ 的通解为

$$a_n(x) = (C_1 \cos n\varphi(x) + C_2 \sin n\varphi(x)) [r(x)]^n,$$

函数 $f(x)$ 所展开的麦克劳林级数的余项有多种形式,常用的有拉格朗日余项

$$R_n(x) = a_{n+1}(\theta x) x^{n+1},$$

与柯西余项

$$R_n(x) = (n+1) a_{n+1}(\theta x) (1-\theta)^n x^{n+1},$$

其中 $0 < \theta < 1, \theta$ 与 x、n 都可能有关. 上面 $a_n(x)$ 的表达式的第 1 个因子显然有界,所以在讨论 $n \to \infty$ 时余项是否趋于零,只要讨论当 $-1 < x < 1$ 时,是否或何处成立

$$\lim_{n \to \infty} [r(\theta x)]^{n+1} x^{n+1} = 0, \qquad (8.45)_L$$

$$\lim_{n \to \infty} (n+1) [r(\theta x)]^{n+1} (1-\theta)^n x^{n+1} = 0. \qquad (8.45)_C$$

下面来讨论此问题. 设 $0 \le b < 1$. 至于 $-1 < b \le 0$,是类似的,只要将 x 变换为 $x' = -x$ 讨论即可.

(1) 设 $-1 < x \le 0$,则 $r(\theta x) = \dfrac{1}{\sqrt{(\theta x)^2 - 2b(\theta x) + 1}} < 1$,所以由 $(8.45)_L$ 有 $\lim\limits_{n \to \infty} [r(\theta x)]^{n+1} x^{n+1} = 0$.

(2) 设 $0 < x < \sqrt{1-b^2}$,由于 $\sqrt{(\theta x)^2 - 2b(\theta x) + 1} = \sqrt{(\theta x - b)^2 + 1 - b^2} \ge \sqrt{1-b^2}$,所以

$$r(\theta x) = \frac{1}{\sqrt{(\theta x)^2 - 2b(\theta x) + 1}} \le \frac{1}{\sqrt{1-b^2}},$$

于是对于 $x_1 \in (0, \sqrt{1-b^2})$,有

$$\lim_{n \to \infty} [r(\theta x_1)]^{n+1} x_1^{n+1} = 0,$$

所以当 $0 < x < \sqrt{1-b^2}$ 时 $(8.45)_L$ 成立.

（3）以下考虑 $\sqrt{1-b^2}\leqslant x<1$ 情形，此时采用柯西余项，取其中因子

$$f(\theta,x) = r(\theta x)(1-\theta)x = \frac{(1-\theta)x}{\sqrt{(\theta x)^2 - 2b(\theta x) + 1}}$$

来讨论，分下面两种情况.

（3_1）设 $b\leqslant x<1$. 于是

$$x^2 - 1 < 0 < 2\theta x(1-b),$$

从而知

$$[(1-\theta)x]^2 < \theta^2 x^2 - 2b\theta x + 1,$$

所以

$$0 \leqslant f(\theta,x) = \frac{(1-\theta)x}{\sqrt{(\theta x)^2 - 2b(\theta x) + 1}} < 1,$$

对于 $[b,1)$ 内确定的 $x=x_1$，上述 $f(\theta,x_1)$ 是一个确定的值且小于 1，于是有

$$\lim_{n\to\infty}(n+1)r(\theta x_1)x_1[f(\theta,x_1)]^n = 0.$$

所以，如果 $b\leqslant\sqrt{1-b^2}$，那么当 $\sqrt{1-b^2}\leqslant x<1$ 必有 $b\leqslant x<1$，从而知相应的余项（当 $n\to\infty$ 时）趋于 0. 结合（1）、（2）、（3_1）讨论完毕.

（3_2）设 $\sqrt{1-b^2}<x<b$.

$$\frac{\partial f}{\partial\theta} = \frac{x[\theta(bx-x^2)-(1-bx)]}{[(\theta x)^2 - 2b(\theta x)+1]^{3/2}},$$

命 $\dfrac{\partial f}{\partial\theta}=0$，解得

$$\theta = \theta_0 = \frac{1-bx}{bx-x^2}.$$

由 $\sqrt{1-b^2}<x<b<1$ 知，$1-bx>0$，$bx-x^2=x(b-x)>0$，所以 $\theta_0>0$. 今证 $\theta_0>1$. 事实上，如果 $\theta_0\leqslant 1$，则有

$$0 < \frac{1-bx}{bx-x^2} \leqslant 1,$$

得

$$1-bx \leqslant bx-x^2, \quad 1-2bx+x^2 \leqslant 0.$$

得矛盾. 既然对 $b\leqslant x<1$ 内固定的 x，$f(\theta,x)$ 对 θ 的驻点 $\theta_0>1$，所以 $f(\theta,x)$ 在对 θ 的区间 $[0,1]$ 内单调. 又因 $f(0,x)=x$，$f(1,x)=0$. 所以 $f(\theta,x)$ 关于 θ，

$$\max_{1\leqslant\theta\leqslant 1} f(\theta,x) = x.$$

所以当 $0<\theta<1$，$\sqrt{1-b^2}<x<b$ 时，

$$f(\theta,x) = \frac{(1-\theta)x}{\sqrt{(\theta x)^2 - 2b(\theta x)+1}} < x,$$

因此对于 $0<x_1<1$，有 $f(\theta,x_1)<x_1$，

$$\lim_{n\to\infty}(n+1)r(\theta,x_1)x_1[f(\theta,x_1)]^n = 0.$$

那么当 $\sqrt{1-b^2}<b$ 时,由(1)、(2)、(3_2)的讨论知相应的余项(当 $n\to\infty$ 时)趋于 0. 证毕. 结论与方法 1 同.

[注 1] 当 $f(x)$ 的分母为一般的二次三项式 $Ax^2+Bx+C(B^2-4AC<0)$,都可以化成本例讨论的 $x^2-2bx+1(b^2<1)$. 事实上,由 $B^2-4AC<0$,故知 A 与 C 同号且均不为零. 由

$$Ax^2+Bx+C=C\Big(\frac{A}{C}x^2+\frac{B}{C}x+1\Big),$$

命 $u=\sqrt{\frac{A}{C}}x$,

$$Ax^2+Bx+C=C\Big(u^2+\frac{B}{\sqrt{AC}}u+1\Big)=C(u^2-2bu+1),$$

其中 $b=-\dfrac{B}{2\sqrt{AC}}$. 至于分子一次式是什么样的都无所谓,关于 u 展开成 u 的麦克劳林级数再回成 x 是很方便的.

[注 2] 如果 $B^2-4AC\geqslant 0$ 要用直接法去展,可按本例去做,见习题 33(Ⅰ).

[注 3] 本例由方法 2 得到麦克劳林级数

$$\sum_{n=0}^{\infty}a_n(0)x^n$$

后,也可以不去证(当 $n\to\infty$ 时)余项趋于 0,而去求和:

$$\sum_{n=0}^{\infty}a_n(0)x^n=S(x),$$

证明该和

$$S(x)=f(x).$$

求和时注意利用 $a_n(0)$ 的递推公式(8.44)。及初值 $a_0(0)=1$ 与 $a_1(0)=1+2b$. 作为习题请读者完成此注(参见本节例 16 中(8.53)的来源).

例 12 函数 $f(x)=\ln x$ 按 $\dfrac{x-1}{x+1}$ 的正整数幂展成的级数及成立范围分别为____,____.

分析 命 $\dfrac{x-1}{x+1}=u$,同时将 $f(x)$ 写成 $g(u)$,将 $g(u)$ 展成 u 的幂级数即可.

解 应填 $f(x)=\displaystyle\sum_{m=1}^{\infty}\frac{2}{2m-1}\Big(\frac{x-1}{x+1}\Big)^{2m-1}$,$x>0$.

命 $\dfrac{x-1}{x+1}=u$,解得 $x=\dfrac{1+u}{1-u}$,命 $g(u)=f(x)=f\Big(\dfrac{1+u}{1-u}\Big)$,于是

$$g(u)=\ln\frac{1+u}{1-u}=\ln(1+u)-\ln(1-u)$$
$$=\sum_{n=1}^{\infty}(-1)^{n-1}\frac{u^n}{n}+\sum_{n=1}^{\infty}\frac{u^n}{n}=\sum_{m=1}^{\infty}\frac{2}{2m-1}u^{2m-1},\ -1<u<1.$$

回到 x 便得如上所填.

[注] 在以上一系列运算过程中,定义域及展开式的成立范围是否改变,仔细讨论如下:

由 $f(x)=\ln x$,$x>0$. 命 $u=\dfrac{x-1}{x+1}$,于是看出

$$u = \frac{x-1}{x+1} = \frac{x+1-2}{x+1} = 1 - \frac{2}{x+1} < 1,$$

且

$$u = \frac{x-1}{x+1} = \frac{-x-1+2x}{x+1} = -1 + \frac{2x}{x+1} > -1,$$

所以 $-1 < u < 1$. 于是 $g(u)$ 可以写成

$$g(u) = \ln \frac{1+u}{1-u} = \ln(1+u) - \ln(1-u).$$

$$\ln(1+u) = \sum_{n=1}^{\infty} (-1)^{n-1} \frac{u^n}{n}, \quad -1 < u \leqslant 1,$$

$$\ln(1-u) = -\sum_{n=1}^{\infty} \frac{u^n}{n}, \qquad -1 \leqslant u < 1.$$

取其公共部分,所以

$$\ln \frac{1+u}{1-u} = \sum_{m=1}^{\infty} \frac{2}{2m-1} u^{2m-1}, \quad -1 < u < 1.$$

回到 $\ln x$,当 $-1 < u < 1$,有 $x > 0$. 于是

$$\ln x = \sum_{m=1}^{\infty} \frac{2}{2m-1} \left(\frac{x-1}{x+1} \right)^{2m-1}, x > 0.$$

三、幂级数的和函数,某些数项级数求和(之二)

设幂级数 $\sum\limits_{n=0}^{\infty} a_n (x - x_0)^n$ 的收敛域为 I.

$$S_n(x) = \sum_{m=0}^{n} a_m (x - x_0)^m,$$

极限

$$\lim_{n \to \infty} S_n(x) = S(x), x \in I$$

称为 $\sum\limits_{n=0}^{\infty} a_n (x - x_0)^n$ 的和函数,I 是和函数 $S(x)$ 的定义域. 原则上说,求和函数是函数展开成 $(x - x_0)$ 的幂级数的逆问题,且远比展开难.

求和函数的方法如同本节第二大段中所指出的,不外乎是使用变量替换、四则运算及分析运算,再由几个基本展开式(8.31)~式(8.36)获得和函数 $S(x)$.

本段中求数项级数的和的方法,大都是作一个幂级数,使在它的收敛域内某点处,该级数正好是要考虑的数项级数. 求出该幂级数的和函数,立即可得该数项级数的和.

例 13 求 $\sum\limits_{n=2}^{\infty} \frac{x^n}{n(n-1)}$ 的收敛域及和函数,

分析 按通常办法可求收敛域. 对照式(8.31)~式(8.36),与此幂级数最接近的是式(8.34)或式(8.36). 读者容易看出,将式(8.36)逐项积分便得式(8.34). 所以一般考虑式(8.34)即可. 以此对照,应设法消去所给级数通项中的分母 n. 通过逐项求导可达此目的.

解 由

$$\lim_{n \to \infty} \frac{\dfrac{1}{(n+1)n}}{\dfrac{1}{n(n-1)}} = 1,$$

知收敛半径 $R=1$，收敛区间 $(-1,1)$，收敛域 $[-1,1]$．命

$$S(x) = \sum_{n=2}^{\infty} \frac{x^n}{n(n-1)}, \quad -1 \leqslant x \leqslant 1. \tag{8.46}$$

方法 1　微分、积分法

$$S'(x) = \sum_{n=2}^{\infty} \frac{x^{n-1}}{n-1}$$

$$= \sum_{n=1}^{\infty} \frac{x^n}{n}, \quad -1 \leqslant x < 1. \tag{8.47}$$

至此不必再求导以消除通项分母中的 n，对照式(8.34)，

$$S'(x) = \sum_{n=1}^{\infty} \frac{x^n}{n} = \sum_{n=1}^{\infty} \frac{(-1)^n(-x)^n}{n} = -\ln(1-x), \quad -1 \leqslant x < 1.$$

从而

$$S(x) = S(0) + \int_0^x S'(t)\mathrm{d}t = 0 - \int_0^x \ln(1-t)\mathrm{d}t$$

$$= -t\ln(1-t)\Big|_0^x - \int_0^x \frac{t}{1-t}\mathrm{d}t$$

$$= -x\ln(1-x) + x + \ln(1-x)$$

$$= (1-x)\ln(1-x) + x, \quad -1 \leqslant x < 1. \tag{8.48}$$

注意，原幂级数(8.46)的收敛域是 $[-1,1]$，逐项求导后等式(8.47)的成立的范围为 $[-1,1)$，在 $x=1$ 处式(8.47)不成立，不能用式(8.47)来讨论 $S(1)$．

式(8.48)左边 $S(x)$ 是和函数，在 $x=1$ 处它收敛，所以 $S(x)$ 在 $x=1$ 处左连续，于是有

$$S(1) = \lim_{x \to 1^-} S(x) = \lim_{x \to 1^-} \big[(1-x)\ln(1-x) + x\big]$$

$$= \lim_{x \to 1^-} \frac{\ln(1-x)}{\dfrac{1}{1-x}} + 1 \xlongequal{\text{洛}} 0 + 1 = 1,$$

最后得

$$\sum_{n=2}^{\infty} \frac{x^n}{n(n-1)} = \begin{cases} (1-x)\ln(1-x) + x, & -1 \leqslant x < 1, \\ 1, & x = 1. \end{cases}$$

在此，$S(x)$ 是一个分段表达式．

方法 2　拆项求和法．

$$S(x) = \sum_{n=2}^{\infty} \frac{x^n}{n(n-1)} = \sum_{n=2}^{\infty} \left(\frac{1}{n-1} - \frac{1}{n}\right)x^n$$

$$= \sum_{n=2}^{\infty} \frac{x^n}{n-1} - \sum_{n=2}^{\infty} \frac{x^n}{n} \quad (-1 \leqslant x < 1) \tag{8.49}$$

$$= x \sum_{n=2}^{\infty} \frac{x^{n-1}}{n-1} - \sum_{n=2}^{\infty} \frac{x^n}{n}$$

$$= x \sum_{n=1}^{\infty} \frac{(-1)^n(-x)^n}{n} - \sum_{n=1}^{\infty} \frac{(-1)^n(-x)^n}{n} + x$$

$$= (1-x)\ln(1-x) + x, \qquad -1 \leqslant x < 1.$$

注意,拆项之后的式(8.49)成立的范围缩小了,因为式(8.49)右边两个级数在$x=1$处都不收敛. 此时求$S(1)$不能采取拆项而应该用定义如下:

$$S(1) = \lim_{m \to \infty} \sum_{n=2}^{m} \left(\frac{1}{n-1} - \frac{1}{n} \right) = \lim_{m \to \infty} \left(1 - \frac{1}{2} + \frac{1}{2} - \frac{1}{3} + \cdots + \frac{1}{m-1} - \frac{1}{m} \right)$$

$$= \lim_{m \to \infty} \left(1 - \frac{1}{m} \right) = 1.$$

例 14 求无穷级数 $\sum_{n=1}^{\infty} \frac{(-1)^n n x^{2n}}{(2n+1)!}$ 的收敛域及和函数.

分析 从外表看,类似于正弦、余弦或指数函数形式. 应采用积分的办法以消去通项分子中的n. 直接积分消除不了,宜先变形.

解 易知收敛半径$R=+\infty$,记

$$S(x) = \sum_{n=1}^{\infty} \frac{(-1)^n n x^{2n}}{(2n+1)!} \quad (-\infty < x < +\infty)$$

$$= x \sum_{n=1}^{\infty} \frac{(-1)^n n x^{2n-1}}{(2n+1)!}$$

记

$$\sigma(x) = \sum_{n=1}^{\infty} \frac{(-1)^n n x^{2n-1}}{(2n+1)!}$$

$$= \left(\int_0^x \sum_{n=1}^{\infty} \frac{(-1)^n n x^{2n-1}}{(2n+1)!} \, \mathrm{d}x \right)'$$

$$= \left(\sum_{n=1}^{\infty} \int_0^x \frac{(-1)^n n x^{2n-1}}{(2n+1)!} \, \mathrm{d}x \right)'$$

$$= \frac{1}{2} \left(\sum_{n=1}^{\infty} \frac{(-1)^n x^{2n}}{(2n+1)!} \right)' \quad (-\infty < x < +\infty)$$

$$= \frac{1}{2} \left(\frac{1}{x} \sum_{n=1}^{\infty} \frac{(-1)^n x^{2n+1}}{(2n+1)!} \right)', \quad -\infty < x < +\infty, x \neq 0.$$

级数

$$\sum_{n=1}^{\infty} \frac{(-1)^n x^{2n+1}}{(2n+1)!} = \sum_{n=0}^{\infty} \frac{(-1)^n x^{2n+1}}{(2n+1)!} - x$$

$$= \sin x - x, \quad -\infty < x < +\infty,$$

所以

$$\sigma(x) = \frac{1}{2} \left(\frac{\sin x}{x} - 1 \right)' = \frac{x\cos x - \sin x}{2x^2}, \quad -\infty < x < +\infty, x \neq 0.$$

$$S(x) = \frac{1}{2x}(x\cos x - \sin x), \quad -\infty < x < +\infty, x \neq 0.$$

又由原始表达式知$S(0)=0$. 所以最后得

$$\sum_{n=1}^{\infty} \frac{(-1)^n n x^{2n}}{(2n+1)!} = \begin{cases} \frac{1}{2x}(x\cos x - \sin x), & -\infty < x < +\infty, x \neq 0, \\ 0, & x = 0. \end{cases}$$

例 15 求 $\sum_{n=1}^{\infty} \frac{n^2+1}{n}(2x-1)^{n-1}$ 的收敛域及和函数.

分析 可以先化简再来讨论.

解 命 $u = 2x-1$,并记

$$S(u) = \sum_{n=1}^{\infty} \frac{n^2+1}{n} u^{n-1}. \tag{8.50}$$

按 u 的幂级数讨论,用通常求收敛半径的办法,式(8.50)的收敛半径 $R=1$,收敛域 $-1 < u < 1$.

$$S(u) = \sum_{n=1}^{\infty} \left(n + \frac{1}{n}\right) u^{n-1} = \sum_{n=1}^{\infty} n u^{n-1} + \sum_{n=1}^{\infty} \frac{1}{n} u^{n-1}, \tag{8.51}$$

记

$$S_1(u) = \sum_{n=1}^{\infty} n u^{n-1}, \quad S_2(u) = \sum_{n=1}^{\infty} \frac{1}{n} u^{n-1},$$

前者的收敛域为 $-1 < u < 1$,后者的收敛域为 $-1 \leqslant u < 1$.为清除 $S_1(u)$ 的通项中分子的 n,宜采用逐项积分的办法:

$$\begin{aligned} S_1(u) &= \sum_{n=1}^{\infty} n u^{n-1} = \left(\int_0^u \left(\sum_{n=1}^{\infty} n u^{n-1}\right) du\right)' \\ &= \left(\sum_{n=1}^{\infty} \int_0^u n u^{n-1} du\right)' = \left(\sum_{n=1}^{\infty} u^n\right)' \\ &= \left(\frac{u}{1-u}\right)' = \frac{1}{(1-u)^2}, \quad -1 < u < 1. \end{aligned}$$

为消去 $S_2(u)$ 的通项中分母的 n,宜采用逐项求导的办法,但马上求导消不去 n,应作一些技术上的处理:

$$S_2(u) = \sum_{n=1}^{\infty} \frac{1}{n} u^{n-1} = u^{-1} \sum_{n=1}^{\infty} \frac{u^n}{n}, \quad u \neq 0, -1 \leqslant u < 1.$$

至此,可以看出不必用逐项求导而只要直接套式(8.34)即可.

$$\begin{aligned} S_2(u) &= u^{-1} \sum_{n=1}^{\infty} \frac{u^n}{n} = u^{-1} \sum_{n=1}^{\infty} \frac{(-1)^n (-u)^n}{n} \\ &= -\frac{1}{u} \sum_{n=1}^{\infty} \frac{(-1)^{n-1}(-u)^n}{n} \\ &= -\frac{1}{u} \ln(1-u), \quad u \neq 0, -1 \leqslant u < 1. \end{aligned}$$

再由 $S_2(u)$ 的定义式知,$S_2(0) = 1$.回到式(8.51),

$$S(u) = \frac{1}{(1-u)^2} - \frac{1}{u} \ln(1-u), \quad -1 < u < 1, u \neq 0,$$

$$S(0) = 1 + 1 = 2.$$

最后回到 x,

$$\sum_{n=1}^{\infty} \frac{n^2+1}{n}(2x-1)^{n-1} = \begin{cases} \dfrac{1}{4(1-x)^2} - \dfrac{1}{2x-1}\ln 2(1-x), & 0 < x < 1, x \neq \frac{1}{2}, \\ 2, & x = \frac{1}{2}. \end{cases}$$

例 16 设 $a_1=1, a_2=1, a_{n+2}=a_{n+1}+a_n (n=1,2,\cdots)$，求幂级数 $\sum\limits_{n=1}^{\infty} a_n x^n$ 的收敛半径、收敛区间、收敛域以及和函数.

解 方法 1 显然 $a_n>0 (n=1,2,\cdots)$. 为求收敛半径要考察 $\dfrac{a_{n+1}}{a_n}$. 由归纳法定义，

$$\frac{a_{n+1}}{a_n}=\frac{a_n+a_{n-1}}{a_n}=1+\frac{a_{n-1}}{a_n}=1+\frac{1}{\dfrac{a_n}{a_{n-1}}},$$

命

$$b_{n+1}=\frac{a_{n+1}}{a_n}, n=1,2,\cdots,$$

有

$$b_{n+1}=1+\frac{1}{b_n}, n=1,2,\cdots.$$

设 $\lim\limits_{n\to\infty}b_n$ 存在，记为 β，则有 $\beta=1+\dfrac{1}{\beta}$，得

$$\beta^2-\beta-1=0.$$

解得 $\beta=\dfrac{1}{2}(1+\sqrt{5})$ 或 $\beta=\dfrac{1}{2}(1-\sqrt{5})$. 但因一切 $b_n>0$，若 $\lim\limits_{n\to\infty}b_n$ 存在，则极限值必非负. 故若

$$\lim_{n\to\infty}b_n (存在),$$

则

$$\lim_{n\to\infty}b_n=\beta=\frac{1}{2}(1+\sqrt{5})>\frac{3}{2}.$$

注意到 $\beta-1=\dfrac{1}{\beta}$，所以

$$b_{n+1}-\beta=1+\frac{1}{b_n}-\beta=\frac{1}{b_n}-\frac{1}{\beta}=\frac{\beta-b_n}{\beta b_n}, \tag{8.52}$$

$$|b_{n+1}-\beta|<\frac{2}{3}|b_n-\beta|<\cdots<\left(\frac{2}{3}\right)^n|b_1-\beta|, n=1,2,\cdots.$$

其中 b_1 与 β 为确定的数，当 $n\to\infty$ 时 $\left(\dfrac{2}{3}\right)^n\to 0$. 由夹逼定理知的确

$$\lim_{n\to\infty}b_{n+1}=\beta,$$

即有

$$\lim_{n\to\infty}\frac{a_{n+1}}{a_n}=\beta,$$

收敛半径 $R=\dfrac{1}{\beta}$，收敛区间 $\left(-\dfrac{1}{\beta}, \dfrac{1}{\beta}\right)$.

下面求和函数. 设

$$S(x)=\sum_{n=1}^{\infty}a_n x^n, -\frac{1}{\beta}<x<\frac{1}{\beta}.$$

则

$$S(x)=a_1 x+a_2 x^2+\sum_{n=3}^{\infty}a_n x^n$$

$$= x + x^2 + \sum_{n=1}^{\infty} (a_n + a_{n+1}) x^{n+2}$$

$$= x + x^2 + x^2 \sum_{n=1}^{\infty} a_n x^n + x \left(\sum_{n=1}^{\infty} a_n x^n - x \right)$$

$$= x + x^2 + x^2 S(x) + x(S(x) - x),$$

解得 $S(x)$,从而

$$\sum_{n=1}^{\infty} a_n x^n = \frac{x}{1 - x - x^2}, \quad -\frac{1}{\beta} < x < \frac{1}{\beta}, \tag{8.53}$$

其中 $\beta = \frac{1}{2}(\sqrt{5} + 1)$, $\frac{1}{\beta} = \frac{1}{2}(\sqrt{5} - 1)$.

由 8.2 节例 8,函数 $\dfrac{x}{1 - x - x^2}$ 展开成幂级数的收敛域已证为 $\left(-\dfrac{\sqrt{5}-1}{2}, \dfrac{\sqrt{5}-1}{2} \right) = \left(-\dfrac{1}{\beta}, \dfrac{1}{\beta} \right)$,由展开式的唯一性,该处的展开式就应是现在的 $\displaystyle\sum_{n=1}^{\infty} a_n x^n$. 所以现在的收敛域应是 $\left(-\dfrac{1}{\beta}, \dfrac{1}{\beta} \right)$.

方法 2 将 $\{a_n\}$ 所满足的条件 $a_1 = 1, a_2 = 1$ 及

$$a_{n+2} = a_{n+1} + a_n \quad (n = 1, 2, \cdots)$$

看成二阶常系数线性齐次差分方程:

$$a_{n+2} - a_{n+1} - a_n = 0,$$

初始条件为

$$a_1 = 1, \ a_2 = 1.$$

由差分方程对应的特征方程为

$$\lambda^2 - \lambda - 1 = 0,$$

特征根

$$\lambda_1 = \frac{1 + \sqrt{5}}{2} \xlongequal{\text{记为}} \beta > 1, \ \lambda_2 = \frac{1 - \sqrt{5}}{2} = -\frac{1}{\beta}.$$

差分方程的通解为

$$a_n = C_1 \beta^n + C_2 \left(-\frac{1}{\beta} \right)^n, \quad n = 1, 2, \cdots.$$

由初始条件 $a_1 = 1$ 及 $a_2 = 1$. 得

$$C_1 \beta + C_2 \left(-\frac{1}{\beta} \right) = 1, \ C_1 \beta^2 + C_2 \left(-\frac{1}{\beta} \right)^2 = 1$$

解得 $C_1 = \dfrac{\beta}{1 + \beta^2} = \dfrac{1}{\sqrt{5}}$, $C_2 = -\dfrac{\beta}{1 + \beta^2} = -\dfrac{1}{\sqrt{5}}$. 所以

$$a_n = \frac{1}{\sqrt{5}} \left(\beta^n + \frac{(-1)^{n+1}}{\beta^n} \right)^{[注]} \quad (n = 1, 2, \cdots),$$

由上述 a_n 的公式,容易求得

$$\lim_{n \to \infty} \frac{a_{n+1}}{a_n} = \beta, \ R = \frac{1}{\beta},$$

在收敛区间 $\left(-\dfrac{1}{\beta},\dfrac{1}{\beta}\right)$ 端点 $x=\dfrac{1}{\beta}$ 处,通项 $\lim\limits_{n\to\infty}a_n\left(\dfrac{1}{\beta}\right)^n=\dfrac{1}{\sqrt{5}}\neq 0$,级数发散;在另一端点 $x=$

$-\dfrac{1}{\beta}$ 处亦发散,故收敛域也是 $\left(-\dfrac{1}{\beta},\dfrac{1}{\beta}\right)$. 其他的与方法 1 同.

[注]　关于 $a_n=\dfrac{1}{\sqrt{5}}\left(\beta^n+\dfrac{(-1)^{n+1}}{\beta^n}\right)(n=1,2,\cdots)$ 这个公式,也可由递推公式 $a_{n+2}=a_{n+1}-a_n(n=1,2,\cdots)$ 及初始条件 $a_1=1,a_2=1$ 用数学归纳法证明之.

例 17　设 $a_0=0,a_1=1,a_{n+1}=3a_n+4a_{n-1},n=1,2,\cdots$. 求 $\displaystyle\sum_{n=1}^{\infty}\dfrac{a_n}{n!}x^n$ 的收敛域及和函数.

分析　为了求收敛半径,应先考虑 $\dfrac{a_{n+1}}{a_n}$. 为了求和函数,想到拆项变形的办法.

解　$\dfrac{a_{n+1}}{a_n}=3+\dfrac{4}{\dfrac{a_n}{a_{n-1}}},n=2,3,\cdots.$

命

$$b_{n+1}=\dfrac{a_{n+1}}{a_n},n=2,3,\cdots,$$

有

$$b_{n+1}=3+\dfrac{4}{b_n},n=2,3,\cdots.$$

若 $\lim\limits_{n\to\infty}b_n$ 存在,记为 b,有 $b=3+\dfrac{4}{b}$. 由

$$b^2-3b-4=0,$$

解得 $b=-1$ 或 $b=4$. 但因 $b_n>0$,故 $b\geqslant 0$. 故若 $\lim\limits_{n\to\infty}b_n$ 存在为 b,则 b 只能是 4,考察

$$b_{n+1}-4=3+\dfrac{4}{b_n}-4=\dfrac{4-b_n}{b_n},$$

$$|b_{n+1}-4|=\dfrac{1}{b_n}|b_n-4|<\dfrac{1}{3}|b_n-4|$$

$$<\dfrac{1}{3^2}|b_{n-1}-4|<\cdots<\dfrac{1}{3^{n-1}}|b_2-4|,n=2,3,\cdots.$$

命 $x\to\infty$,由夹逼定理得

$$\lim_{n\to\infty}b_{n+1}=4.$$

下面求所给幂级数的收敛半径.

$$\lim_{n\to\infty}\dfrac{\dfrac{a_{n+1}}{(n+1)!}}{\dfrac{a_n}{n!}}=\lim_{n\to\infty}\dfrac{b_{n+1}}{n+1}=0.$$

所以收敛半径 $R=+\infty$,收敛区间=收敛域 $(-\infty,+\infty)$.

命

$$S(x)=\sum_{n=1}^{\infty}\dfrac{a_n}{n!}x^n,$$

$$S'(x)=\sum_{n=1}^{\infty}\dfrac{a_n}{(n-1)!}x^{n-1}=\sum_{n=0}^{\infty}\dfrac{a_{n+1}}{n!}x^n,$$

$$S''(x) = \sum_{n=1}^{\infty} \frac{a_{n+1}}{(n-1)!} x^{n-1},$$

所以

$$\begin{aligned}
S''(x) &= \sum_{n=1}^{\infty} \frac{3a_n + 4a_{n-1}}{(n-1)!} x^{n-1} \\
&= 3 \sum_{n=1}^{\infty} \frac{a_n x^{n-1}}{(n-1)!} + 4 \sum_{n=1}^{\infty} \frac{a_{n-1}}{(n-1)!} x^{n-1} \\
&= 3S'(x) + 4 \sum_{n=2}^{\infty} \frac{a_{n-1}}{(n-1)!} x^{n-1} \\
&= 3S'(x) + 4 \sum_{n=1}^{\infty} \frac{a_n}{n!} x^n \\
&= 3S'(x) + 4S(x),
\end{aligned}$$

即 $S(x)$ 满足微分方程

$$S''(x) - 3S'(x) - 4S(x) = 0 \tag{8.54}$$

及初值条件

$$S(0) = 0, \quad S'(0) = \frac{a_1}{1!} = 1. \tag{8.55}$$

微分方程(8.54)在初值条件(8.55)下解之,得唯一解

$$S(x) = \frac{1}{5} e^{4x} - \frac{1}{5} e^{-x}.$$

因为式(8.54)在初值条件(8.55)下的解是唯一的,所以

$$\sum_{n=1}^{\infty} \frac{a_n}{n!} x^n = \frac{1}{5} e^{4x} - \frac{1}{5} e^{-x}.$$

[注] 本题是利用微分方程求和函数的方法.此题求和函数方法与例 16 十分类似,不过例 16 中未用到求导,所以最后由 $S(x)$ 的代数方程解得 $S(x)$.本题也可用本节例 16 的方法 2 的方法求得 a_n 的表达式.

例 18 求幂级数 $\sum_{n=1}^{\infty} \frac{x^n}{4n-3}$ 的收敛域及和函数.

分析 通项分母中为 $4n-3$,直接采取求导的办法,消除不了分母中的 $4n-3$.式子已很简单,拆项也无济于事.将 x^n 成为某变量的 $4n$ 次幂,再求导也许是一条路.

解 因

$$\lim_{n \to \infty} \frac{\dfrac{1}{4n+1}}{\dfrac{1}{4n-3}} = 1,$$

所以收敛半径 $R=1$,收敛区间$(-1,1)$,收敛域$[-1,1)$.

在 $x \geqslant 0$ 处,命 $x = t^4$,

$$\begin{aligned}
\sum_{n=1}^{\infty} \frac{x^n}{4n-3} &= \sum_{n=1}^{\infty} \frac{t^{4n}}{4n-3} = t^3 \sum_{n=1}^{\infty} \frac{t^{4n-3}}{4n-3} \\
&= t^3 \int_0^t \left(\sum_{n=1}^{\infty} \frac{t^{4n-3}}{4n-3} \right)' dt
\end{aligned}$$

$$= t^3 \int_0^t \Big(\sum_{n=1}^{\infty} t^{4n-4} \Big) \mathrm{d}t$$

$$= t^3 \int_0^t \frac{1}{1-t^4} \mathrm{d}t = \frac{t^3}{2} \Big(\int_0^t \frac{1}{1-t^2} \mathrm{d}t + \int_0^t \frac{1}{1+t^2} \mathrm{d}t \Big)$$

$$= \frac{t^3}{2} \Big(\frac{1}{2} \ln \frac{1+t}{1-t} + \arctan t \Big)$$

$$= \frac{1}{2} x^{\frac{3}{4}} \Big(\frac{1}{2} \ln \frac{1+x^{\frac{1}{4}}}{1-x^{\frac{1}{4}}} + \arctan x^{\frac{1}{4}} \Big), 0 \leqslant x < 1.$$

在 $x<0$ 处,命 $x=-t^4$,

$$\sum_{n=1}^{\infty} \frac{x^n}{4n-3} = t^3 \sum_{n=1}^{\infty} \frac{(-1)^n t^{4n-3}}{4n-3}$$

$$= t^3 \int_0^t \Big(\sum_{n=1}^{\infty} \frac{(-1)^n t^{4n-3}}{4n-3} \Big)' \mathrm{d}t$$

$$= t^3 \int_0^t \Big(\sum_{n=1}^{\infty} (-1)^n t^{4n-4} \Big) \mathrm{d}t$$

$$= t^3 \int_0^t \frac{-1}{1+t^4} \mathrm{d}t$$

$$= -t^3 \Big(\frac{\sqrt{2}}{8} \ln \frac{t^2 + \sqrt{2}t + 1}{t^2 - \sqrt{2}t + 1} + \frac{\sqrt{2}}{4} \arctan(\sqrt{2}t+1)$$

$$\qquad + \frac{\sqrt{2}}{4} \arctan(\sqrt{2}t-1) \Big)$$

$$= -(-x)^{\frac{3}{4}} \Big(\frac{\sqrt{2}}{8} \ln \frac{(-x)^{\frac{1}{2}} + \sqrt{2}(-x)^{\frac{1}{4}} + 1}{(-x)^{\frac{1}{2}} - \sqrt{2}(-x)^{\frac{1}{4}} + 1} + \frac{\sqrt{2}}{4} \arctan(\sqrt{2}(-x)^{\frac{1}{4}}+1)$$

$$\qquad + \frac{\sqrt{2}}{4} \arctan(\sqrt{2}(-x)^{\frac{1}{4}}-1) \Big), \quad -1 \leqslant x < 0.$$

例 19　求级数 $\displaystyle\sum_{n=0}^{\infty} \frac{(-1)^n (n^2-n+1)}{2^n}$ 的和.

分析　先将所给级数拆成若干个级数之和,再设计一个或若干个幂级数求出这些幂级数之和.

解
$$\sum_{n=0}^{\infty} \frac{(-1)^n (n^2-n+1)}{2^n} = \sum_{n=0}^{\infty} \frac{(-1)^n n(n-1)}{2^n} + \sum_{n=0}^{\infty} \frac{(-1)^n}{2^n}.$$

第 2 个级数由等比级数求和公式可直接求和:

$$\sum_{n=0}^{\infty} \frac{(-1)^n}{2^n} = \sum_{n=0}^{\infty} \Big(-\frac{1}{2} \Big)^n = \frac{1}{1-\big(-\frac{1}{2}\big)} = \frac{2}{3}.$$

为求第 1 个级数的和,命

$$S(x) = \sum_{n=2}^{\infty} n(n-1) x^{n-2},$$

它的收敛域为 $(-1,1)$. 点 $x=-\dfrac{1}{2} \in (-1,1)$. 用逐次积分以消除通项(分子)中的 $n(n-1)$.

$$\int_0^x S(x)\,\mathrm{d}x = \int_0^x \sum_{n=2}^{\infty} n(n-1)x^{n-2}\,\mathrm{d}x$$

$$= \sum_{n=2}^{\infty} nx^{n-1},$$

$$\int_0^x \Big(\sum_{n=2}^{\infty} nx^{n-1}\Big)\mathrm{d}x = \sum_{n=2}^{\infty} \int_0^x nx^{n-1}\,\mathrm{d}x$$

$$= \sum_{n=2}^{\infty} x^n = \frac{x^2}{1-x},$$

$$S(x) = \Big(\frac{x^2}{1-x}\Big)'' = \frac{2}{(1-x)^3}.$$

所以

$$\sum_{n=0}^{\infty} \frac{(-1)^n n(n-1)}{2^n} = \sum_{n=2}^{\infty} \frac{(-1)^n n(n-1)}{2^n} = \frac{1}{4}\sum_{n=2}^{\infty} \frac{(-1)^n n(n-1)}{2^{n-2}}$$

$$= \frac{1}{4}S\Big(-\frac{1}{2}\Big) = \frac{4}{27},$$

$$原式 = \frac{4}{27} + \frac{2}{3} = \frac{22}{27}.$$

[注]　将一个数值级数化成幂级数去求和,其困难之处在于要找一个恰当的幂级数.比方说,本题中的 $S(x)$ 不取 $\displaystyle\sum_{n=2}^{\infty} n(n-1)x^n$,是因为若这样,逐项积分消不去 $n(n-1)$.所以目的要明确.另外本题的 $S(x)$ 也可取为 $\displaystyle\sum_{n=2}^{\infty}(-1)^n n(n-1)x^{n-2}$,说明幂级数的选取有一定的灵活性.

例 20　求 $\displaystyle\sum_{n=1}^{\infty} \frac{1}{(4n^2-1)4^n}$ 的和.

分析　如果考虑幂级数 $\displaystyle\sum_{n=1}^{\infty} \frac{1}{4n^2-1}x^n$,不易消去分母中的 $4n^2-1$.为此,先将 $\dfrac{1}{4n^2-1}$ 拆项考虑.

解

$$\sum_{n=1}^{\infty} \frac{1}{(4n^2-1)4^n} = \sum_{n=1}^{\infty} \frac{1}{2}\Big(\frac{1}{2n-1} - \frac{1}{2n+1}\Big)\Big(\frac{1}{2}\Big)^{2n}$$

$$= \sum_{n=1}^{\infty} \frac{1}{4}\,\frac{1}{2n-1}\Big(\frac{1}{2}\Big)^{2n-1} - \sum_{n=1}^{\infty} \frac{1}{2n+1}\Big(\frac{1}{2}\Big)^{2n+1}.$$

命

$$S_1(x) = \sum_{n=1}^{\infty} \frac{1}{2n-1}x^{2n-1},$$

$$S_2(x) = \sum_{n=1}^{\infty} \frac{1}{2n+1}x^{2n+1}.$$

收敛区间均为 $(-1,1)$.

$$S_1'(x) = \sum_{n=1}^{\infty} x^{2n-2} = \frac{1}{1-x^2},$$

$$S_1(x) = S_1(0) + \int_0^x \frac{1}{1-x^2} \mathrm{d}x$$

$$= 0 + \frac{1}{2}\ln\frac{1+x}{1-x},$$

$$\frac{1}{4}S_1\left(\frac{1}{2}\right) = \frac{1}{8}\ln 3.$$

$$S_2'(x) = \sum_{n=1}^{\infty} x^{2n} = \frac{x^2}{1-x^2},$$

$$S_2(x) = S_2(0) + \int_0^x \frac{x^2}{1-x^2} \mathrm{d}x$$

$$= -x + \frac{1}{2}\ln\frac{1+x}{1-x},$$

$$S_2\left(\frac{1}{2}\right) = -\frac{1}{2} + \frac{1}{2}\ln 3.$$

所以
$$\sum_{n=1}^{\infty} \frac{1}{(4n^2-1)4^n} = \frac{1}{8}\ln 3 + \frac{1}{2} - \frac{1}{2}\ln 3 = \frac{1}{2} - \frac{3}{8}\ln 3.$$

8.3　傅里叶级数

一、傅里叶级数与狄利克雷收敛定理

不论 $f(x)$ 本身以 $2l$ 为周期,还是仅在 $[-l,l]$ 上,$f(x)$ 以 $2l$ 为周期的傅里叶级数是

$$f(x) \sim \frac{a_0}{2} + \sum_{n=1}^{\infty}\left(a_n\cos\frac{n\pi}{l}x + b_n\sin\frac{n\pi}{l}x\right) \overset{\text{记为}}{=\!=\!=\!=} S(x), \tag{8.56}$$

其中

$$a_0 = \frac{1}{l}\int_{-l}^{l} f(x)\mathrm{d}x, \quad a_n = \frac{1}{l}\int_{-l}^{l} f(x)\cos\frac{n\pi}{l}x\,\mathrm{d}x,$$

$$b_n = \frac{1}{l}\int_{-l}^{l} f(x)\sin\frac{n\pi}{l}x\,\mathrm{d}x, \quad n = 1, 2, \cdots \tag{8.57}$$

称为 $f(x)$ 的以 $2l$ 为周期的傅里叶系数.

这里的 $f(x)$ 与 $S(x)$ 之间并未画等号. $f(x)$ 为产生傅里叶级数的函数,$S(x)$ 为傅里叶级数. 只有验证在满足狄利克雷定理条件后,在 $(-l,l)$ 内 $f(x)$ 的连续点处才能画等号.

狄利克雷收敛性定理　设 $f(x)$ 在 $[-l,l]$ 上满足:①连续或仅有有限个第一类间断点; ②单调或可划分成有限个单调区间. 则 $f(x)$ 的以 $2l$ 为周期的傅里叶级数(8.56)收敛情况如下:

$$S(x) = \begin{cases} f(x), & \text{在 } (-l,l) \text{ 内 } f(x) \text{ 的连续点 } x \text{ 处;} \\ \dfrac{1}{2}[f(x^+) + f(x^-)], & \text{在 } (-l,l) \text{ 内 } f(x) \text{ 的间断点 } x \text{ 处;} \\ \dfrac{1}{2}[f(l^-) + f(-l^+)], & \text{在 } x = \pm l \text{ 处.} \end{cases} \tag{8.58}$$

在 $[-l,l]$ 之外,$S(x)$ 是以 $2l$ 为周期的周期函数(不论 $f(x)$ 是仅给在 $[-l,l]$ 上,还是 $f(x)$

也是以 $2l$ 为周期的周期函数).

余弦级数与正弦级数收敛定理 (1)余弦级数. 设 $f(x)$ 仅给在半周期区间 $[0,l]$ 上,在满足狄利克雷条件时,$f(x)$ 的以 $2l$ 为周期的余弦级数及收敛和如下:

$$f(x) \sim S(x) = \frac{a_0}{2} + \sum_{n=1}^{\infty} a_n \cos \frac{n\pi}{l} x$$

$$= \begin{cases} f(x), & \text{在}(0,l) \text{ 内 } f(x) \text{ 的连续点 } x \text{ 处;} \\ f(0^+), & \text{在 } x = 0 \text{ 处;} \\ f(l^-), & \text{在 } x = l \text{ 处;} \\ \frac{1}{2}[f(x^+) + f(x^-)], & \text{在}(0,l) \text{ 内 } f(x) \text{ 的间断点 } x \text{ 处.} \end{cases} \quad (8.59)$$

其中

$$a_0 = \frac{2}{l} \int_0^l f(x) \mathrm{d}x, a_n = \frac{2}{l} \int_0^l f(x) \cos \frac{n\pi}{l} x \mathrm{d}x, n = 1, 2, \cdots \quad (8.60)$$

(2)正弦级数. 设同(1),$f(x)$ 的以 $2l$ 为周期的正弦级数及收敛和如下:

$$f(x) \sim S(x) = \sum_{n=1}^{\infty} b_n \sin \frac{n\pi}{l} x$$

$$= \begin{cases} f(x), & \text{在}(0,l) \text{ 内 } f(x) \text{ 的连续点 } x \text{ 处;} \\ 0, & \text{在 } x = 0, l \text{ 处;} \\ \frac{1}{2}[f(x^-) + f(x^+)], & \text{在}(0,l) \text{ 内 } f(x) \text{ 的间断点 } x \text{ 处.} \end{cases} \quad (8.61)$$

其中

$$b_n = \frac{2}{l} \int_0^l f(x) \sin \frac{n\pi}{l} x \mathrm{d}x, n = 1, 2, \cdots. \quad (8.62)$$

以上的余弦级数是以 $2l$ 为周期的偶函数,正弦级数是以 $2l$ 为周期的奇函数.

本节的主要问题是:函数展开为傅里叶级数并讨论其收敛和,此项基本上无甚难点;另一问题是,利用傅里叶级数求某些数项级数之和.

例 1 设 $f(x) = 2 + x (0 \leqslant x \leqslant 1)$,求:(1) $f(x)$ 的以 2 为周期的余弦级数并写出其在 $[-1,1]$ 上的收敛和;(2) $\sum_{n=0}^{\infty} \frac{1}{(2n+1)^2}$;(3) $\sum_{n=1}^{\infty} \frac{1}{n^2}$.

解 (1)由公式(8.60),$l=1$,

$$a_0 = 2 \int_0^1 f(x) \mathrm{d}x = 2 \int_0^1 (2+x) \mathrm{d}x = 5,$$

$$a_n = 2 \int_0^1 f(x) \cos n\pi x \mathrm{d}x = \frac{2(\cos n\pi - 1)}{(n\pi)^2}$$

$$= \frac{2[(-1)^n - 1]}{(n\pi)^2} = \begin{cases} -\frac{4}{n^2 \pi^2}, & \text{当 } n \text{ 为奇数;} \\ 0, & \text{当 } n \text{ 为偶数.} \end{cases}$$

于是 $f(x)$ 的以 2 为周期的余弦级数

$$f(x) \sim \frac{5}{2} - \frac{4}{\pi^2} \sum_{n=0}^{\infty} \frac{1}{(2n+1)^2} \cos(2n+1)\pi x$$

$$= \begin{cases} 2+x, & 0 \leqslant x \leqslant 1; \\ 2-x, & -1 \leqslant x \leqslant 0. \end{cases}$$

（2）以 $x=0$ 代入上式得

$$\frac{5}{2}-\frac{4}{\pi^2}\sum_{n=0}^{\infty}\frac{1}{(2n+1)^2}=2,$$

$$\sum_{n=0}^{\infty}\frac{1}{(2n+1)^2}=\frac{\pi^2}{8}. \tag{8.63}$$

（3）

$$\sum_{n=1}^{\infty}\frac{1}{n^2}=\sum_{m=1}^{\infty}\frac{1}{(2m)^2}+\sum_{m=0}^{\infty}\frac{1}{(2m+1)^2}^{[注]}$$

$$=\frac{1}{4}\sum_{m=1}^{\infty}\frac{1}{m^2}+\sum_{m=0}^{\infty}\frac{1}{(2m+1)^2}=\frac{1}{4}\sum_{m=1}^{\infty}\frac{1}{m^2}+\frac{\pi^2}{8},$$

所以

$$\frac{3}{4}\sum_{n=1}^{\infty}\frac{1}{n^2}=\frac{\pi^2}{8},$$

$$\sum_{n=1}^{\infty}\frac{1}{n^2}=\frac{\pi^2}{6}.$$

[**注**] 因为右边两个级数都收敛，所以可以拆项求和.

例 2 设

$$f(x)=\begin{cases}x+1, & \text{当}-2<x\leqslant-1;\\x-1, & \text{当}-1<x\leqslant0;\\x+1, & \text{当}0<x\leqslant1;\\x-1, & \text{当}1<x\leqslant2.\end{cases}$$

求 $f(x)$ 的以 4 为周期的傅里叶级数，并求其收敛和.

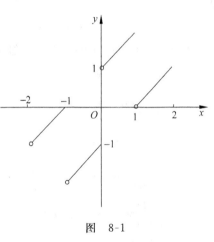

图 8-1

分析 作出 $f(x)$ 的图形，除了点 $x=\pm2$，$\pm1,0$ 之外，$f(x)$ 可视为奇函数，有限个点处的值不影响积分的结果. 虽然 $f(x)$ 不连续，但在 $[-2,2]$ 上的积分是存在的，在对称区间上关于奇、偶性的积分的结论仍成立.

解 周期 $2l=4,l=2$. 由于 $f(x)$ 为奇函数，故 $a_n=0(n=1,2,\cdots)$，

$$b_n=\frac{2}{2}\int_0^2 f(x)\sin\frac{n\pi}{2}x\mathrm{d}x$$

$$=\int_0^1(x+1)\sin\frac{n\pi}{2}x\mathrm{d}x+\int_1^2(x-1)\sin\frac{n\pi}{2}x\mathrm{d}x$$

$$=\int_0^2 x\sin\frac{n\pi}{2}x\mathrm{d}x+\int_0^1\sin\frac{n\pi}{2}x\mathrm{d}x-\int_1^2\sin\frac{n\pi}{2}x\mathrm{d}x$$

$$=-\frac{4}{n\pi}\cos n\pi-\frac{2}{n\pi}\left(\cos\frac{n\pi}{2}-1\right)+\frac{2}{n\pi}\left(\cos n\pi-\cos\frac{n\pi}{2}\right)$$

$$=-\frac{4}{n\pi}(-1)^n+\frac{2}{n\pi}+\frac{2}{n\pi}(-1)^n-\frac{4}{n\pi}\cos\frac{n\pi}{2}$$

$$=\frac{2}{n\pi}(1-(-1)^n)-\frac{4}{n\pi}\cos\frac{n\pi}{2}$$

$$= \begin{cases} -\dfrac{2}{m\pi}(-1)^m, & \text{当 } n = 2m, \\[3mm] \dfrac{4}{(2m-1)\pi}, & \text{当 } n = 2m-1. \end{cases}$$

所以
$$f(x) \sim \sum_{n=1}^{\infty} b_n \sin \frac{n\pi}{2} x$$

$$= \sum_{m=1}^{\infty} \left(\frac{4}{(2m-1)\pi} \sin \frac{2m-1}{2}\pi x + \frac{2(-1)^{m+1}}{m\pi} \sin m\pi x \right)$$

$$= \begin{cases} f(x), & \text{当 } x \in (-2,-1) \bigcup (-1,0) \bigcup (0,1) \bigcup (1,2); \\ 0, & \text{当 } x = 0, \pm 2; \\ -1, & \text{当 } x = -1; \\ 1, & \text{当 } x = 1. \end{cases}$$

[注]　由上述傅里叶级数的和,可得到一些十分有用的级数和.

例如命 $x=1$ 代入,得 $\displaystyle\sum_{m=1}^{\infty} \frac{(-1)^{m-1}}{2m-1} = \frac{\pi}{4}$. 这曾出现在式(8.39)中.

例 3　(1) 展开函数 $f(x) = \sin^3 x$ 成以 2π 为周期的傅里叶级数,证明初等数学中的公式

$$\sin 3x = 3\sin x - 4\sin^3 x, \quad -\infty < x < +\infty.$$

(2) 求 $f(x) = \sin^3 x$ 的麦克劳林级数并写出其成立范围.

解　(1) $f(x)$ 是奇函数,$a_n = 0, n = 0, 1, \cdots$.

$$b_n = \frac{2}{\pi} \int_0^\pi \sin^3 x \sin nx \, dx$$

$$= -\frac{2}{n\pi} \int_0^\pi \sin^3 x \, d\cos nx$$

$$= -\frac{2}{n\pi} \left[\sin^3 x \cos nx \Big|_0^\pi - \int_0^\pi 3\sin^2 x \cos x \cos nx \, dx \right]$$

$$= \frac{3}{n\pi} \int_0^\pi \sin^2 x \cdot (\cos(n+1)x + \cos(n-1)x) \, dx$$

$$= \frac{3}{2n\pi} \int_0^\pi (1 - \cos 2x)(\cos(n+1)x + \cos(n-1)x) \, dx$$

$$= \frac{3}{2n\pi} \int_0^\pi (\cos(n+1)x + \cos(n-1)x) \, dx$$

$$- \frac{3}{2n\pi} \int_0^\pi \frac{1}{2} (\cos(n+3)x + \cos(n-1)x + \cos(n+1)x + \cos(n-3)x) \, dx.$$

当 $n \neq 1, n \neq 3$ 时,易知 $b_n = 0$.

当 $n = 1$ 时,上述积分只剩下两项不为零,从而

$$b_1 = \frac{3}{2\pi} \int_0^\pi dx - \frac{3}{4\pi} \int_0^\pi dx = \frac{3}{4}.$$

当 $n = 3$ 时,上述积分只剩下一项不为零,从而

$$b_3 = -\frac{1}{4\pi} \int_0^\pi dx = -\frac{1}{4}.$$

又因 $f(x)=\sin^3 x$ 满足狄利克雷定理条件,所以

$$\sin^3 x=\frac{3}{4}\sin x-\frac{1}{4}\sin 3x,\ -\infty<x<+\infty.$$

所以 $\sin 3x=3\sin x-4\sin^3 x,\ -\infty<x<+\infty.$

(2)由 $\sin x=\sum_{n=0}^{\infty}\frac{(-1)^n}{(2n+1)!}x^{2n+1},\ -\infty<x<+\infty,$

$$\sin 3x=\sum_{n=0}^{\infty}\frac{(-1)^n 3^{2n+1}}{(2n+1)!}x^{2n+1},\ -\infty<x<+\infty,$$

得

$$\sin^3 x=\frac{3}{4}\sin x-\frac{1}{4}\sin 3x$$

$$=\frac{3}{4}\sum_{n=0}^{\infty}(-1)^{n+1}\frac{3^{2n}-1}{(2n+1)!}x^{2n+1},\ -\infty<x<+\infty.$$

[注1]　在求 b_n 时,由于 $n=1,n=3$ 时,积分式中所用的公式不一样,因此 b_1 与 b_3 应单独考虑.这是求系数时应注意的.

[注2]　上述(1)中,求 b_n 也可以不用和差化积公式,而用分部积分法往下做.

例4　证明等式成立:

$$\frac{2}{\pi}-\frac{4}{\pi}\sum_{n=1}^{\infty}\frac{\cos 2nx}{4n^2-1}=\sin x,0\leqslant x\leqslant\pi. \tag{8.64}$$

分析　在高数中,傅里叶级数只讲展开,不讲如何去求和.所以见到证明(8.64)这种题,实际上就是要求将 $f(x)=\sin x$ 在区间 $[0,\pi]$ 上展成以 2π 为周期的余弦级数.然后再按狄利克雷定理讨论其收敛和.

解　由公式(8.60),

$$a_0=\frac{2}{\pi}\int_0^{\pi}\sin x\mathrm{d}x=\frac{2}{\pi}\left[-\cos x\right]_0^{\pi}=\frac{4}{\pi}.$$

$$a_n=\frac{2}{\pi}\int_0^{\pi}\sin x\cos nx\,\mathrm{d}x$$

$$=\frac{1}{\pi}\int_0^{\pi}(\sin(n+1)x-\sin(n-1)x)\mathrm{d}x$$

$$=\frac{1}{\pi}\left[-\frac{1}{n+1}\cos(n+1)x+\frac{1}{n-1}\cos(n-1)x\right]_0^{\pi}\quad(当\ n\neq 1)$$

$$=\frac{1}{\pi}\left[-\frac{1}{n+1}((-1)^{n+1}-1)+\frac{1}{n-1}((-1)^{n-1}-1)\right].$$

易见,当 $n=$ 奇数 $=2m-1$ 时,无论 $m=1$ 还是 $m=2,3,\cdots$ 均有

$$a_{2m-1}=0,m=1,2,\cdots.$$

当 $n=$ 偶数 $=2m$ 时,

$$a_{2m}=\frac{1}{\pi}\left[\frac{2}{2m+1}-\frac{2}{2m-1}\right]=-\frac{4}{\pi}\left(\frac{1}{4m^2-1}\right).$$

于是

$$\sin x\sim\frac{2}{\pi}-\frac{4}{\pi}\sum_{m=1}^{\infty}\frac{\cos 2mx}{4m^2-1}.$$

再由狄利克雷定理及式(8.59)知

$$\frac{2}{\pi} - \frac{4}{\pi} \sum_{n=1}^{\infty} \frac{\cos 2nx}{4n^2-1} = \sin x, 0 \leqslant x \leqslant \pi.$$

[注]　上式中若命 $x = \frac{\pi}{2}$，于是得

$$\sum_{n=1}^{\infty} \frac{(-1)^n}{4n^2-1} = \frac{1}{2} - \frac{\pi}{4}.$$

若命 $x = \frac{\pi}{4}$，得

$$\sum_{n=1}^{\infty} \frac{(-1)^n}{16n^2-1} = \frac{1}{2} - \frac{\sqrt{2}}{8}\pi.$$

若命 $x = 0$，得

$$\sum_{n=1}^{\infty} \frac{1}{4n^2-1} = \frac{1}{2}.$$

若命 $x = \frac{\pi}{3}$，并经一番繁琐但不难的变形运算后，可得

$$\sum_{n=1}^{\infty} \frac{1}{36n^2-1} = \frac{1}{2} - \frac{\sqrt{3}}{12}\pi.$$

例5　设 $f(x)$ 在 $[-\pi, \pi]$ 上连续，$f(-\pi) = f(\pi)$，且在 $[-\pi, \pi]$ 上可以展开成收敛于它自己的傅里叶级数

$$f(x) = \frac{a_0}{2} + \sum_{n=1}^{\infty} (a_n \cos nx + b_n \sin nx).$$

又设上述级数可逐项积分. 试证明:

$$\frac{1}{\pi} \int_{-\pi}^{\pi} f^2(x) \, \mathrm{d}x = \frac{a_0^2}{2} + \sum_{n=1}^{\infty} (a_n^2 + b_n^2), \tag{8.65}$$

且 $\lim\limits_{n \to \infty} a_n = \lim\limits_{n \to \infty} b_n = 0$.

分析　公式(8.65)称封闭性方程. 由于本例中条件加得很强(展开成收敛于它自己及可逐项积分)，所以证明显得十分方便. 又条件 $f(-\pi) = f(\pi)$ 实际上包含在 $[-\pi, \pi]$ 上展开式成立的表述中.

解　由 $f(x) = \frac{a_0}{2} + \sum\limits_{n=1}^{\infty} (a_n \cos nx + b_n \sin nx)$，

有

$$f^2(x) = \frac{a_0}{2} f(x) + \sum_{n=1}^{\infty} (a_n f(x) \cos nx + b_n f(x) \sin nx),$$

两边从 $-\pi$ 到 π 积分，并且将右边逐项积分，得

$$\int_{-\pi}^{\pi} f^2(x) \, \mathrm{d}x = \frac{a_0}{2} \int_{-\pi}^{\pi} f(x) \, \mathrm{d}x + \sum_{n=1}^{\infty} \left(a_n \int_{-\pi}^{\pi} f(x) \cos nx \, \mathrm{d}x \right.$$

$$\left. + b_n \int_{-\pi}^{\pi} f(x) \sin nx \, \mathrm{d}x \right)$$

$$= \frac{\pi a_0^2}{2} + \sum_{n=1}^{\infty} (\pi a_n^2 + \pi b_n^2),$$

所以

$$\frac{1}{\pi}\int_{-\pi}^{\pi}f^2(x)\mathrm{d}x = \frac{a_0}{2} + \sum_{n=1}^{\infty}(a_n^2 + b_n^2).$$

由于级数收敛,所以通项趋零,从而知 $\lim_{n\to\infty}a_n = \lim_{n\to\infty}b_n = 0$.

例 6 设 $f(x)$ 满足 $f(-\pi) = f(\pi)$,且在 $[-\pi,\pi]$ 上可以展开成收敛于它自己的傅里叶级数[注]

$$f(x) = \frac{a_0}{2} + \sum_{n=1}^{\infty}(a_n\cos nx + b_n\sin nx).$$

(1)若 $f(x)$ 在 $[-\pi,\pi]$ 上有连续的一阶导数,试证明级数

$$\frac{a_0}{2} + \sum_{n=1}^{\infty}a_n^2 \tag{8.66}$$

收敛;

(2)若 $f(x)$ 在 $[-\pi,\pi]$ 上有连续的二阶导数,试证明级数

$$\frac{a_0}{2} + \sum_{n=1}^{\infty}a_n$$

绝对收敛;

(3)在(2)的条件下,试用 $f(x)$ 在某些点的值表示

①$\dfrac{a_0}{2} + \sum_{n=1}^{\infty}a_n$; ②$\dfrac{a_0}{2} + \sum_{n=1}^{\infty}(-1)^na_n$; ③$\dfrac{a_0}{2} + \sum_{n=1}^{\infty}(-1)^na_{2n}$.

分析 (1)实际上是 8.1 节例 3 的特例,下面不妨再证一遍.(2)比(1)再多用一次分部积分.

解 (1) $a_n = \dfrac{1}{\pi}\int_{-\pi}^{\pi}f(x)\cos nx\,\mathrm{d}x$

$$= \frac{1}{\pi}\left[\frac{1}{n}f(x)\sin nx\,\Big|_{-\pi}^{\pi} - \frac{1}{n}\int_{-\pi}^{\pi}f'(x)\sin nx\,\mathrm{d}x\right]$$

$$= -\frac{1}{n\pi}\int_{-\pi}^{\pi}f'(x)\sin nx\,\mathrm{d}x, \tag{8.67}$$

由于 $f'(x)$ 在 $[-\pi,\pi]$ 上连续,所以存在 N_1,$|f'(x)| \leqslant N_1$. 又 $|\sin nx| \leqslant 1$,从而

$$|a_n| \leqslant \frac{1}{n\pi}N_1 \cdot 2\pi = \frac{2N_1}{n},$$

$$a_n^2 \leqslant \frac{4N_1^2}{n^2}.$$

故知 $\dfrac{a_0}{2} + \sum_{n=1}^{\infty}a_n^2$ 收敛.

(2)由式(8.67)再做一次分部积分,

$$a_n = -\frac{1}{n\pi}\left[-\frac{1}{n}f'(x)\cos nx\,\Big|_{-\pi}^{\pi} + \frac{1}{n}\int_{-\pi}^{\pi}f''(x)\cos nx\,\mathrm{d}x\right].$$

因 $f''(x)$ 在 $[-\pi,\pi]$ 上连续,故存在 N_2,$|f''(x)| \leqslant N_2$. 又 $|\cos nx| \leqslant 1$,从而

$$|a_n| \leqslant \frac{1}{n^2\pi}(2N_1 + 2\pi N_2),$$

所以 $\dfrac{a_0}{2} + \sum_{n=1}^{\infty}a_n$ 绝对收敛.

（3）由收敛定理知道，

$$\frac{a_0}{2} + \sum_{n=1}^{\infty} (a_n \cos nx + b_n \sin nx) = f(x), \quad x \in [-\pi, \pi].$$

①以 $x=0$ 代入，得

$$\frac{a_0}{2} + \sum_{n=1}^{\infty} a_n = f(0).$$

②以 $x=\pi$ 代入，得

$$\frac{a_0}{2} + \sum_{n=1}^{\infty} (-1)^n a_n = f(\pi)(\text{也等于 } f(-\pi)).$$

③以 $x=\dfrac{\pi}{2}$ 代入，得

$$\frac{a_0}{2} + \sum_{n=1}^{\infty} (-1)^n a_{2n} + \sum_{n=1}^{\infty} (-1)^{n-1} b_{2n-1} = f\left(\frac{\pi}{2}\right),$$

以 $x=-\dfrac{\pi}{2}$ 代入，得

$$\frac{a_0}{2} + \sum_{n=1}^{\infty} (-1)^n a_{2n} + \sum_{n=1}^{\infty} (-1)^n b_{2n-1} = f\left(-\frac{\pi}{2}\right),$$

所以

$$\frac{a_0}{2} + \sum_{n=1}^{\infty} (-1)^n a_{2n} = \frac{1}{2}\left[f\left(-\frac{\pi}{2}\right) + f\left(\frac{\pi}{2}\right) \right].$$

［注］ 设 $f(x)$ 在 $[-\pi, \pi]$ 上存在一阶导数，且 $f(-\pi)=f(\pi)$，就可保证 $f(x)$ 在 $[-\pi, \pi]$ 上的傅里叶级数收敛于它自己：

$$f(x) = \frac{a_0}{2} + \sum_{n=1}^{\infty} (a_n \cos nx + b_n \sin nx),$$

有的高等数学教材中也介绍此定理.

如果条件中 $f(-\pi) \neq f(\pi)$，则在 $x=\pm\pi$ 处上式右边级数收敛于 $\dfrac{1}{2}\left[f(\pi-0) + f(-\pi+0) \right]$.

例 7 设 $f(x)=x(1<x<3)$，试将它展开成以 2 为周期的傅里叶级数并写出其收敛和.

分析 将 $f(x)=x(1<x<3)$ 展开成以 2 为周期的傅里叶级数，展开之后的和函数 $S(x)$，周期是 2，因此在区间 $-1<x<1$ 上，$S(x)=S(x+2)=f(x+2)=x+2$. 命

$$S(x) = f(x+2) = x+2, \quad -1<x<1,$$

在区间 $-1<x<1$ 上展开成以 2 为周期的傅里叶级数即可.

解 命

$$S(x) = x+2, \quad -1<x<1.$$

将它展开成以 2 为周期的傅里叶级数. 有

$$a_0 = \frac{1}{1} \int_{-1}^{1} S(x) \, dx = \int_{-1}^{1} (x+2) \, dx = 4,$$

$$a_n = \frac{1}{1} \int_{-1}^{1} S(x) \cos \frac{n\pi}{1} x \, dx = \int_{-1}^{1} (x+2) \cos n\pi x \, dx$$

$$= \int_{-1}^{1} x\cos n\pi x \mathrm{d}x + 2\int_{-1}^{1} \cos n\pi x \mathrm{d}x$$

$$= 0 + 4\int_{0}^{1} \cos n\pi x \mathrm{d}x = \frac{4}{n\pi}\sin n\pi x \Big|_{0}^{1} = 0,$$

$$b_n = \frac{1}{1}\int_{-1}^{1} S(x)\sin\frac{n\pi}{1}x\mathrm{d}x = \int_{-1}^{1}(x+2)\sin n\pi x\mathrm{d}x$$

$$= 2\int_{0}^{1} x\sin n\pi x\mathrm{d}x = \frac{2}{n\pi}(-1)^{n+1}.$$

$$S(x) = 2 + \sum_{n=1}^{\infty}\frac{2}{n\pi}(-1)^{n+1}\sin n\pi x = x + 2, \quad -1 < x < 1.$$

变换到区间 $1 < x < 3$，有

$$x = 2 + \sum_{n=1}^{\infty}\frac{2}{n\pi}(-1)^{n+1}\sin n\pi(x-2)$$

$$= 2 + \sum_{n=1}^{\infty}\frac{2}{n\pi}(-1)^{n+1}\sin n\pi x, \quad 1 < x < 3.$$

在 $x = 1, 3$ 处，级数

$$2 + \sum_{n=1}^{\infty}\frac{2}{n\pi}(-1)^{n+1}\sin n\pi x = 2.$$

在其他处，$S(x)$ 以 2 为周期向左、右延拓.

[注] 一般，设 $f(x)$ 在 $[a,b]$ 上满足狄利克雷条件，要求将 $f(x)$ 展开成以 $b-a = 2l$ 为周期的傅里叶级数，命 $y = x - \frac{a+b}{2}$，经过一番运算之后，有

$$f(x) \sim \frac{a_0}{2} + \sum_{n=1}^{\infty}\frac{1}{l}\int_{a}^{b} f(t)\cos\frac{n\pi}{l}(t-x)\mathrm{d}t \xupequal{\text{记为}} S(x)$$

$$= \begin{cases} f(x), & \text{在}(a,b)\text{内}f(x)\text{的连续点}x\text{处}; \\ \frac{1}{2}[f(x-0)+f(x+0)], & \text{在}(a,b)\text{内}f(x)\text{的间断点}x\text{处}; \\ \frac{1}{2}[f(b-0)+f(a+0)], & \text{在}x=a, x=b\text{处}. \end{cases}$$

其中

$$a_0 = \frac{1}{l}\int_{a}^{b} f(t)\mathrm{d}t, \quad l = \frac{b-a}{2}.$$

例 8 设 $\{\varphi_n(x)\}(n=1,2,\cdots)$ 是区间 $[a,b]$ 上的一个可积的函数序列. 如果

$$\int_{a}^{b}\varphi_n(x)\varphi_m(x)\mathrm{d}x = \begin{cases} 1, & \text{当}m=n, \\ 0, & \text{当}m\neq n, \end{cases} \tag{8.68}$$

称 $\{\varphi_n(x)\}$ 为 $[a,b]$ 上的一个规范正交系.

设 $f(x)$ 在 $[a,b]$ 上可积，$\{\varphi_n(x)\}$ 为一个规范正交系.

$$a_k = \int_{a}^{b} f(x)\varphi_k(x)\mathrm{d}x, \quad k=1,2,\cdots, \tag{8.69}$$

$$T_n(x) = \sum_{k=1}^{n}\alpha_k\varphi_k(x), \quad n \text{ 为确定的正整数}.$$

求常数 $\alpha_k(k=1,2,\cdots,n)$，使

$$I = \int_a^b [f(x) - T_n(x)]^2 \mathrm{d}x \qquad (8.70)$$

为最小.

分析 从将式(8.70)变形入手.

解 $I = \int_a^b [f(x) - T_n(x)]^2 \mathrm{d}x = \int_a^b \Big[f(x) - \sum_{k=1}^n \alpha_k \varphi_k(x) \Big]^2 \mathrm{d}x$

$$= \int_a^b \Big[f(x) - \sum_{k=1}^n a_k \varphi_k(x) + \sum_{k=1}^n (a_k - \alpha_k) \varphi_k(x) \Big]^2 \mathrm{d}x$$

$$= \int_a^b \Big[f(x) - \sum_{k=1}^n a_k \varphi_k(x) \Big]^2 \mathrm{d}x$$

$$+ 2\int_a^b \Big[f(x) - \sum_{k=1}^n a_k \varphi_k(x) \Big] \Big[\sum_{m=1}^n (a_m - \alpha_m) \varphi_m(x) \Big] \mathrm{d}x$$

$$+ \int_a^b \Big[\sum_{m=1}^n (a_m - \alpha_m) \varphi_m(x) \Big]^2 \mathrm{d}x.$$

其中第二项

$$2\int_a^b \Big[f(x) - \sum_{k=1}^n a_k \varphi_k(x) \Big] \Big[\sum_{m=1}^n (a_m - \alpha_m) \varphi_m(x) \Big] \mathrm{d}x$$

$$= 2\int_a^b \sum_{m=1}^n (a_m - \alpha_m) f(x) \varphi_m(x) \mathrm{d}x$$

$$- 2\int_a^b \sum_{k=1}^n \sum_{m=1}^n a_k (a_m - \alpha_m) \varphi_k(x) \varphi_m(x) \mathrm{d}x$$

$$= 2\sum_{m=1}^n (a_m - \alpha_m) a_m - 2\sum_{m=1}^n a_m (a_m - \alpha_m) = 0,$$

第三项按平方乘开,注意到式(8.68),当 $m \neq k$ 时,积分 $\int_a^b \varphi_m(x) \varphi_k(x) \mathrm{d}x = 0$,所以

$$\int_a^b \Big[\sum_{m=1}^n (a_m - \alpha_m) \varphi_m(x) \Big]^2 \mathrm{d}x$$

$$= \sum_{m=1}^n (a_m - \alpha_m)^2 \int_a^b \varphi_m^2(x) \mathrm{d}x = \sum_{m=1}^n (a_m - \alpha_m)^2.$$

于是

$$I = \int_a^b \Big[f(x) - \sum_{k=1}^n a_k \varphi_k(x) \Big]^2 \mathrm{d}x + \sum_{m=1}^n (a_m - \alpha_m)^2.$$

故当且仅当 $T_n(x)$ 中的诸系数

$$\alpha_k = a_k = \int_a^b f(x) \varphi_k(x) \mathrm{d}x \qquad (8.71)$$

$$(k = 1, 2, \cdots, n)$$

时,I 最小.

[注] 容易验证,函数序列

$$\frac{1}{\sqrt{2\pi}}, \frac{\cos x}{\sqrt{\pi}}, \frac{\sin x}{\sqrt{\pi}}, \cdots, \frac{\cos nx}{\sqrt{\pi}}, \frac{\sin nx}{\sqrt{\pi}}, \cdots \qquad (8.72)$$

在 $[-\pi, \pi]$(或 $[0, 2\pi]$)上是一个规范正交系. 套用刚才的定理,有如下结论:设 $f(x)$ 在 $[-\pi, \pi]$

上可积分,令

$$T_n(x) = \frac{\alpha_0}{2} + \sum_{k=1}^{n} (\alpha_k \cos kx + \beta_k \sin kx)$$

为一个 n 次三角多项式. 当且仅当

$$\alpha_0 = a_0, \alpha_k = a_k, \beta_k = b_k (k = 1, 2, \cdots, n)$$

时,

$$\int_{-\pi}^{\pi} [f(x) - T_n(x)]^2 \mathrm{d}x$$

达最小,其中 $a_0, a_k, b_k (k = 1, 2, \cdots, n)$ 为 $f(x)$ 的傅里叶系数.

二、某些数项级数求和(之三)

前面 8.1 节介绍了用拆项求和、等比级数求和,以及用公式 $\sum_{m=1}^{n} \frac{1}{m} = \ln n + c + \gamma_n$ 求某些与此有关的数项级数的和. 8.2 节中介绍了设计一个幂级数,以幂级数求和推出要求的数项级数的和,这一类大都限于 $\sum_{n=1}^{\infty} a_n x^n$ 形式,其中 x 是一个数. 8.3 节介绍了已知一个傅里叶级数,导出一些特殊的情形从而推出某些数项级数的和的公式. 但是在 8.3 节中,若要倒过去,由给定的一个数项级数,去设计一个函数的傅里叶级数,然后由此傅里叶级数求和去推出要求的数项级数的和,却是很困难的,因为它不像幂级数那样形式典型.

现在将前面例题、给读者的习题中已见到过的,或虽未见到但也不难推出的一些数项级数的和,罗列于后供查阅.

(1) $\sum_{n=1}^{\infty} \arctan \frac{1}{n^2 + n + 1} = \frac{\pi}{4}$ (8.1 节例 21).

(2) $\sum_{n=1}^{\infty} \arctan \frac{1}{2n^2} = \frac{\pi}{4}$ (习题 2).

(3) $\sum_{n=1}^{\infty} \frac{n}{2^{n-1}} = 4$.

(4) $\sum_{n=0}^{\infty} \frac{1}{(2n+1)!} = \frac{1}{2}(e - e^{-1})$ (习题 5).

(5) $\sum_{n=0}^{\infty} \frac{1}{(2n)!} = \frac{1}{2}(e + e^{-1})$.

(6) $\sum_{n=0}^{\infty} (-1)^{\frac{n(n-1)}{2}} \frac{1}{n!} = \cos 1 + \sin 1$.

(7) $1 + \sum_{n=1}^{\infty} \frac{(2n-1)!!}{(2n)!!} \left(\frac{1}{2}\right)^n = \sqrt{2}$ (习题 7).

(8) 设 k 为正整数常数,$\sum_{n=1}^{\infty} \frac{1}{n(n+k)(n+2k)} = \frac{1}{2k^2} \sum_{m=1}^{2k} \frac{1}{m} - \frac{1}{k^2} \sum_{m=1}^{k} \frac{1}{k+m}$ (8.1 节例 20).

(9) $1 - \frac{1}{2} + \frac{1}{3} - \frac{1}{4} + \cdots + (-1)^{n-1} \frac{1}{n} + \cdots = \ln 2$ (8.1 节例 22).

(10) $\underbrace{1 + \frac{1}{3}}_{\text{两正}} \underbrace{- \frac{1}{2} - \frac{1}{4}}_{\text{两负}} + \underbrace{\frac{1}{5} + \frac{1}{7}}_{\text{两正}} \underbrace{- \frac{1}{6} - \frac{1}{8}}_{\text{两负}} + \cdots = \ln 2$ (8.1 节例 22).

(11) $\underbrace{1+\dfrac{1}{3}+\dfrac{1}{5}}_{三正}-\underbrace{\dfrac{1}{2}-\dfrac{1}{4}}_{两负}+\underbrace{\dfrac{1}{7}+\dfrac{1}{9}+\dfrac{1}{11}}_{三正}-\underbrace{\dfrac{1}{6}-\dfrac{1}{8}}_{两负}+\cdots=\ln\left(2\sqrt{\dfrac{3}{2}}\right)$(8.1 节例 22).

(12) $\underbrace{1+\dfrac{1}{3}+\dfrac{1}{5}+\cdots+\dfrac{1}{2k-1}}_{k个正项}-\underbrace{\dfrac{1}{2}-\dfrac{1}{4}-\cdots-\dfrac{1}{2m}}_{m个负项}+\cdots=\ln\left(2\sqrt{\dfrac{k}{m}}\right)$(8.1 节例 22).

(13) 设 q 为常数，$|q|<1$，则 $\displaystyle\sum_{n=1}^{\infty}q^{n}\sin nx=\dfrac{q\sin x}{1-2q\cos x+q^{2}}$，$|x|<+\infty$(8.1 节例 22. 实际上，左边可视为右边的傅里叶级数，见习题 55(1)).

(14) 设 q 为常数，$|q|<1$，则 $\displaystyle\sum_{n=0}^{\infty}q^{n}\cos nx=\dfrac{1-q\cos x}{1-2q\cos x+q^{2}}$，$|x|<+\infty$(参见 8.1 节例 22. 实际上，左边可视为右边的傅里叶级数，见习题 55(2)).

(15) $\displaystyle\sum_{n=1}^{\infty}\dfrac{(-1)^{n-1}}{2n-1}=\dfrac{\pi}{4}$ (8.2 节例 10，8.3 节例 2).

(16) $1+\dfrac{1}{5}-\dfrac{1}{7}-\dfrac{1}{11}+\dfrac{1}{13}+\dfrac{1}{17}-\dfrac{1}{19}-\dfrac{1}{23}+\cdots=\dfrac{\pi}{3}$. $\left((16)-(15)=\dfrac{1}{3}(15)\right)$.

(17) $1-\dfrac{1}{5}+\dfrac{1}{7}-\dfrac{1}{11}+\dfrac{1}{13}-\dfrac{1}{17}+\dfrac{1}{19}-\dfrac{1}{23}+\cdots=\dfrac{\pi}{6}\sqrt{3}$. $\left(\text{8.3 节例 4 中 } x=\dfrac{\pi}{3}\right)$.

(18) $\displaystyle\sum_{n=1}^{\infty}\dfrac{(-1)^{n}}{n^{2}}=-\dfrac{\pi^{2}}{12}$ (将 $f(x)=x^{2}$ 在 $[-\pi,\pi]$ 上展开).

(19) $\displaystyle\sum_{n=1}^{\infty}\dfrac{1}{n^{2}}=\dfrac{\pi^{2}}{6}$ (8.3 节例 1).

(20) $\displaystyle\sum_{n=0}^{\infty}\dfrac{1}{(2n+1)^{2}}=\dfrac{\pi^{2}}{8}$ (8.3 节例 1).

(21) $\displaystyle\sum_{n=1}^{\infty}\dfrac{(-1)^{n}}{4n^{2}-1}=\dfrac{1}{2}-\dfrac{\pi}{4}$ (8.3 节例 4).

(22) $\displaystyle\sum_{n=1}^{\infty}\dfrac{(-1)^{n}}{16n^{2}-1}=\dfrac{1}{2}-\dfrac{\sqrt{2}}{8}\pi$ (8.3 节例 4).

(23) $\displaystyle\sum_{n=1}^{\infty}\dfrac{1}{4n^{2}-1}=\dfrac{1}{2}$ (8.3 节例 4).

(24) $\displaystyle\sum_{n=1}^{\infty}\dfrac{1}{36n^{2}-1}=\dfrac{1}{2}-\dfrac{\sqrt{3}}{12}\pi$ (8.3 节例 4).

第八章习题

一、填空题

1. $\displaystyle\sum_{n=2}^{\infty}\dfrac{1}{n^{2}-1}=$ ＿＿.

2. $\displaystyle\sum_{n=1}^{\infty}\arctan\dfrac{1}{2n^{2}}=$ ＿＿.

3. $\displaystyle\sum_{n=1}^{\infty}\frac{-2}{(\sqrt{n+2}+\sqrt{n+1})(\sqrt{n+1}+\sqrt{n})(\sqrt{n+2}+\sqrt{n})}=$ ___.

4. $\displaystyle\sum_{n=1}^{\infty}\frac{2n-1}{2^n}=$ ___.

5. $\displaystyle\sum_{n=0}^{\infty}\frac{1}{(2n+1)!}=$ ___.

6. $\displaystyle\sum_{n=1}^{\infty}\frac{n}{(2n+1)!}=$ ___.

7. $1+\displaystyle\sum_{n=1}^{\infty}\frac{(2n-1)!!}{(2n)!!}\left(\frac{1}{2}\right)^n=$ ___.

8. 设 $f(x)=\begin{cases}x+1, & \text{当 }0\leqslant x\leqslant\pi,\\ 0, & \text{当 }-\pi\leqslant x<0,\end{cases}$ $S(x)=\dfrac{a_0}{2}+\displaystyle\sum_{n=1}^{\infty}(a_n\cos nx+b_n\sin nx)$ 为 $f(x)$

的以 2π 为周期的傅里叶级数,则 $\displaystyle\sum_{n=1}^{\infty}a_n=$ ___.

9. 设 $f(x)=\begin{cases}x^2, & 0\leqslant x\leqslant\dfrac{1}{2},\\ 1-x, & \dfrac{1}{2}<x\leqslant1,\end{cases}$ $S(x)$ 是 $f(x)$ 的以 2 为周期的余弦级数,则 $S\left(-\dfrac{9}{2}\right)=$

___.

10. 设 $u_n\neq0(n=1,2,\cdots)$ 且 $\displaystyle\lim_{n\to\infty}u_n=\infty$,则 $\displaystyle\sum_{n=1}^{\infty}(-1)^n\left(\frac{1}{u_n}+\frac{1}{u_{n+1}}\right)=$ ___.

11. 设正整数 $m\geqslant1$,a_n 是 $(1+x)^{n+m}$ 中 x^n 的系数,则 $\displaystyle\sum_{n=0}^{\infty}\frac{1}{a_n}=$ ___.

12. 设 $\displaystyle\sum_{n=1}^{\infty}a_n^2$ 收敛,则 $\displaystyle\sum_{n=1}^{\infty}\frac{a_n}{n}$ 的收敛性是___.(以后填空题中,凡提到"收敛性"是要求填条件收敛、绝对收敛、发散三者之一).

13. 级数 $\displaystyle\sum_{n=2}^{\infty}\frac{(-1)^n}{\sqrt{n}+(-1)^n}$ 的敛散性是___.

14. 级数 $\displaystyle\sum_{n=1}^{\infty}\sin(\pi\sqrt{n^2+1})$ 的敛散性是___.

15. 设正项数列 $\{a_n\}$ 单调减少且 $\displaystyle\sum_{n=1}^{\infty}(-1)^n a_n$ 发散,则 $\displaystyle\sum_{n=1}^{\infty}(-1)^n\left(1-\frac{a_{n+1}}{a_n}\right)$ 的敛散性是___.

16. 级数 $\displaystyle\sum_{n=1}^{\infty}\left(\frac{1}{n^p}-\sin\frac{1}{n^p}\right)$ 当 p ___时收敛;当 p ___时发散.

17. 设 $f(x)$ 在 $[0,1]$ 上连续,在 $(0,1)$ 内可导,且 $f'(x)\geqslant A>0$,$f(0)=0$,则 $\displaystyle\sum_{n=1}^{\infty}(-1)^n f\left(\frac{1}{n}\right)$ 的敛散性是___.

18. 设 $a_n=\displaystyle\int_0^{\frac{1}{n}}\sqrt{1+x^n}\,\mathrm{d}x$,则 $\displaystyle\sum_{n=1}^{\infty}(-1)^n a_n$ 的敛散性是___.

19. 设 $\displaystyle\sum_{n=0}^{\infty} a_n(x-1)^n$ 在 $x=3$ 处发散，$\displaystyle\sum_{n=0}^{\infty}\frac{a_n}{n+1}(x+2)^n$ 在 $x=-4$ 处收敛，则 $\displaystyle\sum_{n=0}^{\infty} a_n x^n$ 的收敛半径 $R=$ ____.

20. 设 $\displaystyle\sum_{n=0}^{\infty} a_n x^n$ 的收敛域为 $(-4,4)$，则 $\displaystyle\sum_{n=1}^{\infty} na_n(x+1)^n$ 的收敛域为____；$\displaystyle\sum_{n=1}^{\infty} n^2 3^n a_n$ 的敛散性为____.

21. 函数项级数 $\displaystyle\sum_{n=1}^{\infty}\frac{(n+1)x}{n^x}$ 的收敛域是____.

22. 设 $x\neq-1$，级数 $\displaystyle\sum_{n=1}^{\infty}\frac{x^n}{(1+x)(1+x^2)\cdots(1+x^n)}$ 的收敛域是____.

23. 函数项级数 $\displaystyle\sum_{n=1}^{\infty}\frac{(-1)}{2n-1}\left(\frac{1-x}{1+x}\right)^n$ 的收敛域是____.

24. $f(x)=\sin^{2011}x$ 的以 2π 为周期的傅里叶系数 $b_{2n}(n=1,2,\cdots)=$ ____.

25. 设 $f(x)=\arcsin x$，则 $f^{(n)}(0)=$ ____.

二、解答题

26. 设数列 $\{u_n\}$ 单调减少且 $\displaystyle\lim_{n\to\infty}u_n=0$. 试证明 $\displaystyle\sum_{n=1}^{\infty}(-1)^n\frac{u_1+u_2+\cdots+u_n}{n}$ 收敛，并请举例说明满足这种条件的级数并不一定绝对收敛.

27. 设 $a_n>0(n=1,2,\cdots)$，讨论级数 $\displaystyle\sum_{n=1}^{\infty}\frac{(-1)^n a_n}{(1+a_1)(1+a_2)\cdots(1+a_n)}$ 的敛散性. 若收敛，并请讨论是条件收敛还是绝对收敛.

28. 设 a 与 b 是两个实数，讨论级数
$$\frac{a}{1}-\frac{b}{2}+\frac{a}{3}-\frac{b}{4}+\cdots$$
的敛散性. 在收敛情形下，并请讨论是条件收敛还是绝对收敛.

29. 设 a,b,c 为正常数，讨论级数
$$\sum_{n=1}^{\infty}\left(\sqrt[n]{a}-\frac{1}{2}(\sqrt[n]{b}+\sqrt[n]{c})\right)$$
的敛散性. 在收敛情形下，并请讨论是条件收敛还是绝对收敛.

30. 设常数 $p>0$，讨论级数 $\displaystyle\sum_{n=1}^{\infty}(-1)^{n+1}\left(\tan\frac{1}{n^p}-\frac{1}{n^p}\right)$ 的敛散性. 若收敛，并请讨论是条件收敛还是绝对收敛.

31. 设常数 $\alpha>0$. 讨论级数 $\displaystyle\sum_{n=1}^{\infty}(n!)^{-\frac{\alpha}{n}}$ 的敛散性.

32. 设 $u_1=1,u_2=2,u_{n+2}=u_{n+1}+u_n(n=1,2,\cdots)$. 试证明 $\displaystyle\sum_{n=1}^{\infty}\frac{1}{u_n}$ 收敛.

33. 设 $f(x)=\dfrac{1}{1-x-x^2}$，（Ⅰ）请用直接法求出 $f(x)$ 的麦克劳林级数 $\displaystyle\sum_{n=0}^{\infty} a_n x^n$ 及此级数的收敛域，证明此级数在收敛域内的确收敛于 $f(x)$；（Ⅱ）证明级数 $\displaystyle\sum_{n=0}^{\infty}\frac{a_{n+1}}{a_n a_{n+2}}$ 收敛并求其和.

34.设 $a_n = 1 + \dfrac{1}{2} + \cdots + \dfrac{1}{n}, u_n = \dfrac{a_n}{(n+1)(n+2)}(n=1,2,\cdots)$.

(1)求幂级数 $\displaystyle\sum_{n=1}^{\infty} a_n x^n$ 的收敛域及和函数.

(2)证明 $\displaystyle\sum_{n=1}^{\infty} u_n$ 收敛并求其和.

35.(1)证明不等式 $\dfrac{2}{m+1} < \displaystyle\sum_{j=0}^{2m} \dfrac{1}{m^2+j} < \dfrac{2}{m}$;(2)讨论级数 $\displaystyle\sum_{n=1}^{\infty} (-1)^{[\sqrt{n}]} \dfrac{1}{n}$ 的敛散性. 若收敛,请说明是绝对收敛还是条件收敛?

36.设 $\{a_n\}$ 与 $\{b_n\}$ 是两个正项数列.试证明:

(1)若 $a_n b_n - a_{n+1} b_{n+1} \leqslant 0, (n=1,2,\cdots)$,且 $\displaystyle\sum_{n=1}^{\infty} \dfrac{1}{a_n}$ 发散,则 $\displaystyle\sum_{n=1}^{\infty} b_n$ 发散;

(2)若存在常数 $\delta > 0$,有 $a_n \dfrac{b_n}{b_{n+1}} - a_{n+1} \geqslant \delta$,则 $\displaystyle\sum_{n=1}^{\infty} b_n$ 收敛.

37.求 $\displaystyle\sum_{n=1}^{\infty} \dfrac{2x^{4n}}{16n^2-1}$ 的收敛域及和函数 $S(x)$.

38.设正项级数 $\displaystyle\sum_{n=1}^{\infty} a_n$ 满足条件 $\displaystyle\lim_{n\to\infty} \dfrac{\ln a_n}{\ln n} = q$. 试证明:当 $q < -1$ 时,级数 $\displaystyle\sum_{n=1}^{\infty} a_n$ 收敛;当 $q > -1$ 时该级数发散.并讨论下述两级数的敛散性:

(1) $\displaystyle\sum_{n=3}^{\infty} \dfrac{1}{(\ln\ln n)^{\ln n}}$;　(2) $\displaystyle\sum_{n=2}^{\infty} \dfrac{1}{(\ln n)^{\ln\ln n}}$.

39.求 $\displaystyle\sum_{n=1}^{\infty} \dfrac{(-1)^n}{2n(2n-1)}$ 的和.

40.设 $f(x) = \displaystyle\sum_{n=1}^{\infty} \dfrac{x^n}{n^2}$.(1)求该幂级数的收敛域;(2)证明:当 $x \in (0,1)$ 时,$f(x) + f(1-x) + \ln x \cdot \ln(1-x) = \displaystyle\sum_{n=1}^{\infty} \dfrac{1}{n^2}$.

41.利用级数计算下列积分:

(1) $\displaystyle\int_0^1 \dfrac{\ln(1+x)}{x}\mathrm{d}x$;

(2) $\displaystyle\int_0^1 \ln x \cdot \ln(1-x)\mathrm{d}x$;

(3) $\displaystyle\int_0^{+\infty} \dfrac{x}{\mathrm{e}^{2\pi x}-1}\mathrm{d}x$;

(4) $\displaystyle\int_0^{+\infty} \dfrac{x}{\mathrm{e}^x+1}\mathrm{d}x$.

42.试证明 $\dfrac{5\pi}{2} < \displaystyle\int_0^{2\pi} \mathrm{e}^{\sin x}\mathrm{d}x < 2\pi\mathrm{e}^{\frac{1}{4}}$.

43.设函数 $z(k) = \displaystyle\sum_{n=0}^{\infty} \dfrac{n^k}{n!}\mathrm{e}^{-1}$.

(1)求 $z(0), z(1)$ 及 $z(2)$ 之值;

(2)试证:当 k 为正整数时,$z(k)$ 亦为正整数.

44. 设 $p = \sum\limits_{n=0}^{\infty} \dfrac{\pi^{4n}}{(4n+1)!}, q = \sum\limits_{n=0}^{\infty} \dfrac{\pi^{4n}}{(4n+3)!}$,计算 $\dfrac{p}{q}$.

45. 计算 $\lim\limits_{x \to l^-}(1-x)^3 \sum\limits_{n=1}^{\infty} n^2 x^n$.

46. 设 $f(x)$ 满足条件:对于任意 x' 与 x'',存在常数 $k, 0 \leqslant k < 1$,使 $|f(x') - f(x'')| \leqslant k|x'-x''|$.对于给定的 x_0,定义

$$x_1 = f(x_0), x_2 = f(x_1), \cdots, x_{n+1} = f(x_n), \cdots.$$

试证明:

(1)级数 $\sum\limits_{n=1}^{\infty}(x_{n+1} - x_n)$ 绝对收敛;

(2)极限 $\lim\limits_{n \to \infty} x_n$ 存在,记为 c;

(3)c 与 x_0 的取法无关,且满足 $f(c) = c$.

47. 设 $f(x)$ 在 $(-\infty, +\infty)$ 内可导且满足(1)$f(x) > 0$,(2)$|f'(x)| \leqslant mf(x)$,其中 $0 < m < 1$.任取 a_0,定义 $a_n = \ln f(a_{n-1}), n = 1, 2, \cdots$.证明级数 $\sum\limits_{n=1}^{\infty}(a_n - a_{n-1})$ 绝对收敛(本题为 2011 年全国大学生数学竞赛(非数学类)决赛题).

48. 设函数 $f_0(x)$ 在 $(-\infty, +\infty)$ 内连续,$f_n(x) = \int_0^x f_{n-1}(t)\mathrm{d}t, n = 1, 2, \cdots$.证明:对于区间 $(-\infty, +\infty)$ 内任意固定的 x,级数 $\sum\limits_{n=0}^{\infty} f_n(x)$ 绝对收敛.

49. 设 $u_1 > 4, u_{n+1} = \sqrt{12 + u_n}, a_n = \dfrac{1}{\sqrt{u_n - 4}}, n = 1, 2, \cdots$.求幂级数 $\sum\limits_{n=1}^{\infty} a_n x^n$ 的收敛半径、收敛区间及收敛域.

50. 设 $f(x) = \begin{cases} x, & 0 \leqslant x \leqslant 1, \\ x+2, & -1 \leqslant x < 0, \end{cases}$ 求 $f(x)$ 的以 2 为周期的傅里叶级数并写出此傅里叶级数的收敛和.

51. 设 $f(x) = 1$,当 $0 \leqslant x \leqslant \pi$.求 $f(x)$ 的以 2π 为周期的正弦级数,并写出此傅里叶级数的收敛和.特别请写出 $x = \dfrac{\pi}{2}$ 处的收敛和.

52. 设 $f(x) = \arcsin(\sin x)$,求 $f(x)$ 的以 2π 为周期的傅里叶级数并写出此傅里叶级数的收敛和.

53. 设 $f(x) = x^2, -\pi \leqslant x \leqslant \pi$.试将 $f(x)$ 展开成以 2π 为周期的傅里叶级数,并写出它的收敛和.

54. 设 $f(x) = x^2, 0 \leqslant x \leqslant 2\pi$,试将 $f(x)$ 展开成以 2π 为周期的傅里叶级数,并写出它的收敛和.

55. 试将下列函数展开成以 2π 为周期的傅里叶级数,并写出它的收敛和(其中常数 q,$|q| < 1$):

(1)$f(x) = \dfrac{q\sin x}{1 - 2q\cos x + q^2}$;(2)$f(x) = \dfrac{1 - q\cos x}{1 - 2q\cos x + q^2}$.

56. 设 $f(x)$ 满足 $f(x+\pi)=-f(x)$，试证明 $f(x)$ 有周期 2π，并求 $f(x)$ 的以 2π 为周期的傅里叶系数 a_{2n} 与 $b_{2n}(n=1,2,\cdots)$.

57. 设 $f(x)$ 是以 2π 为周期的连续函数，其傅里叶系数为 $a_n,b_n(n=0,1,2,\cdots)$. 又设

$$F(x) = \frac{1}{\pi}\int_{-\pi}^{\pi} f(t)f(x+t)\,\mathrm{d}t,$$

求 $F(x)$ 的以 2π 为周期的傅里叶系数 A_n 与 $B_n(n=0,1,\cdots)$.

58. 设 $f(x)$ 是以 2π 为周期的连续函数，其傅里叶系数为 $a_n,b_n(n=0,1,2,\cdots)$. 又设 $g(x)=f(x+h)(h$ 为常数$)$，求 $g(x)$ 的傅里叶系数 A_n 与 $B_n(n=0,1,2,\cdots)$.

59. 设 $f(x)$ 是以 2π 为周期的连续函数，其傅里叶系数为 $a_n,b_n(n=0,1,2,\cdots)$. 又设

$$g_h(x) = \frac{1}{2h}\int_{x-h}^{x+h} f(t)\,\mathrm{d}t.$$

试证明：(1) $g_h(x)$ 也是以 2π 为周期的周期函数，并且 $g_h(x)$ 具有连续的导数；

(2) 求 $g_h(x)$ 的以 2π 为周期的傅里叶级数并说明此傅里叶级数在 $-\infty<x<+\infty$ 上收敛于 $g_h(x)$.

第八章习题答案

1. $\dfrac{3}{4}$.　　　　2. $\dfrac{\pi}{4}$(参考 8.1 节例 21).　　　　3. $1-\sqrt{2}$.

4. 3.　　　　5. $\dfrac{1}{2}(\mathrm{e}-\mathrm{e}^{-1})$.　　　　6. $\dfrac{1}{2}\mathrm{e}^{-1}$.

7. $\sqrt{2}$.　　　　8. $-\dfrac{\pi}{4}\left(\sum\limits_{n=1}^{\infty}a_n=S(0)-\dfrac{1}{2}a_0\right)$.　　　　9. $\dfrac{3}{8}$.

10. $-\dfrac{1}{u_1}$.　　11. $\dfrac{m}{m-1}$.　　12. 绝对收敛.　　13. 发散.

14. 条件收敛$(\sin\pi\sqrt{n^2+1}=(-1)^n\sin(\pi\sqrt{n^2+1}-n))$.

15. 绝对收敛. 16. $p>\dfrac{1}{3}$; $p\leqslant\dfrac{1}{3}$.　　17. 条件收敛.

18. 条件收敛$\left(\text{证明}\{a_n\}\text{单调减少且}\dfrac{1}{n}\leqslant a_n\leqslant\dfrac{2}{n}\right)$.

19. 2.　　　　20. $(-5,3)$；绝对收敛.　　　　21. $\{0\}\bigcup(2,+\infty)$.

22. $(-\infty,-1)\bigcup(-1,+\infty)$，且绝对收敛.　　23. $[0,+\infty)$.

24. 0(用到性质 $f(x+\pi)=-f(x)$).

25. $f'(0)=0,f^{(2n+1)}(0)=[(2n-1)!!]^2,f^{(2n)}(0)=0,(n=1,2,\cdots)$.

26. 命 $a_n=\dfrac{1}{n}(u_1+u_2+\cdots+u_n)$，去证 $a_n\geqslant u_n,a_{n+1}\leqslant a_n,\lim\limits_{n\to\infty}a_n=\lim\limits_{n\to\infty}u_n$.

27. 绝对收敛(将通项去掉 $(-1)^n$ 后的分子 a_n 改写为 $a_n=1+a_n-1$，拆项之后可见部分和单调有界).

28. 当 $a=b$ 时条件收敛；当 $a\neq b$ 时发散(添括号可证发散，故拆去括号亦发散).

29. 当 $a\neq\sqrt{bc}$ 时发散；当 $a=\sqrt{bc}$ 时为负项级数，收敛.

30. 当 $0<p\leqslant\frac{1}{3}$ 时条件收敛;当 $p>\frac{1}{3}$ 时绝对收敛(由泰勒公式及莱布尼茨判别法).

31. 当 $\alpha>1$ 时收敛,当 $\alpha\leqslant 1$ 时发散.(利用第一章习题 9 的结论再由比较判别法的极限形式便得).

32. 参考 8.2 节例 16 可求得 $\lim\limits_{n\to\infty}\frac{u_{n+1}}{u_n}$,由比值判别法便知敛散性.

33. (Ⅰ)仿 8.2 节例 11 可得 $a_n(0)=a_{n-1}(0)+a_{n-2}(0),n\geqslant 2$. 解此差分方程或用数学归纳法证明 $a_n(0)=\frac{1}{\sqrt{5}}\left[\left(\frac{1+\sqrt{5}}{2}\right)^{n+1}-\left(\frac{1-\sqrt{5}}{2}\right)^{n+1}\right],n=0,1,2,\cdots$. 收敛域为 $\left(\frac{1}{2}(1-\sqrt{5}),\right.$ $\left.\frac{1}{2}(\sqrt{5}-1)\right)$. 证明此幂级数的确收敛于 $f(x)$ 有两个方法. 方法一:求和;方法二证明 $(n\to\infty)$ 余项趋于零(参见 8.2 节例 11).(Ⅱ)由 a_n 的递推公式可求出此数项级数的部分和从而求出级数和为 2.

34. (1) $S_n(x)=\sum\limits_{m=1}^{n}a_mx^n=\sum\limits_{m=1}^{n}\left(a_{m-1}+\frac{1}{m}\right)x^n=x\sum\limits_{m=0}^{n-1}a_mx^m+\sum\limits_{m=1}^{n}\frac{1}{m}x^m=x(S_n(x)-a_nx^n)+\sum\limits_{m=1}^{n}\frac{1}{m}x^m$(认为 $a_0=0$),从而求得 $S_n(x)$,并容易求得 $\lim\limits_{n\to\infty}S_n(x)=-\frac{\ln(1-x)}{1-x}$, $-1<x<1$.(2) 由 $a_n=\ln n+c+\gamma_n$(见式(8.17)),易知 $\sum\limits_{n=1}^{\infty}u_n$ 收敛. 由 $S(x)=\sum\limits_{n=1}^{\infty}a_nx^n$ 逐项积分两次再命 $x\to 1^-$ 便得 $\sum\limits_{n=1}^{\infty}u_n=1$.

35. (2) 为条件收敛. 参考 8.1 节例 18 的证法并用到(1).

36. 去推出所需的通项不等式,用比较判别法.

37. 收敛域 $[-1,1]$. 当 $-1<x<1,x\neq 0$ 时. $S(x)=1+\frac{1}{4}\left(x-\frac{1}{x}\right)\ln\left|\frac{1+x}{1-x}\right|-\frac{1}{2}\left(x+\frac{1}{x}\right)\arctan x$;$S(\pm 1)=1-\frac{\pi}{4}$;$S(0)=0$.

38. 去构造不等式然后用比较判别法;(1)收敛;(2)发散.

39. $-\frac{\pi}{4}+\frac{1}{2}\ln 2$.(仿 8.2 节例 20).

40. (1)$[-1,1]$.(2)命 $\varphi(x)=f(x)+f(1-x)+\ln x\cdot\ln(1-x)$,求导 $\varphi'(x)$,由级数展开得 $\varphi'(x)\equiv 0$(当 $x\in(0,1)$).

41. (1) $\frac{\pi^2}{12}\left($利用公式 $\sum\limits_{n=1}^{\infty}\frac{1}{n^2}=\frac{\pi^2}{6}\right)$;(2)$2-\frac{\pi^2}{6}$(利用 40 题);(3)$\frac{1}{24}$(作变换 $e^{-2\pi x}=t$); (4)$\frac{\pi^2}{12}$(作变换 $e^{-x}=t$,化为(1)).

42. 利用 $\int_0^{2\pi}e^{\sin x}dx=\int_0^{\pi}(e^{\sin x}+e^{-\sin x})dx=\int_0^{\pi}\left(2\sum\limits_{n=0}^{\infty}\frac{\sin^{2n}x}{(2n)!}\right)dx$.

43. (1)$z(0)=1,z(1)=1,z(2)=2$;(2)利用数学归纳法可证.

44. π^2.($p\pi-q\pi^3=\sin\pi=0$).

45. 2. $\left($先求出 $\sum\limits_{n=1}^{\infty}n^2x^n=\frac{x}{(1-x)^2}+\frac{2x^2}{(1-x)^3}$,当 $-1<x<1\right)$.

46. (1)去证 $|x_{n+1}-x_n|\leqslant k^n|x_1-x_0|$;(2)由 $\sum\limits_{n=1}^{\infty}|x_{n+1}-x_n|$ 收敛,所以 $\lim\limits_{n\to\infty}x_n$ 存在;
(3)由 $x_{n+1}=f(x_n)$ 及 $f(x)$ 连续性即得.

47. 构造不等式 $|a_n-a_{n-1}|\leqslant m^n|a_1-a_0|$ 再用柯西准则即可证.

48. 由第七章习题 30 有 $f_n(x)=\dfrac{1}{(n-1)!}\int_0^x f(t)(x-t)^{n-1}\mathrm{d}t$,再估值 $|f_n(x)|$ 即得.

49. $R=\dfrac{\sqrt{2}}{4}$,收敛区间=收敛域= $\left(-\dfrac{\sqrt{2}}{4},\dfrac{\sqrt{2}}{4}\right)$ $\left(按通常办法求出\lim\limits_{n\to\infty}u_n=4,再求\lim\limits_{n\to\infty}\dfrac{a_{n+1}}{a_n}\right)$.

50. $f(x)\sim 1-\sum\limits_{n=1}^{\infty}\dfrac{2}{n}\sin n\pi x$,当 $0<x<1$ 时,该级数收敛于 x;当 $-1<x<0$ 时,收敛于 $x+2$;当 $x=0,\pm 1$ 时,收敛于 1,其他处按 2 为周期延拓收敛.

51. $f(x)\sim\dfrac{4}{\pi}\sum\limits_{n=1}^{\infty}\dfrac{1}{2n-1}\sin(2n-1)x=\begin{cases}1,&当\ 0<x<\pi\\0,&当\ x=0,\pi\end{cases}$,其他处按 2π 为周期奇性延拓收敛. 在 $x=\dfrac{\pi}{2}$ 处的收敛和为 $\dfrac{4}{\pi}\sum\limits_{n=1}^{\infty}\dfrac{(-1)^{n-1}}{2n-1}=1$,即式(8.39).

52. $\dfrac{4}{\pi}\sum\limits_{n=0}^{\infty}\dfrac{(-1)^n}{(2n+1)^2}\sin(2n+1)x=\arcsin(\sin x),-\infty<x<+\infty$.

53. $x^2=\dfrac{\pi^2}{3}+4\sum\limits_{n=1}^{\infty}(-1)^n\dfrac{\cos nx}{n^2},-\pi\leqslant x\leqslant\pi$. 其他处级数按 2π 周期延拓收敛.

54. $f(x)\sim\dfrac{4}{3}\pi^2+\sum\limits_{n=1}^{\infty}\left(\dfrac{4}{n^2}\cos nx-\dfrac{4\pi}{n}\sin nx\right)=x^2,0<x<2\pi$. 当 $x=0,2\pi$ 时收敛于 $2\pi^2$.其他处级数按 2π 周期延拓.注意,在 $0<x<\pi$ 上,54 题与 53 题两个不同的级数都收敛于 x^2.

55. (1) $f(x)=\sum\limits_{n=1}^{\infty}q^n\sin nx,-\infty<x<+\infty$;(2) $f(x)=\sum\limits_{n=0}^{\infty}q^n\cos nx,-\infty<x<+\infty$.

56. $a_{2n}=b_{2n}=0(n=1,2,\cdots)$.

57. $A_0=a_0^2,A_n=a_n^2+b_n^2,B_n=0(n=1,2,\cdots)$(求系数时,利用周期函数的积分性质以及三角函数的和角公式).

58. $A_n=a_n\cos nb+b_n\sin nb,B_n=b_n\cos nb-a_n\sin nb(n=0,1,\cdots)$.

59. (1)易知 $g_h'(x)$ 连续且以 2π 为周期. 又易知 $g_h(\pi)=g_h(-\pi)$,故 $g_h(x)$ 也是以 2π 为周期(为什么?).(2)通过分部积分与变量变换可求得 $g_h(x)$ 的傅里叶系数. $A_0=a_0,A_n=a_n\dfrac{\sin nh}{nh},B_n=b_n\dfrac{\sin nh}{nh},(n=1,2,\cdots)$.再参见 8.3 节例 6 的[注],可见 $g_h(x)$ 的傅里叶级数收敛于它自己: $\dfrac{A_0}{2}+\sum\limits_{n=1}^{\infty}(A_n\cos nx+B_n\sin nx)=g_h(x)$.